U0159993

粒状土力学本构理论及应用

Constitutive Theory of Granular Soils and Application

尹振宇　著

中国建筑工业出版社

图书在版编目（CIP）数据

粒状土力学本构理论及应用 = Constitutive Theory of Granular Soils and Application / 尹振宇著. —北京：中国建筑工业出版社，2021.2
ISBN 978-7-112-25884-0

Ⅰ.①粒… Ⅱ.①尹… Ⅲ.①粒状-土力学 Ⅳ.①TU4

中国版本图书馆 CIP 数据核字（2021）第 029439 号

粒状土在我们生活中随处可见，如砂性地基土、铁路道砟、路堤填料、混凝土面板堆石坝填料等。作为土木工程的重要材料，其力学性能极大地影响土木工程结构物的安全。因此，对粒状土力学本构特性的全面认识很有必要。此书正是基于这个出发点而撰写。基于作者最近几年的研究工作，本书分三个主要部分撰写：（1）粒状土力学本构基础、SIMSAND 模型开发及参数识别；（2）不同条件与因素下的扩展，如考虑细颗粒含量、考虑颗粒破碎效应、考虑颗粒尺寸效应、考虑非饱和土粒间毛细管力效应、考虑各向异性和循环动力载荷效应等；（3）SIMSAND 的有限元二次开发及其在边界值和工程上的应用。

本书主要材料均来自作者课题组最近几年的知识积累和研究成果，并无偿提供多种源程序以及分析文件，供读者实时训练，也利于理解和直接应用于实际工程。此书所介绍的内容从基础到理论，再到实用，可作为高等院校和科研院所土木水利等相关专业的研究生教材和高年级本科生的选修课教材，也可作为上述相关专业科研、工程技术人员的参考用书。此外，本书也可作为从事一般粒状材料（如谷物粮食、药丸、粉尘等）研究的技术与科研人员的参考资料。

责任编辑：刘瑞霞　滕云飞
责任校对：李美娜

粒状土力学本构理论及应用
Constitutive Theory of Granular Soils and Application
尹振宇　著

*

中国建筑工业出版社出版、发行（北京海淀三里河路 9 号）
各地新华书店、建筑书店经销
北京鸿文瀚海文化传媒有限公司制版
北京圣夫亚美印刷有限公司印刷

*

开本：787 毫米×1092 毫米　1/16　印张：25½　字数：635 千字
2021 年 5 月第一版　2021 年 5 月第一次印刷
定价：**98.00** 元
ISBN 978-7-112-25884-0
（37051）

序

粒状土在我们生活中随处可见，如砂性地基土、铁路道砟、路堤填料、混凝土面板堆石坝填料等。作为土木工程的重要材料，其力学性能极大地影响土木工程结构物的安全。因此，对粒状土力学本构特性的全面认识很有必要，粒状土力学本构研究及其应用也是当前岩土力学研究的热点之一，是现代土力学研究的重要组成部分。此书正是基于这个出发点而撰写。

我与尹振宇博士初识于2010年元月，正值我访问法国南特中央理工大学Hicher教授课题组，其间尹博士正从英国返回在南特跟随Hicher教授做博士后研究，与我有很多讨论。相处短短一个月，尹博士严谨的治学态度、深入的土体本构特性认识、扎实的数值计算及分析功底等，均给我留下了很深的印象。几个月后，尹博士取得上海交通大学的特别研究员职位，并于当年入选上海市浦江人才计划，次年获得了上海市高校特聘教授“东方学者”称号，直至2013年底应南特中央理工邀请回聘副教授终身教职，在国内的三年间与我的交流更加频繁，经常会为一个问题的讨论打上一个小时的电话。即使在返回法国后，依然每年会来北航访问好几次，每次一周到一个月不等。由于浓厚的兴趣和勤奋好学，尹博士在土力学与岩土工程领域国际顶级期刊上发表了很多高水平学术论文，并且积极参与和组织各类学术活动。基于其突出的业绩，尹博士于2018年夏天应聘到香港理工大学从事岩土学科的教学与科研工作，并于2019年获王宽诚基金资助再度访问北航，我们又聚在一起论道土力学，甚是欢畅。

尹振宇博士的科研能力强，学术素养高，承担了国内外多项自然科学基金等科研课题。尹博士先后在国内外多所著名大学从事岩土工程方面的基础理论研究与教学工作，科研工作基础扎实，研究领域具有国际视野，尤其难能可贵的是尹博士有过5年的设计院工作经历，积累了一定的岩土工程实践经验。该书不仅是尹博士承担的多项国家自然科学基金课题与国家重点基础研究计划等项目研究成果的总结，也是作者长期从事岩土工程实践与研究的成果积累与集中展示。

尹振宇博士的《粒状土力学本构理论及应用》一书全面综述了国际前沿的粒状土力学本构研究进展，并根据作者近些年围绕该领域开展的科学研究成果，系统论述了本构模型的开发及应用。特别值得一提的是，书中重点讲述了SIMSAND本构模型参数的不同智能确定方法，对本构模型的工程可应用性和预测准确性都提供了很有必要的支撑，也同样适用于不同的本构模型；再则，本书花大篇幅讲述了SIMSAND及其扩展模型结合有限元法二次开发在边值及工程上的应用，许多研究成果是国内首次系统阐述，填补了我国该领域的出版空白。该书具有很高的理论水平、专业深度、应用价值、学术价值与科学意义。

该书是国内少有的关于粒状土力学本构理论和应用的著作，它全面、系统地建立了粒状土的本构理论体系，可广泛应用于我国各项重大基础设施建设工程中涉及的岩土及地下工程，包括各类重大地下工程、隧道、海洋工程结构等，并且对其他粒状材料相关的学科及领域也具有很高的参考价值。此外，该书不仅系统地阐述了粒状土力学的本构理论，同时也总结提出了很多有关粒状土力学领域的新方法与技术及其应用。该书很好地运用了材料、物理、化学、力学、土木工程等不同学科知识，具有很好的科学性与前沿性。该书学术研究成果不仅具有理论指导意义，同时可广泛应用到智慧城市建设的实际工程中，具有可观的应用前景。该书较好地实现了从理论到实践的过渡，具有科学性、应用性、先进性。经浏览该书书稿，其结构层次清晰，论述条理清楚，图文并茂，观点鲜明，是一本难得的专业学术书籍，非常值得出版！

更值得一提的是，该书同时向读者直接提供了本构模型程序的源代码以及有限元二次开发的相关原始程序，与读者共享其科研成果，供读者分析或练习之用，给读者以最大的帮助。原始数据及程序的共享将填补同类图书市场的空白。

为此，特向业内同行推荐此书。

姚仰平　教授
国家“973 计划”首席科学家
北京航空航天大学

前　言

我出生在浙南山区的一个农村。记事起，父母均忙于教书，无暇顾家。姐弟仨由奶奶带着，自然享有各种自由。小时候，没有幼儿园，每天最期待的便是跟随两位姐姐下溪渠淘蛤。这是一种小贝壳动物，喜欢隐匿于细沙中，肉肥味鲜。天气晴好时，姐姐们便领着我，带着小竹筐，飞去家门前不远处的小渠。渠水清澈见底，覆盖着一层不厚不薄的沙子，水面刚好漫过小膝盖。脚踩在沙子上，软软的，凉凉的。小手捧起一把沙子，在水中轻轻抖动，细沙子筛去，河蛤便留下了。挑起个大的，珍惜地放进筐里，再把尚小的放回渠中，然后饶有兴趣地继续摸淘。

稍大一些，我便跟着姐姐们上学去。路边，有一片沙滩，一条溪流紧紧依偎，那儿是孩子们的天堂。那时，父亲忙于班级教学和教务管理。母亲有幸考上师范，去了城里。再也没有人关心我的学习和成绩。不多久，那片沙滩打败了我，原本只是羡慕地看着大家玩的我很快就成了伙伴们中的积极分子，以至于经常性逃课。最好玩的是沙战，小一点的孩子骑在大一点的孩子的肩头上，表哥便是我的脚。准备好的双方模仿着飞机俯冲的姿势，冲到一处就纠缠起来，类似于摔跤。直至将对方从肩头扯下，摔在软沓沓的沙滩上，方是胜利。望着小伙伴们在沙滩上翻滚，沙尘飞扬，难以起身的样子，我们也跟着翻滚起来，无限快意，每每流连忘返。恣意的日子，不知不觉过了三年，终在母亲毕业的那年夏天戛然而止。从此，沙滩、小溪离开了我的童年。

多年以后，每次回老家，总是要去门前的小渠趟一趟水。而上学途中的沙滩早已不在，长满了青青小草，只留惆怅。想来，这就是我与沙土的缘起了。

如今，砂土力学特性、模拟及应用成为我的主要科研方向之一，却是在小渠中筛河蛤或是在小溪边打沙战时无论如何也想象不到的。1997 年，香港回归。我迎来了第一份建筑工程师的工作。彼时，开发区，新城建设一哄而上，大量的基础设施和建筑工程亟待建设。无论是砂土还是砂石在我眼里一下子变得更有分量，充满挑战，冥冥之中在我心里埋下了日后研究砂土的种子。未来总是如此的不可思议、不可预计。

本书的撰写要追溯到 2013 年，注意到长期以来工程实际和现有理论相脱节，高等岩土工程理论也鲜有应用到现有的工程设计、施工与运营维护上，这为实际工程留下了安全隐患，并造成了资源的极大浪费。很多研究生或工程师们对砂土的认识总是停留在摩尔-库仑的深度，对高等理论依然充满很多误解。为此，笔者课题组自 2013 年以来，提出了一系列基于临界状态框架的力求简单和便于应用的力学本构模型及配套方法，直至促成今天的书稿。

本书主要分三大部分的内容，即理论、扩展及应用。第一部分首先介绍砂土的基本试验规律及理论基础，接着从经典摩尔-库仑模型出发，详述了临界状态弹塑性模型 SIMSAND 的开发过程。为便于理解和训练，特别介绍了基于 MATLAB GUI 的 SIMSAND 模拟器开发，然后针对参数确定介绍了三种方法：直接确定方法、基于优化理论的反分析法以及基于贝叶斯理论的参数模糊识别。基于最优模拟效果，进一步评价了不同的临界状态相关公式。最后，应用热力学理论对 SIMSAND 模型进行了合理性验证及可能的改进。第二部分聚焦于考虑各种因素的本构模型扩展，比如：不同细颗粒含量影响、颗粒破碎诱发颗粒级配变化、尺寸效应的堆石料特性、循环动力载荷效应及各向异性组构、引入双屈服面的黏土模型扩展、非饱和土粒间毛细管力效应等。这样一来，不同特性土的本构模拟可以在 SIMSAND 模型统一框架下完成。此外，这部分还介绍了基于 SIMSAND 的土-结构接触面模型的做法。第三部分重点讲述 SIMSAND 模型结合有限元法在边界值及工程上的应用。首先介绍数值积分、有限元二次开发的基础知识以及有限元软件 ABAQUS，接着以隧道为例分析小应变刚度特性的应用、以平面应变双轴试验为例研究砂土力学特性的空间变异性、以单剪试验模拟为例讲述 SIMSAND 结合各向异性的应用，然后针对基础工程问题展开更为详细的分析：考虑颗粒破碎效应的桩贯入、考虑初始各向异性的桩土静力及循环动力响应分析。更进一步，讲述 SIMSAND 结合 SPH（光滑粒子流体动力学方法）的平台开发及应用：粒状土柱塌落试验模拟、海工结构桶式基础模拟分析。另外，英文中的“sand”对应于中文里的“沙土”或“砂土”，通常像河里的、海里的、沙漠里的等天然材料叫沙土，而从石头破碎出来的人工材料叫砂土。为简化起见，本书中统一使用“砂土”一词。

本书作为国内外少有的系统讲述粒状土力学的理论及实践方面的专著，汇集了笔者课题组在本构理论和数值分析等方面的原创性成果，并且提供了多种 MATLAB 源程序以及 ABAQUS 二次开发源程序，可供读者随时分析或训练之用，以期让读者快速、准确地理解和建立起如何应用理论来解决实际工程的概念。此外，本书介绍的粒状土力学理论在实际工程的应用实例也可以为类似工程提供参考，期望具有一定的科学及应用价值。

本书的积累离不开笔者多年来曾经的课题组部分同学们：朱启银博士、刘映晶博士、金银富博士、李舰博士、吴则祥博士、熊昊博士、赵朝发博士、刘江鑫博士、杨杰博士、金壮博士、王培博士、王瀚霖博士，以及陈佳莹硕士、夏云龙硕士、阮菲硕士。本书的出版离不开你们优秀的工作，有缘在你们的青葱岁月与你们朝夕相伴、谈笑风生，愿此书为我们曾经的最美时光留下一小幕场景、一丝痕迹。

本书在撰写过程中得到了不少专家与同仁的真诚指导和帮助。在此，衷心感谢法国南特中央理工大学 Pierre-Yves Hicher 教授、师母李佳媛女士、Yvon Riou 博士，法国格勒诺布尔阿尔卑斯大学 Christophe Dano 博士，法国居斯塔夫-埃菲尔大学李政博士，香港理工大学殷建华教授，同济大学黄宏伟教授、张冬梅教授，北京航空航天大学姚仰平教授，汕头大学沈水龙教授，上海交通大学叶冠林教授，核工业北京地质研究院陈亮教高，西南交通大学刘先峰教授，成都理工大学胡伟教授，济南轨道交通集团有限公司李罡博士等，在成书过程中给予的悉心指导和帮助。特别感谢金银富博士以及博士生余路加、张品、徐汪祺、王泽宇、宋顺翔在本书编排、整理和校阅过程中所付出的辛勤劳动。也感谢中国建筑工业出版社为本书的出版做了大量细致工作。

本书的部分成果和出版得到了国家自然科学基金项目（41372285、51579179）、香港研究资助局基金项目（R5037-18F、15209119、15217220）等资助，特别是2019年国家科学技术学术著作出版基金的资助，在此表示衷心的感谢。

鉴于作者理论和技术水平有限，书中难免有纰漏之处，望读者和同行批评指正。

尹振宇

2020年9月1日于香港

符号定义

a	Constant of fines content effect in silty sand (SIMSAND+fr) 粉砂混合土中细颗粒含量影响常数
A_d	Constant of stress-dilatancy magnitude (0.5～1.5) 应力剪胀大小常数
b	Constant controlling the amount of grain breakage (SIMSAND+Br) 颗粒破碎量变化的控制常数
C_{aei}	Intrinsic secondary compression index (remolded clay) 次固结系数（重塑土）
$\mathbf{D}$	Stiffness matrix of material 材料刚度矩阵
E	Young's modulus 杨氏模量
e，e_0	Void ratio and initial void ratio 孔隙比和初始孔隙比
E_0	Referential Young's modulus (dimensionless) 杨氏模量参考值（无量纲）
e_{c0}	Initial critical state void ratio (SIMSAND); Virgin initial critical state void ratio before breakage 初始临界状态孔隙比 (SIMSAND)；破碎前临界状态孔隙比
e_{cuf}	Fractal initial critical state void ratio due to breakage 颗粒破碎相关的最终初始临界状态孔隙比
e_d	General shear strain 广义剪应变
E_h，E_v	Horizontal and vertical Young's moduli 水平和竖向杨氏模量
$e_{hc,c0}$	Initial critical state void ratio of pure fine soils (f_c=0%) 细颗粒土初始临界状态孔隙比
$e_{hf,c0}$	Initial critical state void ratio of pure coarse soils (f_c=100%) 粗颗粒土初始临界状态孔隙比
e_{max}	Maximum void ratio 最大孔隙比
f_{th}	Threshold fines content from coarse to fine-grained skeleton (20%～35%) 从粗颗粒骨架到细颗粒骨架的界限细颗粒含量

续表

f_c	Fines content 细颗粒含量
G	Shear modulus 剪切模量
G_0	Referential shear modulus 剪切模量参考值
G_{vh}	Shear modulus 各向异性剪切模量
I_1, I_2, I_3	The first, second and third invariants of the stress tensor 第一,第二,第三应力张量不变量
I'_1,I'_2,I'_3	The first, second and third invariants of the strain tensor 第一,第二,第三应变张量不变量
J_1, J_2, J_3	The first, second and third invariants of the deviatoric stress tensor 第一,第二,第三偏应力张量不变量
J'_1,J'_2,J'_3	The first, second and third invariants of the deviatoric strain tensor 第一,第二,第三偏应变张量不变量
K	Bulk modulus 体积模量
K_0	Coefficient of earth pressure at rest 静止土压力系数
k_p	Plastic modulus related constant in SIMSAND 塑性模量相关常数(SIMSAND)
M	Slope of critical state line on p'-q plane 临界状态应力比
m	Constant of fines content effect in sandy silt 粉砂混合物中细颗粒相关的常数
M_c	Slope of critical state line in triaxial compression on p'-q plane 三轴压缩 p'-q 平面临界状态应力比
n	Elastic constant controlling nonlinear stiffness 控制弹性刚度非线性的常数
n_d	Phase transformation angle related constant (≈ 1) 相变角相关常数
n_p	Peak friction angle related constant (≈ 1) 峰值摩擦角相关常数
p'	Mean effective stress 平均有效应力
p_{at}	Atmosphere pressure 大气压力

p_{b0}	Initial bonding adhesive stress 初始粘结力
p_{m0}	Initial size of yield surface; Initial size of yield surface of grain breakage (SIMSAND+Br) 初始屈服面大小；颗粒破碎时的初始屈服面大小
q	Deviatoric stress 偏应力
R_d	Ratio of mean diameter of sand to silt D_{50}/d_{50} 粉砂混合物中粗颗粒部分和细颗粒部分的平均粒径比
s_{ij}	Deviatoric stress tensor 偏应力张量
u_x, u_y, u_z	Displacements 位移
δ_{ij}	Kronecker symbol 克罗内克尔符号
$\varepsilon_1, \varepsilon_2, \varepsilon_3$	First, second and third principle strains 第一，第二，第三主应变
ε_a、ε_r	Axial strain and radial strain 轴向和径向应变
ε_{ij}	Strain tensor 应变张量
ε_m	Mean strain 平均应变
ε_v	Volumetric strain 体应变
$\gamma_{xy}, \gamma_{yx}, \gamma_{yz}$, $\gamma_{zy}, \gamma_{zx}, \gamma_{xz}$	Engineering shear strains 工程剪应变
$\phi_c, \phi_u, \phi_p, \phi_{pt}$	Friction angle, peak friction angle, phase transformation friction angle 内在摩擦角，峰值摩擦角，相变摩擦角
κ	Swelling index of the isotropic compression test (on e-lnp' plane) e-lnp'平面回弹系数
λ	Compression index (in e-lnp' plane); Constant controlling the nonlinearity of CSL in SIMSAND e-lnp'平面上的压缩系数；SIMSAND 临界状态线的非线性控制常数
λ'	Modified compression index 修正压缩系数
ν'_{vh}	Horizontal Poisson's ratio 水平方向泊松比
ν'_{vv}	Vertical Poisson's ratio 竖直方向泊松比

θ	Lode angle 洛德角
ρ	Constant controlling the movement of CSL 颗粒破碎相关的临界状态线下移控制常数
σ_a, σ_r	Axial stress and radial stress 轴向和径向应力
σ_{ij}	Stress tensor 应力张量
$\sigma_m(p)$	mean stress 平均应力
σ_n, σ_h	Vertical and horizontal stresses 竖向和水平向应力
σ_{p0}	Preconsolidation pressure 先期固结压力
σ_w	Pore water pressure 孔隙水压力
$\sigma_x,\sigma_y,\sigma_z$	Normal stresses 法向应力
$\sigma_1,\sigma_2,\sigma_3$	First, second and third principle stresses 第一,第二,第三主应力
$\tau_{xy},\tau_{yx},\tau_{yz}$, $\tau_{zy},\tau_{zx},\tau_{xz}$	Shear stresses 剪切应力
υ	Poisson's ratio 泊松比
ω	Constant of controlling the degradation rate of cohesion 控制黏聚力折减速率的常数
ξ	Constant controlling the nonlinearity of CSL (SIMSAND) 临界状态线非线性控制常数
ψ	Dilatancy angle 膨胀角

目　录

第一部分　理论基础

第二部分　理论扩展

第三部分 理论应用

第一部分　理论基础

第 1 章　砂土的基本试验规律及理论基础

本章提要

土的本构模拟究其实质便是针对土材料的应力-应变关系的建立与实现。本章首先介绍作为散体颗粒材料集合体的砂土的连续介质假设；接着简要对本构模拟中用到的一些应力、应变分析进行了简单的回顾，给出了常用的应力-应变关系式以及一些重要变量的表达式；然后针对砂土的几个典型力学特性的试验规律，如压缩、剪切、小应变刚度、各向异性、循环动力等特性，进行了总结；最后对现有砂土本构模型进行了分类、总结和讨论。

1.1　砂土的连续介质假设

砂土由散体颗粒集合而成。因此，首先要考虑的是相对于颗粒的大小，试验所用的试样在尺寸上是否满足要求，使得实际的力与位移在可接受的范围内能与虚拟连续介质的应力、应变联系在一起（Biarez 和 Hicher，1994；尹振宇和姚仰平，2014）。

类似于连续固体材料，土的应力仍被定义为单位面积上的力的大小 $\sigma=F/A$。但考虑到砂土颗粒的极限尺寸时，颗粒总是有一定的尺寸大小，所以面积 A 不能趋近于零。因而问题是：相对于颗粒的大小，A 需要多大，才能得到虚拟连续介质应力的近似值? Gourves（Biarez 和 Hicher，1994）测量了通过圆柱施加给板的合力，表明当板的尺寸减小时，板上合力的离散性则大幅度增加。为了使平均应力的变异系数小于 10%，需要用直径为 0.2～0.5cm 的圆柱棒，板的直径要大于 5cm（10 倍以上的圆柱棒直径）。若圆柱棒由三维颗粒来取代，变异系数将更小。反映在实际情况中，试验中的试样尺寸至少为最大颗粒尺寸的 10 倍（图 1.1）。

除了满足测量的位移相对颗粒大小应足够长以外，还需进一步考虑其他因素。比如除了压缩应变之外，颗粒旋转或颗粒间的滑移也会使得应变增加。现假设两个颗粒接触点两侧的两个相邻点，通常情况下这两点在运动过程中并不会始终保持相邻。Gourves（Biarez 和 Hicher，1994）将复杂的轨迹描述了出来，表明虚拟连续介质中的虚拟平均点仍保持彼此相邻，从而可以定义为应变张量。

在满足上述应力和应变定义要求的情况下，砂土就可以被理想化为一种连续介质，即虚拟连续介质。连续介质力学就可以应用在这些颗粒连续接触的特殊集合体介质中。在实际应用中，需要确定其应力-应变关系及其参数，这些参数通常由试样或者现场原位测试的力与位移的关系得到。

我们希望通过试验来重现工程建设以及工后使用过程中的不同位置土体的荷载路径。但由于试验仪器的限制，试验中所实现的路径要比实际情况简单得多。在现有理论框架

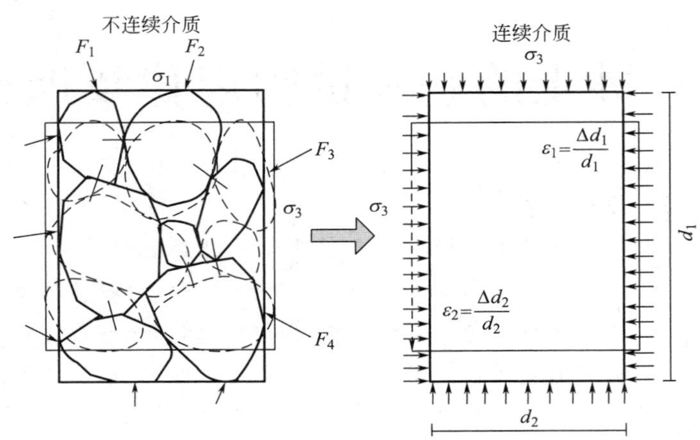

图 1.1　颗粒集合体到虚拟连续介质

下，砂土力学特性的表达需要采用多组试验数据，这些数据可以反映不同应力路径的特性。这样得到的结果综合起来，才具有砂土本构关系的代表性。

1.2　应力-应变分析基础

1.2.1　应力分析

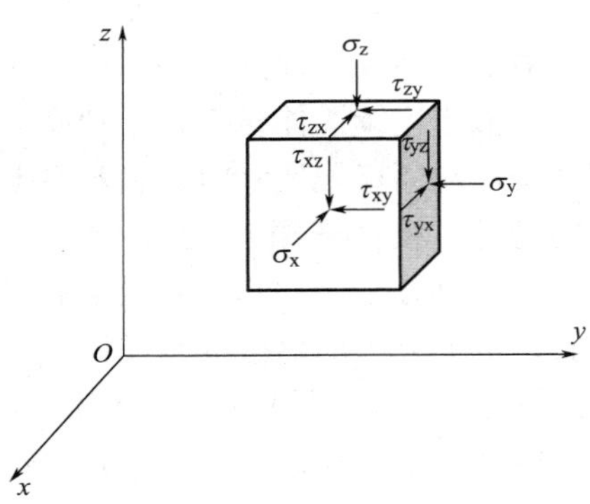

图 1.2　一点的应力状态示意图

一点的应力状态可以通过图 1.2 来表达，即取相互垂直的三维坐标轴 x、y、z，通过土体中任意一点（x，y，z）取一无限小立方单元体。作用在单元体六个面上的应力分量有 3 个正应力分量 σ_x、σ_y、σ_z 和 6 个剪应力分量 τ_{xy}、τ_{yx}、τ_{yz}、τ_{zy}、τ_{zx}、τ_{xz}。在土力学中，我们通常规定：正应力以压为正，拉为负；剪应力在与坐标轴一致的正面上，方向与坐标轴方向相反为正，反之为负，如图 1.2 所示，图中的正应力与剪应力均为正值。这 9 个应力分量的大小不仅与受力状态有关，还与坐标轴的方向有关，这种随坐标轴的变换按一定的规律变化的量称为应力张量。应力张量可以表示为：

$$\sigma_{ij}=\begin{bmatrix}\sigma_x & \tau_{xy} & \tau_{xz}\\ \tau_{yx} & \sigma_y & \tau_{yz}\\ \tau_{zx} & \tau_{zy} & \sigma_z\end{bmatrix}\equiv\begin{bmatrix}\sigma_{xx} & \sigma_{xy} & \sigma_{xz}\\ \sigma_{yx} & \sigma_{yy} & \sigma_{yz}\\ \sigma_{zx} & \sigma_{zy} & \sigma_{zz}\end{bmatrix}\equiv\begin{bmatrix}\sigma_{11} & \sigma_{12} & \sigma_{13}\\ \sigma_{21} & \sigma_{22} & \sigma_{23}\\ \sigma_{31} & \sigma_{32} & \sigma_{33}\end{bmatrix} \tag{1.1}$$

由单元体的力矩平衡，可得，$\tau_{xy}=\tau_{yx}$，$\tau_{yz}=\tau_{zy}$，$\tau_{xz}=\tau_{zx}$，即单元体的应力状态可由 6 个独立的应力分量表示。在本构模型程序编写中，我们通常写成：

$$\sigma_{ij}=[\sigma_{xx}\quad\sigma_{yy}\quad\sigma_{zz}\quad\sigma_{xy}\quad\sigma_{xz}\quad\sigma_{yz}]^{\mathrm{T}} \tag{1.2}$$

若取平均法向应力 σ_m（或用 p 表示）为：

$$\sigma_m=\frac{1}{3}(\sigma_{xx}+\sigma_{yy}+\sigma_{zz}) \tag{1.3}$$

则应力张量 σ_{ij} 可写为

$$\sigma_{ij}=\begin{bmatrix}\sigma_{xx}-\sigma_m & \tau_{xy} & \tau_{xz}\\ \tau_{yx} & \sigma_{yy}-\sigma_m & \tau_{yz}\\ \tau_{zx} & \tau_{zy} & \sigma_{zz}-\sigma_m\end{bmatrix}+\begin{bmatrix}\sigma_m & 0 & 0\\ 0 & \sigma_m & 0\\ 0 & 0 & \sigma_m\end{bmatrix} \tag{1.4}$$

公式中第一个张量称为偏应力张量，第二个张量称为球应力张量。球应力张量也可以用缩写表示为 $\sigma_m\delta_{ij}$，其中 δ_{ij} 称为 Kronecker 符号（$\delta_{ij}=1$，当 $i=j$；$\delta_{ij}=0$，当 $i\neq j$）。

偏应力张量也可以表示为

$$s_{ij}=\sigma_{ij}-\sigma_m\delta_{ij}=\begin{bmatrix}\sigma_{xx}-\sigma_m & \tau_{xy} & \tau_{xz}\\ \tau_{yx} & \sigma_{yy}-\sigma_m & \tau_{yz}\\ \tau_{zx} & \tau_{zy} & \sigma_{zz}-\sigma_m\end{bmatrix}=\begin{bmatrix}s_{xx} & s_{xy} & s_{xz}\\ s_{yx} & s_{yy} & s_{yz}\\ s_{zx} & s_{zy} & s_{zz}\end{bmatrix}=\begin{bmatrix}s_{11} & s_{12} & s_{13}\\ s_{21} & s_{22} & s_{23}\\ s_{31} & s_{32} & s_{33}\end{bmatrix} \tag{1.5}$$

应力张量的第一、第二、第三不变量为：

$$I_1=\sigma_{xx}+\sigma_{yy}+\sigma_{zz}$$

$$I_2=\begin{vmatrix}\sigma_{xx} & \tau_{xy}\\ \tau_{yx} & \sigma_{yy}\end{vmatrix}+\begin{vmatrix}\sigma_{yy} & \tau_{yz}\\ \tau_{zy} & \sigma_{zz}\end{vmatrix}+\begin{vmatrix}\sigma_{zz} & \tau_{zx}\\ \tau_{xz} & \sigma_{xx}\end{vmatrix}=\sigma_{xx}\sigma_{yy}+\sigma_{yy}\sigma_{zz}+\sigma_{zz}\sigma_{xx}-\tau_{xy}^2-\tau_{yz}^2-\tau_{zx}^2$$

$$I_3=\begin{vmatrix}\sigma_{xx} & \tau_{xy} & \tau_{xz}\\ \tau_{yx} & \sigma_{yy} & \tau_{yz}\\ \tau_{zx} & \tau_{zy} & \sigma_{zz}\end{vmatrix}=\sigma_{xx}\sigma_{yy}\sigma_{zz}+2\tau_{xy}\tau_{yz}\tau_{zx}-\sigma_{xx}\tau_{yz}^2-\sigma_{yy}\tau_{zx}^2-\sigma_{zz}\tau_{xy}^2 \tag{1.6}$$

应用高次方程解法，可得三个主应力：

$$\begin{cases}\sigma_1=\dfrac{I_1}{3}+2\sqrt{\dfrac{J_2}{3}}\cos\theta\\ \sigma_2=\dfrac{I_1}{3}-\sqrt{\dfrac{J_2}{3}}(\cos\theta-\sqrt{3}\sin\theta)\\ \sigma_3=\dfrac{I_1}{3}-\sqrt{\dfrac{J_2}{3}}(\cos\theta+\sqrt{3}\sin\theta)\end{cases} \tag{1.7}$$

式中，$\theta=\frac{1}{3}\arccos\left[\frac{3\sqrt{3}}{2}(J_3/J_2^{\frac{3}{2}})\right]$（$0\leqslant\theta\leqslant\pi$）；$J_2=\frac{I_1^2-3I_2}{3}$；$J_3=\frac{2I_1^3+27I_3-9I_1I_2}{27}$。

偏应力张量的三个不变量：

$$\begin{cases}J_1=s_{xx}+s_{yy}+s_{zz}=0\\ J_2=\dfrac{1}{2}s_{ij}s_{ji}=\dfrac{1}{2}(s_{xx}^2+s_{yy}^2+s_{zz}^2+2\tau_{xy}^2+2\tau_{xz}^2+2\tau_{yz}^2)\\ J_3=s_{xx}s_{yy}s_{zz}=2\tau_{xy}\tau_{yz}\tau_{xz}-\sigma_{xx}\tau_{yz}^2-\sigma_{yy}\tau_{xz}^2-\sigma_{zz}\tau_{xy}^2\end{cases} \tag{1.8}$$

可以证明偏应力张量不变量 J_1，J_2，J_3 与应力张量不变量 I_1，I_2，I_3 的关系为

$$\begin{cases} J_1 = 0 \\ J_2 = \dfrac{1}{3}(I_1^2 - 3I_2) \\ J_3 = \dfrac{1}{27}(2I_1^2 - 9I_1I_2 + 27I_3) \end{cases} \tag{1.9}$$

其中第二偏应力张量不变量可用来求解偏应力 q

$$q = \sqrt{3J_2} \tag{1.10}$$

在三轴条件下，可简化为 $q = |\sigma_a - \sigma_r|$。为了区分压缩和伸长条件的区别，直接采用"$q = \sigma_a - \sigma_r$"。

应用偏应力张量不变量，洛德角 θ 可写为

$$\cos 3\theta = \frac{3\sqrt{3}}{2} \frac{J_3}{J_2^{\frac{3}{2}}} \tag{1.11}$$

对于常规三轴试验中 $\sigma_2 = \sigma_3$ 的三轴压缩状态，$b=0$，$\theta=0°$；对于 $\sigma_2 = \sigma_1$ 三轴伸长状态，$b=1$，$\theta=60°$；当 $\sigma_2 = (\sigma_1 + \sigma_3)/2$ 时，$b=0.5$，$\theta=30°$；其中 b 为中主应力系数，表达为：

$$b = (\sigma_2 - \sigma_3)/(\sigma_1 - \sigma_3) \tag{1.12}$$

1.2.2 应变分析

在小变形条件下，一点的应变状态可以用应变张量表示为：

$$\varepsilon_{ij} = \begin{bmatrix} \varepsilon_x & \frac{1}{2}\gamma_{xy} & \frac{1}{2}\gamma_{xz} \\ \frac{1}{2}\gamma_{yx} & \varepsilon_y & \frac{1}{2}\gamma_{yz} \\ \frac{1}{2}\gamma_{zx} & \frac{1}{2}\gamma_{zy} & \varepsilon_z \end{bmatrix} \equiv \begin{bmatrix} \varepsilon_{xx} & \varepsilon_{xy} & \varepsilon_{xz} \\ \varepsilon_{yx} & \varepsilon_{yy} & \varepsilon_{yz} \\ \varepsilon_{zx} & \varepsilon_{zy} & \varepsilon_{zz} \end{bmatrix} \equiv \begin{bmatrix} \varepsilon_{11} & \varepsilon_{12} & \varepsilon_{13} \\ \varepsilon_{21} & \varepsilon_{22} & \varepsilon_{23} \\ \varepsilon_{31} & \varepsilon_{32} & \varepsilon_{33} \end{bmatrix} \tag{1.13}$$

式中，γ 为工程剪应变。应变张量分解为偏应变张量 e_{ij} 和球应变张量

$$\varepsilon_{ij} = e_{ij} + \varepsilon_m \delta_{ij} = \begin{bmatrix} \varepsilon_x - \varepsilon_m & \frac{1}{2}\gamma_{xy} & \frac{1}{2}\gamma_{xz} \\ \frac{1}{2}\gamma_{yx} & \varepsilon_y - \varepsilon_m & \frac{1}{2}\gamma_{yz} \\ \frac{1}{2}\gamma_{zx} & \frac{1}{2}\gamma_{zy} & \varepsilon_z - \varepsilon_m \end{bmatrix} + \begin{bmatrix} \varepsilon_m & 0 & 0 \\ 0 & \varepsilon_m & 0 \\ 0 & 0 & \varepsilon_m \end{bmatrix} \tag{1.14}$$

式中，平均应变定义为 $\varepsilon_m = (\varepsilon_x + \varepsilon_y + \varepsilon_z)/3$。

类似于应力，应变张量不变量为

$$\begin{cases} I'_1 = \varepsilon_x + \varepsilon_y + \varepsilon_z \\ I'_2 = \varepsilon_x\varepsilon_y + \varepsilon_y\varepsilon_z + \varepsilon_z\varepsilon_x - \left(\dfrac{\gamma_{xy}}{2}\right)^2 - \left(\dfrac{\gamma_{yz}}{2}\right)^2 - \left(\dfrac{\gamma_{zx}}{2}\right)^2 \\ I'_3 = \varepsilon_x\varepsilon_y\varepsilon_z + 2\left(\dfrac{\gamma_{xy}}{2}\right)\left(\dfrac{\gamma_{yz}}{2}\right)\left(\dfrac{\gamma_{zx}}{2}\right) - \varepsilon_x\left(\dfrac{\gamma_{yz}}{2}\right)^2 - \varepsilon_y\left(\dfrac{\gamma_{zx}}{2}\right)^2 - \varepsilon_z\left(\dfrac{\gamma_{xy}}{2}\right)^2 \end{cases} \tag{1.15}$$

偏应变张量不变量为

$$\begin{cases} J'_1=(\varepsilon_{xx}-\varepsilon_m)+(\varepsilon_{yy}-\varepsilon_m)+(\varepsilon_{zz}-\varepsilon_m)=0 \\ J'_2=(\varepsilon_{xx}-\varepsilon_m)(\varepsilon_{yy}-\varepsilon_m)+(\varepsilon_{yy}-\varepsilon_m)(\varepsilon_{zz}-\varepsilon_m)+(\varepsilon_{zz}-\varepsilon_m)(\varepsilon_{xx}-\varepsilon_m)- \\ \quad \left(\frac{\gamma_{xy}}{2}\right)^2-\left(\frac{\gamma_{yz}}{2}\right)^2-\left(\frac{\gamma_{zx}}{2}\right)^2 \\ J'_3=(\varepsilon_{xx}-\varepsilon_m)(\varepsilon_{yy}-\varepsilon_m)(\varepsilon_{zz}-\varepsilon_m)+2\left(\frac{\gamma_{xy}}{2}\right)\left(\frac{\gamma_{yz}}{2}\right)\left(\frac{\gamma_{zx}}{2}\right)-\varepsilon_x\left(\frac{\gamma_{yz}}{2}\right)^2- \\ \quad \varepsilon_y\left(\frac{\gamma_{zx}}{2}\right)^2-\varepsilon_z\left(\frac{\gamma_{xy}}{2}\right)^2 \end{cases} \tag{1.16}$$

广义剪应变 ε_d（或称为偏应变或等效应变）定义为

$$\varepsilon_d=\sqrt{\frac{2}{3}e_{ij}e_{ij}}=\frac{\sqrt{2}}{3}\sqrt{(\varepsilon_1-\varepsilon_2)^2+(\varepsilon_2-\varepsilon_3)^2+(\varepsilon_3-\varepsilon_1)^2} \tag{1.17}$$

对于三轴试验（$\varepsilon_2=\varepsilon_3$）有：

$$\varepsilon_d=\frac{2}{3}(\varepsilon_1-\varepsilon_3) \tag{1.18}$$

体积应变 ε_v（小应变假设）：

$$\varepsilon_v=\frac{\Delta V}{V}=(1+\varepsilon_1)(1+\varepsilon_2)(1+\varepsilon_3)-1\approx\varepsilon_1+\varepsilon_2+\varepsilon_3 \tag{1.19}$$

1.3　砂土力学特性的试验规律简述

基于室内试验，砂土的力学特性可简述为如下几点。

1.3.1　压缩特性

类似于黏土，砂土的准弹性极限压力 p'_{ic} 称为先期固结压力，对应于砂土颗粒未发生破碎。依照 Hertz 理论，颗粒状介质的弹性特性是非线性的，对于常孔隙比的天然砂土，压力的指数 n 约为 0.5～0.7；对于排列有序的圆球，n 约为 1/3。

$$E=\alpha p'^n \tag{1.20}$$

由于等式的量纲必须一致，所以 α 的量纲应该是应力的（$1-n$）次方。根据 Hertz 理论，α 与材料颗粒的模量有关。颗粒的排列由 $G(e)$ 来量测，其与材料的堆积密度相关，同样影响 α 的值。在此公式的基础上，很多学者又提出了一些改进，详细总结可查阅尹振宇等（2017）的《土的小应变刚度特性》。

对于正常密度的砂来说，我们首先观察到的是没有发生颗粒破碎的压缩状态，之后随着压力的增大砂土颗粒发生破碎，孔隙比减小，从而导致曲线斜率更大（图 1.3，Biarez 和 Hicher，1994）。此颗粒破碎之后的主要变形不可恢复，可记为塑性变形。

1.3.2　剪切特性

土的剪切特性是指土在剪切过程中所表现出的剪缩/剪胀性及屈服强度特性（或称为摩擦性）。常规试验手段主要有：（1）直剪、单剪等土样不均匀变形的剪切试验（图 1.4a、b），（2）土样相对均匀变形的三轴剪切试验（图 1.4c）。按照不同的设计要求，通常采用

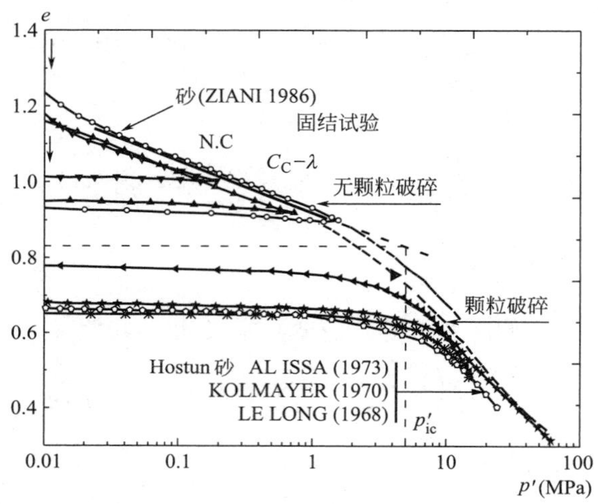

图 1.3　砂土固结压缩曲线

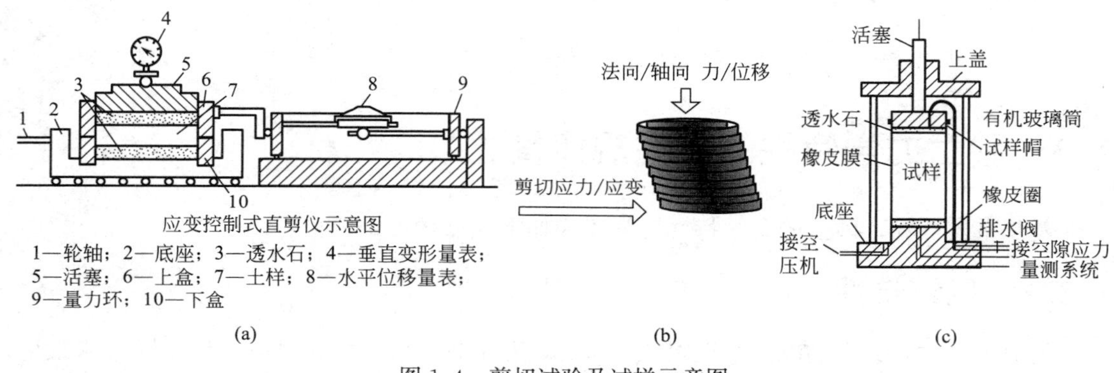

图 1.4　剪切试验及试样示意图

(a) 直剪试验；(b) 单剪试验；(c) 三轴剪切试验

慢剪或快剪等方法，排水或不排水等试验条件，进而得到不同的变形和强度指标。由于在剪切过程中试样均匀性的优点，三轴剪切试验被广泛采用。

砂土按其相对密实度通常分为密砂（$D_r>65\%$）、中密砂（$35\%\leqslant D_r\leqslant 65\%$）和松砂（$D_r<35\%$），其中相对密实度 D_r 的定义为：

$$D_r=\frac{e_{max}-e}{e_{max}-e_{min}} \tag{1.21}$$

式中，e_{max} 和 e_{min} 为最大、最小孔隙比，e 为当前砂土孔隙比。

大量的三轴剪切试验表明（图 1.5，图 1.6，Biarez 和 Hicher，1994）：(1) 松砂在剪切过程中表现出体积压缩，即剪缩特性（排水条件下孔隙比变小、不排水条件下平均有效应力变小）；(2) 密砂在剪切过程中表现出体积膨胀，即剪胀特性（排水条件下孔隙比变大、不排水条件下平均有效应力变大），并伴随着应力比峰值强度高于临界强度；(3) 不同密实度砂土的应力比最终均到达同一条应力比线上，此线被称为“临界状态线”（或称为“应力比临界状态线”），与土的摩擦性直接相关，决定土的屈服强度；(4) 不同密实

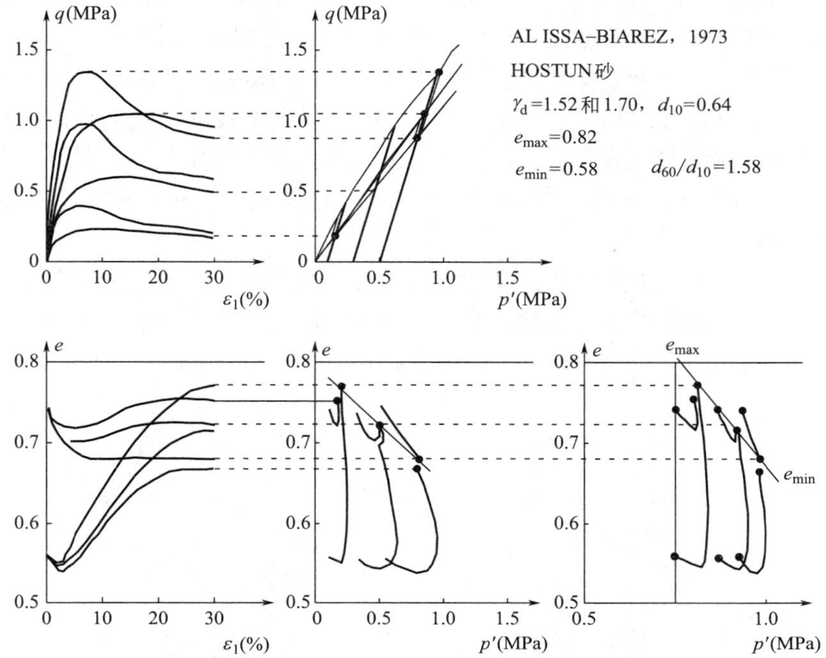

图 1.5 砂土三轴排水试验结果

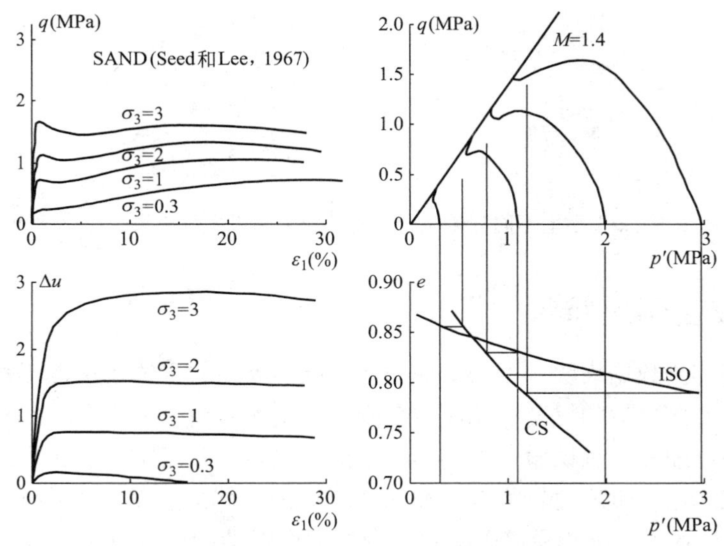

图 1.6 砂土三轴不排水试验结果

度砂土的孔隙比也最终均到达同一条“e-lgp'（孔隙比-lg 平均有效应力）”线上，此线也被称为“临界状态线”（或称为“孔隙比临界状态线”）；（5）对于砂土，孔隙比临界状态线通常为一条曲线；孔隙比临界状态线与土的当前“孔隙比-应力”状态的相对位置关系直接决定土的剪缩/剪胀性及其量的大小。

特别值得注意的是，力学上讲的松砂特性或密砂特性跟相对密实度不完全一致，完全由砂土孔隙比和应力状态共同决定。比如砂土当前孔隙比和平均有效应力构成的当前状态在“孔隙比临界状态线”的上方则表现松砂特性，反之则表现密砂特性。

在砂土剪切特性里有个重要的现象叫“静态液化”，即超孔隙水压力增大到在某种程度（比如导致平均有效应力趋近于零），会让土体完全失去强度，我们称之为发生液化现象。我们可以用临界状态概念来解释，当砂土的孔隙比大于初始临界孔隙比（即孔隙比临界状态线上 p'很小时所对应的 e）时，砂土的孔隙比和应力状态要向临界状态线上运动，即平均有效应力趋近于零。

此外，剪切强度的三维力学特性是砂土的重要特性之一，其研究的关键是中主应力对土抗剪强度的影响。通常采用真三轴试验实现三个方向的主应力控制，在 π 平面上沿不同的路径加载，得到不同中主应力条件下的强度特性（图 1.7，Biarez 和 Hicher，1994）。

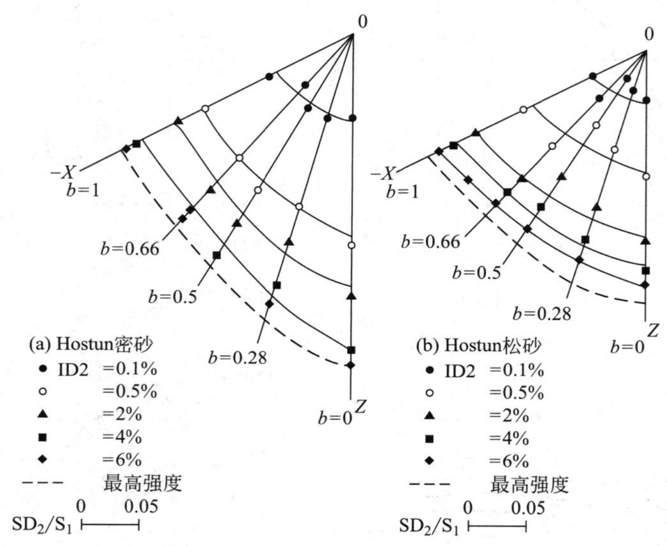

图 1.7 π 平面上不同等偏应变下的偏应力随中主应力系数变化规律

1.3.3 小应变刚度特性

大量的工程实测数据表明，相当一部分地下结构周围的土体在正常工作荷载作用下处于小应变状态。监测数据的反分析和小应变刚度试验均表明，土体实际的刚度值要比由常规试验（如侧限压缩和三轴试验）得到的刚度值大很多。尹振宇等（2017）总结了很多文献：在工作荷载作用下重要建筑物基础和深基坑周围土体应变基本上小于 0.1%，最大不超过 0.5%；在基础、基坑和隧道周围除了少数发生塑性的区域外，其他区域的应变整体上是非常小的，有代表性的数量级是 0.01%～0.1%。根据剪应变的大小，可分为三个范围：非常小应变（不大于 10^{-6}）、小应变（10^{-6}～10^{-3}）和大应变（大于 10^{-3}）。图 1.8 是土体在几种常见的岩土工程条件下的应变及不同试验方法适用的应变范围。

各类重大工程对变形均有严格的要求，即要求结构物周围一定范围内的土体处于小应变状态。由于设计参数一般基于常规试验结果，岩土工程师在对建筑物周围土体变形进行预测分析时采用的刚度值往往小于实际的刚度值，一方面会导致预测的变形过大而造成地下结构支护体系过于保守及建筑物造价大幅攀升，另一方面会导致一些结构面上预测的土压力过小而造成设计的安全系数降低甚至出现工程事故。因此，土体小应变刚度特性（通常包括非常小应变和小应变两个范围）的准确评估对于准确预测结构周围土体变形、控制工程造价以及工程灾害防治都有着重要的意义。

砂土小应变刚度特性的关键科学问题主要有以下三个：(1) 非常小应变条件下的最大剪切刚度，通常用 G_0 或 G_{max} 表示；(2) 小应变范围内刚度随应变的变化规律；(3) 小应变刚度特性的影响因素。详细总结可查阅尹振宇等（2017）的《土的小应变刚度特性》。

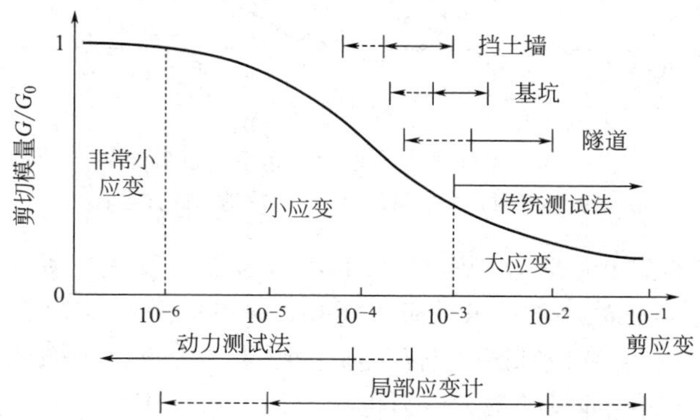

图 1.8　不同应变范围内土体应变-刚度特性

1.3.4　各向异性

颗粒的各向异性排列可以造成材料的力学各向异性，这种现象可以从不同的力学应力路径中体现出来。在一般情况下，各向异性可以分为两种类型：(1) 沉积过程中形成的初始各向异性，主要是由于在沉积过程中应力的各向异性导致的；(2) 应力变化过程中产生的不可逆的变形导致的各向异性，即诱发各向异性。

颗粒本身的不规则性带来的各向异性，再加上接触排列的各向异性，使得砂土的变形和强度都充满各向异性的力学特性。比如，对于初始正交各向异性，各向同性压缩可以产生塑性各向异性应变，沿着正交轴向方向的应变要小于垂直方向的应变（图 1.9a，Biarez 和 Hicher，1994)；通常认为塑性变形改变了材料的初始各向异性，使得土体变得更接近各向同性。但是对于砂土来说，是不可能达到完全各向同性状态的（图 1.9b，Biarez 和 Hicher，1994)。

1.3.5　循环动力特性

单向循环动力试验表明在第一个循环后会产生显著的塑性变形（图 1.10a，Biarez 和 Hicher，1994)。之后，循环会基本保持着相同形状沿着 ε_1 轴向前累积。第一次加载后产生的塑性变形非常重要。很明显，即使塑性变形在继续，第一次出现的塑性变形仍要占据循环所产生的塑性变形的主要部分。如果在一个或者几个循环后到达相同循环的最大应力值，然后停止循环加载而只做静力加载，可使得应力继续增加，在应力-应变曲线上会出现一个弯曲点。当应力幅值超过先前循环过程中的最大值时斜率会出现明显减小，随后的循环将导致滞回圈的斜率更大。

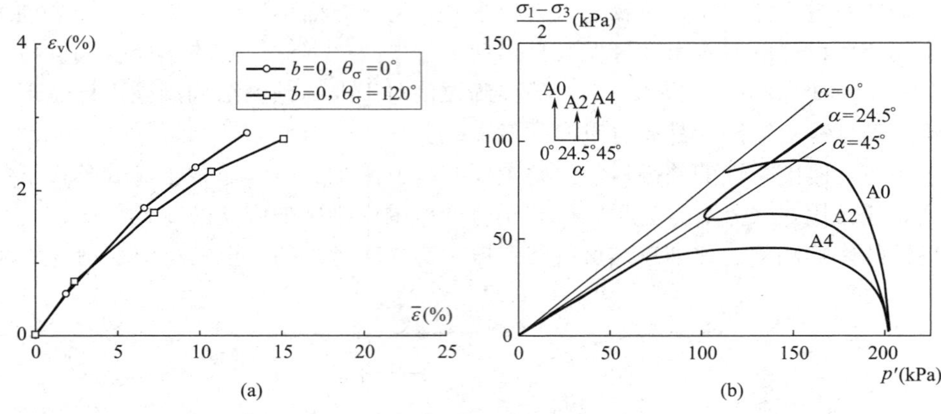

图 1.9　不同主应力轴偏转角下的试验结果

（a）真三轴试验结果；（b）下排水剪切试验结果

在双向循环动力载荷下，应力-应变曲线的形状可能会发生改变（图 1.10b，Biarez 和 Hicher，1994）。对于每一循环，不再是滞回环那样简单地沿着 ε_1 轴向前平移，而是在前进的过程中斜率有所改变。应变控制试验也有类似的结果。由于每个循环后材料的密度都在增加，因此每个循环的压缩或伸长的最大应力也在增加。从体积变形上的变化可以明显看出一个以临界 q/p' 值为边界的剪缩区域（压缩和伸长都有），超过此区域就会出现剪胀。

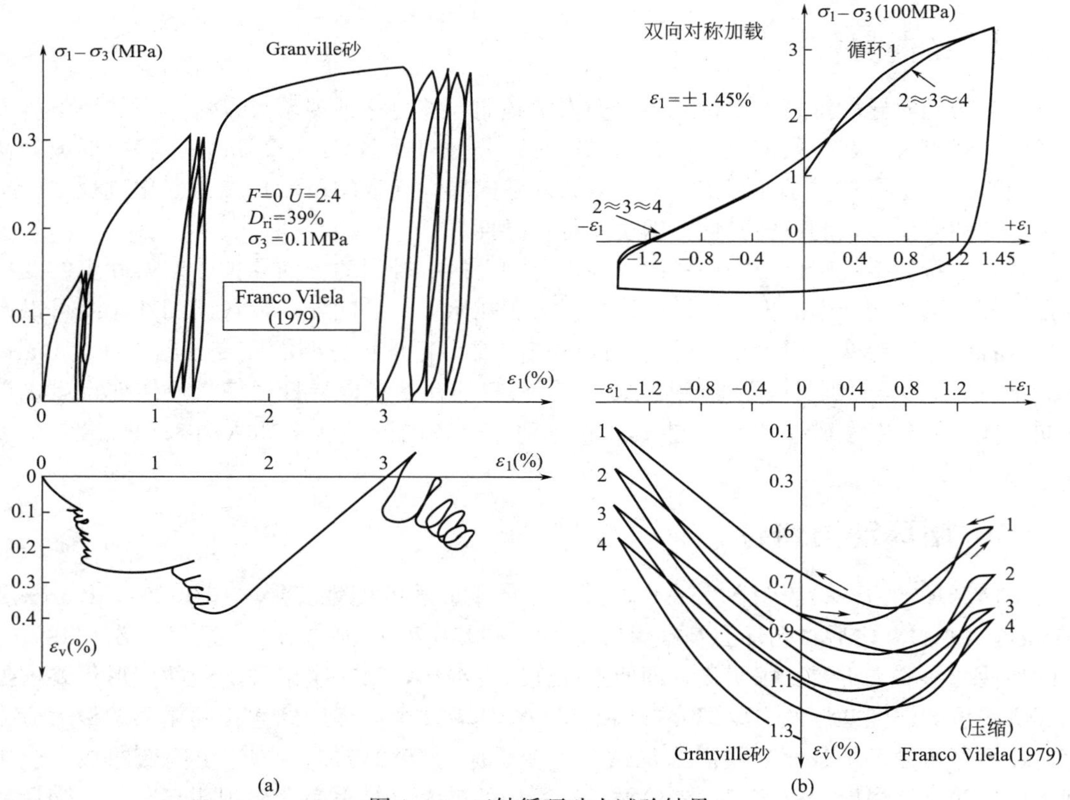

图 1.10　三轴循环动力试验结果

（a）多次不同幅值的单向循环；（b）等幅值的双向循环

相对于以静力试验为主（一般 $q/p'<M$）来定义的剪缩，在循环动力下土体体积变化取决于应力路径的位置，即应力或应变幅值的大小。如果应力路径完全在此压缩区域内，即使对于初始很密实的材料，循环也将产生明显的累积压缩。如果在每次循环过程中超过了此压缩区域的边界，将会出现一段时间为剪缩，随后一段时间为剪胀。

在不排水条件下的剪切变形过程中，超孔隙水压力的变化取决于土体是趋向于剪缩还是剪胀。图 1.11 为砂土在液化试验中的一些特性（Biarez 和 Hicher，1994）。这个过程可以分解为以下三个阶段：(a) 小循环应变阶段，孔压持续增加；(b) 应力路径达到稳定状态线，这个阶段孔压继续增加，循环应变加速产生，并且循环产生了一个阶梯形的形状；(c) 应力路径变得稳定。每个循环中应力到达零有效应力点附近，孔压周期性变化，产生大变形直至破坏。这里存在一个所谓的液化区域，在这个区域里的变形和零有效应力有关。以此来解释 q-ε_1 曲线上的解决 $q=0$ 的平缓部分或者是材料的刚度非常小时的 q-ε_1 曲线的原点一侧。

液化只会发生在双向循环试验中。单向试验也可以使超孔隙水压力增加，但是会在液化发生前就趋于平稳。砂土是否会发生液化受很多因素的影响：(1) 相对密实度（D_r），D_r 越大就容易液化；(2) 平均有效应力；(3) 循环应力的大小；(4) 颗粒级配，颗粒大小一致的砂土容易发生液化。

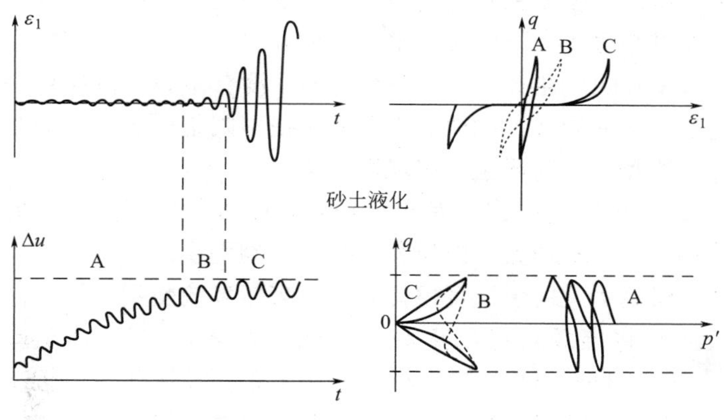

图 1.11　砂土不排水循环剪切试验结果

1.4　砂土本构理论发展概述

由于砂土的力学特性较为复杂，各国研究人员基于砂土的力学试验结果开发了许多力学本构模型，可大致分为三大类：唯象性模型、多尺度模型和离散元模型。

1.4.1　唯象性模型

根据材料的力学特性，唯象性模型首先被用来描述砂土的摩擦特性（应力比和剪切应变之间的渐近关系），剪切过程中土体的收缩或膨胀特性（剪切引起的体积变化）和不依赖于初始状态的临界状态特性（在 p'-q 和 e-p' 平面中可获得的给定材料的统一的最终状态）。唯象性模型可大致分为如下几类：(1) 理想弹塑性模型，如摩尔-库仑模型、Drucker-

Prager 模型；（2）非线性亚弹性模型，如邓肯-张模型（Duncan 和 Chang，1970）；（3）增量非线性模型（Darve 和 Labanieh，1982；Darve，1990；Yin 等，2018）；（4）亚塑性模型（Wu 等，1996；Niemunis 和 Herle，1997；Masin 和 Khalili，2012）；（5）早期的弹塑性硬化模型，如硬化土模型（Vermeer，1978）、清华模型（黄文熙等，1981）、南水模型（沈珠江，1984）、殷宗泽模型（1988）；（6）考虑临界状态概念的弹塑性硬化模型，根据其硬化方式可又分为两类：考虑剪切硬化的模型［Norsand 模型（Jefferies，1993）、修正剪胀模型（Wan 和 Guo，1998）、Seven-Trend 模型（Gajo 和 Wood 1999）、双面模型到 SANISAND 模型（Manzari _ Dafalias，1997；Taiebat 和 Dafalias，2008）、临界状态双屈服面模型（Yin 等，2013）等］和考虑基于剑桥模型扩展的体积硬化的模型［MIT 模型（Whittle 等，1994）、CASM 模型（Yu，1998）、UH 模型（Yao 等，2008）］。近 20 年来，亚塑性模型和弹塑性硬化模型均朝着临界状态模型方向发展。

需要指出的是，基于宏观或唯象学角度而建立的模型，数学公式比较直接，与有限元分析结合有较高的计算效率。尽管不能有效地解释土体发生变形、强度变化的深层次原因，但这一类本构模型能抓住土体的典型力学特征，在工程实践中起到了一定的作用。

1.4.2 多尺度模型

考虑土体微观结构的力学本构模型的研究始于 BatdoIf 等在 1949 年提出的多晶体材料微滑面模型。此模型被很多土力学领域的学者采用和进一步发展。需要指出的是，微滑面模型（multilaminate model）在微观滑动面系统上并没有做力与位移的平衡计算，即在微观尺度下并不一定平衡。而通常讲的微观力学解析模型则是后来发展的在宏观和微观尺度下均同时达到平衡的模型，有时候也叫多尺度模型。

在我国，自 1957 年陈宗基提出了黏土颗粒点-面、面-面、边-面的接触关系基本模式以来，考虑微观结构的土体本构关系的研究越来越受到重视。最近几十年来，与传统的连续体模型相比，基于微观力学的多尺度模拟方法越来越多地受到关注。这种多尺度方法通过考虑微观结构信息并将宏观尺度与微观尺度联系起来，在试样（或代表性体积单元 Representative Volume Element）尺度上建立本构关系。具体地说，土体也可以认为由大量的土颗粒组成。因此，也可以由统计物理学的概念出发，引入基于概率统计的方法而建立的颗粒间不同接触面角度之间的关系，来发展土体的力学本构模型，便可对宏观土体的物理性质及宏观规律作出微观解释。由此可见，砂土材料的基本力学单位为颗粒间接触，接触的空间分布及其力学特性决定了土体材料的力学特性。进而，通过均质化不同方向的接触面的力学特性可以得到土体的宏观应力-应变关系。

宏观、微观之间转换的均质化方法一般有两种：动态约束法和静态约束法。动态约束法又称 Voigt 假设法，认为在颗粒集合体中的应变场是均质的，每个单一颗粒在颗粒集合体中随着总体的应变在均质应变场的原则下运动。因此，颗粒集合体相当于一个并联弹簧系统。由此，颗粒集合体系统的破坏条件是所有的弹簧同时破坏。由于土颗粒间的不均质性，显然动态约束法的分析结果会比真实的材料更难以破坏。静态约束法又称 Ruess 假设法，并不严格要求颗粒集合体中的应变场的均质性，每个单一颗粒在颗粒集合体中随着总体的应力在均质应力场的原则下运动。因此，颗粒集合体相当于一个串联弹簧系统。由此，颗粒集合体系统的破坏条件是其中任一个弹簧的破坏。因此，静态约束法的分析结果会比真实的材料更容易破坏。然而，由于土颗粒间的不均质性的存在，静态约束法的分析结果比动态约束法更接近于事实。

无论是动态约束法还是静态约束法，都可以做适当的修正来达到更加接近真实的效果，比如 Chang 在静态约束法的基础上做了两处修正：①应用所有颗粒间的能量总和同颗粒集合体的宏观能量平衡的原理；②应用数学优化原理，来求解颗粒位移场与宏观总体应变的关系。这个修正过的静态约束法被称为“最适假设法”（尹振宇，2013）（图 1.12）。还比如 Nicot 等应用动态约束法，但在微观尺度上以由六个颗粒接触组成的颗粒环为基本单位，来求解宏观外力与微观颗粒接触力之前的关系（Xiong 等，2018）。

这类模型从本质上讲属于连续介质力学模型。此方法不同于离散元法，我们并不知道整个颗粒集合体中每个颗粒的几何位置变化，只是知道代表颗粒集合体的微观体系的变化。换言之，材料的微观结构分布特征是基于数理统计的方法获得的，因此，模型所考虑的微观结构分布特征具备代表整个颗粒集合体的能力，而不需要考虑和计算单个颗粒或土体单元的力-位移，进而大大简化了模型的数学结构，同离散元法相比在计算上节省了大量时间，甚至可以实现颗粒粒径较小的砂土、粉土和黏土的力学特性模拟。然而，由于没有直接的多颗粒体系，在宏观微观之间的转换上还需要借助于一些宏观现象的规律以考虑相邻接触颗粒的存在而造成的咬合效应。

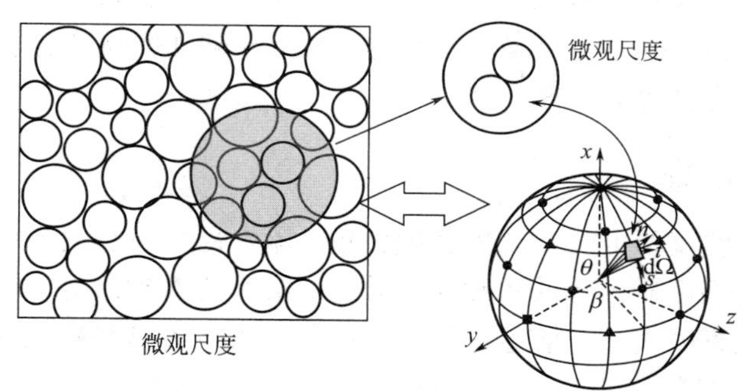

图 1.12　从代表性土体单元到微观接触面统计示意图

1.4.3　离散元模型

自 Cundall 于 1971 年提出颗粒流法以来，基于离散元法的微观土力学研究逐步成为土力学研究的一个重要分支。尤其是近几年，随着计算机的发展，对微观土力学的本构研究更趋活跃。Cundall 和 Strack（1979）在其岩石块体分析方法的基础上，首次提出显式计算模拟颗粒运动的离散元方法来描述颗粒材料的力学本构关系。颗粒单元的直径可以是一定的，也可按高斯分布规律分布，单元生成器根据所描述的单元分布规律自动进行统计并生成单元。通过调整颗粒单元直径，可以调节孔隙比。颗粒的运动遵循牛顿第二运动定律。颗粒间接触相对位移的计算，不需要增量位移而直接通过坐标来计算。颗粒间接触遵循力-位移定律（通过接触处的法向刚度和切向刚度将接触力的分量与法向和切向相对位移联系起来，见图 1.13），通常用线性弹簧和库仑滑块法则，也可以根据材料自定义。

作为非连续数值计算法，离散元法假定土体为离散体的集合。如果作用于颗粒上的合力和合力矩不等于零，则不平衡力和不平衡力矩使得颗粒按照牛顿第二定律的规律运动。

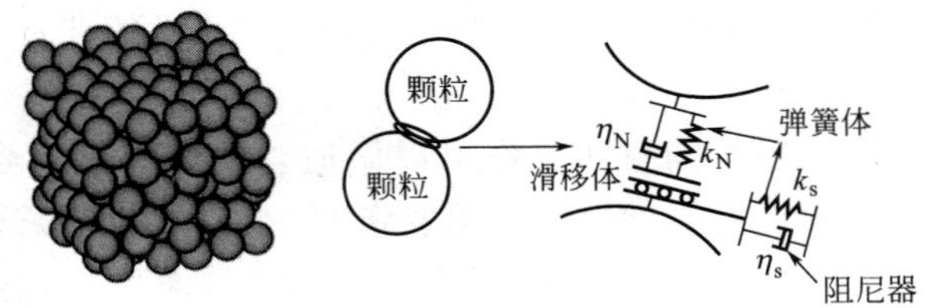

图 1.13　离散元法原理示意图

颗粒的运动不是自由的，要受到周围接触颗粒的阻力限制，这种位移和阻力可以是线性的也可以是非线性的。由此，重复应用运动定律于颗粒上，应用力-位移定律于接触上，采用显式时步循环运算规则迭代计算并遍布整个颗粒集合体，直到每一颗粒都不再出现不平衡力和不平衡力矩为止（残余误差小于设定值）。至此，土体总体的应力-应变关系便可按试验方法量取。

这类模型从本质上讲属于非连续介质的散粒体力学模型。这种方法的优点是知道整个颗粒集合体中每个颗粒的几何坐标变化，物理意义明确。换言之，材料的微观结构分布特征是直接得到的。然而缺点也很明显：天然土体中土颗粒的多样性及复杂性没有办法一一描述；由于需要计算每个颗粒间的相互运动及颗粒间和边界条件上的总体平衡，在计算上需要花费很多时间，就现有版本和计算机的发展水平而言，很难模拟颗粒的实际形状、尺寸（尤其是细颗粒数量）等，所以只能定性地用来模拟砂土颗粒集合体运动来分析土体变形机理及简单实际工程的变形机理。

1.4.4　讨论及总结

基于离散元方法的模型可以知道整个颗粒集合体中每个颗粒的几何坐标变化，直接得到材料的微观结构分布特征，可以从颗粒本质上出发解决本构问题。但天然土体中土颗粒的多样性及复杂性没有办法一一描述，计算时间长，很难模拟颗粒的实际形状、尺寸、细颗粒数量等。目前阶段要想解决工程实际问题，还是需要发展和应用连续介质模型。

为此，最近几十年多尺度模型得到了很大的发展，既极大地改善了计算耗时的问题，同时又抓住了颗粒尺度的物理本质。目前在工程实践上尚有待检验。

事实上，唯象性模型由于其高效的有限元结合分析能力，目前在工程实践中应用最为广泛。但是，成功捕获所有力学特征的模型通常需要 10 个左右的参数，或多或少依赖于本构方程的复杂性。因此，开发具有较少参数、能描述典型力学特性且公式简单的力学模型以应用于工程实际仍然是一个挑战。也正因为此，本书以临界状态弹塑性硬化模型 SIMSAND 为例，向读者展示如何开发、如何应用等细节。

参考文献

Batdorf S B，Budiansky B. A mathematical theory of plasticity based on the concept of slip [R]. NACA Tech Note 1871，1949.

Biarez J，Hicher P-Y，Naylor D. Elementary mechanics of soil behaviour：saturated remoulded soils [M]. Rotterdam ：Balkema，1994.

Cundall P A，Strack O D L. A discrete numerical model for granular assemblies [J]. Géotechnique，1979，

29 (1): 47-65.

Darve F. Geomaterials: Constitutive Equations and Modelling [M]. London, 1990.

Darve F, Labanieh S. Incremental constitutive law for sands and clays: Simulations of monotonic and cyclic tests [J]. International Journal for Numerical and Analytical Methods in Geomechanics, 1982, 6 (2): 243-275.

Duncan; J M, Chang C-Y. Nonlinear analysis of stress and strain in soils [M]. Berkeley, California: Dept. of Civil Engineering, University of California, 1970.

Gajo A, Wood M. Severn-Trent sand: a kinematic-hardening constitutive model: the q-p formulation [J]. Géotechnique, 1999, 49 (5): 595-614.

Jefferies M G. Nor-Sand: a simle critical state model for sand [J]. Géotechnique, 1993, 43 (1): 91-103.

Manzari M T, Dafalias Y F. A critical state two-surface plasticity model for sands [J]. Géotechnique, 1997, 47 (2): 255-272.

Mašín D, Khalili N. A thermo-mechanical model for variably saturated soils based on hypoplasticity [J]. International Journal for Numerical and Analytical Methods in Geomechanics, 2012, 36 (12): 1461-1485.

Niemunis A, Herle I. Hypoplastic model for cohesionless soils with elastic strain range [J]. Mechanics of Cohesive-frictional Materials, 1997, 2 (4): 279-299.

Taiebat M, Dafalias Y F. SANISAND: Simple anisotropic sand plasticity model [J]. International Journal for Numerical and Analytical Methods in Geomechanics, 2008, 32 (8): 915-948.

Vermeer P A. A double hardening model for sand [J]. Géotechnique, 1978, 28 (4): 413-433.

Wan R G, Guo P J. A simple constitutive model for granular soils: Modified stress-dilatancy approach [J]. Computers and Geotechnics, 1998, 22 (2): 109-133.

Whittle Andrew J, Kavvadas Michael J. Formulation of MIT-E3 Constitutive Model for Overconsolidated Clays [J]. Journal of Geotechnical Engineering, 1994, 120 (1): 173-198.

Wu W, Bauer E, Kolymbas D. Hypoplastic constitutive model with critical state for granular materials [J]. Mechanics of Materials, 1996, 23 (1): 45-69.

Xiong H, Nicot F, Yin Z Y. A three-dimensional micromechanically based model [J]. International Journal for Numerical and Analytical Methods in Geomechanics, 2017, 41 (17): 1669-1686.

Yao Y P, Sun D A, Matsuoka H. A unified constitutive model for both clay and sand with hardening parameter independent on stress path [J]. Computers and Geotechnics, 2008, 35 (2): 210-222.

Yin Z-Y, Wu Z-X, Hicher P-Y. Modeling Monotonic and Cyclic Behavior of Granular Materials by Exponential Constitutive Function [J]. Journal of Engineering Mechanics, 2018, 144 (4): 04018014.

Yin Z-Y, XU Q, Hicher P-Y. A simple critical-state-based double-yield-surface model for clay behavior under complex loading [J]. Acta Geotechnica, 2013, 8 (5): 509-523.

Yu H S. CASM: a unified state parameter model for clay and sand [J]. International Journal for Numerical and Analytical Methods in Geomechanics, 1998, 22 (8): 621-653.

比亚尔尔赫，伊谢尔. 试验土力学 [M]. 尹振宇，姚仰平，译. 上海：同济大学出版社，2014.

黄文熙，濮家骝，陈愈炯. 土的硬化规律和屈服函数 [J]. 岩土工程学报，1981：19-26.

沈珠江. 南水双屈服面模型及其应用 [C] //海峡两岸土力学及基础工程地工技术学术研讨会. 西安，1994.

殷宗泽. 一个土体的双屈服面应力-应变模型 [J]. 岩土工程学报，1988，10 (4)：64-71.

尹振宇. 土体微观力学解析模型：进展及发展 [J]. 岩土工程学报，2013，35 (6)：993-1009.

尹振宇，顾晓强，金银富. 土的小应变刚度特性及工程应用 [M]. 上海：同济大学出版社，2017.

第 2 章　临界状态弹塑性模型-SIMSAND

本章提要

开发一个适合于各种加载条件的统一理论模型仍然是一个悬而未决的问题。本章从经典的摩尔-库仑模型出发，旨在展示如何开发一个描述砂土力学特性的模型。首先，对摩尔-库仑模型进行全面的阐述；接着，针对不同力学特性进行渐进改进：密实度与平均应力相关的非线性弹性、双曲线函数形式的非线性塑性硬化、修正剪胀剪缩关系、临界状态特性，并对模型参数进行总结；然后，针对模型的数值实现及三轴试验模拟进行详细推导，包括塑性乘子的解法、全应变控制三轴试验模拟方法、常规三轴排水试验模拟方法，以及平均有效应力恒定三轴剪切试验模拟方法；最后，提供了基于 MATLAB 的前后处理方案以供读者训练之用。

2.1　引言

在土木工程中，颗粒状材料可以用作建筑填料或地基土。针对它们复杂的力学特性，各国科研人员已经开发了许多本构模型。这些模型可分为：①非线性弹性模型；②增量非线性模型；③亚塑性模型；④弹塑性模型；⑤基于微观力学的模型。前四类属于唯象性模型，由于它们在有限元分析中的高效性，在工程实践中被广泛采用。

根据颗粒材料的力学特性，一个唯象性模型应该能够描述摩擦特性（应力比和剪应变之间的渐近关系），收缩或膨胀特性（剪切引起的体积变化），临界状态特性（在任何初始状态下，在 p'-q 和 e-p'平面中均可达到给定材料的唯一最终状态）。能够成功捕获所有这些力学特征的唯象性模型通常需要超过 10 个参数，而且具有或多或少的复杂本构公式。因此，开发一个简单的数学公式和少量参数构成的模型仍然是一个值得探索的问题。

本章旨在展示如何开发一个简单的临界状态模型，用以模拟粒状材料的状态依赖力学特性。首先，对摩尔-库仑模型进行全面的阐述；接着，引入非线性弹性、非线性应力剪胀关系和临界状态概念来增强模型；然后，通过建立三种典型三轴试验模拟方案来检验模型的基本力学特征再现能力；最后，提供了基于 MATLAB 的前后处理方案以供读者训练之用。本章的部分理论推导可参考文献 Yin 等（2016），但比文献更加详细。

2.2　摩尔-库仑模型

2.2.1　摩尔-库仑模型简介

首先，摩尔-库仑模型属于弹塑性模型，即符合经典弹塑性理论。因此，总应变增量张量由弹性应变增量张量和塑性应变增量张量两部分构成：

$$\delta\varepsilon_{ij}=\delta\varepsilon_{ij}^{e}+\delta\varepsilon_{ij}^{p} \tag{2.1}$$

式中，$\delta\varepsilon_{ij}$ 为总应变增量，上标 e 和 p 表示弹性和塑性部分。

（1）弹性部分

弹性应力-应变关系由胡克定律来描述，可表达为：

$$\delta\varepsilon_{ij}^{e}=\frac{1+\upsilon}{E}\delta\sigma'_{ij}-\frac{\upsilon}{E}\delta\sigma'_{kk}\delta_{ij} \tag{2.2}$$

式中，E 为杨氏模量；υ 为泊松比；$\delta\sigma'_{ij}$为有效应力增量张量；$\delta\sigma'_{kk}$为有效正应力增量的和（$\delta\sigma'_{kk}=\delta\sigma'_{11}+\delta\sigma'_{22}+\delta\sigma'_{33}$）；$\delta_{ij}$ 为 Kronecker 符号（$\delta_{ij}=1$，当 $i=j$；$\delta_{ij}=0$，当 $i\neq j$）。这里弹性参数均取固定值，即弹性应力-应变关系为线弹性关系。

在土力学里，我们常用三轴试验进行本构关系的研究。为方便理解和应用，弹性应力-应变关系也可以用三轴空间来表达：

$$\delta\varepsilon_{v}^{e}=\frac{\delta p'}{K}，\ \delta\varepsilon_{d}^{e}=\frac{\delta q}{3G} \tag{2.3}$$

式中，K 为体积模量；G 为剪切模量；p'为平均有效应力（$p'=\sigma'_{kk}/3=(\sigma'_{a}+2\sigma'_{r})/3$）；$q$ 为偏应力（$q=\sigma'_{a}-\sigma'_{r}$）；$\sigma'_{a}$为轴向应力；$\sigma'_{r}$为径向应力。弹性参数之前的相互关系为：

$$E=3K(1-2\upsilon)，E=2G(1+\upsilon)，\upsilon=\frac{3K-2G}{2(3K+G)}\ 或\ \frac{K}{G}=\frac{2(1+\upsilon)}{3(1-2\upsilon)} \tag{2.4}$$

（2）塑性部分

在剪切过程中，当应力达到屈服面时土体开始产生塑性变形。基于单剪或直剪试验的屈服面方程可写为：

$$f=\tau-\sigma_{n}\tan\phi_{c}-c \tag{2.5}$$

式中，τ 为剪应力；σ_{n} 为正应力；c 为黏聚力；ϕ_{c} 为临界摩擦角。如图 2.1 所示，如果用主应力来表达，则屈服面方程可写为：

$$f=\sigma_{1}-\sigma_{3}-(\sigma_{1}+\sigma_{3})\sin\phi_{c}-2c\cot\phi_{c}\sin\phi_{c} \tag{2.6}$$

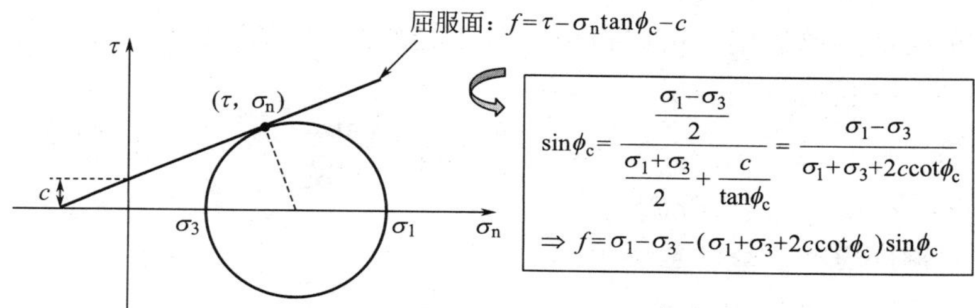

图 2.1　摩尔-库仑模型屈服面推导示意图

塑性应力-应变关系由流动法则来决定，可表达为：

$$\delta\varepsilon_{ij}^{\mathrm{p}}=\mathrm{d}\lambda\frac{\partial g}{\partial\sigma_{ij}'}\tag{2.7}$$

式中，$\mathrm{d}\lambda$ 为取决于应力率和塑性硬化定律的塑性乘子；g 为塑性势函数。为简单起见，选取与屈服面类似的函数作为塑性势函数，表示为：

$$g=\sigma_1-\sigma_3-(\sigma_1+\sigma_3)\sin\psi+c_0\tag{2.8}$$

这里塑性势面为通过当前应力点的、角度为 ψ 角的直线，c_0 为此直线在 y 轴上的截距。

另外，摩尔-库仑模型没有硬化参数，因此也不需要硬化法则。此类模型通常称为理想弹塑性模型。

2.2.2 摩尔-库仑模型参数

由上所述，摩尔-库仑模型需要 5 个输入参数：E、u、c、ϕ_{c}、ψ。为便于理解，我们以常规三轴排水剪切试验（在剪切过程中径向应力固定不变，轴向应力增加到屈服）为例，本段展示模型参数的物理意义和如何标定（图 2.2）。

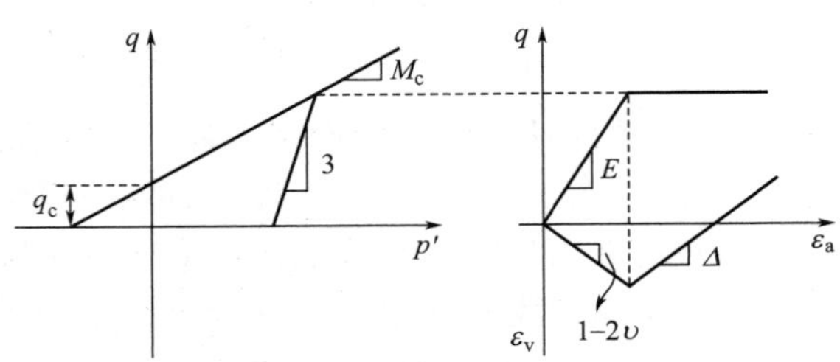

图 2.2 摩尔-库仑模型参数的物理意义示意图

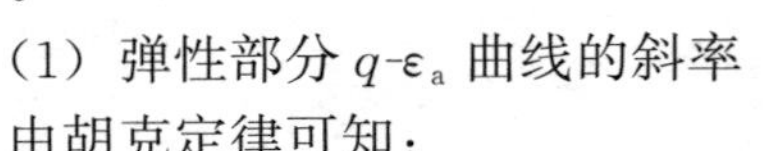

（1）弹性部分 q-ε_{a} 曲线的斜率

由胡克定律可知：

$$\begin{cases}\delta\varepsilon_{\mathrm{a}}=\dfrac{1+\upsilon}{E}\delta\sigma_{\mathrm{a}}'-\dfrac{\upsilon}{E}(\delta\sigma_{\mathrm{a}}'+2\delta\sigma_{\mathrm{r}}')\\ \delta\varepsilon_{\mathrm{r}}=\dfrac{1+\upsilon}{E}\delta\sigma_{\mathrm{r}}'-\dfrac{\upsilon}{E}(\delta\sigma_{\mathrm{a}}'+2\delta\sigma_{\mathrm{r}}')\end{cases}\xrightarrow{\delta\sigma_{\mathrm{r}}'=0}\begin{cases}\delta\varepsilon_{\mathrm{a}}=\dfrac{1}{E}\delta\sigma_{\mathrm{a}}'\\ \delta\varepsilon_{\mathrm{r}}=-\dfrac{\upsilon}{E}\delta\sigma_{\mathrm{a}}'\end{cases}\tag{2.9}$$

因此，

$$\frac{\partial q}{\partial\varepsilon_{\mathrm{a}}}=\frac{\partial(\sigma_{\mathrm{a}}'-\sigma_{\mathrm{r}}')}{\partial\varepsilon_{\mathrm{a}}}=\frac{\partial\sigma_{\mathrm{a}}'}{\partial\varepsilon_{\mathrm{a}}}=E\tag{2.10}$$

（2）弹性部分 ε_{v}-ε_{a} 曲线的斜率

应用上述式子，可得：

$$\frac{\partial\varepsilon_{\mathrm{v}}}{\partial\varepsilon_{\mathrm{a}}}=\frac{\partial(\varepsilon_{\mathrm{a}}+2\varepsilon_{\mathrm{r}})}{\partial\varepsilon_{\mathrm{a}}}=1+2\frac{\partial\varepsilon_{\mathrm{r}}}{\partial\varepsilon_{\mathrm{a}}}=1-2\upsilon\tag{2.11}$$

（3）塑性部分 ε_{v}-ε_{a} 曲线的斜率

由塑性势函数及流动法则，可以得到三轴下的塑性应变增量：

$$\begin{cases}\delta\varepsilon_1^{\mathrm{p}}=\mathrm{d}\lambda(1-\sin\psi)\\ \delta\varepsilon_2^{\mathrm{p}}=0\\ \delta\varepsilon_3^{\mathrm{p}}=\mathrm{d}\lambda(-1-\sin\psi)\end{cases}\Rightarrow\Delta=\frac{\delta\varepsilon_v^{\mathrm{p}}}{\delta\varepsilon_1^{\mathrm{p}}}=\frac{-2\sin\psi}{1-\sin\psi}\Leftrightarrow\psi=\sin^{-1}\left(\frac{\Delta}{\Delta-2}\right)\tag{2.12}$$

这里要注意径向塑性应变只能计算一次。

（4）塑性部分 q-p' 曲线的斜率

在三轴压缩剪切模式下，$\sigma_1'=\sigma_{\mathrm{a}}'$ 且 $\sigma_3'=\sigma_{\mathrm{r}}'$。因此，应力之间的转换为：

$$\begin{cases} p' = (\sigma'_a + 2\sigma'_r)/3 \\ q = \sigma'_a - \sigma'_r \end{cases} \Rightarrow \begin{cases} \sigma'_a = p' + 2q/3 \\ \sigma'_r = p' - q/3 \end{cases} \tag{2.13}$$

因此，屈服面方程可写为：

$$\begin{aligned} f &= q - (2p' + q/3 + 2c\cot\phi_c)\sin\phi_c \\ &= \left(1 - \frac{1}{3}\sin\phi_c\right)q - 2\sin\phi_c p' - 2c\cot\phi_c\sin\phi_c \end{aligned} \tag{2.14}$$

当应力达到屈服状态时，$f=0$，即

$$q = \frac{6\sin\phi_c}{3-\sin\phi_c}p' + c\cot\phi_c\frac{6\sin\phi_c}{3-\sin\phi_c} \tag{2.15}$$

因此，斜率为：

$$M_c = \frac{\partial q}{\partial p'} = \frac{6\sin\phi_c}{3-\sin\phi_c} \tag{2.16}$$

（5）塑性部分 q-p' 曲线的截距

同时，按上式可以得到截距，即 $p'=0$ 时的 q 值，用 q_c 来表示：

$$q_c = cM_c\cot\phi_c \tag{2.17}$$

则在 p' 轴上的截距为 $c \cdot \cot\phi_c$。

（6）摩尔-库仑强度准则的一些说明

类似于三轴压缩剪切（洛德角 $\theta=0°$）模式下的推导，在三轴伸长剪切（洛德角 $\theta=60°$）模式下，$\sigma'_1=\sigma'_r$ 且 $\sigma'_3=\sigma'_a$。

因此，屈服面方程可写为：

$$\begin{aligned} f &= -q - (2p' + q/3 + 2c\cot\phi_c)\sin\phi_c \\ &= \left(-1 - \frac{1}{3}\sin\phi_c\right)q - 2\sin\phi_c p' - 2c\cot\phi_c\sin\phi_c \end{aligned} \tag{2.18}$$

当应力达到屈服状态时，$f=0$，即

$$q = \frac{-6\sin\phi_c}{3+\sin\phi_c}p' + c\cot\phi_c\frac{-6\sin\phi_c}{3+\sin\phi_c} \tag{2.19}$$

因此，斜率为：

$$M_e = \frac{-\partial q}{\partial p'} = \frac{6\sin\phi_c}{3+\sin\phi_c} \tag{2.20}$$

因此，洛德角为 0°和 60°的摩擦强度比为：$(3+\sin\phi_c)/(3-\sin\phi_c)$。由于屈服面方程为一次线性方程，也就隐含着其他洛德角下的摩擦强度都会落在 0°和 60°摩擦强度的连线上，如图 2.3 所示。

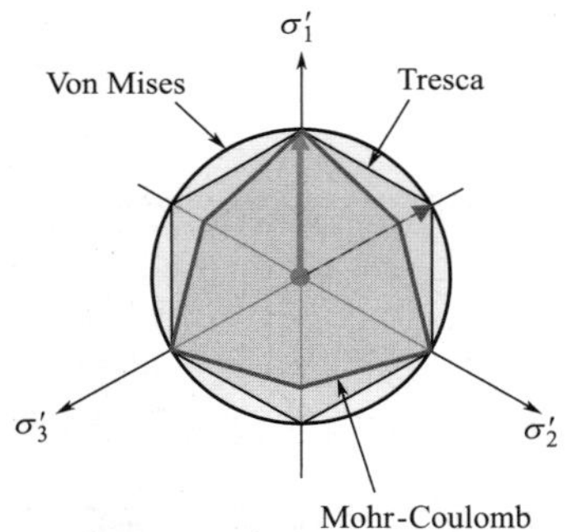

图 2.3　π 平面上的摩尔-库仑强度包络面

2.3　模型改进的循序渐进过程

2.3.1　改进一：非线性弹性特性

大量室内试验证明，砂土的弹性模量与其密实度和所受的平均有效应力成正比。现有的公式总结可查阅尹振宇等（2017）的《土的小应变刚度特性》。这里，我们采用了广为接受的 Richart 等（1970）提出的剪切模量公式，并作简单的改进，即考虑颗粒间黏聚力的影响：

$$G=G_0 p_{at}\frac{(2.97-e)^2}{(1+e)}\left(\frac{p'+c\cot\phi_c}{p_{at}}\right)^n \tag{2.21}$$

式中，G_0 为无量纲的剪切模量参考值，e 为砂土孔隙比，$p_{at}=101.325$kPa 为大气压力，n 为平均有效应力对剪切模量的影响指数（通常为 0.5～0.7）。

同样的，为确保泊松比为常数，杨氏模量和体积模量也可以采用同样的公式形式，表达如下：

$$E=E_0 p_{at}\frac{(2.97-e)^2}{(1+e)}\left(\frac{p'+c\cot\phi_c}{p_{at}}\right)^n,\ K=K_0 p_{at}\frac{(2.97-e)^2}{(1+e)}\left(\frac{p'+c\cot\phi_c}{p_{at}}\right)^n \tag{2.22}$$

式中，E_0 和 K_0 分别为无量纲的杨氏模量和体积模量的参考值。

2.3.2 改进二：非线性塑性硬化特性

为了体现砂土材料的摩擦强度特性，屈服面方程也可以写为：

$$\begin{aligned} f &= -q-(2p'+q/3+2c\cot\phi_c)\sin\phi_c \\ &\Rightarrow f=q-(p'+c\cot\phi_c)M \\ &\Rightarrow f=\frac{q}{p'+c\cot\phi_c}-M \end{aligned} \tag{2.23}$$

式中，M 为屈服面在 p'-q 平面上的斜率，如三轴压缩条件下 $M=M_c=6\sin\phi_c/(3-\sin\phi_c)$。

大量室内试验显示，砂土材料的应力比 η 与剪切应变 γ 之间呈渐近关系（Biarez 和 Hicher，1994）。这种摩擦渐近响应可以通过各种数学函数来描述，比较经典的有双曲线函数，如邓肯-张模型（Duncan 和 Chang，1970）、Vermeer（1978）的双屈服面模型、Jefferies（1993）的 Norsand 模型等。

$$\eta=\frac{b\gamma}{a+\gamma} \tag{2.24}$$

为了引入此渐近关系，屈服面方程可改为：

$$f=\frac{q}{p'+c\cot\phi_c}-\frac{M\varepsilon_d^p}{k_p+\varepsilon_d^p} \tag{2.25}$$

式中，ε_d^p 为塑性偏应变（$\varepsilon_d=\sqrt{2e_{ij}e_{ij}/3}$）；$k_p$ 为控制非线性塑性硬化刚度。

2.3.3 改进三：修正剪胀剪缩特性

随着屈服面方程的改进，应力剪胀剪缩关系也需要随之修正。为简单起见，这里直接采用 Roscoe 等（1963）提出的应力剪胀剪缩方程：

$$\frac{\delta\varepsilon_v^p}{\delta\varepsilon_d^p}=A_d\left(M_{pt}-\frac{q}{p'+c\cot\phi_c}\right) \tag{2.26}$$

式中，A_d 为应力比对剪胀剪缩大小的控制参数；M_{pt} 为剪胀剪缩为零时的相变应力比，即 M_{pt} 大于当前应力比则材料处于剪缩状态，反之则为剪胀状态。

试验研究表明，在不排水三轴剪切开始时，p'-q 平面上的应力路径总是较为垂直地上来，这意味着在剪切开始时仅引起非常轻微的体积应变。因此，应力剪胀剪缩方程中的参数 A_d 也可修改如下（Yin 等，2018）：

$$A_d = 1 - \exp\left(-A'_d \frac{q}{p' + c\cot\phi_c}\right) \tag{2.27}$$

这里 $A_d=0$ 公式便退回到式（2.26）中系数为 1 的情况。这里要说明的是，公式（2.27）仅为一种选择，具体描述请参照第 8 章。

根据此修正应力剪胀剪缩关系，塑性势函数对于应力的偏导可直接设为：

$$\frac{\partial g}{\partial p'} = A_d\left(M_{pt} - \frac{q}{p' + c\cot\phi_c}\right), \frac{\partial g}{\partial q} = 1 \tag{2.28}$$

2.3.4 改进四：临界状态特性

根据不同的砂土材料试验结果，研究人员们提出了一些不同的临界状态线表达式。其中最典型的是 e-logp'平面上的线性公式，可写为：

$$e_c = e_{ref} - \lambda \ln\left(\frac{p'}{p_{ref}}\right) \tag{2.29}$$

式中，e_{ref} 为对应于参考平均有效应力 p_{ref} 的参考孔隙比；λ 为 e-logp'平面中临界状态线（CSL）的斜率。因此，定义 CSL 需要两个参数（e_{ref} 和 λ）。这个公式的优点在于它的形式很简单。然而，试验结果表明 CSL 在 e-logp'平面中并不总是线性的，在数学上，高应力水平下的临界孔隙比 e_c 可能变为负值，这在物理上是不正确的。值得注意的是，土工结构中仍然存在非常高的应力水平的例子，比如桩打入时的桩尖应力。

最近，Li 和 Wang（1998）提出了另一个公式，在 e-logp'平面中假设了一条非线性临界状态线，也可以看作是线性公式的扩展，比线性公式多了一个参数 ξ：

$$e_c = e_{c0} - \lambda\left(\frac{p'}{p_{at}}\right)^{\xi} \tag{2.30}$$

其中，附加参数 ξ 控制临界状态线的非线性，可以根据试验数据给出更加灵活和准确的描述，特别是对于非常低到中等的应力水平。然而，对于高应力水平，临界孔隙比 e_c 的非负性还是不能得到保证，并可能导致有限元建模中某些局部单元的数值问题。

为了克服这个困难，Gudehus（1997）提出了 CSL 的第三个公式。它也是一个非线性公式，但是通过考虑极高应力水平下的极限临界孔隙比"s"形式，表达如下：

$$e_c = e_{cu} + (e_{c0} - e_{cu})\exp\left[-\left(\frac{p'}{p_{at}\lambda}\right)^{\xi}\right] \tag{2.31}$$

式中，e_{cu} 为 p'趋近于无穷大时的临界孔隙比。该表达式消除了在高应力水平下临界孔隙比为负值的可能性，但是增加了两个参数。

考虑到第二个公式的优点，我们也可以采用此公式来进行修正。针对可能出现负孔隙比的问题是由于该公式基于半对数坐标图，如果使用双对数坐标，则此式可以修改为：

$$\log(e_c) = \log(e_{c0}) - \lambda\left(\frac{p'}{p_{at}}\right)^{\xi} \tag{2.32}$$

同时考虑到 p'为负值时公式依然有效，可进一步表达为：

$$e_c = e_{c0}\exp\left[-\lambda\left(\frac{\langle p'\rangle}{p_{at}}\right)^{\xi}\right] \tag{2.33}$$

由于本书不同的章节完成的时间年代不一样，所采用的公式会有所区别，本书第 6 章特别比较了这三个 CSL 公式的表现。值得一提的是，应用最后的修正公式，可以给定参数 e_{c0}、λ、ξ 不同的值，便可以得到不同形状的曲线，如图 2.4 所示。可以得出结论：ξ 控制拐点后 CSL 的斜率（图 2.4a），λ 控制拐点的位置（图 2.4b），也可以通过这三个参数的组合获得直线 CSL（图 2.4c）。由此可见，此修正公式既可以给出 CSL 的不同曲线形状，因此可以取代前三个 CSL 公式，又同时保证了孔隙比的非负性，建议读者采用。

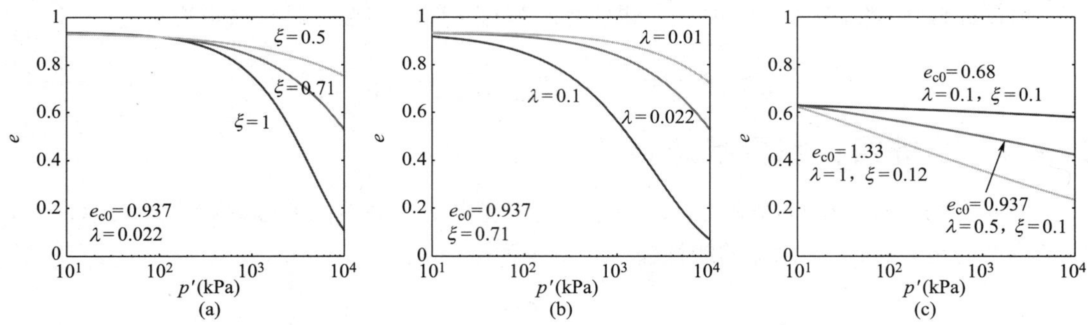

图 2.4　双对数临界状态线的控制参数对线性的影响

在临界状态概念下，砂土的密度状态可以通过比值 e_c/e 或距离 e_c-e 来定义，其中 e 是当前孔隙比，e_c 是当前应力状态下（p'）的临界孔隙比（通过 CSL 公式计算得到）。这意味着：对于松砂，$e_c/e<1$ 或 $e_c-e<0$，对于密砂，$e_c/e>1$ 或 $e_c-e>0$，当应力状态在 CSL 上时 $e_c/e=1$ 或 $e_c-e=0$。相对于临界状态的状态参数的优选请参考本书第 7 章内容。根据 Biarez 和 Hicher（1994）对大量试验结果的总结，密度状态对应力-应变-强度特性的影响可以通过以下关系在本构模型中实现：

$$\phi_p=\arctan\left[\left(\frac{e_c}{e}\right)^{n_p}\tan\phi_c\right],\quad \phi_{pt}=\arctan\left[\left(\frac{e}{e_c}\right)^{n_d}\tan\phi_c\right] \tag{2.34}$$

式中，n_p 和 n_d 为颗粒间咬合效应参数，按照 Biarez 和 Hicher（1994）的建议可取为 1。

上述动态峰值摩擦角 ϕ_p 的表达式表明，在松砂中，ϕ_p 最初小于临界摩擦角 ϕ_c。另一方面，密砂提供更高程度的颗粒间咬合。因此，ϕ_p 大于 ϕ_c。当加载应力达到峰值应力时，密砂出现了剪胀，颗粒间咬合程度将随之减小。结果，峰值摩擦角将减小，这就导致了应变软化现象的出现。

同样的，上述动态相变角 ϕ_{pt} 的表达式意味着在 $e>e_c$ 的松砂结构中，ϕ_{pt} 大于 ϕ_c，从而导致持续的剪缩特性；在 $e<e_c$ 的密砂结构中，ϕ_{pt} 小于 ϕ_c，这使得密砂结构开始剪缩，紧接着开始出现剪胀。

对于松砂结构和密砂结构，当应力状态达到临界状态线时，当前孔隙比 e 等于临界孔隙比 e_c，并且不再发生体积变化。因此，上述本构方程可以保证应力和孔隙比同时达到 p'-q-e 空间里的临界状态。

使用上述动态峰值摩擦角 ϕ_p 和动态相变角 ϕ_{pt}，并考虑洛德角依赖性，我们可以通过以下关系式表示峰值强度比 M_p 和相变应力比 M_{pt}：

$$M_p=\begin{cases}\dfrac{6\sin\phi_p}{3-\sin\phi_p} & \text{压缩条件下}\\[2ex] \dfrac{6\sin\phi_p}{3+\sin\phi_p} & \text{伸长条件下}\end{cases},\quad M_{pt}=\begin{cases}\dfrac{6\sin\phi_{pt}}{3-\sin\phi_{pt}} & \text{压缩条件下}\\[2ex] \dfrac{6\sin\phi_{pt}}{3+\sin\phi_{pt}} & \text{伸长条件下}\end{cases} \tag{2.35}$$

还有一种方案，就是直接采用 Been 和 Jefferies（1985）的工作：

$$M_{\mathrm{p}}=M\exp[-n_{\mathrm{p}}(e-e_{\mathrm{c}})],\ M_{\mathrm{pt}}=M\exp[n_{\mathrm{d}}(e-e_{\mathrm{c}})] \tag{2.36}$$

式中，n_{p} 和 n_{d} 为颗粒间咬合效应相关的模型参数，M 为 p'-q 空间中临界状态线的斜率：

$$M=\begin{cases}\dfrac{6\sin\phi_{\mathrm{c}}}{3-\sin\phi_{\mathrm{c}}} & \text{压缩条件下}\\[2ex] \dfrac{6\sin\phi_{\mathrm{c}}}{3+\sin\phi_{\mathrm{c}}} & \text{伸长条件下}\end{cases} \tag{2.37}$$

指数形式和幂形式均符合试验规律，因此都可以用来描述砂土特性。具体的比较可参考本书第 6 章。

综上，针对松砂和密砂，图 2.5 给出了 SIMSAND 模型的原理示意图。

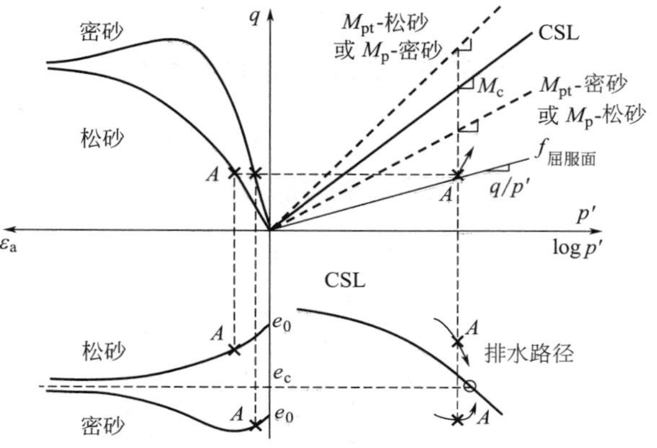

图 2.5　SIMSAND 模型的原理示意图

这里要提一下，三维应力空间的强度准则可以通过修正 M_{p}、M_{pt} 来实现。特别值得一提的是，为了克服三维屈服与强度准则与本构模型的结合困难，姚仰平教授等（2010）创造性地提出了变换应力方法，通过该方法可以巧妙地解决本构模型的三维化问题，为本构模型中普遍存在的三维化难题提供了通用方法。

2.3.5　模型参数总结

由上述本构公式可统计，SIMSAND 模型的参数可以分为以下几类：

（1）弹性相关参数：G_0、K_0 以及 n；

（2）临界状态相关参数：ϕ_{c}、e_{ref}、λ 以及 ξ；

（3）塑性及颗粒间咬合效应相关的参数：A_{d}、k_{p}、n_{p} 以及 n_{d}。

参数确定难易程度是模型能否被广泛使用的关键。为此，我们在本书的第 3 章、第 4 章进行了详细的探讨。

2.4　模型的数值实现及三轴试验模拟

2.4.1　塑性乘子的解法

弹塑性模型数值实现的关键在于解塑性乘子。首先，根据经典弹塑性理论的一致性原则，我们可以得到：

$$\mathrm{d}f=\frac{\partial f}{\partial p}\mathrm{d}p+\frac{\partial f}{\partial q}\mathrm{d}q+\frac{\partial f}{\partial \varepsilon_{\mathrm{d}}^{\mathrm{p}}}\mathrm{d}\varepsilon_{\mathrm{d}}^{\mathrm{p}}=0 \tag{2.38}$$

式中，$\mathrm{d}p'$、$\mathrm{d}q$ 以及 $\mathrm{d}\varepsilon_{\mathrm{d}}^{\mathrm{p}}$ 中均隐含着塑性乘子 $\mathrm{d}\lambda$。根据不同的加载条件（即不同的应力-

应变混合控制情况)，便可以计算出塑性乘子。

代码编写可以通过平均有效应力、偏应力、体应变和偏应变来实现。根据出图需要，三轴应力应变（即轴向应力、应变，径向应力、应变）可由下式得到：

$$
\begin{cases} p'=(\sigma'_a+2\sigma'_r)/3 \\ q=\sigma'_a-\sigma'_r \end{cases} \Rightarrow \begin{cases} \sigma'_a=p'+2q/3 \\ \sigma'_r=p'-q/3 \end{cases}
$$
$$
\begin{cases} \varepsilon_v=\varepsilon_a+2\varepsilon_r \\ \varepsilon_d=2(\varepsilon_a-\varepsilon_r)/3 \end{cases} \Rightarrow \begin{cases} \varepsilon_a=\varepsilon_d+\varepsilon_v/3 \\ \varepsilon_r=\varepsilon_v/3-\varepsilon_d/2 \end{cases} \tag{2.39}
$$

为了便于读者理解和训练，我们给出了三个经典的三轴试验模拟 MATLAB 代码。

2.4.2 全应变控制三轴试验模拟

对于全应变控制，应变增量 $\delta\varepsilon_d$ 和 $\delta\varepsilon_v$ 为已知数，要求解出塑性乘子 $d\lambda$，进而达到计算塑性应变和更新应力的目的：

$$
\frac{\partial f}{\partial p'}K\left(\delta\varepsilon_v-d\lambda\frac{\partial g}{\partial p'}\right)+\frac{\partial f}{\partial q}3G\left(\delta\varepsilon_d-d\lambda\frac{\partial g}{\partial q}\right)+\frac{\partial f}{\partial\varepsilon_d^p}d\lambda\frac{\partial g}{\partial q}=0
$$
$$
\Rightarrow d\lambda=\frac{\frac{\partial f}{\partial p'}K\delta\varepsilon_v+\frac{\partial f}{\partial q}3G\delta\varepsilon_d}{\frac{\partial f}{\partial p'}K\frac{\partial g}{\partial p'}+\frac{\partial f}{\partial q}3G\frac{\partial g}{\partial q}-\frac{\partial f}{\partial\varepsilon_d^p}\frac{\partial g}{\partial q}} \tag{2.40}
$$

一个增量步的伪代码为：

已知：$p'_0, q_0, e_0, \varepsilon_{d0}^p, \varepsilon_{v0}^p, \delta\varepsilon_v, \delta\varepsilon_d$

计算：$K=K_0p_{at}\frac{(2.97-e)^2}{(1+e)}\left(\frac{p'+c\cot\phi_c}{p_{at}}\right)^n, G=G_0p_{at}\frac{(2.97-e)^2}{(1+e)}\left(\frac{p'+c\cot\phi_c}{p_{at}}\right)^n$

隐式计算试应力：$p'=p'_0+K\delta\varepsilon_v, q=q_0+3G\delta\varepsilon_d$

计算：$e_c=e_{c0}\exp\left[-\lambda\left(\frac{\langle p'\rangle}{p_{at}}\right)^{\xi}\right], e=e_0-(1+e_i)\delta\varepsilon_v$

$\phi_p=\arctan\left[\left(\frac{e_c}{e}\right)^{n_p}\tan\phi_c\right], \phi_{pt}=\arctan\left[\left(\frac{e}{e_c}\right)^{n_d}\tan\phi_c\right]$

$M_p=\frac{6\sin\phi_p}{3-\sin\phi_p}, M_{pt}=\frac{6\sin\phi_{pt}}{3-\sin\phi_{pt}}$

塑性应变传递：$\varepsilon_v^p=\varepsilon_{v0}^p, \varepsilon_d^p=\varepsilon_{d0}^p$

计算屈服函数：$f=\frac{q}{p'+c\cot\phi_c}-\frac{M_p\varepsilon_d^p}{k_p+\varepsilon_d^p}$

If $f>0$ then(做塑性计算)

计算各个偏导：

$\frac{\partial f}{\partial p'}=-\frac{q}{(p'+c\cot\phi_c)^2}, \frac{\partial f}{\partial q}=\frac{1}{p'+c\cot\phi_c}, \frac{\partial f}{\partial\varepsilon_d^p}=\frac{-k_pM_p}{(k_p+\varepsilon_d^p)^2}$

$\frac{\partial g}{\partial p'}=\left(M_{pt}-\frac{q}{p'+c\cot\phi_c}\right)\left[1-\exp\left(-A_d\frac{q}{p'+c\cot\phi_c}\right)\right], \frac{\partial g}{\partial q}=1$

计算：$d\lambda=\dfrac{\dfrac{\partial f}{\partial p'}K\delta\varepsilon_v+\dfrac{\partial f}{\partial q}3G\delta\varepsilon_d}{\dfrac{\partial f}{\partial p'}K\dfrac{\partial g}{\partial p'}+\dfrac{\partial f}{\partial q}3G\dfrac{\partial g}{\partial q}-\dfrac{\partial f}{\partial \varepsilon_d^p}\dfrac{\partial g}{\partial q}}$

计算塑性应变：$\delta\varepsilon_v^p=d\lambda\dfrac{\partial g}{\partial p'}$，$\delta\varepsilon_d^p=d\lambda\dfrac{\partial g}{\partial q}$

更新应力：$p'=p'_0+K(\delta\varepsilon_v-\delta\varepsilon_v^p)$，$q=q_0+3G(\delta\varepsilon_d-\delta\varepsilon_d^p)$

更新塑性应变：$\varepsilon_v^p=\varepsilon_{v0}^p+\delta\varepsilon_v^p$，$\varepsilon_d^p=\varepsilon_{d0}^p+\delta\varepsilon_d^p$

End if

更新变量以作为下一个增量步的初始值：

$p'_0=p'$，$q_0=q$，$e_0=e$，$\varepsilon_{d0}^p=\varepsilon_d^p$，$\varepsilon_{v0}^p=\varepsilon_v^p$

由于采用了最简单直接的显式算法，我们需要控制应变增量以控制每一步的误差，比如应变增量 $\delta\varepsilon_d$ 和 $\delta\varepsilon_v$ 均要小于 10^{-5}。另外，由于显式算法无法保证每一步塑性结束时 $f=0$，即使是小增量步的计算，误差也会不断累积。因此，需要做修正：

（1）当 $M_p>q/(p'+c\cot\phi_c)$ 时，在“更新塑性应变”这一步，我们确保“$f=0$”来对塑性应变做校对修正，即：

$$f=\frac{q}{p'+c\cot\phi_c}-\frac{M_p\varepsilon_d^p}{k_p+\varepsilon_d^p}=0\Rightarrow\varepsilon_d^p=\left(\frac{k_pq}{p'+c\cot\phi_c}\right)\Big/\left(M_p-\frac{q}{p'+c\cot\phi_c}\right)\qquad(2.41)$$

然后再重新计算塑性偏应变增量，接着按剪胀剪缩关系计算塑性体应变增量，用以更新塑性体应变。这一步的修正在应力比大于 M_p 的时候会失效。

（2）当 $M_p\leqslant q/(p'+c\cot\phi_c)$ 时，由于这个模拟中应力增量可以是负的，而通过塑性应变修正是达不到这个目的的，因此建议选择修正应力更新，最简单的办法是假设 $\delta p'=0$，即：

$$\begin{aligned}f&=\frac{q}{p'+c\cot\phi_c}-\frac{M_p\varepsilon_d^p}{k_p+\varepsilon_d^p}=0\Rightarrow\frac{q_0+\delta q}{p'_0+c\cot\phi_c}=\frac{M_p\varepsilon_d^p}{k_p+\varepsilon_d^p}\\&\Rightarrow\delta q=\frac{M_p\varepsilon_d^p}{k_p+\varepsilon_d^p}(p'_0+c\cot\phi_c)-q_0\end{aligned}\qquad(2.42)$$

此增量步的MATLAB代码为：

```
K=K0 * pat * (2.97-e0)^2/(1+e0) * ((p0+c * 1/tan(fi_c))/pat)^n;
G=G0 * pat * (2.97-e0)^2/(1+e0) * ((p0+c * 1/tan(fi_c))/pat)^n;

p=p0+K * depsv;    % elastic trial stress
q=q0+3 * G * depsd;
e=e0-(1+ei) * depsv;
ec=ec0 * exp(-lambda * (p/pat)^ksi);
fi_p =atan((ec/e)^np * tan(fi_c));
fi_pt=atan((e/ec)^nd * tan(fi_c));
Mp=6 * sin(fi_p)/(3-sin(fi_p));       % only for compression
Mpt=6 * sin(fi_pt)/(3-sin(fi_pt));    % only for compression
```

```
epspd=epspd0;
epspv=epspv0;
dd=0;% only for plot

f=q/(p+c*1/tan(fi_c))-Mp*epspd/(kp+epspd);

if f>1e-7   % for plasticity,explicit solution
  dfdp=-q/(p+c*1/tan(fi_c))^2;
  dfdq=1/(p+c*1/tan(fi_c));
  dfdepspd=-kp*Mp/(kp+epspd)^2;
  dgdp=(Mpt-q/(p+c*1/tan(fi_c)))*abs(1-exp(-Ad*q/(p+c*1/tan(fi_c))));
  dgdq=1;

  AA=dfdp*K*depsv+dfdq*3*G*depsd;
  BB=dfdp*K*dgdp+dfdq*3*G*dgdq-dfdepspd*dgdq;
  dlambda=AA/BB;

  depspv=dlambda*dgdp;
  depspd=dlambda*dgdq;

  % update all state variables for output
  p=p0+K*(depsv-depspv);
  q=q0+3*G*(depsd-depspd);
  if p<(c*1/tan(fi_c)+0.1)% just to let calculation continue when liquefaction
    p=c*1/tan(fi_c)+0.1;
    end
    epspd=epspd0+depspd;
    epspv=epspv0+depspv;

    % to confirm f=0,re-update plastic strains(because of explicit)
    if Mp>q/(p+c*1/tan(fi_c))
      epspd=kp*q/(p+c*1/tan(fi_c))/(Mp-q/(p+c*1/tan(fi_c)));
      depspd=epspd-epspd0;
      depspv=depspd*dgdp;
    else
    % assuming dp=0 for this special stage,dq is possiblely negative
    dq=Mp*epspd/(kp+epspd)*(p0+c*1/tan(fi_c))-q0;
    q=q0+dq;
    end
    dd=depspv/depspd;% only for plot stress-dilatancy for check
  end
```

```
epsv=epsv0+depsv;
epsd=epsd0+depsd;
eta_m=q/(p+c*1/tan(fi_c)); % only for plot stress-dilatancy for check

% Give back updated state variables for next step
epspv0=epspv;
epspd0=epspd;
p0=p;
q0=q;
e0=e;
epsv0=epsv;
epsd0=epsd;
```

由于程序是全应变控制，因此可以用来模拟等应变比试验，或称为 R-试验“$\delta\varepsilon_r=R\delta\varepsilon_a$”，即

$$\begin{cases}\delta\varepsilon_v=\delta\varepsilon_a+2\delta\varepsilon_r\\ \delta\varepsilon_d=2(\delta\varepsilon_a-\delta\varepsilon_r)/3\end{cases}\xrightarrow{\delta\varepsilon_r=R\delta\varepsilon_a}\frac{\delta\varepsilon_v}{\delta\varepsilon_d}=\frac{3(1+2R)}{2(1-R)} \tag{2.43}$$

由此公式可知，$R=1$ 为各向同性压缩，$R=0$ 为一维压缩，$R=-0.5$ 为不排水试验。通常，R-试验的结果分析可以查看应力组合“$\sigma_a+R\sigma_r$”与 ε_a 的关系曲线。

感兴趣的读者可以直接复制此代码进行训练或分析。

2.4.3　常规三轴排水试验模拟

常规三轴排水试验为应力应变混合控制，即径向有效应力不变（$\delta\sigma_r=0$）而增加轴向应变 $\delta\varepsilon_a$，隐含着 p'-q 平面上的应力路径为斜率为 3 的条件 $\delta q=3\delta p'$，因此增量 $\delta p'$ 可直接被 $\delta q/3$ 替换掉。因此，塑性乘子 $d\lambda$ 可由下式计算得到：

$$\begin{aligned}&\frac{\partial f}{\partial p'}G\left(\delta\varepsilon_d-d\lambda\frac{\partial g}{\partial q}\right)+\frac{\partial f}{\partial q}3G\left(\delta\varepsilon_d-d\lambda\frac{\partial g}{\partial q}\right)+\frac{\partial f}{\partial\varepsilon_d^p}d\lambda\frac{\partial g}{\partial q}=0\\ &\Rightarrow d\lambda=\frac{\left(\dfrac{\partial f}{\partial p'}+3\dfrac{\partial f}{\partial q}\right)G\delta\varepsilon_d}{\left(\dfrac{\partial f}{\partial p'}+3\dfrac{\partial f}{\partial q}\right)G\dfrac{\partial g}{\partial q}-\dfrac{\partial f}{\partial\varepsilon_d^p}\dfrac{\partial g}{\partial q}}\end{aligned} \tag{2.44}$$

一个增量步的伪代码为：

已知：$p_0',q_0,e_0,\varepsilon_{d0}^p,\varepsilon_{v0}^p,\delta\varepsilon_d$

计算：$K=K_0p_{at}\dfrac{(2.97-e)^2}{(1+e)}\left(\dfrac{p'+c\cot\phi_c}{p_{at}}\right)^n,G=G_0p_{at}\dfrac{(2.97-e)^2}{(1+e)}\left(\dfrac{p'+c\cot\phi_c}{p_{at}}\right)^n$

隐式计算试应力：$q=q_0+3G\delta\varepsilon_d,p'=p_0'+G\delta\varepsilon_d$

计算：$e_c=e_{c0}\exp\left[-\lambda\left(\dfrac{\langle p'\rangle}{p_{at}}\right)^{\xi}\right],e=e_0,\phi_p=\arctan\left[\left(\dfrac{e_c}{e}\right)^{n_p}\tan\phi_c\right],\phi_{pt}=\arctan\left[\left(\dfrac{e}{e_c}\right)^{n_d}\tan\phi_c\right]$

$M_p=\dfrac{6\sin\phi_p}{3-\sin\phi_p},M_{pt}=\dfrac{6\sin\phi_{pt}}{3-\sin\phi_{pt}}$

塑性应变传递：$\varepsilon_v^p=\varepsilon_{v0}^p,\varepsilon_d^p=\varepsilon_{d0}^p$

计算屈服函数：$f=\dfrac{q}{p'+c\cot\phi_c}-\dfrac{M_p\varepsilon_d^p}{k_p+\varepsilon_d^p}$

If $f>0$ then

计算各个偏导：$\dfrac{\partial f}{\partial p'}=-\dfrac{q}{(p'+c\cot\phi_c)^2}$，$\dfrac{\partial f}{\partial q}=\dfrac{1}{p'+c\cot\phi_c}$，$\dfrac{\partial f}{\partial \varepsilon_d^p}=\dfrac{-k_pM_p}{(k_p+\varepsilon_d^p)^2}$

$$\frac{\partial g}{\partial p'}=\left(M_{pt}-\frac{q}{p'+c\cot\phi_c}\right)\left[1-\exp\left(-A_d\frac{q}{p'+c\cot\phi_c}\right)\right],\frac{\partial g}{\partial q}=1$$

计算：$\mathrm{d}\lambda=\dfrac{\left(\dfrac{\partial f}{\partial p'}+3\dfrac{\partial f}{\partial q}\right)G\delta\varepsilon_d}{\left(\dfrac{\partial f}{\partial p'}+3\dfrac{\partial f}{\partial q}\right)G\dfrac{\partial g}{\partial q}-\dfrac{\partial f}{\partial \varepsilon_d^p}\dfrac{\partial g}{\partial q}}$

计算塑性应变：$\delta\varepsilon_v^p=\mathrm{d}\lambda\dfrac{\partial g}{\partial p'}$，$\delta\varepsilon_d^p=\mathrm{d}\lambda\dfrac{\partial g}{\partial q}$

更新塑性应变：$\varepsilon_v^p=\varepsilon_{v0}^p+\delta\varepsilon_v^p$，$\varepsilon_d^p=\varepsilon_{d0}^p+\delta\varepsilon_d^p$

更新应力：$q=q_0+3G(\delta\varepsilon_d-\delta\varepsilon_d^p)$，$p'=p_0'+G(\delta\varepsilon_d-\delta\varepsilon_d^p)$

计算体应变：$K(\delta\varepsilon_v-\delta\varepsilon_v^p)=G(\delta\varepsilon_d-\delta\varepsilon_d^p)\Rightarrow\delta\varepsilon_v=\dfrac{G}{K}(\delta\varepsilon_d-\delta\varepsilon_d^p)+\delta\varepsilon_v^p$

更新孔隙比：$e=e_0-(1+e_i)\delta\varepsilon_v$

End if

更新变量以作为下一个增量步的初始值：

$$p_0'=p',q_0=q,e_0=e,\varepsilon_{d0}^p=\varepsilon_d^p,\varepsilon_{v0}^p=\varepsilon_v^p$$

同样的，由于采用了最简单直接的显式算法，我们需要控制应变增量以控制每一步的误差，比如应变增量 $\delta\varepsilon_d$ 要小于 10^{-5}。另外，由于显式算法无法保证每一步塑性结束时 $f=0$，即使是小增量步的计算，误差也会不断累积。因此，为了确保“$f=0$”我们也需要对塑性应变或应力做校对修正。不同于全应变控制，在应力应变混合控制程序中我们可以选择修正塑性应变或修正应力更新。由于这个模拟中应力增量可以是负的，而通过塑性应变修正是达不到这个目的的，因此建议选择修正应力更新，即：

$$f=\frac{q}{p'+c\cot\phi_c}-\frac{M_p\varepsilon_d^p}{k_p+\varepsilon_d^p}=0\Rightarrow\frac{q_0+\delta q}{p_0'+\dfrac{\delta q}{3}+c\cot\phi_c}=\frac{M_p\varepsilon_d^p}{k_p+\varepsilon_d^p}$$
$$\Rightarrow\delta q=\left[\frac{M_p\varepsilon_d^p}{k_p+\varepsilon_d^p}(p_0'+c\cot\phi_c)-q_0\right]\Big/\left(1-\frac{M_p\varepsilon_d^p}{k_p+\varepsilon_d^p}\frac{1}{3}\right)\tag{2.45}$$

然后再重新计算弹性体应变增量，用以更新总的体应变增量。

此增量步的 MATLAB 代码为：

```
K=K0*pat*(2.97-e0)^2/(1+e0)*((p0+c*1/tan(fi_c))/pat)^n;
G=G0*pat*(2.97-e0)^2/(1+e0)*((p0+c*1/tan(fi_c))/pat)^n;

p=p0+G*depsd;    % elastic trial stress,dp=dq/3
q=q0+3*G*depsd;
e=e0;%-(1+ei)*depsv;
```

```
epspd=epspd0;
epspv=epspv0;
depspd=0;
depspv=0;
ec=ec0*exp(-lambda*(p/pat)^ksi);
fi_p =atan((ec/e)^np*tan(fi_c));
fi_pt=atan((e/ec)^nd*tan(fi_c));
Mp=6*sin(fi_p)/(3-sin(fi_p));      % only for compression
Mpt=6*sin(fi_pt)/(3-sin(fi_pt));   % only for compression
dd=0;% only for plot stress-dilatancy for check

f=q/(p+c*1/tan(fi_c))-Mp*epspd/(kp+epspd);

if f>1e-7   % for plasticity,explicit solution
   dfdp=-q/(p+c*1/tan(fi_c))^2;
   dfdq=1/(p+c*1/tan(fi_c));
   dfdepspd=-kp*Mp/(kp+epspd)^2;
   dgdp=(Mpt-q/(p+c*1/tan(fi_c)))*abs(1-exp(-Ad*q/(p+c*1/tan(fi_c))));
   dgdq=1;

   AA=(dfdp+dfdq*3)*G*depsd;
   BB=(dfdp+dfdq*3)*G*dgdq-dfdepspd*dgdq;
   dlambda=AA/BB;

   depspv=dlambda*dgdp;
   depspd=dlambda*dgdq;
   dd=depspv/depspd;% only for plot stress-dilatancy for check

   % update all state variables for output
   epspv=epspv0+depspv;
   epspd=epspd0+depspd;
   % to confirm f=0,re-update stress(because of explicit,and dstress could be negative)
   dq=(Mp*epspd/(kp+epspd)*(p0+c*1/tan(fi_c))-q0)/(1-Mp*epspd/(kp+epspd)/3);
   q=q0+dq;
   p=p0+dq/3;
end

depsev=G/K*(depsd-depspd);
depsv=depsev+depspv;
e=e0-(1+ei)*depsv;
epsv=epsv0+depsv;
epsd=epsd0+depsd;
```

```
eta_m=q/(p+c*1/tan(fi_c)); % only for plot stress-dilatancy for check
% Give back updated state variables for next step
epspv0=epspv;
epspd0=epspd;
p0=p;
q0=q;
e0=e;
epsv0=epsv;
epsd0=epsd;
```

感兴趣的读者可以直接复制此代码进行训练或分析。

2.4.4 平均有效应力恒定三轴剪切试验模拟

平均有效应力恒定三轴剪切试验也可以认为是应力应变混合控制，即径向和轴向有效应力构成的平均有效应力不变（$\delta\sigma_a+2\delta\sigma_r=0$）而增加轴向应变 $\delta\varepsilon_a$，隐含着 p'-q 平面上的应力路径为平行于 q 轴的直线，即 $\delta p'=0$。因此塑性乘子 $d\lambda$ 可由下式计算得到：

$$\frac{\partial f}{\partial q}3G\left(\delta\varepsilon_d-d\lambda\frac{\partial g}{\partial q}\right)+\frac{\partial f}{\partial \varepsilon_d^p}d\lambda\frac{\partial g}{\partial q}=0$$
$$\Rightarrow d\lambda=\frac{\dfrac{\partial f}{\partial q}3G\delta\varepsilon_d}{\dfrac{\partial f}{\partial q}3G\dfrac{\partial g}{\partial q}-\dfrac{\partial f}{\partial \varepsilon_d^p}\dfrac{\partial g}{\partial q}} \tag{2.46}$$

一个增量步的伪代码为：

已知：$p'_0, q_0, e_0, \varepsilon_{d0}^p, \varepsilon_{v0}^p, \delta\varepsilon_d$

计算：$K=K_0p_{at}\dfrac{(2.97-e)^2}{(1+e)}\left(\dfrac{p'+c\cot\phi_c}{p_{at}}\right)^n, G=G_0p_{at}\dfrac{(2.97-e)^2}{(1+e)}\left(\dfrac{p'+c\cot\phi_c}{p_{at}}\right)^n$

隐式计算试应力：$q=q_0+3G\delta\varepsilon_d, p'=p'_0$

计算：$e_c=e_{c0}\exp\left[-\lambda\left(\dfrac{\langle p'\rangle}{p_{at}}\right)^{\xi}\right], e=e_0, \phi_p=\arctan\left[\left(\dfrac{e_c}{e}\right)^{n_p}\tan\phi_c\right], \phi_{pt}=\arctan\left[\left(\dfrac{e}{e_c}\right)^{n_d}\tan\phi_c\right]$

$M_p=\dfrac{6\sin\phi_p}{3-\sin\phi_p}, M_{pt}=\dfrac{6\sin\phi_{pt}}{3-\sin\phi_{pt}}$

塑性应变传递：$\varepsilon_v^p=\varepsilon_{v0}^p, \varepsilon_d^p=\varepsilon_{d0}^p$

计算屈服函数：$f=\dfrac{q}{p'+c\cot\phi_c}-\dfrac{M_p\varepsilon_d^p}{k_p+\varepsilon_d^p}$

If $f>0$ then

计算各个偏导：$\dfrac{\partial f}{\partial q}=\dfrac{1}{p'+c\cot\phi_c}, \dfrac{\partial f}{\partial \varepsilon_d^p}=\dfrac{-k_pM_p}{(k_p+\varepsilon_d^p)^2}$

$\dfrac{\partial g}{\partial p'}=\left(M_{pt}-\dfrac{q}{p'+c\cot\phi_c}\right)\left[1-\exp\left(-A_d\dfrac{q}{p'+c\cot\phi_c}\right)\right], \dfrac{\partial g}{\partial q}=1$

计算：$d\lambda = \dfrac{\dfrac{\partial f}{\partial q} 3G \delta\varepsilon_d}{\dfrac{\partial f}{\partial q} 3G \dfrac{\partial g}{\partial q} - \dfrac{\partial f}{\partial \varepsilon_d^p} \dfrac{\partial g}{\partial q}}$

计算塑性应变：$\delta\varepsilon_v^p = d\lambda \dfrac{\partial g}{\partial p'}$，$\delta\varepsilon_d^p = d\lambda \dfrac{\partial g}{\partial q}$

更新塑性应变：$\varepsilon_v^p = \varepsilon_{v0}^p + \delta\varepsilon_v^p$，$\varepsilon_d^p = \varepsilon_{d0}^p + \delta\varepsilon_d^p$

更新应力：$q = q_0 + 3G(\delta\varepsilon_d - \delta\varepsilon_d^p)$，$p' = p'_0$

计算体应变：$\delta\varepsilon_v = \delta\varepsilon_v^p$

更新孔隙比：$e = e_0 - (1+e_i)\delta\varepsilon_v$

End if

更新变量以作为下一个增量步的初始值：

$$p'_0 = p', q_0 = q, e_0 = e, \varepsilon_{d0}^p = \varepsilon_d^p, \varepsilon_{v0}^p = \varepsilon_v^p$$

类似于上述常规三轴试验模拟，我们建议选择修正应力更新，即：

$$f = \frac{q}{p' + c\cot\phi_c} - \frac{M_p \varepsilon_d^p}{k_p + \varepsilon_d^p} = 0 \Rightarrow \frac{q_0 + \delta q}{p'_0 + c\cot\phi_c} = \frac{M_p \varepsilon_d^p}{k_p + \varepsilon_d^p}$$
$$\Rightarrow \delta q = \frac{M_p \varepsilon_d^p}{k_p + \varepsilon_d^p}(p'_0 + c\cot\phi_c) - q_0 \tag{2.47}$$

此增量步的 MATLAB 代码为：

```
K=K0 * pat * (2.97-e0)^2/(1+e0) * ((p0+c * 1/tan(fi_c))/pat)^n;
G=G0 * pat * (2.97-e0)^2/(1+e0) * ((p0+c * 1/tan(fi_c))/pat)^n;

p=p0;    % elastic trial stress,dp=0
q=q0+3 * G * depsd;
e=e0;%-(1+ei) * depsv;
epspd=epspd0;
epspv=epspv0;
depspd=0;
depspv=0;
ec=ec0 * exp(-lambda * (p/pat)^ksi);
fi_p =atan((ec/e)^np * tan(fi_c));
fi_pt=atan((e/ec)^nd * tan(fi_c));
Mp=6 * sin(fi_p)/(3-sin(fi_p));       % only for compression
Mpt=6 * sin(fi_pt)/(3-sin(fi_pt));   % only for compression
dd=0;% only for plot stress-dilatancy for check

f=q/(p+c * 1/tan(fi_c))-Mp * epspd/(kp+epspd);

if f>1e-7   % for plasticity,explicit solution
   %dfdp=-q/(p+c * 1/tan(fi_c))^2;
```

```
    dfdq=1/(p+c * 1/tan(fi_c));
    dfdepspd=-kp * Mp/(kp+epspd)^2;
    dgdp=(Mpt-q/(p+c * 1/tan(fi_c))) * abs(1-exp(-Ad * q/(p+c * 1/tan(fi_c))));
    dgdq=1;

    AA=dfdq * 3 * G * depsd;
    BB=dfdq * 3 * G * dgdq-dfdepspd * dgdq;
    dlambda=AA/BB;

    depspv=dlambda * dgdp;
    depspd=dlambda * dgdq;
    dd=depspv/depspd; % only for plot stress-dilatancy for check

    % update all state variables for output
    epspv=epspv0+depspv;
    epspd=epspd0+depspd;
    % to confirm f=0,re-update stress(because of explicit,and dstress could be negative)
    dq=Mp * epspd/(kp+epspd) * (p0+c * 1/tan(fi_c))-q0;
    q=q0+dq;
    p=p0;
end

depsv=depspv;
e=e0-(1+ei) * depsv;
epsv=epsv0+depsv;
epsd=epsd0+depsd;
eta_m=q/(p+c * 1/tan(fi_c)); % only for plot stress-dilatancy for check

% Give back updated state variables for next step
epspv0=epspv;
epspd0=epspd;
p0=p;
q0=q;
e0=e;
epsv0=epsv;
epsd0=epsd;
```

感兴趣的读者可以直接复制此代码进行训练或分析。

2.4.5 前后处理

一个完整的计算代码需要有前处理段和后处理段。前处理段主要为了处理参数输入、初始状态设置、计算参数设置等。为此，我们进行如下定义：

```
%% Parameters
ei   =0.9;
K0   =   150;
G0   =   100;
n    =   0.6;
ec0     =   0.937;
lambda=   0.022;
ksi    =   0.71;
fi_c   =   30;
fi_c   =   fi_c * pi/180;
c    =0;
kp   =   0.005;
Ad   =   2;
np   =   1;
nd   =   1;

pat    =101.325;           %kPa
Piosson=(3 * K0-2 * G0)/2/(3 * K0+G0);% for check
Mc=6 * sin(fi_c)/(3-sin(fi_c));% for check

%% Initialization
p0         = 1000;   %kPa
q0         = 0;      %kPa
e0=ei;
epsd0       = 0;       %updata
epsv0       = 0;       %updata
epspd0       = 0;       %updata
epspv0       = 0;       %updata

%% Loading definition
i_type=3;   % test type:=1 for fully strain control,=2 for constant sigr,=3 for constant p
n_loading = 1000;
n_sub=100;
```

这里面的具体数值也可以通过加载预先定义的数据文件来读取，即创建数据文件，按顺序填写数值。此外，针对每个试验类型，需要分别定义控制参数和输出数据，比如针对常规不排水三轴试验 i _ type=1：

```
if i_type==1
epsd_ini       = 0;
epsd_fin       = 0.2;
epsv_ini       = 0;
```

```
epsv_fin      = 0;
depsd         =(epsd_fin-epsd_ini)/n_loading/n_sub;
depsv         =(epsv_fin-epsv_ini)/n_loading/n_sub;

%% For loading steps,explicit solution
for i=1:n_loading
嵌入一个增量步的计算程序

   siga=p+2/3 * q;   % only for plot
   sigr=p-1/3 * q;
   epsa=epsd+epsv/3;
   epsr=epsv/3-epsd/2;

   out(i,1:14)=[epsv,epsd,p,q,ec,e,epspv,epspd,epsa,epsr,siga,sigr,eta_m,dd];
end % for n_loading

end % if i_type==1
```

然后基于输出数据，进行画图分析，比如我们经常看到和用到的四副图：

```
%% To plot figures as simulation results
FontSize=14;% to define the size of words
figure1=figure(1);%can define more than one figure series
set(1,'color','w');
set(1,'Position',[100 50 800 600]);% to set the position and size of figures in your PC
%
subplot(2,2,1)
plot(out(:,3),out(:,4),'b-','linewidth',1.5,'MarkerSize',5);hold on
grid off;
syms Y;
f1=Y * Mc;
h5=ezplot(f1,[0,max(out(:,3))]);hold on;
set(h5,'color','r','linewidth',1);
title('');
% xlim([0,max(out(:,3))]);
% ylim([0,max(out(:,4))]);
xlabel('{\itp''}/ kPa','FontWeight','bold');
ylabel('{\itq}/ kPa','FontWeight','bold');
set(gca,'Fontsize',FontSize,'FontName','Times new Roman');
set(get(gca,'XLabel'),'FontSize',FontSize,'FontName','Times new Roman');
set(get(gca,'YLabel'),'FontSize',FontSize,'FontName','Times new Roman');
%
```

```
subplot(2,2,2)
plot(out(:,2),out(:,4),'b-','linewidth',1.5,'MarkerSize',5);hold on
xlabel('{\it\epsilon}_d','FontWeight','bold');
ylabel('{\itq}/ kPa','FontWeight','bold');
% xlim([0,max(out(:,2))]);
% ylim([0,max(out(:,4))]);
set(gca,'Fontsize',FontSize,'FontName','Times new Roman');
set(get(gca,'XLabel'),'FontSize',FontSize,'FontName','Times new Roman');
set(get(gca,'YLabel'),'FontSize',FontSize,'FontName','Times new Roman');
%
subplot(2,2,3)
h1=semilogx(out(:,3),out(:,6),'b-','linewidth',1.5,'MarkerSize',5);hold on
h2=semilogx(out(:,3),out(:,5),'r-','linewidth',1.5,'MarkerSize',5);hold on
xlabel('{\itp"} / kPa','FontWeight','bold');
ylabel('{\ite}','FontWeight','bold');
h=legend([h1,h2],'{\ite}','{\ite}_c','Location','best');
set(gca,'Fontsize',FontSize,'FontName','Times new Roman');
set(get(gca,'XLabel'),'FontSize',FontSize,'FontName','Times new Roman');
set(get(gca,'YLabel'),'FontSize',FontSize,'FontName','Times new Roman');
%
subplot(2,2,4)
plot(out(:,2),out(:,1),'b-','linewidth',1.5,'MarkerSize',5);hold on
xlabel('{\it\epsilon}_d','FontWeight','bold');
ylabel('{\it\epsilon}_v','FontWeight','bold');
% xlim([0,max(out(:,2))]);
%ylim([0,max(out(:,4))]);
set(gca,'YDir','reverse');
set(gca,'Fontsize',FontSize,'FontName','Times new Roman');
set(get(gca,'XLabel'),'FontSize',FontSize,'FontName','Times new Roman');
set(get(gca,'YLabel'),'FontSize',FontSize,'FontName','Times new Roman');
```

2.4.6　模型参数分析

给定一组模型参数进行了三类典型试验的模拟：(1) 弹性相关参数 $G_0=100$，$K_0=150$ 以及 $n=0.6$；(2) 临界状态相关参数 $\phi_c=30$，$e_{ref}=0.937$，$\lambda=0.022$ 以及 $\xi=0.71$；(3) 塑性及颗粒间咬合效应相关的参数 $A_d=4$，$k_p=0.001$，$n_p=1$ 以及 $n_d=1$。结果如图 2.6～图 2.9 所示。所有模拟结果均符合三轴试验规律。另外，针对模型参数 k_p 和 A_d 进行了简单的敏感性分析，如图 2.10 和图 2.11 所示。此系列计算结果可用于读者训练对比。

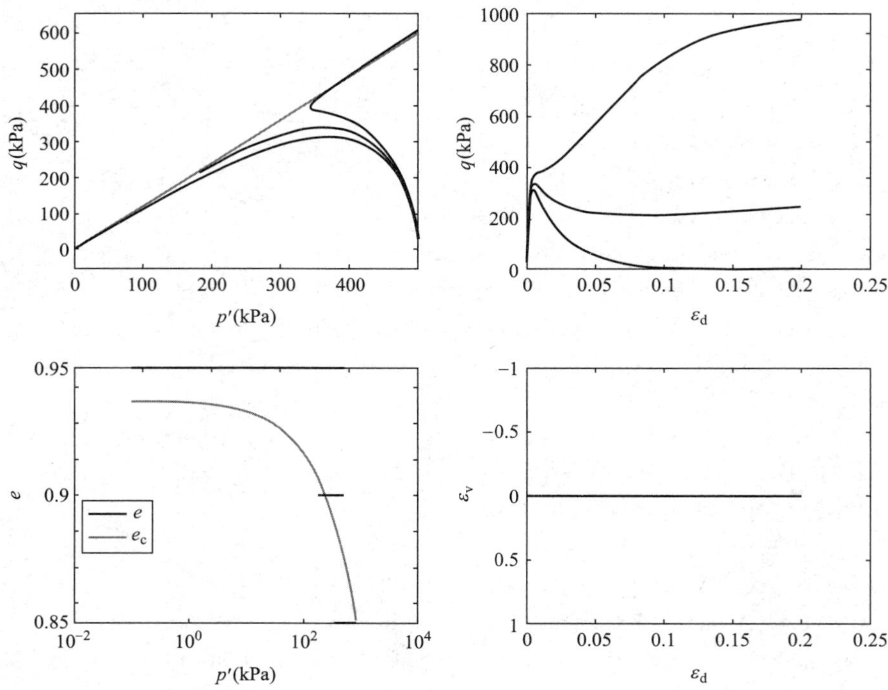

图 2.6　三轴不排水试验模拟（初始孔隙比 e_0＝0.85，0.9，0.95；初始平均有效应力 p'_0＝500kPa）

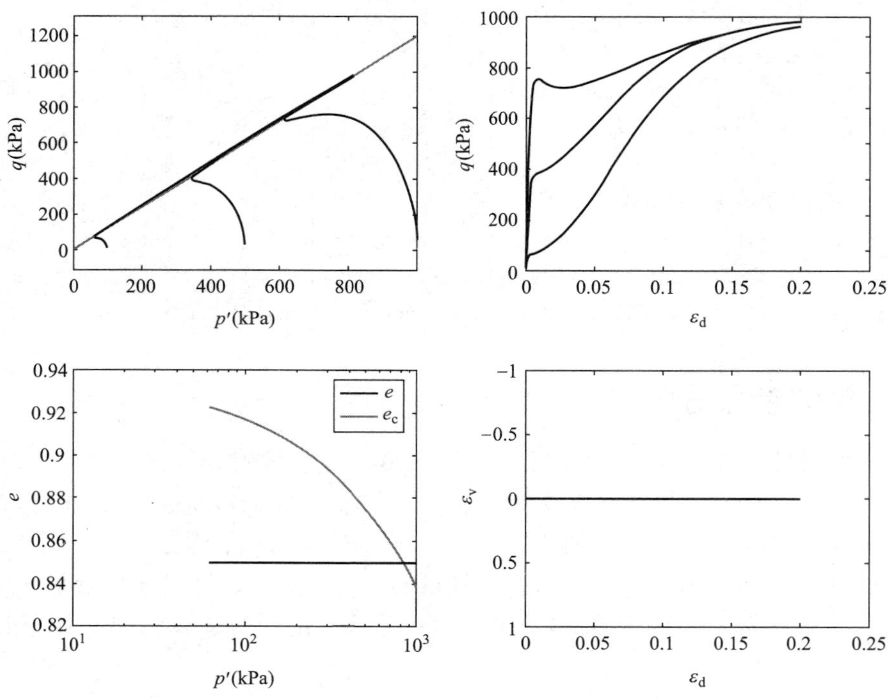

图 2.7　三轴不排水试验模拟（初始孔隙比 e_0＝0.85；初始平均有效应力 p'_0＝100kPa，500kPa，1000kPa）

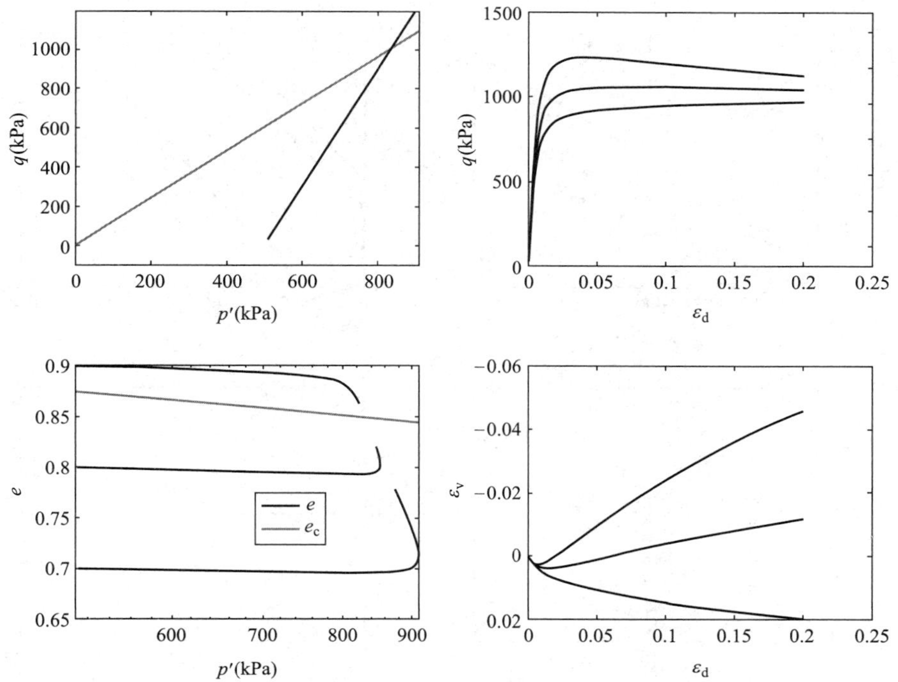

图 2.8　三轴常规排水试验模拟（初始孔隙比 e_0=0.7，0.8，0.9；初始平均有效应力 p_0'=500kPa）

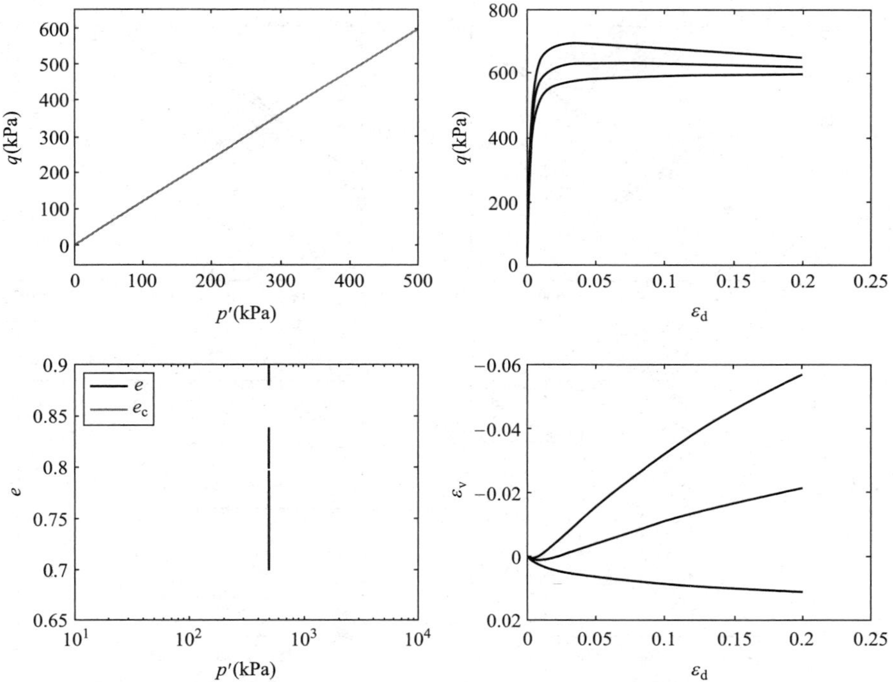

图 2.9　三轴恒平均应力排水试验模拟（初始孔隙比 e_0=0.7，0.8，0.9；初始平均有效应力 p_0'=500kPa）

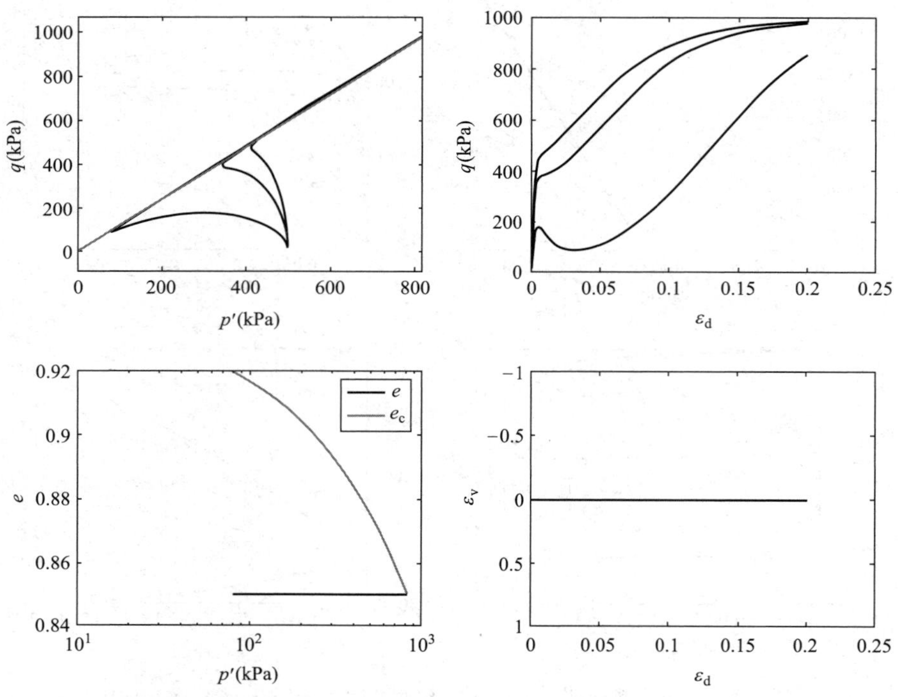

图 2.10　三轴不排水试验模拟（初始孔隙比 e_0＝0.85；k_p＝0.0005，0.001，0.005）

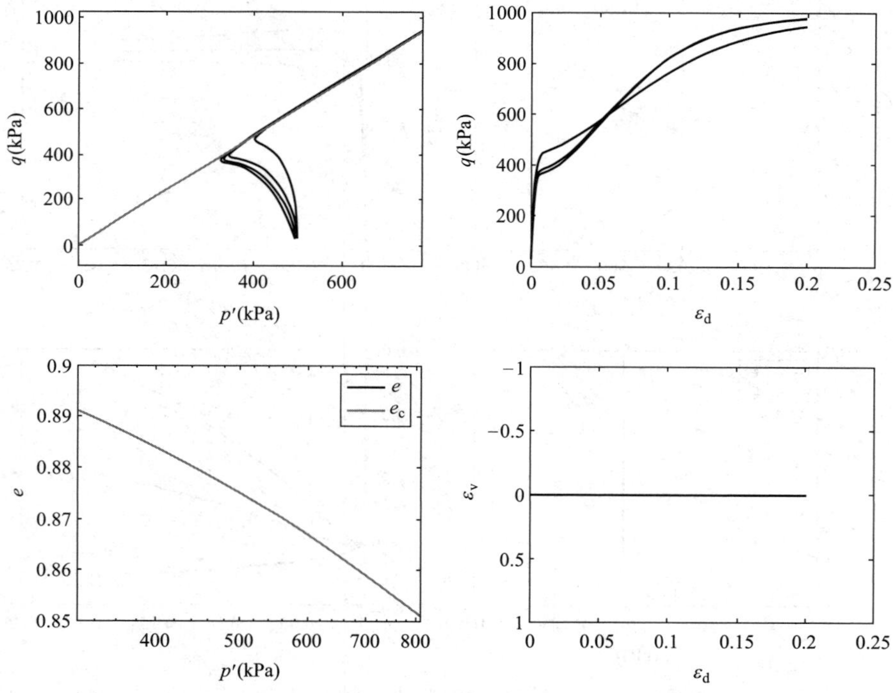

图 2.11　三轴不排水试验模拟（初始孔隙比 e_0＝0.85；k_p＝100，10，4，1）

2.5 本章小结

本章从经典的摩尔-库仑模型出发，旨在展示如何开发一个描述砂土力学特性的模型。首先对摩尔-库仑模型的本构方程、模型参数的物理意义以及确定方法等进行了全面的阐述。接着，针对不同力学特性进行渐进改进，以提出高级本构模型，包括以下内容：密实度与平均应力相关的非线性弹性、双曲线函数形式的非线性塑性硬化、修正剪胀剪缩关系、临界状态特性，并对模型参数进行总结。

然后，针对模型的数值实现及三轴试验模拟进行详细推导，包括塑性乘子的解法、全应变控制三轴试验模拟方法、常规三轴排水试验模拟方法以及平均有效应力恒定三轴剪切试验模拟方法。针对每一模拟方法，详细推导了一些必要的校对修正，并提供了一个增量步的伪代码以及 MATLAB 代码。为了读者能更加方便地进行学习和训练，本章还特别提供了基于 MATLAB 的前后处理方案以及源代码，并基于此代码，展示了本构模型在不同试验类型条件下的参数分析。

参考文献

Biarez J，Hicher P-Y，Naylor D. Elementary mechanics of soil behaviour：saturated remoulded soils [M]. Rotterdam ：Balkema，1994.

Duncan J M，Chang C-Y. Nonlinear analysis of stress and strain in soils [M]. Berkeley，California：Dept. of Civil Engineering，University of California，1970.

Gudehus G. Attractors，percolation thresholds and phase limits of granular soils [J]. Powders and grains，1997，97：169-183.

Jefferies M G. Nor-Sand：a simle critical state model for sand [J]. Géotechnique，1993，43 (1)：91-103.

Jin Y F ，Yin Z Y ，Shen S L ，et al. Selection of sand models and identification of parameters using an enhanced genetic algorithm [J]. International Journal for Numerical and Analytical Methods in Geomechanics，2016，40 (8)：1219-1240.

Li X S，Wang Y. Linear Representation of Steady-State Line for Sand [J]. Journal of Geotechnical and Geoenvironmental Engineering，1998，124 (12)：1215-1217.

Richart F E，Hall J R，Woods R D. Vibrations of Soils and Foundations by F. E. Richart Jr，J. R. Hall Jr，R. D. Woods [M]. Prentice-Hall，1970.

Roscoe K，Schofield A，Thurairajah A. Yielding of clays in states wetter than critical [J]. Géotechnique，1963，13 (3)：211-240.

Vermeer P A. A double hardening model for sand [J]. Géotechnique，1978，28 (4)：413-433.

Yin Z-Y，Wu Z-X，Hicher P-Y. Modeling Monotonic and Cyclic Behavior of Granular Materials by Exponential Constitutive Function [J]. Journal of Engineering Mechanics，2018，144 (4)：04018014.

罗汀，姚仰平，侯伟. 土的本构关系 [M]. 北京：人民交通出版社，2010.

尹振宇，顾晓强，金银富. 土的小应变刚度特性及工程应用 [M]. 上海：同济大学出版社，2017.

第3章 基于MATLAB GUI的SIMSAND模拟器开发

本章提要

大多数工程师乃至学者未能完全理解高级本构模型，给理论联系实践带来了极大的困难。本章以SIMSAND模型为例来开发一个本构模型建模土工试验的简单工具。首先简要介绍MATLAB GUI的开发环境，接着按界面开发的步骤做循序渐进的讲述：总体版面设计、控制参数输入的设计、勾选框的设计、结果显示设计、控制按钮设计、错误或警告提示设计、如何增加外加图片、如何增加试验数据导入。为了读者学习和训练之用，特选定了三个案例来研究模拟砂土的常规三轴不排水试验、常规三轴排水试验以及常平均应力条件下的三轴排水试验。此工具平台的详细开发过程以及关键源程序将有助于读者模仿和训练，为岩土力学和岩土工程领域的本构模型实践提供研究和教学的范例及支持。此外，该工具还有助于学生的本构建模的教学和基础培训。

3.1 引言

本构模型在岩土工程的设计和施工中起着重要作用。到目前为止，从微观到宏观方法，已经提出了数百种不同的土的本构模型。然而，大多数工程师未能完全理解本构模型，并且总是根据自己的喜好和经验选择模型。一些广泛使用的模型有时会在应用于传统工程时导致显著不合理的预测。缺乏对本构模型的正确理解已成为工程事故的主要风险因素之一。因此，在应用之前必须完全理解所选模型的优点和缺点。通常，最快的方法是模拟室内试验。然而，大多数工程师都在努力编写可以实现土体模型的计算机程序来实现这种模拟。为了解决这个问题，可以通过提供本构模型来建模土工测试的工具显得非常有用。

通常，这种建模需要通过嵌有岩土材料本构模型的工程有限元软件来实现，例如一些商业代码［ABAQUS（Hibbitt等，2001），FLAC（Itasca，2000），PLAXIS（Brinkgreve等，2012）和COMSOL（Comsol，2005）］，或开源代码（Novák等，2014；Wang等，2014；Yang等，2004；Langtangen，2012）。但是，这些软件提供的测试类型和加载控制都需要使用者具有有限元的基础及操作能力。所以，开发一种可以方便模拟常规室内试验的工具显得很有必要。

近年来，图形用户界面（Graphical User Interfaces，GUI）作为提供人机交互的工具和方法，越来越多地受到工程技术开发人员的青睐。GUI是包含图形对象（如窗口、图标、菜单和文本）的用户界面。以某种方式选择或激活这些对象时，通常会引起动作或者发生变化。MATLAB 的 GUI 为开发者提供了一个不脱离 MATLAB 的开发环境，有助于 MATLAB 程序的 GUI 集成。这样可以使开发者不必理会一大堆繁杂的代码，简化程序，但是同样可以实现向决策者提供图文并茂的界面，甚至达到多媒体的效果，有助于读者理解特定的问题并做训练之用。为此，本章以 SIMSAND 模型为例来开发本构模型建模土工试验的工具。

本章详细介绍了高级砂土本构模型 SIMSAND 的土工测试建模工具开发。首先简要介绍 MATLAB GUI 的开发环境，接着按界面开发的步骤做循序渐进的讲述：总体版面设计、控制参数输入的设计、勾选框的设计、结果显示设计、控制按钮设计、错误或警告提示设计、如何增加外加图片、如何增加试验数据导入。为了读者学习和训练之用，特选定了三个案例来研究模拟砂土的常规三轴不排水试验、常规三轴排水试验以及常平均应力条件下的三轴排水试验。

3.2　打开图形用户界面开发环境

在 matlab 命令窗口中直接键入“GUIDE”，便可以打开图形用户界面开发环境（即：Graphical User Interface Development Environment）。它向用户提供了一系列的创建用户图形界面的工具。这些工具大大简化了 GUI 设计和生成的过程。GUIDE 可以完成的任务有如下两点：（1）GUI 界面设计；（2）功能编程实现。GUIDE 实际上是一套 MATLAB 工具集，它主要由七部分组成：版面设计器、属性编辑器、菜单编辑器、调整工具、对象浏览器、Tab 顺序编辑器、M 文件编辑器。

首先出来的是如图 3.1 所示的 GUIDE Quick Start 对话框。利用 GUIDE 模板创建 GUI，或者打开已经存在的 GUI，单击“OK”按钮，打开版面设计工具，如图 3.2 所示。在通常状况下组件面板并不显示出组件的名称，如果需要显示组件名称，则进行下面的操作：从 File 菜单中选择“Preferences”选项，勾选“Show names in component palette”选项即可。

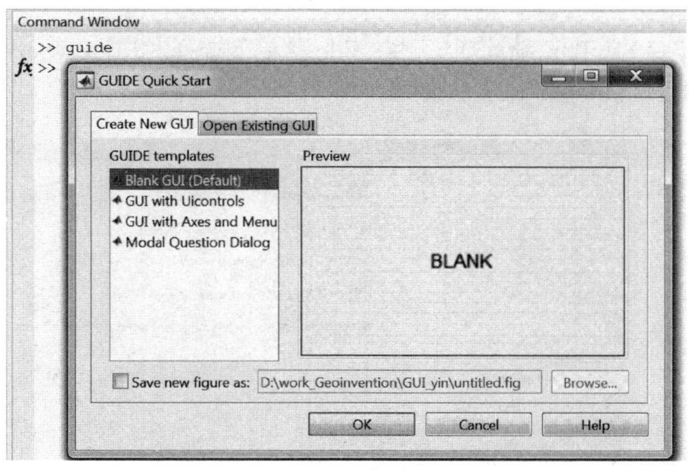

图 3.1　GUIDE Quick Start 对话框

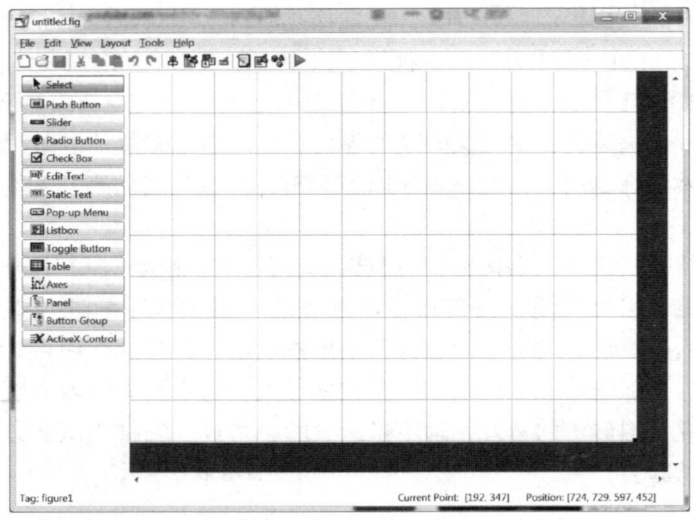

图 3.2　版面设计界面

GUIDE 把 GUI 设计的内容保存在两个文件中，它们在第一次保存或运行时生成。一个是 FIG 文件，扩展名为.fig，它包含对 GUI 和 GUI 组件的完整描述；另外一个是 M 文件，扩展名为.m，它包含控制 GUI 的代码和组件的回调命令代码。这两个文件与 GUI 显示和编程任务相对应。在版面设计器中创建 GUI 时，内容保存在 FIG 文件中；对 GUI 编程时，内容保存在 M 文件中。图 3.3 所示的编辑器显示了 GUI with Axes and Menu 模板的 M 文件的内容。

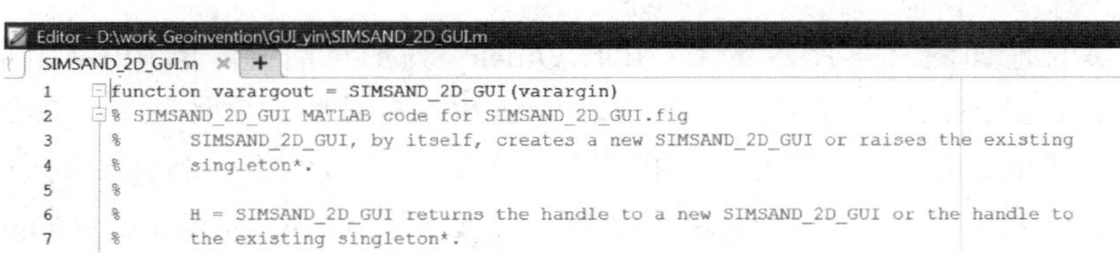


```
function varargout = SIMSAND_2D_GUI(varargin)
% SIMSAND_2D_GUI MATLAB code for SIMSAND_2D_GUI.fig
%      SIMSAND_2D_GUI, by itself, creates a new SIMSAND_2D_GUI or raises the existing
%      singleton*.
%
%      H = SIMSAND_2D_GUI returns the handle to a new SIMSAND_2D_GUI or the handle to
%      the existing singleton*.
```

图 3.3　GUI with Axes and Menu 模板的 M 文件

用户可以自定义 GUIDE 设计环境。在 File 菜单下选择“Preferences”，打开如图 3.4 所示的设置对话框，可以进行相应的设置。

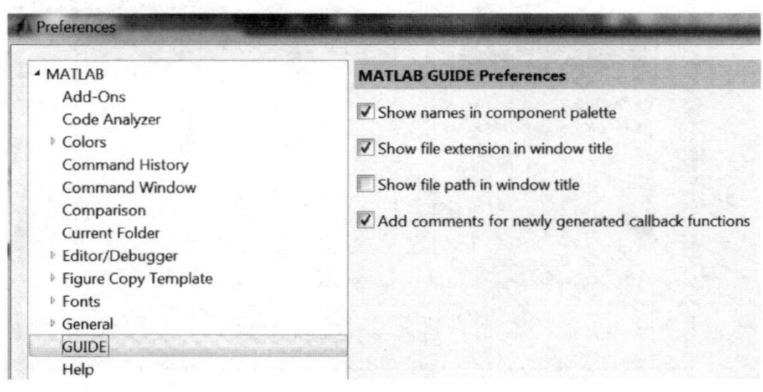

图 3.4　自定义 GUIDE 设计环境界面

3.3 总体版面设计

作为SIMSAND试验模拟器，我们需要几个基本功能和部分：参数输入、初始条件定义、试验类型、计算及加载设置、结果显示以及计算控制。针对前面四项，拖入四个面板窗口“Panel”；针对第五项，拖入两个按钮“Push Button”；针对第六项，由于需要出六张图，因此拖入六个图形窗口“Axes”；外加一个工具标题的面板。将所有按钮及图形窗口合理布局，达到美观工整的效果，如图3.5所示，然后运行一下GUI，系统会自动生成GUI文件。

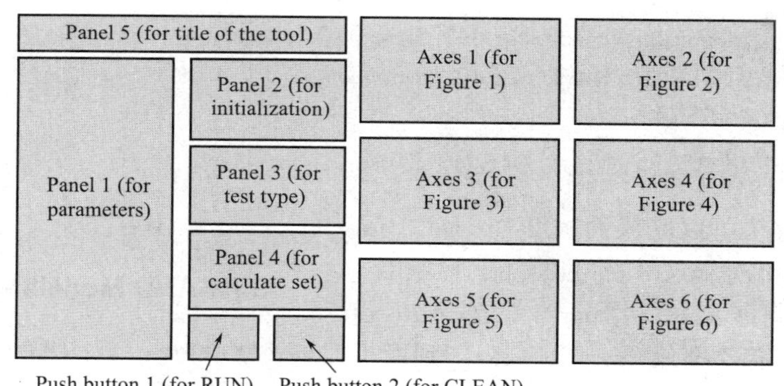

图3.5 总体版面设计示意图

3.4 控制参数输入的设计

控制参数输入设计指“参数输入、初始条件定义、试验类型、计算及加载设置”四个面板的设置及细化。这里以参数输入为例进行详细说明：

（1）面板标题定义。在面板上双击，会跳出面板属性设置“property inspector”，然后在定义标题的“title”处输入“Soil parameters”，在定义识别的标签“TAG”处输入“uipanelSoilparameter”（其中“uipanel”是原来就有的，最好保留这些字符，以便于在.m文件中识别），然后根据要求调整字体、字符大小、背景、框线等设置。

（2）参数名字定义。拖入“Static Text”到面板上，右键选择并打开“property inspector”，在串“String”后面输入参数的名字，比如初始孔隙比“ei”；然后根据要求调整字体、字符大小等设置。

（3）参数数值输入。拖入“Edit Text”到面板上，右键选择并打开“property inspector”，在串“String”后面输入此参数的默认值，比如“0.8”；在“TAG”处输入“editxxxx”（其中“edit”是原来就有的，最好保留这些字符，以便于在.m文件中识别），比如针对ei我们输入“editei”；然后根据要求调整字体、字符大小等设置。

然后选择“参数名字定义框”和“参数数值输入框”，根据参数数量复制（Ctrl+c）、粘贴（Ctrl+v）到同一个面板上不同的位置，然后选择排版命令“Align objects”对上述框进行排列对齐，然后按照不同参数分别更改名字和默认输入值。

为了检查个别参数的合理性，也可以增加从已定义参数直接计算结果的可替代参数，比如泊松比可直接由“K0”和“G0”计算得到（$\upsilon=(3K_0-2G_0)/2(3K_0+G_0)$），Mc可直接由摩擦角“fi _ c”计算得到（$M_c=6\sin\phi_c/(3-\sin\phi_c)$）。跟之前一样，拷贝定义好的“参数名字定义框”和“参数数值输入框”过来做修改，特别注意的是在“参数数值输入框”的属性里针对“Enable”选择“off”。这样一来，这个数值输入框就变成灰色和不可输入。另外，针对这个自动计算，需要运行“GUI”，在生成的.m文件里逐一进行完善。比如针对泊松比，我们需要在“function editK0 _ Callback（hObject，eventdata，handles）”和“function editG0 _ Callback（hObject，eventdata，handles）”下同时添加：

```
K0     =  str2double(get(handles.editK0,'String'));
G0     =  str2double(get(handles.editG0,'String'));
Piosson=(3*K0-2*G0)/2/(3*K0+G0);% for check
set(handles.editPoisson,'String',Piosson);
```

依照上述方法可以完成面板2“panel 2 for initialization”和面板4“panel 4 for calculate set”的设计。对于面板5“panel 5 for title of the tool”，我们需要拖入“Static Text”到面板上，右键选择并打开“property inspector”，在串“String”后面输入字符“SIMSAND Modelling Tool”，调整字体、字符大小等设置，可以生成如图3.6所示的界面。

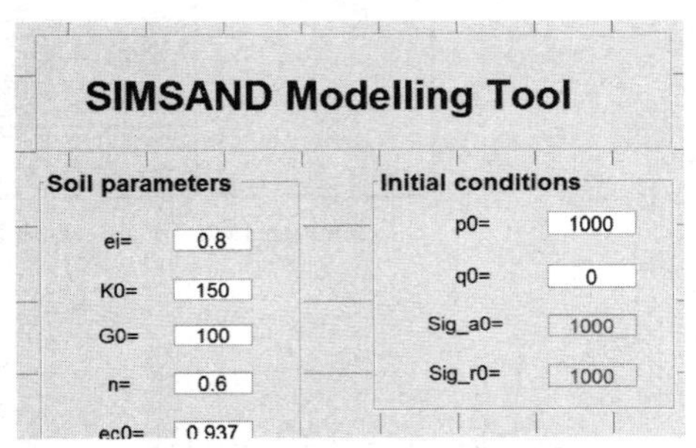

图3.6 部分版面界面生成图

3.5 勾选框的设计

对于面板3“panel 3 for test type”，我们可以使用勾选方式。为此，我们需要拖入按钮“Radio Button”到此面板上，然后在“String”后面输入名字，比如“Conventional undrained”；在“TAG”后输入便于在.m文件中识别的名字“radiobuttonundrained”。然后复制、粘贴成三项，选择其中一项为默认选择。针对要默认的这项，需要在属性里把“value”从“0”改成“1”。可以生成如图3.7所示的界面。

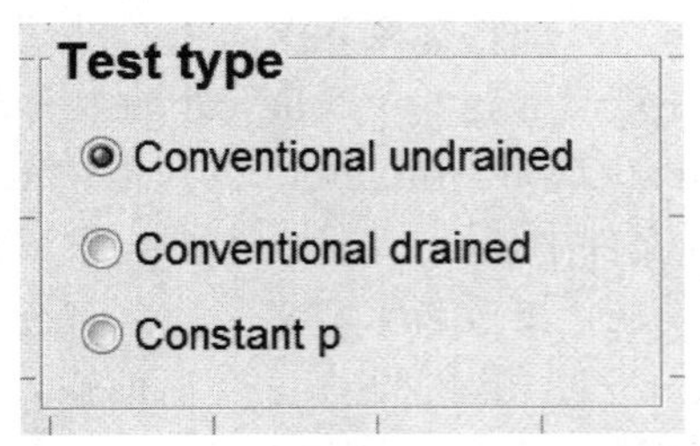

图3.7 部分版面界面生成图

完成界面定义后，需要运行“GUI”，在更新的.m文件里进行完善。针对SIMSAND我们设置了三个勾选项，生成了三个functions，分别添加类似的句子如下：

在“function radiobuttonundrained _ Callback（hObject，eventdata，handles）”下面添加：

```
set(handles.radiobuttonundrained,'value',1);
set(handles.radiobuttondrained,'value',0);
set(handles.radiobuttonConstantp,'value',0);
```

在“function radiobuttondrained _ Callback（hObject，eventdata，handles）”下面添加：

```
set(handles.radiobuttonundrained,'value',0);
set(handles.radiobuttondrained,'value',1);
set(handles.radiobuttonConstantp,'value',0);
```

在“function radiobuttonConstantp _ Callback（hObject，eventdata，handles）”下面添加：

```
set(handles.radiobuttonundrained,'value',0);
set(handles.radiobuttondrained,'value',0);
set(handles.radiobuttonConstantp,'value',1);
```

然后这些值都需要在主程序部分需要调用的地方前面赋予，比如在主程序里用“i _ type”（i _ type：=1 for conventional undrained，=2 for conventional drained，=3 for constant p）来选择调用不同的计算程序，那就需要插入：

```
if handles.radiobuttonundrained.Value == 1
   i_type=1;
elseif handles.radiobuttondrained.Value == 1
   i_type=2;
elseif handles.radiobuttonConstantp.Value == 1
   i_type=3;
end
```

本构计算程序请详见本书第 2 章中的“2.4　模型的数值实现及三轴试验模拟”。

3.6　结果显示设计

针对“结果显示”，我们选择出六幅图。首先针对每个图形窗口“Axes”进行命名，即打开图形窗口的属性，在“TAG”后面改识别名字，如果能记得住的话，也可以默认不改。然后在.m 文件中画图的地方添加语句“axes（handles.axesXXX）;”，比如针对第四幅图“偏应变-体应变曲线”：

```
axes(handles.axes4);
plot(out(:,2),out(:,1),'b-','linewidth',1.5,'MarkerSize',5);hold on
xlabel('{\it\epsilon}_d','FontWeight','bold');
ylabel('{\it\epsilon}_v','FontWeight','bold');
set(gca,'YDir','reverse');
```

```
set(gca,'Fontsize',FontSize,'FontName','Times new Roman');
set(get(gca,'XLabel'),'FontSize',FontSize,'FontName','Times new Roman');
set(get(gca,'YLabel'),'FontSize',FontSize,'FontName','Times new Roman');
```

值得注意的是，图的加载必须要一幅幅加，而不能把很多图加到一个图形窗口里去。

3.7 控制按钮设计

对于控制按钮，我们需要拖入“Push Button”，然后在“String”后给出名字“RUN”，在“TAG”后给出在.m程序里容易识别的名字“pushbuttonRUN”，用于点击计算；类似于之前，我们拷贝一个出来，命名为“CLEAN”和“pushbuttonCLEAN”，用于点击清除画图结果。然后运行“GUI”，在生成的.m文件里逐一进行完善。

针对“RUN”，把计算主程序（即组装前面提到的前后处理和增量步代码）全部拷贝到“function pushbuttonRUN _ Callback（hObject，eventdata，handles）”下面，然后需要通过数值框赋值的地方，均改成如下形式：

```
ei  =  str2double(get(handles.editei,'String'));
K0  =  str2double(get(handles.editK0,'String'));
......
```

针对“CLEAN”，在“function pushbuttonCLEAN _ Callback（hObject，eventdata，handles）”下面添加：

```
cla(handles.axes1,'reset');
cla(handles.axes2,'reset');
cla(handles.axes3,'reset');
cla(handles.axes4,'reset');
cla(handles.axes5,'reset');
cla(handles.axes6,'reset');
```

3.8 错误或警告提示设计

为了避免一些低级错误或对理论模型的不了解，我们可以针对输入做一些“错误或警告提示设计”。比如针对模型参数 ei，我们可以在主程序 ei 识别后添加语句：

```
if(ei<0)
   h=errordlg('Void ratio must be positive !!!!! ','Error');
   set(h,'WindowStyle','modal');
   uiwait(h);
   return
end
```

如果在界面上输入一个负的值，程序就会自动报错并提示（图 3.8）。

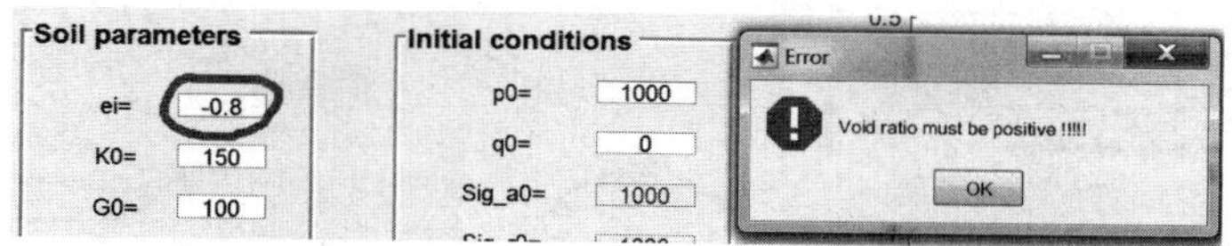

图 3.8　自动报错并提示界面

再比如针对计算参数 Num _ sub-step（substepping number）输入，可以做一个警示：

```
if(n_sub<10)
  h=errordlg('Sub_step number must be greater than 10 !!!! ','Warning');
  set(h,'WindowStyle','modal');
  uiwait(h);
end
```

如果 substepping 的步数小于 10 就会跳出警示框来（图 3.9），但不影响计算。

图 3.9　自动警示界面

除此之外，根据实际需求还可以进一步丰富界面，比如加入“外接数据输入”、“计算书输出”等按钮和功能。

至此，运行“GUI”，SIMSAND 模拟工具就生成了。如图 3.10、图 3.11 所示，应用默认参数值，分别计算了常规排水、常规不排水以及平均有效应力固定的试验。

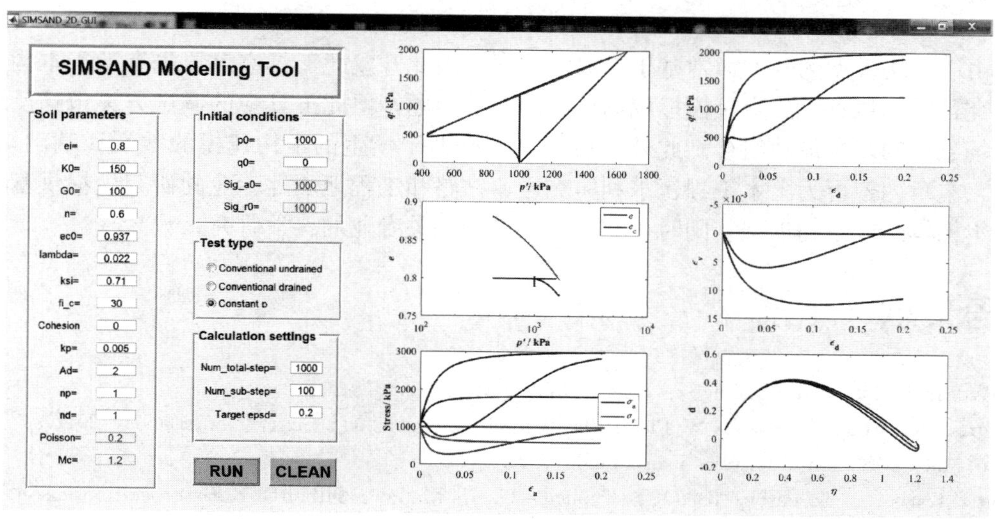

图 3.10　版面设计界面

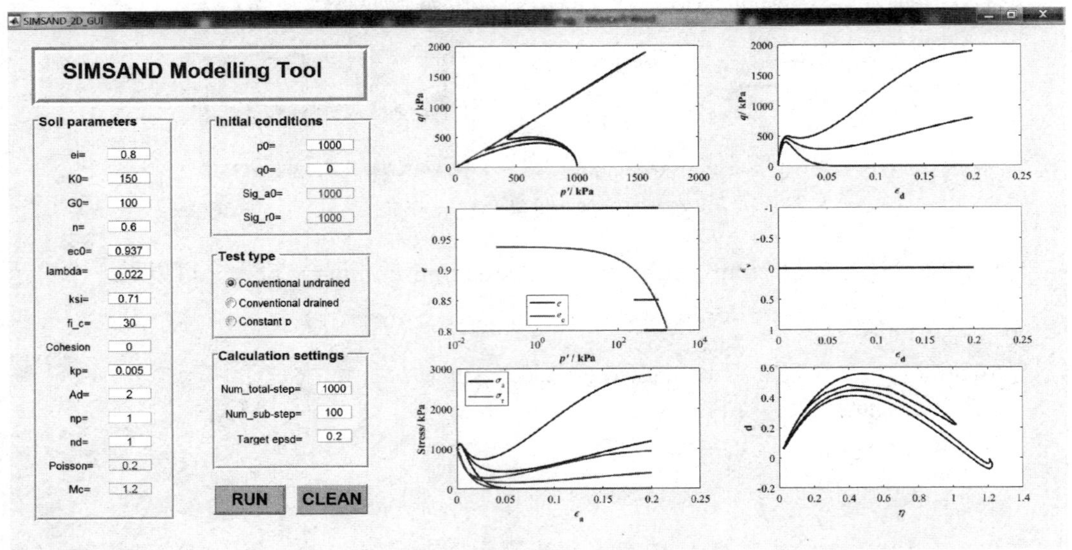

图 3.11　版面设计界面

3.9　本章小结

在本章中，描述了高级砂土本构模型 SIMSAND 的土工测试建模工具开发。此工具平台的详细开发过程以及关键源程序将有助于读者模拟和训练，为岩土力学和岩土工程领域的本构模型实践提供研究和教学的范例及支持。此外，简单明了的界面使工具易于使用；例如，友好的图形界面可以帮助用户查看和分析结果。可以比较不同模型参数和试验类型并讨论它们的结果。三个选定的案例研究模拟了砂土的常规三轴不排水试验、常规三轴排水试验以及常平均应力条件下的三轴排水试验，为 SIMSAND 的工程应用提供有用的工具。

由于本构模型的开发通常基于实验室测试，因此开发此工具应该首先有助于本构建模的研究目的。尽管无法直接模拟现场尺度的工程问题，但此工具中的调试方案包括反映各种现场条件的复杂加载组合。此外，该工具还有助于学生的本构建模的教学和基础培训。此外，本章内容可为土木工程、水利、交通、铁路和工程地质等专业的研究生提供基本的土体本构模拟方法的训练。同时，它也可以用于相关专业的科学研究。

参考文献

MathWorks. Bioinformatics Toolbox：User's Guide [M]. 2012.

Brinkgreve R，Engin E，Swolfs W. Plaxis 2D 2012 user manual [M]. Delft，Netherlands，2012.

Comsol A. COMSOL multiphysics user's guide [M]. 2005.

Hibbitt，Karlsson，Sorensen. ABAQUS/Explicit：User's Manual：Hibbitt，Karlsson and Sorenson [M]. 2001.

Itasca F. Fast Lagrangian analysis of continua [M]. Itasca Consulting Group Inc，Minneapolis，Minn. 2000.

Logg A, Wells G, Mardal K-A. Automated solution of differential equations by the finite element method. The FEniCS book [M]. Springer, Berlin, Heidelberg, 2011.

Novak D, Vorechovsky M, Teplý B. FReET: Software for the statistical and reliability analysis of engineering problems and FReET-D: Degradation module [J]. Advances in Engineering Software, 2014, 72: 179-192.

Wang H, Li L, Jiao Y-Y, et al. A relationship-based and object-oriented software for monitoring management during geotechnical excavation [J]. Advances in Engineering Software, 2014, 71: 34-45.

Yang Z, Lu J, Elgamal A. A web-based platform for computer simulation of seismic ground response [J]. Advances in Engineering Software, 2004, 35 (5): 249-259.

第 4 章 模型参数的直接确定方法

本章提要

唯象性本构模型为了能较好地描述砂土力学特性，通常需要较多的模型参数。参数间的相互耦合影响无形中增加了模型参数确定的难度，从而阻碍本构模型在工程实践中的应用。本章基于砂土的临界状态模型 SIMSAND，基于常规三轴试验条件，通过公式推导，提出了循序渐进的参数直接确定方法。然后，以日本丰浦砂室内三轴试验结果为例，应用此方法直接求得其模型参数。应用此参数数值来模拟丰浦砂的其他试验，通过对比试验与模拟结果验证了该方法的准确性。此研究结果可为同类岩土材料本构模型参数的确定提供参考。

4.1 引言

与摩尔-库仑等简单模型相比，基于临界状态概念的本构模型增加了模型参数的数量，而且这些参数很难直接从室内试验中测量。对于这个难题，学者们主要采用如下两种方法来确定参数：试错法和反分析法。对于前者，需要使用人员通过进行大量的试算，直到获得最佳的模拟结果，这需要消耗大量的时间成本，而且对使用人员的理论水平要求极高。而对于后者，主要应用优化方法和本构模型计算相结合，以获得最优的模拟结果为目标来反演得到参数数值，对使用人员的理论水平要求不高，但计算相对较为耗时。

与上述方法不同，为了减少计算需求，本章提出了基于室内单元试验的模型参数直接确定方法。首先针对临界状态砂土本构模型，推导出直接确定模型参数的公式及计算过程，并应用 MATLAB 编程来实现。然后选用丰浦砂（Toyoura）和胡斯屯砂（Hostun）的常规三轴试验为例，验证该参数确定方法的可行性和准确性。本章的主要内容也请参考文献 Wu 等（2019）。

4.2 参数确定流程

为了介绍 SIMSAND 模型参数的直接确定方法，模型先使用一组给定的人工参数（表 4.1），并生成了一系列试验曲线，包括各向同性压缩试验和排水三轴试验（图 4.1）。其目的在于先由已知参数值的数值试验作为目标试验，检查所提出的直接确定方法能否找到相同的参数，以验证方法的合理性和可靠性。然后再使用真实试验，来进一步证明所提出来的参数确定方法的可行性。为了简化起见，本章中 SIMSAND 模型不考虑砂土的黏聚力，

即 $c=0$。

用于生成人造试验数据的 SIMSAND 模型参数 **表 4.1**

弹性相关参数		临界状态参数		塑性相关参数	
K_0(kPa)	100	e_{ref}	0.875	k_p	0.0015
n	0.6	λ	0.085	A_d	1.2
υ	0.25	ξ	0.229	n_p	2
		ϕ_c(°)	30	n_d	1.5

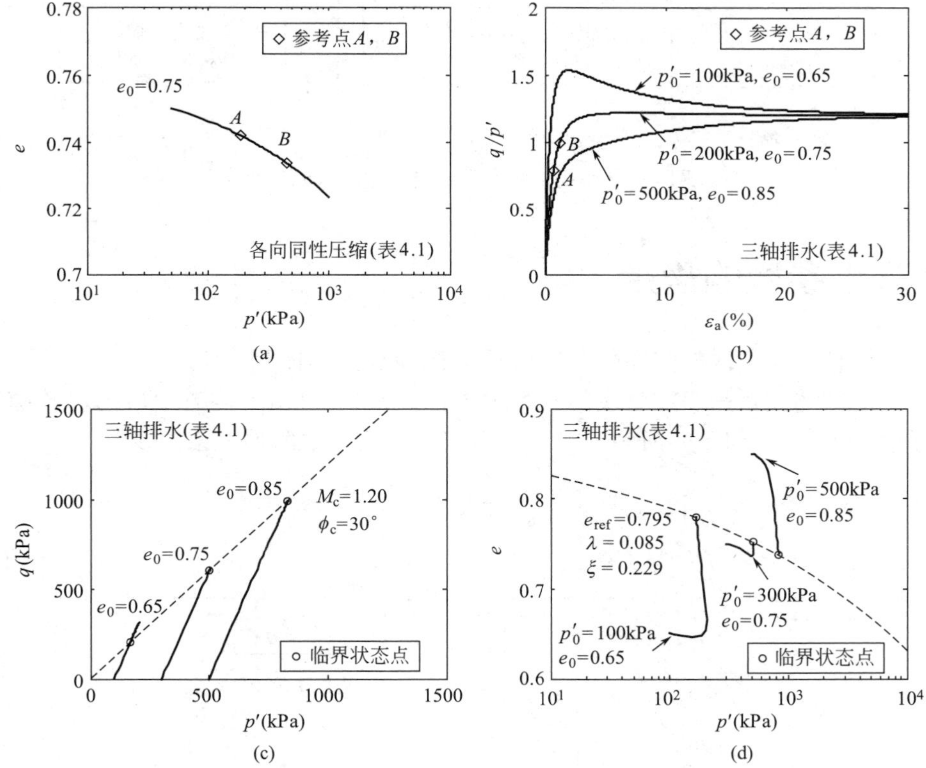

图 4.1　各向同性压缩试验结果和三轴排水试验应力路径

该参数计算过程只需要一个各向同性压缩试验和三个排水三轴试验，包括不同的围压 p'_0 和不同的初始孔隙率 e_0。分三个步骤（图 4.2）：首先，使用各向同性压缩试验数据来确定弹性参数；然后，基于三个排水三轴试验来确定临界状态参数；最后，基于其中一个排水三轴试验来确定相关塑性咬合参数。

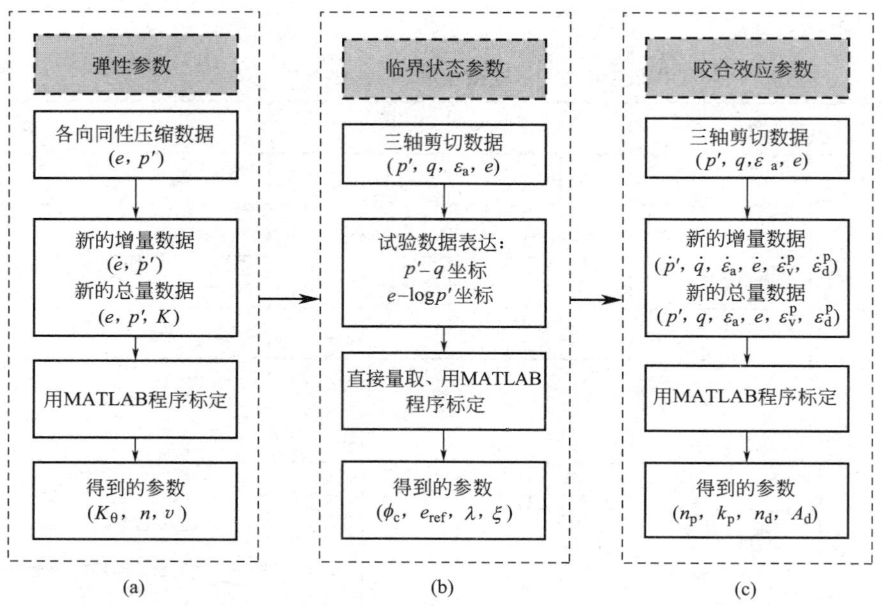

图 4.2　所提出的参数直接确定方法的流程

4.3　弹性参数的确定

取各向同性压缩曲线的弹性部分中的任意试验点，其体积模量 K，平均有效应力 p' 和孔隙比 e 之间的关系是一一对应的。其中体积模量 K 可由平均有效应力和孔隙比的增量表示求得，如公式（4.1）所示。图 4.3 为 K、p'和 e 之间的关系曲线。

$$K=\frac{\dot{p}'}{\dot{\varepsilon}_{\mathrm{v}}^{\mathrm{e}}}=\frac{\dot{p}'}{\dot{e}}(1+e_0) \tag{4.1}$$

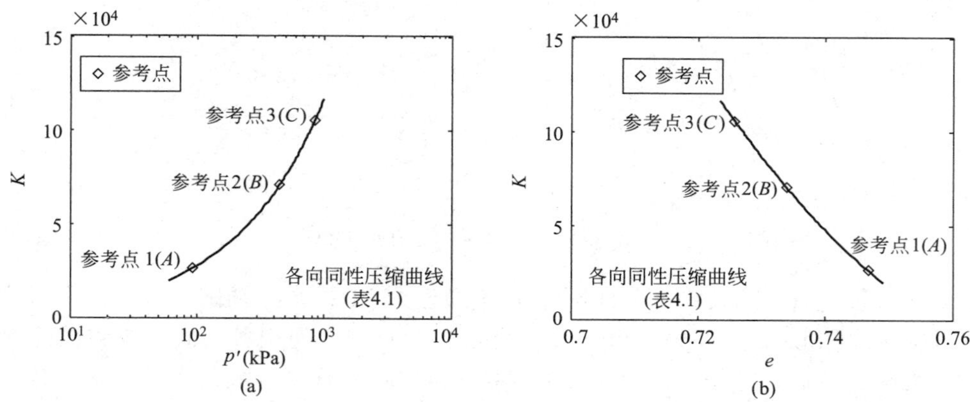

图 4.3　各向同性压缩解析曲线

(a) K-p'；(b) K-e

弹性参数 K_0 和 n 可根据 K-p'-e 关系曲线的两个参考点（A 和 B）联立方程组求得，如公式（4.2）：

$$\begin{cases} K_A = K_0 p_{at} \dfrac{(2.97-e_A)^2}{(1+e_A)} \left(\dfrac{p'_A}{p_{at}}\right)^{\zeta} \\ K_B = K_0 p_{at} \dfrac{(2.97-e_B)^2}{(1+e_B)} \left(\dfrac{p'_B}{p_{at}}\right)^{\zeta} \end{cases} \Rightarrow \begin{cases} \zeta = \ln\left[\left(\dfrac{2.97-e_B}{2.97-e_A}\right)^2 \left(\dfrac{1+e_A}{1+e_B}\right) \dfrac{K_A}{K_B}\right] / \ln\left(\dfrac{p'_A}{p'_B}\right) \\ K_0 = \dfrac{K_A}{p_{at}} \dfrac{(1+e_A)}{(2.97-e_A)^2} \left(\dfrac{p_{at}}{p'_A}\right)^{\zeta} \end{cases} \tag{4.2}$$

本章使用 MATLAB 作为辅助软件来展示求解过程，细节请见 MATLAB CODE-1。为了得到一组可靠的参数，建议在压缩曲线上选择不同的点进行多次计算，然后取平均值。表 4.2 为不同参考点组合 A 和 B 的计算结果汇总，可求出 K_0 和 n 的平均值分别为 97.56 和 0.604。对比表 4.1 所给的标准参数，可以看出通过直接计算得到的参数非常接近目标值，这表明所提出的弹性参数确定方法是可行的。

MATLAB CODE-1 砂土的弹性参数确定

```
deps_v=-de /(1+e(1));
kk =dp. /deps_v;
k_smooth=smooth(kk,1);
k_c= k_smooth;
%-----------------------------------------
ka=k_c(a);
kb=k_c(b);
ea=e(a);
eb=e(b);
pa=p(a);
pb=p(b);
nn=(log(ka. /kb * (1+ea)/(1+eb) * (2.97-eb)^2/(2.97-ea)^2))/(log(pa/pb));
k0a=ka/pat * (1+ea)/(2.97-ea)^2 * (pat/pa)^nn;
k0b=kb/pat * (1+eb)/(2.97-eb)^2 * (pat/pb)^nn;
k0=(k0a+k0b)/2.;
```

通过人造数据计算弹性相关参数 ζ 和 K_0 流程表 **表 4.2**

No	参考点 A		参考点 B		模型参数	
	p'(kPa)	e	p'(kPa)	e	ζ	K_0
1	100	0.746	500	0.732	0.607	96.81
2	100	0.746	900	0.725	0.603	96.81
3	500	0.732	900	0.725	0.602	99.01
平均值					0.604	97.56

对于泊松比 υ 的值，可假定接近于 0.2，或通过摩擦角 ϕ_c 确定，如下式：

$$\upsilon = \left(3 - 2\frac{G}{K}\right) / 2\left(3 + \frac{G}{K}\right) \tag{4.3}$$

式中，$G/K = 1/(2\eta_{K0})$，其中 $K_0 = 1 - \sin\phi_c \Rightarrow \eta_{K0} = 3\sin\phi_c/(3 - 2\sin\phi_c)$。

4.4 临界状态线相关参数的确定

临界状态参数可根据常规方法获得，对于 p'-q 空间的临界状态线，可根据图 4.1（c）所示的排水三轴试验结果，测量临界状态线斜率 $M_c=1.2$，然后根据公式（4.4）计算求得临界状态摩擦角 $\phi_c=30°$。通常 20%的应变被认为基本达到临界状态（Biarez 和 Hicher，1994）。若试验应变不到 20%，建议采用二次多项式方法将试验数据扩展到 20%应变。对于密砂，试验结果不建议用来确定临界状态参数，因为密砂试验过程中会产生明显的应变局部化，而从影响 ϕ_c 的计算结果。

$$\phi_c = a\sin\left(\frac{3M_c}{6+M_c}\right) \tag{4.4}$$

对于 e-$\log p'$空间的非线性临界状态线，需要三个关键试验，如图 4.1（d）所示。然后拟合临界状态公式，比如使用非线性公式（4.5），可得到参数 $e_{ref}=0.875$，$\lambda=0.085$ 和 $\xi=0.229$。这三个参数拟合建议采用 MATLAB 非线性拟合函数“lsqcurvefit”（MATLAB CODE-2 如下）。

$$e_c = e_{c0} - \lambda\left(\frac{p'}{p_{at}}\right)^{\xi} \tag{4.5}$$

MATLAB CODE-2 砂土临界状态线参数确定

```
%----set function in p-q space
fun_m = @(M,p_m)M * p_m;
%----define CSL_M in p-q space
M0=1;
[M,resnorm,residual]=lsqcurvefit(fun_m,M0,p_m,q_m);
fi=180/pi * asin(3 * M/(6+M));
%----set function in e-logp space
fun_ep = @(para_e,p_m)para_e(1)-para_e(2) * (p_m/101.325).^para_e(3);
%----define CSL_e in e-lnp space
para_e0=[1 1 1];
[para_e,resnorm,residual]=lsqcurvefit(fun_ep,para_e0,p_m,e_m);
%----print parameters
eref=para_e(1)
lambda=para_e(2)
xi=para_e(3)
```

值得注意的是，密砂试验过程中会产生明显的剪切带，使试样内部的应变局部化，意味着试验数据不再能直接用于应力应变本构模拟。然而，对于松砂或中密砂，应变达到 20%时应变局部化的影响被认为是轻微的，且试样的基本力学特性能被土的本构模型所描述。因此，建议采用松砂和中密砂的三轴试验来确定临界状态线参数。

4.5 塑性咬合效应参数的确定

根据三轴试验结果（如 q/p'-ε_a 和 ε_v-ε_a），通过公式（4.6）可以计算得到塑性体应变增量 $\delta\varepsilon_v^p$ 和塑性偏应变增量 $\delta\varepsilon_d^p$，其规律如图 4.4 所示。

$$\begin{cases}\delta\varepsilon_v^p=\delta\varepsilon_v-\delta\varepsilon_v^e=\delta\varepsilon_v-\dfrac{\delta p'}{K}\\ \delta\varepsilon_d^p=\delta\varepsilon_d-\delta\varepsilon_d^e=\delta\varepsilon_d-\dfrac{\delta q}{3G}\end{cases}\tag{4.6}$$

式中，K 和 G 由前面弹性部分求得。然后由塑性应变增量累积得到塑性应变，得到图 4.4 所示曲线（MATLAB CODE-3 如下）。

MATLAB CODE-3 砂土试验数据重处理

```
%Calibrating the data matrix of parameters ec,epsdp,depsv_p,depsd_p for Equation. (17,18).
%----step1. Interpolated each data by 0.0001 epsa
temp_ref=max(exp_epsa);
eps_temp=0:1/1000:temp_ref;
exp_q_cs=csaps(exp_epsa,exp_q,1,eps_temp);
exp_p_cs=csaps(exp_epsa,exp_p,1,eps_temp);
exp_e_cs=csaps(exp_epsa,exp_e,1,eps_temp);
exp_epsa_cs=eps_temp;
epsa=exp_epsa_cs;
q=exp_q_cs;
p=exp_p_cs;
e=exp_e_cs;
eta=q./p;
%
eref=0.875;                      % reference section 3.3
lambda=0.085;                    % reference section 3.3
xi=0.229;                        % reference section 3.3
pat=101.325
ec=eref-lambda*(p/pat).^xi;      % reference the Equation.(8)-a
%
%---- step2. Calibrating the array for dp ,dq depsv and depsd------
dp=[0;p(2:length(p))-p(1:(length(p)-1))];
dq=[0;q(2:length(q))-q(1:(length(q)-1))];
e0=e(1);
epsv=-(e-e0)./(1+e0);
epsv=smooth(epsv,1);
depsv=[0;epsv(2:length(epsv))-epsv(1:(length(epsv)-1))];
epsd=epsa-epsv/3;
depsd=[0;epsd(2:length(epsd))-epsd(1:(length(epsd)-1))];
```

```
%
%-----step3. Calibrating the array of depsv_e,depsd_e,epsv_e and epsd_e
pat=101.325;
nu=0.25 ;           % reference the Equation. 13
K0=97.56;           % reference the Table 2
n=0.604;            % reference the Table 2
K=K0 * pat * ((2.97-e).^2/(1+e)) * (p/pat).^n;
G0=3 * K0 * (1-2 * nu)/(2 * (1+nu));
G=G0 * pat * ((2.97-e).^2/(1+e)) * (p/pat).^n;
depsv_e=dp./K;
depsv_e=smooth(depsv_e,1);
depsd_e=dq./(3 * G);
depsd_e=smooth(depsd_e,1);
%-----
for i=1:length(depsv_e);
  if i==1
        epsv_e(i)=depsv_e(i);
  else
        epsv_e(i)=epsv_e(i-1)+depsv_e(i);
  end
end
epsv_e=epsv_e';
%-----
for i=1:length(depsd_e);
  if i==1
     epsd_e(i)=depsd_e(i);
  else
     epsd_e(i)=epsd_e(i-1)+depsd_e(i);
  end
end
epsd_e=epsd_e';

%----- step4. Calibrating the array of depsv_p,depsd_p,epsv_p and epsd_p
depsv_p=depsv-depsv_e;
depsv_p=smooth(depsv_p,1);
%------
depsd_p=depsd-depsd_e;
depsd_p=smooth(depsd_p,1);
%-------
for i=1:length(depsv_p);
  if i==1
     epsv_p(i)=depsv_p(i);
```

```
    else
      epsv_p(i)=epsv_p(i-1)+depsv_p(i);
    end
end
epsv_p=epsv_p';
%--------
for i=1:length(depsd_p);
    if i==1
      epsd_p(i)=depsd_p(i);
    else
      epsd_p(i)=epsd_p(i-1)+depsd_p(i);
    end
end
epsd_p=epsd_p';
```

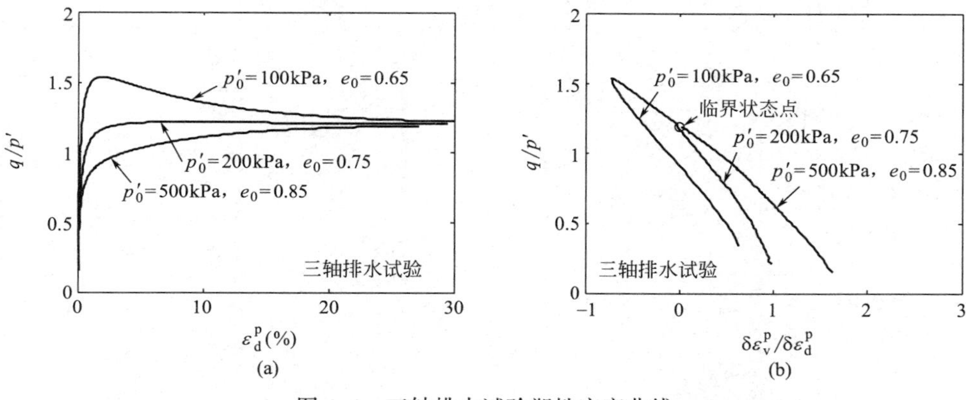

图 4.4　三轴排水试验塑性应变曲线

(a)q/p'-ε_d^p;(b)q/p'-$\delta\varepsilon_v^p/\delta\varepsilon_d^p$

图 4.4(a)描述了 q/p'和塑性偏应变 ε_d^p 之间的关系，该图可以用来计算塑性参数 k_p 和 n_d，即结合本构公式(2.25)和公式(2.36)，可得参数计算公式如下：

$$\frac{q}{p'}-\frac{M_c\exp[-n_p(e-e_c)]\varepsilon_d^p}{k_p+\varepsilon_d^p}=0 \tag{4.7}$$

式中，临界状态应力比 M_c、临界状孔隙比 e_c 均已知，只需要在曲线 q/p'-ε_d^p 上取两个参考点(例如点 A 和 B)，联立方程组求解未知数 k_p 和 n_d。为方便求解方程组，可采用 MATLAB 自带的非线性求根函数"fzero"进行计算。细节请见 MATLAB CODE-4。

图 4.4(b)描述了 q/p'和塑性偏应变增量比 $\delta\varepsilon_v^p/\delta\varepsilon_d^p$ 之间的关系，该图可以用来计算塑性参数 A_d 和 n_d，即结合本构公式(2.26)和公式(2.36)，可得参数计算公式如下：

$$\frac{\delta\varepsilon_v^p}{\delta\varepsilon_d^p}=A_d\left\{M_c\exp[n_d(e-e_c)]-\frac{q}{p'}\right\} \tag{4.8}$$

上式中除 A_d 和 n_d 外，其他参数均已知，只需在曲线 q/p'-$\delta\varepsilon_v^p/\delta\varepsilon_d^p$ 上取两个参考点(例如点 A 和 B)，联立方程组求解未知数 A_d 和 n_d。细节请见 MATLAB CODE-4。

MATLAB CODE-4 咬合效应相关参数的确定 np,kp,nd and Ad:

```
%---Solveing the Equation.(4-7,4-8)to get the objective parameters np,kp,nd,Ad-------
%---step 1. get the col of the corresponding strain a and b.
% choosing the strain of points A and B
a=0.01   % point A
b=0.02   % point B
[row,col_a]=min(abs(exp_epsa_cs-a));
p1=col_a;
[row,col_b]=min(abs(exp_epsa_cs-a));
p2=col_b;
%---step 2. get the known parameters for the Equation.(4-7,4-8)
exp_epsa_a=exp_epsa_cs(p1);
exp_epsa_b=exp_epsa_cs(p2);
%-----
ece=e-ec;
ece_a=ece(p1);
ece_b=ece(p2);
%-----
epsdp_a=epsd_p(p1);
epsdp_b=epsd_p(p2);
%-----
qp=exp_q_cs./exp_p_cs;
qp_a=qp(p1);
qp_b=qp(p2);
%-----
depsvdp=depsv_p./depsd_p;
depsvdp_a=depsvdp(p1);
depsvdp_b=depsvdp(p2);
%----step 3. solve the Equation.(4-7,4-8)to get the roots(np,kp,nd,ad)
fnp=@(np)(epsdp_a*qp_b*M*exp(ece_a*-(np))...
-epsdp_b*qp_a*M*exp(ece_b*-(np))...
-qp_a*qp_b*(epsdp_a-epsdp_b));np0=1;
np=fzero(fnp,np0);
%------------------------------------------------------------
mp_a=M*exp(ece_a*(-np));
kp_a=mp_a*epsdp_a/qp_a-epsdp_a;
%
mp_b=M*exp(ece_b*(-np));
kp_b=mp_b*epsdp_b/qp_b-epsdp_b;
%------------------------------------------------------------
fnd=@(nd)(...
depsvdp_a./(M*exp(ece_a*(nd))-qp_a)...
```

```
-depsvdp_b./(M * exp(ece_b * (nd))-qp_b));
nd0=1;
nd=fzero(fnd,nd0);
%-----------------------------------------------------------
mpt_a=M * exp(ece_a * (nd));
ad_a=depsvdp_a/(mpt_a-qp_a);
%
mpt_b=M * exp(ece_b * (nd));
ad_b=depsvdp_b/(mpt_b-qp_b);
```

当确定塑性咬合效应参数时，若参考点接近临界状态，意味着 e 接近于 e_c 且 q/p' 接近 M_c，那么式（4.8）中“$M_c\exp[n_d(e-e_c)]-q/p'$”接近零，这会导致计算 A_d 参数出现误差。因此选用的参考点应该在临界状态之前，尤其是密砂，建议选取参考点的位置应小于 3%。

综上所述，针对三组不同应力水平的人造试验数据，分别采用三组参考点（A，B）进行计算参数，如表 4.3 所示。对计算结果取平均值，可得到塑性参数 $k_p=0.0015$、$A_d=1.203$、$n_p=2.08$ 和 $n_d=1.43$，该结果与表 4.1 中给定的初始参数非常接近，也可见图 4.5。图 4.6 为使用由所提方法得到的参数计算得到的模拟曲线和目标人造试验曲线对比分析图。可以看出所提直接确定参数的方法在理论上是可行和准确的。

基于人造数据的塑性参数计算　　表 4.3

试验	ε_a(%)(A)	ε_a(%)(B)	n_p	k_p	n_d	A_d
$p'_0=100$kPa $e_0=0.65$	1	1.5	1.99	0.0015	1.67	1.09
	1	2	1.99	0.0015	1.31	1.08
	1.5	2	1.99	0.0015	1.16	1.05
$p'_0=300$kPa $e_0=0.75$	1	1.5	2.07	0.0018	1.59	1.25
	1	2	2.04	0.0018	1.59	1.25
	1.5	2	2.38	0.0017	1.59	1.25
$p'_0=400$kPa $e_0=0.85$	1	1.5	2.15	0.0013	1.27	1.29
	1	2	2.11	0.0013	1.13	1.29
	1.5	2	2.08	0.0013	1.58	1.28
平均值			2.08	0.0015	1.43	1.203

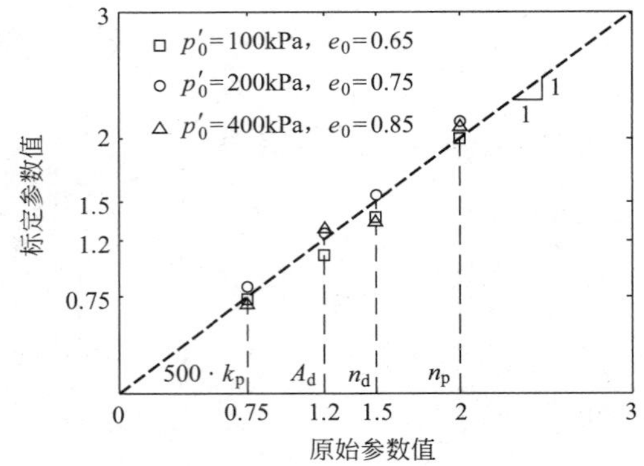

图 4.5　目标参数值与直接确定法得到的参数值的比较

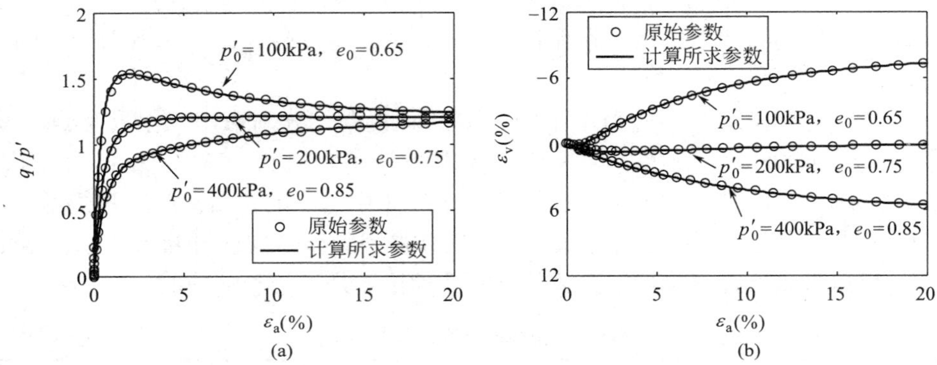

图 4.6　原始试验曲线和计算所得的参数模拟曲线对比

4.6　参数确定方法的验证及应用

为了验证直接参数确定方法的可应用性，应用 Miura 等（1984）、Verdugo 和 Ishihara（1996）的丰浦砂各向同性压缩试验和三轴试验结果（图 4.7），进行参数计算。首先基于公式（4.2），如图 4.8 所示，对各向同性压缩曲线进行参数计算。表 4.4 为三组参考点的计算结果，弹性参数 K_0 和 n 可取平均值，分别为 130 和 0.52。建议在计算过程中需要对试验点进行插值，以生成数据分布较为均匀的试验曲线，从而得到满足计算的参考点。

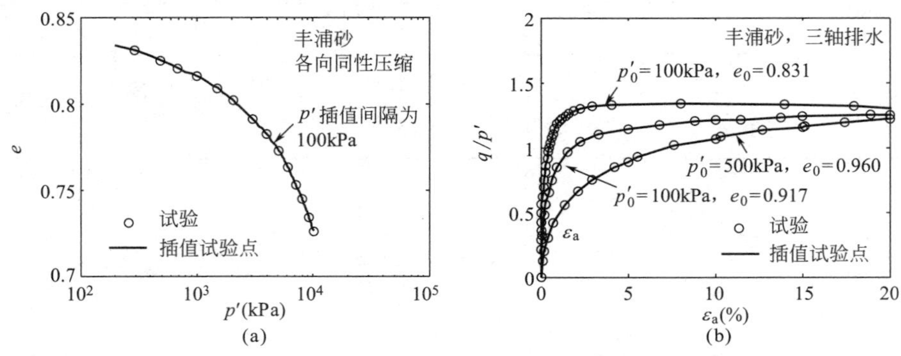

图 4.7　丰浦砂各向同性压缩试验和三轴排水试验结果（一）

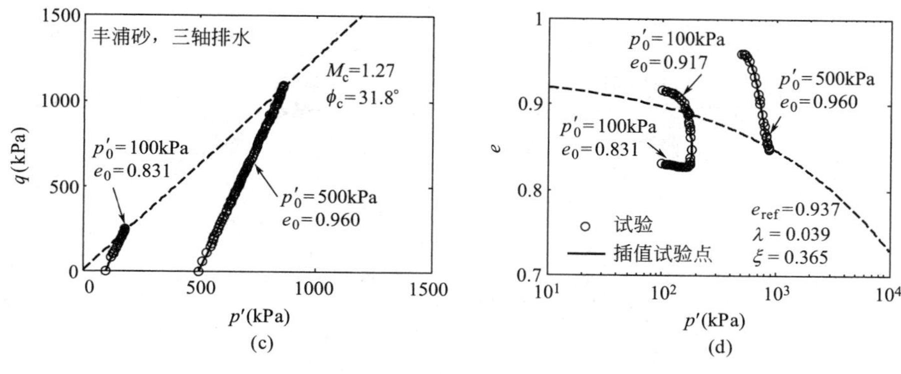

图 4.7　丰浦砂各向同性压缩试验和三轴排水试验结果（二）

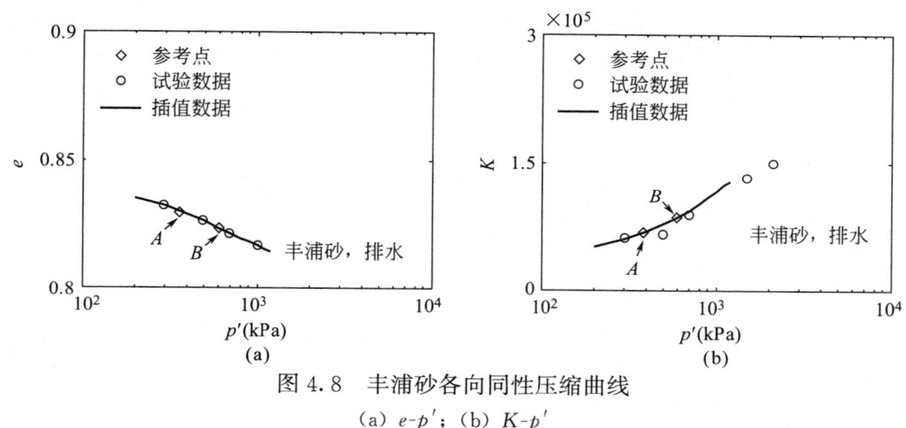

图 4.8　丰浦砂各向同性压缩曲线

（a）e-p'；（b）K-p'

计算丰浦砂的弹性相关参数 ζ 和 K_0　　**表 4.4**

No	$p'_{(A)}$(kPa)	$p'_{(B)}$(kPa)	ζ	K_0
1	300	600	0.49	138
2	300	900	0.52	134
3	600	900	0.57	120
平均值			0.52	130

然后，根据三组排水试验的结果，在 p'-q 空间内可以直接量测临界状态线 $M_c=1.27$，可应用公式（4.4）计算得到其相应的摩擦角为 $\phi_c=31.8°$。其次，基于 e-$\log p'$的曲线，应用公式（4.5）可以计算出非线性临界状态线参数。这里使用 Matlab 自带函数“lsqcurvefit”，拟合得到临界状态线参数 $e_{ref}=0.937$、$\lambda=0.039$ 和 $\xi=0.365$。图 4.7（c）、（d）中的虚线为丰浦砂的临界状态线最终计算结果。

最后，选择一组三轴排水试验（$p'_0=100$kPa，$e_0=0.831$，见图 4.9），应用公式（4.7）可计算出塑性参数 k_p 和 n_p，见表 4.5。同理，应用公式（4.8）可计算参数 A_d 和 n_d，见表 4.5。为了得到合理的结果，基于另外两组试验（$p'_0=100$kPa，$e_0=0.917$；$p'_0=500$kPa，$e_0=0.960$）同样进行过程的参数计算，最后取平均值。

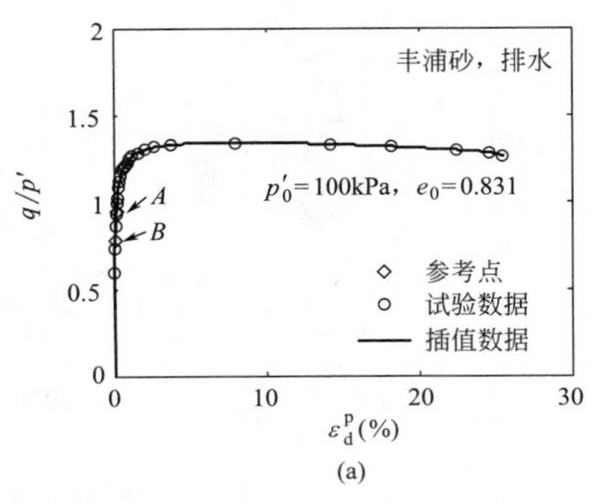

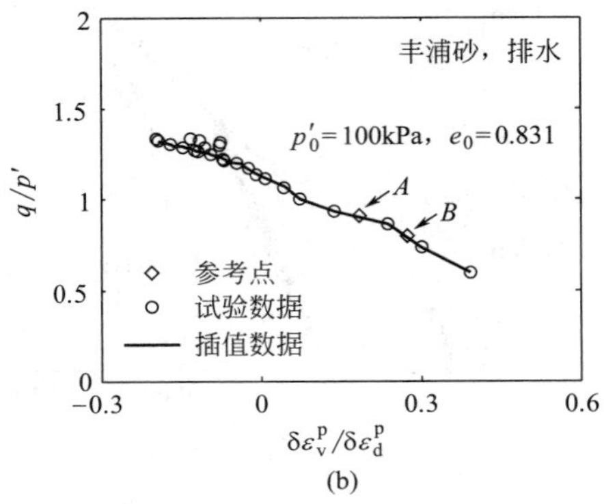

图 4.9　丰浦砂的三轴排水试验

(a) q/p'-ε_d^p；(b) q/p'-$\delta\varepsilon_v^p/\delta\varepsilon_d^p$

基于丰浦砂试验数据的塑性参数计算　　**表 4.5**

试验	ε_a(%)(A)	ε_a(%)(B)	n_p	k_p	n_d	A_d
p'_0=100kPa e_0=0.831	1	2	1.35	0.0026	1.37	0.57
	1	3	1.38	0.0032	1.57	0.63
	2	3	1.43	0.0032	1.98	0.83
p'_0=100kPa e_0=0.917	1	2	5.56	0.0036	5.96	0.59
	1	3	5.67	0.0035	5.66	0.89
	2	3	5.83	0.0033	—	—
p'_0=500kPa e_0=0.960	1	2	3.99	0.0045	1.55	0.94
	1	3	3.44	0.0046	1.56	0.91
	2	3	2.78	0.0056	1.57	0.85
平均值			3.49	0.0038	2.65	0.78

综上所述，丰浦砂的参数汇总如下（表 4.6）：①弹性参数；②临界状态相关参数；③塑性参数。使用所得到的 SIMSAND 模型参数模拟了丰浦砂的其他三轴排水和不排水试验，来验证所得参数的可适用性。由图 4.10 和图 4.11 可知，所得到的参数较为准确。

通过所提出的方法确定的参数值汇总　　**表 4.6**

参数	K_0	G_0	ζ	ϕ_c	e_{ref}	λ	ξ	k_p	A_d	n_p	n_d
丰浦砂	130	78	0.52	31.8	0.937	0.039	0.365	0.0038	0.78	3.49	2.65
胡斯屯砂	44	24	0.68	29	0.795	0.045	0.46	0.0035	0.97	2.67	1.45

为了进一步评价所提出的方法的有效性，我们又选择了法国胡斯屯砂的三轴试验结果（Li 等，2014；Liu 等，2014）来过一遍整个参数确定流程。基本试验见图 4.12。同上，弹性参数由各向同性压缩曲线获得，其他参数由三个三轴排水试验（e_0=0.658，p'_0=100kPa；e_0=0.832，p'_0=200kPa；e_0=0.818，p'_0=400kPa）获得。参数汇总见表 4.6。使用所得到的参数值来模拟另外六个三轴不排水试验，如图 4.13 所示，所得到的参数较为准确。因此，本章所述的方法有可应用性。

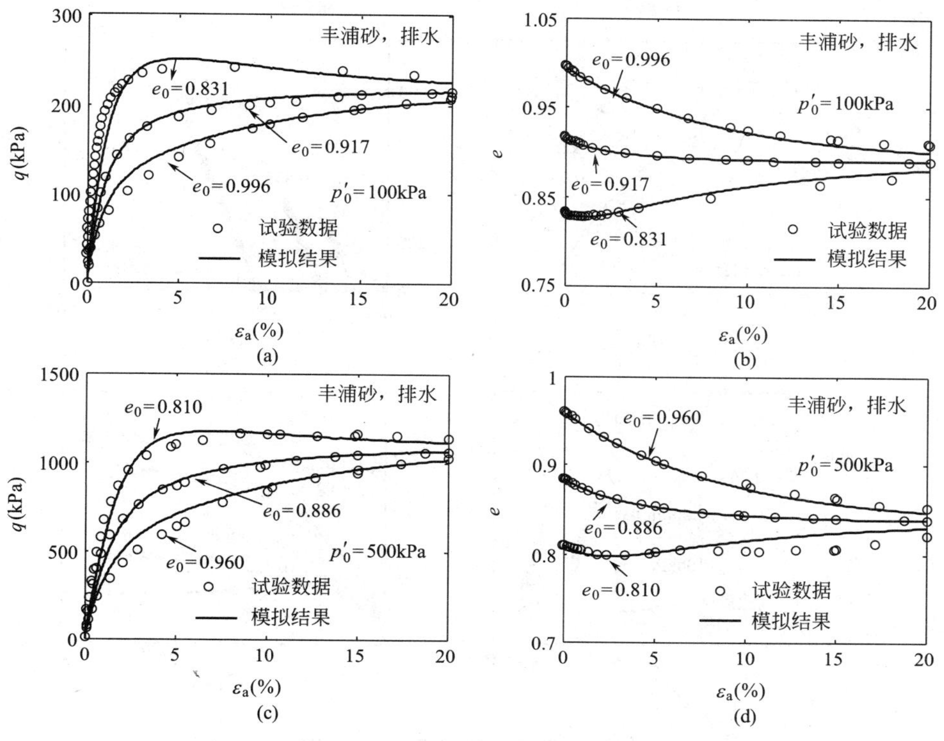

图 4.10　丰浦砂三轴排水试验和模拟结果对比分析图

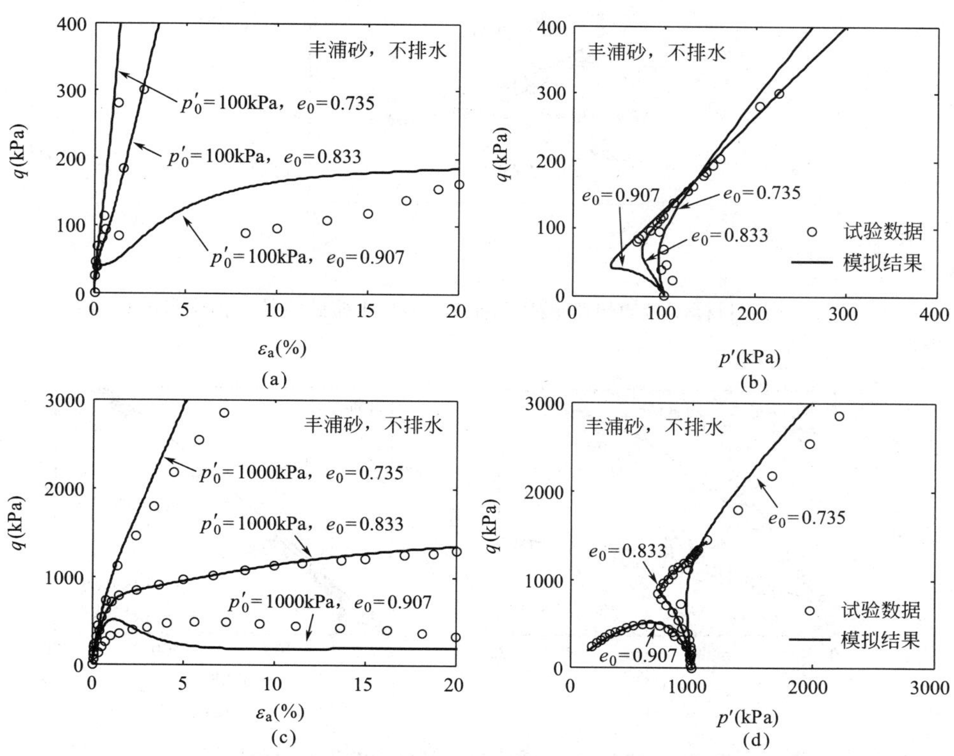

图 4.11　丰浦砂三轴不排水试验和模拟结果对比分析图

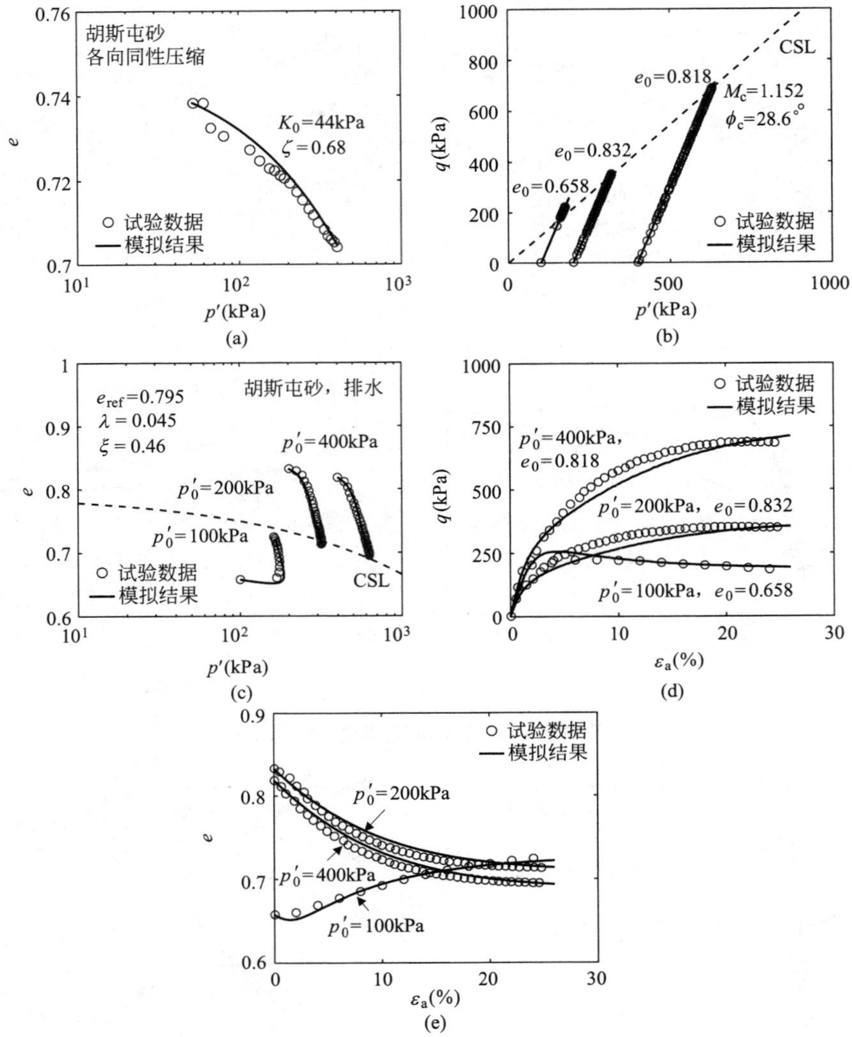

图 4.12　用于目标试验的胡斯屯砂三轴各向同性压缩试验及三轴排水试验结果

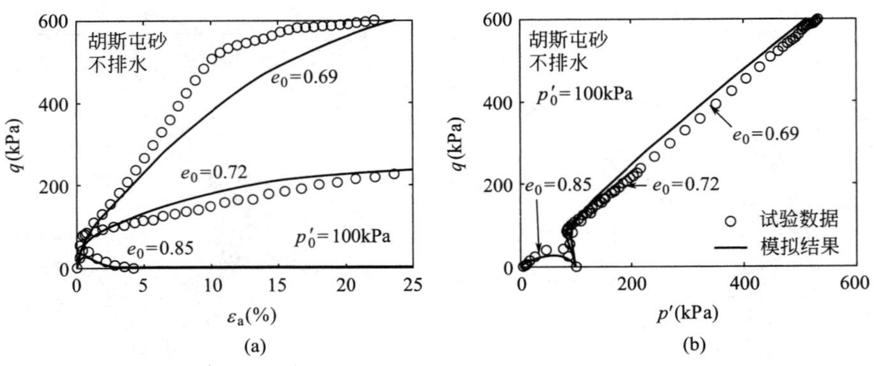

图 4.13　胡斯屯砂三轴不排水试验和模拟结果对比分析图（一）

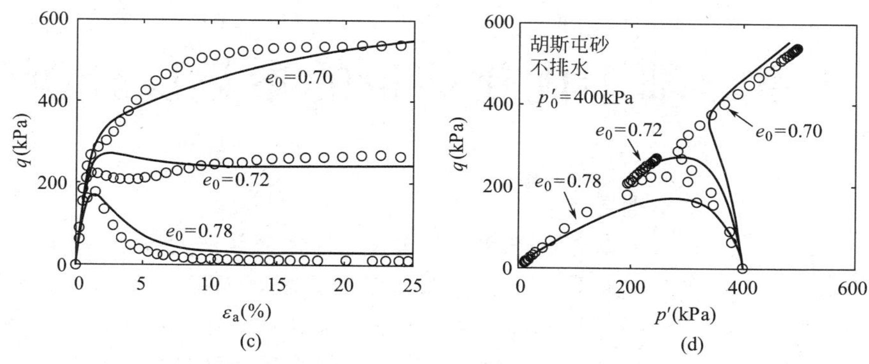

图 4.13　胡斯屯砂三轴不排水试验和模拟结果对比分析图（二）

4.7　本章小结

本章基于砂土的临界状态模型，推导出一种参数直接确定方法。基于以上分析得出以下结论：

（1）该方法能高效地确定模型参数，只需三个步骤，如下：首先，通过各向同性压缩试验确定弹性参数；然后，根据三轴剪切试验直接量取临界状态线相关参数；最后，根据推导的塑性参数计算方程，求解该四个塑性咬合效应参数。

（2）通过四个室内试验，该方法能准确求解模型参数。本章选用丰浦砂的各向同性压缩试验和三组三轴排水试验，能准确求得模型参数，且计算所得参数能准确预测其余 6 组试验。

以上研究结果可为本构模型参数的确定提供理论依据和方法。

值得注意的是，试验数据尚未到达临界状态，则需要使用基于优化的参数反分析法，即第 5 章要讲的内容。

参考文献

Li G，Liu Y-J，Dano C，et al. Grading-Dependent Behavior of Granular Materials：From Discrete to Continuous Modeling [J]. Journal of Engineering Mechanics，2015，141（6）：04014172.

Liu Y-J，Li G，Yin Z-Y，et al. Influence of grading on the undrained behavior of granular materials [J]. Comptes Rendus Mécanique，2014，342（2）：85-95.

Miura N，Murata H，Yasufuku N. Stress-Strain Characteristics of Sand in a Particle-Crushing Region [J]. Soils and Foundations，1984，24（1）：77-89.

Verdugo R，Ishihara K. The Steady State of Sandy Soils [J]. Soils and Foundations，1996，36（2）：81-91.

Wu Z X，Yin Z Y，Jin Y F，et al. A straightforward procedure of parameters determination for sand：a bridge from critical state based constitutive modelling to finite element analysis [J]. European Journal of Environmental and Civil Engineering，2019；23（12）：1444-1466.

第 5 章　基于优化理论的参数反分析法

本章提要

本章首先介绍了单纯形遗传优化算法（NMGA），介绍了其基本原理和算法流程并给出了伪代码，以供读者可以快速地实现算法，并将其应用到实际工程中。接着，针对基于优化方法的参数识别，从误差函数的构造、搜索策略的选取以及参数识别流程三个方面进行了详细的阐述。然后，基于 NMGA 和提出的参数识别流程，对砂土本构模型中所需的必要特性进行了研究和选择。为此，从大量的砂土模型中选择了 4 种带有不同模拟特征的常见砂土本构模型来进行参数优化。结果表明：一个合适的砂土模型应该包括非线性弹性、塑性硬化规律和带有咬合效应的临界状态概念。因此，建议采用基于临界状态理论的模型（SIMSAND 模型和 CS-TS 模型）来解决砂土相关的实际工程问题。考虑到模拟砂土的单调力学特性以及公式的复杂性，推荐使用 SIMSAND 模型。

5.1　引言

在岩土工程领域，有限元分析以及基于解析解的工具被广泛用于工程可行性设计与工后预测。在实例分析中最基本的要求是从室内试验或者现场试验及其他测试中获取土体性质及相关参数。由此可见，识别土体参数对有限元分析以及基于解析解的分析非常重要。对任一参数识别优化方法而言，模型参数便是其中的自变量。寻找变量具体数值的一种可行方法是通过模拟一系列现场或者室内试验，并通过最小化试验结果和数值模拟之间的相关物理量差值，包括应力、应变及其他常见物理量（如孔隙率及超孔隙水压力），来实现参数的识别。

基于土体数据的土体确定参数方法可分为三类，即解析法、相关关系法和优化方法。其中基于优化理论的反分析方法已被广泛应用于岩土领域。对于一个确定的土体模型，采用基于优化理论的反分析方法能够得到相对目标的参数估值，甚至可以得到部分无物理意义的参数。而且基于优化理论的反分析方法适用于任何试验过程及本构模型，尤其是那些含有多个无物理意义参数的模型。基于优化理论的反分析问题通常采用如下两类优化算法来解决：①确定性类算法；②随机类算法。确定类算法往往有很多不足，比如没法保证取到全局最值，因此在本章的优化理论实践中不考虑选用。由于随机类优化算法有着很强的搜索能力，尤其是基因遗传算法近年来被许多领域用来解决问题。

在过去的几十年间，有关模拟砂土力学特性的本构模型得到了快速发展。比如在经典弹塑性理论框架下，各国学者们提出了大量的砂土本构模型：从简单基本的模型到非线性模型，再到基于临界状态的高级模型。在实际应用中，每种本构模型都有其优缺点。有些模型的参数较少，公式简单，使用起来方便，但在预测方面偏差较大。反之，一些参数较多、公式复杂的模型，其预测的精确度较高，但由于参数确定困难，实际应用效果并不理想。目前，对于工程师和研究人员来说，仍旧缺乏一种拥有必要力学特性且参数确定方便的本构模型及标定方法。

本章旨在讨论基于遗传算法的砂土本构模型选择和模型参数识别。为此选取作者最新提出的新的 NMGA，目标试验采用胡斯屯砂土的常规三轴试验，对摩尔-库仑模型（MC）、非线性摩尔-库仑模型（NLMC）、基于临界状态理论的非线性摩尔-库仑模型（CS-NLMC，也即 SIMSAND 模型）和基于临界状态理论的双面模型（CS-TS）进行了参数识别研究。然后基于参数识别的结果，对不同模型的模拟能力和模拟效果进行分析，并最终选取了一个在模拟效果和参数确定方面都较理想的模型。然后，采用最优参数和所选取的本构模型，对同一砂土上的其他试验进行了模拟。本章的主要内容也可参考文献 Jin 等（2016）。

5.2　反分析方法及过程

优化的数学过程由两部分组成：①采用误差函数公式来衡量数值模拟和试验结果的误差；②选取合适的优化策略来搜索误差函数最小值。

5.2.1　误差函数的构造

在基于试验结果的力学本构模型参数的优化问题中，本构方程的参数被视为优化变量。理论上，如果有足够多的试验数据组建成优化的基础数据库，就能得到更可靠的模型参数。为了实现反分析参数识别，优化者必须首先定义一个误差函数来衡量试验和模拟之间的误差，并且找到该函数的最小值。

对优化过程中所涉及的任一试验而言，试验结果和数值预测之间的误差可以通过单一表达式来衡量，如图 5.1 所示，其中涉及的误差表达式可用误差函数 Error（x）来表达：

$$\mathrm{Error}(x) \rightarrow \min \tag{5.1}$$

表达式中的 x 为包含优化变量（如本构模型的指定参数）的矢量，其取值范围如下：

$$x_{\mathrm{l}} \leqslant x \leqslant x_{\mathrm{u}} \tag{5.2}$$

式中，x_{l} 和 x_{u} 分别代表 x 的下限和上限值。

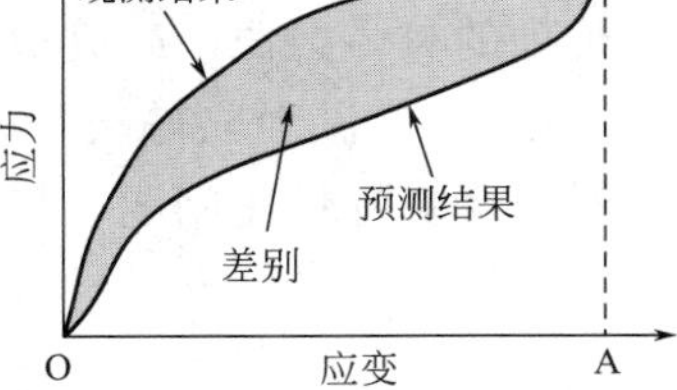

图 5.1　误差函数的定义

构造误差函数的第一步是提出针对某一误差子项（比如偏应力 q）的表达式。一般的，基于欧式几何原理对数值模拟结果和试验所对应的离散点之间的距离进行测量可得到误差子项。最简单的误差函数可以采用它们距离绝对值的总和来表达：

$$\mathrm{Error}(x) = \frac{1}{N}\left(\sum_{i=1}^{N} \left| U_{\mathrm{exp}}^{i} - U_{\mathrm{num}}^{i} \right|\right) \tag{5.3}$$

式中，N 为所选取试验的数据个数；U_{exp}^{i} 为所选的第 i 个试验值；U_{num}^{i} 为所选的第 i 个模

拟值。

需要指出的是，采用上式来计算模拟曲线和目标试验曲线之间的误差存在着弊端。例如，选取三轴试验结果作为模拟目标来计算误差时，假设在不同应变水平下得到相同的误差值，由于低应变水平下的偏应力较高应变水平会偏低，由此将导致低应变水平下会出现不太理想的模拟结果。除此之外，针对不同的目标试验曲线，数据点的个数也会影响误差函数的计算。为了排除试验类型及数据点个数对误差的干扰，Levasseur 等（2008）提出了另一种形式的误差函数。试验和模拟结果间的平均误差可以表达为最小二乘法的形式：

$$\text{Error}(x)=\sqrt{\frac{1}{N}\sum_{i=1}^{N}\left(\frac{U_{\text{exp}}^{i}-U_{\text{num}}^{i}}{U_{\text{exp}}^{i}}\right)^{2}}\times 100 \tag{5.4}$$

通过采用此归一化方程，可以消除试验和模拟结果之间误差的尺度（即数量级）效应。此外，通过此方程计算得到的误差是无量纲的，由此可以排除因不同误差子项（比如针对三轴排水试验结果我们选定偏应力和孔隙比）可能导致的差异。

在完成第一步也即得到子项误差表达式之后，下一步就是组合上述的误差计算方法得到总误差函数。通常来说，引入两种误差形式来表达总误差：

$$F_{\max}=\max_{1\leqslant i\leqslant m}(\text{Error}_i)\text{ 或 }F_{\text{comb}}=m\cdot F_{\max}+\sum_{i=1}^{m}(\text{Error}_i) \tag{5.5}$$

式中，m 表示优化过程中选用目标试验的总数；Error_i 表示第 i 个目标试验的子项误差。

一般而言，应力和应变是表征土体力学特性非常重要的两个物理量。为了识别土体的力学参数，误差函数理应涉及这两个重要的指标。因此，普遍的误差函数表达式如下：

$$\min[\text{Error}(x)]=\min[\text{Error(应力或力)，Error(应变或位移)}] \tag{5.6}$$

式中，Error（应力或力）为应力或力相关的误差，Error（应变或位移）为变形相关的误差。

对于单目标优化问题，总误差函数表达式如下：

$$\text{Error\_total}(x)=\sum_{i=1}^{N}[l_i\cdot\text{Error}(x)_i] \tag{5.7}$$

式中，N 为误差子项的总数（如选定偏应力和孔隙比，即总数为 2）；$\text{Error}(x)_i$ 为第 i 项误差子项的具体数值；l_i 为第 i 项误差子项的权重系数，每一项可以不一样，但要求总和为 1（$\sum l_i=1$）。当取得误差函数最小值时，所对应的参数值即为最终的优化参数值。

对于多目标优化问题，最终误差表达式如下：

$$[\text{Error}(x)]=\begin{bmatrix}\text{Error(应力或力)}\\ \text{Error(应变或位移)}\\ \cdots\end{bmatrix} \tag{5.8}$$

多目标问题的解我们称为帕莱托（Pareto）前沿。优化者通过预定义的优化目标选取标准便可确定最终的优化参数值，比如应力更重要，就在应力误差小的区域选择优化参数值。本章仅叙述单目标优化问题，多目标问题可查阅作者最新出版的《优化方法及其在岩土工程中的实践》。

5.2.2 搜索策略的选取

优化解 x_0 应该对应着误差函数的全局最小值，对任一变量 x 都应该满足以下条件：

$$F(x_0) \leqslant F(x) \tag{5.9}$$

然而，大多数优化方法只能保证搜索到局部极小值。因此，为了获得更精确的优化结果，需要采用能够得到全局极值的高效优化方法。本章采用了新开发的全局极值高效优化算法，即“改进遗传算法 NMGA”（Jin 等，2016）。

5.2.3　参数识别流程

参数识别过程实际上就是将误差函数与搜索策略整合在一起的过程。因此，在实行优化之前，需要先明确具体的参数识别过程。图 5.2 为所采用的基于优化方法的参数识别流程。

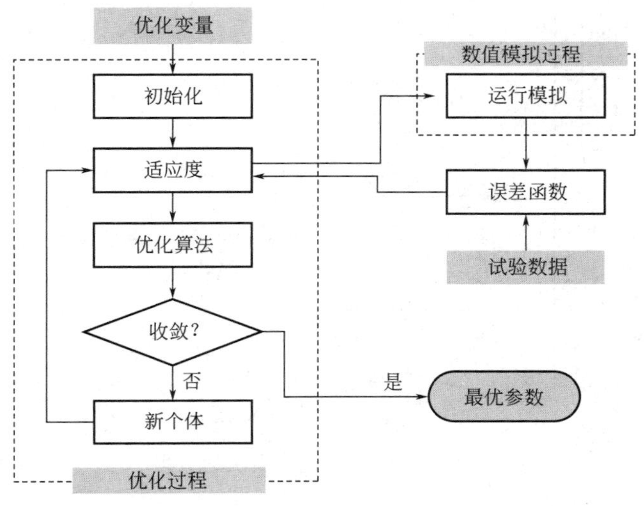

图 5.2　参数优化流程

5.2.4　改进遗传算法 NMGA

遗传算法（GA）最初由 Holland（1989）基于达尔文自然选择和遗传学生物进化过程而提出，通过模拟自然进化从而搜索最优解。在遗传算法中，首先采用一种编码方案来表示搜索优化变量时的点（个体），然后种群中的每一个体将基于适应度函数（误差函数）被赋予适应度数值（即误差值）。在早期应用中（Golberg，1989），优化变量通过二进制字符“0”或“1”进行编码，用于解决低维或者中等维度的优化问题，因为此类问题并不苛求优化结果的精度要求。而对于需要高精度的多维优化问题，采用二进制遗传算法则需要大量的计算时间与内存。为了克服这些难题，采用实数编码的遗传算法应运而生并得到了广泛应用。

基因表达及适应度函数一经定义，遗传算法即开始初始化待优化的种群并通过不断重复选择、交叉、变异、竞争等操作来逼近最优解。遗传算法的优势在于其优化的是群体解，所以能同时得到一群优化解。此外，基于随机性原则的遗传算法在优化过程中并不需要任何梯度信息，因此遗传算法较之于梯度法有更强的全局性和更广泛的适用性。

本书所采用的遗传算法为改进遗传算法 NMGA（Jin 等，2016），流程图如图 5.3 所示。

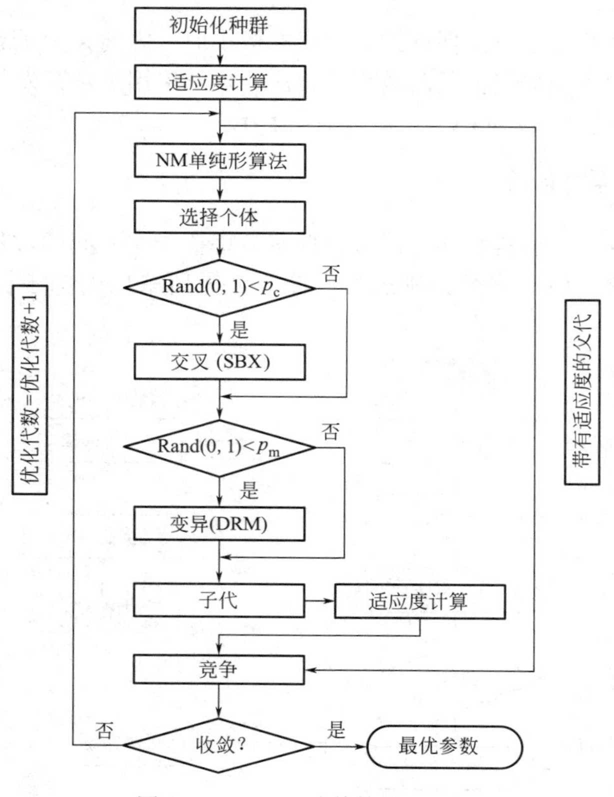

图 5.3　NMGA 遗传算法的流程

在 NMGA 中，为了加快优化的收敛速度，在进行交叉变异之前，根据适应度选择种群中较好的 $n+1$ 个个体（n 为优化变量个数，即需要优化的参数的个数），应用单纯形算法（图 5.4）来进一步寻找最优个体，剩余的 $N-(n+1)$ 个个体则不进行任何操作（N 为每一代的种群数量）。然后，采用锦标赛选择算法从 N 个种群中选择两两个体进行交叉操作，此过程将会执行 $N/2$ 次，得到 N 个子代个体。交叉算子为 Deb 和 Agrawal（1995）提出的模拟二进制交叉算子（SBX）。为了防止种群收敛于一个局部最优解，在 NMGA 中采用由 Chuang 等（2015）所开发的动态随机变异算子（DRM），来保持种群的多样性。DRM 算子是一个自适应的变异算子，它可以提高新算法的搜索效率。在算法中，由于种群的数量是恒定的，因此从父代和子代中选择需要保存下来的个体是非常重要的。对于随后的进化过程，是否能保留住已发现的最优秀个体是优化成败的关键。所以，在新算法中采用了由 Deb 等（2002）在 NSGA-II 中所提出的精英保留策略，这个策略允许子代和父代在经历交叉和变异后相互竞争以取得最好的种群，来保证更好的优化结果。

（1）模拟二进制交叉算子（SBX）

模拟二进制交叉算子为单点交叉算子，其产生子代的过程如下：

$$\begin{aligned}\xi_i &= 0.5[(1+\beta_i)x_i^1+(1-\beta_i)x_i^2]\\ \eta_i &= 0.5[(1-\beta_i)x_i^1+(1+\beta_i)x_i^2]\end{aligned} \tag{5.10}$$

和，

$$\beta_i = \begin{cases} (2u)^{\frac{1}{\eta+1}} & \text{if } u \leqslant 0.5 \\ \left(\dfrac{1}{2(1-u)}\right)^{\frac{1}{\eta+1}} & \text{if } u > 0.5 \end{cases} \tag{5.11}$$

式中，ξ_i 和 η_i 为通过 SBX 产生的两个子代个体；i 为 1～$N/2$ 中的第 i 次交叉；β_i 为延展因子，来控制子代更接近于哪个父代；u 为一个在［0，1］内的均匀分布随机数；x_i^1 和 x_i^2 为两个通过锦标赛选择而来，用于生成子代的父代个体。根据 Deb 等（2002）和 Zitzler 和 Thiele（1998）的建议，将 η 的值设置为 20。

（2）变异算子

DRM 执行变异的原理如下所示：

$$x_i^* = x_i + s_m \Phi_0 (x_i^U - x_i^L) \tag{5.12}$$

式中，x_i^* 为执行变异之后的子代个体；s_m 为变异的间距；x_i^L 和 x_i^U 分别为优化变量（即所优化的参数）的上下限；Φ_0 为一个 n 维空间［$-\phi$，ϕ］^{n} 的随机摄动变量，其中 ϕ 为一个在［0，1］内的自定义变量。

变异的步长可以动态地适应优化的进程：

$$s_m = (1 - k/k_{max})^b \tag{5.13}$$

式中，参数 $b>0$ 是用来控制 s_m 的衰减率；k 和 k_{max} 分别表示当前的代数和最大优化代数。本平台中一律采用 $\phi=0.25$ 和 $b=2$。

下面是 NMGA 算法的伪代码：

1. 开始
2. 把计算代数设置为 gen=1
3. 初始化。产生初始种群 P(gen)
4. 计算初始种群的适应度
5. 从种群中根据适应度值选择 n+1 个适应度最好的个体，执行 NM simplex 单纯形算法，剩余的 N−(n+1)个体保持不变，得到新的种群为 P′(gen)
6. 从 P′(gen)中，采用锦标赛算法选择两两个体来执行 SBX 交叉算子(rand(0,1)<p_c)，此过程执行 N/2 次，得到有 N 个子代个体的种群 P″(gen)
7. 根据变异概率 p_m，对种群 P″(gen)应用 DRM 变异算子，通过变异得到新的子代种群 P‴(gen)，并计算此子代种群的适应度
8. 将父代 P(gen)和子代 P‴(gen)放在一起进行竞争，采用精英保留策略，得到新的子代 P⁗(gen)
9. 检查收敛标准。如果收敛，停止优化，否则继续下一步
10. gen=gen+1，并且 P(gen+1)=P⁗(gen)
11. 返回第 5 步

其中用到的单纯形算法是由 Nelder 和 Mead（1965）提出的在多维空间内、采用直接搜索策略、最小化目标函数的非线性优化算法。此方法利用了单纯形原理，即对于 n 维空间内（如选了 n 个参数去做优化，这 n 个参数为一组）具有 $n+1$ 个点（$n+1$ 组）组成的多面体，当目标函数单调变化时，找出针对这 n 个变量的一个局部最优解。

Nelder-Mead 单纯形算法在迭代过程中可在平面内以五种方式进行参数更新，如图 5.4 和图 5.5 所示。比如，我们选了 n 个参数去做优化，在初始化时需要生成 $n+1$ 组参数（或称为 $n+1$ 个个体）；然后分别计算 $n+1$ 组的误差，并按误差从小到大进行排序（即从 X_1 到 X_{n+1}）；接着选取误差最大的参数组（图 5.4 中 X_{n+1} 点所示），同时将剩下的参数组取平均值（图 5.5 中 $\overline{X}$ 点），并以 $\overline{X}$ 点为中心对 X_{n+1} 点进行镜像（reflection），可得到 X_r 点；然后计算 X_r 点（镜像得到的参数组）的误差，并跟之前所有参数组（X_1～X_{n+1}）的误差进行比较，基于比较结果来分成三种可能的参数组更新方式（扩张-expansion，外缩-outside contraction，内缩-inside contraction）；如果更新后的参数组的误差小于之前的参数组，那么用新更新的参数组来替换 X_{n+1} 来组成新的 X_1 到 X_{n+1}，否则就会以回缩（shrink）的方式来更新除了 X_1 之外的 X_2～X_{n+1} 参数组；接着对所有新的参数组进行误差计算，并判别是否收敛；如果收敛就停止计算，此时 X_1 即为最优解，否则进行下一次迭代。

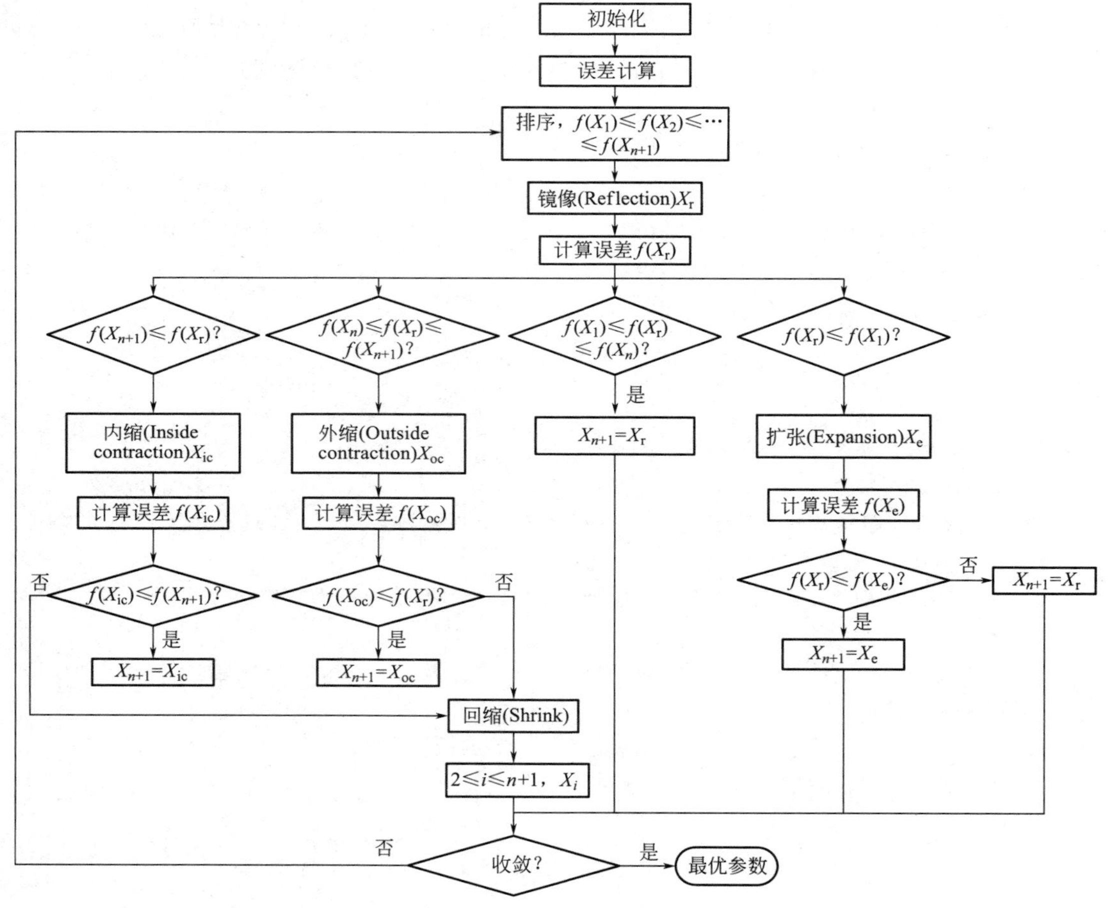

图 5.4　单纯形算法的流程

单纯形算法可在有限的计算数目内获得最佳优化方案。就此而言，该算法理论上是快速且高效的。然而，对大部分直接搜索策略而言，单纯形算法仅能保证得到局部极小值。一般而言，优化者难以判断通过以上算法得出的局部极小值是否也是全局极小值。针对这种情况，一种可能的解决方案是通过多次改变搜索的初始位置进行多次优化计算，如果不

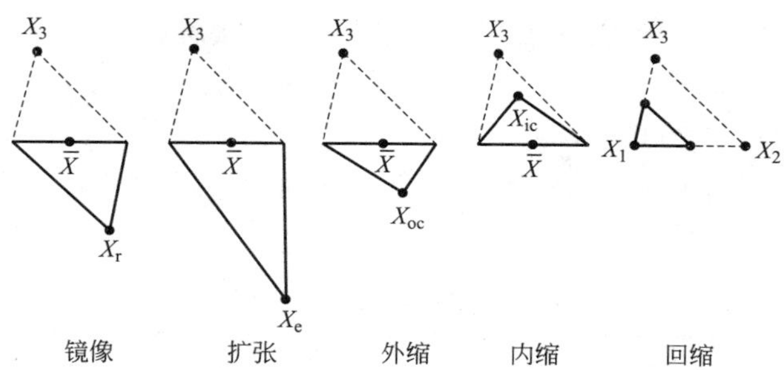

图 5.5　Nelder-Mead 单纯形算法结构

同初始位置得到的局部最小值基本相近，则可认定其中的最小值可能就是全局最小值。

本书所用的单纯形算法，采用了 Gao 和 Han（2012）的计算参数默认值和自适应方法，适用于多参数问题的优化。

单纯形算法的伪代码如下：

初始化：计算每个优化个体的误差函数值，并按照升序排序 $f(X_1)\leqslant f(X_2)\leqslant\cdots\leqslant f(X_{n+1})$

镜像：根据下式计算出镜像点 X_r，$X_r=\bar{X}+\alpha\cdot(\bar{X}-X_{n+1})$，然后计算相应的误差函数 $f(X_r)$。如果满足 $f(X_1)\leqslant f(X_r)\leqslant f(X_n)$，则用 X_r 替换 X_{n+1}

扩张：如果 $f(X_r)\leqslant f(X_1)$，则计算扩张点 X_e 的值，$X_e=\bar{X}+\beta\cdot(X_r-\bar{X})$，然后计算扩张点的误差函数 $f(X_e)$。如果满足 $f(X_r)\leqslant f(X_e)$，则用 X_e 替换 X_{n+1}；否则用 X_r 替换 X_{n+1}

外缩：如果 $f(X_n)\leqslant f(X_r)\leqslant f(X_{n+1})$，则计算外缩点，$X_{oc}=\bar{X}+\gamma\cdot(X_r-\bar{X})$，然后计算对应的误差函数值 $f(X_{oc})$。如果 $f(X_{oc})\leqslant f(X_r)$，则用 X_{oc} 替换 X_{n+1}；否则跳到回缩阶段(Shrink)

内缩：如果 $f(X_r)\geqslant f(X_{n+1})$，则计算内缩点 X_{ic}，$X_{ic}=\bar{X}+\gamma\cdot(X_r-\bar{X})$，然后计算对应的误差函数值 $f(X_{ic})$。如果 $f(X_{ic})<f(X_{n+1})$，则用 X_{ic} 替换 X_{n+1}；否则跳到回缩阶段(Shrink)

回缩：从 $2\leqslant i\leqslant n+1$，计算每个个体的回缩值，$X_i=X_1+\delta(X_i-X_1)$，其中 $\alpha=1$，$\beta=1+2/n$，$\gamma=0.75-1/2n$ 和 $\delta=1-1/n$。n 为优化变量的个数

算法的收敛判断条件为 max(max(abs(X(2:n+1,:)-X(1:n,:))))$\leqslant$tol，算法的收敛标准为 tol$=10^{-4}$

NMGA 算法的 MATLAB 关键代码见本书“附录二　基于差分算法的 NMGA 优化算法源代码”。

5.3　基于优化的砂土模型选择及参数识别

本节将基于砂土的室内试验和遗传优化方法，来确定砂土本构模型中哪些特征是必不可少的，并试图找到一个只需较少模型参数便能准确描述砂土物理力学特性的本构模型。本章采用的是工程实际中常用的常规三轴试验，因而未考虑砂土的一些复杂特征（如各向异性特性、非共轴特性和循环特性等）。为了简化起见，本章中砂土模型不考虑砂土的黏聚力，即 $c=0$。

5.3.1　目标试验

本章选取的是 Liu 等（2014）和 Li 等（2014）基于胡斯屯砂土的排水三轴试验。胡斯屯砂土的主要物理性质如表 5.1 所列。为了获得与临界状态相关的参数，依据室内试验规范标准《土工试验方法标准 GB/T 50123—2019》，本章选取了 3 组三轴排水试验（p'_0=100kPa，e_0=0.66；p'_0=200kPa，e_0=0.83；和 p'_0=400kPa，e_0=0.82）作为目标试验。在进行剪切试验前，所有的土体试样都经过各向同性固结以达到对应的固结压力。图 5.6 给出了 3 组三轴排水试验的试验结果。

胡斯屯砂的基本物理性质 **表 5.1**

颗粒形状	SiO_2	G_s	d_{50}(mm)	e_{max}	e_{min}	C_u
尖角	>99.24%	2.6	0.35	0.881	0.577	1.4

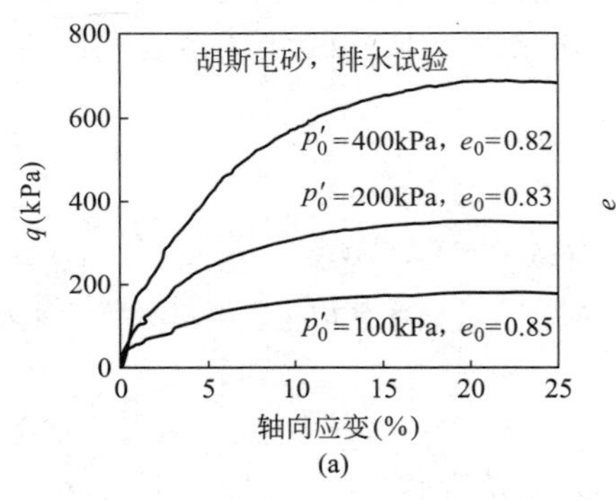

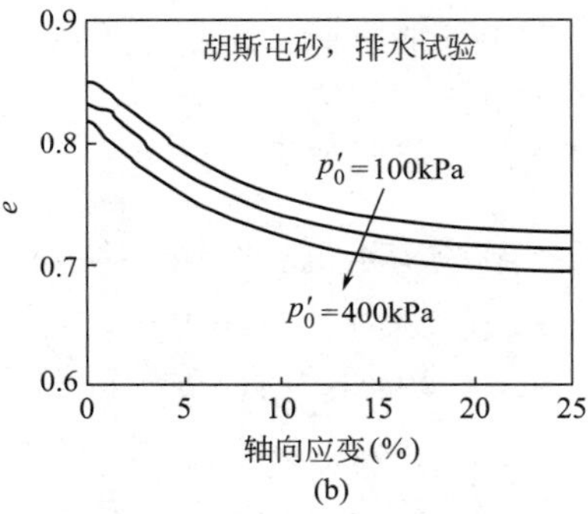

图 5.6 Hosutn 砂的三轴排水试验结果

（a）轴向应变-偏应力；（b）轴向应变-孔隙比

为了判断本构模型中必须考虑砂土的哪些特性，本章分别选取了四种砂土本构模型对目标试验进行模拟，即：理想弹塑性摩尔-库仑模型、非线性摩尔-库仑模型、基于临界状态理论的非线性摩尔-库仑模型和基于临界状态理论的双面模型。这四种模型对砂土特性的考虑越来越多，模型参数的个数也不尽相同。表 5.2 给出了三种砂土本构模型的基本公式和比较。对于 MC 模型，杨氏模量 E 值保持不变；对于 NLMC、CS-NLMC 和 CS-TS 这三种模型，根据 Richard 等（1970）的观点，杨氏模量 E 的取值按下式确定：

$$E=E_0\cdot p_{at}\frac{(2.97-e)^2}{(1+e)}\left(\frac{p'}{p_{at}}\right)^n \tag{5.14}$$

式中，E_0 为杨氏模量的参考值；e 为孔隙比；p'为有效主应力；p_{at} 为参考压力（通常取为大气压力，p_{at}=101.3kPa）；n 为一常数。

三种砂土本构模型的基本公式和比较 **表 5.2**

模型名称	NLMC	CS-NLMC	CS-TS
屈服函数	$f=\frac{q}{p'}-H=0$	$f=\frac{q}{p'}-H=0$	$f=(q-p\alpha)^2-m^2p^2=0$
塑性势函数	$\frac{\partial g}{\partial p'}=M_{pt}-\frac{q}{p'},\frac{\partial g}{\partial q}=1$ $M_{pt}=\frac{6\sin\phi_{pt}}{3-\sin\phi_{pt}},\phi_{pt}=\phi_u-\psi$	$\frac{\partial g}{\partial p'}=A_d\left(M_{pt}-\frac{q}{p'}\right),\frac{\partial g}{\partial q}=1$ $M_{pt}=\frac{6\sin\phi_{pt}}{3-\sin\phi_{pt}}$	$D=A_d(M_{pt}-\alpha)$ $M_{pt}=\frac{6\sin\phi_{pt}}{3-\sin\phi_{pt}}$

续表

模型名称	NLMC	CS-NLMC	CS-TS
硬化法则	$H=\frac{M_p\varepsilon_d^p}{k_p+\varepsilon_d^p}, M_p=\frac{6\sin\phi_p}{3-\sin\phi_p}$	$H=\frac{M_p\varepsilon_d^p}{k_p+\varepsilon_d^p}, M_p=\frac{6\sin\phi_p}{3-\sin\phi_p}$	$h=k_p\frac{\lvert \boldsymbol{b}:\boldsymbol{n}\rvert}{b_{ref}-\lvert \boldsymbol{b}:\boldsymbol{n}\rvert}$
临界状态线	—	$e_c=e_{ref}-\lambda\ln\left(\frac{p'}{p_{at}}\right)$	$e_c=e_{ref}-\lambda\ln\left(\frac{p'}{p_{at}}\right)$
咬合效应	—	$\tan\phi_p=\left(\frac{e_c}{e}\right)^{n_p}\tan\phi_u$ $\tan\phi_{pt}=\left(\frac{e_c}{e}\right)^{-n_d}\tan\phi_u$	$\tan\phi_p=\left(\frac{e_c}{e}\right)^{n_p}\tan\phi_u$ $\tan\phi_{pt}=\left(\frac{e_c}{e}\right)^{-n_d}\tan\phi_u$
参数个数	5	10	10

模型参数按其性质可以分为以下四类：①弹性参数；②与硬化相关的塑性剪切参数；③与应力剪胀相关的参数；④基于临界状态理论模型中与临界状态相关的参数。E_0 和 n 这两个弹性参数可以很容易地从各向同性压缩试验中获取，如图 5.7 所示。泊松比的值假设取 $\upsilon=0.2$，剩余其他参数则通过优化方法来确定。有一点需要注意，对于 MC 模型而言，弹性参数也是通过优化来获取，因为在土体达到最大剪切强度之前，总体变形都是由弹性刚度来控制。

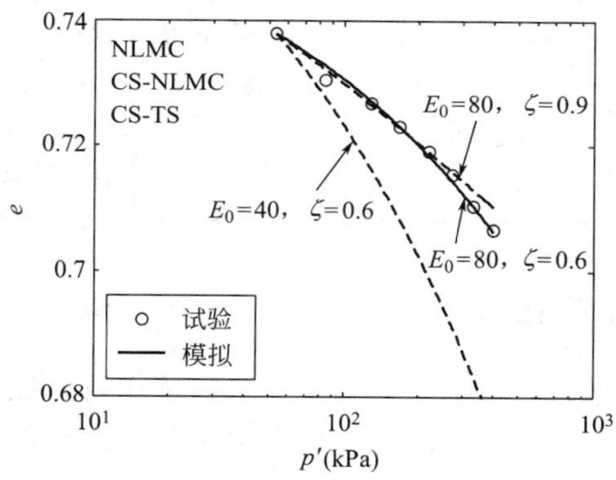

图 5.7　利用各向同性压缩试验结果识别胡斯屯砂的弹性参数

本章采用的是基于两个评价指标的单目标优化，适应度函数为：

$$\min[\mathrm{Error}(x)]=\min\left[\frac{\mathrm{Error}(q)+\mathrm{Error}(e)}{2}\right] \tag{5.15}$$

式中，Error（q）为模拟结果和目标试验结果在偏应力上的差别；Error（e）为模拟结果和目标试验结果在孔隙比上的差别。

为了将更多的精力放在关键参数的确定上并降低试验成本，对于一些从常规试验中可以直接得到的参数，比如杨氏模量和泊松比，则不将其作为优化的变量。对于不同的模型，其模型参数的个数和物理属性也往往不同，这取决于所选择的本构模型。因此，针对本章选取的几种砂土本构模型，下面分别给出了这些模型参数的取值范围。表 5.3 给出了优化过程中参数的取值范围，这些范围包含了砂土参数的典型取值。

四种砂土本构模型的基本关系　　表 5.3

模型	MC			NLMC			CS-NLMC and CS-TS							
参数	E_0	ϕ_u	ψ	ϕ_u	ψ	k_p	e_{ref}	λ	ϕ_u	k_p	k_p(CS-TS)	A_d	n_p	n_d
下限	0	10	0	10	0	0	0.5	0	10	0	0	0	0	0
上限	50000	50	20	50	20	0.1	1	0.1	50	0.1	100	5	10	10
步长	1000	0.5	0.5	0.5	0.5	10^{-4}	0.001	0.0001	0.5	10^{-4}	1	0.1	0.1	0.1

5.3.2 优化算法结果

使用改进的 NMGA 对 CS-NLMC 模型的参数进行了优化识别。选取 $p'_0=200$kPa、$e_0=0.83$ 这组试验的结果，评估改进的 NMGA 的运算效率和可靠性。表 5.4 给出了算法的参数设置。优化结束后，将最优结果整理于表 5.5 中。可以看出，两种遗传算法得到最优参数的值几乎相同，目标误差均不到 4%，这表明改进的 NMGA 在处理参数优化问题时有十分优秀的搜索能力。

不同优化算法的参数设置　　表 5.4

算法	种群数量	代数	选择算法	p_C	p_D	p_M
NMGA	100	50	锦标赛	0.9	0.5	0.05

两种 GA 所得的 CS-NLMC 的最优参数　　表 5.5

算法	最优参数							目标误差(%)
	e_{ref}	λ	ϕ_u	k_p	A_d	n_p	n_d	
NMGA	0.745	0.030	28.9	0.0039	1.1	2.8	1.9	3.88

5.3.3 参数优化结果和讨论

首先对 MC 的模型参数进行参数优化识别，之后依次是 NLMC、CS-NLMC 和 CS-TS 模型。由于是单目标问题，所以选取参数优化结果中对应误差最小的一组参数作为问题的最优解。表 5.6 给出了最终优化结果和误差。

胡斯屯砂的四种砂土模型的最优参数　　表 5.6

模型	MC			NLMC			CS-NLMC(CS-TS)						
参数	E_0	ϕ_u	ψ	ϕ_u	ψ	k_p	e_{ref}	λ	ϕ_u	k_p	A_d	n_p	n_d
值	15500	27.0	0.0	31.5	0.0	0.022	0.739 (0.739)	0.0253 (0.0253)	29.0 (29.0)	0.0061 (29)	0.8 (0.7)	1.9 (1.7)	4.3 (5.4)
误差(%)	36.43			5.31			2.91(2.81)						

模拟最优结果和目标试验之间的比较如图 5.8 所示，图 5.9 给出了这四种模型的模拟最优结果与目标试验间的误差值。从图中可以看出，最优的 MC 参数给出的模拟效果最差，之后是 NLMC，CS-NLMC 和 CS-TS 的表现最好，并且对于砂土应力-应变特性的描述也比 MC 和 NLMC 模型更加准确。这是因为，在描述砂土特性方面，这四种模型有着

各自的特点。首先，MC 模型是一种理想弹塑性模型，所以它无法描述砂土的非线性应力-应变关系。与 MC 模型相比，NLMC 模型则考虑了非线性弹性和非线性塑性硬化，所以其模拟效果也相对较好。换句话说，非线性弹性和非线性塑性硬化对模拟砂土的力学特性是必不可少的。与 NLMC 模型相比，CS-NLMC 和 CS-TS 的模拟效果则更好。这表明，在模型中考虑砂土的临界状态概念是构造砂土本构模拟的一个重要环节。基于过去几十年对砂土临界状态理论的研究成果，上述结果也在预料之中。这一部分内容向读者展示了遗传算法的运算流程。

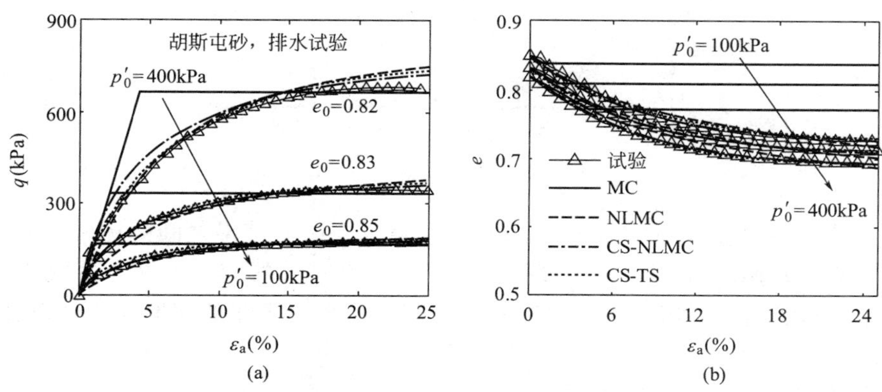

图 5.8 四种模型的最优模拟和试验结果对比

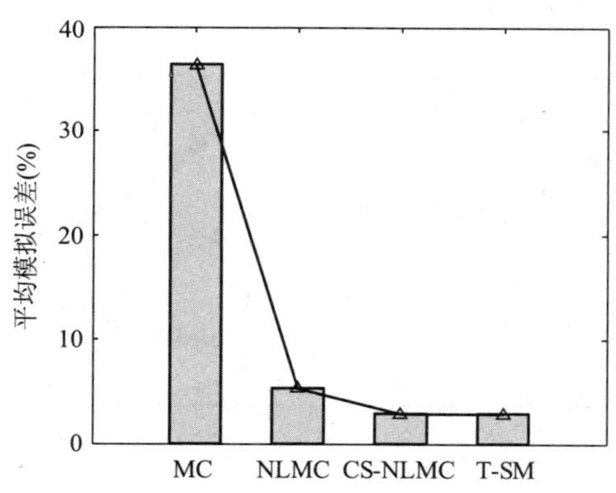

图 5.9 四种模型的目标误差对比

此外，不同的塑性硬化规律造就了 CS-NLMC 和 CS-TS 这两种模型之间的细微差别。CS-NLMC 考虑了双曲线塑性硬化法则，而 CS-TS 考虑了基于边界面概念的硬化规律（Manzari 和 Dafalias，1997），所以 CS-TS 的模拟效果会相对稍好。

综上所述，非线性弹性、塑性硬化特性和具有咬合效应的临界状态概念是砂土本构模型中必须考虑的特性。因此，建议使用 CS-NLMC 和 CS-TS 或者类似的砂土本构模型来模拟砂土的力学特性。

为了进一步验证上述四种模型模拟砂土力学特性的能力，使用得到的最优参数对胡斯屯砂土的其他三轴试验进行了模拟，同时计算出模拟结果和试验结果之间的误差。图 5.10 给出了 MC、NLMC、CS-NLMC 和 CS-TS 这四种模型基于所有试验的平均模拟误差。与前述结果相同，CS-TS 模型的模拟效果最好，之后依次为 CS-NLMC、NLMC 和 MC。

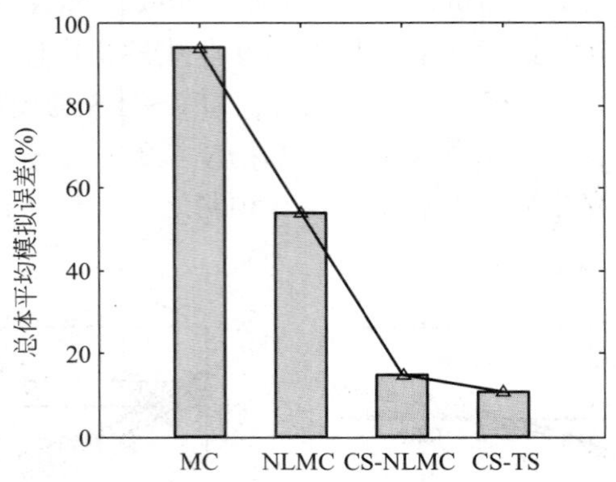

图 5.10 不同本构模型总体平均误差

图 5.11 给出了 CS-NLMC 和 CS-TS 的模拟结果与试验结果之间的比较，同样地，仍然建议采用 CS-NLMC 和 CS-TS 来模拟砂土的力学特性。然而，当这两种数值模型在预测试验现象方面的能力不相上下时，我们就需要选择其他标准来评价这两种模型的优劣。一个有效的标准就是比较模型公式的复杂程度以及模型参数的类型和数目。由于 CS-NLMC 的公式更加简单，所以根据这一标准，CS-NLMC 比 CS-TS 更合适。当处理复杂的岩土工程问题时，模型公式越简单，运算也就越容易收敛。由于在描述单调问题时并不需要边界面概念，所以在单调加载问题上 CS-NLMC 模型是一个好的选择。

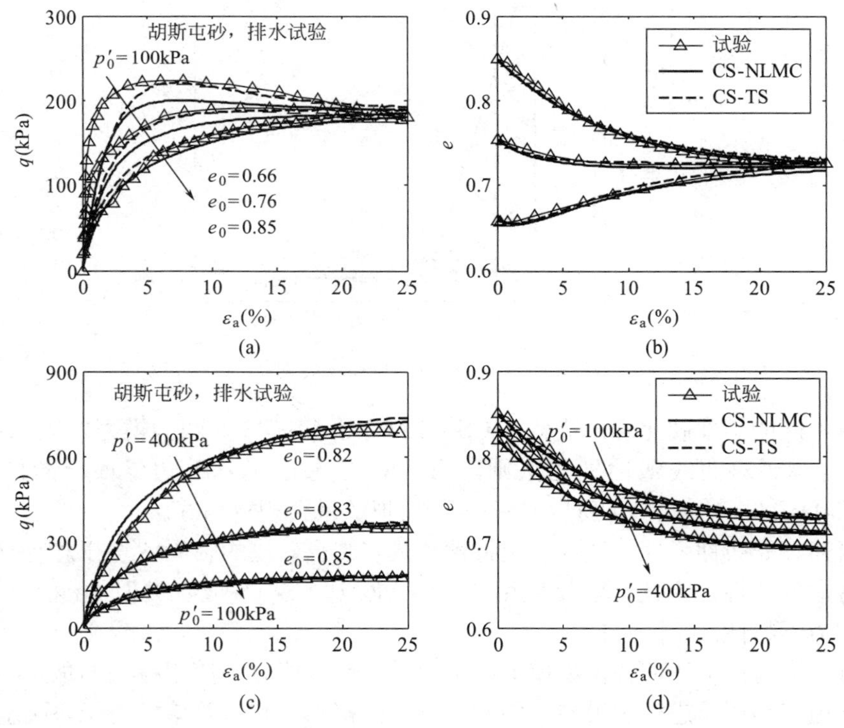

图 5.11 CS-NLMC 和 CS-TS 的最优模拟和试验结果对比（一）

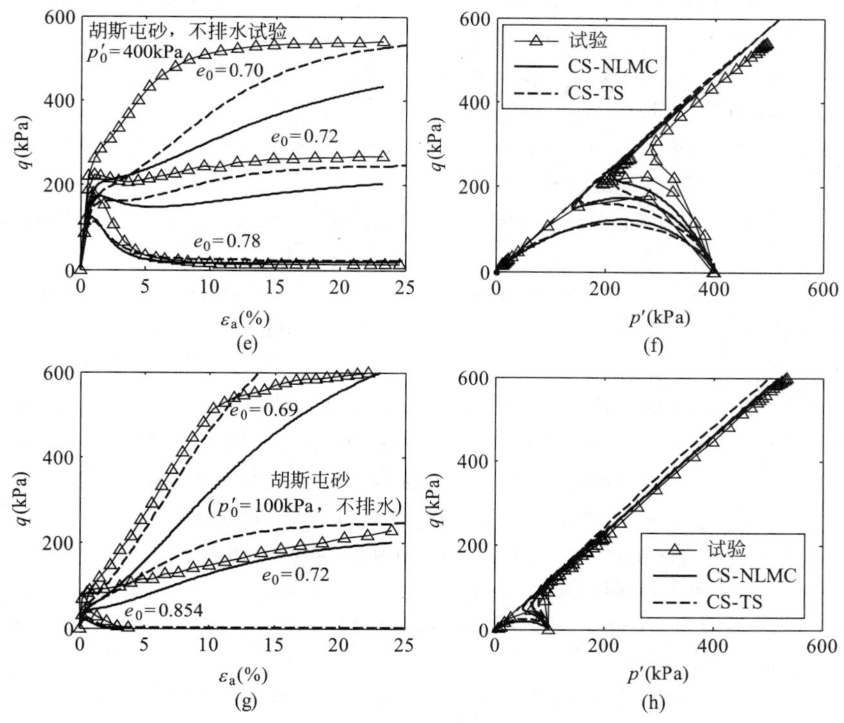

图 5.11 CS-NLMC 和 CS-TS 的最优模拟和试验结果对比（二）

5.4 本章小结

首先介绍了单纯形遗传优化算法（NMGA），介绍了其基本原理和算法流程并给出了伪代码。接着，针对基于优化方法的参数识别，从误差函数的构造、搜索策略的选取以及参数识别流程三个方面进行了详细的阐述。然后，基于 NMGA 和提出的参数识别流程，对砂土本构模型中所需的必要特性进行了研究和选择。

为此，从大量的砂土模型中选择了 4 种带有不同模拟特征的常见砂土本构模型来进行参数优化。结果表明：一个合适的砂土模型应该包括非线性弹性、塑性硬化规律和带有咬合效应的临界状态概念。因此，建议采用基于临界状态理论的模型（SIMSAND 模型和 CS-TS 模型）来解决砂土相关的实际工程问题。考虑到模拟砂土的单调力学特性以及公式的复杂性，推荐使用 SIMSAND 模型。

参考文献

Chuang Y-C，Chen C-T，Hwang C. A real-coded genetic algorithm with a direction-based crossover operator [J]. Information Sciences，2015，305：320-348.

Deb K，Agrawal R B. Simulated Binary Crossover for Continuous Search Space [J]. Complex Systems，1994，9：115-148.

Deb K，Pratap A，Agarwal S，et al. A fast and elitist multiobjective genetic algorithm：NSGA-II [J]. IEEE Transactions on Evolutionary Computation，2002，6 (2)：182-197.

Gao F，Han L. Implementing the Nelder-Mead simplex algorithm with adaptive parameters [J]. Computational Optimization and Applications，2012，51 (1)：259-277.

Goldberg D E. Genetic algorithms in search，optimization，and machine learning [M]. Boston，MA，USA：Addison-Wesley Publishing Company，1989.

Goldberg D E，Holland J H. Genetic Algorithms and Machine Learning [J]. Machine Learning，1988，3 (2)：95-99.

Jin Y-F，Yin Z-Y，Shen S-L，et al. Selection of sand models and identification of parameters using an enhanced genetic algorithm [J]. International Journal for Numerical and Analytical Methods in Geomechanics，2016，40 (8)：1219-1240.

Levasseur S，Malécot Y，Boulon M，et al. Soil parameter identification using a genetic algorithm [J]. International Journal for Numerical and Analytical Methods in Geomechanics，2008，32 (2)：189-213.

Li G，Liu Y-J，Dano C，et al. Grading-Dependent Behavior of Granular Materials：From Discrete to Continuous Modeling [J]. Journal of Engineering Mechanics，2015，141 (6)：04014172.

Liu Y-J，Li G，Yin Z-Y，et al. Influence of grading on the undrained behavior of granular materials [J]. Comptes Rendus Mécanique，2014，342 (2)：85-95.

Manzari M T，Dafalias Y F. A critical state two-surface plasticity model for sands [J]. Géotechnique，1997，47 (2)：255-272.

Nelder J A，Mead R. A Simplex Method for Function Minimization [J]. The Computer Journal，1965，7 (4)：308-313.

Richart F E，Hall J R，Woods R D. Vibrations of Soils and Foundations by F. E. Richart Jr，J. R. Hall Jr，R. D. Woods [M]. Prentice-Hall，1970.

Zitzler E，Thiele L. Multiobjective optimization using evolutionary algorithms — A comparative case study [C] //Parallel Problem Solving from Nature — PPSN V. Berlin，Heidelberg：Springer Berlin Heidelberg，1998：292-301.

第 6 章　基于贝叶斯理论的参数识别

本章提要

目前基于贝叶斯结合马尔可夫链蒙特卡罗（MCMC）的参数识别方法仅在某些传统的简单本构模型的参数识别上得到了验证。鉴于此，本文提出了一种效率更高的基于差分进化算法的过渡马尔可夫链蒙特卡罗方法（DE-TMCMC），并基于此提出了一种高效的贝叶斯参数识别方法，应用于高级土体本构模型的参数识别。为了验证其稳健性和有效性，选取丰浦砂的常规室内试验结果作为目标试验来识别考虑临界状态的砂土本构模型的参数。通过对比原始 TMCMC 方法在参数识别上的表现，突显了 DE-TMCMC 在识别砂土高级本构模型参数方面的能力。

6.1 引言

本构模型参数的准确性会显著地影响其在工程应用中的模拟效果，进而会导致不准确的预测（Jin，2018a，2018b），因此参数识别是本构模型从岩土工程理论到实践的关键问题之一。Yin 等（2018）总结出三种常用的参数识别方法：解析法、经验法和反分析法。不同于其他两种方法，反分析法所识别的参数相对客观，不受主观因素干扰，完全基于所采用的观测数据，即使对那些没有直接物理意义的模型参数也是如此，因此得到广泛的应用（田密等，2017；付代光等，2015；郑俊杰等，2012；陈斌等，2004）。常见的反分析法可以分为两类：(1) 确定性方法，比如基于优化方法的参数识别，确定性方法侧重于寻找一组与观测数据相吻合的最优解（Yin 等，2018；Jin 等，2016，2017），而不考虑土的变异性和不确定性对模型参数带来的干扰；(2) 基于概率的不确定方法，比如采用贝叶斯方法的参数识别，考虑了土的变异性，对于天然土来说所识别的模型参数更合理，更适合于工程预测。目前基于贝叶斯的参数识别法备受欢迎，并被广泛应用于不同的领域（Yuen，2010）。在贝叶斯方法中，所要识别的参数被视为多变量的联合随机分布，以此来表示土体模型参数的不确定性。然而到目前为止，这类应用只涉及某些传统的简单本构模型，如线弹性模型（Honjo 等，1994）、一维弹塑性模型（Most，2010）、硬化土模型（Miro 等，2015）等，而对于高级本构模型（如临界状态模型）却鲜有报道。

在进行贝叶斯参数识别时，马尔可夫链蒙特卡罗（MCMC）模拟方法可以有效地得到后验分布而被广泛应用。所采用的 MCMC 方法在一定程度上决定所识别的精度和可靠性。总的来说，MCMC 抽样［例如 Metropolis-Hastings 算法（Hastings 等，1970）］所产生的样本在统计上不是相互独立的，这样可能会降低统计估计的效率，而且当变量数目很大时，该类方法的效率会变得很差（Lee 等，2017）。为解决此类问题，Ching 和 Chen 针对高维问题提出了一种过渡马尔可夫链蒙特卡罗算法（TMCMC）（Angelikopoulos 等，2015；Ortiz 等，2015；Betz 等，2016）。虽然这种方法提高了 MCMC 的性能，但使用 TMCMC 估计的后验分布在求解特殊问题的时候会趋向于局部收敛（Lee 等，2017）。由于土体本构模型的高度非线性以及参数的耦合效应问题，有必要对 TMCMC 做进一步的改进以适用于高级本构模型参数识别。

因此，本章旨在通过对 TMCMC 方法的改进，提出一种高效的高级土体本构模型的贝叶斯参数识别方法。为此，首先介绍了贝叶斯参数识别的原理；接着，为了提高 TMCMC 的性能，引入差分进化来替换 TMCMC 中利用高斯分布生成新样本的方法，得到了改进的过渡马尔可夫链蒙特卡罗算法；最后，应用此方法来识别考虑临界状态的砂土本构模型（SIMSAND）参数，以验证改进 DE-TMCMC 在识别参数上的有效性。本章的部分内容也请参考 Jin 等（2019a，2019b）。

6.2 基于改进方法的贝叶斯参数识别

6.2.1 贝叶斯参数识别的框架

根据 Yuen（2010），贝叶斯方法可以使用后验概率分布函数来更新模型参数和描述不确定性。按照贝叶斯公式，假设观测数据和模型预测满足预测误差方程，观测可表示为：

$$U_{\mathrm{obs}}=c\cdot U_{\mathrm{num}}(\boldsymbol{b}) \tag{6.1}$$

式中，$\boldsymbol{b}$ 为模型的参数向量；$c\sim N(1,\sigma_{\varepsilon}^{2})$ 为均值为 1 且符合高斯分布的随机变量；σ_{ε}^{2} 为预测误差的方差，除土体本构模型参数向量 $\boldsymbol{b}$ 外，σ_{ε}^{2} 也是一个待识别的参数。

参数的不确定性可以用后验概率分布函数（PDFs）来评估，基于数据 D 的后验概率分布函数（PDFs）可表示为：

$$p(\boldsymbol{\theta}\mid D)=\frac{p(\boldsymbol{\theta})p(D\mid\boldsymbol{\theta})}{p(D)} \tag{6.2}$$

式中，$\boldsymbol{\theta}=[\boldsymbol{b},\sigma_{\varepsilon}]$ 为待识别参数；$p(\boldsymbol{\theta})$ 为参数 $\boldsymbol{\theta}$ 的先验概率分布函数，可以根据使用者的经验来决定；$p(D|\boldsymbol{\theta})$ 为表示数据拟合程度的似然函数。如果不同测量数据的预测误差在统计上是独立的，则似然函数可以计算如下：

$$p(D|\boldsymbol{\theta})=(2\pi\sigma_{\varepsilon}^{2})^{-\frac{N}{2}}\exp\left[-\frac{N}{2\sigma_{\varepsilon}^{2}}J_{\mathrm{g}}(\boldsymbol{b};D)\right] \tag{6.3}$$

式中，N 为测量数据点的数量；$J_{\mathrm{g}}(\boldsymbol{b};D)$ 为表示数据拟合程度的拟合度函数。

通常对似然函数取对数来保证数值的稳定性和计算的简单性。对数似然函数可以表示为：

$$\ln p(D|\boldsymbol{\theta})=-\frac{N}{2}\ln(2\pi\sigma_{\varepsilon}^{2})-\frac{N}{2\sigma_{\varepsilon}^{2}}J_{\mathrm{g}}(\boldsymbol{b};D) \tag{6.4}$$

在土力学中，变形和强度是反映土体特性的两个非常重要的指标。土体室内试验通常包含两种曲线：应变-应力和应变-体积变形，如三轴排水试验曲线 $\varepsilon_{\mathrm{a}}-q$ 和 $\varepsilon_{\mathrm{a}}-e$，和三轴

不排水试验曲线 ε_a-e 和 ε_a-u（其中 ε_a 是轴应变，q 是偏应力，e 是孔隙比，u 是超孔隙水压力）。因此，在计算数据拟合程度时需要同时包含这两个指标，即同时需要计算应力和变形的拟合度，因此最终的拟合度为这两个指标的线性组合。金银富等（2018a，2018b）认为误差应与不同变量（如 q、e 或者 u）的数值绝对大小无关，应该采用归一化拟合度函数，其表达式为：

$$J_g(\boldsymbol{b};D)=\frac{1}{N_0N}\sum_{j=1}^{N_0}\left[\sum_{i=1}^{N}\left(\frac{U_{\text{obs}}^i-U_{\text{num}}^i}{U_{\text{obs}}^i}\right)^2\right]_j \tag{6.5}$$

式中，N 为测量值的个数；N_0 为一次测试的曲线数；U_{obs}^i 为点 i 的测量值；U_{num}^i 为点 i 的计算值。

对于多个不同类型的观测值，每个观测的似然值须组合为最终的总体拟合度（Angelikopoulos et al.，2015）。当目标试验数据中包含 M 组试验结果时，似然函数表示为：

$$\ln p(D\,|\,\boldsymbol{\theta})=\sum_{i=1}^{M}\ln p(D_i\,|\,\boldsymbol{\theta}) \tag{6.6}$$

式中，M 为试验次数；$p(D_i\,|\,\boldsymbol{\theta},\ C)$ 为第 i 次试验对应的似然数。

由于土体模型涉及高度非线性函数，无法采用解析的方法得到其后验分布，必须使用数值估计的方式得到后验概率分布函数 $p(\boldsymbol{\theta}\,|\,D)$，比如用 MCMC、TMCMC 方法。这也是本章中重点关注的地方，即提出一种更高效的改进马尔科夫链蒙特卡洛方法。在实际工程应用中，常常采用最大后验估计 MAP 所对应的参数作为土体模型参数 $\boldsymbol{\theta}$ 的精确估计。MAP 参数向量 $\boldsymbol{\theta}_{\text{MAP}}$ 可以按以下公式计算：

$$\boldsymbol{\theta}_{\text{MAP}}=\text{argmax}\,p(\boldsymbol{\theta}\,|\,D)=\text{argmax}\,\frac{p(\boldsymbol{\theta})\,p(D\,|\,\boldsymbol{\theta})}{p(D)} \tag{6.7}$$

6.2.2　改进的过渡马尔可夫链蒙特卡罗方法

TMCMC 方法最早是由 Ching 和 Chen（2007）将粒子滤波法和 MCMC 法结合而发展起来的。该方法从先验分布 $p(\boldsymbol{\theta})$ 开始，通过对每一轮样本的优化，逐步过渡到后验分布。TMCMC 的关键思想是建议概率密度函数，这种建议概率密度对应于第 j 轮确定的抽样 $p(\boldsymbol{\theta})_j$ 如下所示：

$$p(\boldsymbol{\theta})_j\propto p(\boldsymbol{\theta})\cdot L(\boldsymbol{\theta}\,|\,D)^{q_j} \tag{6.8}$$

式中，$q_j\in[0,\ 1]$ 且 $q_0=0<q_1<\cdots<q_m=1$（$j=0,\ 1,\ \cdots,\ m$），表示从先验分布到后验分布的状态水平；$p(\boldsymbol{\theta})_0$ 为 $j=0$ 时先验分布 $p(\boldsymbol{\theta})$ 的值；$p(\boldsymbol{\theta})_m$ 为 $j=m$ 时后验分布 $p(\boldsymbol{\theta}\,|\,D)$ 的值。当 $q_j=1$ 时，所对应的分布即为后验分布。

本章仅概述 TMCMC 算法的部分关键步骤，原始 TMCMC 法的详细信息及其 MATLAB 代码可以参阅 Ching 和 Chen（2007）的论文中查阅到。

（1）计算 q_j，如果 $q_j>1$，则令 $q_j=1$。

（2）对所有样本 $k=1,\ 2,\ \cdots,\ N_s$ 计算加权系数 $w_{(j,\ k)}$

$$w_{(j,\ k)}=[L(\boldsymbol{\theta}_{(j-1,\ k)}\,|\,D)]^{q_j-q_{j-1}} \tag{6.9}$$

（3）计算加权系数的平均值

$$S_j = \frac{1}{N_s}\sum_{k=1}^{N_s} w_{(j,k)} \tag{6.10}$$

（4）计算高斯建议分布的协方差矩阵

$$\boldsymbol{\Sigma}_j = \beta^2 \cdot \sum_{k=1}^{N_s}\left[\frac{w_{(j,k)}}{S_j N_s}(\boldsymbol{\theta}_{(j-1,k)} - \bar{\boldsymbol{\theta}}_j)\cdot(\boldsymbol{\theta}_{(j-1,k)} - \bar{\boldsymbol{\theta}}_j)^{\mathrm{T}}\right] \tag{6.11}$$

其中

$$\bar{\boldsymbol{\theta}}_j = \frac{\sum_{l=1}^{N_s} w_{(j,l)}\boldsymbol{\theta}_{(j-1,l)}}{\sum_{l=1}^{N_s} w_{(j,l)}} \tag{6.12}$$

（5）令 $\boldsymbol{\theta}^{c}_{(j,l)} = \boldsymbol{\theta}_{(j-1,l)}$，其中 $l \in [1, 2, \cdots, N_s]$。然后对于 $k=1, 2, \cdots, N_s$，做以下 MCMC 抽样：

① 使用序列重要性采样法（SIS）从集合 $[1, 2, \cdots, N_s]$ 中选出序号为 l 的样本，其中每个 l 被赋值 $w_{(j,l)}/\sum_{n=1}^{N_s} w_{(j,n)}$。

② 从正态分布 $N(\boldsymbol{\theta}^{c}_{(j,l)}, \boldsymbol{\Sigma}_j)$ 中抽取一个新样本得到 $\boldsymbol{\theta}^{c}$。

③ 余下的步骤等同 Metropolis 算法。

（6）如果 $q_j=1$ 则停止迭代，否则令 $j=j+1$，并返回步骤（1）。

从上述步骤可以看出，新样本的生成是一个关键步骤，高斯分布的均值和协方差决定了样本的范围，协方差的取值变化会影响 TMCMC 的收敛性质，为此很多学者从改进协方差的取值上对原始 TMCMC 进行了一定程度上的改进（Lee 和 Song，2017；Qrtiz et al.，2015）。为提高原始 TMCMC 的性能，本研究尝试采用 Vrugt 等（2016）提出的差分进化（differential evolution，DE）马尔可夫链算法以代替②步提出高斯分布抽样过程，可表示为：

$$\boldsymbol{\theta}^{\mathrm{new}}_{(j,l)} = \boldsymbol{\theta}^{c}_{(j,l)} + \mathrm{d}\boldsymbol{\theta}_{(j,l)} \tag{6.13}$$

其中

$$\mathrm{d}\boldsymbol{\theta}_{(j,l)} = (1+\lambda)\cdot\gamma\cdot[(\boldsymbol{\theta}^{\mathrm{best}}_j - \boldsymbol{\theta}^{c}_{(j,l)}) + (\boldsymbol{\theta}_{(j,a)} - \boldsymbol{\theta}_{(j,b)})] + \zeta \tag{6.14}$$

式中，$\boldsymbol{\theta}^{\mathrm{new}}_{(j,l)}$ 为新样本；$\boldsymbol{\theta}^{c}_{(j,l)}$ 为当前样本；$\boldsymbol{\theta}^{\mathrm{best}}_j$ 为与当前迭代中的最大权重相对应的样本；d 为 $\boldsymbol{\theta}$ 的维数；$\boldsymbol{\theta}_{(j,a)}$ 和 $\boldsymbol{\theta}_{(j,b)}$ 为当前样本中的两个样本，其中 a 和 $b \in [1, \cdots, N_s]$，为样本种群的下标；$\gamma = 2.38/\sqrt{2\delta d}$ 为跳转率；δ 为用于 $\mathrm{d}\boldsymbol{\theta}_{(j,l)}$ 的马尔科夫链的链数，根据 Vrugt 等（2016），其默认值为 $\delta=3$，这里类似差分算法的"DE/rand-to-best/1"模式。λ 和 ζ 的采样分别且独立地从均匀分布 $[-c, c]$ 和正态分布 $N(0, c^*)$ 中抽取。在本次研究中，根据 Vrugt 等（2016）的提议，令 $c=0.1$ 和 $c^*=10^{-12}$。

在利用差分公式生成样本之后，利用二项式交叉算子（crossover）对样本作进一步的选择，形成最终的样本：

$$\boldsymbol{\theta}^{\mathrm{new}}_{(j,l)} = \begin{cases} \boldsymbol{\theta}^{\mathrm{new}}_{(j,l)}, & \text{当 } \mathrm{rand}(0,1) \leqslant CR \text{ 或 } l = l_{\mathrm{rand}} \text{ 时} \\ \boldsymbol{\theta}^{c}_{(j,l)}, & \text{其他} \end{cases} \tag{6.15}$$

式中，rand（0，1）为［0，1］内的一个随机数；l_{rand}＝randint（1，d）为从 1 到 d 的一个随机整数；交叉概率 $CR\in$［0，1］，本文中取 CR＝0.9。

为了简单起见，在后续的描述中，原始 TMCMC 被称为“O-TMCMC”，而改进的基于差分算法的 TMCMC 则称为“DE-TMCMC”。此算法的 MATLAB 关键代码见本书“附录三　用于模型选择或参数优化的贝叶斯 MATLAB 源程序”。

6.3　DE-TMCMC 的性能

为了评估 DE-TMCMC 方法对高级本构模型参数识别的有效性，本节分别采用 O-TMCMC 和 DE-MCMC 针对室内试验数据对 SIMSAND 砂土模型的参数进行识别，对比两个方法的表现，以验证改进方法的适用性。为了简化起见，本章中 SIMSAND 模型不考虑砂土的黏聚力，即 c＝0。

6.3.1　丰浦砂的室内试验结果

本文所选取的目标试验为日本丰浦砂的系列三轴排水试验结果（Verdugo 和 Ishihara，1996）。丰浦砂为亚圆至亚角颗粒组成的均匀细石英砂，平均颗粒尺寸为 d_{50}＝0.17mm，均匀系数为 $C_u=d_{60}/d_{10}$＝1.7，最小和最大孔隙比分别为 e_{min}＝0.597 和 e_{max}＝0.977。

表 6.1 为所选试验的初始孔隙比和试验围压。为了方便识别，对每组试验都进行了编号（1～14），并如图 6.1 所示。为了更全面地反映砂土的力学特性，根据金银富等（2016）建议，选择三组三轴试验，如一组排水试验（试验 2 为松砂试验结果）和两组不排水试验（试验 7 为密砂试验结果和试验 12 为中密砂试验结果），作为参数识别的目标试验。其余的试验用于检验所识别参数的准确性和合理性。

丰浦砂三轴试验汇总　　表 6.1

试验类型	排水试验						不排水试验							
试验号	1	2	3	4	5	6	7	8	9	10	11	12	13	14
e_0	0.996	0.916	0.831	0.959	0.885	0.809	0.735				0.833			
p'(MPa)	0.1	0.1	0.1	0.5	0.5	0.5	0.1	1	2	3	0.1	1	2	3

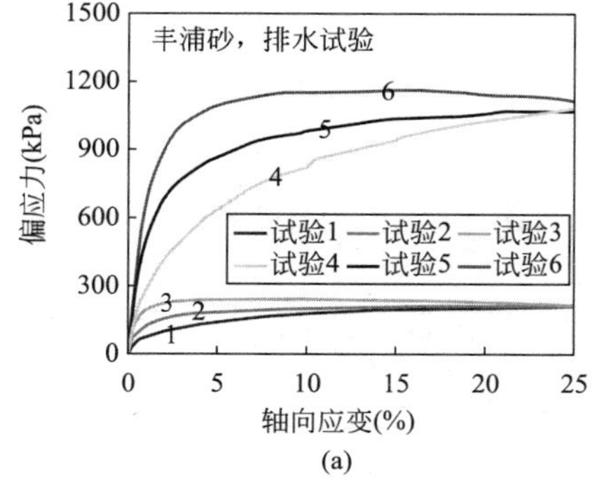

(a)

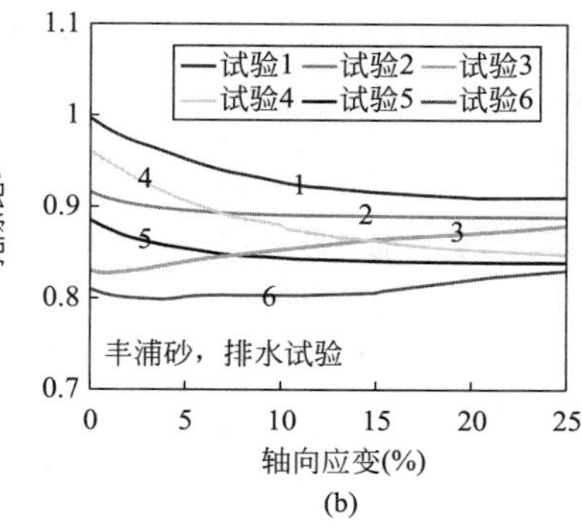

(b)

图 6.1　丰浦砂的三轴试验结果（一）

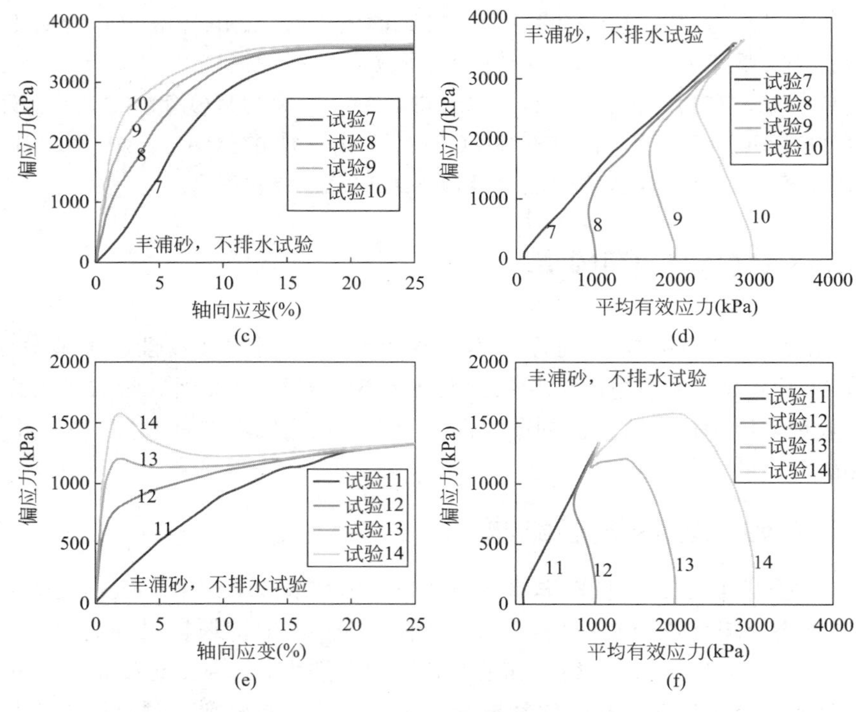

图 6.1　丰浦砂的三轴试验结果（二）

由于砂土的泊松比变化范围不大且对模拟影响不大，故本章将泊松比 υ 设为 0.2。此外，SIMSAND 中的弹性参数可基于一维压缩试验确定 $K_0=130$ 和 $n=0.50$[8]，没有必要作为待识别参数。因此，除弹性参数（K_0，n）和泊松比（υ）外，其他的 SIMSAND 参数和不确定度 σ_ε 均被视作待识别参数，并用 DE-TMCMC 结合贝叶斯方法进行识别。

6.3.2　结果和讨论

为了避免结果的随机性，每个识别过程均独立重复 10 次。此外，为了证明所提出的 DE-TMCMC 在识别砂土模型参数方面的有效性，同时采用优化方法（Jin et al.，2017；Jin et al.，2016）对相同参数进行识别以作对比，优化方法所识别的参数汇总在表 6.2 中。虽然基于优化方法的参数识别没有考虑土的不确定性，但是所得结果可被视为是一组用来评估 DE-TMCMC 有效性的真实值，优化所得的解与 MCMC 的 MAP 解之间的距离越近，则表明所获得的参数就越可靠，也就证明了所提出的 DE-TMCMC 的有效性。

所有参数的先验概率分布函数边界、真值、MAP 平均值和后验概率分布函数标准差

表 6.2

参数和边界	e_{ref}	λ	ξ	ϕ	k_p	A_d	n_p	n_d	σ_ε
	[0.5,1.5]	$[10^{-3},10^{-1}]$	[0.1,1.0]	[20,50]	$[10^{-3},10^{-1}]$	[0.1,2]	[0,10]	[0,10]	[0,1]
$\boldsymbol{\theta}_{MAP}$ O-TMCMC	0.909 (0.0038)	0.015 (0.0052)	0.83 (0.0406)	30.7 (0.42)	0.0027 (3.18e-4)	0.67 (0.103)	3.92 (0.738)	4.83 (0.387)	0.21 (0.01)

续表

参数和边界	e_{ref}	λ	ξ	ϕ	k_p	A_d	n_p	n_d	σ_ε
	[0.5,1.5]	$[10^{-3},10^{-1}]$	[0.1,1.0]	[20,50]	$[10^{-3},10^{-1}]$	[0.1,2]	[0,10]	[0,10]	[0,1]
$\boldsymbol{\theta}_{MAP}$ DE-TMCMC	0.900 (0.0012)	0.008 (6.63e-4)	0.97 (0.02)	32.01 (0.16)	0.0036 (1.77e-4)	0.50 (0.0406)	1.80 (0.194)	4.04 (0.276)	0.051 (0.0038)
真值(优化)	0.920	0.0131	0.78	32.40	0.0030	0.50	1.60	4.10	—

图 6.2 比较了在多次计算下两种方法所得各个参数的平均值。可以看出基于 DE-TMCMC 方法所识别的参数有轻微波动，基本上保持稳定。相反，O-TMCMC 的结果则不太令人满意，多次计算所得结果的波动较大，特别是对于摩擦角 ϕ_u，因此 O-TMCMC 的稳健性较差。除了三个与临界状态线有关的参数（e_{ref}、λ 和 ξ）外，DE-TMCMC 所识别的参数都非常接近于优化值，而 O-TMCMC 所得结果则相差较远。而导致这三个参数识别不准确的原因是所采用的目标试验的应力水平均较小，无法准确描述该砂土在整个应力空间下的临界状态特性。综上，结果表明基于 DE-TMCMC 的贝叶斯参数识别方法在识别 SIMSAND 的参数上具有稳健性和高效性。

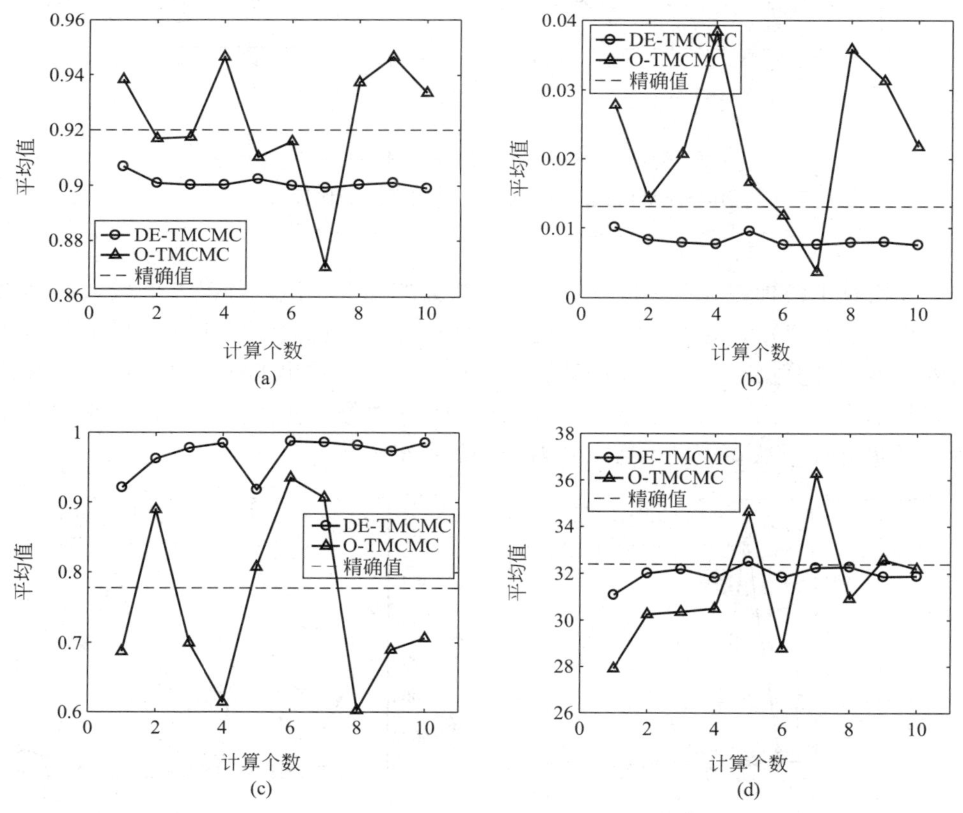

图 6.2　使用 O-TMCMC 和 DE-TMCMC 多次计算下 SIMSNAD 各参数的均值及不确定度的比较（一）

(a) e_{ref}；(b) λ；(c) ξ；(d) ϕ_u

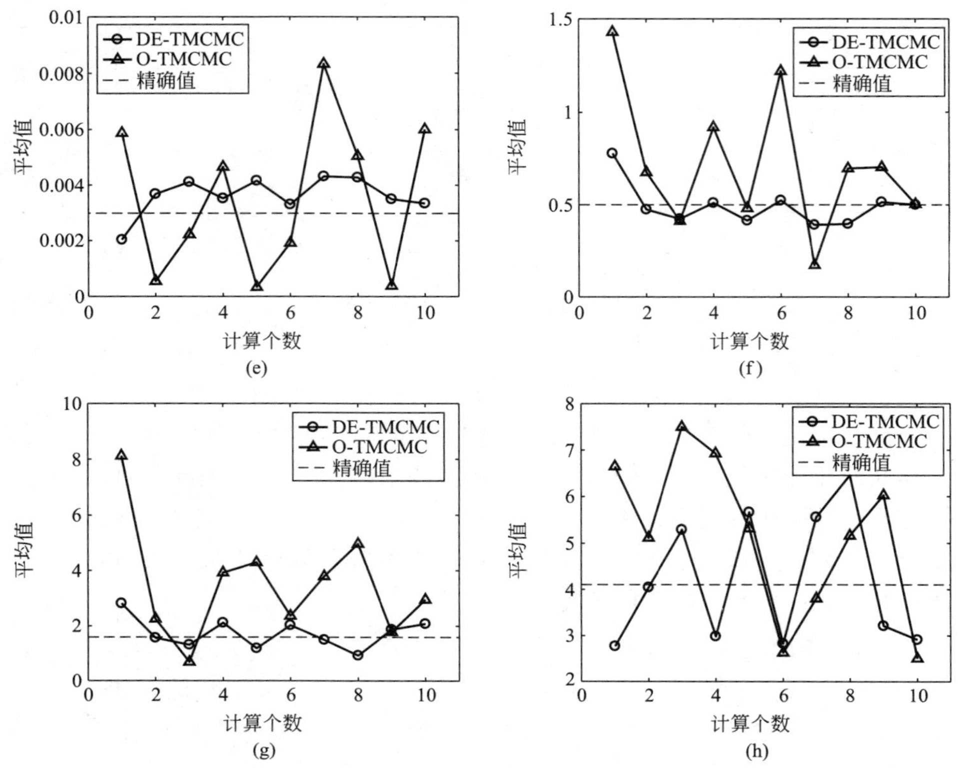

图 6.2 使用 O-TMCMC 和 DE-TMCMC 多次计算下 SIMSNAD 各参数的均值及不确定度的比较（二）

（e）k_p；（f）A_d；（g）n_p；（h）n_d

图 6.3 比较了两种方法在多次计算中所得参数的标准差值。标准差的较大波动表明后验概率分布函数（PDF）的不稳定性。此外，标准差较大也意味着生成的样本分布在很大的范围内，表明计算极有可能存在局部收敛。从图上可以看出 DE-TMCMC 每一次计算所得的分布基本稳定，而 O-TMCMC 每一次计算所得的分布就比较分散，这表明基于 DE-TMCMC 的贝叶斯方法在识别参数上具有很强的稳健性。

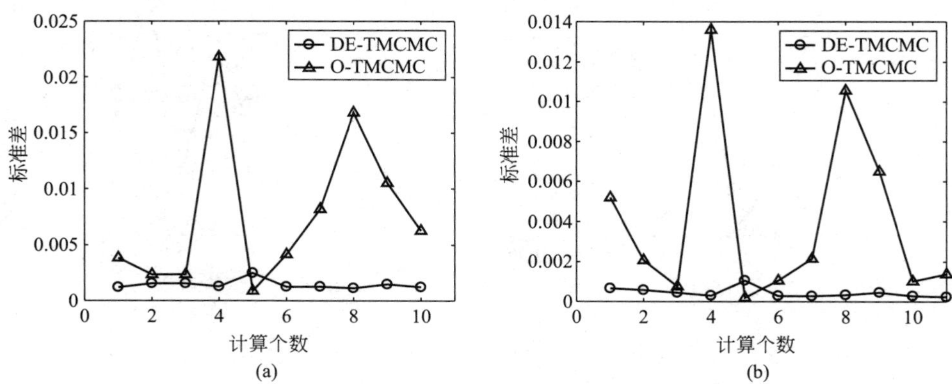

图 6.3 使用 O-TMCMC 和 DE-TMCMC 多次计算下 SIMSNAD 各参数的标准差及不确定度的比较（一）

（a）e_{ref}；（b）λ

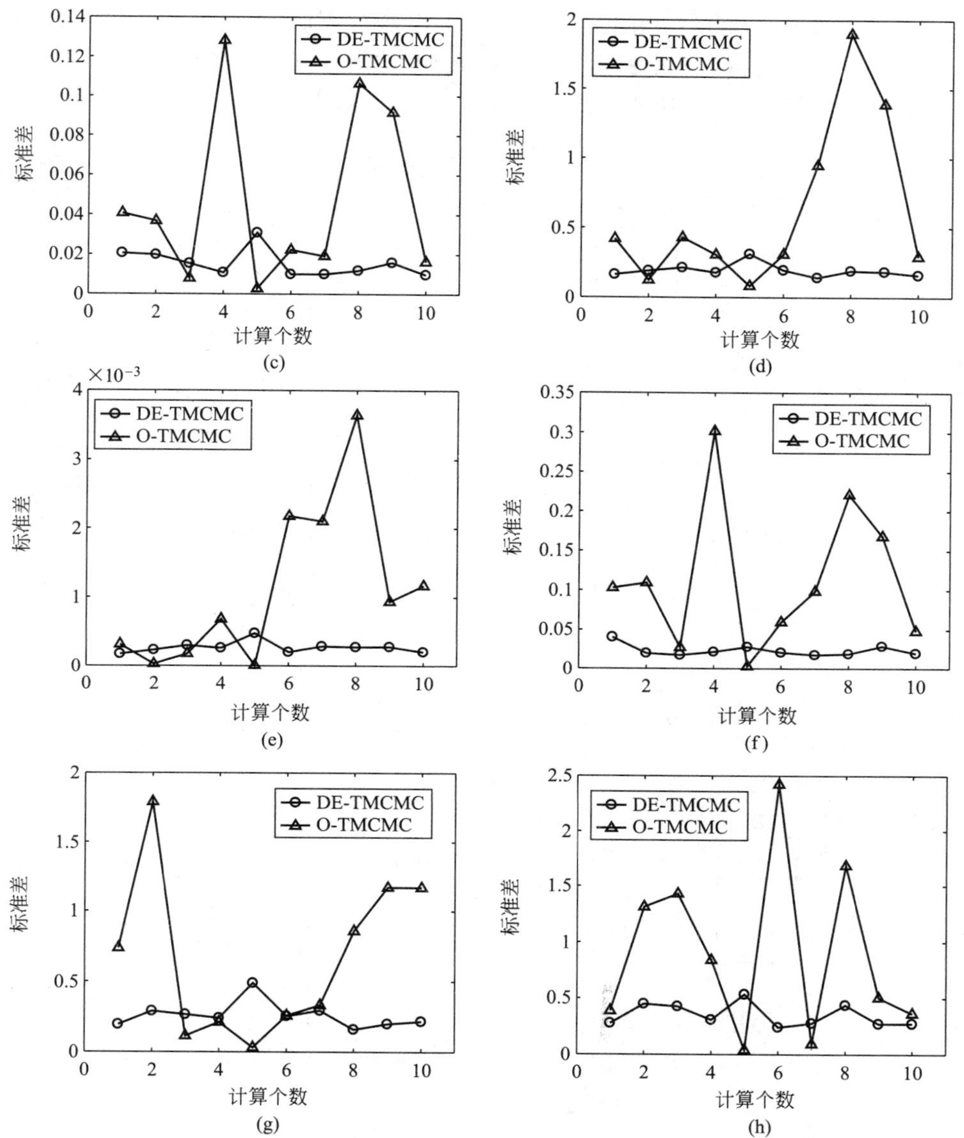

图 6.3　使用 O-TMCMC 和 DE-TMCMC 多次计算下 SIMSNAD 各参数的标准差及不确定度的比较（二）
(c) ξ；(d) ϕ_u；(e) k_p；(f) A_d；(g) n_p；(h) n_d

对粒状材料来说，摩擦角 ϕ_u 是影响材料强度的关键参数。而 SIMSAND 的塑性模量 k_p 和剪胀相关参数 A_d和 n_d 是与材料变形有关的重要参数。考虑到强度和变形是描述砂土特性的重要指标，因此参数 ϕ_u、k_p、A_d 和 n_d 的准确性可以用来评估 DE-TMCMC 有效性。选取 $q_j=1$ 的 O-TMCMC 和 DE-TMCMC 最终阶段具有较大标准差值的计算作为范例，来对比四个参数的后验分布情况。第 6～9 次计算的参数 ϕ_u 和 k_p 的后验分布比较如图 6.4 所示。第 7～10 次计算的参数 A_d 和 n_d 后验分布比较如图 6.5 所示。对于 DE-TMCMC，参数的分布逐渐从先验均匀分布逐渐收敛到较窄的范围。然而，O-TMCMC 的识别结果则陷入了局部收敛，从而导致了丰浦砂的 ϕ_u、k_p、A_d 和 n_d值的不合理（田密等，

2017；Ching 和 Chen，2007）。相比之下，DE-TMCMC 克服了这种情况，所得的参数分布更合理。这些结果表明，本章提出的 DE-TMCMC 算法具有较强的稳健性，能够较好地克服高级土体模型参数识别的局部收敛性问题。

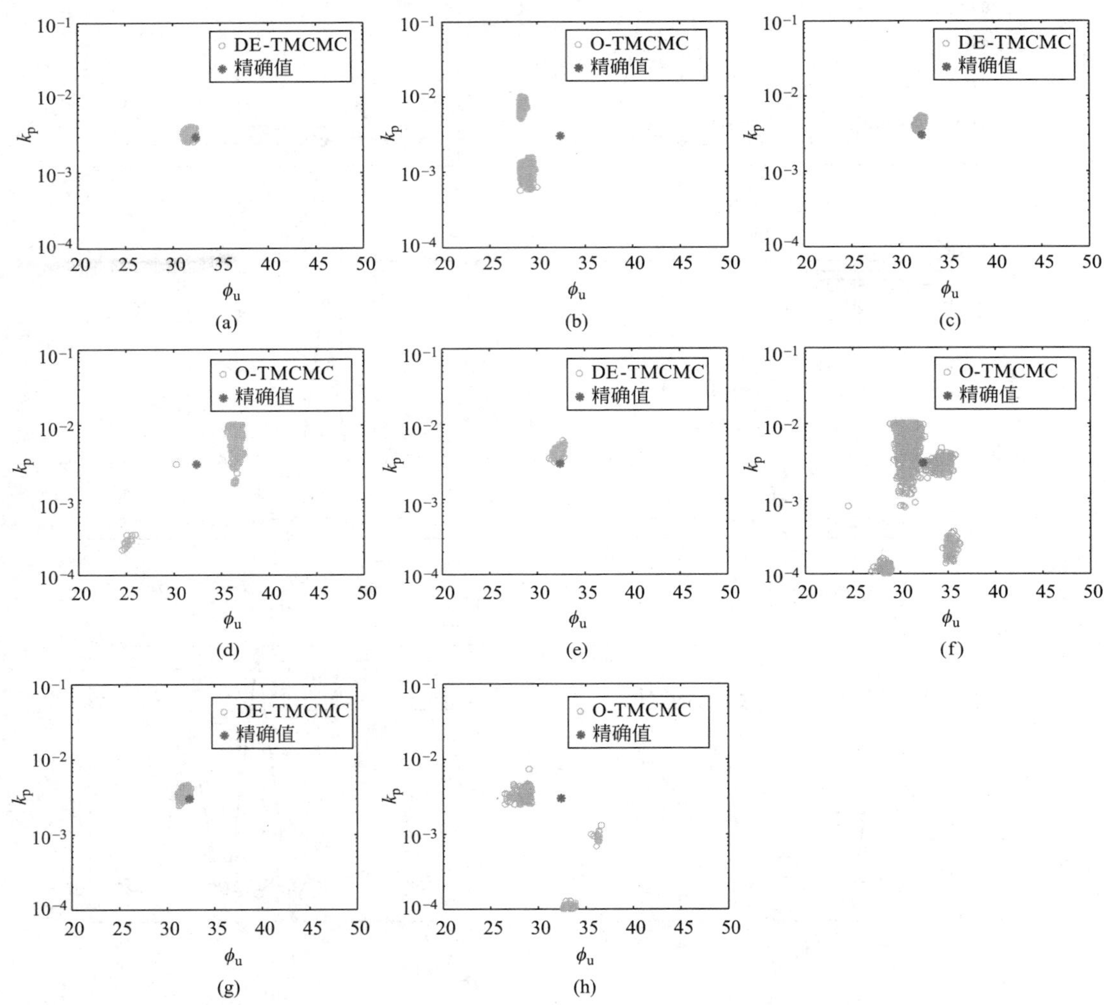

图 6.4　不同 O-TMCMC 与 DE-TMCMC 计算下 ϕ_u 和 k_p 联合后验分布的比较

（a）第 6 次计算；（b）第 6 次计算；（c）第 7 次计算；（d）第 7 次计算；

（e）第 8 次计算；（f）第 8 次计算；（g）第 9 次计算；（h）第 9 次计算

表 6.2 总结了由 O-TMCMC 和 DE-TMCMC 所识别的对应最大后验概率分布（MAP）的参数平均值和标准差。可以看出使用 DE-TMCMC 所识别的参数 MAP 值与 Taiebat 和 Dafalias（2008）以及金银富等（2018a，2018b）所得到的参数更接近，表明 DE-TMCMC 得到的参数比 O-TMCMC 的更合理。此外，除了 MAP 值，贝叶斯方法不同于确定性方法的另一特点就是可以识别出参数的不确定性，并可以用来预测工程问题的不确定性。因此，这里采用所得后验分布中的 2000 个样本，对目标试验 2、7 和 12 进行了模拟，模拟结果以误差图的形式绘制于图 6.6，以此来比较两种方法在预测不确定性上的表现。从图示结果可以看出，与本章提出的 DE-TMCMC 相比，O-TMCMC 似乎夸大了参数不确定

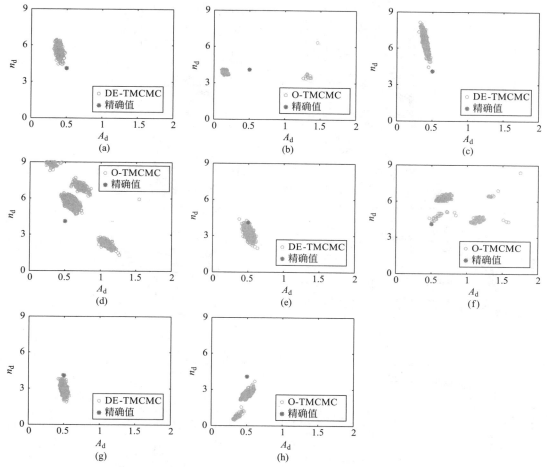

图 6.5　不同 O-TMCMC 与 DE-TMCMC 计算下 A_d 和 n_d 联合后验分布的比较

（a）第 7 次计算；（b）第 7 次计算；（c）第 8 次计算；（d）第 8 次计算；

（e）第 9 次计算；（f）第 9 次计算；（g）第 10 次计算；（h）第 10 次计算

性而导致过大的模拟不确定性，可以说 DE-TMCMC 在参数识别的可靠性方面比 O-TMCMC 更有效。最后为了验证由 DE-TMCMC 所识别的 MAP 参数准确性，使用 SIMSAND 模型对目标试验之外的其他试验进行模拟。如图 6.7 所示，预测与试验结果的一致性表明了基于 DE-TMCMC 贝叶斯方法进行参数识别的合理性。

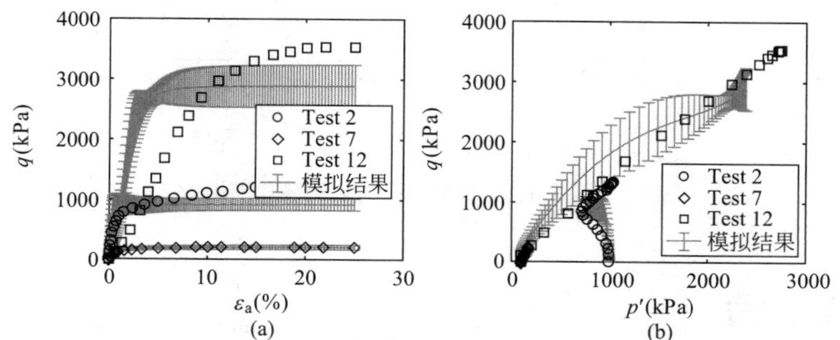

图 6.6　使用所有后验分布中的参数模拟目标试验 2、7 和 12 的结果（一）

（a）O-TMCMC；（b）O-TMCMC

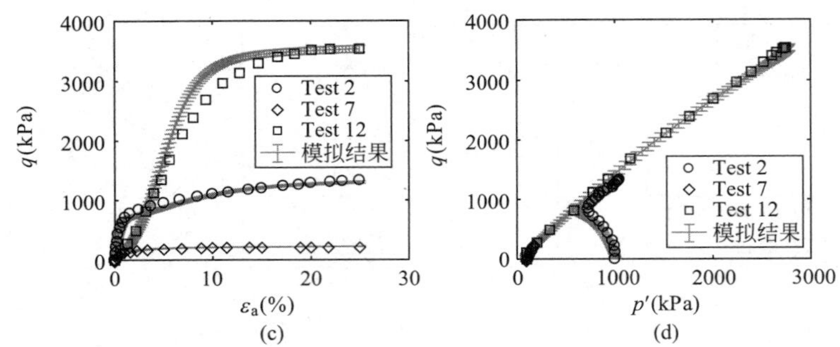

图 6.6　使用所有后验分布中的参数模拟目标试验 2、7 和 12 的结果（二）

（c）DE-TMCMC；（d）DE-TMCMC

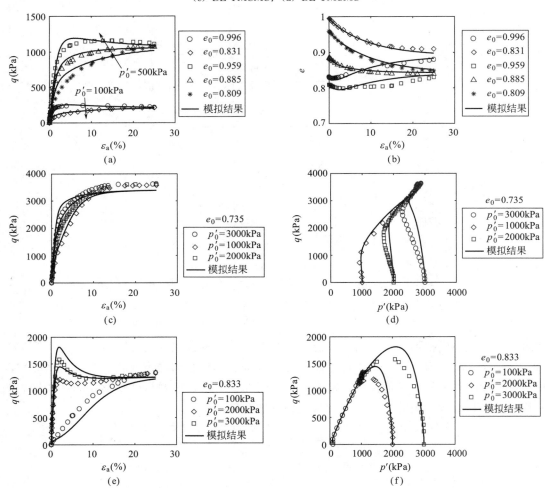

图 6.7　丰浦砂三轴试验结果和模拟的比较

6.4　本章小结

为了在识别土体本构模型参数的同时考虑其不确定性，本章提出了一种基于改进的

DE-TMCMC 的贝叶斯参数识别法。通过在 O-TMCMC 中引入差分进化算法以取代高斯分布抽样来生成新样本提出了改进 DE-TMCMC 方法。

利用基于 DE-TMCMC 的贝叶斯方法对高级砂土模型 SIMSAND 参数进行了识别，并与 O-TMCMC 的结果进行了对比。为了避免结论的随机性，每种方法对应的计算均独立进行 10 次。然后从稳健性、有效性和参数的准确性方面对所得结果进行了分析，所有结果表明基于 DE-TMCMC 的贝叶斯方法在识别砂土高级本构模型参数方面具有较高的可应用性。

参考文献

Angelikopoulos P，Papadimitriou C，Koumoutsakos P. X-TMCMC：Adaptive kriging for Bayesian inverse modeling [J]. Computer Methods in Applied Mechanics and Engineering，2015，289：409-428.

Betz W，Papaioannou I，Straub D. Transitional Markov Chain Monte Carlo：Observations and Improvements [J]. Journal of Engineering Mechanics，2016，142 (5)：04016016.

Ching J，Chen Y-C. Transitional Markov Chain Monte Carlo Method for Bayesian Model Updating，Model Class Selection，and Model Averaging [J]. Journal of Engineering Mechanics，2007，133 (7)：816-832.

Hastings W K. Monte Carlo Sampling Methods Using Markov Chains and Their Applications [J]. Biometrika，1970，57 (1)：97-109.

Honjo Y，Wen-Tsung L，Guha S. Inverse analysis of an embankment on soft clay by extended Bayesian method [J]. International Journal for Numerical and Analytical Methods in Geomechanics，1994，18 (10)：709-734.

Jin Y-F，Wu Z-X，Yin Z-Y，et al. Estimation of critical state-related formula in advanced constitutive modeling of granular material [J]. Acta Geotechnica，2017，12 (6)：1329-1351.

Jin Y-F，Yin Z-Y，Shen S-L，et al. Selection of sand models and identification of parameters using an enhanced genetic algorithm [J]. International Journal for Numerical and Analytical Methods in Geomechanics，2016，40 (8)：1219-1240.

Jin Y-F，Yin Z-Y，Wu Z-X，et al. Numerical modeling of pile penetration in silica sands considering the effect of grain breakage [J]. Finite Elements in Analysis and Design，2018a，144：15-29.

Jin Y-F，Yin Z-Y，Wu Z-X，et al. Identifying parameters of easily crushable sand and application to offshore pile driving [J]. Ocean Engineering，2018b，154：416-429.

Jin Y F，Yin Z Y，Zhou W H，Horpibulsuk S. Identifying parameters of advanced soil models using an enhanced Transitional Markov chain Monte Carlo method [J]. Acta Geotechnica，2019a，14 (6)：1925-1947.

Jin Y F，Yin Z Y，Zhou W H，Shao J F. Bayesian model selection for sand with generalization ability evaluation [J]. International Journal for Numerical and Analytical Methods in Geomechanics，2019b，43 (14)：2305-2327.

Lee S-H，Song J. System Identification of Spatial Distribution of Structural Parameters Using Modified Transitional Markov Chain Monte Carlo Method [J]. Journal of Engineering Mechanics，2017，143 (9)：04017099.

Miro S，König M，Hartmann D，et al. A probabilistic analysis of subsoil parameters uncertainty impacts on tunnel-induced ground movements with a back-analysis study [J]. Computers and Geotechnics，2015，

68：38-53.

Most T. Identification of the parameters of complex constitutive models：Least squares minimization vs. Bayesian updating [J]. Reliability and Optimization of Structural Systems，2010，119.

Ortiz G A，Alvarez D A，Bedoya-Ruíz D. Identification of Bouc-Wen type models using the Transitional Markov Chain Monte Carlo method [J]. Computers & Structures，2015，146：252-269.

Taiebat M，Dafalias Y F. SANISAND：Simple anisotropic sand plasticity model [J]. International Journal for Numerical and Analytical Methods in Geomechanics，2008，32（8）：915-948.

Verdugo R，Ishihara K. The Steady State of Sandy Soils [J]. Soils and Foundations，1996，36（2）：81-91.

Vrugt J A. Markov chain Monte Carlo simulation using the DREAM software package：Theory，concepts，and MATLAB implementation [J]. Environmental Modelling & Software，2016，75：273-316.

Yin Z-Y，Jin Y-F，Shen J S，et al. Optimization techniques for identifying soil parameters in geotechnical engineering：Comparative study and enhancement [J]. International Journal for Numerical and Analytical Methods in Geomechanics，2018，42（1）：70-94.

Yuen K V. Bayesian Methods for Structural Dynamics and Civil Engineering [M]. John Wiley & Sons（A-sia）Pte Ltd，2010.

陈斌，刘宁，卓家寿. 岩土工程反分析的扩展贝叶斯法 [J]. 岩石力学与工程学报，2004，23（4）：555-560.

付代光，刘江平，周黎明，等. 基于贝叶斯理论的软夹层多模式瑞雷波频散曲线反演研究 [J]. 岩土工程学报，2015，37（2）：321-329.

田密，李典庆，曹子君，等. 基于贝叶斯理论的土性参数空间变异性量化方法 [J]. 岩土力学，2017，38（11）：3355-3362.

郑俊杰，徐志军，刘勇，等. 基桩抗力系数的贝叶斯优化估计 [J]. 岩土工程学报，2012，34（9）：1716-1721.

第 7 章　临界状态相关公式的评价

本章提要

近几十年来，针对临界状态概念和砂土颗粒间咬合效应，不同的临界状态相关公式被相继提出。如何在岩土工程应用中选择一组合适的公式成为一个问题。本章旨在讨论这些临界状态相关公式的选择和参数识别。为此，将文献中三条临界状态线的公式与两个咬合效应公式结合起来，组成六个弹塑性模型，选取三种不同颗粒材料的排水和不排水三轴试验来进行模拟、对比和分析。为消除人为误差，应用改进遗传算法进行参数识别，并对每种颗粒材料和每个本构模型得到的误差值进行对比。同时，使用两个信息标准来评估每个弹塑性模型的性能。比较表明，将非线性临界状态线与状态参数 e/e_c 结合在本构建模中可以得到相对最满意的模拟结果。

7.1　引言

迄今为止，已经提出了许多用于颗粒材料的本构模型。其中基于临界状态概念的模型表现出良好的模拟能力，并广泛应用于许多岩土工程计算。临界状态模型的一个共同特征是需要结合 $e-p'$ 平面中的临界状态线 CSL 来描述不同应力水平下不同密度的颗粒材料的力学特性。由于 CSL 的这种重要性，不同的研究人员提出了三种典型的方程。同时，由于每个 CSL 都有其优点和缺点，在应用中如何选择合适的 CSL 成为一种困扰。另外，文献中可以看到两种典型的状态参数和咬合效应公式，这也会引起在工程应用中如何选择公式的问题。

由于最优化方法可以消除选择过程中人为因素的干扰，因此最优化方法适用于处理 CSL 和状态参数的选择问题。在许多最优化算法中，遗传算法由于其在解决岩土领域的复杂问题方面的优越性而受到较多关注。因此，本章中尝试利用第 5 章所述的改进遗传算法 NMGA 来处理 CSL 公式和状态参数的选取问题。

本章旨在通过遗传算法来讨论临界状态公式和状态参数的选择。优化过程中准备了六个简单的使用不同的 CSL 公式和状态参数的临界状态本构模型来模拟不同颗粒材料的三轴试验。首先针对三种材料（胡斯屯砂，丰浦砂，玻璃珠）常规三轴试验模拟的平均误差，AIC（Akaike 信息标准）和 BIC（Schwartz 贝叶斯信息标准）的值，验证三种不同 CSL 的特性，并进一步验证其他试验结果，以评估两个不同状态参数及其公式的表现。为了简化起见，本章中 SIMSAND 模型不考虑砂土的黏聚力，即 $c=0$。本章的具体内容也可参考 Jin 等（2017）。

7.2 现有临界状态相关公式

7.2.1 临界状态线公式

根据不同的砂土材料试验结果，研究人员们提出了一些不同的临界状态线表达式。其中最典型的是 e-logp'平面上的线性公式，可写为：

$$e_{\mathrm{c}}=e_{\mathrm{ref}}-\lambda\ln\left(\frac{p'}{p_{\mathrm{ref}}}\right) \tag{7.1}$$

式中，e_{ref} 为对应于参考平均有效应力 p_{ref} 的参考孔隙比；λ 为 e-logp'平面中临界状态线 CSL 的斜率，如图 7.1（a）所示。因此，定义 CSL 需要两个参数（e_{ref} 和 λ）。这个公式的优点在于它的形式很简单。然而，试验结果表明 CSL 在 e-logp'平面中并不总是线性的。另外，在数学上高应力水平下的临界孔隙比 e_{c} 可能变为负值，这在物理上是不正确的。值得注意的是，土工结构中仍然存在非常高的应力水平的例子，比如桩打入时的桩尖应力。

最近，Li 和 Wang（1998）提出了另一个公式，他在 e-logp'平面中假设了一条非线性临界状态线，也可以看作是线性公式的扩展，比线性公式多了一个参数 ξ：

$$e_{\mathrm{c}}=e_{\mathrm{c0}}-\lambda\left(\frac{p'}{p_{\mathrm{at}}}\right)^{\xi} \tag{7.2}$$

其中，附加参数 ξ 控制临界状态线的非线性，可以根据试验数据给出更加灵活和准确的描述，特别是对于非常低到中等的应力水平，如图 7.1（b）所示。然而，对于高应力水平，临界孔隙比 e_{c} 的非负性还是不能得到保证，并可能导致有限元建模中某些局部单元的数值问题。这里要提一下的是，第 2 章里提到的双对数公式可以弥补这个数学问题，在应力水平很高时更为有效。由于应力水平不太高、不需要考虑颗粒破碎是更为基本的情况，本章只针对中低应力水平，因此公式（7.2）的评价可直接用于双对数公式。

为了克服这个困难，Gudehus（1997）提出了 CSL 的第三个公式。它也是一个非线性公式，但是通过考虑极高应力水平下的极限临界孔隙比呈“s”形式，表达如下：

$$e_{\mathrm{c}}=e_{\mathrm{cu}}+(e_{\mathrm{c0}}-e_{\mathrm{cu}})\exp\left[-\left(\frac{p'}{p_{\mathrm{at}}\lambda}\right)^{\xi}\right] \tag{7.3}$$

式中，e_{cu} 为 p'趋近于无穷大时的临界孔隙比，如图 7.1（c）所示。该表达式消除了在高应力水平下临界孔隙比为负值的可能性，但是增加了两个参数。

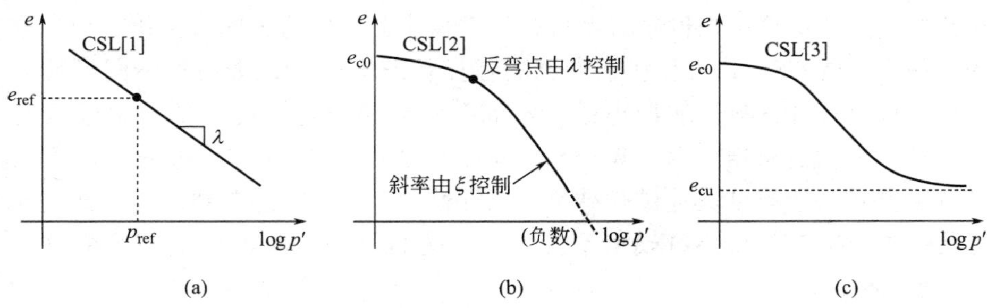

图 7.1　三种典型临界状态线的示意图

为了方便起见，三条临界状态线分别标记为 CSL［1］、CSL［2］、CSL［3］。值得一提的是，本章着重于岩土结构的正常应力水平，而不考虑在加载过程中颗粒破碎影响临界状态，因为颗粒破碎会改变材料的粒度分布，从而改变材料本身，在本书第 10 章再作深入剖析。由于在中低围压下修正的非线性 CSL（查看第 2 章）与 CSL［2］有相同的性态，因此本章针对 CSL［2］的结论同样适用于修正的非线性 CSL。

7.2.2 咬合效应公式

一般来说，咬合效应可以由土体材料密度的变化来控制。对于黏性土而言，不同的超固结比（OCR）代表着不同密度的试样，不同 OCR 的黏土具有不同的力学特性。与黏性土一样，颗粒材料也具有类似的密度概念。为了描述密度对粒状材料力学特性的影响，可以引入在 e-$\log p'$ 平面上在当前平均有效应力下测量当前状态点与相对应的临界状态点之间的孔隙率距离的状态参数（图 7.2）。文献中可以看到两个典型的定义。其中一个是由 Biarez 和 Hicher（1994）提出的，定义为当前孔隙率与临界孔隙率之比，表达如下：

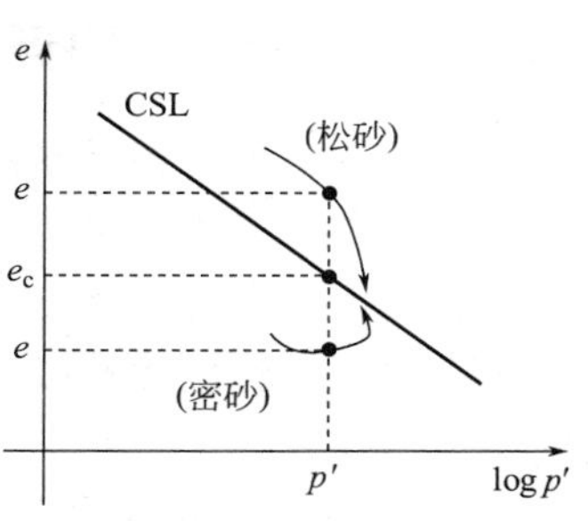

图 7.2 当前孔隙率与临界孔隙率的关系示意图

$$\psi=\frac{e}{e_{c}} \tag{7.4}$$

该状态参数以大于 1 或小于 1 来表达当前状态与临界状态的相对关系，被用于估计峰值摩擦角 ϕ_p 和相变状态下的摩擦角 ϕ_{pt}：

$$\begin{cases}\phi_{p}=\arctan(\psi^{-n_{p}}\tan\phi_{u})\\ \phi_{pt}=\arctan(\psi^{n_{d}}\tan\phi_{u})\end{cases} \tag{7.5}$$

式中，n_p 和 n_d 为控制咬合效应的材料常数；ϕ_u 为临界摩擦角。然后，p'-q 平面中的峰值应力状态线的斜率 M_p 和相变线的斜率 M_{pt} 可以通过它们的摩擦角用与临界状态线斜率 M 相同的计算方式来获得，如在三轴压缩状态下：

$$M_{p}=\frac{6\sin\phi_{p}}{3-\sin\phi_{p}},\ M_{pt}=\frac{6\sin\phi_{pt}}{3-\sin\phi_{pt}} \tag{7.6}$$

另一个状态参数最初是由 Been 和 Jefferies（1985）提出的，直接以距离为度量，表达如下：

$$\psi'=e-e_{c} \tag{7.7}$$

与公式（7.4）类似，但该状态参数以大于 0 或小于 0 来表达当前状态与临界状态的相对关系，p'-q 平面中峰值应力状态线的斜率 M_p 和相变线的斜率 M_{pt} 可计算如下：

$$\begin{cases}M_{p}=M\exp(-n_{p}\psi')\\ M_{pt}=M\exp(n_{d}\psi')\end{cases} \tag{7.8}$$

式中，临界状态线斜率 M 在三轴压缩状态下为 $M=6\sin\phi_u/(3-\sin\phi_u)$。

状态参数对颗粒材料力学特性的影响可以通过描述颗粒材料的收缩和膨胀特性来表示。对于 $e>e_c$ 或 $e-e_c>0$ 的松散结构，在偏应变加载中收缩，称为剪缩。在 $e<e_c$ 或

$e-e_c<0$ 的致密结构中，材料首先收缩，然后在偏应变加载中膨胀，称为剪胀。无论是松散还是致密结构，当应力状态达到临界状态线时，当前孔隙率 e 等于临界孔隙率 e_c，材料不再发生膨胀或收缩。因此，上述本构方程保证应力和孔隙比同时达到 p'-q-e 三维空间上的临界状态。

7.3 临界状态相关公式评估

7.3.1 基于优化的评估方法

以上三种临界状态线方程和两种咬合效应公式相互组合，与 SIMSAND 模型其他公式结合，构成了六个本构模型。为了避免人为误差，临界状态公式（CSL 公式和咬合公式）的评估选用第 5 章的优化方法，即对于给定的三轴试验，对于每一个模型，均用 NMGA 来优化参数，得到最优模拟结果和最小误差值。然后进行综合比较，来评估临界状态相关公式的适用性。

选择三种粒状材料作为例子来讨论砂土本构模型中临界状态相关公式的选择问题。胡斯屯砂、丰浦砂和玻璃珠的颗粒形状分别是偏圆形、扁平和完美球状。表 7.1 总结了该三种材料的物理性质［由 Li 等（2014）和 Liu 等（2014）研究的胡斯屯砂，Verdugo 和 Ishihara（1996）研究的丰浦砂以及 Li 等（2014）研究的玻璃珠］。如图 7.3 所示，三种材料的弹性相关参数由各向同性压缩试验确定，剩余模型参数均由优化方法获取。表 7.2 为临界状态土体模型参数的上下限范围及增量步，其中对于 CSL［1］参数 ξ 没有意义。

三种试验材料的物理性质 **表 7.1**

材料	颗粒形状	G_s	e_{max}	e_{min}	D_{50}(mm)	C_u
胡斯屯砂	偏圆形	2.6	0.881	0.577	0.9	1.4
丰浦砂	扁平	2.65	0.977	0.597	0.17	1.7
玻璃珠	完美球状	2.6	0.432	0.160	0.9	20

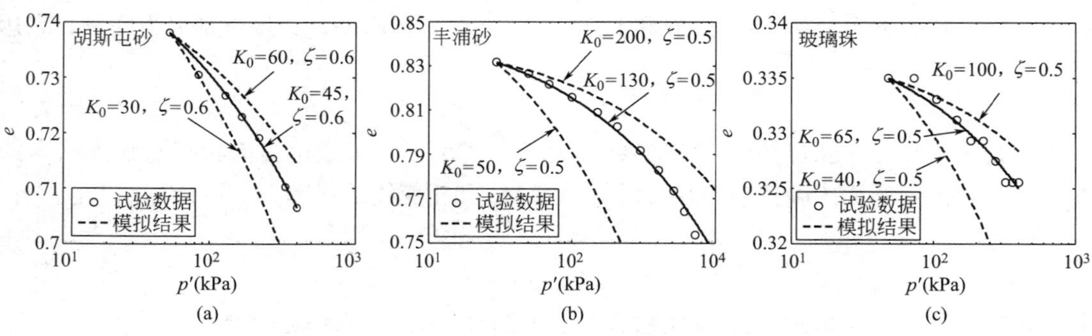

图 7.3 所选三种粒状材料的弹性模量确定

临界状态土体模型参数的上下限范围及增量步 表 7.2

参数	e_{ref}	λ			ξ	ϕ_u	A_d	k_p	n_d	n_p
		CSL[1]	CSL[2]	CSL[3]						
下边界	0.1	0	0	0	0	10	0	0	0	0
上边界	1.0	0.1	1.0	100	1.0	50	5	0.1	10	10
增量步	0.001	0.0001	0.0001	0.01	0.001	0.1	0.1	0.0001	0.1	0.1

7.3.2 临界状态线的评估

为了确定临界状态线，针对每种材料选择了四个常规三轴试验作为目标。值得注意的是，为了获得相对精确的CSL，应该尽可能地选择具有最终点（e，p'）在 e-logp'平面上应力均匀分布且范围广泛的试验。研究指出所有选定试验的平均有效应力水平应该在 10～1000kPa 之间。因为根据以前的试验工作（如 Lade 和 Bopp），粒状材料在高应力下会发生颗粒破碎（在石英砂上 $p'_0>400$kPa 的剪切试验中），导致材料的颗粒级配发生变化，因此 e-logp'平面内临界状态线的位置不再有效（参见 Hu 等，2011；Yin 等，2016）。因此，为了避免颗粒破碎对 CSL 选择的影响，本章不讨论高压下三个临界状态线之间的差异。基于三种材料的四个选定试验的临界状态线如图 7.4 所示。

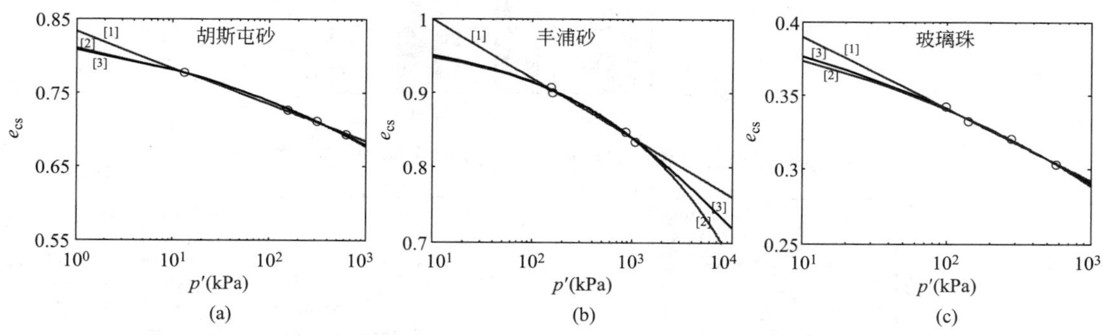

图 7.4 所选三种粒状材料的三条临界状态线确定

首先针对基于“e/e_c”与三条 CSL 组合的三个砂土模型，应用目标试验经过优化后得到的三种材料的最优参数总结在表 7.3 中。在三种模型之间，通过遗传优化获得的参数（除了 2～3 个 CSL 参数）略有差异。为了进一步评估三种不同 CSL 的最佳参数，模拟了相同材料的其他排水和不排水试验（非目标试验）：对于胡斯屯砂，模拟了 5 个排水试验和 5 个不排水试验；对于丰浦砂，模拟了 4 个排水试验和 4 个不排水试验；对于玻璃珠，由于没有可用的附加试验数据，只能模拟目标试验。试验和模拟之间的差异是在模拟过程中计算的，记为“模拟误差”，如表 7.3 所示。为了更直观表达，把误差比较用图 7.5 展示。图 7.6～图 7.8 分别显示了在胡斯屯砂、丰浦砂和玻璃珠上的所有其他附加试验的模拟结果和试验结果之间的比较。图 7.9 中用“e/e_c”标记了三种不同 CSL 的模型的目标和模拟误差的比较。可以看出，使用 CSL［2］模型的优化参数的模拟效果对于所有选定材料的目标试验和其他试验均最好。换句话说，CSL［2］的公式比其他两个 CSL 可以更准确地描述在颗粒破碎前的应力水平下的临界状态特性。

使用 e/e_c 时三种材料的优化参数和误差　　表 7.3

材料	CSL Type	CSL			最优化参数					目标误差（%）	模拟误差（%）
		e_{ref}	λ	ξ	ϕ_u	k_p	A_d	n_p	n_d		
胡斯屯砂	[1]	0.734	0.0215	—	29.5	0.0031	0.7	3.2	4.7	4.33	11.09
	[2]	0.881	0.143	0.156	29.5	0.0033	0.7	3.2	4.7	4.06	9.93
	[3]	0.844	11.53	0.279	29.5	0.0029	0.8	3.4	3.8	4.17	9.79
丰浦砂	[1]	0.923	0.0363	—	31.5	0.0049	0.7	2.6	3.6	7.39	8.52
	[2]	0.977	0.0596	0.365	31.5	0.0044	0.7	2.4	2.9	6.33	7.64
	[3]	0.977	64.19	0.428	31.5	0.0045	0.8	2.3	2.7	6.66	8.65
玻璃珠	[1]	0.341	0.021	—	24.0	0.002	1.1	5.0	3.4	12.06	15.74
	[2]	0.432	0.0919	0.194	24.0	0.0018	1.1	2.1	4.3	12.06	14.32
	[3]	0.432	32.69	0.255	24.0	0.0018	1.0	3.4	5.2	12.11	15.10

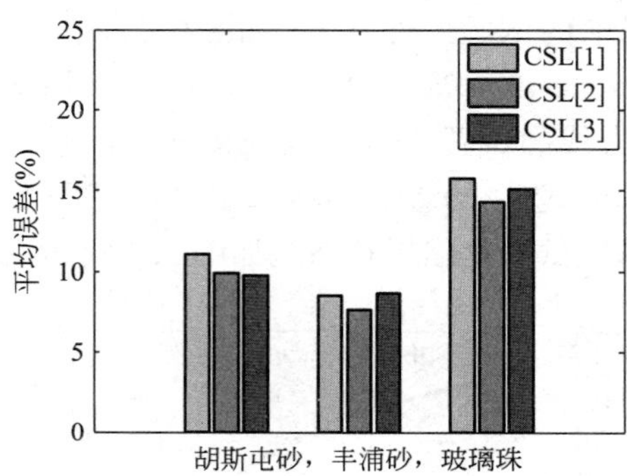

图 7.5　针对所选三种粒状材料和三个砂土模型的模拟误差比较

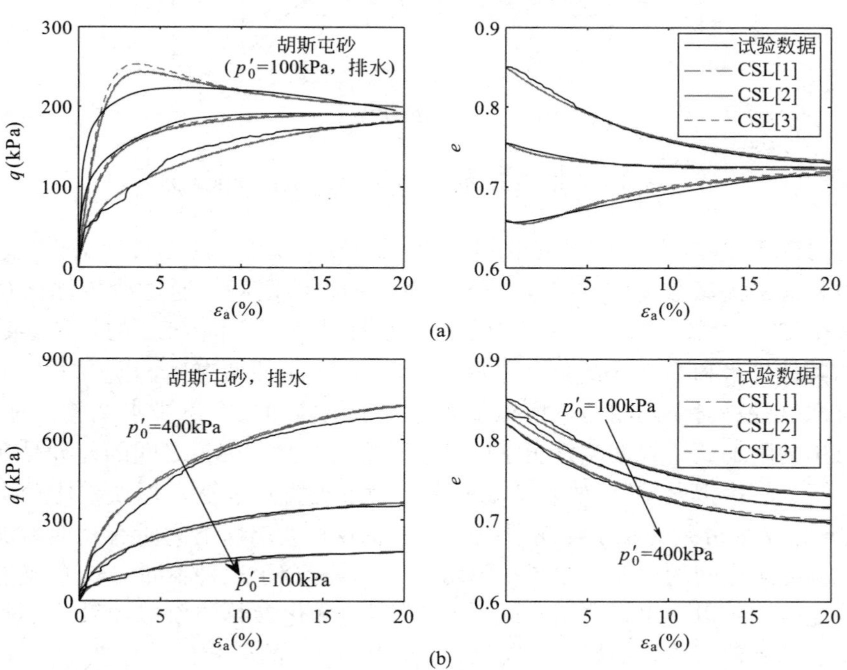

图 7.6　胡斯屯砂三轴试验结果与模拟结果的比较（一）

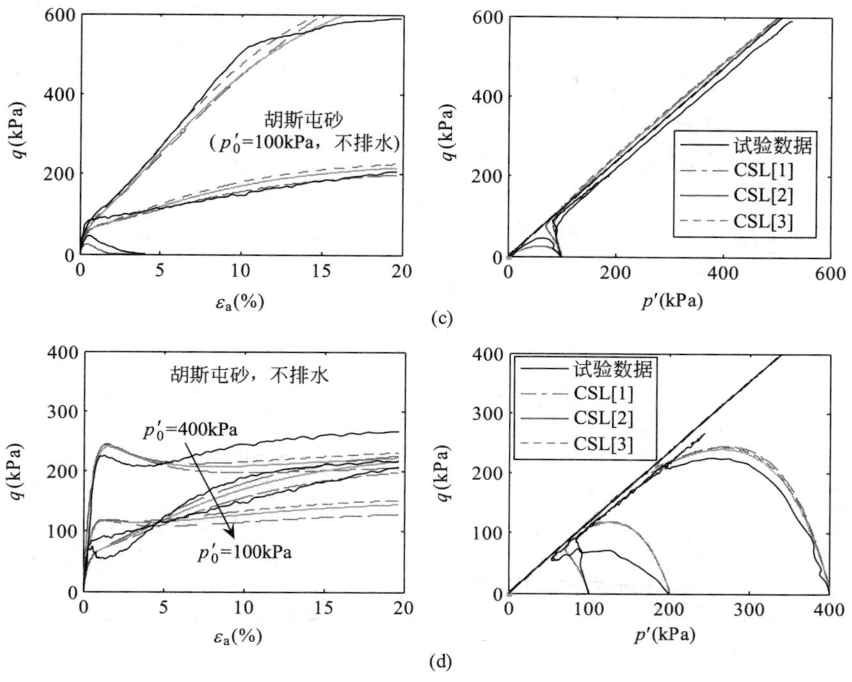

图 7.6 胡斯屯砂三轴试验结果与模拟结果的比较（二）

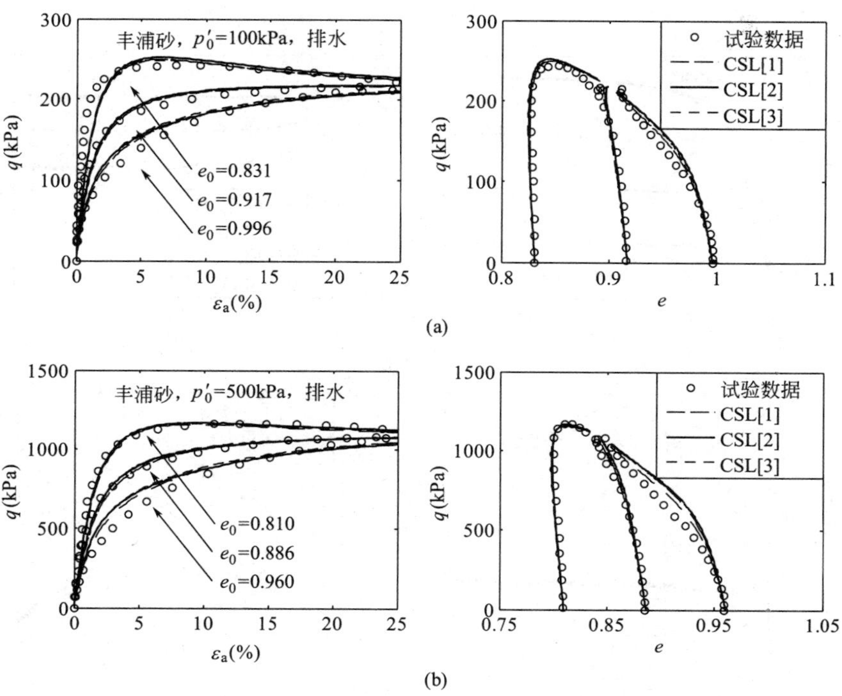

图 7.7 丰浦砂三轴试验结果与模拟结果的比较（一）

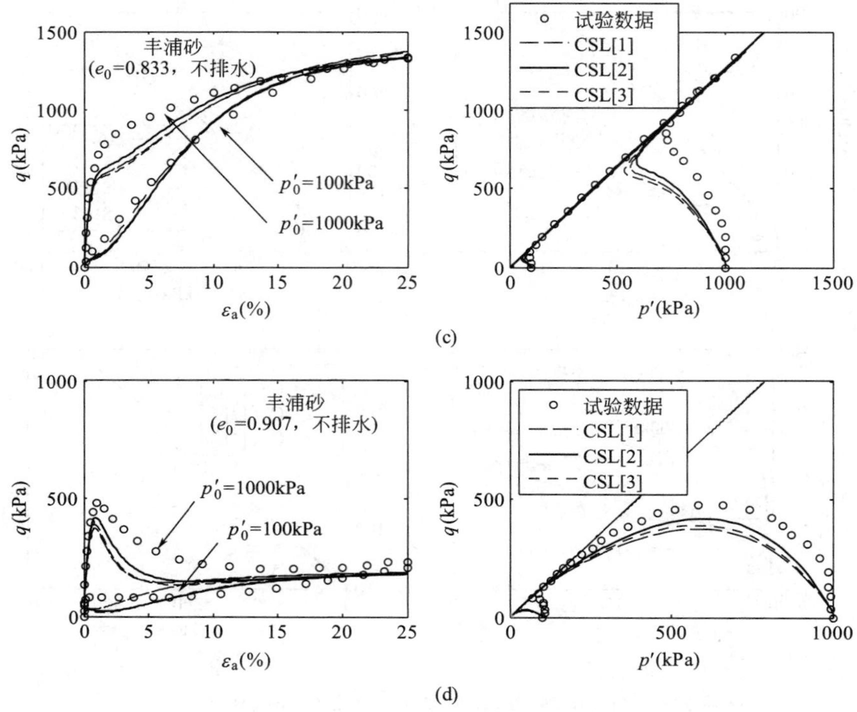

图 7.7 丰浦砂三轴试验结果与模拟结果的比较（二）

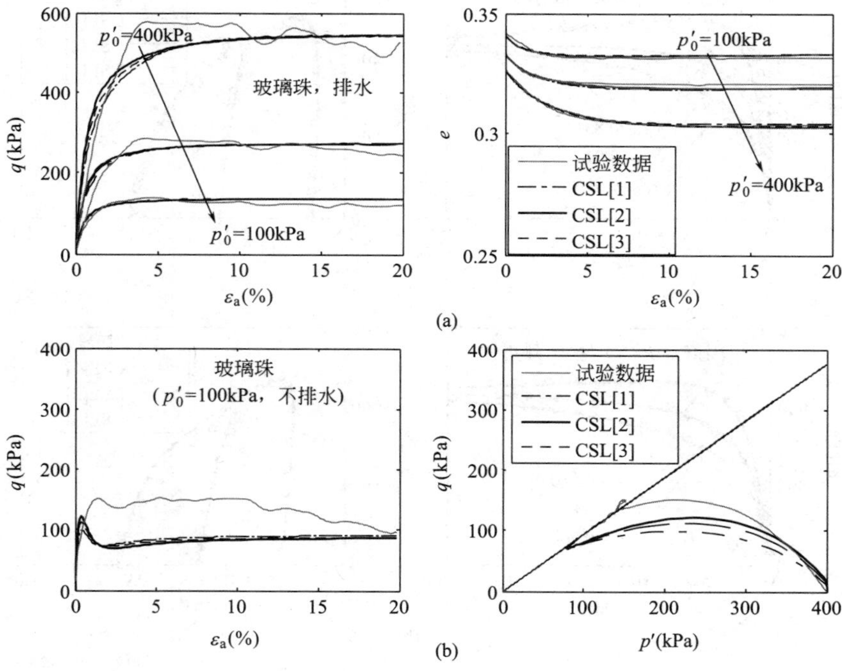

图 7.8 玻璃珠三轴试验结果与模拟结果的比较

7.3.3 状态参数及咬合效应公式评估

在本构模型中除了考虑 CSL 的选择外，不同状态参数之间的咬合效应也值得评估。为了综合比较两个不同的状态参数，这里检验了每个状态参数及其与之前介绍的三个 CSL 相结合的咬合公式的组合。在前述章节中，已经检验了状态参数 e/e_c，并评估了三种不同的 CSL 的性能。因此，只剩下检查具有三种不同 CSL 的采用状态参数“$e-e_c$”的模型模拟情况，并与使用“e/e_c”的模型模拟进行比较。为了统一和对等起见，这里采用相同的材料和相同的目标试验，采用相同的优化过程。

具有目标误差的最优参数总结在表 7.4 中。对于状态参数 $e-e_c$，可以看出不同 CSL 模型的最优参数之间的差异很小。为了进一步评估第二个状态参数，再次使用与上一节中相同的附加试验，并采用表 7.4 中的最优参数进行模拟。通过误差函数测量三个模型之间的差异，结果均总结在表 7.4 中。三种不同 CSL 模型的目标和模拟误差的比较如图 7.9 所示。可以看出，基于目标误差，通过基于 e/e_c 或 $e-e_c$ 的模型均可以实现相同的模拟效果。然而，根据所有附加试验的模拟误差来看，对于三种材料，通过采用 e/e_c 可以获得更好的模拟效果。这表明状态参数“e/e_c”及其表达式在咬合效应的本构建模方面具有更好的能力。

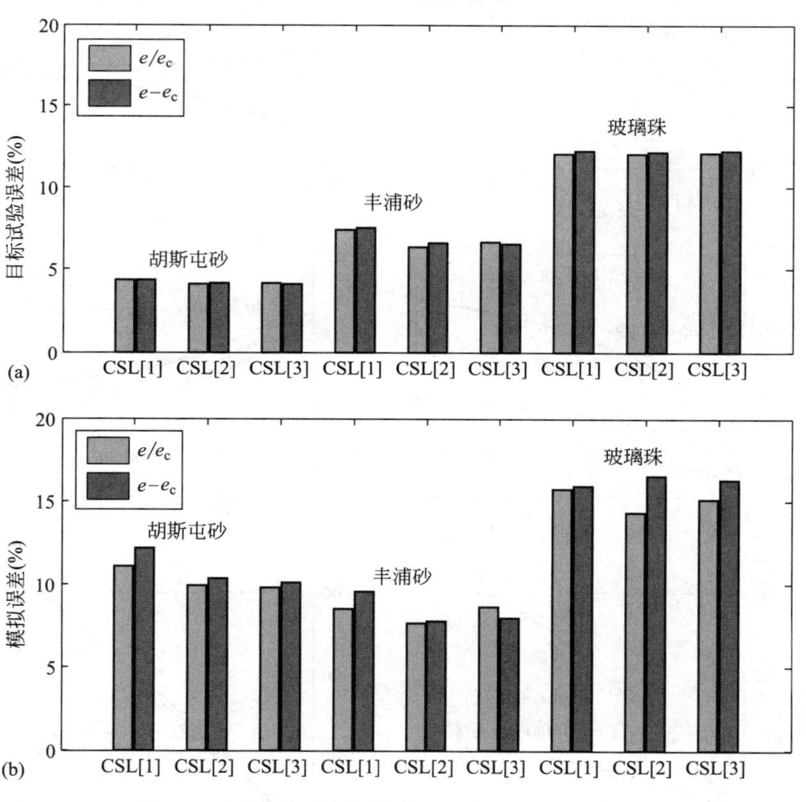

图 7.9 所选三种粒状材料的三条临界状态线确定

综上，临界状态相关公式最好的组合为使用 CSL［2］和“e/e_c”。图 7.10～图 7.12 分别为使用最佳评估模型（CSL［2］和“e/e_c”）分别模拟胡斯屯砂、丰浦砂和玻璃珠三种材料的试验结果，可以看出比使用 CSL［2］和“$e-e_c$”的模型稍好一些。

三种材料使用 e-e_c 时的最优化参数和误差　　　　表 7.4

材料	CSL Type	CSL			最优化参数					目标误差(%)	模拟误差(%)
		e_{ref}	λ	ξ	ϕ_u	k_p	A_d	n_p	n_d		
胡斯屯砂	[1]	0.734	0.0215	—	29.5	0.0035	0.5	3.9	7.9	4.32	12.20
	[2]	0.881	0.143	0.156	29.5	0.0029	0.7	4.3	5.3	4.12	10.33
	[3]	0.844	11.53	0.279	29.5	0.0032	0.6	4.2	6.7	4.07	10.09
丰浦砂	[1]	0.923	0.0363	—	31.5	0.0044	0.9	2.4	2.5	7.53	9.56
	[2]	0.977	0.0596	0.365	31.5	0.0041	0.7	2.2	2.9	6.59	7.75
	[3]	0.977	64.19	0.428	31.5	0.0046	0.7	2.4	3.2	6.54	7.97
玻璃珠	[1]	0.341	0.021	—	24.0	0.0018	1.2	10.0	9.9	12.22	15.94
	[2]	0.432	0.0919	0.194	23.5	0.0014	1.4	10.0	8.2	12.20	16.53
	[3]	0.432	32.69	0.255	24.0	0.0016	1.2	10.0	10.0	12.26	16.28

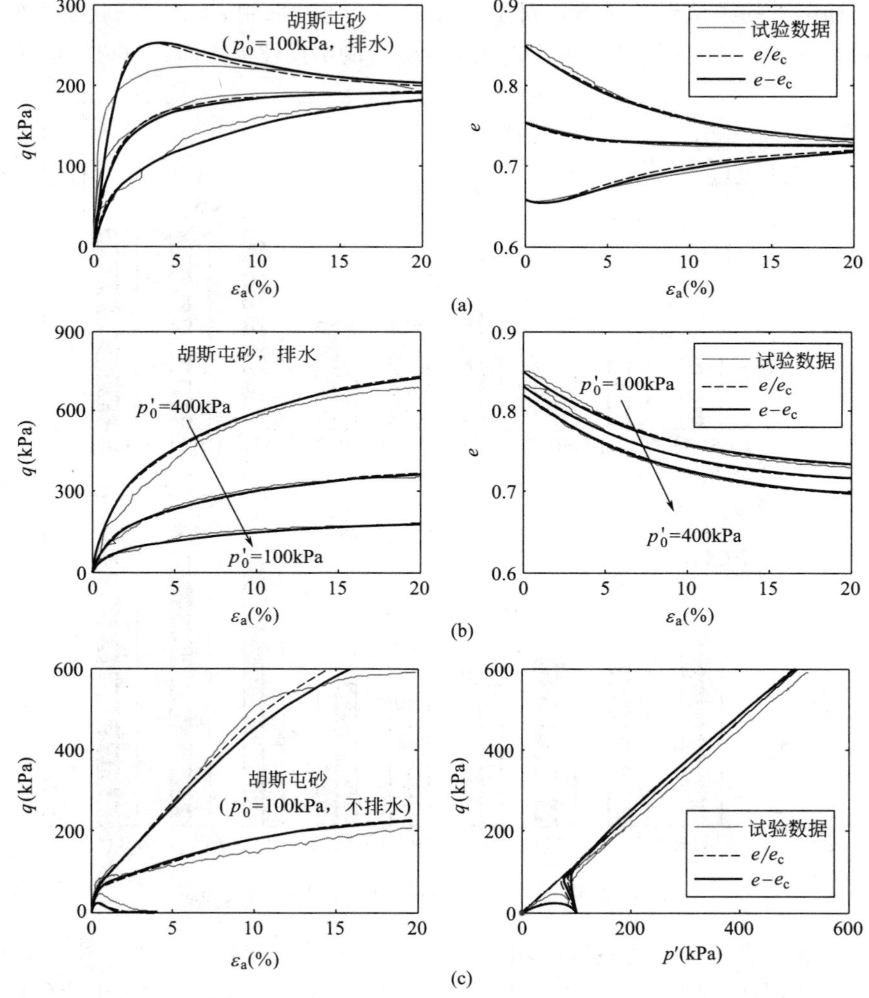

图 7.10　胡斯屯砂三轴试验结果与两个 CSL [2] 模型模拟结果的比较（一）

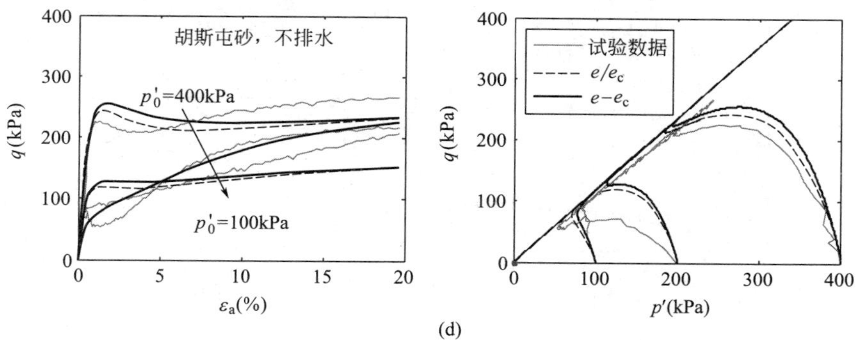

(d)

图 7.10　胡斯屯砂三轴试验结果与两个 CSL［2］模型模拟结果的比较（二）

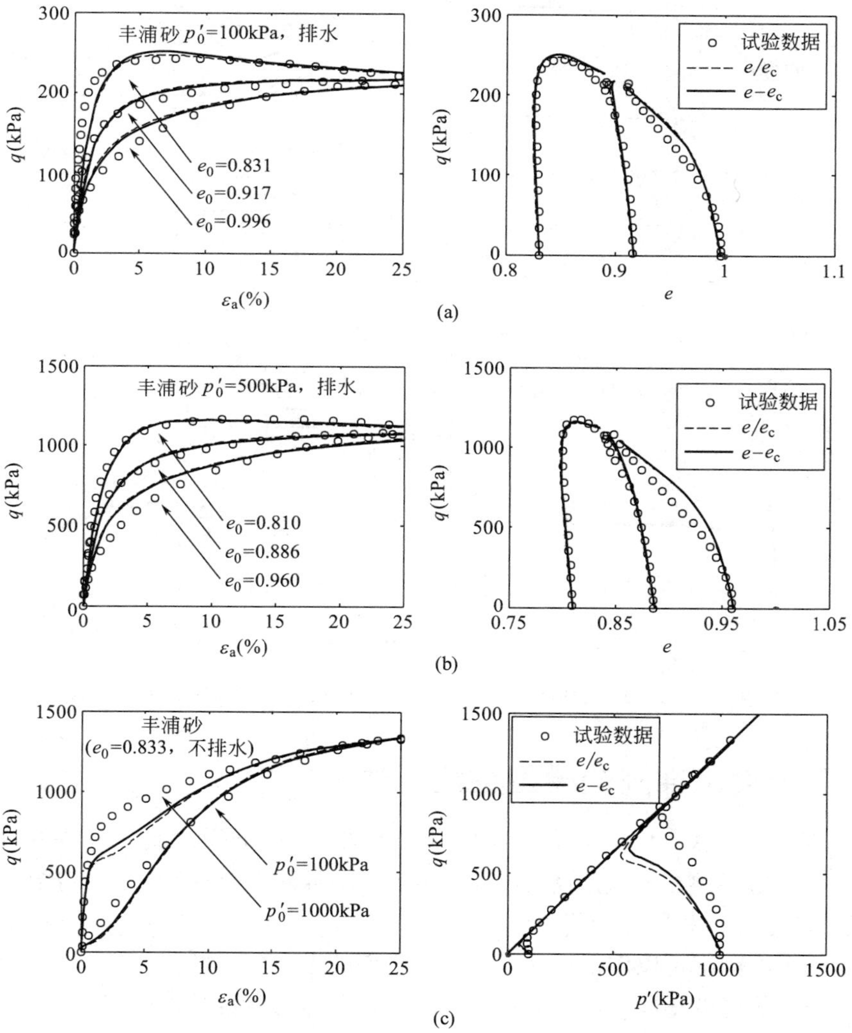

丰浦砂 p'_0=100kPa，排水

e_0=0.831
e_0=0.917
e_0=0.996

试验数据
e/e_c
$e-e_c$

(a)

丰浦砂 p'_0=500kPa，排水

e_0=0.810
e_0=0.886
e_0=0.960

试验数据
e/e_c
$e-e_c$

(b)

丰浦砂
(e_0=0.833，不排水)

p'_0=100kPa
p'_0=1000kPa

试验数据
e/e_c
$e-e_c$

(c)

图 7.11　丰浦砂三轴试验结果与两个 CSL［2］模型模拟结果的比较（一）

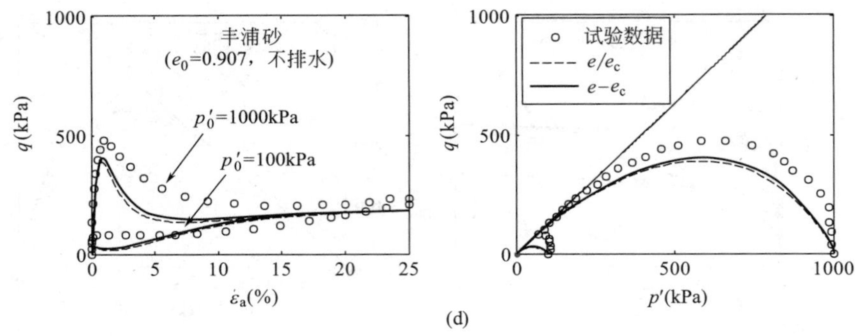

图 7.11　丰浦砂三轴试验结果与两个 CSL［2］模型模拟结果的比较（二）

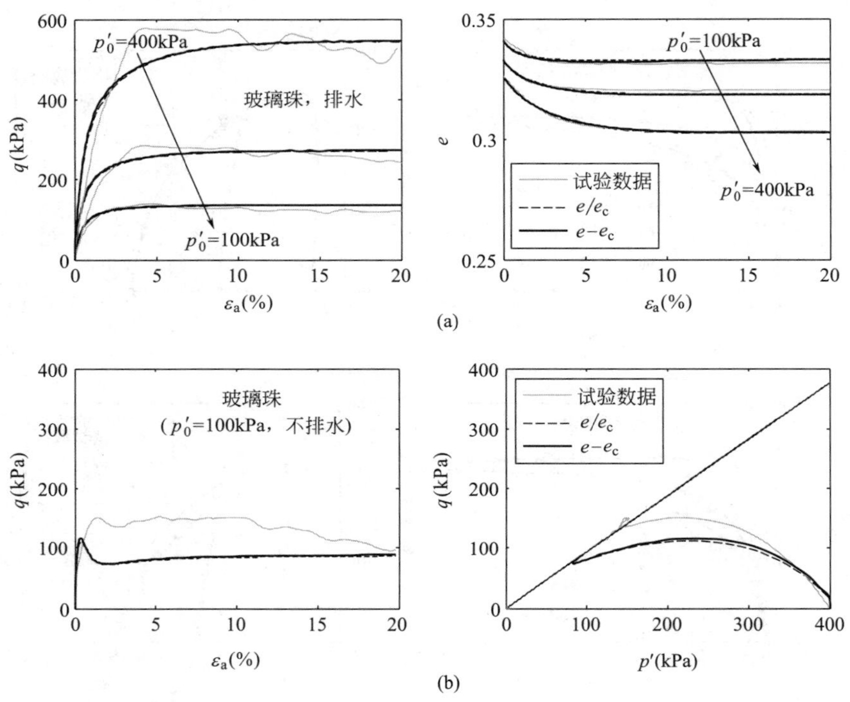

图 7.12　玻璃珠三轴试验结果与两个 CSL［2］模型模拟结果的比较

7.3.4　基于信息准则的模型性能评估

应该注意的是，每个 CSL 具有不同数量的参数。CSL 的评估除了考虑模型预测性能以外，还应该考虑模型的待定参数数量。为此，有两种广泛使用的评判准则可以采用：Akaike 信息准则 AIC 和贝叶斯信息准则 BIC。

尽管这两个准则都可以用来评估模型，但它们的重点不一样。AIC 可以作为评估任何统计模型的拟合优度的量度，BIC 主要用于优选具有不同参数数量的同类模型。对于这两个标准，最大的区别是针对附加参数的评价。与 AIC 不同，BIC 更针对自由参数。另外，AIC 将呈现模型过拟合的危险，而 BIC 将呈现模型欠拟合的危险。因此，可以共同采用这两个标准来选择最佳的临界状态线。

Akaike（1998）提出的 Akaike 信息准则 AIC 提供了一种模型预测能力测量方法，它通过模型在不同数据集上进行模拟试验的结果得到，可以表示为：

$$AIC = -2\log L(\hat{\theta}) + 2k \tag{7.9}$$

式中，θ 为模型参数的集合（向量）；$L(\hat{\theta})$ 为在 θ 的最大似然估计处评估时给出数据的候选模型的可能性；k 为候选模型中的估计参数的数量。

孤立的 AIC 没有意义。相反，该值是针对每个候选模型计算的，而"最佳"模型是具有最小 AIC 值的候选模型。在这种情况下，AIC 可以等效表示为：

$$AIC = n \cdot \log(RSS) + 2k \tag{7.10}$$

式中，RSS 为残差平方和，比如 $RSS = \sum_{i=1}^{n}(U_{\text{exp}}^{i} - U_{\text{num}}^{i})^2$；$n$ 为估计数据集中的值的数量。

类似于 AIC，BIC 根据 Schwarz（1978）的计算如下：

$$BIC = n \cdot \log(RSS/n) + k \cdot \log(n) \tag{7.11}$$

那么，最好的模型就是提供 AIC 和 BIC 最小值的模型。为了进一步选择最合适的 CSL，计算每个 CSL 对应于每个验证试验（排水和不排水）的 AIC 和 BIC 值。注意，对于每条试验曲线，AIC 和 BIC 分别以偏应力-轴向应变曲线（标记为"AIC _ q"和"BIC _ q"）和排水试验的孔隙比-轴向应变曲线（标记为"AIC _ e"和"BIC _ e"）或不排水试验的超孔隙压力-轴向应变曲线（标记为"AIC _ u"和"BIC _ u"）等为基础计算。所有计算结果总结在表 7.5 中。对于每次计算，使用 CSL 编号（CSL [1]、CSL [2] 和 CSL [3]）选择具有较小 AIC 值或 BIC 值的相对较好的 CSL 并保存以用于三种材料。基于此，由于输入参数较少，尽管三个 CSL 在实验室试验模拟方面的模拟差异很小，最合适的 CSL 是 CSL [1]，其次是 CSL [2]。

同样地，分别针对"e/e_c"和"$e-e_c$"的模型计算了不同材料的所有验证试验的 AIC 和 BIC 值。所有结果也总结在表 7.5 中。对于相同的 CSL，对"e/e_c"和"$e-e_c$"的计算性能再次进行了比较。对于 CSL [1]，在 24 次计算中，"e/e_c"的 AIC 或 BIC 值较小的计算次数为 16 次，这表明具有"e/e_c"的模型略好于"$e-e_c$"。对于 CSL [2]，在 24 次计算中，"e/e_c"的 AIC 或 BIC 值较小的计算次数为 12 次，这说明具有"e/e_c"的模型比具有"$e-e_c$"的模型优越。对于 CSL [3]，在 24 次计算中，"e/e_c"的 AIC 或 BIC 值较小的计算次数为 6 次，表明具有"e/e_c"的模型比具有"$e-e_c$"的模型稍差。

基于三种颗粒材料三轴试验模拟的六个模型的 AIC 和 BIC 值汇总　　表 7.5

试验类型		e/e_c				$e-e_c$			
		CSL[1]	CSL[2]	CSL[3]	Best CSL	CSL[1]	CSL[2]	CSL[3]	Best CSL
胡斯屯砂									
排水	AIC_q	2694.1	2674.7	2694.5	[2]	2685.6	2689.1	2682.3	[3]
	AIC_e	−1520.5	−1524.4	−1521.4	[2]	−1437.5	−1533.6	−1547.0	[3]
	BIC_q	1363.7	1344.4	1364.2	[2]	1351.7	1358.7	1351.9	[1]
	BIC_e	−2850.8	−2854.7	−2851.8	[2]	−2771.3	−2864.0	−2877.4	[3]

续表

试验类型		e/e_c				$e-e_c$			
		CSL[1]	CSL[2]	CSL[3]	Best CSL	CSL[1]	CSL[2]	CSL[3]	Best CSL
胡斯屯砂									
不排水	AIC_q	2759.1	2708.2	2731.0	[2]	2732.4	2703.4	2708.3	[2]
	AIC_u	2714.1	2609.9	2608.8	[3]	2721.1	2606.4	2604.0	[3]
	BIC_q	1605.8	1558.1	1581.0	[2]	1579.1	1553.4	1558.2	[2]
	BIC_u	1560.8	1459.8	1458.7	[3]	1567.8	1456.3	1453.9	[3]
丰浦砂									
排水	AIC_q	2813.1	2817.0	2854.5	[1]	2871.9	2830.1	2823.7	[3]
	AIC_e	−1152.5	−1040.0	−1136.8	[1]	−1273.4	−1042.9	−1088.8	[1]
	BIC_q	1495.1	1502.5	1540.0	[1]	1553.9	1515.7	1509.2	[3]
	BIC_e	−2470.5	−2354.5	−2451.3	[1]	−2591.4	−2357.4	−2403.3	[1]
不排水	AIC_q	3488.4	3487.2	3572.6	[2]	3583.6	3478.2	3491.9	[2]
	AIC_u	3290.0	3243.9	3326.2	[2]	3356.0	3212.7	3247.6	[2]
	BIC_q	2140.3	2142.6	2228.1	[1]	2235.5	2133.7	2147.3	[2]
	BIC_u	1941.9	1899.3	1981.6	[2]	2007.9	1868.2	1903.0	[2]
玻璃珠									
排水	AIC_q	3138.3	3328.9	3172.2	[1]	3160.4	3490.8	3147.9	[3]
	AIC_e	−1836.6	−1758.6	−1862.7	[2]	−1815.8	−1641.9	−1799.8	[1]
	BIC_q	1822.4	2016.6	1859.8	[1]	1844.6	2178.5	1835.6	[3]
	BIC_e	−3152.5	−3070.9	−3175.0	[3]	−3131.6	−2954.3	−3112.2	[1]
不排水	AIC_q	2637.9	2674.8	2659.2	[1]	2637.1	2675.3	2656.8	[1]
	AIC_u	2582.6	2600.5	2593.6	[1]	2587.0	2602.5	2596.8	[1]
	BIC_q	1620.8	1660.9	1645.4	[1]	1620.0	1661.4	1643.0	[1]
	BIC_u	1565.5	1586.7	1579.7	[1]	1569.8	1588.6	1582.9	[1]
总结		11×[1],10×[2],3×[3]				9×[1],6×[2],9×[3]			

总体而言，对于所有使用“e/e_c”或“$e-e_c$”的计算，CSL［1］、CSL［2］和 CSL［3］的总次数分别为 24、21 和 19。所有的总结数据表明，实施 CSL［1］参数较少的模型是最合适的砂土模型，其次是具有 CSL［2］的模型。然而，基于模拟室内试验的性能还不足以做出最终的 CSL 选择。因此，需要在不同的测试中进行更多的 CSL 评估。

7.4 本章小结

本章应用遗传算法研究了临界状态参数及其咬合效应公式的选择问题。为此，制定并采用了六种简单的基于临界状态的模型，其中有三种不同的 CSL 公式和两种不同的状态参数。并且，选择了三种不同类型颗粒材料上的三轴试验作为优化目标和测试，评估了临界状态线和状态参数。

首先保持状态参数“e/e_c”，基于三种选定的材料检查了三种不同类型的临界状态线。模拟和试验的比较表明，Li 和 Wang（1998）提出的非线性临界状态线可以更好地描述不同材料的力学特性。然后，讨论了不同状态参数 e/e_c 和 $e-e_c$ 对表达咬合特性的影响。结果表明，状态参数 e/e_c 在描述咬合效应方面具有更好的预测能力。最后，确定了将 Li 和 Wang 的非线性临界状态线与 e/e_c 咬合公式结合可以得到较为满意的模拟结果。

然后，使用 AIC 和 BIC 评估每个 CSL 和每个状态参数的性能。基于三种材料计算所有试验模拟的 AIC 和 BIC 值。结果表明，所有 CSL 和状态参数都可用于本构建模。而 CSL［1］由于其参数较少而在三个 CSL 中表现更好。当使用 CSL［1］时，“e/e_c”的性能更好，使用 CSL［2］时的“e/e_c”和“$e-e_c$”的性能大致相同，并且“e/e_c”在使用 CSL［3］时相对更好。

值得注意的是，第 2 章中提到的修正非线性 CSL 方程基于 Li 和 Wang 的非线性 CSL 演化而来。因此，本章结论中 CSL［2］的结论同样适用于修正非线性 CSL 方程。

参考文献

Akaike H. Information theory and an extension of the maximum likelihood principle［C］//E. PARZEN，K. TANABE，G. KITAGAWA. Selected Papers of Hirotugu Akaike. Budapest，Hungary：Akadémiai Kiadó，1973：267-281.

Been K，Jefferies M G. A state parameter for sands［J］. Géotechnique，1985，35（2）：99-112.

Biarez J，Hicher P-Y，Naylor D. Elementary mechanics of soil behaviour：saturated remoulded soils［M］. Rotterdam：Balkema，1994.

Bopp P A，Lade P. Relative density effects on drained sand behavior at high pressures［J］. Soils and Foundations，2005，45：15-26.

Gudehus G. Attractors，percolation thresholds and phase limits of granular soils［J］. Powders and grains，1997，97：169-183.

Hu W，Yin Z，Dano C，et al. A constitutive model for granular materials considering grain breakage［J］. Science China Technological Sciences，2011，54（8）：2188-2196.

Jin Y-F，Wu Z-X，Yin Z-Y，et al. Estimation of critical state-related formula in advanced constitutive modeling of granular material［J］. Acta Geotechnica，2017，12（6）：1329-1351.

Li G，Liu Y-J，Dano C，et al. Grading-Dependent Behavior of Granular Materials：From Discrete to Continuous Modeling［J］. Journal of Engineering Mechanics，2015，141（6）：04014172.

Li X S，Wang Y. Linear Representation of Steady-State Line for Sand［J］. Journal of Geotechnical and Geoenvironmental Engineering，1998，124（12）：1215-1217.

Liu Y-J，Li G，Yin Z-Y，et al. Influence of grading on the undrained behavior of granular materials［J］. Comptes Rendus Mécanique，2014，342（2）：85-95.

Schwarz G. Estimating the Dimension of a Model［J］. The Annals of Statistics，1978，6（2）：461-464.

Verdugo R，Ishihara K. The Steady State of Sandy Soils［J］. Soils and Foundations，1996，36（2）：81-91.

Yin Z-Y，Hicher P-Y，Dano C，et al. Modeling Mechanical Behavior of Very Coarse Granular Materials［J］. Journal of Engineering Mechanics，2017，143（1）：C4016006.

第8章 SIMSAND模型的热力学验证及改进

本章提要

基于热力学基本定律，一旦给出了自由能和耗散势函数便可以相应推导出弹性和塑性本构关系。反之，对于给定的弹塑性模型，可以推导模型的自由能和耗散势函数，以验证热力学定律是否得到遵守。本章针对SIMSAND模型展开其热力学定律验证。首先简述热力学理论基础，为后续验证交代好理论背景和符号含义。然后从SIMSAND的本构方程出发，验证模型满足热力学第二定律及能量守恒的条件在于剪胀剪缩关系参数的取值“$A_d \leqslant 1$”。为此，构建了一个符合“$A_d \leqslant 1$”的非线性表达式。为了验证改进剪胀剪缩公式的可应用性，分别用原始和改进模型模拟日本丰浦砂和法国胡斯屯砂的三轴排水、不排水剪切试验。比较显示，改进模型既确保了遵循热力学定律，又确保了其良好的模拟效果。

8.1 引言

由于热力学理论是基本定律，它受到了很多关注并被用于构建本构模型。Ziegler和Wehrli（1987）率先将热力学理论引入到本构建模过程中。Collins和Houlsby（1997）延用这种方法对岩土材料的等温热力学进行了综合分析，而Collins和Hilder（2002）给出了构建弹塑性模型的框架。基于热力学理论，Li（2007）和Coussy等（2010）将热力学框架扩展至非饱和土。基于这种方法，一旦给出了自由能和耗散势函数，便可以相应推导出弹性和塑性本构关系（屈服函数、流动规律和硬化规律）。相反地，对于给定的弹塑性模型，可以推导模型的自由能和耗散势函数，以验证热力学定律是否得到遵守。可以发现，该方法已成功应用于岩土材料的弹塑性本构模型（Collins等，2010；Coussy等，2010；Lai等，2016；Li等，2017；Zhang，2017）。

为了简化，接下来的推导过程局限于等温条件，并且不考虑土体孔隙中的流体。此外，文中采用土力学中的有效应力概念。首先简述热力学理论基础，为后续验证交代好理论背景和符号含义。然后从SIMSAND的本构方程出发，验证模型是否满足热力学第二定律及能量守恒条件。基于验证结果，构建一个剪胀剪缩关系的非线性表达式。为了验证改进剪胀剪缩公式的可应用性，分别用原始和改进模型模拟日本丰浦砂和法国胡斯屯砂的三轴排水、不排水剪切试验。

8.2 热力学理论基础

基于以往学者的研究（Rice，1971；Ziegler和Wehrli，1987；Collins和Houlsby，1997；

Collins 和 Hilder，2002；Houslby 和 Puzrin，2007；Li，2007；Collins 等，2010），此处采用具有内变量的热力学理论。热力学第一定律指出，内能、热能和功的增量满足关系式：

$$\delta W+\delta Q=\delta u \tag{8.1}$$

式中，δW 为功增量；δQ 为热能增量；δu 为内能增量。这些热力学变量均定义为单位体积的相应取值。需要注意的是，$\mathrm{d}x$ 表示全微分，而 δx 表示偏微分并代表 x 的微小变化。作为热力学第二定律的一种表示形式，Clausius-Plank 不等式指出熵增应该是非负的，即

$$\gamma=\delta\eta-\delta Q/T\geqslant 0 \tag{8.2}$$

式中，γ 为熵增；η 为熵密度；T 为绝对温度。结合式（8.1）和式（8.2），能量守恒方程可整理为：

$$\delta W=(\delta u-T\delta\eta)+T\gamma \tag{8.3}$$

利用内能、熵密度和温度，Helmholtz 自由能可表示为：

$$\psi=u-T\eta \tag{8.4}$$

对式（8.4）进行微分，得到

$$\delta\psi=(\delta u-T\delta\eta)-\eta\delta T \tag{8.5}$$

每单位体积的耗散能量增量ϖ定义为：

$$\varpi=T\gamma\geqslant 0 \tag{8.6}$$

式中，ϖ是非负的（Collins 和 Houlsby，1997）。将式（8.5）和式（8.6）代入式（8.3）中，能量守恒可表示为：

$$\delta W-\varpi=\delta\psi+\eta\delta T \tag{8.7}$$

对于 $\delta T=0$ 的等温情况，式（8.7）可以简化为：

$$\delta W-\varpi=\delta\psi \tag{8.8}$$

其中，功增量 δW 是应力和应变增量的乘积：

$$\delta W=\boldsymbol{\sigma}:\delta\boldsymbol{\varepsilon} \tag{8.9}$$

将式（8.9）代入式（8.8）中，应力功增量、Helmholtz 自由能增量和耗散能量增量间满足关系式：

$$\boldsymbol{\sigma}:\delta\boldsymbol{\varepsilon}-\varpi=\delta\psi \tag{8.10}$$

此处仅研究等温条件下的率无关状态。

对于小变形，应变增量可以分解为弹性和塑性部分：

$$\delta\boldsymbol{\varepsilon}=\delta\boldsymbol{\varepsilon}^{\mathrm{e}}+\delta\boldsymbol{\varepsilon}^{\mathrm{p}} \tag{8.11}$$

将式（8.9）和式（8.11）代入式（8.10），Helmholtz 自由能可以表示为：

$$\delta\psi=\boldsymbol{\sigma}:\delta\boldsymbol{\varepsilon}-\varpi=\boldsymbol{\sigma}:(\delta\boldsymbol{\varepsilon}^{\mathrm{e}}+\delta\boldsymbol{\varepsilon}^{\mathrm{p}})-\varpi=\underbrace{\boldsymbol{\sigma}:\delta\boldsymbol{\varepsilon}^{\mathrm{e}}+\boldsymbol{\alpha}:\delta\boldsymbol{\varepsilon}^{\mathrm{p}}}_{\delta\psi}+\underbrace{\overbrace{(\boldsymbol{\sigma}-\boldsymbol{\alpha})}^{\boldsymbol{\chi}}:\delta\boldsymbol{\varepsilon}^{\mathrm{p}}-\varpi}_{0} \tag{8.12}$$

式中，引入了反应力 $\boldsymbol{\alpha}$ 和耗散应力 $\boldsymbol{\chi}$。基于式（8.12）可知，Helmholtz 自由能可分解为弹性和塑性部分（Collins 和 Hilder，2002；Houslby 和 Puzrin，2007），其中塑性部分 $\delta\psi^{\mathrm{p}}(\boldsymbol{\varepsilon}^{\mathrm{p}})$ 代表储存能。当发生应变硬化时，Helmholtz 自由能可分解为弹性部分和储存能。其中，弹性部分等于弹性应变能，储存能在卸载过程中不能恢复并且通过塑性硬化而冻结。该关系可表示为：

$$\delta\psi=\delta\psi^{\mathrm{e}}+\delta\psi^{\mathrm{p}}=\delta\psi^{\mathrm{e}}(\boldsymbol{\varepsilon}^{\mathrm{e}})+\delta\psi^{\mathrm{p}}(\boldsymbol{\varepsilon}^{\mathrm{p}}) \tag{8.13}$$

结合式（8.8）和式（8.13），功可被分解为弹性功和塑性功。其中，弹性功等于弹性自由能：

$$\delta W^{\mathrm{e}} = \delta \psi^{\mathrm{e}} = \frac{\partial \psi^{\mathrm{e}}(\boldsymbol{\varepsilon}^{\mathrm{e}})}{\partial \boldsymbol{\varepsilon}^{\mathrm{e}}} \delta \boldsymbol{\varepsilon}^{\mathrm{e}} \tag{8.14}$$

塑性功等于储存能量和耗散能量的总和：

$$\delta W^{\mathrm{p}} = \delta \psi^{\mathrm{p}} + \varpi = \frac{\partial \psi^{\mathrm{p}}(\boldsymbol{\varepsilon}^{\mathrm{p}})}{\partial \boldsymbol{\varepsilon}^{\mathrm{p}}} \delta \boldsymbol{\varepsilon}^{\mathrm{p}} + \frac{\partial \varpi}{\partial \boldsymbol{\varepsilon}^{\mathrm{p}}} \delta \boldsymbol{\varepsilon}^{\mathrm{p}} \tag{8.15}$$

基于式（8.15），耗散应力和反应力可以表示为

$$\boldsymbol{\chi} = \frac{\partial \varpi}{\partial \boldsymbol{\varepsilon}^{\mathrm{p}}} \text{ 和 } \boldsymbol{\alpha} = \frac{\partial \psi^{\mathrm{p}}(\boldsymbol{\varepsilon}^{\mathrm{p}})}{\partial \boldsymbol{\varepsilon}^{\mathrm{p}}} \tag{8.16}$$

根据式（8.12）并利用勒让德变换，耗散应力空间中屈服准则可表示为：

$$\widetilde{F}(\boldsymbol{\chi}) = \frac{1}{\lambda}(\boldsymbol{\chi} : \delta \boldsymbol{\varepsilon}^{\mathrm{p}} - \varpi) = 0 \tag{8.17}$$

式中，λ 为塑性乘子。利用反应力，真实应力空间中的屈服函数可表示为：

$$F(\boldsymbol{\sigma}) = \widetilde{F}[\underbrace{\boldsymbol{\sigma} - \boldsymbol{\alpha}(\boldsymbol{\sigma})}_{\boldsymbol{\chi}}] = 0 \tag{8.18}$$

在耗散应力空间中，由于采用齐格勒正交性条件（Ziegler 和 Wehrli，1987）获得相关联流动法则，并且通过对式（8.12）进行微分，塑性应变增量可表示为：

$$\delta \boldsymbol{\varepsilon}^{\mathrm{p}} = \lambda \frac{\partial \widetilde{F}(\boldsymbol{\chi})}{\partial \boldsymbol{\chi}} \tag{8.19}$$

基于一致性条件，并利用应力代替反应力，可推导真实应力空间中的流动法则。值得说明的是，获得的流动法则既可以是相关联的也可以是非相关联的。

8.3 热力学验证及剪胀剪缩关系改进

为了检验 SIMSAND 模型是否满足热力学方程，首先需要计算塑性功和耗散能。根据式（8.15），塑性功增量由两部分组成，分别是贮藏功增量和耗散能增量。其中，热力学第二定律要求耗散能增量大于等于零，贮藏功增量没有正负限制。对于松砂来说贮藏功增量一定为正，因此塑性功增量一定为正。对于密砂来说，贮藏功增量可以为负，则塑性功增量作为贮藏功增量和耗散能增量之和是可正可负的。如果假定塑性功增量大于等于零，则此假定是一个比热力学第二定律更加严格的限制，也自然符合热力学第二定律。

根据式（8.15），塑性功可表示为：

$$\delta W^{\mathrm{p}} = \boldsymbol{\sigma} : \delta \boldsymbol{\varepsilon}^{\mathrm{p}} = p' \delta \varepsilon_{\mathrm{v}}^{\mathrm{p}} + q \delta \varepsilon_{\mathrm{d}}^{\mathrm{p}} \tag{8.20}$$

将式（2.26）剪胀剪缩关系代入式（8.20），整理有：

$$\delta W^{\mathrm{p}} = p' \left[\delta \varepsilon_{\mathrm{d}}^{\mathrm{p}} A_{\mathrm{d}} \left(M_{\mathrm{pt}} - \frac{q}{p' + c\cot\phi_{\mathrm{c}}} \right) \right] + q \delta \varepsilon_{\mathrm{d}}^{\mathrm{p}} = p' A_{\mathrm{d}} M_{\mathrm{pt}} \delta \varepsilon_{\mathrm{d}}^{\mathrm{p}} + q \delta \varepsilon_{\mathrm{d}}^{\mathrm{p}} \left(1 - A_{\mathrm{d}} \frac{p'}{p' + c\cot\phi_{\mathrm{c}}} \right) \tag{8.21}$$

式中，平均应力 p' 总是压缩的，即正的；M_{pt} 为正数，并且塑性偏应变增量也是正的；这些确保第一项是正的。然后“$p'/(p' + c\cot\phi_{\mathrm{c}}) \leqslant 1$”，为确保第二项也是非负，就要求 $A_{\mathrm{d}} \leqslant 1$。因此，值得注意的是，在 SIMSAND 模型以及使用类似本构方程的模型中，要求

$A_d \leqslant 1$。因此，由式（8.20）得到的塑性功增量是非负的，即

$$\delta W^p = p' A_d M_{pt} \delta \varepsilon_d^p + q \delta \varepsilon_d^p \left(1 - A_d \frac{p'}{p' + c\cot\phi_c}\right) \geqslant 0 \tag{8.22}$$

因此，式（8.22）满足热力学第二定律。因此，在“$A_d \leqslant 1$”的条件下，SIMSAND 模型满足热力学限制条件。

为了使 SIMSAND 模型能自动满足热力学条件，可以构建一个 A_d 使得其值总是不大于 1，比如：

$$A_d = 1 - \exp[-A_d^* q/(p' + c\cot\phi_c)] \tag{8.23}$$

由此公式还可以看出，当应力比为零时“$A_d = 0$”，然后 A_d 随着应力比的增加而增加。将此公式代入应力剪胀剪缩公式中，可得：

$$\frac{\delta \varepsilon_v^p}{\delta \varepsilon_d^p} = \left[1 - \exp\left(\frac{-A_d^* q}{p' + c\cot\phi_c}\right)\right]\left(M_{pt} - \frac{q}{p' + c\cot\phi_c}\right) \tag{8.24}$$

此公式所描述的应力剪胀剪缩关系如图 8.1 所示。恰恰非常符合试验现象：在不排水三轴加载开始时，p'-q 平面上的应力路径首先垂直发展，这意味着在剪切初始阶段仅引起非常轻微的体积应变，亦即在剪切初始阶段 d 趋近于零。

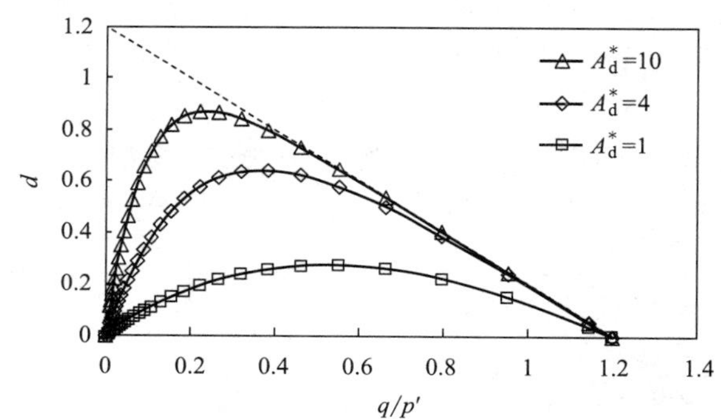

图 8.1　改进公式所描述的应力剪胀剪缩关系（$M_{pt}=1.2$，$c=0$）

8.4　改进剪胀剪缩关系的验证

本章所选取的目标试验为日本丰浦砂的系列三轴排水试验结果（Verdugo 和 Ishihara，1996）。丰浦砂为亚圆至亚角颗粒组成的均匀细石英砂，平均颗粒尺寸为 $d_{50}=0.17$mm，均匀系数为 $C_u = d_{60}/d_{10} = 1.7$，最小和最大孔隙比分别为 $e_{min}=0.597$ 和 $e_{max}=0.977$。这里值得注意的是，对于干砂和饱和砂土，黏聚力为零。

由于砂土的泊松比变化范围不大且对模拟影响不大，故本章将泊松比 υ 设为 0.2。此外，SIMSAND 中的弹性参数可基于一维压缩试验确定 $K_0=130$ 和 $n=0.52$[8]，没有必要作为待识别参数。因此，除弹性参数（K_0，n）和泊松比（υ）外，其他的 SIMSAND 参数均采用第 5 章的优化方法进行识别（Jin 等，2016，2017，2018a，2018b；Yin 等，2017，2018）。所有模型参数总结于表 8.1。

丰浦砂和胡斯屯砂的模型最优参数　　表 8.1

材料	模型	e_{ref}	λ	ξ	ϕ_u	k_p	$A_d(A_d^*)$	n_p	n_d
丰浦砂	改进 A_d	1.01	0.4	0.083	31.5	0.0035	2.5	2.3	1.7
	原始 A_d	1.01	0.4	0.083	31.5	0.0037	0.3	2.3	7.4
胡斯屯砂	改进 A_d	0.82	0.37	0.077	28.3	0.0028	10	7.1	3
	原始 A_d	0.82	0.37	0.077	28.3	0.003	0.9	5.6	5.6

图 8.2 显示了各向同性压缩试样的排水三轴压缩试验与模型模拟结果的比较。图 8.3 显示了不排水三轴压缩试验与模型模拟结果的比较。这里试验数据涵盖了较为广泛的围压和空隙率大小，并分别测试了不同密实度的砂土样。试验结果与模型预测之间的比较均显示出总体良好的一致性。采用改进剪胀剪缩公式的模型模拟性能有微弱的提高。

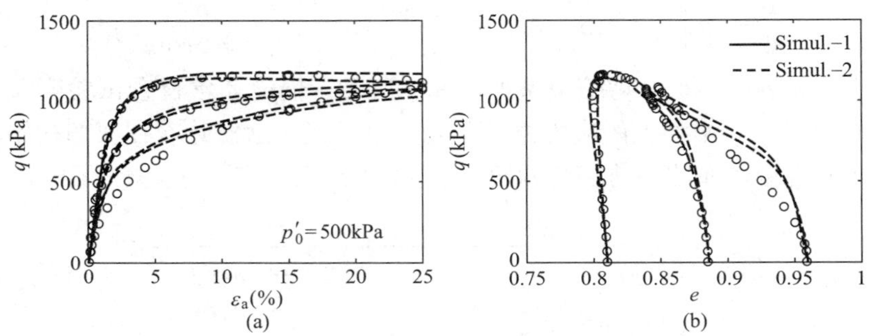

图 8.2　丰浦砂排水三轴试验结果与模型模拟结果的比较
（Simul.-1 为改进剪胀剪缩公式，Simul.-2 为原始剪胀剪缩公式）

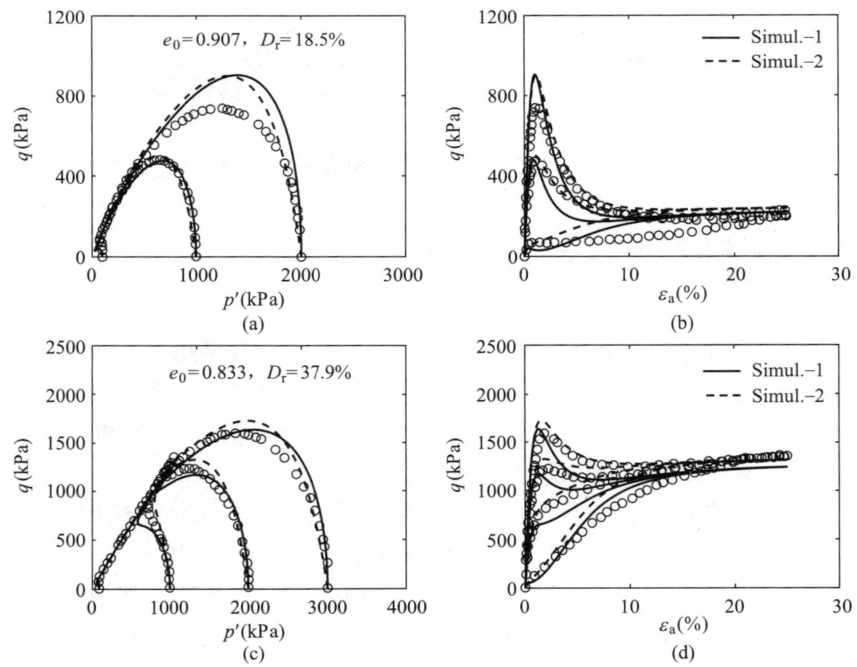

图 8.3　丰浦砂不排水三轴试验结果与模型模拟结果的比较（一）
（Simul.-1 为改进剪胀剪缩公式，Simul.-2 为原始剪胀剪缩公式）

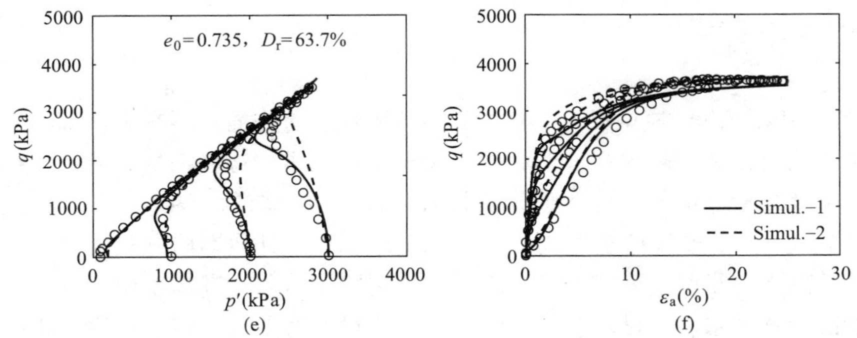

图 8.3 丰浦砂不排水三轴试验结果与模型模拟结果的比较（二）
（Simul. -1 为改进剪胀剪缩公式，Simul. -2 为原始剪胀剪缩公式）

为了进一步评价所改进的剪胀剪缩公式的有效性，我们又选择了法国胡斯屯砂的三轴试验结果（Li 等，2014；Liu 等，2014）。同上，弹性参数由各向同性压缩曲线获得（$K_0=38.5$，$\upsilon=0.2$ 和 $n=0.63$），其他参数由三个三轴排水试验和三个三轴不排水试验共同获得。优化参数结果汇总见表 8.1。图 8.4 显示了各向同性压缩试样的排水三轴试验、不排水三轴试验与模型模拟结果的比较。类似于前例，试验结果与模型预测之间的比较均显示出总体良好的一致性，采用改进剪胀剪缩公式的模型模拟性能有微弱的提高。

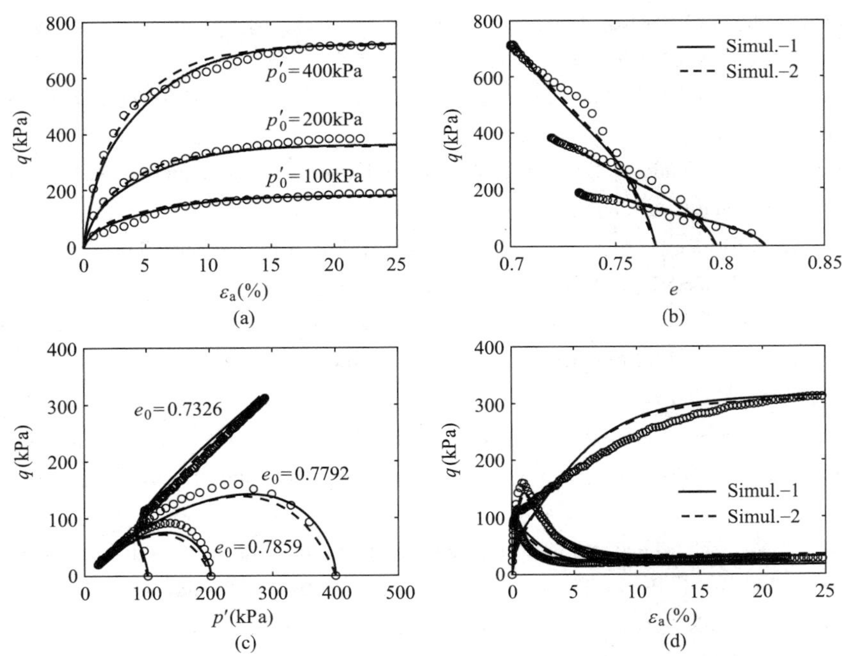

图 8.4 胡斯屯砂三轴排水、不排水试验结果与模型模拟结果的比较
（Simul. -1 为改进剪胀剪缩公式，Simul. -2 为原始剪胀剪缩公式）

值得一提的是，改进剪胀剪缩公式并不是单纯地为了提高模拟效果，更重要的是保障了 SIMSAND 模型遵循热力学定律。

8.5 本章小结

本章针对 SIMSAND 模型展开了热力学定律验证。首先简述了热力学理论基础，以交代好热力学理论背景和符号含义。然后从 SIMSAND 的本构方程出发，验证了模型满足热力学第二定律及能量守恒的条件在于剪胀剪缩关系参数的取值“$A_d \leqslant 1$”。为此，构建了一个符合“$A_d \leqslant 1$”的非线性表达式，并与 SIMSAND 的其他本构方程结合。

为了验证改进剪胀剪缩公式的可应用性，分别用原始和改进模型模拟日本丰浦砂和法国胡斯屯砂的三轴排水、不排水剪切试验。为了消除人为因素，特别采用基于差分进化优化算法来反分析模型参数并获取最优模拟效果。比较显示，改进模型既确保了遵循热力学定律，又确保了其良好的模拟效果。

参考文献

Collins I F, Hilder T. A theoretical framework for constructing elastic/plastic constitutive models of triaxial tests [J]. International Journal for Numerical and Analytical Methods in Geomechanics, 2002, 26 (13): 1313-1347.

Collins I F, Houlsby G T. Application of thermomechanical principles to the modelling of geotechnical materials [J]. Proceedings of the Royal Society of London. Series A: Mathematical, Physical and Engineering Sciences, 1997, 453 (1964): 1975-2001.

Collins I F, Muhunthan B, Qu B. Thermomechanical state parameter models for sands [J]. Géotechnique, 2010, 60 (8): 611-622.

Coussy O, Pereira J-M, Vaunat J. Revisiting the thermodynamics of hardening plasticity for unsaturated soils [J]. Computers and Geotechnics, 2010, 37 (1): 207-215.

Houlsby G, Puzrin A. Principles of Hyperplasticity, An Approach to Plasticity Theory Based on Thermodynamic Principles [M]. Springer Science & Business Media, 2007.

Jin Y-F, Yin Z-Y, Shen S-L, et al. Selection of sand models and identification of parameters using an enhanced genetic algorithm [J]. International Journal for Numerical and Analytical Methods in Geomechanics, 2016, 40 (8): 1219-1240.

Jin Y-F, Yin Z-Y, Shen S-L, et al. A new hybrid real-coded genetic algorithm and its application to parameters identification of soils [J]. Inverse Problems in Science and Engineering, 2017, 25 (9): 1343-1366.

Jin Y-F, Yin Z-Y, Wu Z-X, et al. Numerical modeling of pile penetration in silica sands considering the effect of grain breakage [J]. Finite Elements in Analysis and Design, 2018a, 144: 15-29.

Jin Y-F, Yin Z-Y, Wu Z-X, et al. Identifying parameters of easily crushable sand and application to offshore pile driving [J]. Ocean Engineering, 2018b, 154: 416-429.

Lai Y, Liao M, Hu K. A constitutive model of frozen saline sandy soil based on energy dissipation theory [J]. International Journal of Plasticity, 2016, 78: 84-113.

Li G, Liu Y-J, Dano C, et al. Grading-Dependent Behavior of Granular Materials: From Discrete to Continuous Modeling [J]. Journal of Engineering Mechanics, 2015, 141 (6): 04014172.

Li J, Yin Z-Y, Cui Y, et al. Work input analysis for soils with double porosity and application to the hydromechanical modeling of unsaturated expansive clays [J]. Canadian Geotechnical Journal, 2016, 54 (2): 173-187.

Li X S. Thermodynamics-based constitutive framework for unsaturated soils. 1: Theory [J]. Géotechnique, 2007, 57 (5): 411-422.

Liu Y-J, Li G, Yin Z-Y, et al. Influence of grading on the undrained behavior of granular materials [J]. Comptes Rendus Mécanique, 2014, 342 (2): 85-95.

Rice J R. Inelastic constitutive relations for solids: An internal-variable theory and its application to metal plasticity [J]. Journal of the Mechanics and Physics of Solids, 1971, 19 (6): 433-455.

Verdugo R, Ishihara K. The Steady State of Sandy Soils [J]. Soils and Foundations, 1996, 36 (2): 81-91.

Yin Z-Y, Jin Y-F, Shen J S, et al. Optimization techniques for identifying soil parameters in geotechnical engineering: Comparative study and enhancement [J]. International Journal for Numerical and Analytical Methods in Geomechanics, 2018, 42 (1): 70-94.

Yin Z-Y, Jin Y-F, Shen S-L, et al. An efficient optimization method for identifying parameters of soft structured clay by an enhanced genetic algorithm and elastic-viscoplastic model [J]. Acta Geotechnica, 2017, 12 (4): 849-867.

Zhang Z. A thermodynamics-based theory for thethermo-poro-mechanical modeling of saturated clay [J]. International Journal of Plasticity, 2017, 92: 164-185.

Ziegler H, Wehrli C. The Derivation of Constitutive Relations from the Free Energy and the Dissipation Function [C] //T. Y. WU, J. W. HUTCHINSON. Advances in Applied Mechanics. Elsevier, 1987: 183-238.

第二部分　理论扩展

第 9 章　考虑细颗粒含量影响的 SIMSAND 模型

本章提要

试验结果表明，砂土-粉土混合体的力学特性高度依赖于砂粒和粉土细颗粒的比例。本章首先回顾了颗粒间接触指数的研究，基于此提出了一个颗粒间接触指数与孔隙比的关系公式，并通过测量多种砂土-粉土混合体的孔隙比进行验证。该公式被应用于确定不同细颗粒含量的砂土-粉土混合体的临界状态线的位置。基于该临界状态线修正公式，并以 SIMSAND 为基础，提出了一个用于描述砂土-粉土混合体的应力应变弹塑性模型。该模型的参数可以通过传统的三轴试验和孔隙比的测量来确定。最后通过比较不同砂土-粉土混合体的不排水三轴试验的模拟和试验结果检验了模型的预测能力。

9.1　引言

天然砂土或人工填料通常由细颗粒和粗颗粒混合而成。由于颗粒破碎或内部侵蚀，细颗粒或粗颗粒的比例会随荷载条件和时间变化，对土工结构物的安全有着至关重要的影响。因此，细颗粒和粗颗粒混合体的力学特性需要更深入的研究。近年来，砂土-粉土混合体已成为各种试验研究的主题。研究人员深入探讨了粉质砂土中的细颗粒及砂质粉土中的粗颗粒对其混合体的物理性质（如孔隙比、相对密实度等）及力学特性的影响（如失稳、临界状态、强度、剪胀等），如表 9.1 及提及的文献所示。

然而，很少有人尝试模拟砂土-粉土混合体的力学特性。Yamamuro 和 Lade（1999）对其单一硬化模型的屈服面公式进行了修改，以预测 20％细颗粒含量的内华达砂的力学特性，但该方法不适用于其他不同细颗粒含量的砂土-粉土混合体。Rahman 等（2008）提出了用于细颗粒含量小于 30％的土体的修正状态参数，同时新增了若干模型参数。Muir Wood 等（2010）将破碎模型扩展用于模拟连续级配的颗粒材料的侵蚀，该模型尚不适用于不连续级配的砂质粉土。最近，Chang 和 Yin（2011）提出了一种仅适用于低细颗粒含量（低于 20％）的微观力学模型，其力学特性主要由粗颗粒骨架决定。综上所述，针对细颗粒骨架为主的土力学模型尚未见报道。

本章尝试提出一种简单的建模方法，用于描述从粉质砂土到砂质粉土的砂土-粉土混合体的力学特性。首先回顾了颗粒间接触指数的研究，基于此提出了一个颗粒间接触指数与孔隙比的关系公式，并通过测量多种砂土-粉土混合体的孔隙比进行验证。该公式被应用于确定不同细颗粒含量的砂土-粉土混合体的临界状态线的位置。采用该临界状态线修

表 9.1 不同砂土-粉土混合体的物理指标特性及确定最大最小孔隙率的相关参数值

砂土-粉土混合体	砂土(粗颗粒)			粉土(细颗粒)			$R_d=D_{50}/d_{50}$	e_{min} 相关参数			e_{max} 相关参数			参考文献
	D_{50}(mm)	e_{max}	e_{min}	d_{50}(mm)	e_{max}	e_{min}		a	m	f_{th}	a	m	f_{th}	
内华达砂混合体 1	0.18	0.882	0.573	0.05	1.178	0.754	3.6	0.4	0.5	0.25	0.8	0.4	0.25	Lade 和 Yamaramo(1997)
内华达砂混合体 2	0.25	0.863	0.590	0.05	1.175	0.755	5	0.1	0.65	0.25	0.6	0.5	0.25	Lade 和 Yamaramo(1997)
渥太华砂混合体 1	0.2	0.805	0.548	0.05	1.173	0.753	4	0	0.7	0.3	0.5	0.7	0.3	Lade 和 Yamaramo(1997)
渥太华砂混合体 2	0.16	0.871	0.582	0.05	1.174	0.753	3.2	0.5	0.5	0.3	0.9	0.5	0.3	Lade 和 Yamaramo(1997)
丰浦砂混合体	0.17	0.985	0.586	0.01	1.738	0.614	17	−0.1	0.15	0.25	−0.1	0.2	0	Zlatovic 和 Ishihara(1995)
Monterey 砂混合体	0.43	1.734	0.730	0.03	0.827	0.624	14.3	−0.6	0.55	0.23	0	1	0.23	Polito 和 Martin(2001)
Foundry 砂混合体	0.25	0.800	0.608	0.01	2.100	0.627	25	−0.4	0.55	0.25	0.8	0.5	0.15	Thevanayagam 等(2002)
Ardebil 砂混合体	0.19	1.090	0.746	0.025	1.720	0.765	7.6	−0.05	0.1	0.3	0	0.2	0	Naeini 和 Baziar(2004)
Hokksund 砂混合体	0.44	0.949	0.574	0.032	1.413	0.731	13.8	−0.2	0.45	0.25	−0.2	0.45	0.25	Yang 等(2006)
S-Marathon 砂混合体	0.12	1.037	0.658	0.02	1.706	0.658	6	0.15	0.5	0.45	1	0.35	0	Xenaki 和 Athanasopoulos (2003)
Assyros 砂混合体	0.3	0.848	0.594	0.02	1.661	0.664	15	−0.3	0.35	0.35	0	0.6	0.35	Papadopoulou 和 Tika(2008)
Chlef 砂混合体	0.68	0.876	0.535	0.027	1.137	0.72	25.2	−0.1	0.09	0.35	0	0.09	0.35	Belkhatir 等(2011)

Foundry 砂混合体和渥太华砂混合体 1 的模型参数大小　　表 9.2

粒状材料	弹性参数			塑性参数			临界状态相关参数				细颗粒含量相关参数		
	G_0(MPa)	υ	n	G_p	D	ϕ_{cs}	$e_{hc,cr0}$	$e_{hf,cr0}$	ζ	λ	a	m	f_{th}
Foundry 砂混合体	150	0.2	0.5	300	1.0	30	0.795	0.86	0.68	0.03	−0.4	0.55	0.25
渥太华砂混合体 1	150	0.2	0.5	600	1.0	32	0.805	1.03	0.196	0.081	0	0.7	0.3

正公式来扩展 SIMSAND 模型。所扩展模型的参数可以通过传统的三轴试验和孔隙比的测量来确定。最后通过比较不同砂土-粉土混合体的不排水三轴试验的模拟和试验结果来验证模型的预测能力（表 9.2）。这里要提一下的是，本章用的干砂或饱和砂土试验，黏聚力为零。另外，本章主要内容也可参考文献 Yin 等（2014，2016）。

9.2 颗粒间接触指数的统一化及其应用

砂土-粉土混合体的微观结构的不同排列类型导致颗粒材料应力-应变响应的不同。混合体在实验室或现场制备的方法起着至关重要的作用，本章以室内测试作为研究基础。Thevanayagam 等（2002）提出了不同颗粒混合排列示意图来描述混合体中粗颗粒和细颗粒的多种相对含量（图 9.1）。对于粗颗粒骨架，粗颗粒的接触在土体的力学响应中起主要作用，细颗粒起次要作用。随着细颗粒含量的增加，细颗粒之间的接触开始发挥更大的作用，因为粗颗粒开始分散在混合体中仅起到增强作用。因此，存在一个由粗颗粒骨架转换为细颗粒骨架的过渡区。在模拟含有不同细颗粒含量的砂土-粉土混合体的力学特性之前，我们需要弄清楚细颗粒含量对粒间接触指数和临界状态线位置的影响。

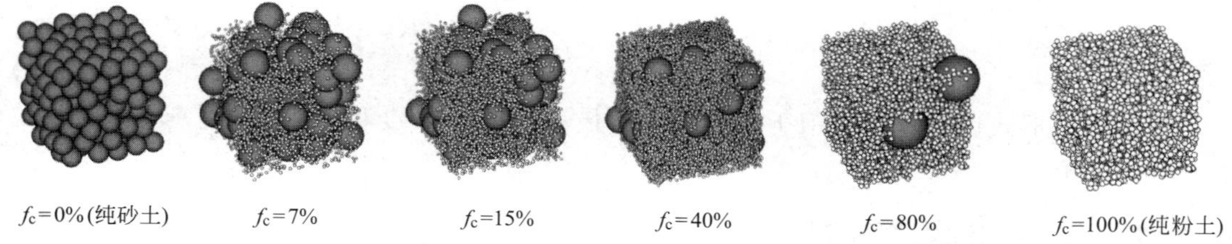

图 9.1　从粗颗粒间接触控制向细颗粒间接触控制过渡过程

9.2.1 颗粒间接触指数

对于粗颗粒骨架，添加细颗粒可以增加混合体的力学性能。根据 Chang 和 Yin（2011）的研究，土体颗粒材料混合体的真实孔隙率 e 可以用粗颗粒的孔隙率 e_{hc} 和细颗粒含量 f_c 来表示：

$$e=e_{hc}(1-f_c)+af_c \tag{9.1}$$

式中，a 为取决于土体构造（例如级配、颗粒形状）的材料常数。根据公式（9.1），

Chang 和 Yin（2011）引入了等效颗粒间接触指数（或称为等效粗颗粒孔隙率）e_{eq}：

$$e_{eq}=\frac{e-af_c}{1-f_c} \tag{9.2}$$

与 Thevanayagam 和 Mohan（2000）提出的公式相似，当 $a=-1$ 时，公式可退化为 Vaid（1994）定义的骨架孔隙率。

在细颗粒骨架的情况下，Thevanayagam 等（2002）通过引入粗颗粒对土体力学特性的加强作用将颗粒间的有效接触表示为等效的细颗粒间孔隙比，如下所示：

$$e_{eq}=\frac{e}{f_c+\dfrac{1-f_c}{(R_d)^m}} \tag{9.3}$$

式中，R_d 为粗颗粒土部分的平均直径 D_{50} 与细颗粒土部分的平均直径 d_{50} 之比；m 为取决于颗粒特征和细颗粒排列的系数（$0<m<1$）。公式（9.3）指出当 $f_c=100\%$时，e_{eq}退化为细颗粒材料的孔隙比。因此，混合体的真实孔隙比 e 可表示成细颗粒的孔隙比 e_{hf}和细颗粒含量 f_c 的函数：

$$e=e_{hf}\left[f_c+\frac{1-f_c}{(R_d)^m}\right] \tag{9.4}$$

考虑到从粗颗粒骨架到细颗粒骨架的过渡区，等效的粒间孔隙比可以通过统一化公式（9.2）和公式（9.3）表示为：

$$e_{eq}=\frac{e-af_c}{1-f_c}\frac{1-\tanh[\xi(f_c-f_{th})]}{2}+\frac{e}{f_c+\dfrac{1-f_c}{(R_d)^m}}\frac{1+\tanh[\xi(f_c-f_{th})]}{2} \tag{9.5}$$

式中，ξ 为控制过渡区域光滑程度的材料参数；f_{th} 为从粗颗粒骨架变为细颗粒骨架的阈值；这里采用双曲正切函数 $\tanh x=(e^{2x}-1)/(e^{2x}+1)$ 来确保过渡区域的平滑。需要注意的是，公式（9.5）是通过数学变换构造出来的，更多的验证和讨论见后文。

类似地，砂土-粉土混合体的真实孔隙比可通过组合公式（9.1）和公式（9.4）得到：

$$e=[e_{hc}(1-f_c)+af_c]\frac{1-\tanh[\xi(f_c-f_{th})]}{2}+e_{hf}\left(f_c+\frac{1-f_c}{(R_d)^m}\right)\frac{1+\tanh[\xi(f_c-f_{th})]}{2} \tag{9.6}$$

上述公式形式也可直接应用于确定最大、最小孔隙率 e_{max} 和 e_{min}，但材料参数 a、m 和 ξ 可不同于 e。

9.2.2 统一表达式验证

通过比较不同细颗粒含量的混合体的最小孔隙率来验证公式（9.6）。用 e_{min} 代替 e，$e_{hc,min}$ 代替 e_{hc}，$e_{hf,min}$ 代替 e_{hf}，最小孔隙比可表示为：

$$\begin{aligned}e_{min}=&[e_{hc,\,min}(1-f_c)+af_c]\frac{1-\tanh[\xi(f_c-f_{th})]}{2}\\&+e_{hf,\,min}\left(f_c+\frac{1-f_c}{(R_d)^m}\right)\frac{1+\tanh[\xi(f_c-f_{th})]}{2}\end{aligned} \tag{9.7}$$

我们尝试用公式（9.7）来预测 Foundry 砂混合体（Thevanayagam 等，2002）。材料常数 a、m、ξ 和 f_{th} 的影响如图 9.2 所示。基于该图，所有材料参数可通过下述方法确定：①a 通过粉质砂土段的斜率获得；②m 通过砂质粉土段的斜率获得；③f_{th} 和 ξ 通过过渡区域段获得。需要注意的是，参数 ξ 对结果的影响并不敏感，因此建议 ξ 取为 20。

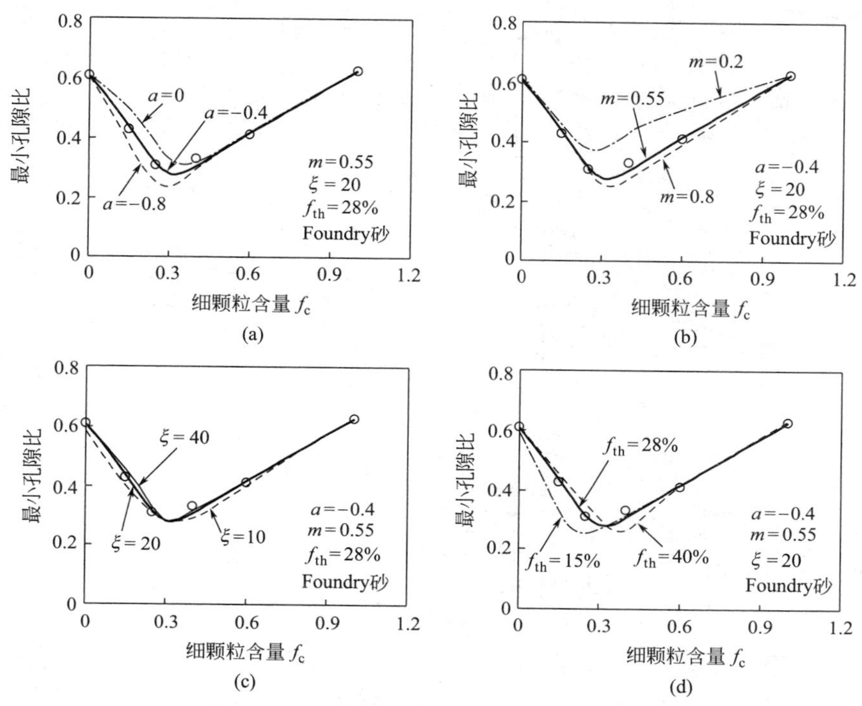

图 9.2 统一公式中不同参数值对最小孔隙比与细颗粒含量关系的影响

（a）a 的影响；（b）m 的影响；（c）ξ 的影响；（d）f_{th} 的影响

公式（9.7）通过对不同砂土-粉土混合体的 e_{min} 和 e_{max} 的比较作进一步的验证。平均颗粒尺寸 R_d 介于 3.2 和 25.2 之间，其他参数见表 9.1。需要注意的是，基于以下几点原因，这些试验结果被认为是可靠的：①孔隙比的测量是由试验土力学领域的专家完成；②不同研究人员获得了类似的孔隙率随细颗粒含量的变化。图 9.3 表明统一化的最大和最小孔隙比的表达式可用于描述不同细颗粒含量的混合体的孔隙比。对于不同的混合体，ξ 均可固定为 20。

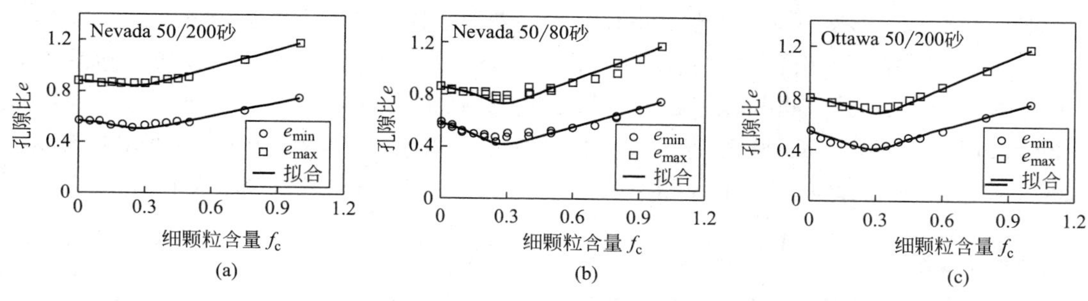

图 9.3 最大最小孔隙比与细颗粒含量的关系（数据与表 9.1 对应）（一）

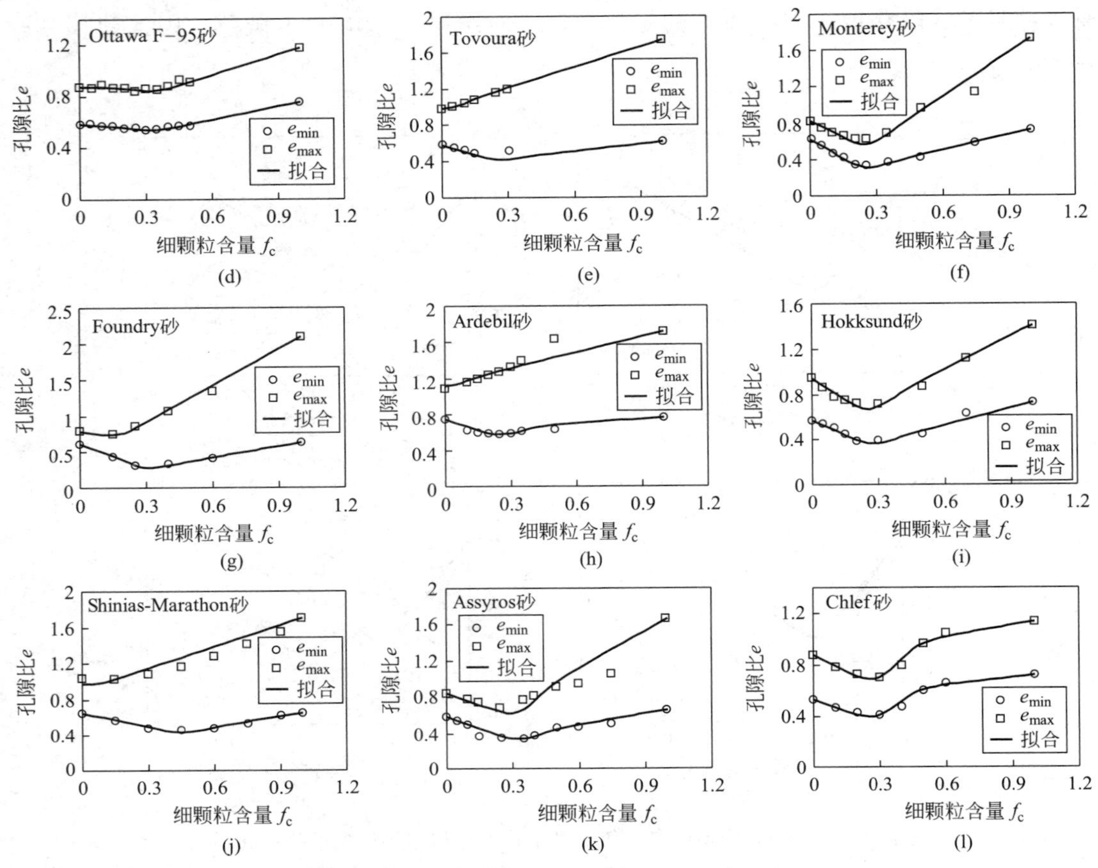

图 9.3　最大最小孔隙比与细颗粒含量的关系（数据与表 9.1 对应）（二）

9.2.3　应用于确定临界状态线位置

如本书前面章节所述，在土力学本构建模中要考虑的重要因素之一是临界状态概念。在临界状态下，材料在持续变形时保持恒定的体积。临界状态下的土体孔隙比为 e_c。临界状态线在 e-p'平面中的位置通常用于确定状态参数 e_c-e（Been 和 Jefferies，1985）或相对密实度 e_c/e（Biarez 和 Hicher，1994），这在粒状材料的力学建模中起着重要作用。

与 e_{min} 和 e_{max} 类似，细颗粒含量也显著影响着混合体临界状态线的位置。图 9.4（a）、（c）、（e）、（g）显示了由三轴试验测得的临界状态线在 e-logp'平面上的位置，包括丰浦砂混合体（Zlatovic 和 Ishihara，1995）、Foundry 砂混合体（hevanayagam 等，2002），Hokksund 砂混合体（Yang 等，2006）和 Assyros 砂混合体（Papadopoulou 和 Tika，2008）。对于每种混合体，采用 Li 和 Wang（1998）提出的临界状态表达式来拟合：

$$e_c = e_{cr0} - \lambda \left(\frac{p'}{p_{at}}\right)^{\zeta} \tag{9.8}$$

式中，e_{cr0} 为在极低围压下的临界孔隙比；ζ 和 λ 为材料常数；p'为平均有效应力；$p_{at}=101.325$kPa 为大气压力。这三个参数可以基于对不同细颗粒含量的砂土-粉土混合体的测量结果分别获得。对于相同矿物组成的砂土和粉土（细颗粒由表 9.1 中的砂破碎获得），ζ 和 λ 可假定保持不变。因此，如图 9.4（a）、（c）、（e）、（g）所示，只有初始临界状态孔隙率 e_{cr0} 随着细颗粒含量而变化。由此测得的 e_{cr0} 随细颗粒含量的变化如图 9.4（b）、（d）、（f）、（h）所示。可见 e_{cr0} 的变化趋势与 e_{min} 类似。因此，e_{cr0} 随细颗粒含量的变化也可采用公式（9.7）的形式：

$$e_{cr0}=[e_{hc,cr0}(1-f_c)+af_c]\frac{1-\tanh[\xi(f_c-f_{th})]}{2}+e_{hf,cr0}\left[f_c+\frac{1-f_c}{(R_d)^m}\right]\frac{1+\tanh[\xi(f_c-f_{th})]}{2} \tag{9.9}$$

式中，$e_{hc,cr0}$ 和 $e_{hf,cr0}$ 分别为纯粗颗粒材料和纯细颗粒材料的初始临界状态孔隙比。需要指出的是 a 和 m 取为和确定 e_{min} 时相同的数值。

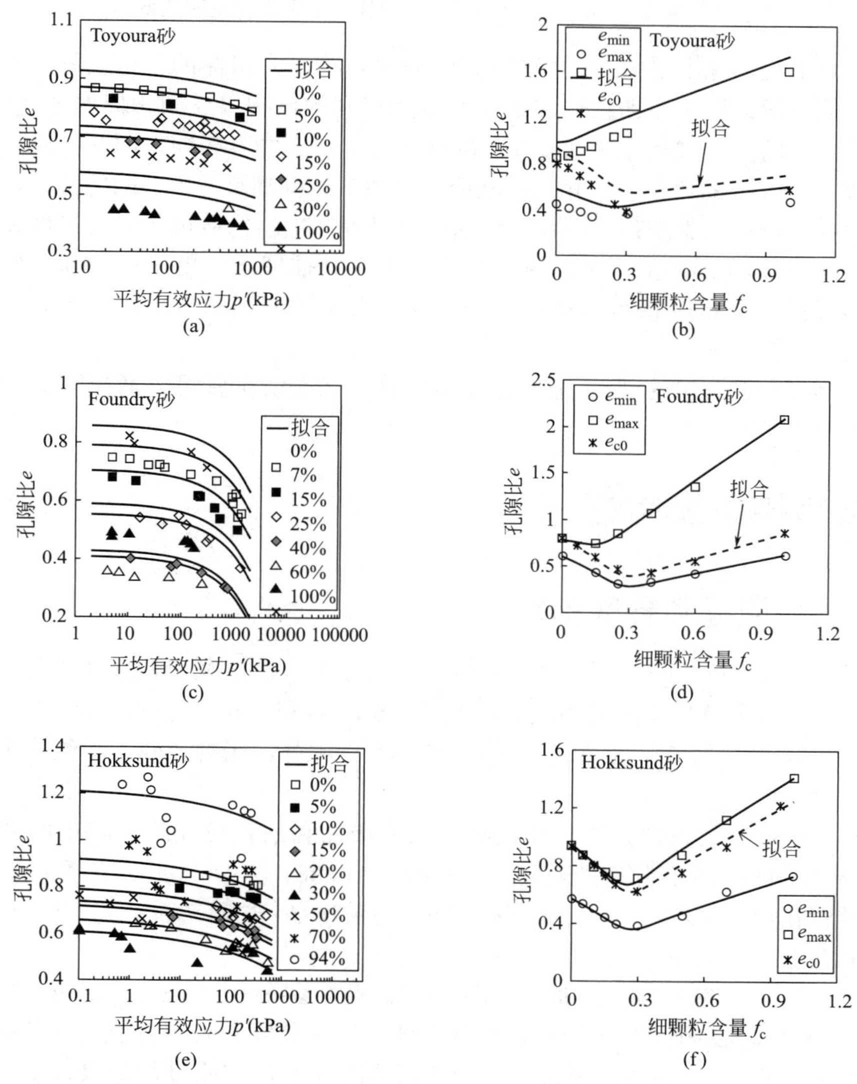

图 9.4　(a)、(c)、(e)、(g) e-$\log p'$ 平面上的临界状态线和 (b)、(d)、(f)、(h) 初始临界状态孔隙比与细颗粒含量的关系（一）

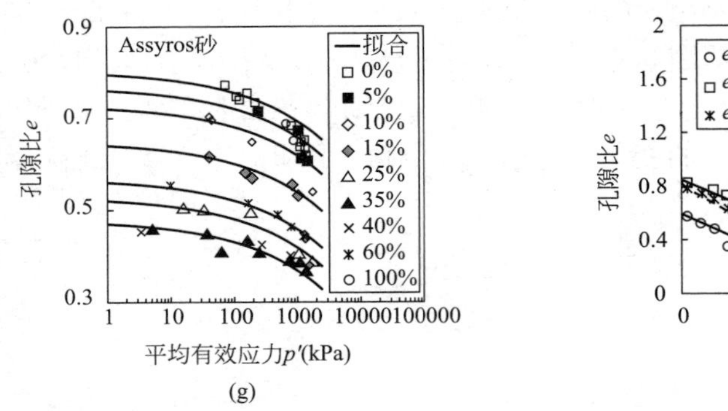

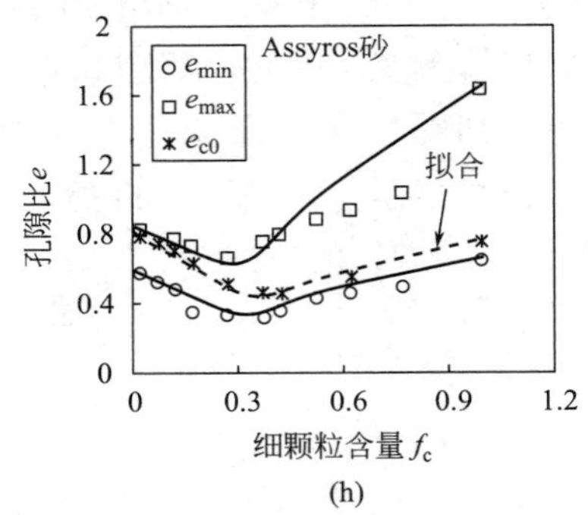

图 9.4 (a)、(c)、(e)、(g) e-logp'平面上的临界状态线和（b)、(d)、(f)、(h) 初始临界状态孔隙比与细颗粒含量的关系（二）

需要注意的是，在上述拟合过程中 ζ 和 λ 保持不变不是必需的，这里只是为了简化的目的；这种假设只适用于当细颗粒和粗颗粒砂是相同的矿物组成和相似的形状时。此外，达到最小孔隙率的力学过程和达到临界孔隙率的力学过程并不相同。因此，对于两种不同的力学过程，a 和 m 的值不一定相同。然而，这两个过程都有一个共同的特点，那就是大剪切变形引起了颗粒的重排列。因此，由这两个过程产生的构造可能具有高度相似性，由此 a 和 m 可以取为相同的值。可以肯定的是，上面的推理需要更多的验证。如果可以验证一个力学过程的 a 和 m 值可以通过另一个简单力学过程预测出来，那么对于实际应用来说这将是非常有用的。

因此不同细颗粒含量的砂土-粉土混合体的临界状态线位置可以通过联立公式（9.8）和公式（9.9）得到。

9.3 试验模拟及验证

9.3.1 试验回顾和参数标定

通过模拟 Thevanayagam 等（2002）对各向同性固结砂土-粉土混合体进行的不排水三轴压缩试验来验证本章提出的模型。试样由 Foundry 砂和不同含量的粉碎细颗粒组成。细颗粒的干重分别占 7%、15%、25%、40%和 60%。此外，还对纯砂土和纯粉土进行了不排水三轴试验。

试验模拟包括三个系列：随着颗粒间孔隙率增加和细颗粒孔隙比减小的系列 A（图 9.5a），具有相同颗粒间孔隙率的系列 B（$e_g=e_{hc}=0.86$、0.8 和 0.675，图 9.5b）和具有相同的细颗粒孔隙比（$e_f=e_{hf}=0.9$，图 9.5b）的系列 C。在图 9.5（a)、(b）中，还绘制了初始临界孔隙率 e_{cr0}。

基于试验结果（图 9.3g，图 9.4c、d)，CSL 相关参数（$e_{hc,cr0}$、$e_{hf,cr0}$、ζ 和 λ）和细颗粒含量相关的参数（a 和 m）可以直接测量得到。其他参数的标定基于三组 Foundry 纯砂的不排水三轴试验（$f_c=0\%$，图 9.6）。由于没有关于小应变刚度的记录，$G_0=150$ 由应力-应变曲线的初始斜率确定。由于没有各向同性压缩测试，假定 $\upsilon=0.2$ 和 $n=0.5$。内摩擦角 $\phi_{cs}=30°$从三个纯砂三轴试验中获得。$G_p=300$ 和 $D=1.0$ 分别通过拟合应力-应变和

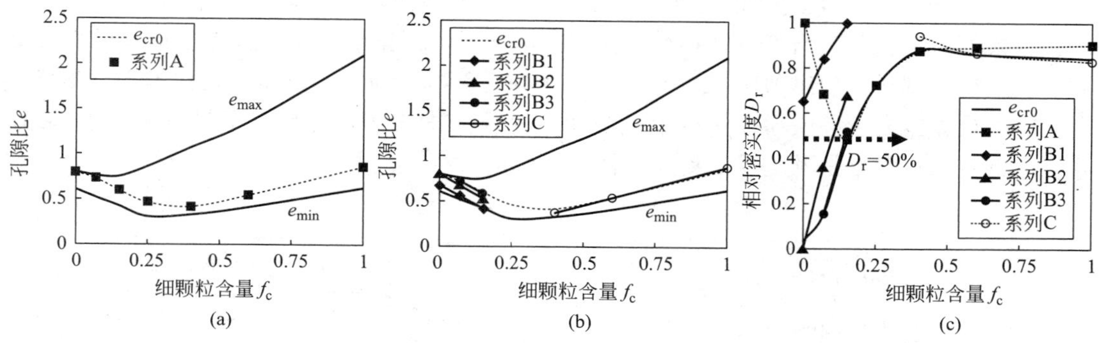

图 9.5 所选试验的初始孔隙比与其最大、最小孔隙比的比较

(a) 系列 A；(b) 系列 B 和 C；(c) 相对密实度

应力路径曲线来获得（图 9.6）。所有确定的模型参数值总结于表 9.2，被用于预测其他不同细颗粒含量的 Foundry 砂土-粉土混合体的不排水三轴试验。

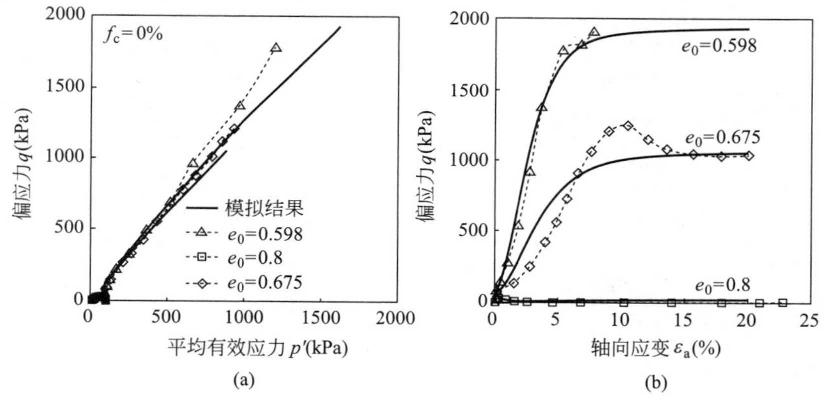

图 9.6 Foundry 纯砂三轴不排水试验结果与模拟结果的比较（f_c=0%）

9.3.2 系列 A 的模拟

图 9.7（a）、（b）显示了系列 A 试样的三轴不排水试验的测量结果和预测结果之间的比较，f_c 从 0%变化到 25%。除了 f_c=25%的试样外，所有试样的孔隙率几乎相同（e_0=0.6），但细颗粒的含量不同，导致每个试样的应力应变特性都不相同。一般来说，当细颗粒含量增加时，不排水剪切强度随着剪缩的增加而减小，同时保持试样的整体孔隙率不变。纯砂表现为剪胀，而含有 15%和 25%细颗粒含量的粉砂样品表现为剪缩。总之，纯砂试样表现为密砂，含有 15%和 25%细颗粒的粉砂样品表现为松砂，即使三者的孔隙比相同，甚至 25%的试样的孔隙率更小。这表明，孔隙率不是预测粉质砂土密实或松散的良好指标。但是，这四个试样的等效颗粒间孔隙率随着细颗粒含量的增加（f_c=0%、7%、15%和 25%）而增加（e_g=0.60、0.71、0.87 和 0.947）。看起来，等效颗粒间孔隙比是预测粉质砂土特性的更好指标，并且可以更好地反映土体构造。

图 9.7（c）、（d）显示了系列 A 试样的测量和预测结果之间的比较，f_c 从 40%到 100%不等。f_c=25%的试样也被绘制上来作为参考。所有试样具有不同的初始孔隙比

($e_0=0.425\sim0.77$)，但随细颗粒含量增加，等效细颗粒间孔隙比减小（$e_f=1.84\sim0.77$）。试验和数值结果表明，当等效细颗粒间孔隙比增加时，不排水剪切强度随着剪缩的增加而减小。纯粉土试样表现出剪胀，而含40%细颗粒含量的砂质粉土试样表现出剪缩，尽管粉土试样的孔隙比大于砂质粉土试样的孔隙比。这再一次表明，孔隙率不是一个好的指数，并且细颗粒间孔隙率是预测砂质粉土特性的更好的指标。

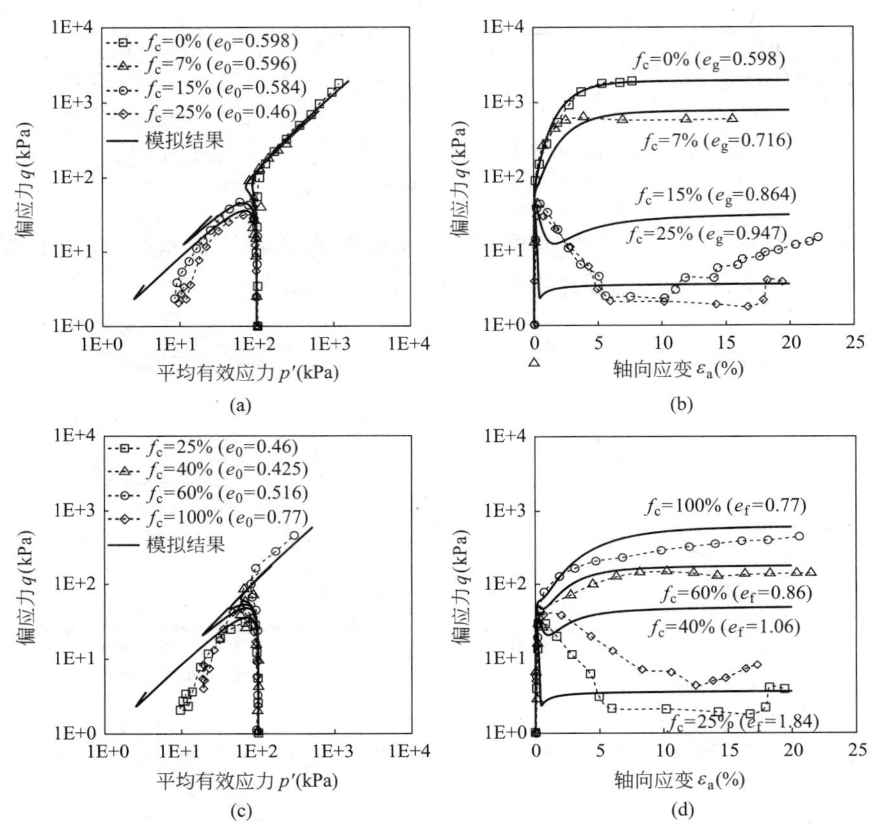

图 9.7 细颗粒含量从0%到100%的 Foundry 砂混合体三轴不排水试验结果与模拟结果的比较（系列 A）

9.3.3 系列 B 的模拟

图 9.8 显示了 B1 系列不排水试验的试验结果和预测结果之间的比较。由于它们都属于密实结构（初始孔隙比 e_0 小于图 9.5b 中的临界状态孔隙比 e_{c0}），具有相同 $e_g=0.675$ 的试样表现出类似的剪胀现象。模型可以成功地模拟混合体力学特性的细颗粒含量效应：保持颗粒间孔隙比不变，细颗粒含量的增加导致土体变得更加剪胀并且具有较高的不排水抗剪强度。在图 9.9 中，所有试样具有相同的 $e_g=0.8$，对于 $f_c=0\%$、7%和 15%的试样，$e_0=0.8$、0.672 和 0.53。松散的纯砂样（$f_c=0\%$）在不排水剪切后达到静态液化，几乎完全失去了强度。另一方面，两个粉砂试样（$f_c=7\%$，$f_c=15\%$）表现为剪胀。同样，保持颗粒间孔隙比不变，细颗粒含量的增加，使得土体变得更加剪胀并增加其不排水抗剪强度。

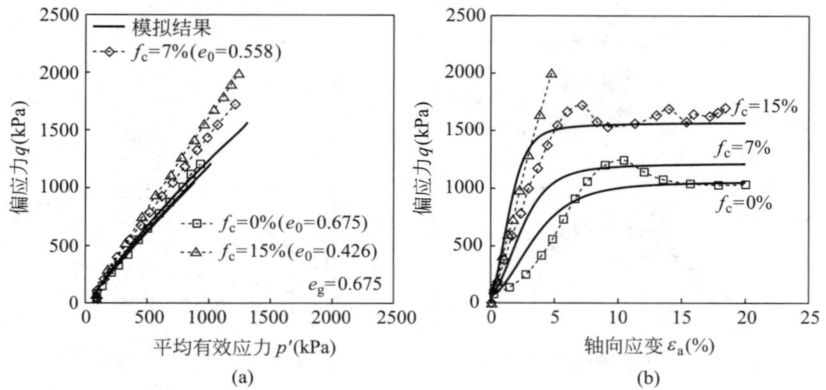

图 9.8 细颗粒含量从 7%到 15%的 Foundry 砂混合体三轴不排水试验结果与模拟结果的比较（e_g=0.675）

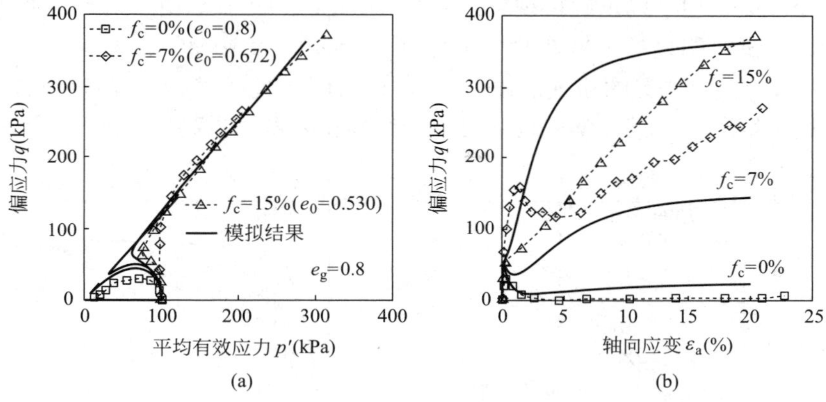

图 9.9 细颗粒含量从 7%到 15%的 Foundry 砂混合体三轴不排水试验结果与模拟结果的比较（e_g=0.8）

图 9.10 显示了具有相同 e_g=0.86 的系列 B3 的结果。由于初始孔隙率 e_0 大于临界状态孔隙率 e_{c0}（图 9.5b），所以两个试样表现出松砂特性。然而，细颗粒的加入使其从完全失稳（或静态液化）逐渐变为暂时失稳。

值得注意的是，模拟结果基本吻合试验结果，除了 B1 系列稍微欠佳。这是因为该系列的临界状态摩擦角（在高应变水平下测量）与其他试样中测得的差别较大。我们认为无需拟合这些曲线，因为在大多数试验模拟中得到了很好的一致性，并且该模型能够再现所有趋势，包括 B1 系列。根据 B 系列（B1、B2 和 B3）试验，给定相同的颗粒间孔隙率，试样不一定具有相同的力学响应。细颗粒起着重要的作用。因此，单独的颗粒间孔隙率不足以作为预测砂土-粉土混合体的力学特性的指标。

9.3.4 系列 C 的模拟

图 9.11 显示了系列 C 的不排水试验的试验和模拟结果之间的比较。所有试样具有几乎相同的细颗粒孔隙率 e_f=0.9，对于 f_c=40%、60%和 100%，孔隙率分别为 0.373、

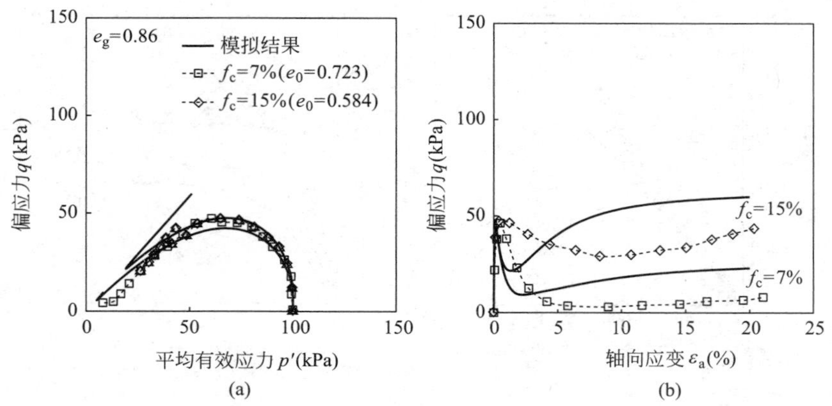

图 9.10 细颗粒含量从 7%到 15%的 Foundry 砂混合体
三轴不排水试验结果与模拟结果的比较（e_g=0.86）

0.54 和 0.879。该模型可以正确再现粗颗粒的加固效果：（1）由于粗颗粒的显著加固作用，f_c=40%的试样明显强于另外两个试样（f_c=60%和 100%）；（2）f_c=60%的砂质粉土试样略强于 f_c=100%的粉土试样，这是由于分散的粗颗粒太少不足以提供显著的加固作用，在这种情况下，其力学表现主要受到细颗粒间接触控制。

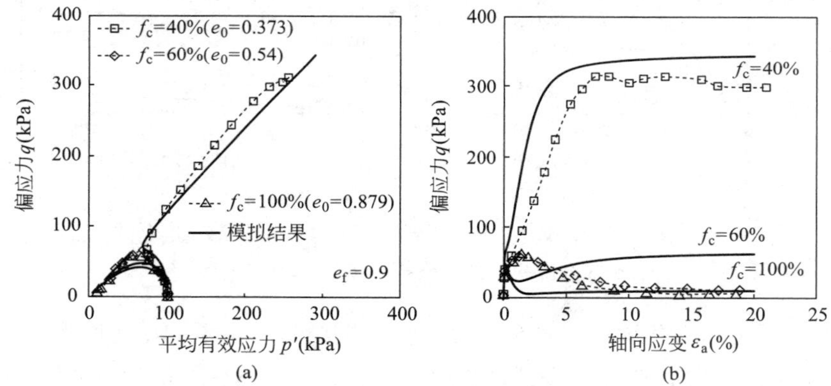

图 9.11 细颗粒含量从 40%到 60%的 Foundry 砂混合体
三轴不排水试验结果与模拟结果的比较（e_f=0.9）

试验与模拟在粗颗粒对砂质粉土力学特性的影响方面吻合很好。根据 C 系列的试验，在相同的细颗粒间孔隙率下，试样不一定表现出相同的力学特性。粗颗粒含量在砂质粉土中也起着重要作用。因此，仅用细颗粒间孔隙率作为预测土体特性的指标是不够的。

9.3.5 静态液化的试验验证

通过模拟 Lade 和 Yamamuro（1997）基于渥太华砂混合体的一系列不同细颗粒含量（f_c=0%～50%）试样的不排水三轴试验，检验模型模拟细颗粒对静力加载条件下的静态液化（或不排水失稳）的影响。不同于 Foundry 砂土-粉土混合体，试样既没有恒定的粗颗粒间孔隙率，也没有恒定的细颗粒间孔隙率，而是随着细颗粒含量的增加而相对密度增加（参见图 9.12，D_r 从 15%到 41%）。

参数确定如下：细颗粒相关参数（a、m 和 f_{th}）从图 9.3（c）中的试验结果测量得到；CSL 相关参数采用 Murthy 等（2007）中的渥太华砂的参数；其他参数（$e_{hc,cr0}$、$e_{hf,cr0}$）由不排水试验确定；摩擦角 ϕ_{cs} 由三轴试验确定。由于缺乏压缩试验数据，采用了 Foundry 砂的弹性参数值；最后通过曲线拟合纯砂（$f_c=0\%$）的三轴试验来确定塑性参数（G_p、D）。所有参数值列于表 9.2。

图 9.12 显示了试验结果和模拟之间的比较。两个结果都清楚地表明，如果粗颗粒间孔隙比和细颗粒间孔隙比不保持恒定，则细颗粒的存在可以极大地增加混合体密度，同时增加了混合体静态液化的可能性。正如 Lade 和 Yamamuro（1997）所指出的那样，即使砂土密实度从 15%增加到 41%，细颗粒似乎也会在土中形成“颗粒结构”，这往往会增加液化的可能性。这种观察结果与砂土应该随着密度增加而表现出更多剪胀的事实不一致。由于引入细颗粒含量相关的 CSL 和相对密实度效应，该模型能够考虑到这种明显的“颗粒结构”，因此能够描述这种不寻常的现象。可以得出结论，仅仅根据相对密实度和孔隙比都不能明确地判断砂土-粉土混合体是否会液化。

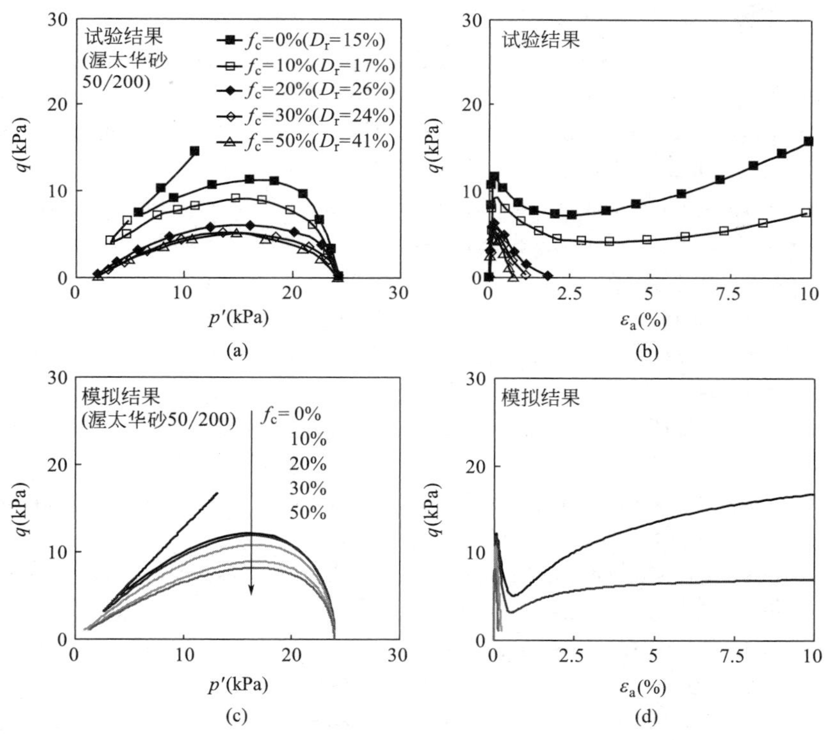

图 9.12　细颗粒含量从 0%～50%的渥太华砂混合体三轴不排水试验结果与模拟结果的比较

9.4　本章小结

根据试验结果，本章提出了一个用于描述粒间接触指数和砂土-粉土混合体的孔隙率的统一公式。该公式通过砂土-粉土混合体的孔隙比进行了验证。然后，将该公式应用于确定砂土-粉土混合体的临界状态线位置。

由统一化公式可知，临界状态线位置是细颗粒含量的函数，因此应用此统一化公式与SIMSAND模型结合，提出了一个能描述细颗粒含量效应的砂土-粉土混合体的弹塑性模型。模型参数可以很容易地从传统的三轴试验和孔隙率测试中确定。使用所提出的模型，模拟了不同细颗粒含量的Foundry砂混合体和渥太华砂混合体的不排水三轴试验。通过比较试验结果和模拟检验了模型的预测能力。结果表明，该模型可以模拟粉质砂土的细颗粒含量效应和砂质粉土的粗颗粒含量效应。此外，应用该模型模拟了砂土-粉土混合体的不排水失稳。

参考文献

Been K，Jefferies M G. A state parameter for sands [J]. Géotechnique，1985，35 (2)：99-112.

Belkhatir M，Arab A，Schanz T，et al. Laboratory study on the liquefaction resistance of sand-silt mixtures：effect of grading characteristics [J]. Granular Matter，2011，13 (5)：599-609.

Biarez J，Hicher P-Y，Naylor D. Elementary mechanics of soil behaviour：saturated remoulded soils [M]：Rotterdam：Balkema，1994.

Bobei D C，Lo S R，Wanatowski D，et al. Modified state parameter for characterizing static liquefaction of sand with fines [J]. Canadian Geotechnical Journal，2009，46 (3)：281-295.

Chaney R C，Demars K，Lade P，et al. Effects of Non-Plastic Fines on Minimum and Maximum Void Ratios of Sand [J]. Geotechnical Testing Journal-GEOTECH TESTING J，1998，21.

Chang C S，Yin Z-Y. Micromechanical modeling for behavior of silty sand with influence of fine content [J]. International Journal of Solids and Structures，2011，48 (19)：2655-2667.

Chang C S，Yin Z Y，Hicher P Y. Micromechanical Analysis for Interparticle and Assembly Instability of Sand [J]. Journal of Engineering Mechanics，2011，137 (3)：155-168.

Ishihara K，Tatsuoka F，Yasuda S. Undrained Deformation and Liquefaction of Sand Under Cyclic Stresses [J]. Soils and Foundations，1975，15 (1)：29-44.

Lade P V，Yamamuro J A. Effects of nonplastic fines on static liquefaction of sands [J]. Canadian Geotechnical Journal，1997，34 (6)：918-928.

Li X S，Wang Y. Linear Representation of Steady-State Line for Sand [J]. Journal of Geotechnical and Geoenvironmental Engineering，1998，124 (12)：1215-1217.

Luong P. Stress strain aspects of cohesionless soils under cyclic and transient loading. Proceedings of the International Symposium on Soils under cyclic and transient loading [J]. Swansea，1980：353-376.

Manzari M T，Dafalias Y F. A critical state two-surface plasticity model for sands [J]. Géotechnique，1997，47 (2)：255-272.

Murthy T G，Loukidis D，Carraro J A H，et al. Undrained monotonic response of clean and silty sands [J]. Géotechnique，2007，57 (3)：273-288.

Naeini S，Baziar M H. Effect of fines content on steady-state strength of mixed and layered samples of a sand [J]. Soil Dynamics and Earthquake Engineering，2004，24：181-187.

Papadopoulou A，Tika T. The Effect of Fines on Critical State and Liquefaction Resistance Characteristics of Non-Plastic Silty Sands [J]. Soils and Foundations，2008，48 (5)：713-725.

Pitman T D，Robertson P K，Sego D C. Influence of fines on the collapse of loose sands [J]. Canadian Geotechnical Journal，1994，31 (5)：728-739.

Polito Carmine P，Martin I I J R. Effects of Nonplastic Fines on the Liquefaction Resistance of Sands [J]. Journal of Geotechnical and Geoenvironmental Engineering，2001，127 (5)：408-415.

Rahman M M，Lo S R，Gnanendran C T. On equivalent granular void ratio and steady state behaviour of loose sand with fines [J]. Canadian Geotechnical Journal，2008，45 (10)：1439-1456.

Richart F E，Hall J R，Woods R D. Vibrations of Soils and Foundations by F. E. Richart Jr，J. R. Hall Jr，R. D. Woods [M]：Prentice-Hall，1970.

Salgado R，Bandini P，Karim A. Shear Strength and Stiffness of Silty Sand [J]. Journal of Geotechnical and Geoenvironmental Engineering，2000，126 (5)：451-462.

Sheng D，Sloan S W，Yu H S. Aspects of finite element implementation of critical state models [J]. Computational Mechanics，2000，26 (2)：185-196.

Thevanayagam S，Mohan S. Intergranular state variables and stress-strain behaviour of silty sands [J]. Géotechnique，2000，50 (1)：1-23.

Thevanayagam S，Shenthan T，Mohan S，et al. Undrained Fragility of Clean Sands，Silty Sands，and Sandy Silts [J]. Journal of Geotechnical and Geoenvironmental Engineering，2002，128 (10)：849-859.

Vaid Y. Liquefaction of silty soils [C] //Ground failures under seismic conditions. ASCE，1994：1-16.

Vermeer P A. A double hardening model for sand [J]. Géotechnique，1978，28 (4)：413-433.

Wood D M，Maeda K，Nukudani E. Modelling mechanical consequences of erosion [J]. Géotechnique，2010，60 (6)：447-457.

Xenaki V，Athanasopoulos G. Liquefaction resistance of sand-silt mixtures：an experimental investigation of the effect of fines [J]. Soil Dynamics and Earthquake Engineering，2003，23 (3)：1-12.

Yamamuro J A，Lade P V. Experiments and modelling of silty sands susceptible to static liquefaction [J]. 1999，4 (6)：545-564.

Yang S L，Sandven R，Grande L. Instability of sand-silt mixtures [J]. Soil Dynamics and Earthquake Engineering，2006，26 (2)：183-190.

Yin Z-Y，Chang C S. Stress-dilatancy behavior for sand under loading and unloading conditions [J]. International Journal for Numerical and Analytical Methods in Geomechanics，2013，37 (8)：855-870.

Yin Z-Y，Chang C S，Hicher P-Y. Micromechanical modelling for effect of inherent anisotropy on cyclic behaviour of sand [J]. International Journal of Solids and Structures，2010，47 (14)：1933-1951.

Yin Z Y，Huang H W，Hicher P Y. Elastoplastic modeling of sand-silt mixtures [J]. Soils and Foundations，2016，56 (3)：520-532.

Yin Z Y，Zhao J，Hicher P Y. A micromechanics-based model for sand-silt mixtures [J]. International Journal of Solids and Structures，2014，51 (6)：1350-1363.

Zlatović S，Ishihara K. On the influence of nonplastic fines on residual strength [C] //First International Conference on Earthquake Geotechnical Engineering. 1995：239-244.

第 10 章　考虑颗粒破碎效应的 SIMSAND 模型

本章提要

颗粒破碎会引起材料的压缩性变大及强度软化，因此颗粒破碎对粒状材料力学特性影响的研究非常重要。本章首先从试验研究方面着手，总结了颗粒破碎的描述方法、不同加载条件下（一维及等向压缩、三轴剪切、扭剪及单剪）应力应变的颗粒破碎效应；接着总结了考虑颗粒破碎效应的粒状材料力学本构模拟方法，即一维及等向压缩模型、三维剪切模型及基于离散元法的微观土力学模型。最后，通过大量试验结果分析指出可破碎颗粒材料在应力应变过程中的颗粒级配变化可由修正相对破碎指数来表示，可通过塑性功来确定，且塑性功确定法的优越性还体现在循环加载下的累积破碎评价；然后再通过修正相对破碎指数来确定临界状态线的位置，进而可通过当前状态与临界状态线的相对位置来评价颗粒破碎对颗粒材料力学特性的影响。应用此逻辑在 SIMSAND 的基础上提出了考虑颗粒破碎效应的粒状材料本构模型开发，并通过模拟多种可破碎砂土的三轴试验来验证模型的有效性。

10.1　引言

颗粒状土材料（堆石、砂石、砂土等）被广泛应用于土木工程的各个领域，如大型堆石坝、碎石路基、铁路道砟等。同时，颗粒状土也是各类岩土工程的地基材料，如水利、海洋、交通、建筑等工程。粒状土在受静、动荷载作用下会产生颗粒破碎，如在三峡工程建设中填筑材料花岗岩风化料有时破碎率达到 20%（黄文竞，2007），再如近海钙质砂在海洋工程结构物和波浪荷载的共同作用下产生颗粒破碎（张家铭等，2009；刘崇权等，1999）。颗粒破碎往往会引起材料的压缩性变大及强度软化，进而引发大变形，并最终导致结构整体失稳破坏。基于标准试验的材料参数由于在颗粒破碎方面考虑不足，以此为依据的设计往往会导致设计标高难于达到或引发工程事故，如巴西 Canoas Novos 大坝设计高度 202m、投资 6.7 亿美元，在大坝的底部产生了大量颗粒破碎而引发了整体破坏（图 10.1）。因此，颗粒破碎对粒状材料的力学特性造成的影响不容忽视。由此，颗粒破碎与力学特性的关系在土力学中逐渐成为一个新课题。

本章首先从试验研究和本构模拟两方面展开，重点讲述考虑颗粒破碎效应的粒状土材料的力学本构方面的研究进展，并结合本书作者最近的一些研究成果，阐述如何把颗粒级配的变化作为中间变量来连接外力施加情况（静/动力）与材料力学特性变化的最新进展

（图 10.2）。接着，在 SIMSAND 的基础上提出了考虑颗粒破碎效应的粒状材料本构模型，并模拟多种可破碎砂土的三轴试验来验证模型的有效性。本章内容也可参阅文献尹振宇等（2012）、Jin 等（2018a，2018b）。

图 10.1　Canoas Novos 混凝土面板堆石坝

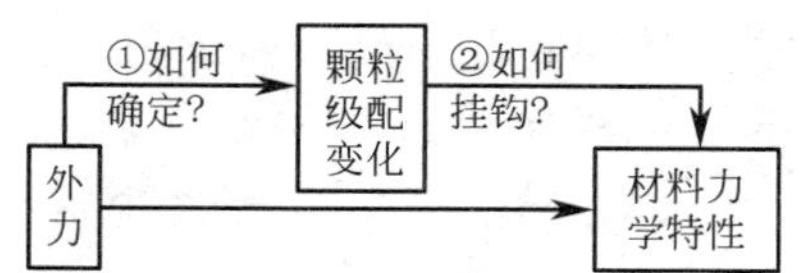

图 10.2　外力、颗粒级配变化及材料力学特性关系示意图

10.2　试验现象

10.2.1　颗粒破碎的描述

粒状土材料在发生颗粒破碎后，其颗粒级配也会相应变化。反过来，在颗粒级配曲线上取特征值，这些特征值的变化便可用来描述颗粒级配的变化。基于此，颗粒破碎的描述方法一般有以下几种：

（1）Lee 等（1967）定义了 $B_{15}=D_{15i}/D_{15f}$（D_{15} 为重量百分比在 15%时的颗粒粒径，下标 i 表示试验前的初始试样，下标 f 表示试验后的试样，图 10.3a）来描述颗粒破碎对颗粒级配的影响。因此，假设存在着颗粒破碎极限（McDowell，2002；Coop 等，2004），B_{15} 的数值随着破碎的增加从 1 变化到一个很大的数值。

（2）Marsal（1967）在试验前后的两条颗粒级配曲线上，取某一粒径下百分比相差最大的距离（R）来描述破碎程度。在初始颗粒粒径均一的情况下，此描述方法便无法应用；在颗粒级配曲线及变化均较理想时，此颗粒破碎量的大小便为当前颗粒级配曲线上取初始颗粒级配最小粒径（D_0）所对应的重量百分比（R）。假设存在着颗粒破碎极限，R 的数值随着破碎的增加从 0 变化到一个小于 1 的数（图 10.3b）。

（3）Hardin（1985）定义了破碎潜能 B_p（初始颗粒级配曲线与粉土最大粒径线 0.074mm 之间的面积，图 10.3c）和总破碎量 B_t（初始颗粒级配曲线与试验后颗粒级配曲线之间的面积），进而提出了相对破碎的概念 $B_r=B_t/B_p$。由于极限颗粒破碎的存在，B_r 的数值随着破碎的增加从 0 变化到一个小于 1 的数。

（4）Lade 等（1996）指出 D_{10}（重量百分比在 10%时的颗粒粒径，图 10.3d）的重要性，尤其在砂土的渗透系数方面，为此提出了基于 D_{10} 变化的相对破碎概念 $B_{10}=1-D_{10f}/D_{10i}$。假设存在着颗粒破碎极限，B_{10} 的数值随着破碎的增加从 0 变化到一个小于但比较接近于 1 的数。

（5）Biarez 等（1997）在试验前后的两条颗粒级配曲线上，分别量取不均匀系数 $C_u=D_{60}/$

D_{10}，其变化大小可对应于颗粒破碎程度。假设存在着颗粒破碎极限（Mc Dowell，2002；Coop等，2004），C_u 的数值随着破碎的增加从其初始值变化到一个大于初始值的数（图 10.3e）。

（6）Nakata 等（1999）在试验后的颗粒级配曲线上取初始颗粒级配最小粒径（D_0）所对应的重量百分比（假定为 R），并用此百分比定义了破碎因子 $B_f=1-R/100$ 来描述颗粒破碎程度（图 10.3f）。

（7）Einav（2007）在 Hardin 的相对破碎概念的基础上去除了粉土最大粒径线 0.074mm 的限制，引入了极限颗粒级配曲线，修正了破碎潜能 B_p^* 和总破碎量 B_t^*，进而提出了修正相对破碎概念 $B_r^*=B_t^*/B_p^*$。对于不同材料，修正 B_r^* 的数值范围均从 0 变化到 1（图 10.3g）。

（8）Muir Wood 等（2008）基于最大颗粒粒径线、初始颗粒级配曲线、试验后的颗粒级配曲线及极限颗粒级配曲线，定义了级配状态指数 I_G，即试验后的颗粒级配曲线与最大颗粒粒径线所围的面积（B_t'）除以极限颗粒级配曲线与最大颗粒粒径线所围的面积（B_p'）。因此，级配状态指数 I_G 的增加意味着颗粒破碎程度的增大。在初始颗粒粒径均一的情况下，I_G 的数值随着破碎的增加从 0 变化到 1；在初始颗粒粒径不均一的情况下，I_G 的初始值随材料的不同而不同，但随着破碎的增加均会变化到 1（图 10.3h）。

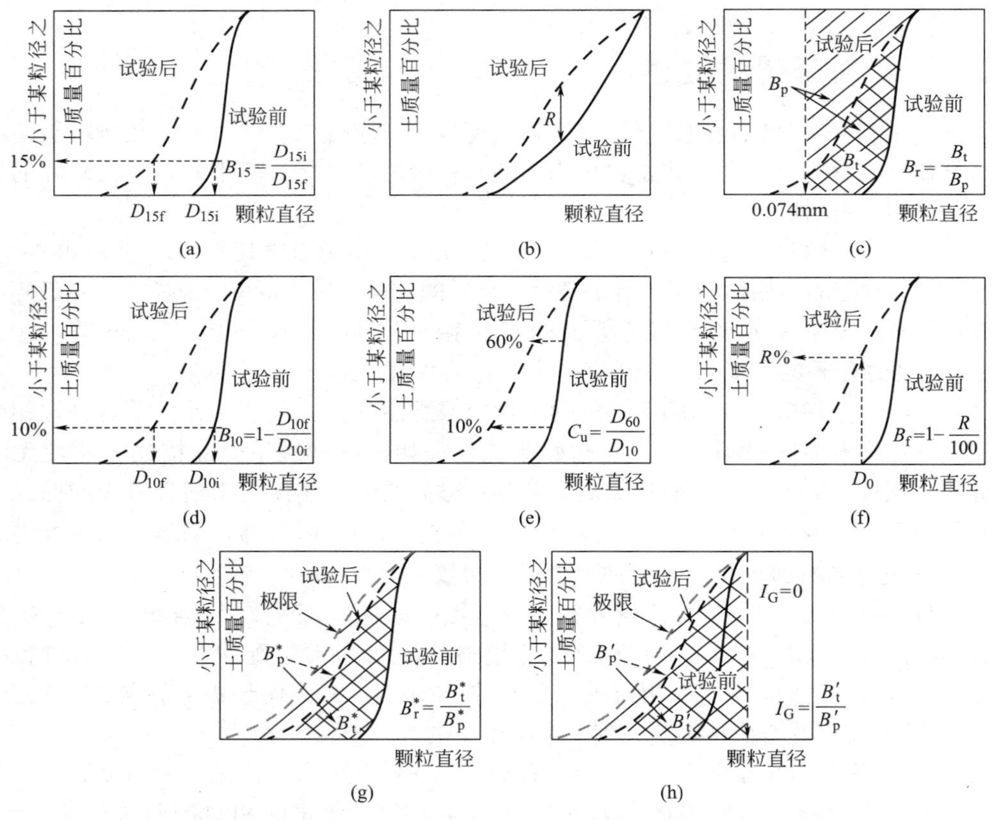

图 10.3　不同颗粒破碎描述方法定义的示意图

（a）B_{15} 的定义（Lee 等，1967）；（b）R 的定义（Marsal，1967）；（c）B_r 的定义（Hardin，1985）

（d）B_{10} 的定义（Lee 等，1967）；（e）C_u 的变化（Biarez 等，1997）；（f）B_f 的定义（Nakata 等，1999）；

（g）B_r^* 的定义（Einav，2007）；（h）I_G 的定义（Muir Wood 等，2007）

综上所述，对于不同的可破碎粒状材料，破碎因子 B_{15}、R、B_r、B_{10}、C_u、B_f 的最大值均不同，且仅抓住某一指定颗粒粒径的变化，以偏概全。因此，如采用这些因子来评价比较不同材料的破碎程度将存在不统一的问题，但表达较为简单、实用。对于不同或相同的粒状材料存在不同的初始颗粒级配时，I_G 的初始值会不同，但随着破碎的增加均会变化到 1，因此在评价比较破碎程度时也存在着不统一的问题，但抓住了整体颗粒级配的变化，较为完整。相对而言，修正相对破碎指数 B_r^* 针对不同材料在破碎过程中均能从 0 变化到 1，因此在评价比较材料的破碎程度时较为统一，且同时抓住了整体颗粒级配的变化。

10.2.2　一维及等向压缩试验现象

McDowell（2002）针对不同主要粒径的石英砂（$d=0.5$mm，1mm，2mm）进行了单颗粒压碎和一维压缩试验，研究了 Weibull 分布系数，并指出颗粒破碎到一定的程度其级配曲线将不再变化。这时，级配变化的分形维数（fractal dimension）为 2.5。Valdes 等（2008）针对渥太华砂（$C_u=1.2$，$D_{50}=0.72$）进行了一维压缩试验，研究了压缩应力、孔隙比变化与颗粒级配变化之间的关系。

黄文竞（2007）针对武汉石英砂（$C_u=2.84$，$D_{60}=0.71$mm，$D_{50}=0.49$mm，$D_{10}=0.25$mm）进行了一维压缩试验，研究了压缩应力、孔隙比变化与颗粒级配变化之间的关系。常俊等（2008）配制了不同级配、不同粒径的南京砂试样，研究表明颗粒破碎程度随所受压力和颗粒粒径增加而增大，且颗粒级配越差颗粒破碎率越高。张季如等（2008）通过一维压缩试验研究了高压应力下武汉石英粗砂和细砾的颗粒破碎特性，基于分形模型和颗粒级配曲线资料，研究颗粒的破碎分形。张家铭等（2009）针对南海钙质砂（$e_{max}=1.46$，$e_{min}=1.09$，$C_u=2.02$，$D_{60}=0.42$mm，$D_{50}=0.377$mm，$D_{10}=0.208$mm）进行了一维压缩试验，研究了压缩应力、孔隙比变化与颗粒级配变化之间的关系。

以上研究在如何确定压缩过程中的颗粒破碎量方面还存在着不足之处。

10.2.3　三轴剪切试验现象

Lade 等（1996）针对 Combria 砂（$e_{max}=0.792$，$e_{min}=0.503$，$D_{50}=1.66$mm，$C_u=1.3$）进行了一维压缩和拉伸条件下的三轴排水、不排水剪切试验，研究了 D_{10} 的变化对于力学性能和渗透系数的重要性，并提出了破碎因子 B_{10} 的概念。Nakata 等（1999）针对日本 Aio 砂（$e_{max}=0.985$，$e_{min}=0.706$，$D_{50}=1.91$mm）进行了单颗粒压缩、一维压缩和三轴排水剪切试验，研究了存活几率曲线同应力水平和级配变化的关系，并提出了破碎因子 B_f 的概念。Hyodo 等（2002）针对日本 Aio 砂（$e_{max}=0.958$，$e_{min}=0.582$，$C_u=2.74$）进行了等向压缩、不排水压缩和拉伸条件下的剪切及不同围压和偏压水平下的三轴不排水循环载荷试验，研究表明在高围压下颗粒破碎随着循环次数的增加而增加。McDowell 等（2002）针对石英砂（$e_{max}=0.881$，$e_{min}=0.632$）进行了不同应力路径的三轴排水压缩和剪切试验，研究了颗粒表面积、塑性功与塑形硬化变量之间的关系，并建立了一个颗粒破碎临界面；并指出很大一部分的塑性功在颗粒摩擦过程中消散掉了。Donohue 等（2009）针对钙质砂 Dog's Bay Sand（$e_{max}=1.86$，$e_{min}=1.17$，$D_{50}=0.33$mm）进行了不同围压和偏压水平下的三轴排水循环载荷试验，研究表明颗粒破碎随着循环次数的增加而增加。Indraratna 等（2009）针对铁路道砟进行了三轴排水循环载荷试验，研究了颗粒破碎对道砟材料回弹模量的影响。Karimpour 等（2010）针对 Viginia 砂（$e_{max}=0.759$，$e_{min}=0.532$，$D_{50}=0.638$mm，$C_u=1.4$）进行了三轴压缩条件下的不同加载速度剪切、蠕变及应力松弛试验，研究了时间同颗粒破碎之间的关系，指出粒状材料的时效特征同颗粒破碎密切相关。

刘崇权等（1999）针对南海钙质砂（$e_{max}=2.97$，$e_{min}=0.8$）进行了三轴排水剪切试验，结果表明破坏包线（ϕ 角）随围压的增高而降低。刘汉龙等（2005）和杨光等（2010）利用室内大型三轴试验，对堆石等粗颗粒料的颗粒破碎进行了分析。结果表明颗粒破碎率随围压的增加而增加，呈非线性状态。颗粒破碎的增加将导致粗颗粒料的抗剪强度降低。张家铭等（2009）进行三轴剪切试验，分析了钙质砂颗粒破碎与剪胀对其抗剪强度的影响。试验结果表明，颗粒破碎与剪胀对钙质砂强度有着重要影响，低围压下剪胀对其强度的影响远大于颗粒破碎，随着围压的增加，钙质砂颗粒破碎加剧，剪胀影响越来越小，而颗粒破碎的影响则越来越显著；颗粒破碎对强度的影响随着围压的增大而增大，当破碎达到一定程度后颗粒破碎渐趋减弱，其影响也渐趋于稳定。

以上研究很好地总结了颗粒破碎对材料力学性能的影响，但在如何建立同时适用于静力及动力作用下的颗粒破碎程度的大小，及如何解释颗粒破碎对应力-应变产生影响等方面还存在着不足之处。

10.2.4 扭剪及单剪试验现象

Coop 等（2004）应用环剪仪，对钙质砂 Dog's Bay Sand（$C_u=2.75$，$D_{50}=0.24$mm）在不同的法向应力水平下进行了大剪切应变水平的试验，研究了剪切过程中的颗粒破碎状况及极限颗粒破碎。Tarantino 等（2005）应用单剪仪，对钙质砂 Dog's Bay Sand 在不同的法向应力水平下进行了小剪切应变的试验，并研究了颗粒破碎状况。Valdes 等（2008）针对渥太华砂和钙质砂的混合砂土做了单剪试验，结果表明在低围压下砂土的力学性能主要受颗粒形状影响，在高围压下砂土的力学性能主要受颗粒破碎影响。

杨仲轩等（2010）应用环剪仪，对 Fontainebleau 砂（$e_{max}=0.9$，$e_{min}=0.51$，$C_u=1.53$，$D_{60}=0.23$mm，$D_{50}=0.21$mm，$D_{10}=0.15$mm）在不同的法向应力水平下进行了大剪切应变水平的试验，研究了剪切过程中的颗粒破碎状况。周杰等（2010）应用高压直剪仪，对福建标准砂（$e_{max}=0.816$，$e_{min}=0.484$，$C_u=1.5$，$D_{60}=0.42$mm，$D_{10}=0.28$mm）进行了抗剪强度试验，试验结果表明，高应力下砂土的抗剪强度受法向应力和剪切速率的共同影响。当法向应力较小时，砂土抗剪强度与剪切速率基本无关；但是当法向应力较大时，较快剪切速率条件下的砂土抗剪强度变小。

以上研究很好地总结了剪切条件下的颗粒破碎与抗剪强度的相互关系，但在如何确定外力作用下颗粒破碎程度的大小，及其对剪切性能的影响等方面同样存在着不足之处。

10.3 考虑破碎效应的本构模拟方法

综上所述，如何确定静力及动力载荷作用下颗粒破碎的大小，及如何解释颗粒破碎对应力-

应变产生影响，是正确认识及模拟考虑颗粒破碎效应的粒状材料力学本构关系的关键所在。

10.3.1　静动力载荷下颗粒级配变化的塑性功描述法

一些研究者指出颗粒破碎量的大小与输入能量相关（Lade 等，1996；Einav，2007；Daouadji 等，2001）。为此，作者借助 Cambria 砂试验结果建立了考虑颗粒破碎效应的砂土静力本构模型（Hu 等，2011）。此模型的一个核心内容在于塑性功（$w_p=\int p'd\varepsilon_v^p+qd\varepsilon_d^p$）与修正相对破碎指数（$B_r^*$）的本构方程：

$$B_r^*=\frac{w_p}{a+w_p} \tag{10.1}$$

其中，参数 a 可控制颗粒破碎随塑性功的变化速度，同时 a 值的大小也隐含了对颗粒破碎不起作用的颗粒间摩擦消耗掉的一定量的塑性功。

为了修正此本构方程对于一般砂土的适用性，作者搜集了不同砂土的试验资料，参照文献（Hu 等，2011）的方法整理出修正相对破碎指数与塑性功的关系，如图 10.4（a）所示：花岗岩质砂（D_{50}＝0.85mm，C_u＝2，Kim，1995），Cambria 砂（D_{50}＝1.66mm，C_u＝1.3，Yamamuro 和 Lade，1996；Lade 和 Bopp，2005；Bopp 和 Lade，2005），Syndey 砂（D_{50}＝0.31mm，C_u＝1.83，Russell 和 Khalili，2004），胡斯屯砂（D_{50}＝1mm，C_u＝1.5，Lelong，1968）。为了更准确地描述颗粒破碎随塑性功的变化规律，可引入幂指数 n 如下：

$$B_r^*=\frac{(w_p)^n}{a+(w_p)^n} \tag{10.2}$$

其中，对于不同砂土按最小方差控制原则而取得的参数 a 和 n 的值列于图 10.4（a）。

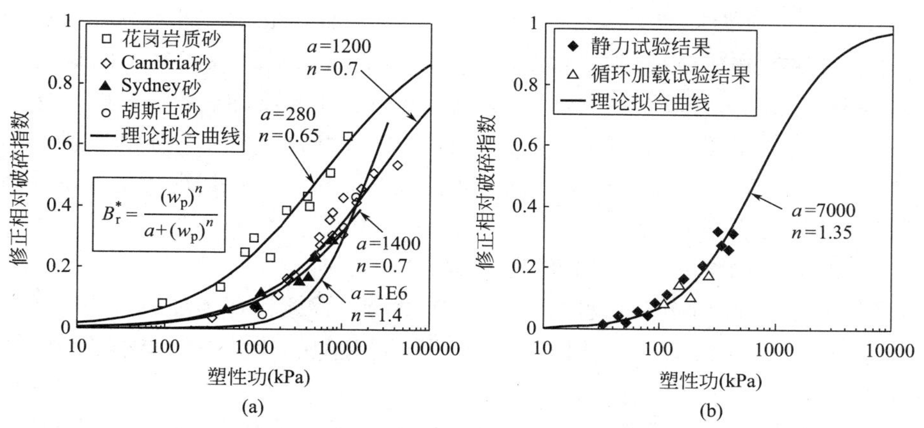

图 10.4　不同粒状材料的修正相对破碎指数随塑性功的变化规律

由于塑性功在循环载荷变形下可累计，这种塑性功的累积是否同样可描述颗粒破碎的累积？为此，作者针对石灰质颗粒集合体（所有试样均等初始孔隙比 e_0＝1.05），开展了排水条件下的静三轴和动三轴试验：不同围压下的静力试验（25kPa、50kPa、100kPa、400kPa、800kPa）和围压 400kPa 下不同应力路径的动力试验（平均应力不变、围压不变、偏应力不变，且不同循环次数）。按文献（Hu 等，2011）方法整理出试验结果，图 10.4（b）表明，用静力试验建立起来的塑性功 w_p 与颗粒破碎级配 B_r^* 的关系也同样适用于循环加载试验的结果。

因此，本构方程（10.2）可以同时描述静力及循环载荷过程中的累计颗粒破碎，可应用于现有的砂土动力弹塑性本构模型以描述材料在应力应变过程中颗粒破碎发生的大小。

10.3.2 颗粒破碎对材料力学特性的影响机理

前述试验结果表明，颗粒破碎造成粒状材料的压缩性和剪缩性变大，且剪切刚度及其强度变弱（图 10.5）。这一现象可以通过引入临界状态线的漂移概念（Kikumoto 等，2010；Hu 等，2011），由应力状态点与临界状态线的相对位置变化来解释：颗粒破碎下临界状态线的下移可引起“$e-e_c$”或“e/e_c”变大（Yin 等，2010，2012），由本构方程（10.3）和方程（10.4）可知，直接导致剪切刚度及其强度变弱（M_p 或 $\tan\phi_p$ 变小）且剪缩性变大（M_{pt} 或 $\tan\phi_{pt}$ 变大）。

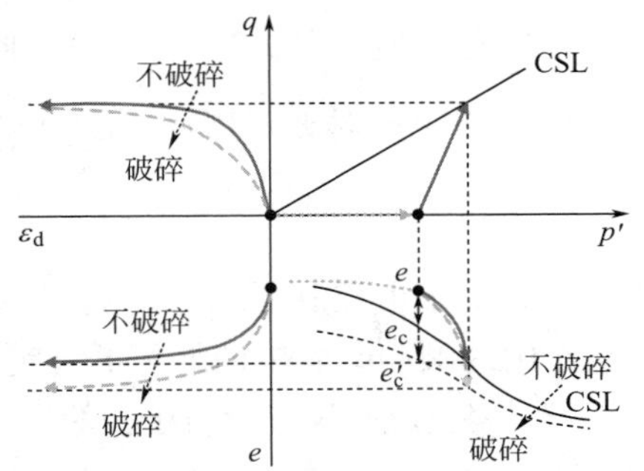

图 10.5 颗粒破碎对可破碎材料应力应变关系影响的示意图

$$M_p=M\exp[-n_p(e-e_c)] \text{ 或 } \tan\phi_p=\left(\frac{e}{e_c}\right)^{-n_p}\tan\phi_u \tag{10.3}$$

$$M_{pt}=M\exp[n_d(e-e_c)] \text{ 或 } \tan\phi_{pt}=\left(\frac{e}{e_c}\right)^{n_d}\tan\phi_u \tag{10.4}$$

其中，M 可以通过合理的三维化方法描述强度的罗德角相关性，如姚仰平教授等的变换应力空间法（Yao 等，2004，2009）。值得一提的是，对于粗颗粒土强度的颗粒破碎效应，Hu 等（2018）在法国力学与土木工程实验室应用大三轴试验仪，针对易破碎钙质粗颗粒土，研究了其强度的颗粒破碎非线性效应，并应用“临界状态线漂移”的概念结合公式（10.3）和公式（10.4），描述了颗粒破碎对钙质粗颗粒土强度的非线性影响规律。

由于砂土的临界状态线本身具有应力水平相关的非线性，难于界定颗粒破碎对临界状态线的影响，因此，在颗粒破碎过程中临界状态线的漂移与否及其规律是揭示颗粒破碎对材料力学特性的影响机理的关键所在。

（1）临界状态线漂移的数值试验佐证

由于离散元法有试样制作一致性较好、颗粒性质一致性较好及加载过程一致性较好等优点，Muir Wood 等（2008）应用 PFC2D 配置不同级配的圆盘进行双轴数值试验，揭示颗粒级配对临界状态线的影响。

由于二维条件同实际三维条件差别较大，作者应用 PFC3D 配置了不同颗粒级配的试样（不均匀系数 C_u 分别为 1.2、2.4、3.6，颗粒总数均在 3000 颗以上，单颗粒密度为 2630kg/m^3，初始孔隙比为 0.667，法向与切向接触刚度分别为 1.5×10^8N/m 和 1×10^8N/m，颗粒间摩擦系数为 0.5）进行三轴排水剪切数值试验。图 10.6（a）为围压在 500kPa 时三个试样的应力-应变曲线，图 10.6（b）为三种级配的试样在不同围压下做排水剪切试验而得到的临界状态线以及围压在 500kPa 时三种级配试样的应力-孔隙比路径。结果表明颗粒级配越不均匀，e-log$p$ 上的临界状态线越低，可作为粒状材料在颗粒破碎过程中临界状态线下移的一个佐证。

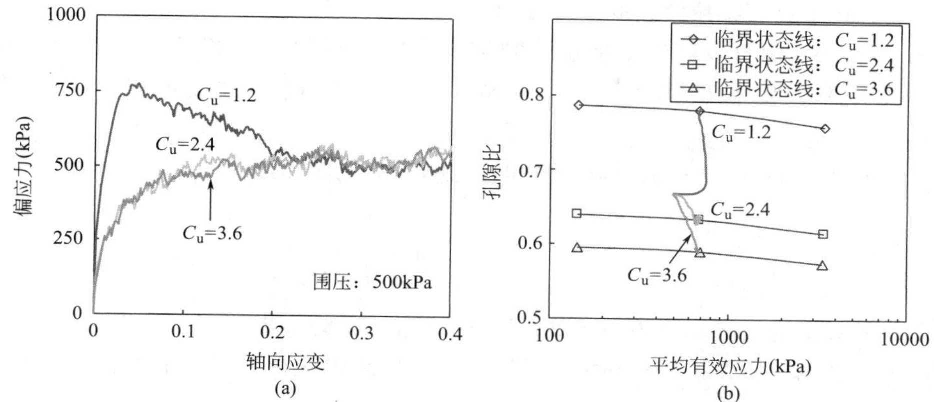

图 10.6 不同颗粒级配粒状材料的应力应变及孔隙比-应力路径变化规律

(2) 临界状态线漂移的试验证明

最近，Bandini 和 Coop（2011）针对不同颗粒破碎程度的 Dog's Bay Sand 在相同的低围压下进行三轴试验，并明确指出在颗粒破碎过程中临界状态线有漂移现象。

为了进一步揭示临界状态线在颗粒破碎过程中漂移的现象，作者针对较容易破碎的石灰质颗粒，制备两个等初始孔隙比的试样（e_0＝1.1），开展了一组常规排水剪切试验：1 号试样各向同性压到 100kPa，再保持围压不变，轴向加载到应变 25%；2 号试样各向同性压到 800kPa 再卸载到 100kPa，再保持围压不变，轴向加载到应变 25 %。

临界状态线的基础在于材料临界状态的定义，即材料在连续剪切变形下保持体积不变。如果临界状态线可以漂移，那么临界状态概念将不再有效。介于前述临界状态线的颗粒级配相关性，还是可以合理地认为颗粒破碎造成颗粒级配的变化从而引起临界状态线的漂移。为此，研究者们（Daouadji 等，2001；Kikumoto 等，2010；Hu 等，2011）拓展了传统临界状态的概念，定义轴向应变较大时（如 20%～25%）的应力-孔隙比状态为对应于此时颗粒级配的临界状态。由此，基于试验结果（图 10.7），各向同性压缩到 800kPa 造成了一定量的颗粒破碎，导致颗粒破碎量较大的 2 号试样（B_r^*＝0.152）的临界状态低于 1 号试样（B_r^*＝0.116）。此结果与图 10.6 所示结果一致。

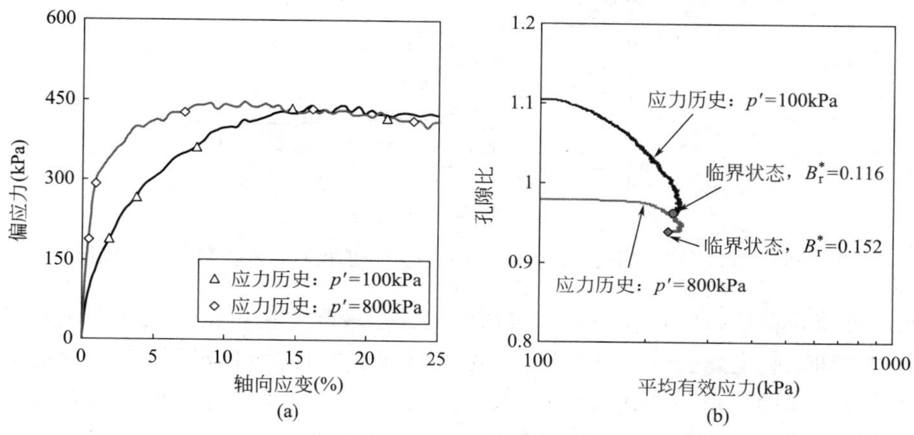

图 10.7 石灰质颗粒集三轴排水压缩剪切试验结果

（3）临界状态线随颗粒破碎的漂移规律

基于临界状态线的漂移对于揭示颗粒破碎对粒状材料力学特性的影响机理的重要性，在此部分引入颗粒破碎因子 B_r^* 来建立考虑颗粒破碎效应的临界状态线漂移规律。

关于 e-$\log p'$平面上砂土临界状态线的描述，本章采用 Biarez & Hicher（1994）的做法：

$$e_c = e_{ref} - \lambda_c \ln\left(\frac{p'}{p_{at}}\right) \tag{10.5}$$

式中，e_c 为针对于当前平均应力 p'时的临界孔隙比；λ_c 为临界状态线的斜率；e_{ref} 为参考临界孔隙比，可控制临界状态线的位置，因此对于可破碎颗粒材料，临界状态线的漂移便可通过 e_{ref} 的变化来实现。

为了寻求适用于一般砂土的临界状态线漂移规律，作者搜集了不同砂土的试验资料，参照文献（Hu 等，2011）的方法整理出临界状态线位置（即参考临界孔隙比）与修正相对破碎指数的关系，如图 10.8 所示：花岗岩质砂（Kim，1995），Cambria 砂（Yamamuro 和 Lade，1996；Lade 和 Bopp，2005；Bopp 和 Lade，2005），Syndey 砂（Russell 和 Khalili，2004），胡斯屯砂（Lelong，1968）。如前所述，为了更准确地描述参考临界孔隙比随颗粒破碎的变化规律，可引入幂指数 m 如下：

$$e_{ref} = e_{ref0} - (e_{ref0} - e_{refu})\frac{(B_r^*)^m}{b + (B_r^*)^m} \tag{10.6}$$

式中，e_{ref0} 为对应于颗粒初始级配时的初始参考临界孔隙比；e_{refu} 为对应于极限颗粒破碎时的极限参考临界孔隙比，e_{ref0} 和 e_{refu} 均可通过试验结果得到；对于不同砂土按最小方差控制原则而取得的参数 b 和 m 的值列于图 10.8。

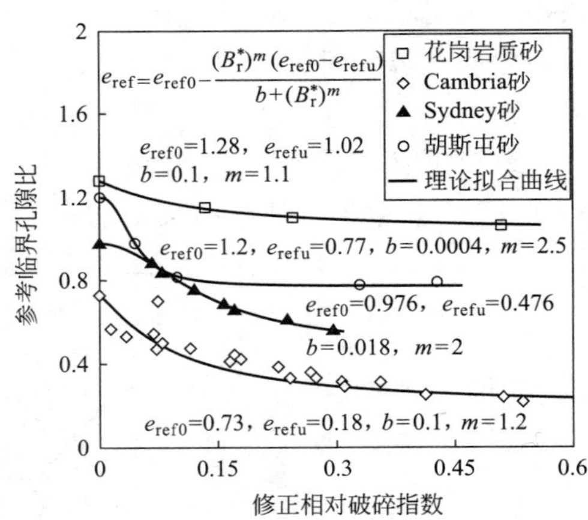

图 10.8　不同粒状材料的参考临界孔隙比随修正相对破碎指数的变化规律

由此，可破碎颗粒材料在应力应变过程中的颗粒级配变化可由修正相对破碎指数来表示，且由塑性功来确定［公式（10.2）］；然后再通过修正相对破碎指数来确定临界状态线的位置［公式（10.5）和公式（10.6）］，进而可通过当前状态与临界状态线的相对位置来评价颗粒破碎对颗粒材料力学特性的影响［公式（10.3）和公式（10.4）］。

10.3.3　一维及等向压缩模拟

Pestana 等（1995）在边界面塑性理论基础上提出当前孔隙率在 log$e$-log$p$ 坐标上的极限受压线上取镜像点，通过当前应力与极限受压线上镜像点应力的大小来量测当前状态与镜像点状态的距离，进而确定塑性应变的大小。但模型不能直接反映颗粒破碎引起的级配变化。Einav（2007）基于连续介质损伤力学理论，构建了破碎能量及消散相关的损伤因子，提出了弹性破碎能量本构关系，并进一步发展弹塑性破碎能量本构关系。模型仅适用于模拟一维及等向压缩试验。Sheng 等（2008）基于 log$e$-log$p$ 的曲线，提出了等向压缩模型，且模型参数可从双对数曲线上量取。但模型不能直接反映颗粒破碎引起的级配变化。

以上模型均能较好地描述一维或等向压缩试验，其中 Einav 的模型不仅物理概念清晰，还直接引入了颗粒破碎引起的级配变化变量，在反映应力-应变关系的同时还可以描述相应的颗粒级配曲线，对三维本构模型的发展有借鉴意义。

10.3.4　三维剪切本构模拟

基于以上试验结果及理论分析而建立的三维本构模型大致可分为四类：

（1）直接修正塑性硬化和剪胀关系的模拟方法

孙德安等（2007）、姚仰平等（2008，2011）在剑桥模型及边界面塑性的理论框架下，通过修正硬化变量和临界状态线的斜率 M 来引入颗粒破碎效应，进而提出本构模型。申存科等（2010）将塑性功引入土体受力变形过程的能量方程中，推导得到含有破碎效应的土体剪胀方程，建立了一个考虑颗粒破碎的粗颗粒土本构模型。孙海忠等（2010）研究了颗粒破碎对硬化准则和剪胀性的影响，提出了修正后的硬化准则和剪胀方程，并基于有效塑性功的概念，建立了考虑颗粒破碎的粗颗粒土临界状态弹塑性本构模型。

（2）基于损伤力学引入损伤因子的模拟方法

汪稔等（2002）采用边界面模型，在弹性应力-应变关系上引入颗粒破碎损伤因子。孙吉主等（2006）引入临界状态线的概念提出了双屈服面模型。米占宽等（2007）基于岩土破损力学二元介质模型概念的基础上，将堆石体视为结构体和破损带组成的二元介质，建立了颗粒破碎率和破损参数之间的关系，提出了可以考虑颗粒破碎的堆石体本构模型。

（3）高低围压下的分段临界状态线的模拟方法

Russell 等（2004）在剑桥模型及边界面塑性理论框架下，通过构建由三分段组成的临界状态线来描述不同应力水平下及不同颗粒破碎情况下的极限状态位置，进而提出本构模型以考虑颗粒破碎效应。

（4）临界状态线漂移的模拟方法

Simonini（1996）在 Mohr-Coulomb 和临界状态线的基础上，引入颗粒破碎相关的压缩临界面来描述高应力下颗粒破碎造成的压缩应变的增加。Daouadji 等（2001）基于颗粒破碎引起最大和最小孔隙比的变化，进而提出临界状态线随颗粒破碎漂移的假设，在本构模型上采用修正塑性功的累计来描述临界状态线漂移的大小。Cecconi 等（2002）在剑桥模型的理论框架下，引入摩擦角、屈服面大小及形状随累计塑性应变降低或改变，提出本构模型以考虑颗粒破碎效应。Kikumoto 等（2010）引入临界状态线随破碎指数 I_G 移动，

而 I_G 随着破碎临界面的扩展而变化，来考虑颗粒破碎效应。

以上模型均能较好地描述三维应力条件下的静力剪切试验。值得一提的是，其中 Simonini（1996）和 Kikumoto 等（2010）的模型直接引入颗粒级配变量 B_r、I_G 与破碎临界面的扩张的关系，在反映应力-应变关系的同时还可以描述相应的颗粒级配曲线。然而，破碎临界面的大小在循环载荷作用下仅仅相对于最大应力状态做最大的扩张，而对累计塑性应变不做变化，因此针对动力问题在循环累积破碎的描述方面尚有不足之处，有待于深入研究。

10.4 砂土临界状态破碎模型

本章以 SIMSAND 模型为基础，选用 Jin 等（2016，2018）以及 Wu 等（2019）所提的考虑颗粒破碎的砂土临界状态本构模型，简称“SIMSAND-Br”。

根据弹塑性理论，总应变增量由弹性应变增量和塑性应变增量组成：

$$\delta\varepsilon_{ij}=\delta\varepsilon_{ij}^{e}+\delta\varepsilon_{ij}^{p} \tag{10.7}$$

式中，上标 e 和 p 分别表示总应变增量的弹性和塑性部分。

根据胡克定律，弹性部分为：

$$\delta\varepsilon_{ij}^{e}=\frac{1+\upsilon}{3K(1-2\upsilon)}\sigma'_{ij}-\frac{\upsilon}{3K(1-2\upsilon)}\sigma'_{kk}\delta_{ij} \tag{10.8}$$

$$K=K_0 p_{at}\frac{(2.97-e)^2}{(1+e)}\left(\frac{p'+c\cot\phi_c}{p_{at}}\right)^n \tag{10.9}$$

式中，K_0、n 为弹性参数；υ 为泊松比；p' 为平均有效应力；p_{at} 为一个标准大气压（$p_{at}=101.3\text{kPa}$）；e 为孔隙比。

颗粒破碎本构采用双屈服面，包括剪切屈服面 f_1 和压缩屈服面 f_2。塑性应变增量表示为：

$$\delta\varepsilon_{ij}^{p}=\delta\varepsilon_{ij}^{p1}+\delta\varepsilon_{ij}^{p2}=d\lambda_1\frac{\partial g_1}{\partial\sigma'_{ij}}+d\lambda_2\frac{\partial g_2}{\partial\sigma'_{ij}} \tag{10.10}$$

式中，上标 1、2 分别代表剪切部分和压缩部分。对于任意一部分的屈服函数 $f<0$，所对应的塑性乘子等于 0。

剪切屈服准则 f_1 可表示为：

$$f_1=\frac{q}{p'+c\cot\phi_c}-\frac{M_p\varepsilon_d^p}{k_p+\varepsilon_d^p}=0 \tag{10.11}$$

式中，ε_d^p 为塑性偏应变，为硬化变量；c 为黏聚力；q 为偏应变；k_p 为相对塑性刚度；M_p 为峰值强度时的应力水平，可以表示为如下含有峰值摩擦角的函数：

$$M_p=6\sin\phi_p/(3-\sin\phi_p) \tag{10.12}$$

其他符号意义同前。

剪切屈服面采用非相关联流动法则，塑性势函数为：

$$g_1=\frac{q}{M_{pt}(p'+c\cot\phi_c)}+\ln(p'+c\cot\phi_c) \tag{10.13}$$

塑性势函数的偏导公式为：

$$\left.\begin{aligned}\frac{\partial g_1}{\partial \sigma'_{ij}}&=\frac{\partial g_1}{\partial p'}\frac{\partial p'}{\partial \sigma'_{ij}}+\frac{\partial g_1}{\partial s_{ij}}\frac{\partial s_{ij}}{\partial \sigma'_{ij}}\\ \frac{\partial g_1}{\partial p'}&=A_d\left(M_{pt}-\frac{q}{p'+c\cot\phi_c}\right)\end{aligned}\right\}\tag{10.14}$$

式中，A_d 为剪胀参数；M_{pt} 为相变线的斜率；

$$M_{pt}=6\sin\phi_{pt}/(3-\sin\phi_{pt})\tag{10.15}$$

ϕ_{pt} 为剪胀角。

峰值摩擦角 ϕ_p 和相变摩擦角 ϕ_{pt} 关联与临界状态摩擦角 ϕ_u 和临界状态孔隙比 e_c：

$$\left.\begin{aligned}&\tan\phi_p=\left(\frac{e_c}{e}\right)^{n_p}\tan\phi_c,\ \tan\phi_{pt}=\left(\frac{e_c}{e}\right)^{-n_d}\tan\phi_c\\ &e_c=e_{ref}\exp\left[-\lambda\left(\frac{\langle p'\rangle}{p_{ref}}\right)^{\xi}\right]\end{aligned}\right\}\tag{10.16}$$

式中，n_p 和 n_d 为模型参数；λ 为临界状态线的斜率；参考孔隙比 e_{ref} 和参考平均有效应力 p_{ref} 对应着临界状态线参考点的位置。

为了能够描述颗粒破碎材料的压缩特性，压缩屈服方程为：

$$f_2=\frac{1}{2}\left[\frac{q}{(p'+c\cot\phi_c)M_p}\right]^3(p'+c\cot\phi_c)+p'-p_m,\ \left(\frac{q}{p'+c\cot\phi_c}\leqslant M_p\right)\tag{10.17}$$

式中，p_m 为硬化变量控制屈服面的尺寸。

压缩屈服面采用相关联流动法则，塑性势函数 $g_2=f_2$，与修正剑桥模型类似，屈服面硬化规律为：

$$\left.\begin{aligned}p_m&=p_{m0}\exp\left(\frac{1+e_0}{\lambda'-\kappa'}\varepsilon_v^p\right)\\ \kappa'&=(1+e_0)(p'+c\cot\phi_c)/K\end{aligned}\right\}\tag{10.18}$$

式中，K 可由式（10.9）求得；λ'为压缩曲线在 $e\text{-}\ln\sigma'_v$或 $e\text{-}\ln p'$上的斜率。

在数值模拟过程中，颗粒破碎的力学特性可归纳为以下两点：

（1）颗粒破碎对临界状态线的影响

当颗粒材料破碎时，临界状态线将尝试“漂移”，可以采用公式（10.6）来描述，也可以采用下述公式：

$$e_{ref}=e_{refu}+(e_{ref0}-e_{refu})\exp(-\rho B_r^*)\tag{10.19}$$

式中，e_{ref0}为初始临界孔隙比参考值；e_{refu} 为极限临界孔隙比参考值；ρ 为模型参数，控制临界状态线漂移的速率；B_r^* 为修正相对破碎指数，可由加载过程中产生的塑性功 w_p 表示：

$$B_r^*=\frac{w_p}{b+w_p}\ \text{且}\ w_p=\int(\langle p'\rangle\langle d\varepsilon_v^p\rangle+q\,d\varepsilon_d^p)\tag{10.20}$$

式中，参数 b 可控制颗粒破碎随塑性功的变化速度；$d\varepsilon_v^p$ 和 $d\varepsilon_d^p$ 分别为体积增量和偏塑性应变增量。上式中的 MacCauley 函数表明，剪胀（$d\varepsilon_v^p<0$）未被计入该修正的塑性功中。因此，级配的演变不受剪胀的影响。

一旦确定了颗粒破碎量，实际 GSD 可由 Einav（2007）提出的公式得到。

$$F(d)=(1-B_r^*)F_0(d)+B_r^*F_u(d)\tag{10.21}$$

式中，F_0（d）和 F_u（d）分别为初始 GSD 和最终 GSD，根据 Coop 等（2004）分形 GSD 可表示为 $F_u(d)=(d/d_M)^{0.3}$。

（2）颗粒破碎对压缩特性的影响

在加载过程中压缩所产生的颗粒破碎特性可通过修正压缩屈服状态的硬化变量 p_m 实现。

$$p_m = p_{m0}\exp\left(\frac{1+e_0}{\lambda'-\kappa'}\varepsilon_v^p\right)\exp(-\rho B_r^*) \tag{10.22}$$

综上，颗粒破碎模型的参数可分为如下五类：①弹性参数（K_0，n，υ）；②临界状态相关参数（e_{ref0}，λ，ξ，ϕ_u）；③塑性剪切参数（k_p，A_d，n_p，n_d）；④塑性压缩参数（p_{m0}，λ'）；⑤破碎相关参数（e_{refu}，ρ，b）。

这里值得注意的是：c 为微小的颗粒间吸力或胶结，通常取较小值（如 $c=0.1$kPa）以增加程序的计算收敛性。此外，对于加固土 c 可作为颗粒间胶结，在加载过程中也可以被破坏，如果考虑这个效应的话，则需要把 c 作为一个硬化参数处理：

$$\mathrm{d}c = -\omega c\,\mathrm{d}\varepsilon_d^p \tag{10.23}$$

式中，ω 为控制颗粒间胶结破坏速率的材料常数。

10.5 枫丹白露砂的模型验证

本节选用法国枫丹白露 NE34 砂的常规三轴试验来验证本构模型。

10.5.1 弹塑性参数确定

通过拟合由 Gaudin 等（2005）进行的各向同性压缩试验来确定参数 K_0 和 n。如图 10.9（a）所示，可以得到 K_0 和 n 的值，分别为 100 和 0.55。初始剪切模量 G_0 是通过考虑泊松比的典型值（即 $\mu=0.25$）和初始体积模量 K_0 来计算得到［$G_0=3K_0(1-2\mu)/2(1+\mu)=60$］。通过模拟 Yang 等（2010）进行的固结试验，得到了颗粒破碎发生时相对应的屈服应力 $\sigma_y=25$MPa 和压缩系数 $\lambda'=0.25$，如图 10.9（b）所示。

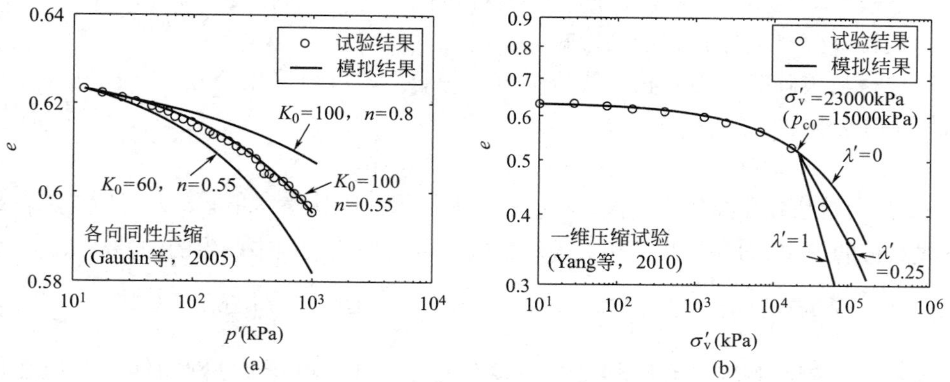

图 10.9 用于标定参数的枫丹白露砂压缩试验结果

（a）低应力水平下的各向同性压缩试验；（b）达到高应力水平的固结试验

此外，选择在不同的围压下（从 50kPa 到 400kPa，即表 10.1 中标记为 TM1～TM11 的试验）的一系列三轴排水试验来确定 CSL 和其他剪切参数。这些试验的特点是颗粒破碎量可以忽略不计，即暂时假定 $\rho=0$（隐含着 $e_{\mathrm{ref0}}=e_{\mathrm{refu}}$）。根据试验结果从 p'-q 曲线测得摩擦角 $\phi=33.2°$。控制 CSL 位置的参数（即 e_{ref0}、λ 和 ξ）和塑性剪切参数（即 k_p、A_d、n_p和 n_d）可以通过反复试错法或优化方法得以确定。特别指出的是，用于参数确定的试验为“TM1～TM5”。

使用上述确定的参数，模拟了所有低应力水平试验（TM1～TM11）。针对试验序列（TM1～TM5）和（TM6～TM11）的数值模拟结果分别如图 10.10、图 10.11 所示。试验与模拟结果较好的一致性表明所确定的模型参数是可靠和准确的，所选择的本构框架能很好地再现低围压下枫丹白露砂力学特性的状态依赖性，尚不需考虑颗粒破碎的影响。

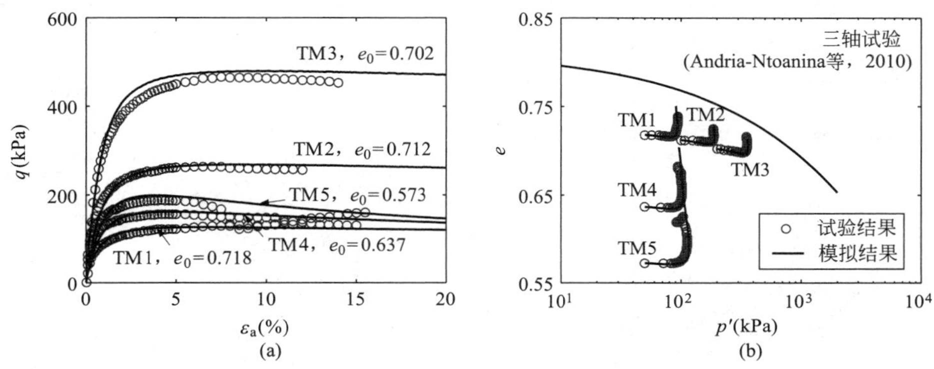

图 10.10　枫丹白露砂三轴排水试验及模拟结果

（a）偏应力对轴向应变；（b）孔隙比对平均有效应力

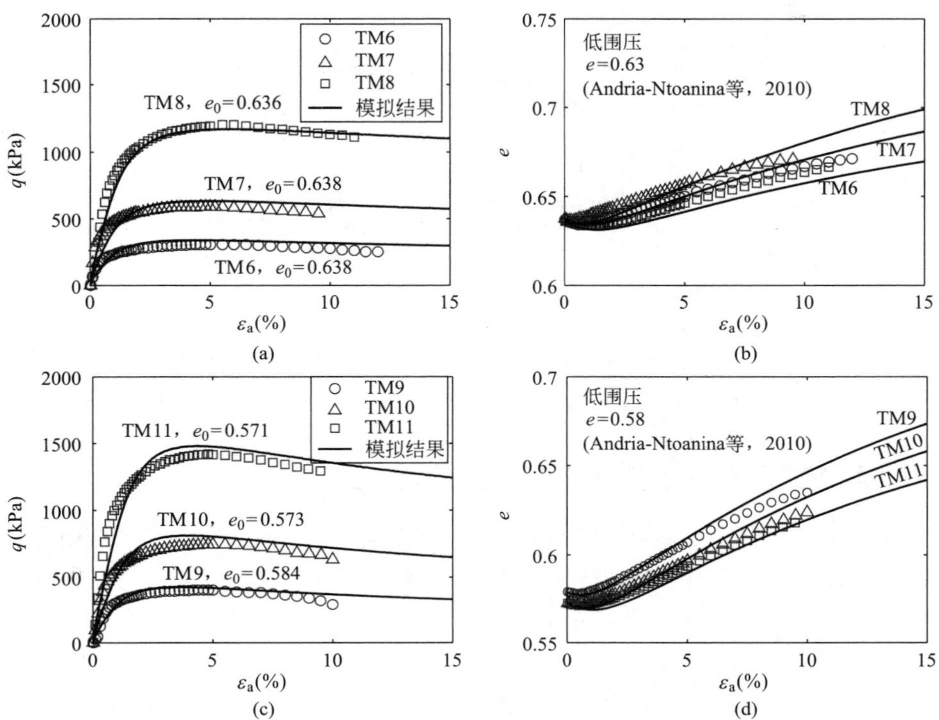

图 10.11　枫丹白露砂三轴排水试验及模拟结果

（a）、（c）偏应力对轴向应变；（b）、（d）孔隙比对轴向应变

图10.12为非常松的枫丹白露砂（$e_0=0.89$，Benahmed，2001）在围压100kPa（TMFO1）、200kPa（TMFO2）和400kPa（TMFO3）下的不排水三轴试验，也可以看出模拟结果和试验结果有较好的一致性，表明模型对不同初始密度的砂土在不同围压下、不同排水条件下均有较好的预测能力。

枫丹白露砂在低围压下的常规三轴排水试验列表　　**表10.1**

试验	TM1	TM2	TM3	TM4	TM5	TM6	TM7	TM8	TM9	TM10	TM11
e_0	0.718	0.712	0.702	0.637	0.573	0.637	0.638	0.636	0.584	0.573	0.571
σ_c'(kPa)	50	100	200	50	50	100	200	400	100	200	400

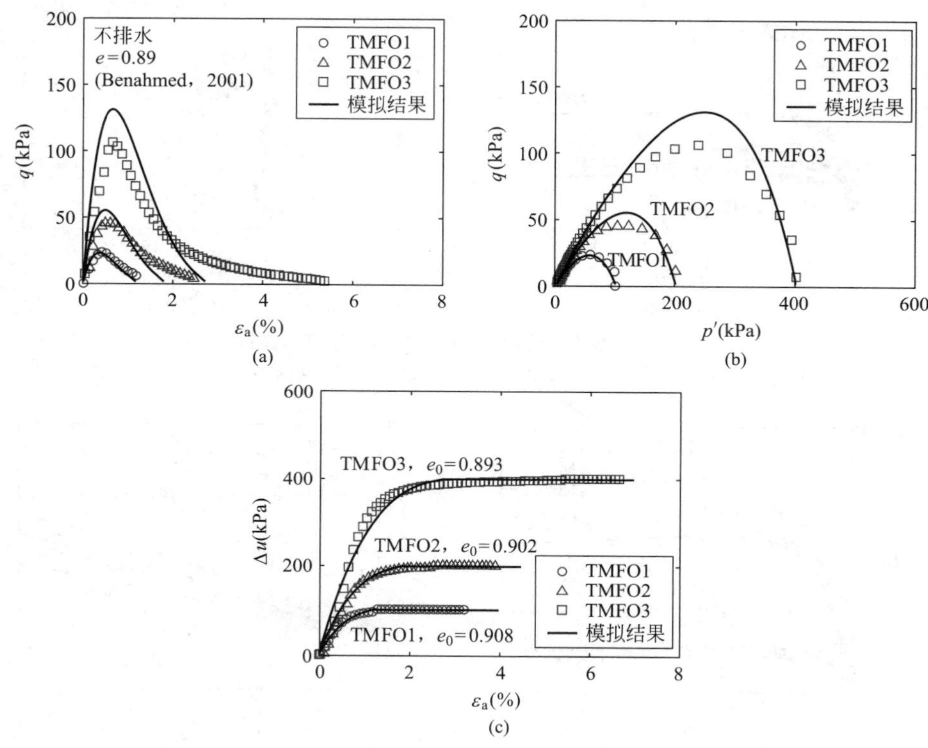

图10.12　枫丹白露砂三轴不排水试验及模拟结果

（a）偏应力对轴向应变；（b）偏应力对平均有效应力；（c）超孔隙水压力对轴向应变

10.5.2　颗粒破碎参数的确定及模型验证

为了确定决定颗粒破碎演化的模型参数，本节采用了Touati（1982）在相同标准枫丹白露砂上进行的一系列高围压三轴排水试验。表10.2显示了五个选定试验“TF1～TF5”的初始孔隙率e_0、围压σ_c'和最终空隙率e_{cf}。对于每个试验，测量了剪切后的颗粒级配曲线，可用于估算颗粒破碎指数B_r^*。塑性功w_p根据公式（10.20）计算，如图10.13（a）所示，可用于确定颗粒破碎指数B_r^*。通过公式（10.19）、公式（10.20）拟合所有试验数据可获得$b=12000$kPa。

枫丹白露砂在高围压下的常规三轴排水试验列表　　表 10.2

试验	TF1	TF2	TF3	TF4	TF5
e_0	0.529	0.522	0.521	0.502	0.475
σ_c'(kPa)	4000	6000	7000	16000	30000
e_{cf}	0.543	0.499	0.470	0.355	0.273

参数 λ 和 ξ 控制 CSL 的形状，在颗粒破碎时可以认为是相同的，认为只有控制 CSL 位置的参数 e_{ref} 被减少。假定 e_{cf} 和它在 CSL 上的相应 p' 相等，则可以使用 CSL 公式从五个试验中获得五个 e_{ref}。图 10.13（b）显示了初始临界空隙率 e_{ref} 与相应颗粒破碎指数 B_r^* 的变化。由此，公式（10.19）中的 $e_{refu}=0.296$ 和 $\rho=4$ 可通过拟合所有试验结果而获得。表 10.3 总结了所有模型参数的值。

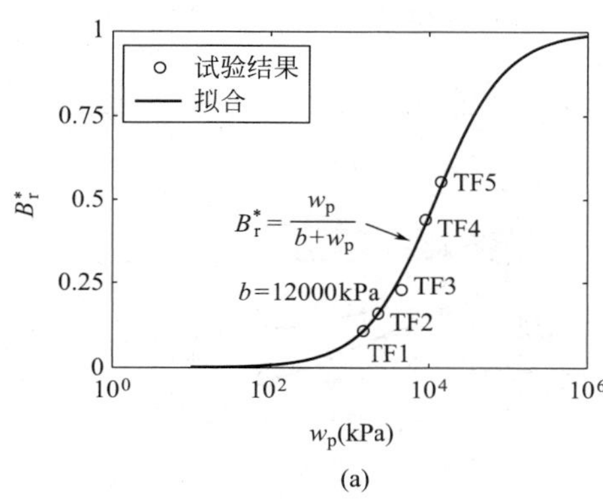

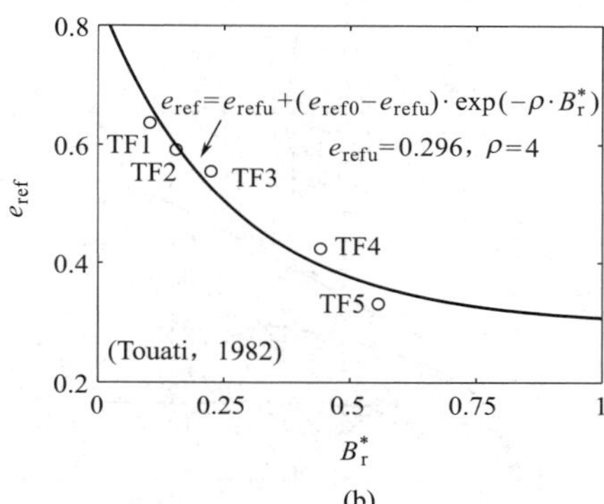

图 10.13　基于高应力水平试验的颗粒破碎效应

（a）颗粒破碎指数与塑性功的关系；（b）参考临界状态空隙比与颗粒破碎指数的关系

考虑颗粒破碎效应的枫丹白露砂的模型参数值　　表 10.3

分组	参数	枫丹白露砂	石灰石颗粒	Dog's bay 钙质砂
弹性参数	ν	0.25	0.25	0.25
	K_0	100	24	160
	n	0.55	0.5	0.56
临界状态参数	e_{ref0}	0.825	0.93	1.79
	λ	0.055	0.107	0.0148
	ξ	0.46	—	—
	ϕ_c(°)	33.2	41	44
塑性压缩参数	p_{m0}(kPa)	15000	1000	670
	λ'	0.25	—	—
塑性剪切参数	k_p	0.0015	0.031	0.053
	A_d	0.55	2.1	0.5
	n_p	2.5	1	1
	n_d	2.8	1	1

续表

分组	参数	枫丹白露砂	石灰石颗粒	Dog's bay 钙质砂
颗粒破碎参数	e_{refu}	0.296	—	—
	b(kPa)	12000	2300	2500
	ρ	4	3	10

应用所确定的参数值来模拟表 10.2 中的高围压三轴试验。试验结果和模拟结果之间的比较如图 10.14（针对不同的初始空隙比）和图 10.15（针对不同的颗粒级配曲线）所示。可以看出在高围压下的试验 TF1～TF5 结果和模拟结果非常吻合。低围压试验也使用最终确定的包含破碎效应的参数再次模拟，结果几乎与之前的模拟相同，这是由于 b 的值非常大，导致在低围压试验模拟中 B_r^* 的变化非常小（$B_r^* \approx 0.02$）。

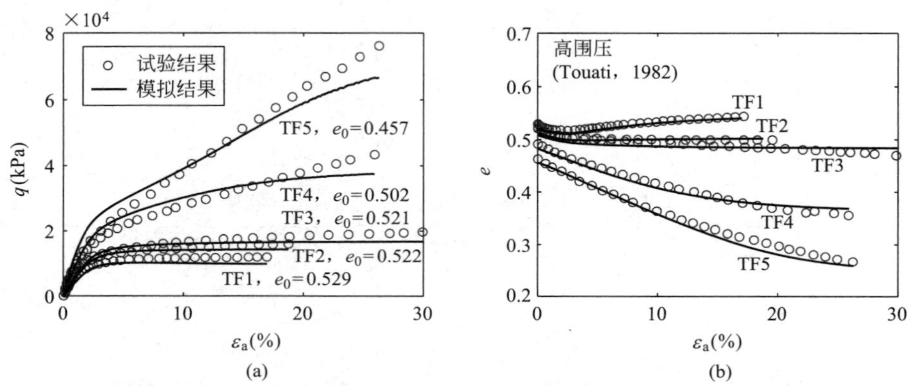

图 10.14　枫丹白露砂土在不同高围压下的三轴排水试验

（a）偏应力与轴向应变；（b）孔隙比与轴向应变

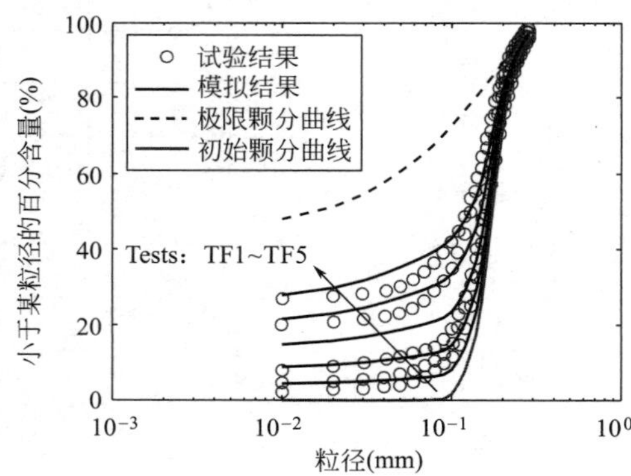

图 10.15　剪切试验结束后所测的颗粒级配曲线与模拟结果的比较

10.6　石灰石粒状土的模拟验证

10.6.1　石灰石颗粒室内试验简介

为了进一步验证模型，本节选用易破碎材料石灰石颗粒（莫尔硬度等于 3.5）的常规三轴排水试验（Lo 和 RoY，1973）进行模拟。该石灰石颗粒的主要物理参数如下：相对密度 $G_s=2.71$，初始孔隙比 $e_0=0.81$，最大孔隙比 $e_{max}=1.05$ 和最小孔隙比 $e_{min}=0.65$，平均粒径 $d_{50}=0.215$mm，不均匀系数 $C_u=2.85$，试样初始孔隙比 0.81。表 10.4 为不同围压下的三轴剪切试验。试验剪切结束后，测量了每个试样的颗粒级配曲线。

石灰石颗粒的三轴试验　　表 10.4

试验序号	①	②	③	④	⑤	⑥	⑦	⑧	⑨
剪切前 e_0	0.8	0.77	0.75	0.726	0.67	0.606	0.510	0.448	0.397
σ_c'(kPa)	172	345	517	690	1380	2760	5520	8275	11030

10.6.2　破碎参数的确定及模型验证

本节对本章 10.4 节所列公式（10.11）、公式（10.16）、公式（10.19）、公式（10.22）作了如下微小修改和简化：

$$
\begin{aligned}
f_1 &= \frac{q}{p'+c\cot\phi_c}-\frac{M_p\varepsilon_d^p}{(M_p p' k_p)/G+\varepsilon_d^p}\\
e_c &= e_{ref}-\lambda\ln\left(\frac{p'}{p_{ref}}\right)\\
p_{ref} &= p_{ref0}\exp(-\rho B_r^*)\\
p_m &= p_{m0}\exp\left(\frac{1+e_0}{\lambda-\kappa}\varepsilon_v^p\right)
\end{aligned}
\tag{10.24}
$$

式中，临界状态线中的 λ 与压缩硬化中的 λ 相同，p_{ref0} 为 100kPa。

弹性压缩相关参数（$K_0=24$、$n=0.5$ 和 $p_{m0}=1000$kPa）可直接从各向同性压缩曲线中计算求得（假设泊松比 υ 为 0.25）。针对易破碎砂，由于在低应力状态砂子同样发生破碎，所以，相关参数（如 e_{ref}、λ、ϕ、G_p、A_d、a、b）均难以直接从试验室内获得。因此，除了弹性压缩参数之外，易破碎砂的其余参数均使用本书第 5 章所提的 NMGA 优化程序进行参数优化，具体过程可见本书第 5 章，这里不作详述。

采用根据 NMGA 优化的最优参数（表 10.3），应用颗粒破碎模型来模拟每组试验。图 10.16 为偏应力与轴向应变“q-ε_a”曲线、各向同性压缩曲线和颗粒级配（GSD）曲线的比较分析图。根据比较，模拟能较好地吻合试验结果，从而证明了该最优参数的准确性及模型的有效性。

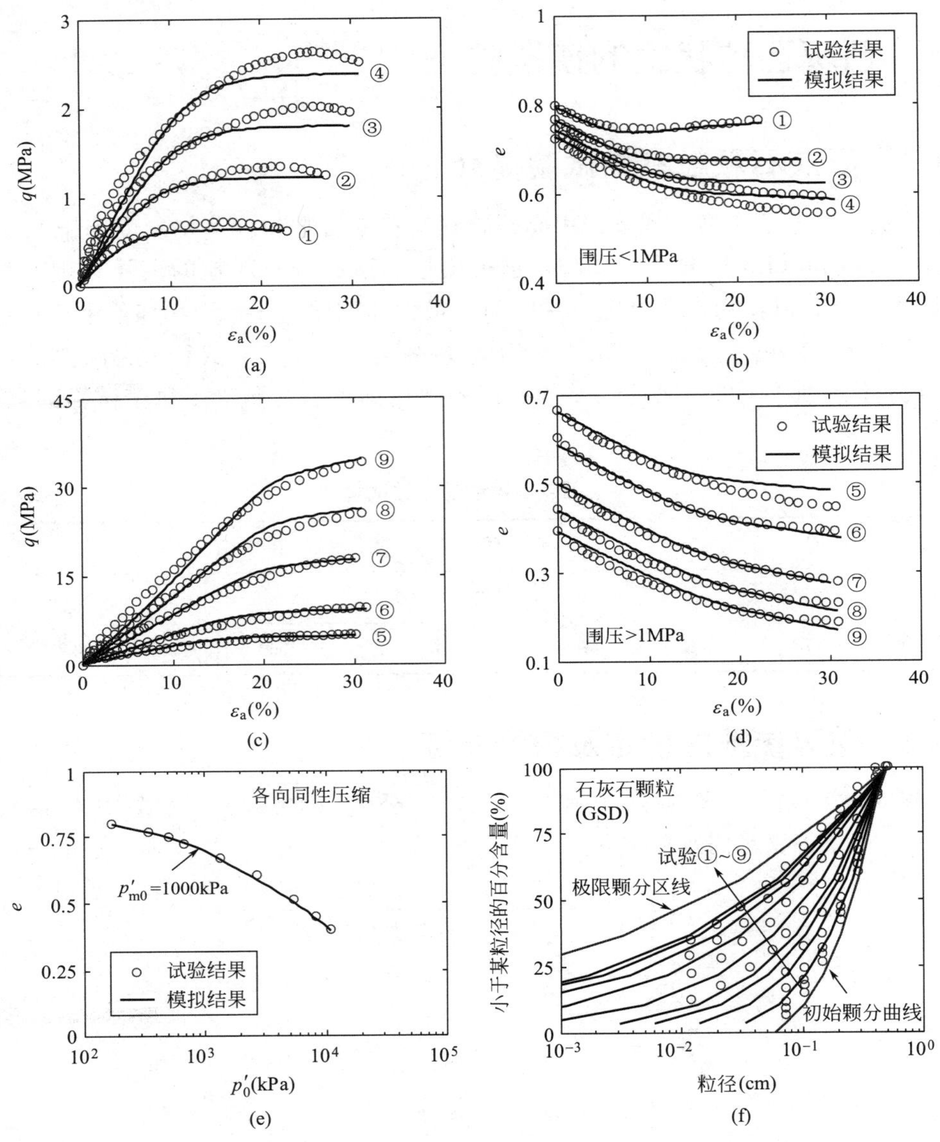

图 10.16　石灰石颗粒三轴排水试验与模拟结果对比分析图

10.7　钙质砂的模拟验证

试验中所采用的 Dog's bay 钙质砂的最大和最小孔隙比分别为 e_{max}＝1.84 和 e_{min}＝1.37，颗粒的平均粒径 d_{50}＝0.20mm，不均匀系数 C_u＝1.47。如图 10.17 所示，用来确定参数的试验为一组各向同性压缩试验（Coop，1990）和四组三轴恒定平均有效应力 p' 剪切试验（Bandini 和 Coop，2011），分别为：e_0＝1.365，σ'_c＝500kPa（D-1）；e_0＝1.582，σ'_c＝500kPa（D-2）；e_0＝1.557，σ'_c＝1000kPa（D-3）；e_0＝1.751，σ'_c＝4000kPa（D-4）；e_0＝1.757，σ'_c＝500kPa（D-5）。剪切试验结束后，量取试验 e_0＝1.582，σ'_c＝

500kPa 和 $e_0=1.582$，$\sigma'_c=500$kPa 的颗粒级配曲线标定试验参数。为简单起见，所有恒平均有效应力 p'剪切试验依次标记为 D-1、D-2、D-3、D-4、D-5、D-6 和 D-7，见表 10.5。

以 D-1、D-2、D-3、D-4、D-5 的目标试验，采用 NMGA 程序优化 Dog's bay 钙质砂的模型参数，表 10.5 为所求的最优参数。图 10.17 为所有三轴试验与模拟对比图，可知数值计算结果和试验结果吻合得非常好，这说明模型能够较好地模拟破碎砂的力学特性。对于高围压作用下破碎材料的剪胀特性，由于颗粒破碎的发生而使其转变为剪缩特性，这一现象也可以非常好地得以重现。同时，在试验过程中，试样的级配变化也可以通过模型得到很好地重现。

恒平均有效应力下 Dog's bay 钙质砂三轴试验 **表 10.5**

试验	D-1	D-2	D-3	D-4	D-5	D-6	D-7
e_0	1.365	1.582	1.557	1.751	1.757	1.744	1.705
σ'_c(kPa)	500	500	1000	4000	500	1000	4000

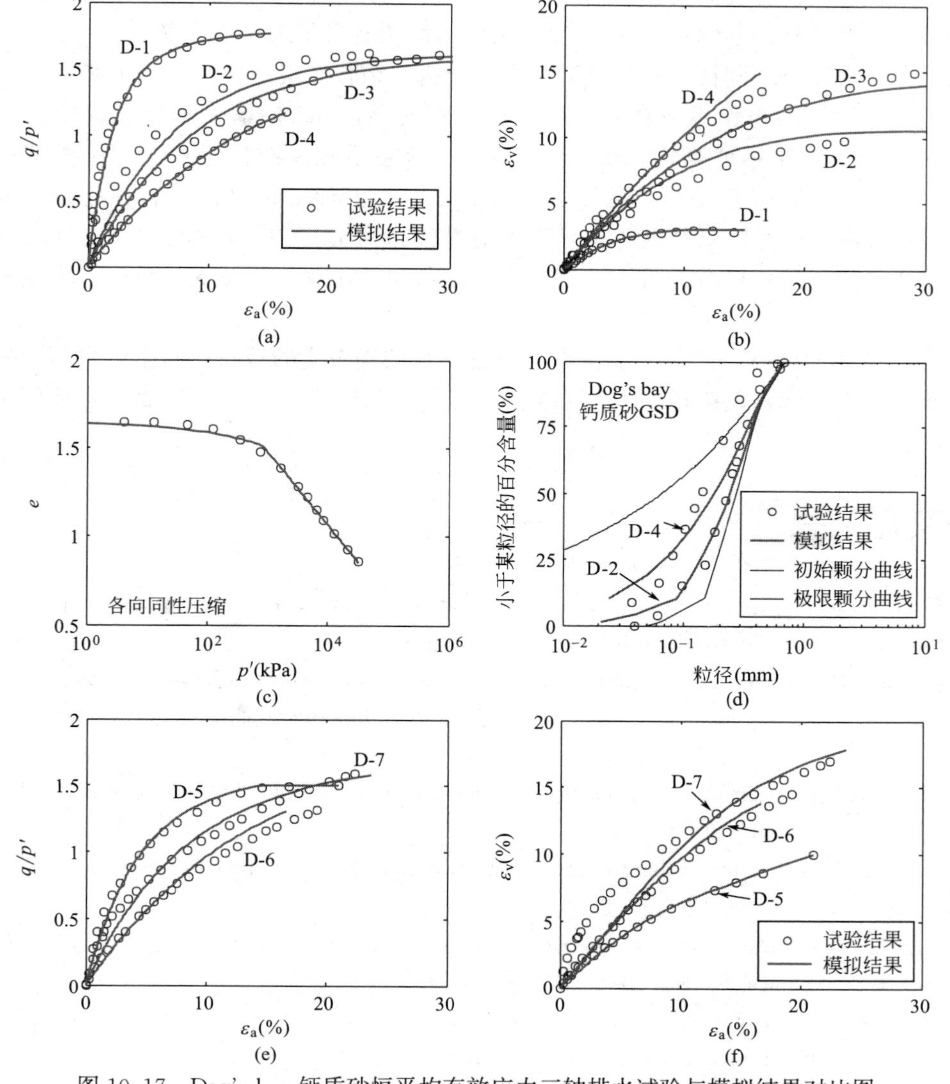

图 10.17 Dog's bay 钙质砂恒平均有效应力三轴排水试验与模拟结果对比图

10.8 本章小结

粒状材料的颗粒破碎可由反映颗粒级配变化的破碎因子来描述。在所提出的破碎因子中，修正相对破碎指数 B_r^* 针对不同材料在破碎过程中均能从 0 变化到 1，因此在评价比较材料的破碎程度时较为统一。

不同加载条件下（一维及等向压缩、三轴剪切、扭剪及单剪等）的试验研究很好地总结了颗粒破碎对材料力学性能的影响，但在如何建立同时适用于静力及动力作用下颗粒破碎的大小，及如何解释颗粒破碎对应力-应变产生影响等方面还存在着不足之处。

考虑颗粒破碎效应的粒状材料力学本构模拟方法主要有一维及等向压缩模型、三维剪切模型及基于离散元法的微观土力学模型。微观模型能较好地解释力学机理，但在工程应用上较为困难。而现有宏观模型在同时确定静动力作用下颗粒破碎的大小，及其对临界状态线位置的影响，进而准确预测应力-应变关系，都还有待于进一步发展。

基于此，通过对不同粒状材料试验结果的分析并结合作者近年来的研究成果，提出了同时适用于静力及动力作用下颗粒破碎（修正相对破碎指数 B_r^*）随应力应变（塑性功 w_p）的变化规律。此外，鉴于应力状态点与临界状态线的相对位置对于评价粒状材料剪切刚度、强度及剪胀剪缩性的关键性，提出了适用于多种粒状材料的临界状态线的位置（参考临界孔隙比 e_{ref}）随颗粒破碎（修正相对破碎指数 B_r^*）的变化规律。上述以修正相对破碎指数为纽带的本构方程可直接应用于考虑颗粒破碎效应的粒状材料静动力本构模型的开发。

最后，在 SIMSAND 的基础上提出了考虑颗粒破碎效应的粒状材料本构模型，并模拟多种可破碎砂土（枫丹白露砂、石灰石颗粒、Dog's bay 钙质砂）的三轴试验验证了模型的有效性。

参考文献

Bandini V，Coop M R. The influence of particle breakage on the location of the critical state line of sands [J]. Soils and Foundations，2011，51 (4)：591-600.

Biarez J，Hicher P Y. Influence de la granulométrie et de son évolution par ruptures de grains sur le comportement mécanique de matériaux granulaires [J]. Revue Française de Génie Civil，1997，1 (4)：607-631.

Bolton M D，Nakata Y，Cheng Y P. Crushing and plastic deformation of soils simulated using DEM [J]. Geotechnique，2004，54 (2)：131-142.

Bopp P A，Lade P V. Relative density effects on drained sand behavior at high pressures [J]. Soils and Foundations Tokyo，2005，45 (1)：15-26.

Bopp P A，Lade P V. Relative density effects on undrained sand behavior at high pressures [J]. Journal of the Japanese Geotechnical Society，2005，45 (1)：1-13.

Cecconi M，Desimone A，Tamagnini C，et al. A constitutive model for granular materials with grain crushing and its application to a pyroclastic soil [J]. International Journal for Numerical and Analytical Methods in Geomechanics，2002，26 (15)：1531-1560.

Coop M R, Sorensen K K, Freitas T B, et al. Particle breakage during shearing of a carbonate sand [J]. Geotechnique, 2004, 54 (3): 157-163.

Coop M R. The mechanics of uncemented carbonate sands [J]. Geotechnique, 1990, 40 (4): 607-626.

Daouadji A, Hicher P Y, Rahma A. An elastoplastic model for granular materials taking into account grain breakage [J]. European Journal of Mechanics, 2001, 20 (1): 113-137.

Deluzarche R, Cambou B. Discrete numerical modelling of rockfill dams [J]. International Journal for Numerical and Analytical Methods in Geomechanics, 2010, 30 (11): 1075-1096.

Donohue S, O'Sullivan C, Long M. Particle breakage during cyclic triaxial loading of a carbonate sand [J]. Geotechnique, 2009, 59 (5): 477-482.

Einav I. Breakage mechanics—Part I: Theory [J]. Journal of the Mechanics and Physics of Solids, 2007, 55 (6): 1274-1297.

Gaudin C, Schnaid F, Garnier J. Sand characterization by combined centrifuge and laboratory tests [J]. International Journal of Physical Modelling in Geotechnics, 2005, 5 (1): 42-56.

Gaudin C, Schnaid F, Garnier J. Sand characterization by combined centrifuge and laboratory tests [J]. International Journal of Physical Modelling in Geotechnics, 2005, 5 (1): 42-56.

Hardin, Bobby O. Crushing of SoilParticles [J]. Journal of Geotechnical Engineering, 1985, 111 (10): 1177-1192.

Hu W, Yin Z Y, Scaringi G, et al. Relating fragmentation, plastic work and critical state in crushable rock clasts [J]. Engineering Geology, 2018, 246.

Hu W, Yin Z-Y, Hicher P Y. A constitutive model for granular materials considering particle crushing [J]. Science in China Series E, 2011, 54 (8): 2188-2.

Hyodo M, Hyde A F L, Aramaki N, et al. Undrained monotonic and cyclic shear behaviour of sand under low and high confining stresses [J]. Soils and Foundations, 2002, 42 (3): 63-76.

Indraratna B, Vinod J S, Lackenby J. Influence of particle breakage on the resilient modulus of railway ballast [J]. Geotechnique, 2009, 59 (7): 643-646.

Jin Y F, Yin Z Y, Shen S L, et al. Selection of sand models and identification of parameters using an enhanced genetic algorithm [J]. International Journal for Numerical and Analytical Methods in Geomechanics, 2016, 40 (8): 1219-1240.

Jin YF, Yin Z Y, Wu Z X, et al. Numerical modeling of pile penetration in silica sands considering the effect of grain breakage [J]. Finite Elements in Analysis and Design, 2018a, 144 (MAY): 15-29.

Jin Y F, Yin Z Y, Wu Z X, Zhou W H, Identifying parameters of easily crushable sand and application to offshore pile driving [J]. Ocean Engineering, 2018b, 154: 416-429.

Karimpour H, Lade P V. Time Effects Relate to Crushing in Sand [J]. Journal of Geotechnical and Geoenvironmental Engineering, 2010, 136 (9): 1209-1219.

Kikumoto M, Muir Wood D, Russell A. Particle crushing and deformation behavior [J]. Soils and Foundations, 2010, 50 (4): 547-563.

Kim M S. Experimental study of mechanical behavior of granular materials under high stresses [D]. PhD Thesis, Central University of Paris, Paris, France, 1995. in French.

Koprulu E, Valdes J R. Internal stability of crushed sands: experimental study [J]. Geotechnique, 2008, 58 (8): 615-622.

Lade P V, Yamamuro J A, Bopp P A. Significance of particle crushing in granular materials [J]. Journal of Geotechnical Engineering ASCE, 1996, 122 (4): 309-316.

Lee K L, Farhoomand I. Compressibility and crushing of granular soil in anisotropic triaxial compression

[J]. Canadian Geotechnical Journal, 1967, 4 (1): 68-86.

LêLong. Contribution to mechanical properties of soils under high pressures [D]. PhD Thesis, University of Grenoble, Grenoble, France, 1968. in French.

Lo KY, Roy M. Response of particulate materials at high pressures [J]. Soils and Foundations, 2008, 13 (1): 61-76.

Marsal R J. Large-scale testing of rockfills materials [J]. Journal of the soil mechanics and foundation engineering ASCE, 1967, 93 (2): 27-44.

McDowell G R. On the yielding and plastic compression of sand [J]. Soils and Foundations, 2002, 42 (1): 139-145.

Muir Wood D, Maeda K. Changing grading of soil: effect on critical state [J]. Acta Geotechnica, 2008, 3 (1): 3-14.

Nakata A F L, Hyde M, Hyodo H, et al. A probabilistic approach to sand particle crushing in the triaxial test [J]. Geotechnique, 2001, 49 (5): 567-583.

Pestana J M, Whittle A J. Compression model for cohesionless soils [J]. Geotechnique, 1995, 45 (4): 611-631.

Russell A R, Khalili N. A bounding surface plasticity model for sands exhibiting particle crushing [J]. Canadian Geotechnical Journal, 2004, 41 (6): 1179-1192.

Sheng D, Yao Y P, Carter J P. A volume-stress model for sands under isotropic and critical stress states [J]. Canadian Geotechnical Journal, 2008, 45 (11): 1639-1645

Simonini P. Analysis of Behavior of Sand Surrounding Pile Tips [J]. Journal of Geotechnical Engineering, 1996, 122 (11): 897-905.

Sun D A, Huang W X, Sheng D, et al. An elastoplastic model for granular materials exhibiting particle crushing [J]. Key Engineering Materials, 2007, 340-341 (2): 1273-1278.

Tarantino A, Hyde A F L. An experimental investigation of work dissipation in crushable materials [J]. Geotechnique, 2005, 55 (8): 575-584.

Touati A. Comportement m ecanique des sols pulv erulents sous fortes contraintes, These presentee a l′ecole nationale des ponts et chaussees pour obtenir le diplôme de docteur-ingenieur [D]. 1982.

Touati A. Comportement m ecanique des sols pulv erulents sous fortes contraintes, These presentee a l'ecole nationale des ponts et chaussees pour obtenir le diplôme de docteur-ingenieur [D]. 1982.

Vallejo L E, Lobo-Guerrero S. DEM analysis of crushing around driven piles in granular materials [J]. Géotechnique, 2005, 55 (8): 617-623.

Wu Z X, Yin Z Y, Jin Y F, et al. A straightforward procedure of parameters determination for sand: a bridge from critical state based constitutive modellingto finite element analysis [J]. European Journal of Environmental and Civil Engineering, 2019; 23 (12): 1444-66.

Yamamuro J A, Lade P V. Drained sand behavior in axisymmetric tests at high pressures [J]. Journal of Geotechnical Engineering ASCE, 1996, 122 (2): 109-119.

Yang Z X, Jardine R J, Zhu B T, et al. Sand grain crushing and interface shearing during displacement pile installation in sand [J]. Geotechnique, 2010, 60 (6): 469-482.

Yang Z X, Jardine R J, Zhu B T, et al. Sand grain crushing and interface shearing during displacement pile installation in sand [J]. Geotechnique, 2010, 60 (6): 469-482.

Yao Y P, Hou W, Zhou A N. UH model: three-dimensional unified hardening model for overconsolidated clays [J]. Geotechnique, 2009, 59 (5): 451-469.

Yao Y P, Lu D C, Zhou A N, et al. Generalized non-linear strength theory and transformed stress space

[J]. Science in China Series E-Engineering and Materials Science，2004，47（6）：691-709.

Yao Y P，Yamamoto H，Wang N D. Constitutive model considering sand crushing [J]. Soils and Foundation，2008，48（4）：601-608.

Yin Z Y，Chang C S，Hicher P-Y. Micromechanical modelling for effect of inherent anisotropy on cyclic behaviour of sand [J]. International Journal of Solids and Structures，2010，47（14-15）：1933-1951.

Yin Z Y，Chang C S. Stress-dilatancy behavior for sand under loading and unloading conditions [J]. International Journal for Numerical and Analytical Methods in Geomechanics，2013，37（8）：855-870.

常俊，陈新民，吕扬. 高应力条件下南京砂破碎特性的试验 [J]. 南京工业大学学报（自然科学版），2008（04）：88-92.

黄文竞. 高应力条件下天然石英砂的颗粒破碎机理 [J]. 中国水运（学术版），2007（05）：30-31.

刘崇权，汪稔，吴新生，等. 钙质砂物理力学性质试验中的几个问题 [J]. 岩石力学与工程学报，1999，18（2）：209-212.

刘汉龙，秦红玉，高玉峰，等. 堆石粗粒料颗粒破碎试验研究 [J]. 岩土力学，2005，26（4）：562-566.

米占宽，李国英，陈铁林. 考虑颗粒破碎的堆石体本构模型 [J]. 岩土工程学报，2007，29（12）：1865-1869.

申存科，迟世春，贾宇峰. 考虑颗粒破碎影响的粗粒土本构关系 [J]. 岩土力学，2010，31（7）：2111-2121.

史旦达，周健，贾敏才，等. 考虑颗粒破碎的砂土高应力一维压缩特性颗粒流模拟 [J]. 岩土工程学报，2007，29（5）：736-742.

孙海忠，黄茂松. 考虑颗粒破碎的粗粒土临界状态弹塑性本构模型 [J]. 岩土工程学报，2010，32（8）：1284-1290.

孙吉主，罗新文. 考虑剪胀性与状态相关的钙质砂双屈服面模型研究 [J]. 岩石力学与工程学报，2006，25（10）：2145-2149.

汪稔，孙吉主. 钙质砂不排水性状的损伤-滑移耦合作用分析 [J]. 水利学报，2002，（7）：75-78.

杨光，张丙印，于玉贞，等. 不同应力路径下粗粒料的颗粒破碎试验研究 [J]. 水利学报，2010，41（3）：338-342.

姚仰平，万征，陈生水. 考虑颗粒破碎的动力 UH 模型 [J]. 岩土工程学报，2011，33（7）：1036-1044.

尹振宇，许强，胡伟. 考虑颗粒破碎效应的粒状材料本构研究：进展及发展 [J]. 岩土工程学报，2012，34（12）：2170-2180.

张季如，祝杰，黄文竞，等. 侧限压缩下石英砂砾的颗粒破碎特性及其分形描述 [J]. 岩土工程学报，2008，30（6）：783-789.

张家铭，蒋国盛，汪稔，等. 颗粒破碎及剪胀对钙质砂抗剪强度影响研究 [J]. 岩土力学，2009，30（7）：2043-2048.

周杰，周国庆，赵光思，等. 高应力下剪切速率对砂土抗剪强度影响研究 [J]. 岩土力学，2010，31（9）：2805-2810.

第 11 章　考虑尺寸效应的堆石料 SIMSAND 模型

本章提要

本章介绍一个同时考虑颗粒破碎和尺寸效应的粗颗粒材料力学特性模拟新方法。颗粒破碎对颗粒材料的力学特性有着显著影响，因此，本章采用了考虑加载过程中颗粒破碎引起临界状态线和弹性刚度变化的临界状态双屈服面模型。新模型把单颗粒威布尔尺寸效应理论扩展到颗粒集合体，用以估算总的颗粒破碎量。本章采用平行级配不同尺寸的颗粒材料试验结果来标定和验证新模型。试验和模拟结果的比较表明，新模拟方法可以通过模拟较细颗粒材料的试验来预测非常粗颗粒材料的力学特性。

11.1　引言

在世界范围内，大型土建工程如堆石坝的建设越来越多。然而，尽管近年来岩土工程师和科研人员对粗粒材料的力学特性进行了许多研究，但这类岩土结构的设计方法仍需要得到显著改进，以避免发生更加严重的事故。很多时候事故的发生是因为很难建造足够大的仪器来测试这些材料的力学特性，即使是对相对较小粒径的颗粒材料，其成本依然高得令人望而却步。例如，对于 0～250mm 的填石料，用于三轴试验的典型圆柱形试样直径应为 1.5m，高 3m，重量超过 10t。从 20 世纪 60 年代开始，随着大型堆石坝建设的发展，对各种不同材料进行大尺寸试验的开拓性试验工作得到了进一步的发展（Marsal 等，1967；Marachi 等，1969；Chavez 等，2003；Frossard 等，2012）。在这些试验中，通常会观察到颗粒破碎现象，并且颗粒破碎通常取决于颗粒的尺寸大小。因此，在这些试验中颗粒集合体的尺寸效应表现明显，但我们仍然难以建立对其尺寸效应的量化评估方法。

本章介绍一个同时考虑颗粒破碎和尺寸效应的粗颗粒材料临界状态双屈服面模型。新模型把单颗粒威布尔尺寸效应理论扩展到颗粒集合体，用以估算总的颗粒破碎量，然后考虑加载过程中颗粒破碎引起临界状态线和弹性刚度变化。最后通过模拟平行级配不同尺寸的颗粒材料试验来标定和验证新模型。本章内容也可参阅文献 Yin 等（2017）。

11.2　本构模型

11.2.1　考虑颗粒破碎的 SIMSAND 模型

本节首先简单介绍基于临界状态的双屈服面模型（见本书 10.4 节），这里仅列出几个略有不同的公式。首先，剪切屈服函数的表达式如下：

$$f_1=\frac{q}{p'}-\frac{M_p\varepsilon_d^p}{(M_p p')/(G_{pR}G)+\varepsilon_d^p}=0 \tag{11.1}$$

式中，塑性偏应变 ε_d^p 为硬化变量；q 为偏应力；G_{pR} 为控制硬化速率的相对塑性刚度［G_{pR} 等于式（10.23）中的 $1/k_p$］；M_p 为 p'-q 坐标下的峰值应力比。

临界状态线公式表达如下：

$$e_c=e_{ref}-\lambda\ln\left(\frac{p'}{p_{ref}}\right) \tag{11.2}$$

式中，λ 为临界状态线在 e-logp'平面上的斜率；（e_{ref}，p_{ref}）这两个参数对应于临界状态线（CSL）上的一个参考点。为了简单起见，固定 $e_{ref}=0.5$，只需要输入 p_{ref} 来确定参考点的位置。

本模型采用 $e_{ref}=0.5$ 的固定值对应的 p_{ref} 来描述由于颗粒破碎引起的临界状态线的演变：

$$p_{ref}=p_{ref0}\exp(-\rho B_r^*) \tag{11.3}$$

其中，参数 ρ 控制由颗粒破碎引起的 CSL 移动速率。

颗粒破碎引起的 p_m 的演变过程由下式表示：

$$p_m=p_{m0}\exp\left(\frac{1+e_0}{\lambda-\kappa}\varepsilon_v^p\right)\exp(-\rho B_r^*) \tag{11.4}$$

由于 p_m 和 p_{ref} 采用了相同的演化，因此对各向同性压缩曲线和 CSL 施加了相同数量的位移。

Iwasaki 和 Tatsuoka（1977）认为，天然砂土在小应变下的剪切模量随颗粒级配曲线的增大而减小。由于 GSD 的变化是通过颗粒破碎量来估计的，因此弹性刚度也可以进行如下修正：

$$K=K_0\cdot p_{at}\frac{(2.97-e)^2}{(1+e)}\left(\frac{p'}{p_{at}}\right)^n\exp(-bB_r^*);G=G_0\cdot p_{at}\frac{(2.97-e)^2}{(1+e)}\left(\frac{p'}{p_{at}}\right)^n\exp(-bB_r^*) \tag{11.5}$$

参数 b 控制降解率同时也控制最终降解（$B_r^*=1$）时的弹性刚度。例如，根据 Iwasaki 和 Tatsuoka（1977）对 Iruma 砂的试验结果，最终降解高达 60%时，即 $\rho=0.94$。由于式（11.1）中 η-ε_d^p 的塑性刚度由“$G_{pR}G$”控制，上述修改也会导致塑性刚度退化，这与试验观测结果一致。

11.2.2　考虑尺寸效应

（1）单颗粒的尺寸效应

由 Weibull（1939）提出的脆性材料强度的统计理论给出了以下尺寸为 d 的材料在压应力 σ 下的失效概率分布：

$$P_s(d)=\exp\left[-\left(\frac{d}{d_o}\right)^{n_d}\left(\frac{\sigma}{\sigma_o}\right)^m\right] \tag{11.6}$$

式中，σ_o 为特征强度（$P_s=37\%$是代表粒径为 d_o 的试样）；m 控制压碎强度的数据分散幅度。根据 Bažant 和 Planas（1998），n_d 表示几何相似性，即 $n_d=1$、2 或 3，分别代表线性、面积以及体积相似。

$$\sigma_{\mathrm{f}} \propto d^{-n_{\mathrm{d}}/m} \tag{11.7}$$

Marsal（1973）在两个刚性平行板之间进行颗粒压碎试验时，提出了压碎力（f_{f}）与岩石颗粒大小之间的经验表达式如下：

$$f_{f} = \eta d^{\zeta} \tag{11.8}$$

式中，d 为颗粒的特征尺寸（破碎前压板之间的距离）；η 和 ζ 为试验拟合参数。f_{f} 对应于屈服压应力 σ_{f}，导致颗粒的脆性破坏，可以表示为（Jaeger，1967）：

$$\sigma_{\mathrm{f}} \propto \frac{f_{\mathrm{f}}}{d^{2}} \tag{11.9}$$

从公式（11.8）、公式（11.9）可得粒径对颗粒破碎强度影响的幂次率（$\alpha=\zeta-2$ 为经验参数）

$$\sigma_{\mathrm{f}} \propto d^{\alpha} \tag{11.10}$$

通过确认关系 $\alpha=-n_{\mathrm{d}}/m$ 的有效性对威布尔理论的经验验证是可能的［式（11.6）和式（11.10）］。对于两个刚性平行板之间受压的土颗粒和岩石团聚体，一般认为是在压应力作用下发生破坏（即模式 I），得到 $n_{\mathrm{d}}=3$（Lobo-Guerrero 和 Vallejo，2006）。文献报道了不同材料的 m 值（Ovalle 等，2014），即石英砂、黑云母、压载物等声音非均质材料对应的 m 值在 3～4，至于长石、石灰石和碳酸盐，m 在 1～3 之间变化。

McDowell 和 Bolton（1998）通过试验提出 $n_{\mathrm{d}}=3$，检验了威布尔理论在弱石灰岩砂上的应用，得到了很好的一致性。在硅砂、黑云母片麻岩和灰色石英岩的岩石碎片中也可以发现类似的结论。另一方面，我们也得到了 $n_{\mathrm{d}}=2$ 的几何相似性，分别代表了花岗岩和铁路道石颗粒的尺寸效应，而这两种颗粒的破坏通常是由于脆弱的表面缺陷引起的。粒径、颗粒形状、颗粒各向异性和缺陷分布等因素会使得试验数据分散显著，因此不同颗粒的破坏可能在几何相似性上会有所不同，因此，在实际应用中，只需拟合 n_{d} 以使用威布尔分布作为统计工具（Ovalle 等，2013）。

（2）颗粒材料的尺寸效应

Frossard 等（2012）提出的方法考虑了两种同质颗粒材料（例如 G1 较细，G2 较粗）在相同的加载条件下，具有相同的矿物学和颗粒形状。因此，如果假设两个颗粒在 G1 和 G2 中分别具有特征尺寸 d_1 和 d_2 的压缩下具有相同的失效概率，则可以从式（11.6）获得以下与颗粒破碎强度的关系（$\sigma_{\mathrm{G}i}$）：

$$\sigma_{\mathrm{G2}} = \sigma_{\mathrm{G1}} \left(\frac{d_2}{d_1}\right)^{-n_{\mathrm{d}}/m} \tag{11.11}$$

则根据式（11.9），各颗粒的破碎力（$f_{\mathrm{G}i}$）为：

$$f_{\mathrm{G2}} = f_{\mathrm{G1}} \left(\frac{d_2}{d_1}\right)^{2-n_{\mathrm{d}}/m} \tag{11.12}$$

此时，如果两种颗粒材料在剪切后均出现相同的颗粒破碎量，则在 G2 上的应力值应该较低，因为粗颗粒强度较低。从接触细观力学角度出发，得到了颗粒 n 和颗粒 p（$f_{(n/p)}$）间接触力强度的一个条件：

$$f_{\mathrm{G2}(n/p)} = f_{\mathrm{G1}(n/p)} \left(\frac{d_2}{d_1}\right)^{2-n_{\mathrm{d}}/m} \tag{11.13}$$

同时，几何尺度给出了颗粒间接触向量（$l_{(n/p)}$）与颗粒体积之间的关系：

$$l_{G2(n/p)}=l_{G1(n/p)}\left(\frac{d_2}{d_1}\right),V_{G2}=V_{G1}\left(\frac{d_2}{d_1}\right)^3 \tag{11.14}$$

G2 和 G1 的应力张量 σ_{ij} 由下列表达式给出（Rothenburg 和 Selvadurai，1981）：

$$\sigma_{ij-G1}=\frac{1}{V_{G1}}\sum_{n<p\leqslant N}f_{G1(n/p)}\otimes l_{G1(n/p)},\sigma_{ij-G2}=\frac{1}{V_{G2}}\sum_{n<p\leqslant N}f_{G2(n/p)}\otimes l_{G2(n/p)} \tag{11.15}$$

因此，结合式（11.14）和式（11.15），得到了 G2 作为 G1 的函数的应力张量：

$$\sigma_{ij-G2}=\left(\frac{d_2}{d_1}\right)^{-n_d/m}\frac{1}{V_{G1}}\sum_{n<p\leqslant N}f_{G1(n/p)}\otimes l_{G1(n/p)} \tag{11.16}$$

因此，在材料 G1 和 G2 中沿同一加载路径产生相同数量的颗粒破碎所必需的修正的塑性功 w_{pG1} 和 w_{pG2} 之间关系由以下式子联系起来：

$$w_{pG2}=w_{pG1}\left(\frac{d_2}{d_1}\right)^{-n_d/m} \tag{11.17}$$

因此，材料常数 a_{G1} 和 a_{G2} 也有类似的关系：

$$a_{G2}=a_{G1}\left(\frac{d_2}{d_1}\right)^{-n_d/m} \tag{11.18}$$

因此，如果我们可以假设材料 G1 和 G2 的其他参数都相同，那么就可以通过对细颗粒材料 G1 的试验参数来标定粗颗粒材料 G2 的参数。这种假设是合理的，条件是当材料 G1 和 G2 是由同源的颗粒组成，具有相似的形状、不同的尺寸和类似的颗粒级配。因此，为了模拟一种给定的粗颗粒材料的特性，可以选择较细的相同颗粒级配材料，其颗粒尺寸与实验室可用的试验仪器及手段相符，可极大地降低试验成本和难度。

11.2.3　模型参数

模型参数除了如本书 10.4 节所述之外，附加尺寸效应相关参数：n_d 和 m 如式（11.18）所示。为了预测粗颗粒材料的力学特性，可以通过对细颗粒样品的试验来确定上述所有参数。尺寸效应的相关参数可以通过对不同粒径的单个颗粒的破碎试验单独确定。因此，对大尺寸颗粒集合体建模只需要 d_M 的值。

11.3　试验验证

11.3.1　试验介绍

Marachi 等（1969）对平行级配的金字塔坝颗粒材料（图 11.1）进行了常规三轴排水试验，试样的最大粒径分别为 7.1cm、30.5cm 和 91.4cm（最大粒径 d_M 为 1.18cm、4.9cm 和 14.5cm）。所有试样具有相同的初始密实度。施加的围压为 200～4500kPa。试验颗粒由沉积岩破碎而成，具有同样的矿物成分和形状、粗糙度等。

11.3.2　模型参数的确定

模型参数的确定基于四个最细材料（d_{max}=1.18cm）的三轴剪切试验、三轴试验的各向同性压缩阶段，以及对三轴剪切试验前后的 GSD 的测量（图 11.2、图 11.3）。弹性参

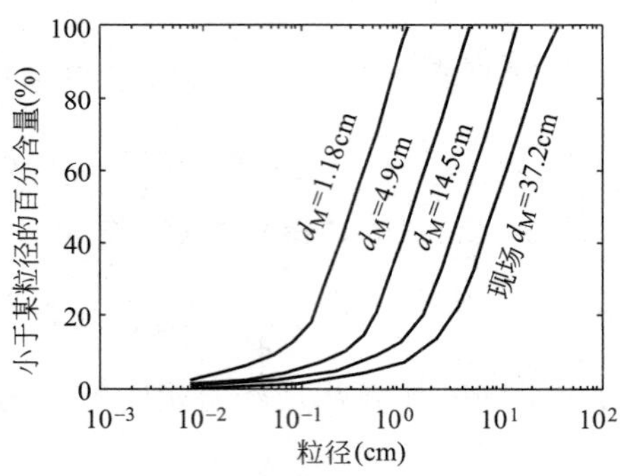

图 11.1　不同最大颗粒粒径的金字塔坝堆石料的初始颗粒级配曲线

数由各向同性压缩曲线确定（IC 阶段的试验，图 11.2a）。我们得到 $K_0=70$ 和 $n=0.4$。剪切模量计算 G_0 假设通常采用恒定的泊松比 $\nu=0.25$。塑性参数由三轴试验结果确定。相对塑性刚度 $G_{pR}=16$ 由四个 ε_a-q 曲线的轴向应变水平达 2%时确定（图 11.3）。临界摩擦角 $\phi_u=40°$由在 p'-q 平面中的 CSL 斜率确定，这是直接从最终应力状态中测量所得到的（图 11.3b）。因为只有在最小的围压条件下的三轴试样没有发生颗粒破碎，CSL 在 e-lnp' 平面的斜率需要进行一些假定，如 $\lambda=0.04$（Biarez 和 Hicher，1997；Jefferies 和 Bean，2006）。

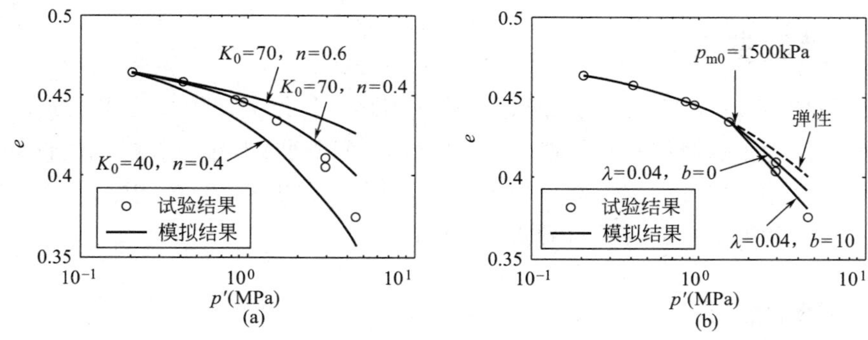

图 11.2　最大颗粒尺寸为 1.18cm 的堆石料三轴排水试验的各向同性压缩阶段实验与模拟结果的比较

对于颗粒破碎的相关参数，根据 GSD 的演变确定了破碎率参数 $a=3$MPa（图 11.3e、f）。破碎极限 $p_{m0}=1.5$MPa 的屈服应力和屈服应力 $b=4$ 的退化，均由高应力水平条件下各向同性压缩曲线确定（图 11.2b）。因为没有对可供选择的材料进行小应变水平下的测量，这里选择基于 Iruma 砂由 Iwasaki 和 Tatsuoka[12] 试验结果的弹性刚度退化参数 $\rho=0.94$。由于没有单颗粒破碎试验的统计数据，因此无法直接确定威布尔参数。根据 Lobo-Guerrero 和 Vallejo（2006）和 Frossard 等（2012）的假设，尺寸效应相关参数确定为 $n_d=3$ 和 $m=4$。

所有的试验参数汇总于表 11.1。采用同一组参数对粗粒材料的三轴试验进行了模拟，来验证模型的有效性。

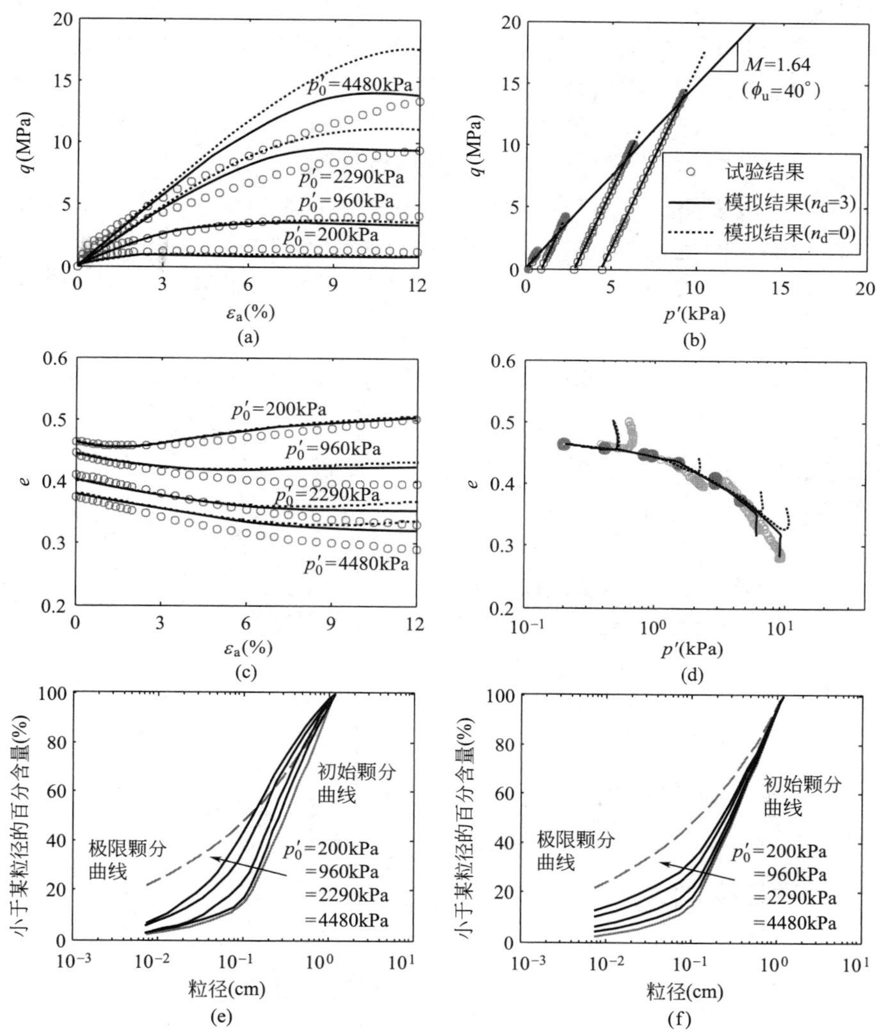

图 11.3 最大颗粒尺寸为 1.18cm 的堆石料三轴排水试验与模拟结果的比较

(e) 试验结果；(f) 模拟结果

金字塔坝堆石料的模型参数 **表 11.1**

弹性参数			塑性参数				破碎相关参数				尺寸效应参数	
K_0	G_0	n	G_{pR}	ϕ_u	p_{ref0}(MPa)	λ	b(MPa)	ρ	p_{m0}(MPa)	b	n_d	m
70	42	0.4	22	40	1.22	0.04	3	4	1.5	0.94	3	4

注：在本模型中，假定 10.4 节所述模型中（e_c/e）的指数均为 1。

11.3.3 试验模拟

将 n_d=0 得出的没有颗粒破碎的模拟与具有颗粒破碎（n_d=3）的模拟一起绘制于图 11.3 (a)～(d) 中。可以看出新模型能够再现颗粒破碎效应的粒状材料力学性能的主要特征：①在最低围压（200kPa）下，材料表现出剪胀特性；②对于更高的围压，材料会剪缩，而剪胀的消失是由于在高应力（207～4480kPa）下颗粒破碎增加所致；③对于较高的应力水平，颗粒级配曲线更加明显地变宽（图 11.3e 和图 11.3f 比较）。

图 11.4 和图 11.5 显示了在最大颗粒尺寸为 4.9cm 和 14.5cm 的样品上，压缩应力为 207～4482kPa 的三轴排水试验与模型预测结果之间的比较，并设定 $n_d=3$ 考虑了尺寸效应的影响。比较表明，对于较粗颗粒尺寸的试样，新模型可以很好地预测颗粒破碎对力学特性的影响。除此之外，图 11.4 和图 11.5 还绘制了不考虑尺寸效应的模拟即 $n_d=0$。比较结果表明，如果正确地考虑尺寸效应，该模型能很好地再现粗颗粒材料的力学特性。

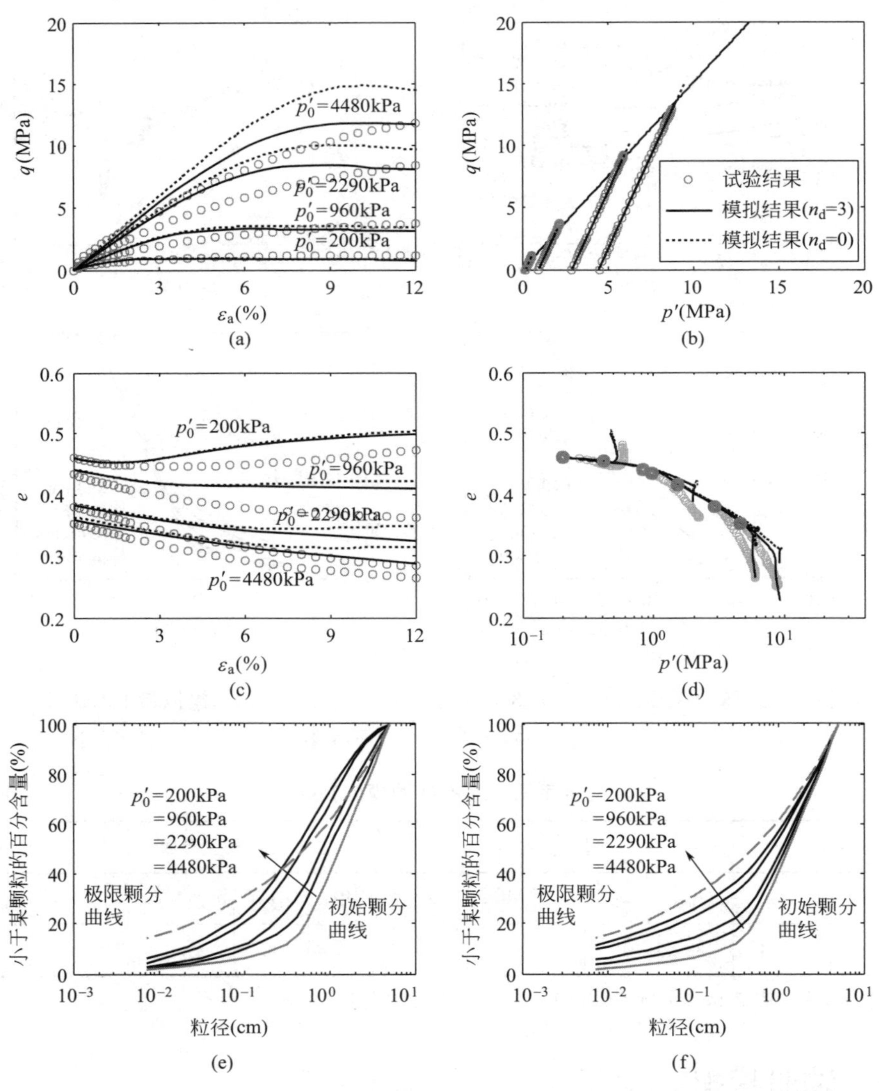

图 11.4 最大粒径为 4.9cm 的堆石料三轴排水试验与预测结果的比较

（e）试验结果；（f）模拟结果

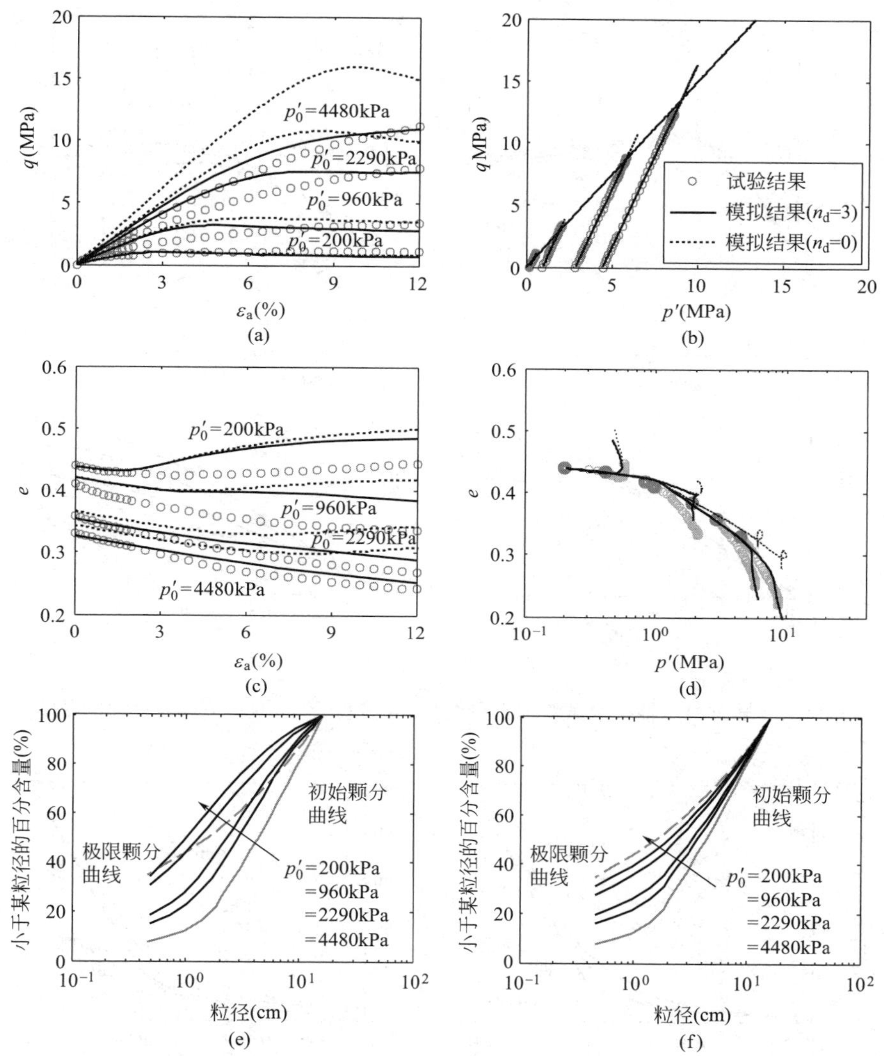

图 11.5　最大颗粒尺寸为 14.5cm 的堆石料三轴排水试验与预测结果的比较

(e) 试验结果；(f) 模拟结果

11.3.4　讨论

颗粒尺寸的影响如图 11.6 所示，其中给出了四种不同粗细材料在 207～4480kPa 围压下的三轴试验模拟结果。同时，还进行了对应于大坝堆石料 GSD 的最大颗粒尺寸为 37.2cm 的模拟（图 11.1），并以虚线绘制预测结果。结果表明，在较高的应力水平下，颗粒破碎的数量更大，尺寸效应在剪切刚度和峰值强度上都更加明显。这些模拟所得到的结果与对粗颗粒材料的试验规律均非常吻合。

图 11.7 说明了不同粗细颗粒材料级配曲线 GSD 的演变。可以看到，在给定的限制应力下，对于较粗的材料，这种演变更为明显。计算出的 GDS 与每个三轴试验后测得的试验值均非常吻合。

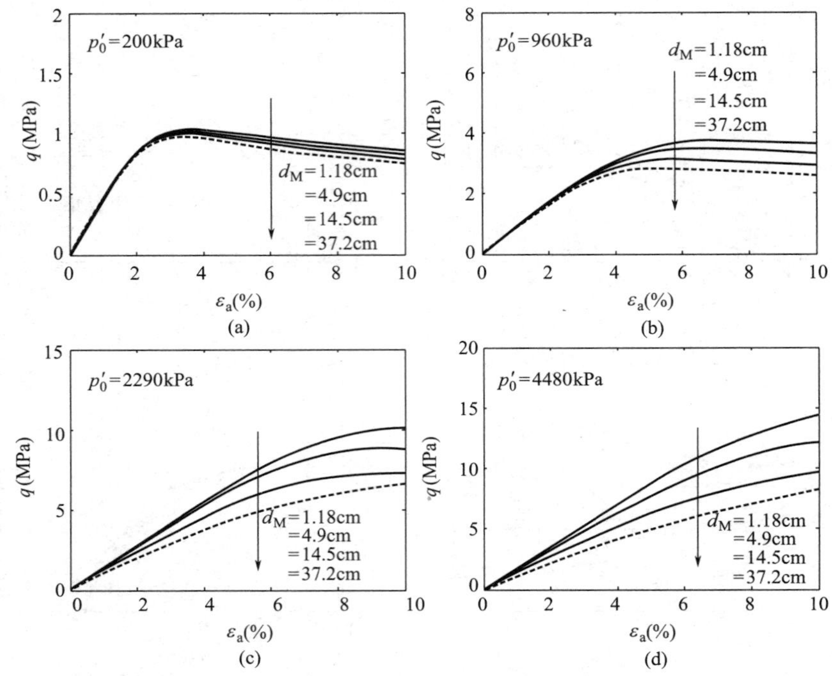

图 11.6　堆石料三轴排水试验与预测结果的比较：不同围压下颗粒尺寸的影响

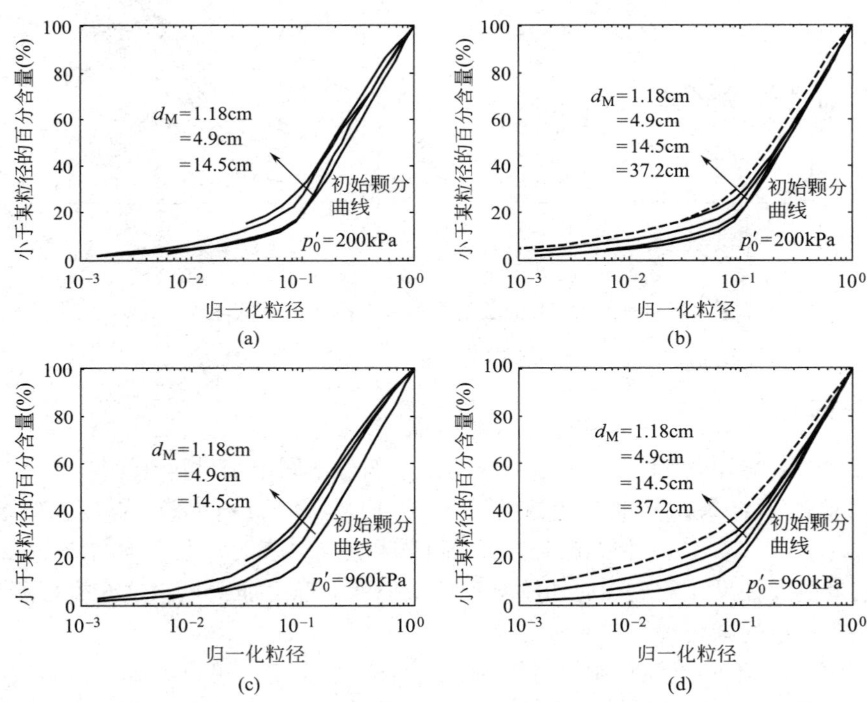

图 11.7　堆石料三轴排水试验后的 GSD 试验与预测结果的比较：不同围压条件下颗粒尺寸效应（一）

（a）试验结果；（b）模拟结果；（c）试验结果；（d）模拟结果

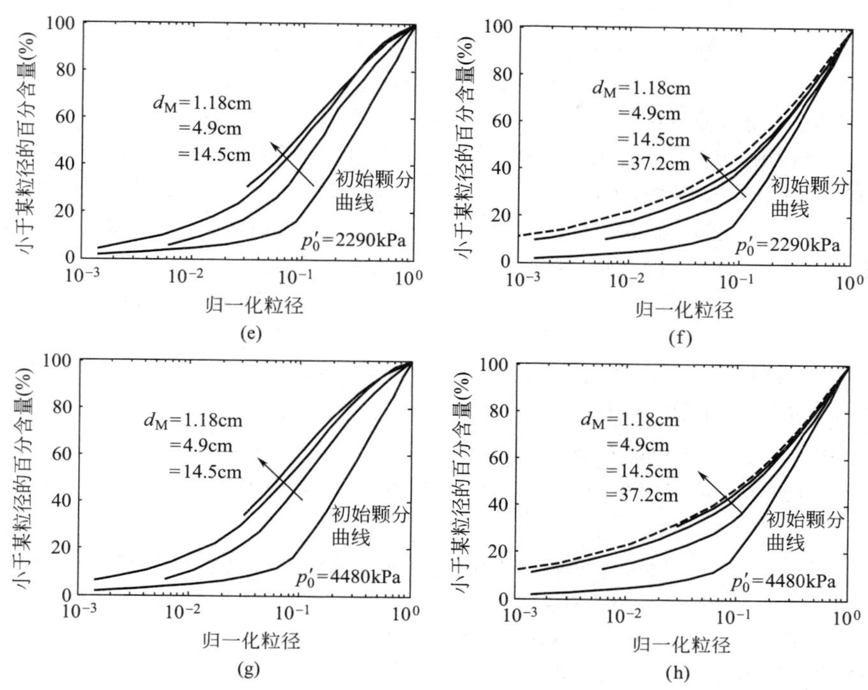

图 11.7　堆石料三轴排水试验后的 GSD 试验与预测结果的比较：不同围压条件下颗粒尺寸效应（二）
（e）试验结果；（f）模拟结果；（g）试验结果；（h）模拟结果

11.4　本章小结

本章介绍一个同时考虑颗粒破碎和尺寸效应的粗颗粒材料力学特性模拟新方法。采用了考虑加载过程中颗粒破碎引起临界状态线和弹性刚度变化的临界状态双屈服面模型。新模型把单颗粒威布尔尺寸效应理论扩展到颗粒集合体，用以估算总的颗粒破碎量。为了验证该方法，对金字塔水坝的堆石料在不同围压条件下的平行级配材料三轴排水试验进行了模拟。所有模拟都使用相同的参数。试验和模拟之间的比较表明，该模型可以根据对具有相同级配的较细颗粒材料所进行的试验结果来预测非常粗颗粒材料的力学特性。如此，在设计中我们可以选择颗粒级配曲线与真实材料相似的较细颗粒试样进行三轴标准试验，通过本模型来得到粗颗粒材料的力学特性和指标。

参考文献

Bažant ZP，Planas J. Fracture and size effect in concrete and other quasibrittle materials [M]. CRC Press，Boca Raton，1998.

Chavez C，Alonso E E. A constitutive model for crushed granular aggregates which includes suction effects [J]. Soils and Foundations，2003，43 (4)：215-227.

Frossard E，Dano C，Hu W，et al. Rockfill shear strength evaluation：a rational method based on size effects [J]. Géotechnique，2012，62 (5)：415-427.

Iwasaki T，Tatsuoka F. Effects of grain size and grading on dynamic shear moduli of sands [J]. Journal of the Japanese Society of Soil Mechanics and Foundation Engineering，1977，17 (3)：19-35.

Jaeger JC. Failure of rocks under tensile conditions [J]. International Journal of Rock Mechanics and Mining Sciences and Geomechanics Abstracts，1967，4 (2)：219-227.

Lobo-GuerreroS，Vallejo L E. Discrete Element Method Analysis of Railtrack Ballast Degradation during Cyclic Loading [J]. Granular Matter，2006，8 (3-4)：195-204.

Marachi N，Chan C，SeedH，et al. Strength and deformation characteristics of rockfill materials [D]. PhD Thesis，University of California，Berkeley，1969.

Marsal，R J. Large-scale testing of rockfill materials [J]. Journal of the Soil Mechanics and Foundations Division，1967，93 (2)：27-43.

Marsal R J. Mechanical properties of rockfill : In Embankment-dam Engineering. Textbook. Eds. R. C. Hirschfeld and S. J. Poulos. JOHN WILEY AND SONS INC. PUB. NY，1973，92P [J]. International Journal of Rock Mechanics and Mining Sciences and Geomechanics Abstracts，1975，12 (4)：67-67.

Mcdowell G R，Bolton M D. On the micromechanics of crushable aggregates [J]. Geotechnique，1998，48 (5)：667-679.

Ovalle C，Dano C，Hicher P Y. Experimental data highlighting the role of surface fracture energy in quasi-static confined comminution [J]. International Journal of Fracture，2013，182 (1)：123-130.

Ovalle C，Frossard E，Dano C，et al. The effect of size on the strength of coarse rock aggregates and large rockfill samples through experimental data [J]. Acta Mechanica，2014，225 (8)：2199-2216.

Rothenburg L，Selvadurai A. A micromechanical definition of the Cauchy stress tensor for particulate media [J]. In：Selvadurai，A. (Ed.)，Mechanics of Structured Media. Amsterdam，Elsevier，1981，469-486.

Weibull W. A statistical theory of the strength of materials. Proc. Roy. Swed. Inst. Eng. 1939，Res，151.

Yin Z Y，Hicher P Y，Dano C，Jin Y F. Modeling the mechanical behavior of very coarse granular materials [J]. Journal of Engineering Mechanics ASCE，2017，143 (1)：C401600.

第 12 章　考虑循环荷载及各向异性的 SIMSAND 模型

本章提要

目前循环荷载作用下的砂土的动力响应问题是岩土工程领域的研究难点，其中涉及液化、变形累积、刚度衰减等问题。本章基于一种简单的临界状态砂土模型（SIMSAND），引入剪应变反转技术，改进和提出可模拟循环荷载效应的本构模型。再通过引入颗粒材料结构各向异性，实现材料在单剪状态下主应力轴偏转产生的强度弱化等特性。最后通过模拟日本丰浦砂的三轴循环试验和法国枫丹白露砂的三轴循环试验和单剪循环试验验证了本章所提的循环模型的有效性和可靠性。

12.1　引言

在静力条件下，无论饱和砂土还是不饱和砂土其物理力学性质均比较稳定，在荷载作用下地层沉降比较小且易控制；然而，在循环动力［比如地铁等交通荷载（刘雪珠等，2008；边学成等，2011）］或者不规则动力条件［比如地震作用（袁晓铭等，2009）］下，砂土极易产生累积变形，导致地层沉降加大。此外，饱和砂土在循环动力条件下的液化也是非常严重的问题，比如在 5.12 汶川地震中液化范围就比较广，涉及长约 500km、宽约 200km 的区域，且分布很不均匀。液化集中在长约 160km、宽约 60km 的长方形区域并呈 6 个条带分布（袁晓铭等，2009）。近些年来随着对海洋资源的大力开发，比如海上风电、石油开采，推动了经济发展，但是与此同时也带来了诸多工程问题。比如，饱和海底砂土在波浪、海流、潮汐以及台风等极端气候等动力条件相互作用下，极易产生累积塑性变形和孔隙水压力的增加，当孔隙水压力达到一定值时，就会发生砂土液化，对石油钻井平台以及海底管线等海洋结构物造成极大破坏（钱寿易等，1982）。因此，砂土在循环动力下的累积变形和液化等响应对结构物以及运行在结构物上的各类基础设施所造成的影响不容忽视。动力下的砂土问题是当前岩土工程中的一个热点，而且也是亟待解决的难题。

本章从本构模拟方面展开，采用了之前的改进 SIMSAND 模型，并且结合了剪切应变反转技术加以改进和引入粒状土各向异性组构张量，提出可模拟循环荷载效应及各向异性的本构模型。然后，通过模拟日本丰浦砂的不排水和排水三轴循环试验来验证该模型的准确性。接着，通过模拟法国枫丹白露砂的三轴循环试验和单剪循环试验来进一步验证该改进循环模型的可应用性。

12.2 剪切应变反转技术

12.2.1 理论描述

SIMSAND 本构方程是基于单调荷载试验的力学特性开发的（详见本书第 2 章）。当加载过程中剪切应变的方向发生变化时，需要考虑应力-应变关系的应变反转效应。为此，可以将剪应变反转时的应力状态和塑性应变状态表示为初始反转应力（标记为 $\sigma'^{\mathrm{R}}_{ij}$）和初始反转塑性应变（标记为 $\varepsilon^{\mathrm{pR}}_{ij}$）。这两个力学状态变量对随后的剪切特性有着重要影响（图 12.1）。因此，可对屈服函数［参见公式（12.1）］，强化规则［参见公式（12.2）］和流动规则［参见公式（12.3）］作如下修改：

$$f_{\mathrm{S}}=\sqrt{\frac{3}{2}(r_{ij}-r^{\mathrm{R}}_{ij})(r_{ij}-r^{\mathrm{R}}_{ij})}-H \tag{12.1}$$

$$H=\frac{M_{\mathrm{p}}{}^{*}\varepsilon^{\mathrm{p}^*}_{\mathrm{d}}}{k_{\mathrm{p}}+\varepsilon^{\mathrm{p}^*}_{\mathrm{d}}},\varepsilon^{\mathrm{p}^*}_{\mathrm{d}}=\sqrt{\frac{2}{3}(e^{\mathrm{p}}_{ij}-e^{\mathrm{pR}}_{ij})(e^{\mathrm{p}}_{ij}-e^{\mathrm{pR}}_{ij})} \tag{12.2}$$

$$\frac{\partial g}{\partial p'}=D\left(M^{*}_{\mathrm{pt}}-\sqrt{\frac{3}{2}(r_{ij}-r^{\mathrm{R}}_{ij})(r_{ij}-r^{\mathrm{R}}_{ij})}\right);\frac{\partial g}{\partial s_{ij}}=\sqrt{\frac{3}{2}}n_{ij},n_{ij}=\frac{(r_{ij}-r^{\mathrm{R}}_{ij})}{\sqrt{(r_{ij}-r^{\mathrm{R}}_{ij})(r_{ij}-r^{\mathrm{R}}_{ij})}} \tag{12.3}$$

$$M^{*}_{\mathrm{p}}=\sqrt{\frac{3}{2}(M_{\mathrm{p}}n_{ij}-r^{\mathrm{R}}_{ij})(M_{\mathrm{p}}n_{ij}-r^{\mathrm{R}}_{ij})};M^{*}_{\mathrm{pt}}=\sqrt{\frac{3}{2}(M_{\mathrm{pt}}n_{ij}-r^{\mathrm{R}}_{ij})(M_{\mathrm{pt}}n_{ij}-r^{\mathrm{R}}_{ij})} \tag{12.4}$$

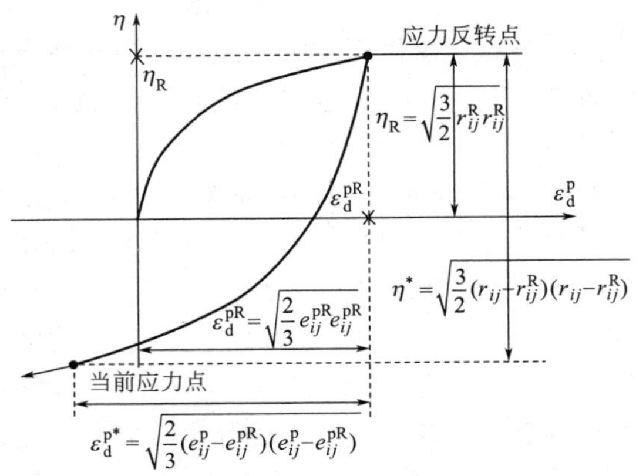

图 12.1 加卸载中的剪应变反转技术原理示意图

式中，$r^{\mathrm{R}}_{ij}=\sigma'^{\mathrm{R}}_{ij}/p'^{\mathrm{R}}-\delta_{ij}$（$p'^{\mathrm{R}}=\sigma'^{\mathrm{R}}_{ii}/3$）为初始反转偏应力比张量；$e^{\mathrm{pR}}_{ij}=\varepsilon^{\mathrm{pR}}_{ij}-\varepsilon^{\mathrm{pR}}_{kk}\delta_{ij}/3$ 为初始反转塑性偏应变张量。用于计算 M_{p} 和 M_{pt} 修正中的洛德角改为 $\theta=\frac{1}{3}\sin^{-1}\left(\frac{-3}{2}\sqrt{3}J'_3/J'^{3/2}_2\right)$，其中 $J'_2=r'_{ij}r'_{ij}/2$，$J'_3=r'_{ij}r'_{jk}r'_{ki}/3$（$r'_{ij}=r_{ij}-r^{\mathrm{R}}_{ij}$）。

公式（12.2）表明，加载和卸载都可以使用相同形式的硬化规则，但需要对 M_{p} 值进行一些缩放处理。公式（12.3）意味着在剪切反转时应力剪胀剪缩大小是不同的，与Balendran等（1993）以及Gajo等（1999）提出的概念类似。该剪应变反转技术与Masing规则、边界面模型理论（Taiebat等，2008）以及次加载面模型理论（Yamakawa等，2010）类似。此外，这部分内容的程序可详见本书“附录四　应力应变反转技术FORTRAN源程序”。

12.2.2　日本丰浦砂的循环试验模拟

为验证模型的适用性，选择了日本丰浦砂在不同条件下的三轴循环荷载试验进行模拟。日本丰浦砂是一种均匀的细石英砂，由亚圆形至尖角的颗粒组成，并广泛用于力学试验（Miura等，1984；Verdugo等，1996；Uchida等，2001）。所采用的丰浦砂的最大孔隙比为0.977，最小孔隙比为0.597，相对密度为2.65。丰浦砂的模型参数基于静力试验进行标定如图12.2所示，表12.1汇总了丰浦砂的SIMSAND模型参数。

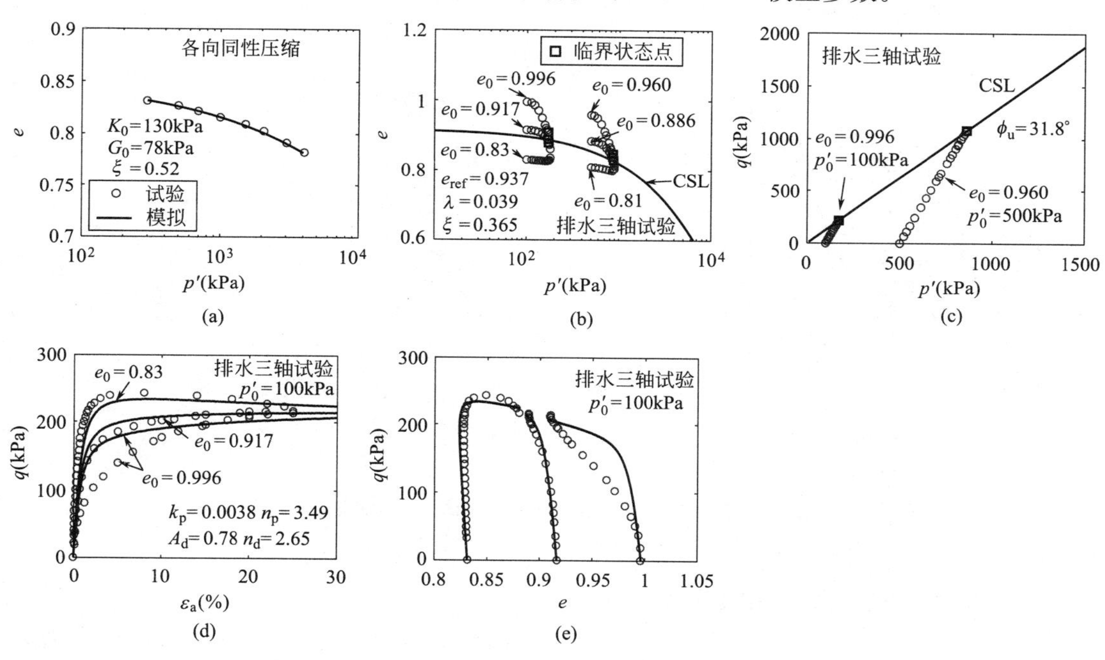

图12.2　丰浦砂的参数确定图

（a）各项同性压缩试验；（b）p'-e空间临界状态线；（c）p'-q空间临界状态线；（d）、（e）排水试验

所选砂土的SIMSAND模型参数　　**表12.1**

参数	K_0	G_0	n	ϕ_c	e_{ref}	λ	ξ	k_p	A_d	n_p	n_d
丰浦砂	130	78	0.52	31.8	0.937	0.039	0.365	0.0038	0.78	3.49	2.65
枫丹白露砂	100	60	0.51	33.2	0.811	0.055	0.46	0.0022	0.39	1.9	4

（1）常平均应力下三轴循环排水剪切试验

Paradhan（1990）采用丰浦砂进行了循环三轴排水试验，但材料与Verdugo和Ishihara（1996）所使用的丰浦砂型号略有不同。本章根据Verdugo和Ishihara试验标定的参数，但ϕ_c取32.3°，进行试验模拟。图12.3（a）～（c）展示了在常平均应力p'=98kPa下，

初始孔隙比为 $e_0=0.845$ 的松砂的循环三轴试验与预测结果之间的比较，图 12.3 (d)～(f) 展示了在常平均应力 $p'=98\text{kPa}$ 下初始孔隙比为 $e_0=0.653$ 的密砂的试验与预测结果之间的比较，模拟结果均与试验结果较为一致。

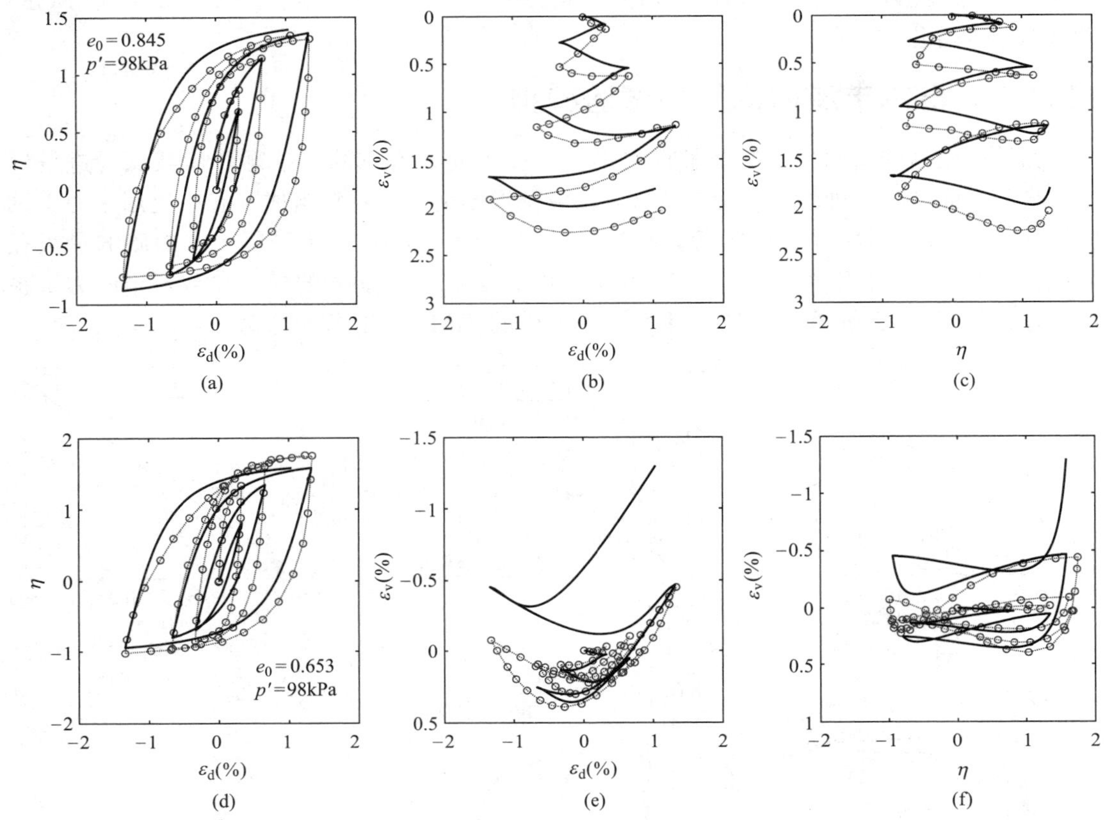

图 12.3　日本丰浦砂的常平均应力循环三轴排水试验与预测结果对比

(a)～(c) 松砂；(d)～(f) 密砂

(2) 常围压下三轴循环排水剪切试验

图 12.4 展示了在恒定围压 $\sigma_r'=98\text{kPa}$ 下，初始孔隙率 $e_0=0.863$ 的丰浦砂的三轴循环排水试验与模拟结果的对比。总的来说，模型能较好地预测试验结果，这里体积应变的差异是由于标定参数的丰浦砂试样与试验用试样的不同所致。综上，改进的 SIMSAND 循环模型能较好地反映松砂的循环剪缩和密砂的循环剪胀特性。

(3) 常规三轴循环不排水剪切试验

Uchida 和 Stedman (2001) 采用丰浦砂进行了循环不排水三轴试验，试样的相对密实度为 30%、围压 400kPa 以及相对密实度 50%、围压 400kPa，施加 1%轴向循环应变直至其液化。试验和模拟结果对比如图 12.5 所示。可以看出，该模型能较好地预测试验规律的总体趋势，尽管试验和模拟之间的平均有效应力变化有所不同，这可能是由于不同实验室的试样之间存在差异，如初始各项异性、试样生成方法等。综上，该改进的循环模型能很好地描述试样在不同围压和相对密实度条件下的液化特征。

为了进一步检查模型的模拟能力，采用上述模型参数进行三轴循环不排水试验规律

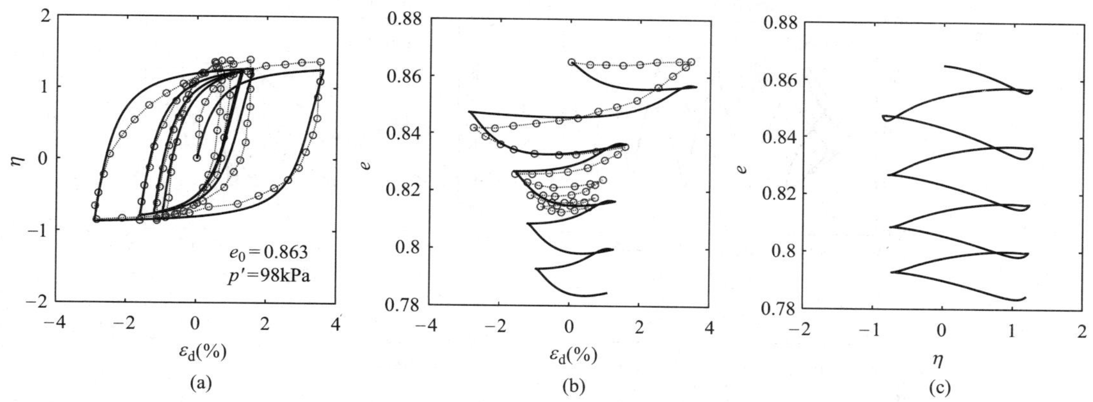

图 12.4 日本丰浦砂的常围压循环三轴排水试验与预测结果对比

(a) 应力比与偏应变；(b) 孔隙比与偏应变；(c) 孔隙比与应力比

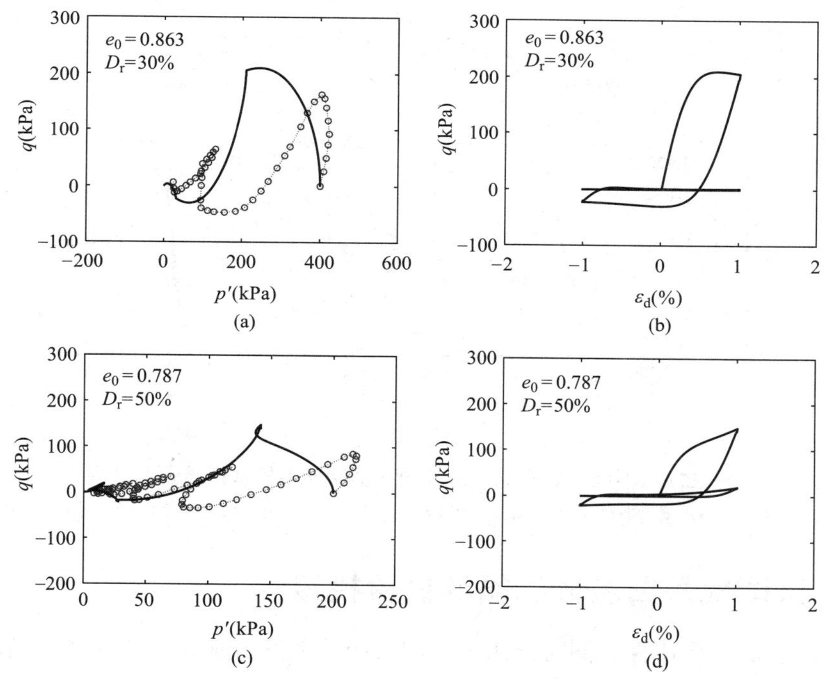

图 12.5 日本丰浦砂的常规三轴循环不排水剪切试验与预测结果对比

(a)、(c) 平均有效应力与偏应力的应力路径；(b)、(d) 偏应力与偏应变关系

预测，采用三种初始孔隙比的试样，循环荷载条件为等应力幅值 $q_{max}=55$kPa 和 $q_{min}=-55$kPa。如图 12.6 所示，密砂（a、b)、中密砂（c、d）和松砂（e、f）出现不同程度的循环液化特性，符合试验规律。由此可见，改进的 SIMSAND 循环模型能够合理地描述相对密实度和砂土液化间的关系。值得注意的是，为了更精确地模拟循环不排水特性，该模型仍需进一步改进，如考虑 Niemunis 和 Herle（1997）提出的粒间应变累积效应。

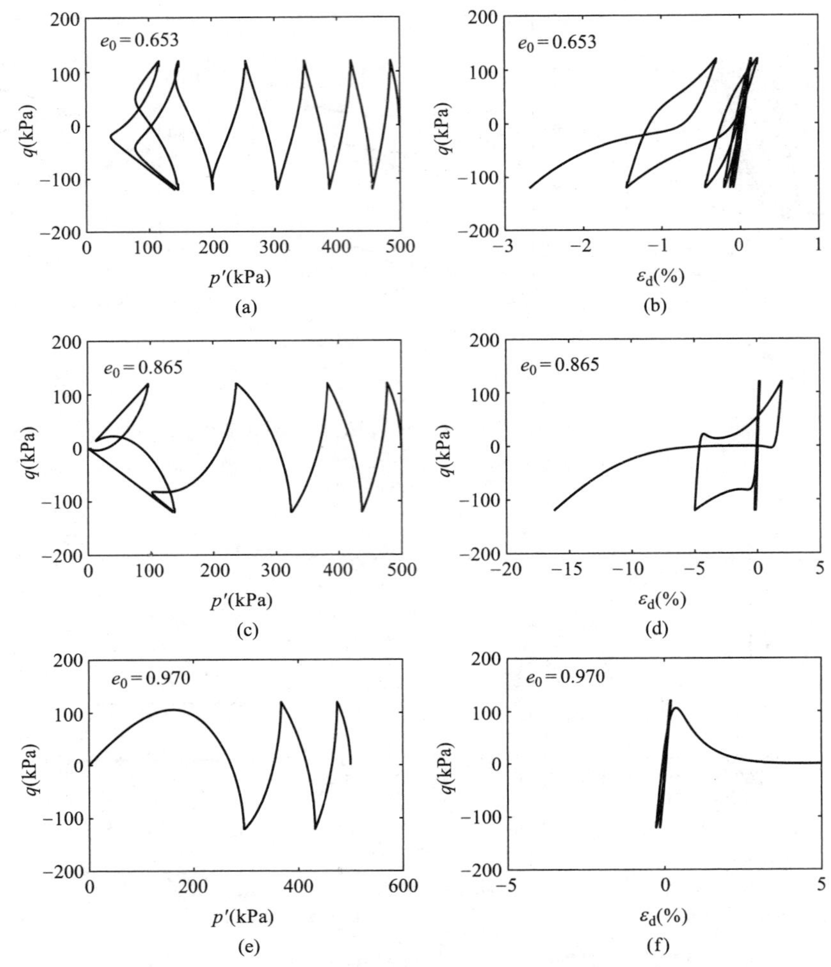

图 12.6　不同初始孔隙比试样的三轴循环不排水试验预测结果

(a)、(c) 和 (e) 平均有效应力与偏应力的应力路径；(b)、(d) 和 (f) 偏应力与偏应变关系

12.2.3　法国枫丹白露砂的循环试验模拟

为验证模型的可应用性，同时选用了法国常用的枫丹白露标准砂的系列循环试验（表 12.2）进行模拟，其砂土的模型参数见表 12.1。具体标定如图 12.7 所示。

枫丹白露砂常规三轴排水试验列表　　　　**表 12.2**

试验	TM1	TM2	TM3	TM4	TM5
e_0	0.718	0.712	0.702	0.637	0.573
σ_c'(kPa)	50	100	200	50	50

(1) 常平均应力三轴循环排水剪切试验

Phong (1980) 对枫丹白露砂进行了常平均应力三轴循环剪切试验。图 12.8 展示了在恒定 $p'=200$kPa 条件下初始空隙比 $e_0=0.72$ 试样的试验与模型预测结果对比。由于枫丹

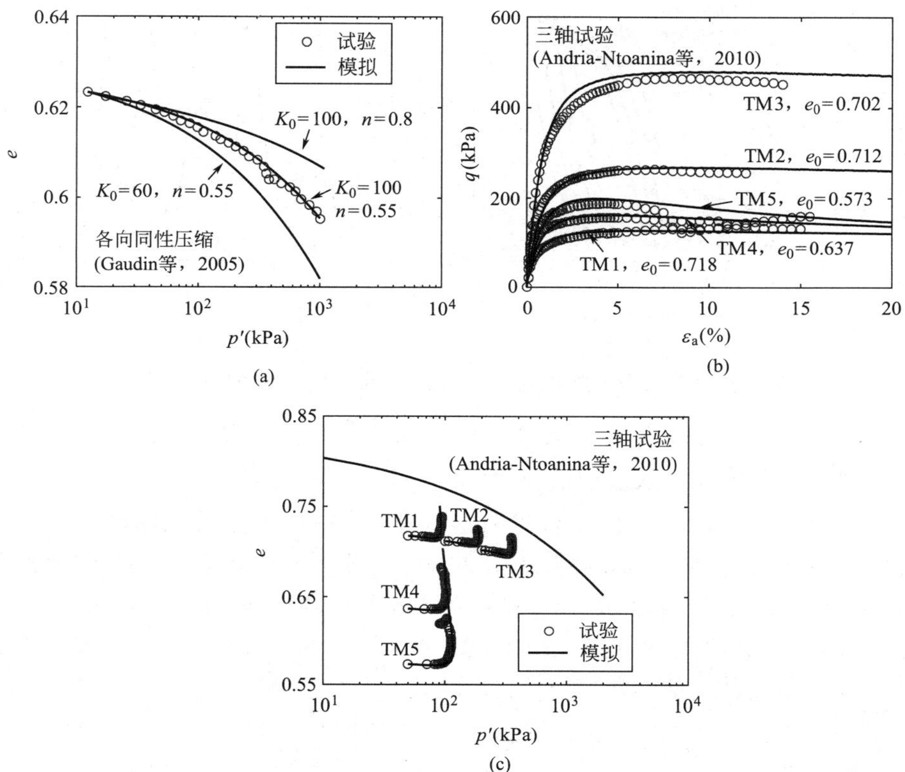

图 12.7　用于参数标定的枫丹白露砂三轴试验

（a）各项同性压缩曲线；（b）三轴剪切 ε_a-q 空间；（c）三轴剪切 p'-e 空间

白露砂的模型参数是基于 Andria-Ntoanina 等（2010）的试验确定的，模型计算结果与试验存在一定差异，如图 12.8（c）、（d）中的虚线所示。这里，考虑到应变反转过程中的小应变理论（Jiang 等，1997），将参数 k_p 修正为初始值的 0.5 倍，且弹性参数 K_0 和 G_0 也修改为初始值的 2 倍，修正后计算结果如图实线所示，可得到其应力-应变关系与试验较为一致。

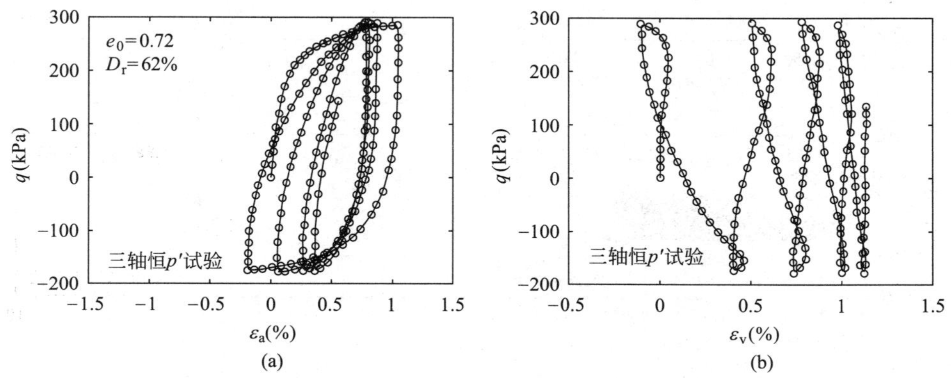

图 12.8　枫丹白露砂的常平均应力三轴循环排水试验与模拟结果对比（一）

（a）、（b）试验结果

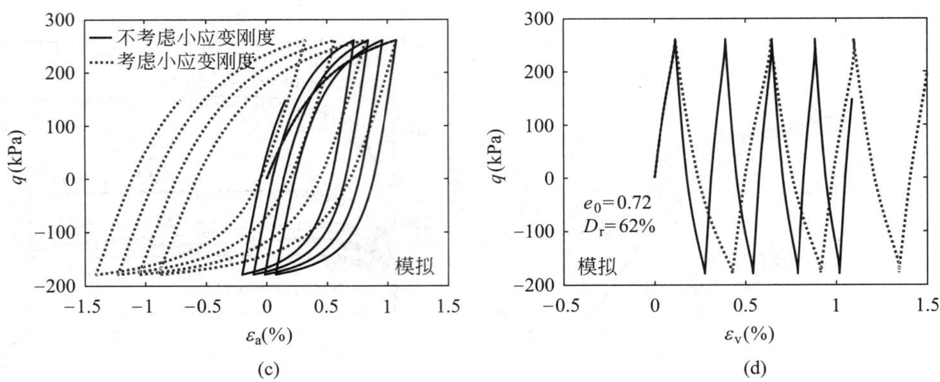

图 12.8　枫丹白露砂的常平均应力三轴循环排水试验与模拟结果对比（二）

（c）、（d）模拟结果

（2）常规三轴循环不排水剪切试验

Andria-Ntoanina 等（2010）对枫丹白露砂进行了一系列常规三轴循环不排水剪切试验。试验的初始围压为 200kPa，在 0.1Hz 频率下分别对相对密实度 65％的中密砂施加循环偏应力 q_{cyc}＝100kPa 和 55kPa，和对相对密实度 44％的松砂施加循环偏应力 q_{cyc}＝80kPa 和 48kPa，直至各试样发生液化。从图 12.9、图 12.10 可以看出，模型计算结果较好地重现了试验所描述的总体趋势，并且松砂状态的试样更容易液化。

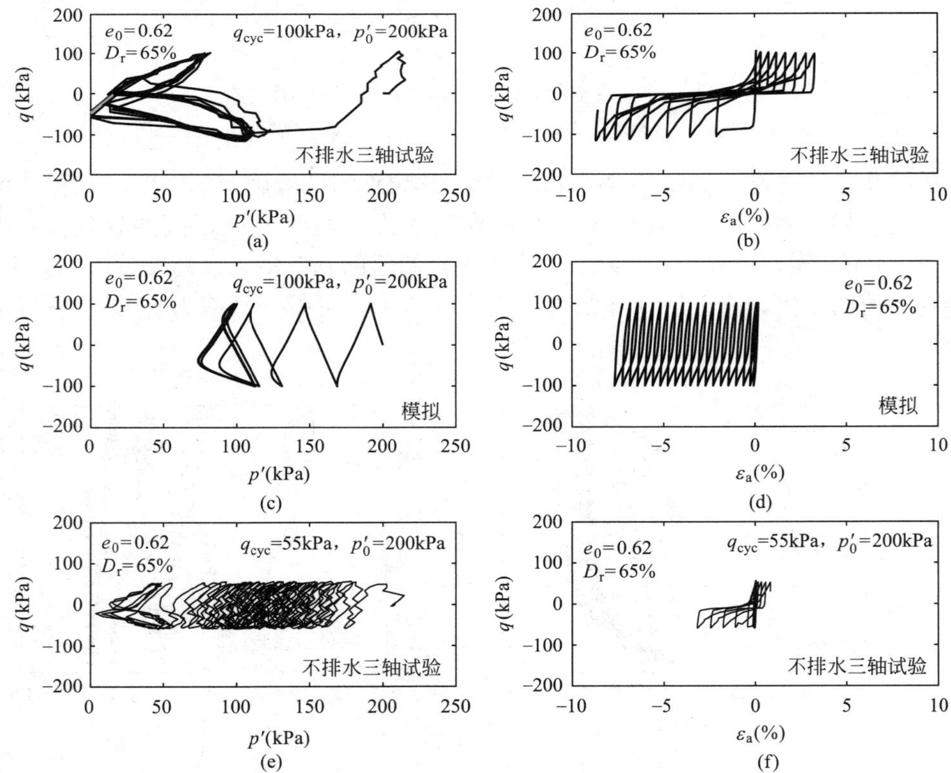

图 12.9　相对密实度 65％的枫丹白露砂三轴循环不排水剪切试验与模拟结果对比（一）

(a)～(d) q_{cyc}＝100kPa；(e)～(h) q_{cyc}＝55kPa

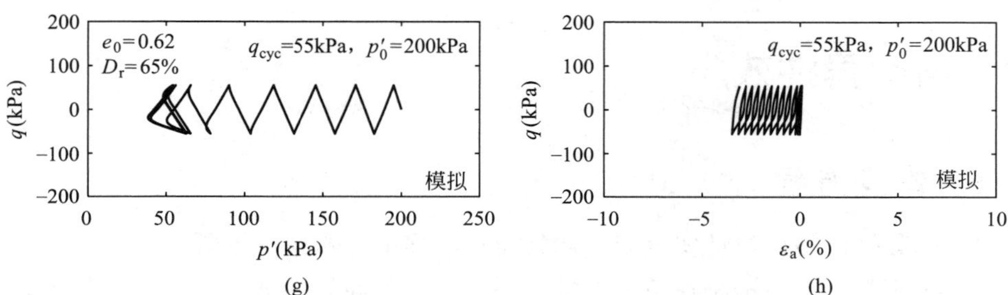

(g)　(h)

图 12.9　相对密实度 65％的枫丹白露砂三轴循环不排水剪切试验与模拟结果对比（二）

(a)～(d) q_{cyc}＝100kPa；(e)～(h) q_{cyc}＝55kPa

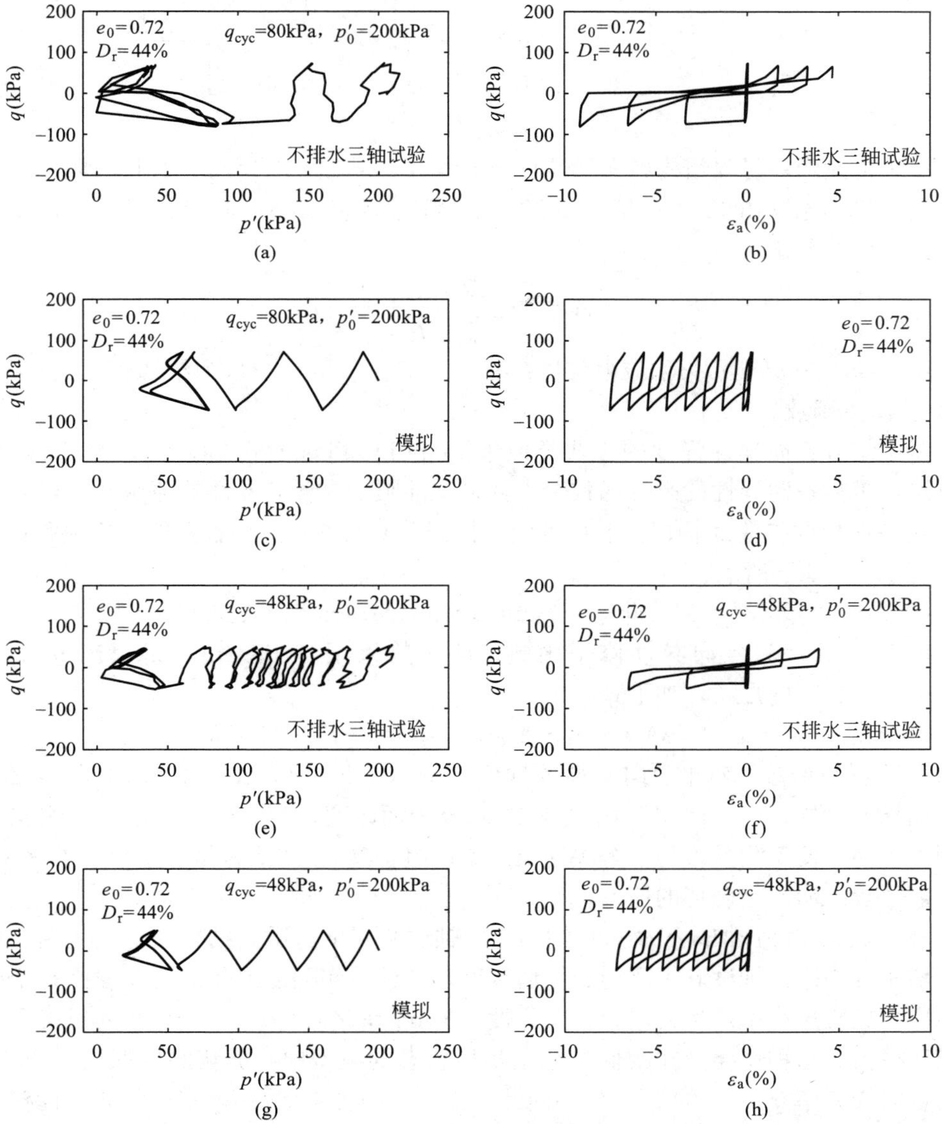

(a)　(b)

(c)　(d)

(e)　(f)

(g)　(h)

图 12.10　相对密实度 40％的枫丹白露砂三轴循环不排水剪切试验与模拟结果对比

(a)～(d) q_{cyc}＝80kPa；(e)～(h) q_{cyc}＝48kPa

12.3 各向异性效应

12.3.1 本构方程

组构各向异性已被广泛证实会影响颗粒材料的强度。在单剪条件下，采用了一个简单的方法来改进模型。该方法是在单剪条件下引入组构各向异性联合不变量，将原始各向同性强度扩展到砂的各向异性强度。在这种方法中，利用由 Oda 和 Nakayama（1989）提出的结构张量 F_{ij} 来描述组构各向异性的程度：

$$F_{ij}=\begin{bmatrix}F_z & 0 & 0\\ 0 & F_x & 0\\ 0 & 0 & F_y\end{bmatrix}=\frac{1}{3+\Delta}\begin{bmatrix}1-\Delta & 0 & 0\\ 0 & 1+\Delta & 0\\ 0 & 0 & 1+\Delta\end{bmatrix}=\frac{1}{3}\begin{bmatrix}1 & 0 & 0\\ 0 & 1 & 0\\ 0 & 0 & 1\end{bmatrix}+\frac{2\Delta}{9+3\Delta}\begin{bmatrix}-2 & 0 & 0\\ 0 & 1 & 0\\ 0 & 0 & 1\end{bmatrix} \tag{12.5}$$

式中，Δ 为描述颗粒材料组构各向异性分布的参数，$0<\Delta<1$ 为典型砂土的典型范围。

根据张量理论（Li 和 Dafalias，2002）采用联合不变量 A，将结构张量的偏差部分与偏应力张量联系起来：

$$A=\frac{s_{ij}d_{ij}}{\sqrt{s_{mn}s_{mn}}\sqrt{d_{mn}d_{mn}}} \tag{12.6}$$

式中，s_{ij}（$=\sigma_{ij}-p'\delta_{ij}$）为偏应力张量；$d_{ij}$（$=F_{ij}-F_{kk}\delta_{ij}/3$）为结构张量的偏差部分；$\delta_{ij}$ 为克罗内克函数。

本章中结合各向异性强度的方式类似于 Li 和 Dafalias（2002）、Gao 和 Zhao（2012）等的方法，是将各向异性的影响函数引入到强度准则中。各向异性插值函数由联合不变量 A 和组构各向异性参数 Δ 构成。利用各向异性修正函数修正原始各向同性峰值强度 M_p 和相变强度 M_{pt}，如下所示：

$$M'_p=M_p\exp[g(A,\Delta)],M'_{pt}=M_{pt}\exp[g(A,\Delta)] \tag{12.7}$$

式中，g（A，Δ）为各向异性修正函数，该函数采用与 Pietruszczak 和 Mroz（2000，2001）的研究相同的形式，如下式：

$$g(A,\Delta)=-c_1\cdot\Delta\cdot(1+A)=-\widetilde{c}_1\cdot(1+A) \tag{12.8}$$

式中，c_1 为材料参数。对于各向同性的砂样，$\Delta=0$，g（A，Δ）$\equiv 0$。对于 $0<\Delta<1$ 的组构各向异性砂样，g（A，Δ）随 A 和 Δ 的改变而改变。在大多数方法中，组构各向异性的程度可能不便于测量。为了解决这个困难，组合项 c_1 被认为是一个单一的材料参数，因此只需要校准而不是确切的值。

另外，Vaid 和 Sivathayalan（1996）的三轴试验和单剪试验结果的比较表明，单剪试验的剪切刚度小于三轴试验中测得的剪切刚度。这种剪切刚度退化的主要原因是由于单剪阶段主应力旋转过程中产生的应力各向异性。Yang 和 Yu（2006，2010）通过引入非共轴塑性应变模拟了这种退化。在我们的基于临界状态的模型中，剪切刚度取决于表 12.1 中所见的双曲线斜率 $q/p\text{-}\varepsilon_d^p$ 的参数 k_p。因此，提出了一种将参数 k_p 乘以各向异性校正函数的方程，以推导随主应力旋转发展的剪切刚度：

$$k'_p=k_p\cdot\exp[\widetilde{c}_2\cdot(1+A)] \tag{12.9}$$

式中，$\tilde{c}_2$ 为材料参数。

最后，SIMSAND 模型中的参数 M_p、M_{pt} 和 k_p 被替代为 M'_p、M'_{pt} 和 k'_p，以反映砂土的主应力旋转效应。

12.3.2　理想单剪条件下各向异性参数的敏感性分析

参数分析是基于理想的单剪条件进行的，为了研究结合参数（$\tilde{c}_1$ 和 $\tilde{c}_2$）的灵敏度，可以基于单剪试验的结果来判定。图 12.11 为考虑了表 12.1 中枫丹白露 NE34 砂的参数，以及参数 $\tilde{c}_1$ 和 $\tilde{c}_2$ 不同值的模拟结果。图中结果表明参数 $\tilde{c}_1$ 控制了剪切强度的退化速率，同时 $\tilde{c}_2$ 控制了剪切刚度的退化速率。如图 12.11（a）～（c）所示，当 $\tilde{c}_1$ 增加时，获得的剪切强度和剪胀性较低，而如图 12.11（d）～（f）所示，当 $\tilde{c}_2$ 增加时会获得较低的剪切刚度和剪胀性。

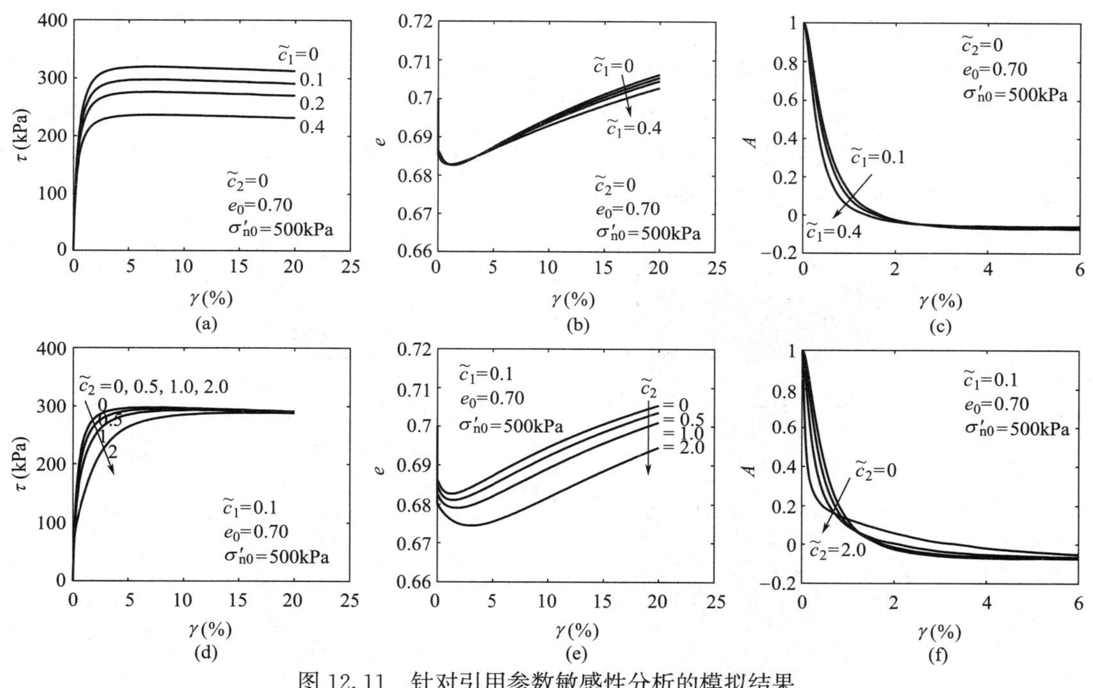

图 12.11　针对引用参数敏感性分析的模拟结果

（a）、（b）、（c）$\tilde{c}_2$ 不变而只变化 $\tilde{c}_1$；（d）、（e）、（f）$\tilde{c}_1$ 不变而只变化 $\tilde{c}_2$

由此，各向异性参数 $\tilde{c}_1$ 和 $\tilde{c}_2$ 可通过单剪试验进行标定，如图 12.12 所示 $\tilde{c}_1=0.18$，$\tilde{c}_2=2.0$。

12.3.3　循环不排水单剪试验模拟

为了验证改进的循环 SIMSAND 模型的计算能力，本章同时对循环不排水单剪试验进行了模拟，通过引进各向异性参数 $\tilde{c}_1$ 和 $\tilde{c}_2$ 来考虑主应力旋转效应，所采用枫丹白露砂试样的相对密度为 59%，初始法向应力为 $\sigma'_n=416$kPa，循环剪切应力为 $\tau_{cyc}=20.8$kPa，且其平均剪应力 τ_{ave} 分别为 0kPa、10.8kPa 和 41.6kPa。三种循环不排水单剪试验的模型预测结果如图 12.13 所示。图 12.13（a）～（d）为应力循环对称控制的单剪试验（即 $\tau_{ave}=0$kPa），其模拟的导致液化的循环圈数与试验接近，但是液化后的剪应力值要略低于试验

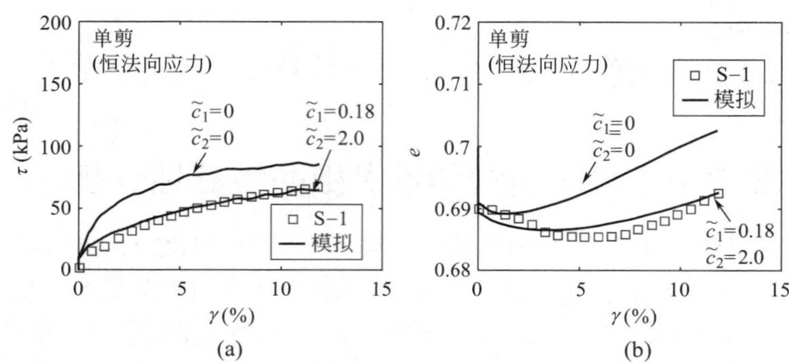

图 12.12 用于参数标定的枫丹白露砂单剪试验

(a) 剪应力-剪应变曲线；(b) 孔隙率-剪应变曲线

值。图 12.13 (e)～(h) 针对应力循环非对称控制的单剪试验（即 $\tau_{ave}=10.8\text{kPa}<\tau_{cyc}=20.8\text{kPa}$），也可以很好地模拟液化特性，并且能描述一定的非对称循环剪切应变累积现象。图 12.13 (i)～(l) 为单边循环单剪试验（即 $\tau_{ave}=41.6\text{kPa}>\tau_{cyc}=20.8\text{kPa}$），可以看出 SIMSAND 循环模型能较好地模拟循环应变累积规律。综上，所改进的模型能较好地描述应力控制的循环单剪试验力学特性。

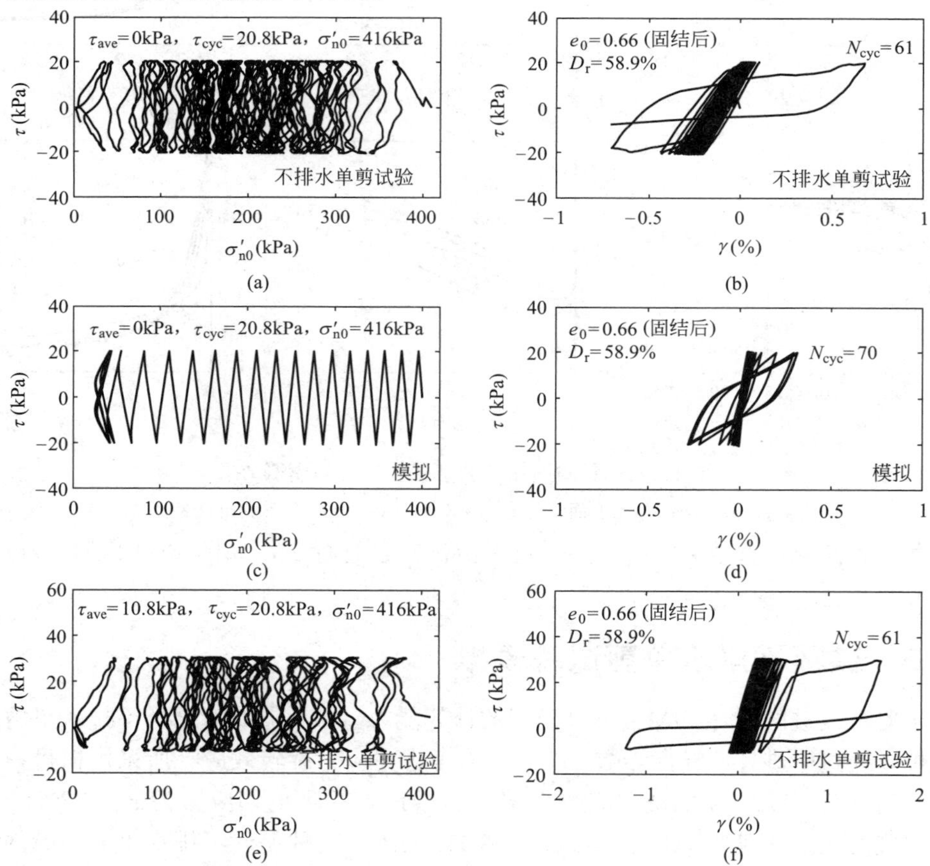

图 12.13 枫丹白露砂的循环不排水单剪试验与模拟对比图（一）

(a)～(d) 初始条件为 $\tau_{ave}=0\text{kPa}$、$\tau_{cyc}=20.8\text{kPa}$；(e)～(h) 初始条件为 $\tau_{ave}=10.4\text{kPa}$、$\tau_{cyc}=20.8\text{kPa}$

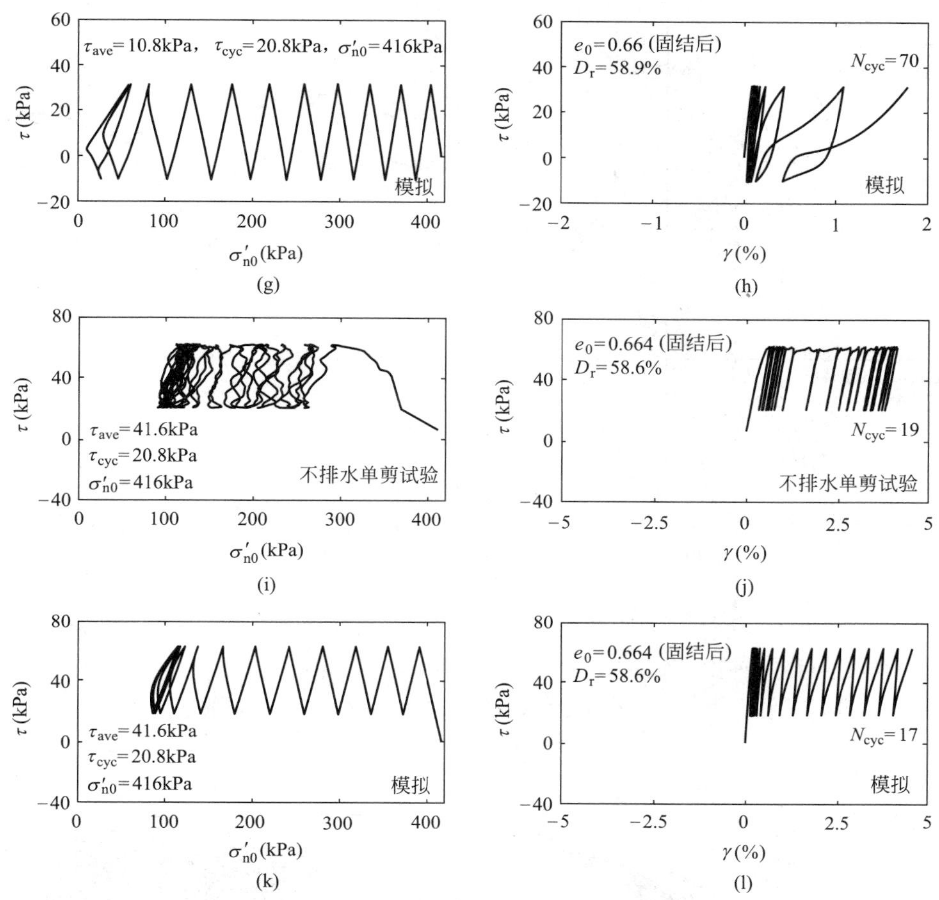

图 12.13　枫丹白露砂的循环不排水单剪试验与模拟对比图（二）
(e)～(h) 初始条件为 $\tau_{ave}=10.4$kPa、$\tau_{cyc}=20.8$kPa；
(i)～(l) 初始条件为 $\tau_{ave}=41.6$kPa、$\tau_{cyc}=20.8$kPa

12.3.4　循环排水单剪试验模拟

本章同时模拟了初始孔隙比 $e_0=0.70$、初始正应力 $\sigma'_n=108$kPa 的枫丹白露砂的应变控制循环单剪试验。如图 12.14 所示，模拟结果与试验结果基本一致，表明 SIMSAND 循环模型能较好地描述砂土试样的循环振密特性。根据对比结果可以发现循环过程中控制小应变刚度的参数过高，从而造成试验结果和模拟之间存在一定的差异，因此该模型在小应变的控制方面仍需要进一步增强。

图 12.15 为对初始条件为 $\tau_{ave}=0$kPa、$\tau_{cyc}=41.6$kPa、$\sigma'_{n0}=416$kPa 和 $e=0.606$ 的应力控制循环单剪试验的模拟结果。可以看出体积应变的模拟结果同样略高于试验结果，形成该差异的主要原因同样与循环过程中小应变刚度控制参数相关。

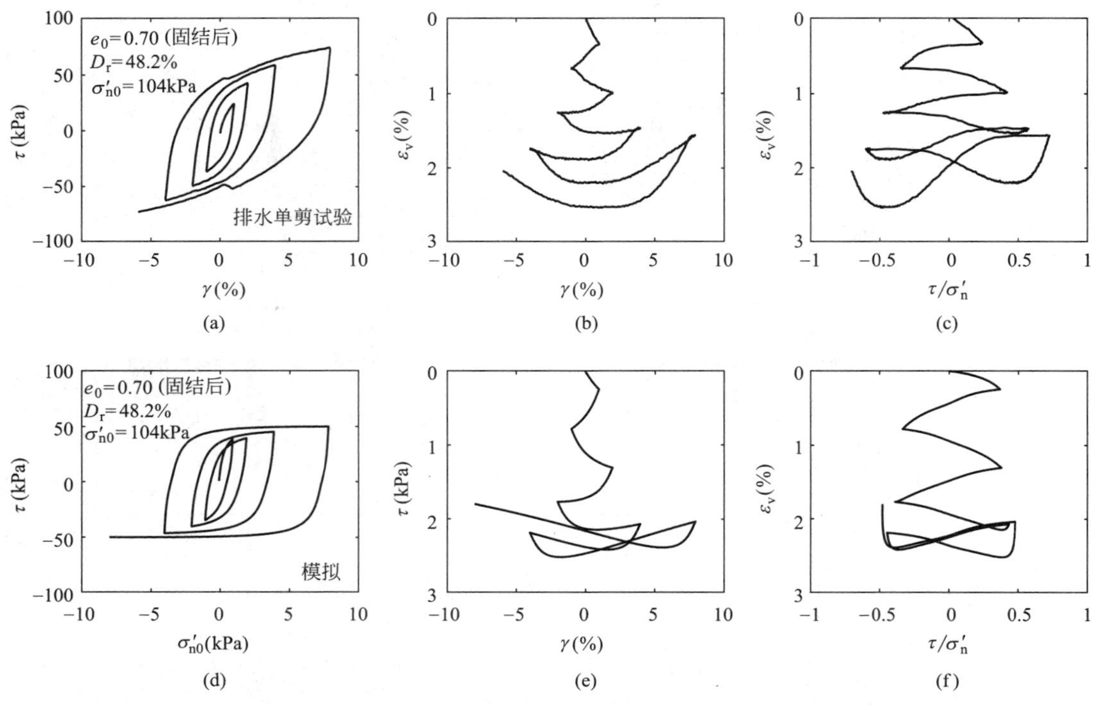

图 12.14 枫丹白露砂的应变控制式循环单剪试验结果与数值结果对比
(a)～(c) 试验；(d)～(f) 模拟

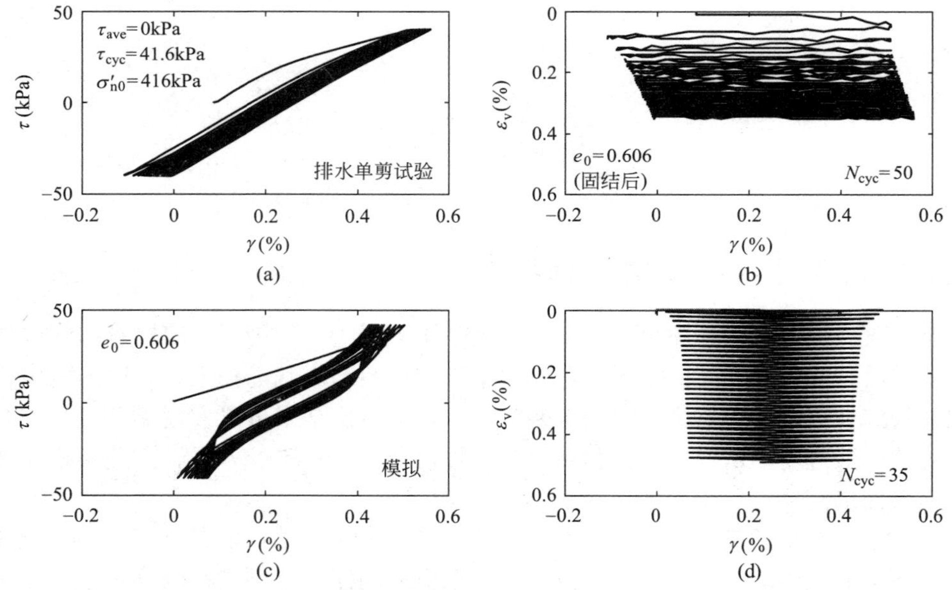

图 12.15 枫丹白露砂的应变控制循环单剪试验与模拟结果对比
(a)、(b) 试验；(c)、(d) 模拟

12.4　本章小结

本章提出了一种基于剪切应变反转的考虑循环荷载效应的改进 SIMSAND 模型，用于描述砂土的循环特性，同时通过引入颗粒材料的组构各项异性，实现单剪过程中的主应力偏转产生的强度和剪胀的衰减规律。通过对比日本丰浦砂和法国枫丹白露砂的不同应力路径的循环试验，验证了改进的考虑组构各向异性和循环荷载效应的 SIMSAND 模型能较好地预测试验结果。

参考文献

Andria-NtoaninaI，Canou J，Dupla J. Caractérisation mécanique du sable de Fontainebleau NE34 *à* l'appareil triaxial sous cisaillement monotone [J]. Laboratoire Navier-Géotechnique. CERMES，ENPC/LCPC，2010.

Balendran B，Nematnasser S. Double sliding model for cyclic deformation of granular materials，including dilatancy effects [J]. Journal of the Mechanics and Physics of Solids，1993，41 (3)：573-612.

Biarez J，Hicher P-Y. Influence de la granulométrie et de son évolution par ruptures de grains sur le comportementmécanique de matériauxgranulaires [J]. Revue Francaise de Genie Civil，1997，1 (4)：607-631.

Gajo A，Muir Wood D. Severn-Trent sand：a kinematic hardening constitutive model for sands：the q-p formulation [J]. Geotechnique，1999，49 (5)：595-614.

GaoZ，Zhao J. Efficient approach to characterize strength anisotropy in soils [J]. Journal of engineering mechanics，2012，138 (12)：1447-1456.

Jefferies M，Been K. Soil liquefaction：A critical state approach [M]. London：Taylor and Francis，2006.

Jiang G L，Tatsuoka F，Koseki J，Flora A (1997). Inherent and stress-state-induced anisotropy in very small strain stiffness of a sandy gravel [J]. Geotechnique，43 (3)：509-521.

Li XS，Dafalias Y F. Constitutive modeling of inherently anisotropic sand behavior [J]. Journal of Geotechnical and Geoenvironmental Engineering，2002，128 (10)：868-880.

Miura N，Murata H，Yasufuku N. Stress-strain characteristics of sand in a particle-crushing region [J]. Soils and Foundations，1984，24 (1)：77-89.

Niemunis A，Herle I. Hypoplastic model for cohesionless soils with elastic strain range [J]. Mechanics of Cohesive-frictional Materials，1997，2 (4)：279-299.

Oda M，Nakayama H. Yield function for soil with anisotropic fabric [J]. Journal of Engineering Mechanics，1989，115 (1)：89-104.

Paradhan T B S，The behavior of sand subjected to monotonic and cyclic loadings [D]. PhD Thesis，Kyoto University，1990，Japan.

Luong M P. Phénomènes cycliques dans les sols pulvérulents [J]. Revue Française de Géotechnique，1980，10 ：39-53.

Pietruszczak S，Mroz Z. Formulation of anisotropic failure criteria incorporating a microstructure tensor [J]. Computers and Geotechnics，2000，26 (2)：105-112.

Pietruszczak S，Mroz Z. On failure criteria for anisotropic cohesive-frictional materials [J]. International journal for numerical and analytical methods in geomechanics，2001，25 (5)：509-524.

Taiebat M，Dafalias Y F. SANISAND：simple anisotropic sand plasticity model [J]. International Journal for Numerical and Analytical Methods in Geomechanics，2008，32（8）：915-948.

Uchida，Kazunori，Stedman，James David. Liquefaction Behavior of Toyoura Sand Under Cyclic Strain Controlled Triaxial Testing [C] // in Proceedings of the Eleventh International Offshore and Polar Engineering Conference，Stavanger，Norway. 2001.

Vaid Y，Sivathayalan S. Static and cyclic liquefaction potential of Fraser Delta sand in simple shear and triaxial tests [J]. Canadian Geotechnical Journal，1996，33（2）：281-289.

Verdugo R，Ishihara K. The steady state of sandy soils [J]. Soils and foundations，1996，36（2）：81-91.

Yamakawa Y，Hashiguchi K，Ikeda K. Implicit stress-update algorithm for isotropic Cam-clay model based on the subloading surface concept at finite strains [J]. International Journal of Plasticity，2010，26（5）：634-658.

YangY，Yu H S. A non-coaxial critical state soil model and its application to simple shear simulations [J]. International Journal for Numerical and Analytical Methods in Geomechanics，2006，30（13）：p. 1369-1390.

YangY，Yu H S. Numerical aspects of non-coaxial model implementations [J]. Computers and Geotechnics，2010，37（1-2）：93-102.

边学成，蒋红光，申文明，等. 基于模型试验的高铁路基动力累积变形研究 [J]. 土木工程学报，2011（06）：120-127.

刘雪珠，陈国兴. 轨道交通荷载下路基土的动力学行为研究进展 [J]. 防灾减灾工程学报，2008，028（2）：248-255.

钱寿易，楼志刚，杜金声. 海洋波浪作用下土动力特性的研究现状和发展 [J]. 岩土工程学报，1982，4（1）：16-23.

袁晓铭，张建毅，蔡晓光，曹振中，孙锐，陈龙伟，孟上九，董林，王维铭，孟凡超. 汶川 8.0 级地震液化特征初步研究 [J]. 岩石力学与工程学报，2009，28（006）：1288-1296.

第 13 章　基于 SIMSAND 的双屈服面黏土模型

本章提要

临界状态概念在土力学中得到了广泛的应用。本章的目的是将这个概念应用于符合机制弹塑性的框架中。已开发的模型有两个屈服面，一个用于剪切，另一个用于压缩。在该模型中，明确考虑了临界状态线（CSL）的位置，并与实际材料密度相关以控制峰值强度和相变特性。应力反转技术被纳入模型中，描述复杂载荷下的黏土特性，包括应力方向的变化。讨论了模型参数的确定；它只需要一次排水或不排水三轴试验，直至初始各向同性固结阶段失效。利用该模型模拟了不同的超固结比和各种重塑天然黏土在单调加载条件下的排水和不排水试验，包括不同洛德角的真三轴试验。通过使用从单调试验确定的一组参数来模拟循环加载下的排水和不排水试验。试验结果与数值模拟的比较表明，这种新的简单模型具有良好的预测能力。

13.1　引言

近几十年来，黏土的力学特性已被众多研究人员广泛研究（Ladd 等，1965；Gens，1982；Zervoyannis，1982；Biarez 和 Hicher，1994；Chowdhury 和 Nakai，1998；Li 和 Meissner，2002；Wheeler 等，2003；Nakai 和 Hinokio，2004）。黏土材料在正常或轻度超固结状态下剪缩（在图 13.1a 中排水条件下的空隙比减小，或图 13.1b 中不排水条件下的平均有效应力降低），当超固结比增加时变得剪胀（图 13.1a 中排水条件下的孔隙比增加，或图 13.1b 中不排水条件下平均有效应力的增加），应力状态和孔隙比收敛于临界状态（p'-q 平面的 CSL 和 e-logp'的 CSL 平面，如图 13.1a、b 所示）。CSL 在 e-logp'平面内的位置是决定剪缩或剪胀幅度（见图 13.1c 中 B 和 B'，C 和 C'之间的差异）与初始给定孔隙比之间关系的关键因素。

基于试验观察，已经开发了传统的黏土弹塑性模型，并且通常可以分为两类：

（1）基于临界状态的弹塑性模型（Li 和 Meissner，2002；Wheeler 等，2003；Nakai 和 Hinokio，2004；Schofield 和 Wroth，1968；Roscoe 和 Burland，1968；Whittle 和 Kavvadas，1994；Ling 等，2002；Pestana 等，2002；Dafalias 等，2006；Yu 等，2007；Yao 等，2009；Stallebrass 和 Taylor，1997；Bryson 和 Salehian，2011）。在这些模型中，e-logp'平面中的 CSL 的斜率被视作一个参数，并且该 CSL 的位置隐含地在 e-logp'平面上由屈服面与 CSL 的交点来获得。

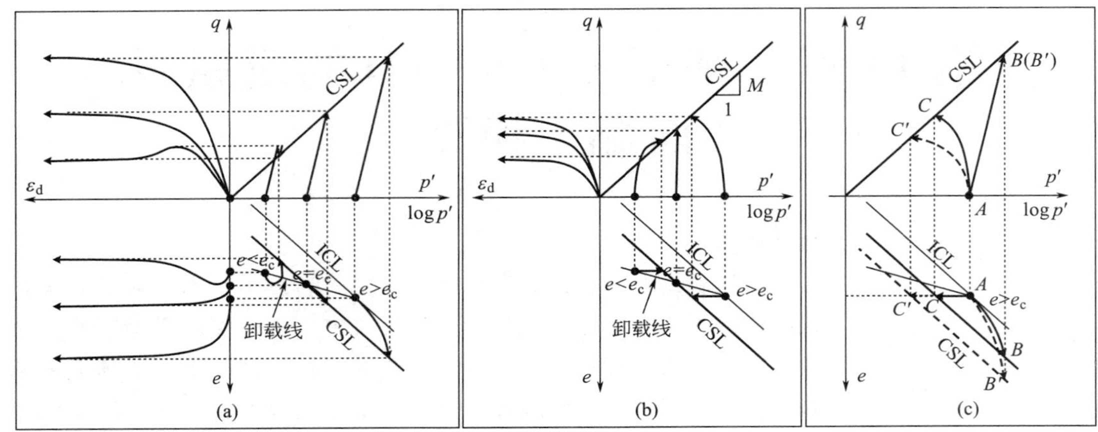

图 13.1 黏土典型力学特性的示意图

(a) 排水特性；(b) 不排水特性；(c) 临界状态线的影响

(2) 复合机理模型（Ohmaki，1979；Hujeux，1985；Hirayama，1987；Hsieh 等，1990；Lade，2007）。Hujeux（1985）的模型使用了第一类的 CSL 位置，需要 12 个参数。在其他模型中，在 e-logp'平面上的 CSL 没有被使用。因此，在压缩和剪切过程中，临界状态的剪缩和剪胀是无法保证的。因此，这些模型难以在各种应力路径和加载条件下模拟黏土的特性。

此外，其他模型也被开发用于描述黏土特性。例如，Mašin（2005）和 Huang 等（2006）基于低塑性框架提出黏土模型；Calladine（1971）和 Schweiger 等（2009）提出了基于多层建模概念的黏土模型。在这些模型中，e-logp'平面中的 CSL 尚未被使用，因此不能保证达到临界状态的剪缩和剪胀。

在砂土模拟中，临界状态概念已被明确使用（Been 和 Jefferies，1985；Gajo 和 Muir Wood，1999；Taiebat 和 Dafalias，2008）。砂和黏土都取得了良好的预测性能，并注意到这些模型在描述各向异性特性时具有吸引力。但是，基于微观力学的模型通常是计算需求。因此，本章试图在双屈服面建模方法中明确使用 CSL，以便提出一个简单易用的模型，同时很好地适应黏土特性的建模。

在下面的章节中，首先介绍了利用黏土的临界状态概念开发双屈服面模型。然后提出将应力反转技术应用到模型中，以便能够模拟剪切应力反转的试验。最后，通过比较试验结果和数值模拟，在单调和循环荷载下，对各向同性和各向异性固结黏土样本进行排水和不排水试验，不同 OCR（超固结比）。本章的内容也可参阅文献 Jin 等（2013）。

13.2 本构模型描述

根据弹塑性理论，总应变率由弹性应变率和塑性应变率叠加组成：

$$\delta\varepsilon_{ij}=\delta\varepsilon_{ij}^{e}+\delta\varepsilon_{ij}^{p} \tag{13.1}$$

式中，$\delta\varepsilon_{ij}$ 为总应变率张量的（i，j）分量；上标 e 和 p 分别表示弹性和塑性分量。

13.2.1　弹性特性

假定弹性特性是各向同性的，如下所示：

$$\delta\varepsilon_{ij}^{e}=\frac{1+\upsilon}{E}\delta\sigma'_{ij}-\frac{\upsilon}{E}\delta\sigma'_{kk}\delta_{ij} \tag{13.2}$$

式中，υ 和 E 为泊松比和杨氏模量；σ'_{ij} 为有效应力张量；δ_{ij} 为克罗内克函数。

E 也可以用弹性体积模量 K 来代替，其表达式为 $E=3K\ (1-2\upsilon)$。对于黏土，弹性体积模量 $K=p'\ (1+e_0)\ /\kappa$ 可以通过平均有效应力 $p'=\sigma'_{kk}/3$（见 Roscoe 和 Burland，1968），回弹线的斜率 κ 和初始孔隙比 e_0 的关系来确定。假设黏土的公共值 $\upsilon=0.25$，那么弹性特性只需要参数 κ。

13.2.2　塑性特性

基于传统的弹塑性理论，可以得到塑性应变，如下所示：

$$\delta\varepsilon_{ij}^{p}=\mathrm{d}\lambda\frac{\partial g}{\partial\sigma'_{ij}} \tag{13.3}$$

式中，$\mathrm{d}\lambda$ 为取决于应力率和塑性硬化定律的塑性乘数；g 为塑性势函数。

所提出的模型使用两个屈服面：一个用于剪切滑动（f_S），一个用于压缩（f_C）（图 13.2）。公式（13.3）可以表示如下：

$$\delta\varepsilon_{ij}^{p}=\delta\varepsilon_{ij}^{pS}+\delta\varepsilon_{ij}^{pC}=\mathrm{d}\lambda^{S}\frac{\partial g^{S}}{\partial\sigma'_{ij}}+\mathrm{d}\lambda^{C}\frac{\partial g^{C}}{\partial\sigma'_{ij}} \tag{13.4}$$

上标 S 和 C 分别表示剪切滑动和压缩分量。对于 $f<0$ 的一个分量，相应的 $\mathrm{d}\lambda$ 取等于零。

（1）CSL 相关密度状态

在土壤建模中要考虑的重要因素之一是临界状态概念。在临界状态下，黏土材料受到连续变形时保持恒定的体积。对应于这种状态的孔隙比是 e_c。临界孔隙比 e_c 是平均有效应力 p' 的函数。传统上这种关系写成如下：

$$e_c=e_{cr0}-\lambda\ln\left(\frac{p'}{p_{cr0}}\right) \tag{13.5}$$

e-$\log p'$ 平面中的临界状态线由三个参数显式定位：e_{cr0} 和 p_{cr0} 确定 e-$\log p'$ 平面中的参考临界状态点，并确定临界状态线的斜率。为了方便起见，p_{cr0} 取为 100kPa。因此临界状态线可以由两个参数 e_{cr0} 和 λ 定义。

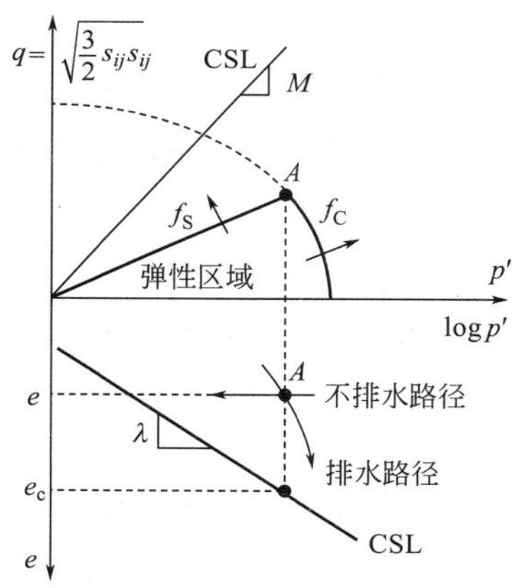

图 13.2　黏土临界状态双屈服面模型的原理

使用临界状态概念，土壤的密度状态定义为比率 e_c/e，其中 e 是实际孔隙比，e_c 是通过公式（13.5）得到的关于 p' 值的临界孔隙比给出应力状态（状态 A 见图 13.2）。这意味着：$e_c/e<1$ 表示正常固结或轻度超固结黏土；$e_c/e>1$ 表示重度超固结黏土；$e_c/e=1$ 表示黏土的初始状态位于 e-$\log p'$ 平面上的 CSL 上。

（2）剪切滑动准则

在几种砂土和黏土模型（Gajo 和 Muir，2016；Jefferies，1993；Vermeer，2015）中，塑性剪切分量屈服面的形状在 p'-q 平面内是线性的。在这里，我们对黏土采用相同的剪切标准，写成如下：

$$f_S=\sqrt{\frac{3}{2}r_{ij}r_{ij}}-H \tag{13.6}$$

式中，$r_{ij}=s_{ij}/p'$，$s_{ij}=\sigma'_{ij}-p'\delta_{ij}$；$H$ 为通过 H-ε_d^p 平面中的双曲线函数定义的硬化参数。

$$H=\frac{M_p\varepsilon_d^p}{1/G_p+\varepsilon_d^p} \tag{13.7}$$

其中 G_p 控制双曲线 η-ε_d^p（$\eta=q/p'$）的初始斜率。公式（13.6）和公式（13.7）保证应力比 η 达到峰值应力比 M_p。

根据 Biarez 和 Hicher（1994），峰值摩擦角［与 $M_{pc}=6\sin\phi_p/(3-\sin\phi_p)$ 相关］取决于内部摩擦角 ϕ_u（与临界状态值 $M_c=6\sin\phi_u/(3-\sin\phi_u)$ 相关）和土壤密度状态（e_c/e）：

$$\tan\phi_p=\frac{e_c}{e}\tan\phi_u \tag{13.8}$$

公式（13.8）表明，在松散结构中，峰值摩擦角 ϕ_p 小于 ϕ_u。另一方面，密集的结构提供更高程度的互锁。因此，ϕ_p 峰值摩擦角大于 ϕ_u。当加载应力达到峰值摩擦角 ϕ_p 时，致密结构膨胀，联锁程度放松。结果，峰值摩擦角减小，这导致了应变软化现象。

采用 Hardin（1978）提出的 OCR 对剪切模量影响的观点，G_p 被认为是 OCR 的函数，表达式如下：

$$G_p=G_{p0}\mathrm{OCR}^2 \tag{13.9}$$

式中，G_{p0} 为用于替代 G_p 的输入参数；OCR 可以根据压缩屈服面的大小来计算，如下一节所示。

为了考虑剪切滑动过程中的体积膨胀或收缩，引入了非关联流动法则。我们提出了一个塑性势面的明确推导，由下式给出：

$$\frac{\partial g}{\partial\sigma'_{ij}}=\frac{\partial g}{\partial p'}\frac{\partial p'}{\partial\sigma'_{ij}}+\frac{\partial g}{\partial s_{ij}}\frac{\partial s_{ij}}{\partial\sigma'_{ij}},\frac{\partial g}{\partial p'}=D\left(M_{pt}-\sqrt{\frac{3}{2}r_{ij}r_{ij}}\right),\frac{\partial g}{\partial s_{ij}}=\sqrt{\frac{3}{2}}\frac{r_{ij}}{\sqrt{r_{ij}r_{ij}}} \tag{13.10}$$

这意味着下面的应力剪胀关系：

$$\frac{\delta\varepsilon_v^p}{\delta\varepsilon_d^p}=D(M_{pt}-\eta) \tag{13.11}$$

土体的剪缩或剪胀取决于（$M_{pt}-\eta$）的符号；D 为控制剪缩或剪胀大小和演变的材料常数。M_{pt} 为黏土的相变线的斜率，可以通过假定与峰值摩擦角相似的公式从摩擦角 ϕ_u 导出：

$$\tan\phi_{pt}=\left(\frac{e_c}{e}\right)^{-1}\tan\phi_u \tag{13.12}$$

结合公式（13.10）与公式（13.12）可得在 $e>e_c$ 的松散结构中，相变角 ϕ_{pt}［与 $M_{ptc}=6\sin\phi_{pt}/(3-\sin\phi_{pt})$ 相关］大于 ϕ_u；在 $e<e_c$ 的致密结构中，相变角 ϕ_{pt} 小于 ϕ_u，其使得致密结构首先剪缩，然后在偏向加载期间剪胀。对于松散结构和密集结构，当应力状态达到临界状态线时，孔隙比 e 等于临界孔隙比 e_c，然后发生零剪胀或剪缩。因此，本构方程保证应力和空隙比同时达到 p'-q-e 空间的临界状态。

为了通过洛德角 θ 对 M_p 和 M_{pt} 进行关于压缩和（参见 Sheng 等，2000）伸长的插值，提出了 M_p 和 M_{pt} 的下列表达式：

$$M_p = M_{pc}\left[\frac{2c_1^4}{1+c_1^4+(1-c_1^4)\sin 3\theta}\right]^{\frac{1}{4}};M_{pt} = M_{ptc}\left[\frac{2c_2^4}{1+c_2^4+(1-c_2^4)\sin 3\theta}\right]^{\frac{1}{4}} \quad (13.13)$$

式中，$c_1=(3-\sin\phi_p)/(3+\sin\phi_p)$ 和 $c_2=(3-\sin\phi_{pt})/(3+\sin\phi_{pt})$，假设对于不同的洛德角具有相同的峰值摩擦角和相变角；洛德角表示为$\frac{-\pi}{6}\leqslant\theta=\frac{1}{3}\sin^{-1}\left(\frac{-3\sqrt{3}J_3}{2J_2^{3/2}}\right)\leqslant\frac{\pi}{6}$。$J_2$ 和 J_3 为片应力张量的第二和第三不变量，表示为 $J_2=s_{ij}s_{ij}/2$，$J_3=s_{ij}s_{jk}s_{ki}/3$。

（3）压缩准则

为了描述黏土的可压缩性，添加了第二屈服面。第二个屈服函数假定如下：

$$f_C = p'^2 + \frac{3}{2}\frac{s_{ij}s_{ij}}{R^2} - p_c^2 \quad (13.14)$$

常数 R 控制屈服面的形状，p_c 为控制屈服面大小的硬化参数。屈服面随着塑性体积应变而剪胀。采用 Cam Clay 模型的硬化规则：

$$\delta p_c = p_c\frac{1+e_0}{\lambda-\kappa}\delta\varepsilon_v^p \quad (13.15)$$

压缩特性采用相关流动法则。

参数 R 推导如下：

一维应变对应于：

$$\left(\frac{\delta\varepsilon_d}{\delta\varepsilon_v}\right)_{K0} = \frac{2}{3} \quad (13.16)$$

假设弹性应变远小于塑性应变，公式（13.13）可以近似为：

$$\left(\frac{\delta\varepsilon_d^p}{\delta\varepsilon_v^p}\right)_{K0} = \frac{2}{3} \quad (13.17)$$

结合根据公式（13.11）推导出的描述流动法则的公式（13.14），对于一维固结 R 的条件可以表示为

$$R = \sqrt{\frac{3}{2}\eta_{K0}} \quad (13.18)$$

其中 $\eta_{K0}=3M_c/(6-M_c)$，对于正常固结黏土，采用 Jacky 公式（$K_0=1-\sin\phi_u$）。因此，R 无需输入。

13.2.3 剪切应力反转技术的应用

上述本构方程是基于试验黏土特性开发的，考虑了单调加载下的各向同性固结样品。当加载过程中剪切应力的方向发生变化时，需要结合应力-应变关系的应力反转效应（与本书中第 12.2 节相同）。

我们将剪应力逆转时的应力状态和塑性应变状态表示为残余应力（标记为 σ'^R_{ij}）和残余塑性应变（标记为 ε^R_{ij}）。这两个力学状态变量对随后的剪切特性有重要影响（图 13.3）。因此，屈服函数［参见公式（13.6）］，强化规则［参见公式（13.7）］和流动规则［参见公式（13.10）］已被修改如下：

$$f_S = \sqrt{\frac{3}{2}(r_{ij}-r_{ij}^R)(r_{ij}-r_{ij}^R)} - H \quad (13.19)$$

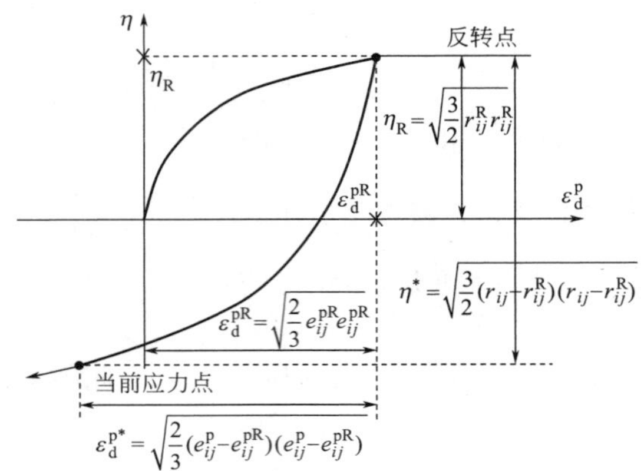

图 13.3　加载和卸载工程中的应力反转原理

$$H=\frac{M_p^*\varepsilon_d^{p^*}}{G_p+\varepsilon_d^{p^*}},\quad \varepsilon_d^{p^*}=\sqrt{\frac{2}{3}(e_{ij}^p-e_{ij}^{pR})(e_{ij}^p-e_{ij}^{pR})} \tag{13.20}$$

$$\frac{\partial g}{\partial p'}=D\left(M_{pt}^*-\sqrt{\frac{3}{2}(r_{ij}-r_{ij}^R)(r_{ij}-r_{ij}^R)}\right),\quad \frac{\partial g}{\partial s_{ij}}=\sqrt{\frac{3}{2}}n_{ij},n_{ij}=\frac{(r_{ij}-r_{ij}^R)}{\sqrt{(r_{ij}-r_{ij}^R)(r_{ij}-r_{ij}^R)}} \tag{13.21}$$

$$M_p^*=\sqrt{\frac{3}{2}(M_p n_{ij}-r_{ij}^R)(M_p n_{ij}-r_{ij}^R)},\quad M_{pt}^*=\sqrt{\frac{3}{2}(M_{pt}n_{ij}-r_{ij}^R)(M_{pt}n_{ij}-r_{ij}^R)} \tag{13.22}$$

式中，$r_{ij}^R=\sigma'^R_{ij}/p'^R-\delta_{ij}$（$p'^R=\sigma'^R_{ii}/3$）为应力反转时的运动应力比；$e_{ij}^{pR}=\varepsilon_{ij}^{pR}-\varepsilon_{kk}^{pR}\delta_{ij}/3$为应力逆转时的塑性偏应变张量。用于计算 M_p 和 M_{pt} 的洛德角的估值修改为 $\theta=\frac{1}{3}\sin^{-1}\left(\frac{-3\sqrt{3}J_3'}{2J_2'^{3/2}}\right)$，其中 $J_2'=r_{ij}'r_{ij}'/2$，$J_3'=r_{ij}'r_{jk}'r_{ki}'/3$（$r_{ij}'=r_{ij}-r_{ij}^R$）。

公式（13.20）表明，加载和卸载都可以使用相同形式的硬化规则，但是需要对 M_p 值进行一些缩放处理。公式（13.21）意味着在剪切反转时剪胀量是不同的。这个概念与 Balendran 和 Nemat-Nasser（1993）以及 Gajo 和 Muir Wood（1999）提出的概念类似。这种应力反转技术与 Masing 规则中使用的相似，包括边界面可塑性［Taiebat 和 Dafalias（2008）和次加载面可塑性 Yamakawa 等（2010）］。

13.2.4　模型参数确定

该模型包含六个材料参数，分为四组（表 13.1）。根据它们的物理意义，可以确定这些参数如下：

（1）回弹线 κ 的斜率可以从各向同性压缩试验的卸载曲线测量；

（2）内部摩擦角 ϕ_u，可通过排水或不排水三轴试验到失效（$\phi_u=\arcsin[3M_c/(6+M_c)]$）测量的 M_c 获得；

（3）假设 CSL 的斜率 λ 与各向同性压缩线的斜率相同，因此可以通过各向同性压缩试验来测量；

（4）在 e-logp'平面内临界状态的位置可以通过排水或不排水三轴试验直至失效获得；可以在 e-logp'平面中测量对应于 $p'=100$kPa 的参考临界空隙比 e_{cr0}；

（5）塑性刚度 G_{p0} 可由小应变水平的偏应力-应变曲线拟合得到［图 13.4a，G_{p0} 对偏应力-应变曲线的影响，保持其他参数（表 13.1 白黏土）恒定］；

（6）最终可以通过不排水试验的有效应力路径曲线拟合得到剪胀常数 D［图 13.4b，D 对有效应力路径的影响，保持其他参数（表 13.1 白黏土）恒定］或者从排水试验期间的体积应变的演变（图 13.4c，D 对体积应变演变的影响）来获取。

模拟黏土的模型参数参考值　　　**表 13.1**

组别	参数	定义	黑黏土	白黏土	Fujinomori 黏土	黏土混合物	BBC	LCT
弹性	κ	回弹线斜率	0.079	0.034	0.02	0.034	0.023	0.008
临界状态	λ	压缩线斜率	0.244	0.089	0.093	0.173	0.171	0.066
	e_{cr0}	参考临界孔隙比	1.33	0.653	0.77	0.977	0.986	0.435
	ϕ_c	临界摩擦角	21.4°	23°	34°	19.2°	35°	30°
塑性刚度	G_{p0}	塑性硬化模量	50	70	115	40	155	170
剪胀性	D	剪胀常数	1	1	1.2	0.3	1	0.8

此外，该模型涉及两个状态变量（孔隙比 e 和压缩屈服面 p_c 的大小），需要确定它们的初始值。e_0 可以从试验土样中测得。初始尺寸 p_{c0} 由试验土样的固结历史（即复原黏土的固结应力和天然黏土的预固结应力）确定。

总之，模型参数和状态变量的所有值都可以很容易地通过排水或不排水三轴试验（加载至土样失效）的各向同性固结阶段确定。

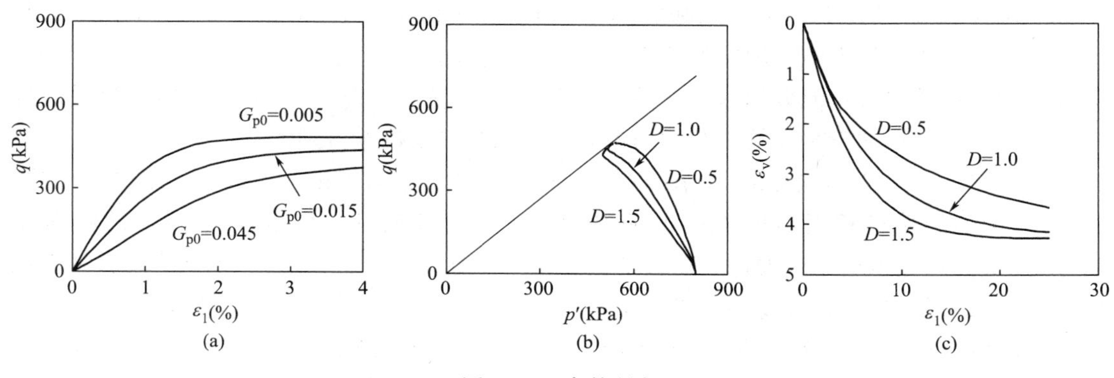

图 13.4　参数研究

（a）对于 NC 黏土的不排水三轴试验，G_{p0} 对偏应力-轴向应变的影响；（b）D 对 NC 黏土不排水三轴试验的有效应力路径的影响；（c）D 在 NC 黏土上对排水三轴试验的体积应变-轴向应变规律的影响

13.3 试验验证

本章参考排水和不排水试验结果，对各种重塑天然黏土［Zervoyanis（1982）的黑黏土；Biarez 和 Hicher 的白黏土（1994）；Nakai 和 Hinokio（2004）的 Fujinomori 黏土；Ladd 和 Varallyay（1965）的波士顿蓝色黏土；Gens（1982）的 Lower Cromer Till；以及 Li 和 Meissner（2002）的黏土混合物］的室内试验进行模拟。这些试验是在不同矿物含量和阿特贝尔极限的黏土上进行的。图 13.5 显示了使用 Casagrande 的可塑性图表对这些黏土的分类。根据这张图表，选定的试验结果包括低塑性和高塑性无机黏土，如图 13.5 所示。

本章还对 Fujinomori 黏土的排水试验和循环加载下黏土混合物的不排水试验进行了模拟验证。

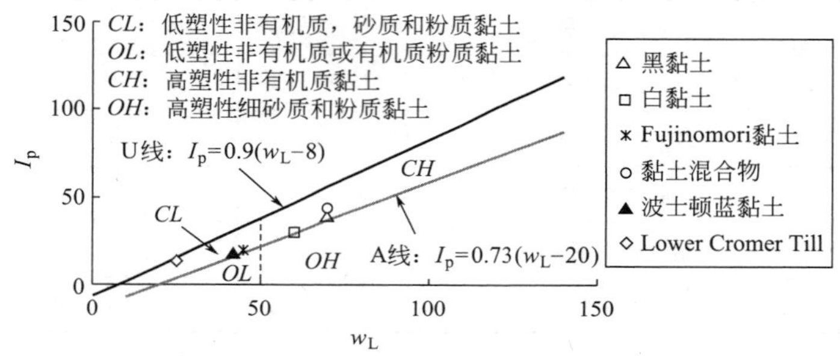

图 13.5　基于液限 w_L 和塑性指数 I_p 的黏土分类

13.3.1 不同的超固结比例

（1）黑黏土

Zervoyanis（1982）对黑高岭土样品进行三轴试验。四次试验开始时各向同性固结高达 800kPa，然后将其中三个分别卸载到 400kPa、200kPa 和 100kPa（OCR＝1、2、4 和 8），然后在排水条件下施加轴向加载直至失效。试验的黑黏土是由黏土粉末和水以等于液体极限的两倍的水含量混合而获得的浆液制备的重塑黏土。表 13.1 中列出的参数是通过一个正常固结试样的三轴压缩试验中的各向同性固结阶段校准得到的。

在图 13.6（a）中，OCR＝1 和 2 的应力-应变曲线显示了由于与临界状态线上方图 13.6（c）中的路径相对应的连续剪缩引起的连续应变硬化，以及应力-应变曲线对于 OCR＝4 和 8，显示出应变硬化，接着是应变软化，对应于图 13.6（c）中低于临界状态线的路径，采用公式（13.8）表示。图 13.6（b）、（c）中的预测孔隙比变化显示 OCR＝1 和 2 时的剪缩特性，以及 OCR＝4 和 8 时的剪胀特性，采用公式（13.12）表示。图 13.6（c）中 e-logp'平面中的路径显示，当应力状态接近 p'-q 平面中的 CSL 时，孔隙比接近临界状态线。观察到不同 OCR 的试验结果和数值结果之间的总体一致性良好。

（2）白黏土

Biarez 和 Hicher（1994）进行了正常固结白土上的两次排水三轴试验和正常固结和超

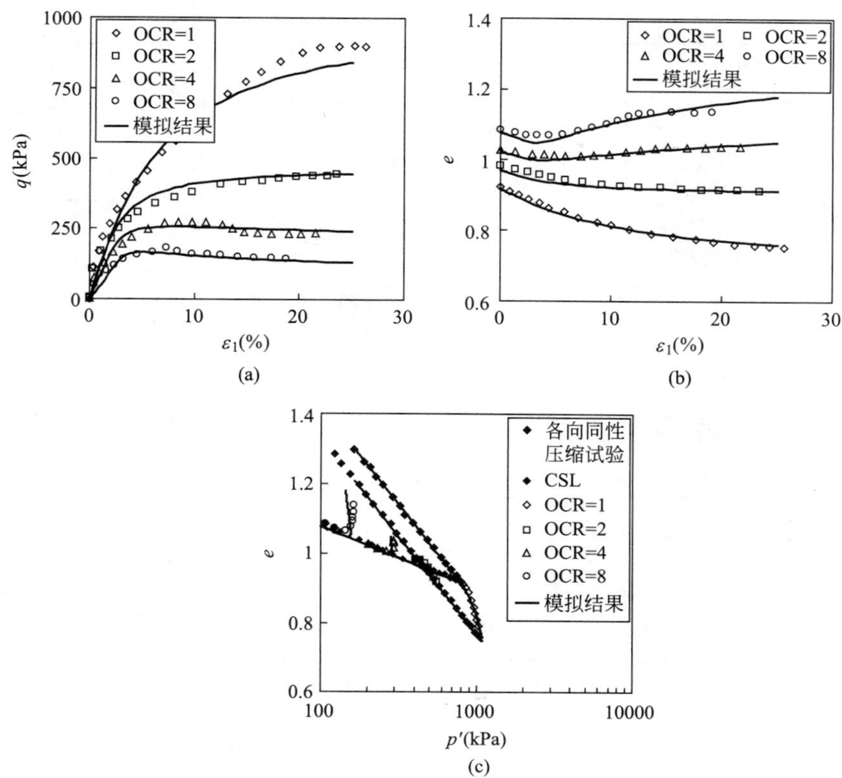

图 13.6　在不同 OCR 条件下的黑土三轴试验结果与模型预测结果的对比

(a) 偏应力与轴向应变；(b) 孔隙比与轴向应变的关系；(c) 孔隙比与平均有效应力

固结白土的三次不排水三轴试验。在排水试验的情况下，试样各向同性地分别固结到 400kPa 和 800kPa，然后加载到保持围压的失效状态。在不排水试验的情况下，三个样品被各向同性地固结到 800kPa，其中两个被卸载到 400kPa 和 67kPa（OCR＝1、2、12）。表 13.1 中列出的参数是通过在各向同性固结阶段在约束应力 σ'_{3c}＝800kPa 下的一次排水压缩试验校准的。

图 13.7（a）中的应力-应变曲线和图 13.7（b）、(c）中的孔隙比变化显示了试验与模拟之间的良好一致性。对于不排水试验，计算和测量的应力-应变曲线也很一致（图 13.7d～f）。有效应力路径表明，对于正常固结和略超固结的样品，应力路径不超过临界状态线；而对于强超固结试样来说，应力路径超过发生剪胀的临界状态线，导致平均有效应力增加，然后向临界状态线汇聚。总体而言，通过使用从一个排水试验中校准的参数，该模型能够预测具有不同 OCR 的样本的不排水试验的应力-应变特性。

（3）天然黏土

Li 和 Meissner（2002）进行了不同 OCR 黏土混合物各向同性固结试样的不排水三轴试验（OCR＝1.0、1.6 和 4.0）。黏土混合物的主要矿物是高岭石（60%）、伊利石（5%）和石英。表 13.1 中列出的参数是通过在其固结阶段对超固结试样（OCR＝4）进行的不排水三轴试验校准得到的。确定的参数用于模拟 OCR＝1 和 1.6 的样品的不排水三轴试验。如图 13.8 所示，模型预测与试验结果非常吻合。

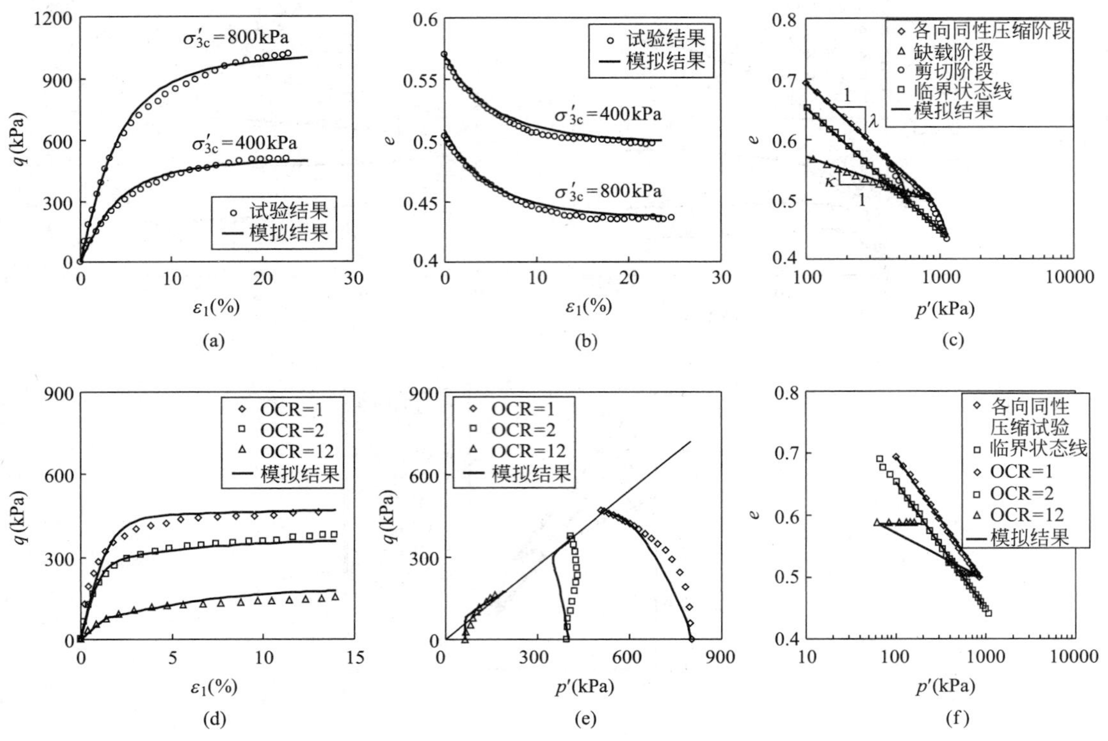

图 13.7 白黏土三轴试验结果与模型预测的比较

（a）OCR=1 的排水试验的偏应力与轴向应变；（b）OCR=1 的排水试验的孔隙比与轴向应变的关系；（c）排水试验的孔隙比与平均有效应力的关系；（d）对于不同 OCR 的不排水试验，偏应力对轴向应变的影响；（e）使用不同的 OCR 进行不排水测试的有效应力路径；（f）不排水试验的孔隙比与平均有效应力的关系

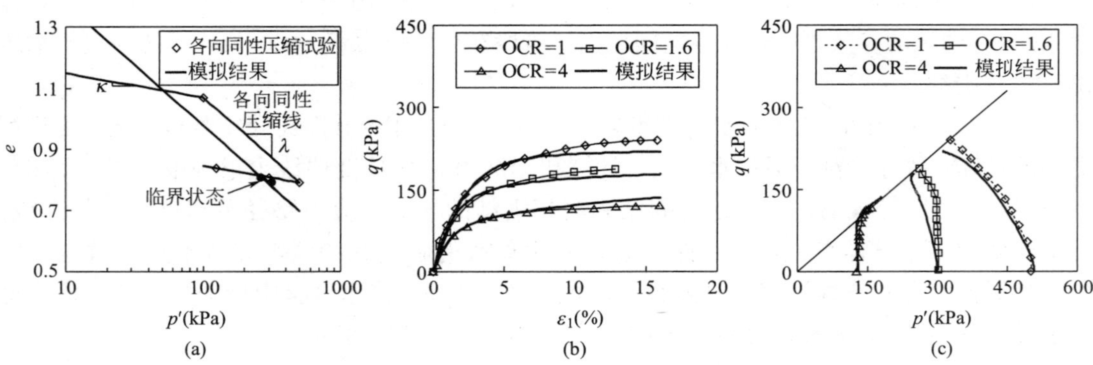

图 13.8 混合黏土的不排水试验结果与模型预测的比较

（a）孔隙比与各向同性压缩试验的平均有效应力的比较；（b）偏应力与轴向应变的关系；（c）有效应力路径

Ladd 和 Varallyay（1965）对波士顿蓝黏土（BBC）样品进行了数值模拟，Gens（1982）对 Lower Cromer Till（LCT）样品进行了试验。这两种黏土的数据库都包括对不同 OCR 的各向同性和各向异性固结试样的不排水三轴试验。图 13.9（a）、（b）显示了与

BBC 的试验数据相比，各向异性压缩和一维固结试验的计算结果。图 13.9（c）、（d）和图 13.10（a）、（g）、（j）显示了 LCT 和 BBC 各向同性固结样本的不排水三轴试验的实测和预测结果之间的比较。对于这两种天然黏土来说，本模型都可以很好地预测轻度和重度超固结的样品的试验结果，使用通常固结黏土样品的试验所确定的参数集。后续将讨论各向异性固结样品试验的预测。

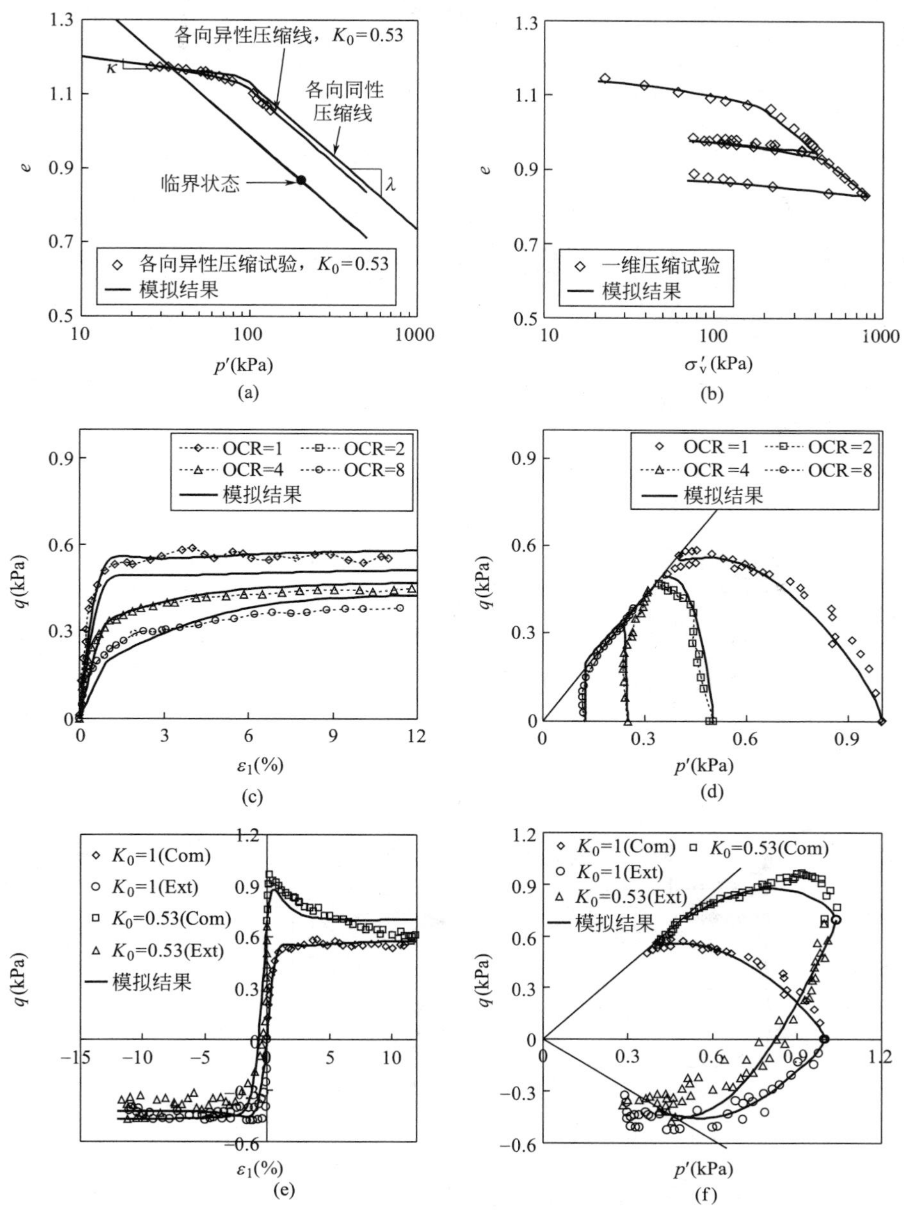

图 13.9　波士顿蓝黏土（BBC）的不排水试验结果与模型预测的比较

（a）孔隙比与各向异性压缩试验的平均有效应力；（b）固结试验的孔隙比与垂直有效应力的关系；（c）、（e）不排水试验中偏应力与轴向应变关系；（d）、（f）不排水试验的有效应力路径

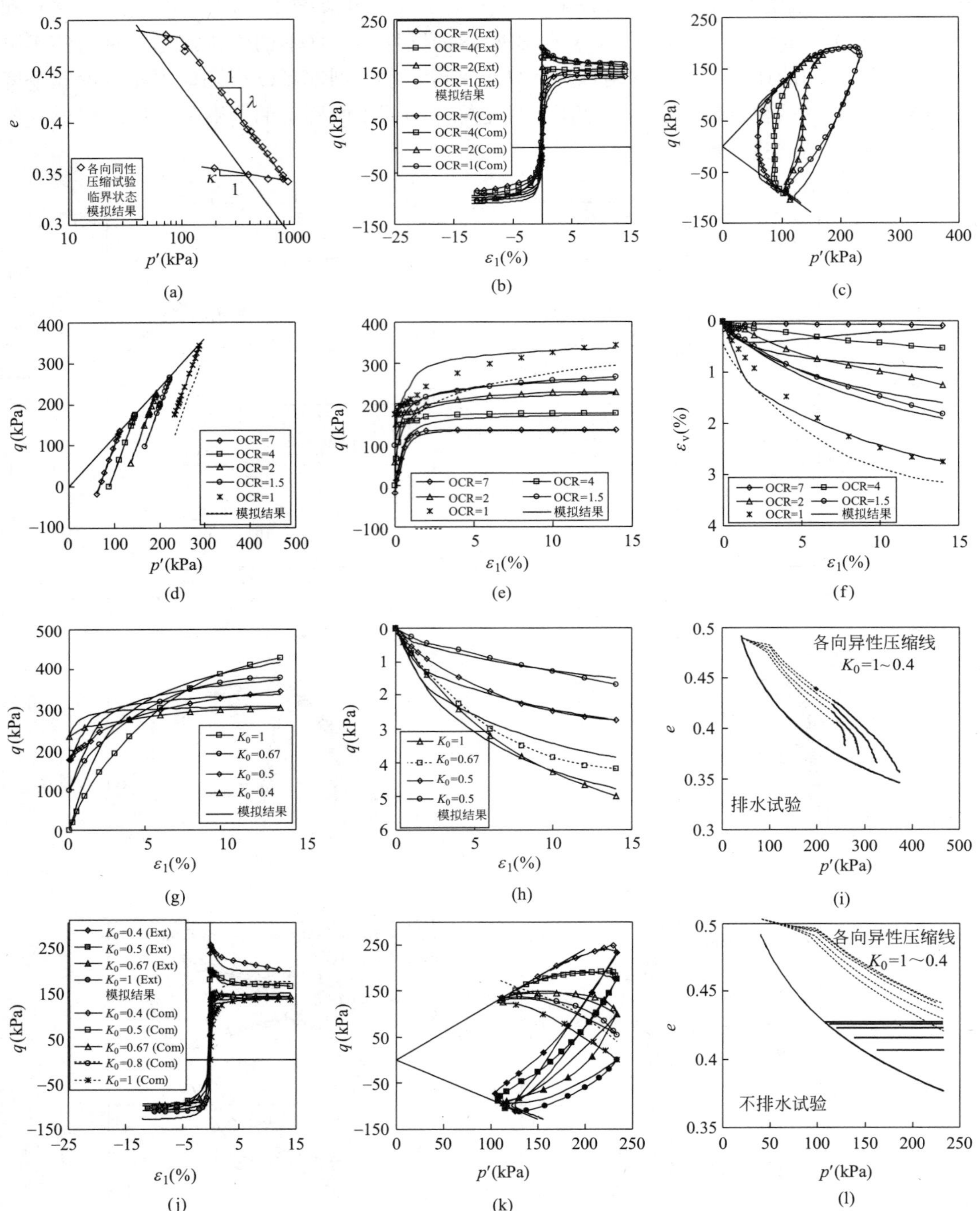

图 13.10 LCT 黏土的不排水试验结果与模型预测的比较

(a) 压缩试验的孔隙比与平均有效应力；(b)、(c) 不同 OCR 的各向异性固结样品的不排水试验；(d)～(f) 对具有不同 OCR 的各向异性合并样本的排水试验；(g)～(i) 对 OCR=1 的各向异性固结样品的排水试验；(j)～(l) 对 OCR=1 的各向异性固结样品的不排水试验

13.3.2 洛德角的影响

（1）Fujinomori 黏土

Nakai 和 Hinokio（2004）进行了 Fujinomori 黏土的排水三轴试验，试验在不同 OCR（OCR=1，2，4，8）的各向同性固结样本的压缩和伸长的恒定 p'下进行。在正常固结的 Fujinomori 黏土样品上的排水真三轴试验也是在不同洛德角（0°，15°，30°，45°）的恒定 p'下进行的。表 13.1 中列出的参数是通过一个正常固结试样的压缩试验中的各向同性固结阶段校准得到的。

压缩和伸长三轴试验的试验和数值结果比较如图 13.11 所示。可以看出，超固结黏土样品的峰值应力比和剪胀量随着 OCR 的增加而增加。该模型能够捕捉在压缩和伸长条件下具有不同 OCR 的黏土的应力-应变特性的趋势。

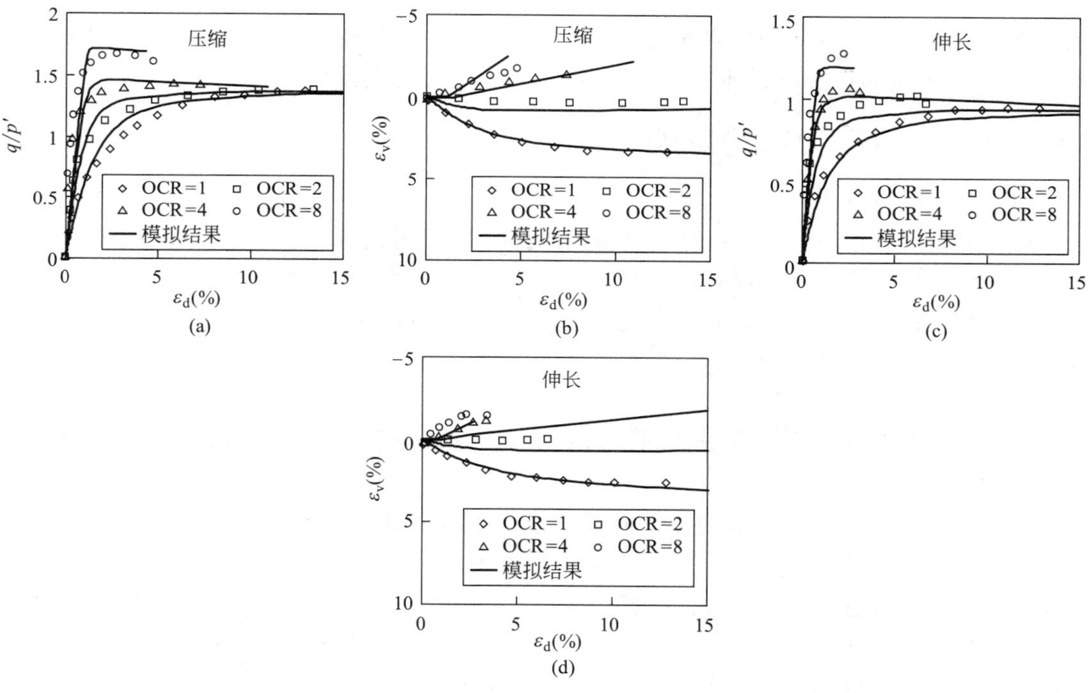

图 13.11 不同 OCR 条件下 Fujinomori 黏土三轴试验结果与模型预测的比较

（a）应力比 q/p'与压缩条件下的偏应变；（b）体积应变与压缩条件下的偏应变；

（c）应力比 q/p'与伸长条件下的偏应变；（d）体积应变与伸长条件下的偏应变

图13.12 显示了正常固结的 Fujinomori 黏土在具有不同洛德角的真三轴试验中的观测和预测响应。应力比相对于主应变（图 13.12a 中的主应变，图 13.12b 中的中间应变，次应变分别在图 13.12c 中）。在所有情况下，预测都与试验数据吻合得很好。比较表明，所提出的模型可以考虑中间主应力对应力-应变关系的影响。

（2）其他天然黏土

Ladd 和 Varallyay（1965）对波士顿蓝黏土，Gens（1982）对 Lower Cromer Till 进行了不排水三轴试验。图 13.9（e）、（f）和图 13.10（j）、（k）显示了 BBC 和 LCT 不排

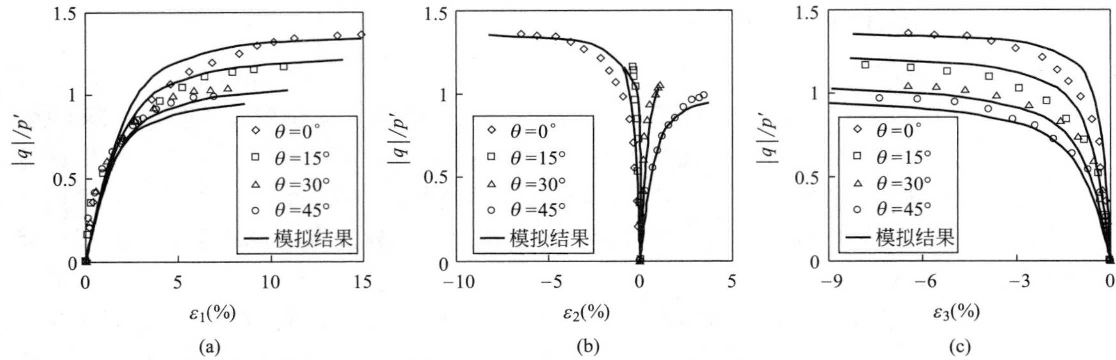

图 13.12 不同洛德角条件下正常固结状态的 Fujinomori 黏土真三轴试验结果与模型预测的比较

(a) 应力比 $|q|/p'$ 与最大主应变；(b) 应力比 $|q|/p'$ 与中间主应变；(c) 应力比 $|q|/p'$ 与最小主应变

水三轴试验的实测和预测结果之间的比较。对于这两种天然黏土，本模型都使用从压缩试验（$\theta=0°$）确定的参数对延伸试验（$\theta=60°$）给出了很好的预测。

13.3.3 固结应力比的影响

（1）波士顿蓝黏土

Ladd 和 Varallyay（1965）也对压缩和伸长的 BBC 各向异性固结样本进行了两次不排水三轴试验。用各向同性固结样品试验确定的模型参数用于模型预测。图 13.9（e）、（f）显示了这两个试验的数值和试验结果之间的一致性。值得一提的是，该模型再现了各向异性固结后的不排水软化现象。

（2）Lower Cromer Till

Gens（1982）进行了各向异性固结的 LCT 样品在不同 OCR 压缩和伸长下的排水和不排水三轴试验。

通过对各向异性固结样本的压缩和伸长试验的模拟再次评估了模型的预测能力（图 13.10b、c）。样品首先在 $K_0=0.5$ 直至 $\sigma'_a=350$kPa 下的各向异性固结。然后，它们沿着不同的应力路径加载到四种不同的超固结比（OCR=1，2，4，7），然后在不排水条件下进行压缩和伸长。图 13.10（b）、（c）显示了试验数据和模型预测之间的比较。这些比较表明各向异性固结样品的不排水特性的主要特征具有良好的一致性。

图 13.10（d）～（f）显示了不同 OCR 的各向异性固结试件的试验数据和排水试验模型预测之间的比较。与不排水试验类似，样品首先在 $K_0=0.5$ 下进行各向异性固结，然后卸载到不同的 OCR 值（1、1.5、2、4 和 7）与沿着不同的应力路径（相应的 K_0 依次为 0.4、0.5、0.67、1.0）。然后，将样品进行轴向压缩，直到产生 15%的垂直应变。通过使用与不排水试验相同的一组参数，具有不同 OCR 值的样品的最大剪切强度和体积变化被本模型很好地捕捉到。然而，试验和模拟之间的一些差异可以在偏应力和体积随轴向应变的变化中观察到。

对四个正常固结样品的排水三轴压缩试验进行了模拟。在被固结至 K_0（0.4、0.5、0.67、1.0）的不同值之后，样品在排水条件下加载至失效。图 13.10（g）～（i）显示了排水三轴试验的数值和试验结果之间的一致性，使用由不排水试验确定的一组参数（表

13.1)。测得的体积应变随着值的增加而增加，这可以通过 e-logp'平面中压缩线的位置来解释（图 13.10i)。

对不同固结应力比的正常固结样品的不排水三轴试验进行了模拟。首先采用四种不同的固结应力比 K_0（即径向应力与轴向应力的比值 σ'_r/σ'_a）对样品进行各向异性固结：0.4、0.5、0.67 和 0.8。然后，对每一个样品进行两个相应的不排水剪切试验：一个在压缩状态（随着轴向应变的增加）和另一个在伸长状态（随着轴向应变的减小)。对于上面提到的所有八个加载路径，图 13.10（j)、(k）显示了当使用表 13.1 中给出的一组参数时在数值和试验结果之间的良好一致性。

(3）各向异性固结后不排水压缩下的软化响应

值得注意的一个特殊特性是对于两种固结情况下的不排水固结的软化现象（图 13.10 中的 $K_0=0.4$ 和 $K_0=0.5$)。在其他类型的黏土中也观察到了相同形式的软化响应［例如 Ladd 和 Varallyay（1965）的波士顿蓝色黏土，见图 13.9e、f]。测得的软化响应不能归因于去结构化过程，因为试验的黏土已在实验室中重塑。这种形式的软化响应很难通过使用屈服面的运动硬化的常规方法来模拟（例如，Ling 等，2002；Wheeler 等，2003)。然而，使用特定的旋转运动硬化规则和屈服面形状，Pestana 等（2002）和 Dafalias 等（2006）已经设法模拟了固结后的软化现象。

与通过屈服面的动力硬化的方法不同，所提出的方法采用密度状态变量 e_c/e。这可以确保孔隙比以及应力状态同时接近临界状态，适用于任何加载路径。在大的剪切应变下，应力状态向临界状态收敛。因此，平均有效应力 p'的大小取决于临界状态线的位置（在 e-logp'平面内)。孔隙比也接近临界状态，因此剪切强度 q（在 p'-q 平面上）由对应于临界状态 e_c 的 p'确定（参见图 13.10l 中的示意图)。因此，当 K_0 固结末期的偏应力高于由临界状态确定的不排水抗剪强度时，软化响应就会发生。

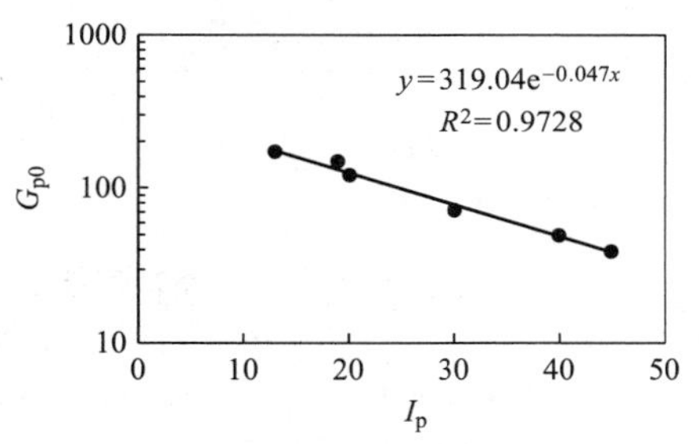

图 13.13 根据塑性指数确定塑性硬化模量值

总体而言，对于本研究中选择的所有实例，数值模拟与试验结果一致。对于与 CamClay 模型不同的两个参数（G_{p0} 和 D)，D 的值在 0.3～1.2 之间变化，大部分在 1 左右（表 13.1)。并建议根据广泛选择的黏土的塑性指数（图 13.13）确定 G_{p0} 的值，不需要作为输入参数。因此，所提出的结合密度状态的模型，明确地控制临界状态的位置，在参数确定方面很简单，可以描述在各向同性或各向异性的固结后，在单调加载条件下黏土的排水和不排水的特性。

13.3.4 循环荷载

(1）Fujinomori 黏土

由 Nakai&Hinokio（2004）进行的 Fujinomori 黏土在循环荷载作用下的三次排水三轴试验，采用单调荷载下排水压缩试验（表 13.1 和图 13.11）确定的参数。模型预测的黏土响应与试验结果进行了比较：图 13.14（a)、(b）提供了在恒定的约束应力下的排水循环试验的结果；图 13.14（c)、(d）表示在恒定平均有效应力下的变幅振动循环试验的结果，其中应力比随着循环次数而增加；图 13.14（e）、（f）表示恒定平均有效应力下的恒幅振动循环试验结果。对于每个试验，绘制出应力比对偏应变和应力比对体积应变的曲线。试验结果与数值模拟之间的所有比较都表明，该模型能很好地描述排水三轴试验中黏土的循环特性。

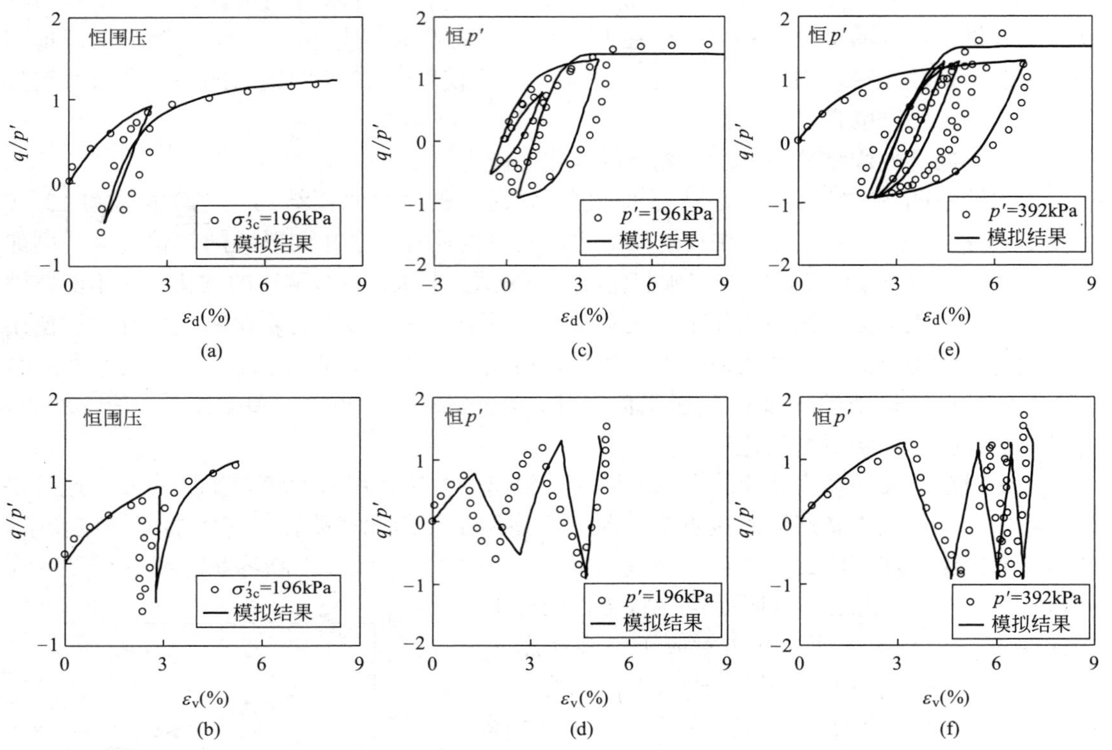

图 13.14　不同应力路径条件下正常固结状态的 Fujinomori 黏土真三轴循环荷载试验结果与模型预测的比较

（a）、（b）围压恒定时应力比 q/p' 与偏应变和体积应变的关系；（c）、（d）p' 恒定且 q/p' 逐渐增大时应力比 q/p' 与偏应变和体积应变的关系；（e）、（f）p' 与 q/p' 均保持恒定时应力比 q/p' 与偏应变和体积应变的关系

（2）混合黏土

Li 和 Meissner（2002）在循环荷载下对正常固结的试样进行了不排水三轴试验。循环加载程序涉及单向和双向循环测试。所有的循环测试都是应力控制的，频率为 0.1Hz 的正弦波形。循环应力比，定义为施加的循环剪切应力与压缩的单调剪切强度之比，范围为 0.50～0.80。

使用单调试验确定的一组参数来模拟不排水的循环测试。需要注意的是，由于负载率不同，单调，单向和双向循环测试的 q-ε_d 曲线的初始斜率彼此不同。由于在弹塑性模型中未考虑黏土的速率依赖特性，因此对于每种情况选择不同的 G_{p0} 值（对于单向测试，G_{p0} =670，对于双向测试 G_{p0}=5000），如 Li 和 Meissner（2002）和 Yu 等（2007）。图 13.15（a）、（b）为单向循环测试，图 13.15（c）、（d）为双向循环测试，并与试验结果进行了比较。超孔隙压力（Δu）和偏应力分别绘制为循环次数和偏应变的函数。可以看出，所提出的模型可以合理精确地捕获受到单向和双向循环加载的黏土的不排水特性。

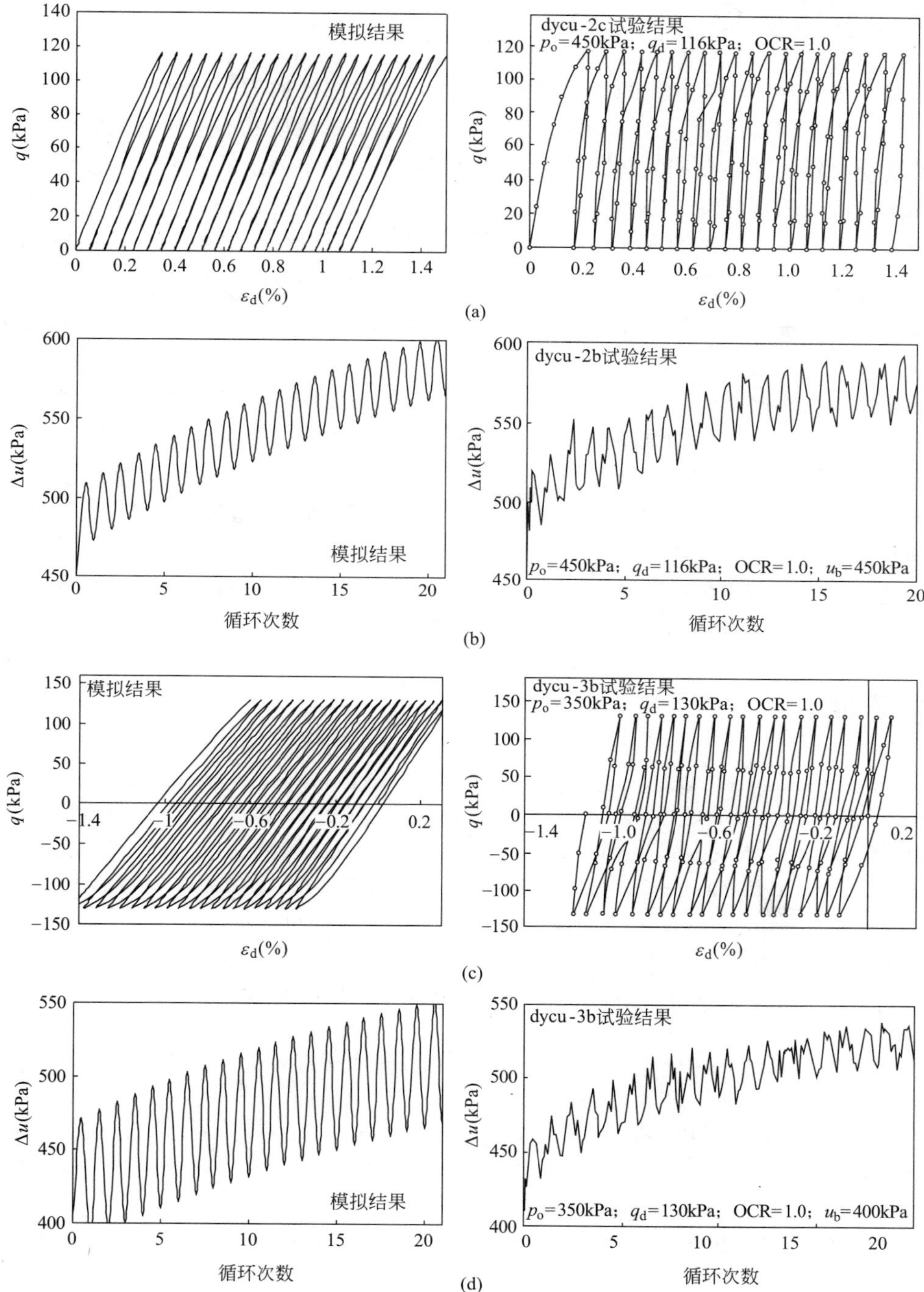

图 13.15 混合黏土不排水试验结果与模型预测的比较

(a) 单向循环加载时的偏应力与偏应变的关系；(b) 单向循环加载时的孔隙水压力与循环次数的关系；(c) 双向循环加载时的偏应力与偏应变的关系；(d) 双向循环加载时的孔隙水压力与循环次数的关系

13.4 本章小结

一个简单的基于临界状态的双屈服面模型用于描述黏土的力学特性。该模型有两个屈服面，一个用于剪切滑动，另一个用于压缩。CSL 相关的密度状态被定义为将峰值强度和相变特性与材料的空隙比相关联。因此，可以模拟正常固结黏土的剪缩应变硬化特性和过固结黏土的应变软化特性。该模型还保证了应力和孔隙比同时达到了 p'-q-e 空间中的临界状态线。应力反转技术被纳入模型中，用于描述黏土在受到应力方向变化（例如，各向异性固结之后是单调加载/卸载，循环加载）下的力学特性。该模型有 6 个材料参数和 2 个状态变量，这些变量可以根据排水或不排水三轴试验很容易地确定，直至各向同性固结阶段失效。

通过比较在不同条件（不同 OCR，不同的洛德角，不同固结应力比）下重排的单调荷载下的排水和不排水三轴试验的试验结果和数值模拟黏土（黑黏土，白黏土）和天然黏土（Fujinomori 黏土，波士顿蓝黏土，Lower Cromer Till，混合黏土），验证了该模型重现黏土特性的主要特征的能力。本章还通过使用从单调试验确定的参数集来模拟循环加载下的排水和不排水试验。

试验结果与数值模拟的所有对比表明，所提出的模型能够再现不同应力历史、不同应力路径、不同排水条件和不同加载条件下黏土的特性。

参考文献

BalendranB，Nematnasser S. Double sliding model for cyclic deformation of granular materials，including dilatancy effects [J]. Journal of the Mechanics and Physics of Solids，1993，41（3）：573-612.

BeenK，Jefferies M G. A state parameter for sands [J]. Geotechnique，1985，35（2）：99-112.

Biarez J，Hicher P Y. Elementary mechanics of soil behaviour [M]. A. A. Balkema，1994.

Bryson LS，Salehian A. Performance of constitutive models in predicting behavior of remolded clay [J]. Acta Geotechnica，2011，6（3）：143-154.

Calladine C R. Microstructural view of the mechanical properties of saturated clay [J]. Geotechnique，1971，21（4）：391-415.

Chowdhury E Q. Consequence of the $t_{\rm IJ}$ concept and a new modeling approach [J]. Computers and Geotechnics，1998，23：131-164.

Dafalias YF，Manzari M T，Papadimitriou A G. SANICLAY：simple anisotropic clay plasticity model [J]. International Journal for Numerical and Analytical Methods in Geomechanics，2006，30（12）：1231-1257.

GajoA，Muir Wood D. Severn-Trent sand：a kinematic hardening constitutive model for sands：the q-p formulation [J]. Geotechnique，2016，49（5）：595-614.

Gens A. Stress-strain and strength of a low plasticity clay [D]. PhD Thesis，Imperial College，London University，London，1982.

Hardin B O. The nature of stress-strain behaviour of soils [C] // Proceedings of the Earthquake Engineering and Soil Dynamics，Pasadena，U. S. A.，1978，1：3-90.

Hujeux J C. Une loi de comportement pour le chargement cyclique des sols. In ：V. Davidovici，Editor，

Génie Parasismique, Presses ENPC, France, 1985: 278-302.

Huang W X, Wu W, Sun D A, et al. A simple hypoplastic model for normally consolidated clay [J]. Acta Geotechnica, 2006, 1 (1): 15-27.

HirayamaH. Interpretation of the cam-clay model as a simplified double-yield-surface model [J]. Soils and Foundations, 2008, 27 (3): 105-111.

Hsieh H S, Kavazanjian E J, Borja R I. Double-Yield-Surface Cam-Clay Plasticity Model. I: Theory [J]. Journal of Geotechnical Engineering, 1990, 116 (9): 1381-1401.

Jefferies M G. Nor-Sand: a simle critical state model for sand [J]. Geotechnique, 1993, 43 (1): 91-103.

Ladd C C, Varallyay J. The influence of the stress system on the behaviour of saturated clays during undrained shear [R]. Research Report. No. R65-11, Department. of Civil Engineering, MIT, Cambridge, Mass, 1965.

Lade P V. Modeling failure in cross-anisotropic frictional materials [J]. International Journal of Solids and Structures, 2007, 44 (16): 5146-5162.

LiT, Meissner H. Two-Surface Plasticity Model for Cyclic Undrained Behavior of Clays [J]. Journal of Geotechnical & Geoenvironmental Engineering, 2002, 128 (7): 613-626.

Ling H I, Yue D, Kaliakin V N, et al. Anisotropic Elastoplastic Bounding Surface Model for Cohesive Soils [J]. Journal of Engineering Mechanics, 2002, 128 (7): 748-758.

Mašín, D. A hypoplastic constitutive model for clays [J]. International Journal for Numerical and Analytical Methods in Geomechanics, 2005, 29 (4): 311-336.

Nakai T, Hinokio M. A simple elastoplastic model for normally and overconsolidated soils with unified material parameters [J]. Soils and Foundations, 2004, 44 (2): 53-70.

Ohmaki, Seiki. A mechanical model for the stress-strain behaviour of normally consolidated cohesive soil [J]. Soils and Foundations, 1979, 19 (3): 29-44.

Pestana J M, Whittle A J, Gens A. Evaluation of a constitutive model for clays and sands: Part II-clay behaviour [J]. International Journal for Numerical & Analytical Methods in Geomechanics, 2002, 26 (11): 1123-1146.

Roscoe K H, Burland J B. On the generalized stress-strain behavior of 'wet' clay [J]. Engineering Plasticity. Cambridge University Press: Cambridge, 1968: 553-609.

Schofield A N, Wroth, C P. Critical State Soil Mechanics [M]. McGraw-Hill, 1968.

Schweiger H F, Wiltafsky C, Scharinger F, et al. A multilaminate framework for modelling induced and inherent anisotropy of soils [J]. Geotechnique, 2009, 59 (2): 87-101.

Sheng D, Sloan S W, Yu H S. Aspects of finite element implementation of critical state models [J]. Computational Mechanics, 2000, 26 (2): 185-196.

Taylor R N, Stallebrass S E. The development and evaluation of a constitutive model for the prediction of ground movements in overconsolidated clay [J]. Geotechnique, 1997, 47 (2): 235-253.

Taiebat M, Dafalias Y F. SANISAND: simple anisotropic sand plasticity model [J]. International Journal for Numerical and Analytical Methods in Geomechanics, 2008, 32 (8): 915-948.

Vermeer P A. A double hardening model for sand [J]. Geotechnique, 2015, 28 (4): 413-433.

Wheeler S J, Näätänen A, Karstunen M, et al. An anisotropic elastoplastic model for soft clays [J]. Canadian Geotechnical Journal, 2003, 40 (2): 403-418.

Whittle A J, Kavvadas M J. Formulation of MIT-E3 Constitutive Model for Overconsolidated Clays [J]. Journal of Geotechnical Engineering, 1994, 120 (1): 173-198.

YamakawaY, Hashiguchi K, Ikeda K. Implicit stress-update algorithm for isotropic Cam-clay model based on the subloading surface concept at finite strains [J]. International Journal of Plasticity, 2010, 26 (5): 634-658.

Yao YP, Hou W, Zhou A N. UH model: three-dimensional unified hardening model for overconsolidated clays [J]. Geotechnique, 2009, 59 (5): 451-469.

Yin Z Y, Xu Q, Hicher P Y. A simple critical state based double-yield-surface model for clay behavior under complex loading [J]. Acta Geotechnica, 2013, 8 (5): 509-523.

Yu HS, Khong C, Wang J. A unified plasticity model for cyclic behaviour of clay and sand [J]. Mechanics Research Communications, 2007, 34 (2): 97-114.

Zervoyannis C. Etude synthetique des proprietes mecaniques des argiles et des sables sur chemins oedometrique et triaxial de revolution [D]. PhD Thesis, Ecole Centrale de Paris, 1982.

第 14 章　基于 SIMSAND 的非饱和土模型

本章提要

使用精细的本构模型分析非饱和土剪胀特性依旧是一个挑战。本章提出了一种包含压缩及剪切滑移双重塑性机制的水-力耦合模型。力学模型中选取平均土骨架应力 σ'_{ij} 作为应力变量，采用孔隙比 e 和有效饱和度 S_{re} 作为状态变量。模型中给出了 e-lnp' 坐标系内依赖于有效饱和度 S_{re} 的临界状态线的表达式，其与剪切滑动屈服面的非关联流动准则的结合保证了模型可以准确地预测非饱和土的剪胀和剪缩性质。通过模拟粉砂、Speswhite 高岭土和 Jossigny 粉质黏土的三轴试验，对该模型预测非饱和土主要特征的能力进行了分析。

14.1　引言

近二十年来，国内外学者开展了大量直剪试验和三轴试验对各种非饱和岩土材料的剪胀性质进行了广泛试验研究。这些试验研究表明非饱和岩土材料的剪胀性质不仅取决于应力水平和孔隙比，还取决于吸力和饱和度。通常，非饱和土的剪切强度随围压和吸力的增加而增加，剪胀性随围压的增加而降低，随吸力的增加而增加。

剪切强度随围压和吸力的变化趋势是一致的，并且可以利用非饱和土的有效应力公式即 Bishop（1959）提出的平均土骨架应力表达式对其进行反映。这是由于非饱和土的有效应力表达式充分考虑了基质吸力对土骨架应力的贡献。然而，剪切过程中土的剪胀性随围压和吸力的变化趋势是相反的。造成这种相反趋势的原因是吸力以两种不同方式影响着非饱和土的力学性质（Jommi，2000；Gallipoli 等，2003）：①吸力降低了土孔隙中流体的平均压力，从而使土骨架应力增加；②因毛细现象吸力使土颗粒接触处产生额外“粘结”作用。这种“粘结”作用使得给定吸力或饱和度下的 e-lnp'坐标系（孔隙比-有效应力坐标系）内的临界状态线（Critical State Line，CSL）互不重合。因此，“粘结”效应影响着土密实状态（土密实状态可用 e_c/e 或 $e-e_c$ 表示，其中 e_c 是当前平均土骨架应力对应的临界孔隙比），并控制土的剪胀性质。为了更好地描述非饱和土的剪胀性，需要同时考虑吸力对非饱和土力学性质影响的两种方式。然而，鲜有本构模型区分吸力的两种作用。

在常规的非饱和土室内试验中，吸力通常是一个可控的独立变量。因此，研究者们广泛地研究了土的压缩性随吸力变化的规律。试验结果表明土的正常固结线斜率随吸力的变化规律并非是唯一的。Yudhbir（1982）指出存在一净应力临界值。当净应力小于临界值时，压缩曲线斜率随吸力的增加而降低；当净应力大于临界值时，压缩曲线斜率随吸力的增加而增加。另一方面，Zhou 等（2012）、Zhang 和 Ikariya 等（2011）分别指出在 e-lnp'

坐标系中非饱和土的正常固结线和临界状态线的斜率随有效饱和度的变化却是唯一的。因此，在本构模型中采用吸力作为状态变量反映土体的力学特性并不是一种合适的方式。

与对非饱和岩土材料的剪胀性质试验研究相比，仅有少数非饱和土本构模型专门探讨剪胀性。大致上，非饱和土的本构模型可分为两类：Cam-Clay 类模型（Alonso 等，1990；孙德安，2009；Li，2007）和多重机制模型（Chiu 和 Ng，2003）。

（1）在 Cam-Clay 类模型中，e-lnp'坐标系内 CSL 的位置受 p'-q 坐标系内屈服面与 CSL 的交点控制。因此，这类模型通常难以准确地描述土体的剪胀特性。另外，若以 e-lnp'坐标系内 CSL 的表达式作为建立 Cam-Clay 类模型的起点，则推导获得的屈服函数非常复杂（Zhang 和 Ikariya，2011），并存在预测能力差和潜在的数值计算收敛问题。

（2）在多重机制模型中，通过引入状态相关的剪胀公式与非相关联的流动法则，使得模型能够较好地预测剪切过程中的剪胀和剪缩性质。然而，现有模型（Chiu 和 Ng，2003）采用吸力作为状态变量建立 CSL 的表达式。如前所述，这种方法并不合适且不方便。

本章提出一个新的具有压缩及剪切滑移双重塑性机制的非饱和土水-力耦合模型。该模型给出了 e-lnp'坐标系内有效饱和度相关的 CSL 的表达式，以此反映非饱和土的剪胀性。此外，通过力学与持水模型中硬化方程间的耦合关系反映变形和持水性质间的相关作用。最后，通过对比粉砂、Speswhite 高岭土和 Jossigny 粉质黏土的三轴试验结果与模型模拟结果验证模型的预测能力。本章内容也可参阅 Li 等（2019）。

14.2 本构模型的建立

模型中分别采用平均土骨架应力 σ'_{ij} 和吸力 s 作为本构变量建立力学模型和持水模型。此外，采用有效饱和度 S_{re} 和孔隙比 e 作为力学模型的状态变量，同时孔隙比 e 也是持水模型的状态变量。

平均土骨架应力表示为：

$$\sigma'_{ij}=\sigma_{ij,\mathrm{net}}-sS_{re}\delta_{ij} \tag{14.1}$$

式中，$\sigma_{ij,\mathrm{net}}$ 为净应力张量；δ_{ij} 为克罗内克函数。式（14.1）中选取了有效饱和度作为有效应力参数（Alonso 等，2010）。平均土骨架应力的表达式中考虑了负的孔隙水压力对有效应力的影响。

有效饱和度表示为：

$$S_{re}=\frac{S_r-S_{rres}}{1-S_{rres}} \tag{14.2}$$

式中，S_{rres} 为剩余饱和度，是吸附水体积与总孔隙体积的比值，并可假定其为常数。有效饱和度的大小反映了土体孔隙中毛细水的含量，并可用来表征弯液面作用引起的“粘结”效应。

14.2.1 弹性性质

假设弹性变形是各向同性的，则弹性应变可表示为：

$$\delta\varepsilon^{e}_{ij}=\frac{1+\upsilon}{E}\delta\sigma'_{ij}-\frac{\upsilon}{E}\delta\sigma'_{kk}\delta_{ij} \tag{14.3}$$

式中，υ 为泊松比，并可假定 υ 值为 0.3；E 为杨氏模量，且 $E=3K(1-2\upsilon)$；K 为弹性体积模量，且 $K=p'(1+e_0)/\kappa$；κ 为回弹线斜率；e_0 为初始孔隙比。

14.2.2　塑性性质

模型中引入压缩和剪切滑动两个塑性机制来反映非饱和土的塑性力学性质。

(1) 压缩机制

压缩机制用于描述土的压缩特性。对于弹塑性模型而言，屈服面将应力区域分界为弹性和塑性部分。在加载过程中，土体会发生塑性变形，明显地区别于弹性变形。对于具有双重塑性机制的弹塑性模型而言，屈服面亦将应力区域分界为弹性和塑性部分。然而，塑性区域又可进一步细分为单一塑性机制屈服与全部塑性机制屈服。为了准确地反映从弹性至塑性变形、从单一塑性机制屈服至全部塑性机制屈服过程中的力学特性，对压缩机制采用边界面理论。边界面理论中，压缩边界面 f_c^b 和压缩当前应力面 f_c^c 具有形同的形状（图 14.1），并表示为：

$$f_c^b=\bar{p}'^2+\frac{3}{2}\frac{\bar{s}_{ij}\ \bar{s}_{ij}}{R^2}-p'^{b2}_c \tag{14.4}$$

$$f_c^c=p'^2+\frac{3}{2}\frac{s_{ij}\ s_{ij}}{R^2}-p'^{c2}_c \tag{14.5}$$

式中，映射应力点$\bar{\sigma}'_{ij}$位于压缩边界面上，根据径向映射规则定义，此映射点具有与当前应力点相同的应力比，即 $\eta=\bar{q}/\bar{p}'=q/p'$；$p'$和 q 分别为平均土骨架应力和偏应力；s_{ij} 为偏应力张量，并定义为 $s_{ij}=\sigma'_{ij}-p'\delta_{ij}$；$R$ 是一个控制椭圆的长轴和短轴比率的材料参数，其取值可根据 K_0 系数获得（Yin 等，2013）；p'^b_c 和 p'^c_c 分别控制压缩边界面和压缩当前应力面的尺寸。

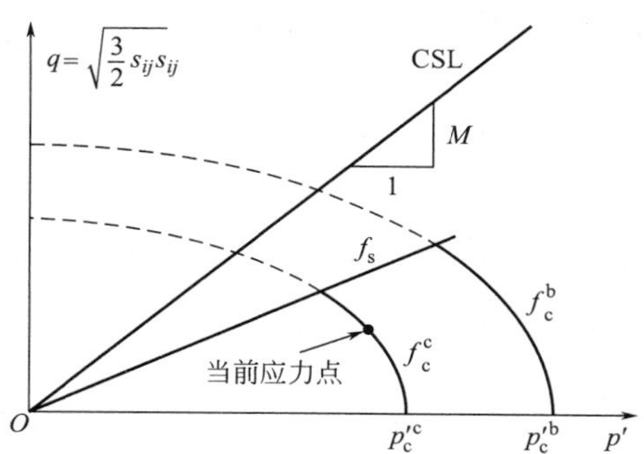

图 14.1　在 p'-q 平面上压缩边界面、压缩当前应力面和剪切滑动屈服面

对于非饱和土而言，在各向同性应力状态下，不可逆的体积收缩变形不仅取决于平均土骨架应力的增加，而且与湿化引起的湿陷密切相关。压缩边界面右侧与 $q=0$ 平面的相交线便定义了加载-湿陷（loading-collapse，LC）屈服曲线，它代表了 p'^b_c 随吸力（Alonso 等，1990；孙德安，2009）或其他变量的变化情况，例如饱和度（Wheeler 等，2003）、吸力与饱和度的组合（Li，2007）。在湿化过程中，当土的应力状态达到 LC 屈服曲线时，土孔隙将发生湿陷现象，这主要可归功于弯液面个数的减少所引起的土体结构的弱化。通常可采用两种方法获得 LC 屈服曲线的表达式。第一种方法是通过不同非饱和状态下正常

固结线（Normal Consolidation Line，NCL）的表达式间接获得。这使得 LC 屈服函数依赖于 NCL 的截距和斜率的表达式（Alonso 等，1990）。第二种方法是依据吸力或其他变量对 p'^{b}_{c} 的影响机制直接给出（Li，2007）。

根据 Wheeler 等（2003）提出的简化方法，假设 p'^{b}_{c} 的大小与土颗粒接触处气液交界面的数量相关。气液交界面的数量可以用有效饱和度表示。因此，p'^{b}_{c} 变化不仅取决于塑性体积应变增量，还取决于塑性有效饱和度增量，可表示为：

$$\frac{\delta p'^{b}_{c}}{p'^{b}_{c}}=\frac{1+e_0}{\lambda-\kappa}\delta\varepsilon^{p}_{v(c)}-b_{sw}\frac{\delta S^{p}_{re}}{\lambda_w-\kappa_w} \tag{14.6}$$

p'^{c}_{c} 变化可表示为：

$$\frac{\delta p'^{c}_{c}}{p'^{c}_{c}}=\frac{1}{\Omega}\frac{1+e_0}{\lambda-\kappa}\delta\varepsilon^{p}_{v(c)}-b_{sw}\frac{\delta S^{p}_{re}}{\lambda_w-\kappa_w} \tag{14.7}$$

式中，$\varepsilon^{p}_{v(c)}$ 为压缩机制引起的塑性体应变；λ 为饱和状态下 NCL 的斜率；Ω 为控制压缩当前应力面硬化率的比例函数，且 $\Omega=(p'^{b}_{c}/p'^{c}_{c})^4$；$\kappa_w$ 和 λ_w 分别为持水模型中扫描线斜率和主干燥线或主浸润线的斜率；b_{sw} 为耦合参数，控制着塑性有效饱和度增量 dS^{p}_{re} 对硬化参数变化的影响程度。

（2）剪切滑动机制

剪切滑动屈服面用于描述土颗粒间的剪切滑动特性。许多学者针对饱和土提出了线性的剪切滑动屈服面（Yin 等，2013）。由于选取平均土骨架应力作为本构变量，该变量中考虑了气压和水压间差值对粒间力的贡献，因此非饱和土的剪切滑动屈服面亦采用与饱和土模型相同的形状（图 14.1）。剪切滑动屈服面可表示为：

$$f_s=\sqrt{\frac{3}{2}r_{ij}r_{ij}}-H \tag{14.8}$$

式中，$r_{ij}=s_{ij}/p'$；H 为硬化参数。硬化参数 H 在 H-ε^{p}_{d} 坐标系内定义为一个双曲函数，并表示为：

$$H=\frac{M_p\varepsilon^{p}_{d(s)}}{1/G_p+\varepsilon^{p}_{d(s)}} \tag{14.9}$$

式中，$\varepsilon^{p}_{d(s)}$ 为剪切滑动机制引起的塑性剪应变；G_p 和 M_p 为土性参数，G_p 决定着 η'-ε^{p}_{d} 坐标系内双曲线的初始斜率；M_p 表征峰值应力比，且与峰值摩擦角 ϕ_p 间满足关系式 $M_p=6\sin\phi_p/(3-\sin\phi_p)$。

Hardin（1978）提出通过建立剪切模量与超固结比（over-consolidation ratio，OCR）的关系来考虑硬化效应：

$$G_p=G_{p0}\left(\frac{p'^{b}_{c}}{p'^{c}_{c}}\right)^{n_G} \tag{14.10}$$

式中，G_{p0} 为土性参数；n_G 决定着 G_p 随 OCR 的变化率，为了简化可假设 $n_G=1$。

此外，Biarez 和 Hicher（1994）指出峰值摩擦角 ϕ_p 与内摩擦角 ϕ_u 满足关系式：

$$\tan\phi_p=\left(\frac{e_c}{e}\right)^{n_p}\tan\phi_u \tag{14.11}$$

式中，参数 n_p 决定 $\tan\phi_p$ 随土密实状态（e_c/e）的变化率。

由于气液交界面产生的额外“粘结”效应，非饱和土状态下 e-$\ln p'$ 坐标系内的 CSL 线并不重合。Zhang 和 Ikariya（2011）选取有效饱和度作为状态变量，给出了一组相互平行的临界状态线的表达式：

$$e_{\mathrm{c}}=\Gamma_{\mathrm{c}}-\lambda_{\mathrm{c}}\ln p'$$

$$\Gamma_{\mathrm{c}}(S_{\mathrm{re}})=\Gamma_{\mathrm{csat}}-a_{\Gamma}S_{\mathrm{re}}^{b_{\Gamma}} \tag{14.12}$$

式中，Γ_{c} 和 λ_{c} 分别为 $e-\ln p'$ 坐标系内 CSL 的截距和斜率，为了简化可假定 λ_{c} 等于 λ；Γ_{csat} 为饱和状态下 CSL 的截距；a_{Γ} 和 b_{Γ} 是土性参数，$a_{\Gamma}S_{\mathrm{re}}^{b_{\Gamma}}$ 表征“粘结”效应对非饱和土临界状态性质的影响，为了简化可假定 $b_{\Gamma}=1$。

为了考虑剪胀和剪缩特性，引入了非关联流动规则，且塑性势函数的一阶导数可表示为：

$$\frac{\partial g_{\mathrm{s}}}{\partial p'}=D\left(M_{\mathrm{pt}}-\sqrt{\frac{3}{2}r_{ij}r_{ij}}\right);\frac{\partial g_{\mathrm{s}}}{\partial s_{ij}}=\sqrt{\frac{3}{2}}\frac{r_{ij}}{\| r_{ij}r_{ij}\|} \tag{14.13}$$

式中，D 和 M_{pt} 为土性参数，参数 D 控制着剪胀程度；参数 M_{pt} 是相变线的斜率，其值取决于相变角 ϕ_{pt}，且 $M_{\mathrm{pt}}=6\sin\phi_{\mathrm{pt}}/(3-\sin\phi_{\mathrm{pt}})$。与 ϕ_{p} 表达式一样，ϕ_{pt} 也依赖于 ϕ_{u} 和 (e_{c}/e)：

$$\tan\phi_{\mathrm{pt}}=\left(\frac{e_{\mathrm{c}}}{e}\right)^{-n_{\mathrm{pt}}}\tan\phi_{\mathrm{u}} \tag{14.14}$$

式中，参数 n_{pt} 控制 $\tan\phi_{\mathrm{pt}}$ 随土密实状态（e_{c}/e）的变化率。

式（14.11）和式（14.14）表明对于密实结构的岩土材料而言，存在 $\phi_{\mathrm{pt}}\leqslant\phi_{\mathrm{u}}\leqslant\phi_{\mathrm{p}}$ 的关系。这一关系式与式（14.13）使得岩土材料在剪切过程中体积先收缩后膨胀，并且偏应力先增加直到峰值然后减小至稳定值。另一方面，对于松散结构的岩土材料而言，存在 $\phi_{\mathrm{p}}\leqslant\phi_{\mathrm{u}}\leqslant\phi_{\mathrm{pt}}$ 的关系。这使得岩土材料在剪切过程中产生剪缩，同时偏应力在加载期间逐渐增加。因此，式（14.11）和式（14.14）保证密实和松散结构的岩土材料在剪切过程中逐渐达到临界状态。

14.2.3　持水曲线

持水曲线（Soil Water Retention Curve，SWRC）描述了土的含水率与吸力间的关系，表征了非饱和土的持水性质。非饱和土的持水性质有两个重要特征，即水力滞回性和密实度依赖性。这意味着同一吸力下土的 S_{re} 亦可能明显不同。典型的考虑水力滞回效应的持水特征曲线模型由主浸润曲线、主干燥曲线和扫描线组成（图 14.2）。若初始点 A 在主浸润曲线和主干燥曲线所包围的区域内，干化过程中 A 点将沿扫描线移至主干燥曲线上的 B 点，或在湿化过程中沿扫描线移至主浸润曲线上的 C 点。在该区域内 S_{re} 产生弹性变化，此变化对应着土孔隙中气液交界面的可逆运动。若进一步发生干化或湿化，B 点或 C 点将沿着主干燥曲线或主浸润曲线移动，S_{re} 产生弹塑性变化，此变化伴随着孔隙中水的吸收和排出。此外，为了描述土的持水性质的密实度依赖性，SWRC 在 s-S_{re} 平面

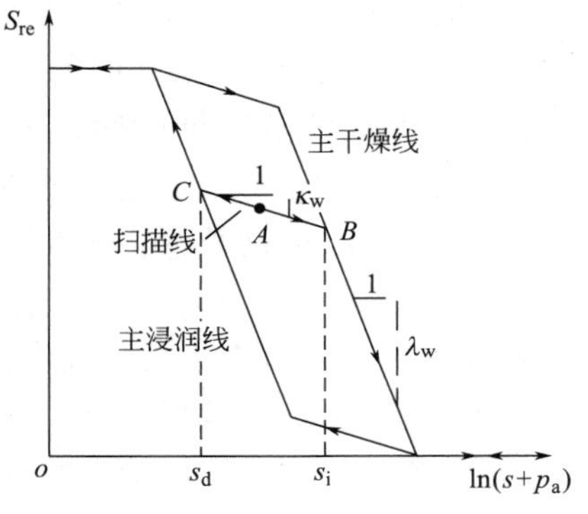

图 14.2　持水曲线模型

上的位置应随土的干密度的变化而变化。一般来说，SWRC 随着干密度的增加会向右移动，随着干密度的降低会向左移动。这表明在相同吸力和水力路径条件下，密实土样的 S_{re} 值高于松散土样的 S_{re} 值。

为了描述非饱和土持水性质的水力滞回性和密实度依赖性，此处采用了弹塑性模型框架（Wheeler 等，2003）。首先，定义了一组屈服面，即吸力增加和减少屈服面（f_{si} 和 f_{sd}）：

$$\begin{cases} f_{si}=s-s_i & \text{干化路径} \\ f_{sd}=s_d-s & \text{湿化路径} \end{cases} \tag{14.15}$$

式中，s_i 和 s_d 为硬化参数，分别代表了扫描线与主干燥线和主浸润线的交叉点所对应的吸力。

饱和度的增量分为弹性和塑性部分，弹性部分定义为：

$$\delta S_{re}^{e}=\kappa_w\frac{\delta s}{s+p_a} \tag{14.16}$$

式中 κ_w 为常数，是 $\ln(s+p_a)-S_{re}$ 平面上扫描线的斜率；p_a 为一常数，以防式（14.16）等号右侧项分母等于 0，通常 p_a 可取为大气压力。

其次，为了考虑持水性质的密实度依赖性，采用双重硬化法则来描述 s_i 和 s_d 的变化：

$$\begin{cases} \dfrac{\delta s_i}{s_i+p_a}=-\dfrac{1}{\lambda_w-\kappa_w}\delta S_{re}^{p}+b_{ws}\dfrac{1+e_0}{\lambda-\kappa}\delta\varepsilon_v^{p} \\ \dfrac{\delta s_d}{s_d+p_a}=-\dfrac{1}{\lambda_w-\kappa_w}\delta S_{re}^{p}+b_{ws}\dfrac{1+e_0}{\lambda-\kappa}\delta\varepsilon_v^{p} \end{cases} \tag{14.17}$$

式中，λ_w 为在 $\ln(s+p_a)-S_{re}$ 平面上主干燥曲线或主浸润曲线的斜率，该值可以假设为常数或由主干燥曲线或主浸润曲线的表达式确定；b_{ws} 为另一个耦合参数，控制着塑性体应变增量 $d\varepsilon_v^p$ 对硬化参数变化的影响程度。

对压缩、剪切滑动和吸力变化屈服面应用一致性条件，并结合弹性本构方程（14.3）和方程（14.16），便可以得到广义应力-广义应变增量方程。

14.2.4 模型参数

模型包含了 15 个材料参数，可分为三组，分别为与压缩准则相关的参数（λ、κ 和 b_{sw}）、与剪切滑动准则相关的参数（ϕ_u、G_{p0}、n_p、Γ_{csat}、a_Γ、D 和 n_{pt}）及与 SWRC 相关的参数（λ_w、κ_w、p_a、b_{ws} 和 S_{rres}）。模型参数的确定方法如下所述。

正常固结线斜率 λ 和回弹线斜率 κ 可通过饱和状态下的等向固结试验进行确定。耦合参数 b_{sw} 可以通过非饱和状态下的等向固结试验进行标定。

内摩擦角 ϕ_u 可以通过公式 $M_c=6\sin\phi_u/(3-\sin\phi_u)$ 求得，M_c 为 p'-q 坐标系内 CSL 斜率。与 CSL 相关的参数 ϕ_u、Γ_{csat} 和 a_Γ 均可以通过非饱和土三轴剪切试验进行确定。

塑性刚度 G_{p0} 和参数 n_G 可通过饱和及非饱和状态下小应变水平的偏应力-应变曲线的拟合获得。参数 n_p 可以通过排水三轴试验中偏应力-应变曲线拟合获得。剪胀常数 D 和参数 n_{pt} 可以通过排水三轴试验中的体变曲线拟合获得。

为了简单假设 $\ln(s+p_a)-S_{re}$ 平面内主浸润线、主干燥线和扫描线均为直线，即 λ_w 和 κ_w 是常数。这些参数可通过恒定体积条件下的持水特征试验获得。耦合参数 b_{ws} 可通过常吸力下的固结试验进行标定。残余饱和度 S_{rres} 可以根据 Alonso 等（2010）提出的方法获得。

14.3 模型验证

选择了三组非饱和土排水三轴试验对模型预测能力进行了验证。第一组是由 Rampino 等（2000）开展的压实粉砂的三轴试验。第二组是由 Sivakumar（1993）开展的压实 Speswhite 高岭土的三轴试验。第三组是由 Cui 和 Delage（1996）开展的压实 Jossigny 粉质黏土的三轴试验。

14.3.1 粉砂

Rampino 等（2000）对压实的粉砂进行了排水三轴试验。通过混合细粒土和粗粒土，使试验用土的不均匀系数 C_u 达到原位值 400。试验过程中首先将试样在 10kPa 净平均应力下湿化至目标基质吸力（100kPa、200kPa 和 300kPa）。然后将土样在常基质吸力条件下固结至 100kPa 或 400kPa。最后土样在恒定围压和基质吸力下完成排水剪切试验。剪切过程中，编号 5、7、10、14 土样的基质吸力分别为 100kPa、200kPa、200kPa 和 300kPa，相应的围压分别为 400kPa、100kPa、400kPa 和 400kPa。模型预测时使用的参数均根据 2.4 节进行确定。表 14.1 给出了预测粉砂剪切试验结果所需的模型参数和初始状态参数。

粉砂模型参数及初始状态参数表 **表 14.1**

λ	κ	b_{sw}	M	G_{p0}	Γ_{csat}	a_Γ	D	n_p	n_{pt}
0.019	0.003	5.5	1.523	2000	0.56	0.14	1.0	2.5	30.0
λ_w	κ_w	p_a	b_{ws}	S_{rres}(%)	e_0	S_{r0}(%)	p'^c_c(kPa)	s_i(kPa)	s_d(kPa)
0.04	0.001	1.0	3.2	45.5	0.347	75.0	450	1000	800

图 14.3 展示了三轴试验过程中偏应力、比体积和饱和度的变化情况。试验结果与模拟计算结果对比表明该模型能够较好地预测粉砂在不同围压和基质吸力下的剪胀性质。由于初始孔隙比低于相应的临界孔隙比，所有土样在剪切过程中均产生先剪缩后剪胀的特性。由于土的持水性质依赖于密实度，在恒定吸力条件下土样的饱和度随着的轴向应变的增加先减小后增加。这种趋势与体应变变化趋势一致。

14.3.2 Speswhite 高岭土

Sivakumar（1993）对压实 Speswhite 高岭土进行了排水三轴试验。试验用土的黏粒含量为 75%。试验过程中首先将试样在 50kPa 的净平均应力下湿化至不同的基质吸力（100kPa、200kPa 和 300kPa）。然后将土样在常基质吸力条件下固结至 100kPa 或 150kPa。最后，土样在恒定的围压和基质吸力下完成排水剪切试验。剪切过程中，编号 8c、9c、13c、17c 和 18c 土样的吸力分别为 200kPa、200kPa、100kPa、300kPa 和 300kPa，相应的围压分别为 150kPa、100kPa、100kPa、100kPa 和 150kPa。表 14.2 给出了预测 Speswhite 高岭土剪切试验结果所需的模型参数和初始状态参数。

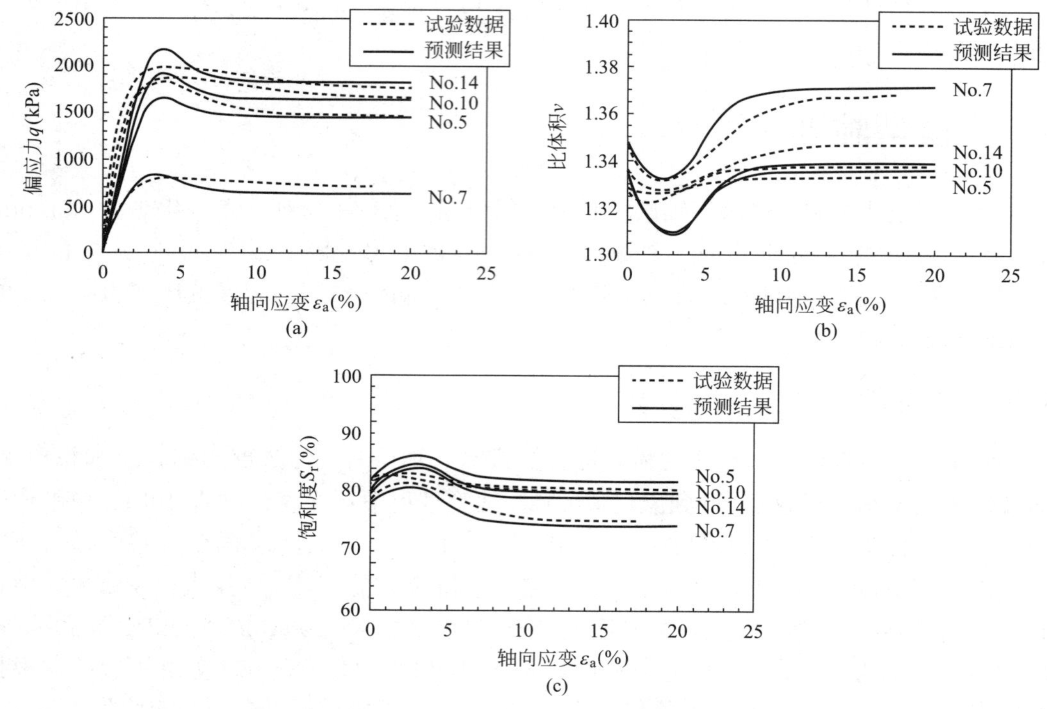

图 14.3　粉砂在不同基质吸力和净平均应力下排水三轴试验结果与模拟结果对比

Speswhite 高岭土模型参数及初始状态参数表　　**表 14.2**

λ	κ	b_{sw}	M	G_{p0}	Γ_{csat}	a_{Γ}	D	n_p	n_{pt}
0.11	0.011	3.0	0.793	40	2.000	0.490	0.7	2.0	2.0
λ_w	κ_w	p_a	b_{ws}	S_{rres}(%)	e_0	S_{r0}(%)	p'^c_c(kPa)	s_i(kPa)	s_d(kPa)
0.23	0.01	101.3	1.1	25.0	1.206	60.1	210	350	300

图 14.4 展示了三轴试验过程中偏应力、比体积和饱和度的变化情况。试验结果与模型预测结果间的对比表明该模型能够较好地预测不同围压和吸力下的非饱和土的力学性质。由于初始孔隙比大于对应的临界孔隙比，所有土样在剪切过程中均表现出连续的应变硬化性质。此外，由于土样在剪切过程中发生体积收缩变形，在恒定吸力的条件下土样的饱和度随着轴向应变增加而增加。

14.3.3　Jossigny 粉质黏土

Cui 和 Delage（1996）对压实 Jossigny 粉质黏土进行了排水三轴试验。试验用土的黏土矿物成分为伊利石、高岭石和层间伊利石-蒙脱石。三轴试验中使用渗透法控制吸力。试验过程中首先将土样在零围压条件下干化至不同的目标吸力值（200kPa、400kPa、800kPa 和 1500kPa），然后在常吸力条件下对土样固结至不同的目标净平均应力（50kPa、100kPa、200kPa、400kPa 和 600kPa）。最后，所有土样在恒定的围压和吸力下完成排水剪切试验。表 14.3 给出了预测 Jossigny 粉质黏土剪切试验结果所需的模型参数和初始状态参数。

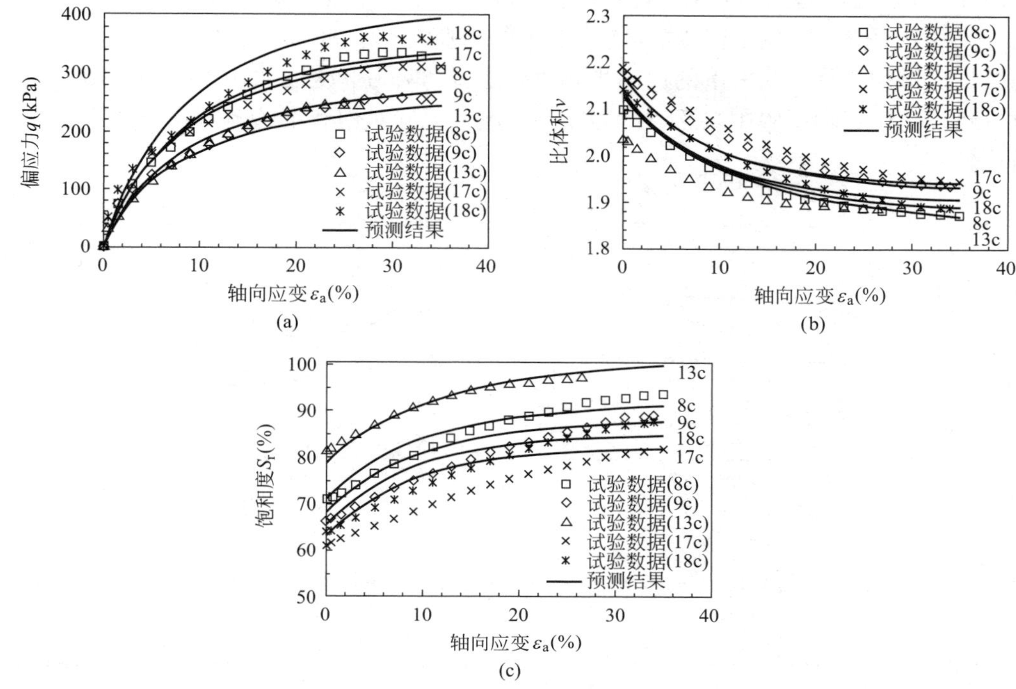

图 14.4　Speswhite 高岭土在不同基质吸力和净平均应力下排水三轴试验结果与模拟结果对比

Jossigny 粉质黏土模型参数及初始状态参数表　　表 14.3

λ	κ	b_{sw}	M	G_{p0}	Γ_{csat}	a_{Γ}	D	n_p	n_{pt}
0.08	0.010	1.0	1.16	350	1.142	0.154	0.2	4.0	20.0
λ_w	κ_w	p_a	b_{ws}	S_{rres}(%)	e_0	S_{r0}(%)	p'^{c}_{c}(kPa)	s_i(kPa)	s_d(kPa)
0.21	0.01	101.3	1.5	57.0	0.621	77.0	500	280	180

图 14.5～图 14.8 展示了三轴试验中偏应力和体积应变变化。试验与模型计算结果对比表明：由于剪切滑动屈服面采用了非关联流动法则，该模型可以有效地同时预测土样剪切过程中的剪缩和剪胀。对于饱和土而言，当围压低于一个界限值时土样将发生剪

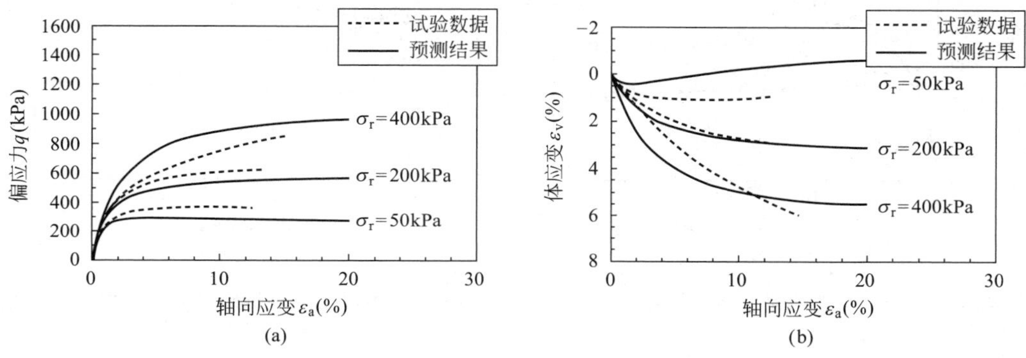

图 14.5　Jossigny 粉质黏土在不同净平均应力和 200kPa 吸力下排水三轴试验结果与模拟结果对比

胀。对于非饱和土而言，该界限值随着吸力增加而增加。这意味着作用于颗粒接触处的弯液面所引起的附加“粘结”效应增强了土的剪胀趋势。此外，剪切强度随着围压和吸力的增加而增加，临界状态下的比体积亦随着围压和吸力产生变化。模拟预测结果与试验结果一致。由于三轴试验中缺乏对饱和度的量测，无法对饱和度的模拟预测结果和测量值进行比较。

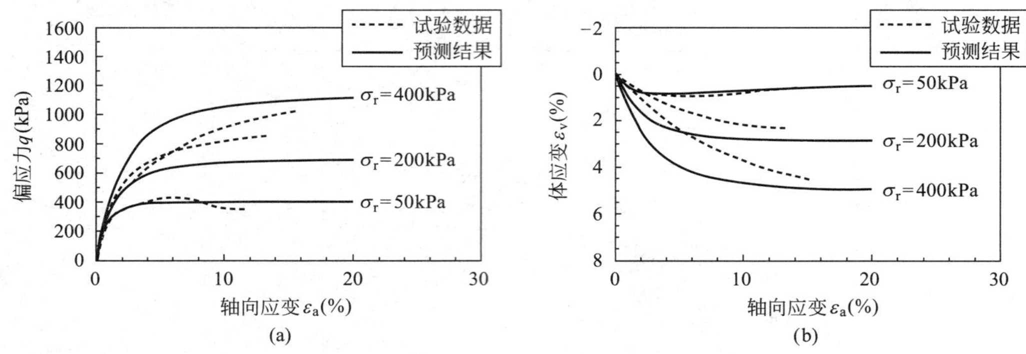

图 14.6　Jossigny 粉质黏土在不同净平均应力和 400kPa 吸力下排水三轴试验结果与模拟结果对比

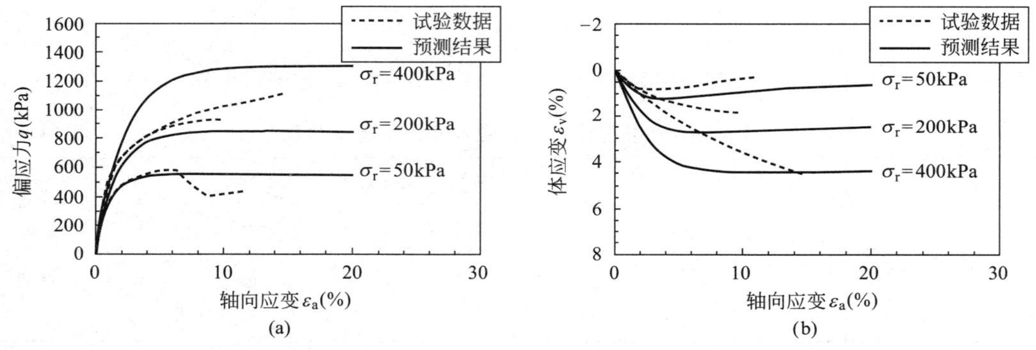

图 14.7　Jossigny 粉质黏土在不同净平均应力和 600kPa 吸力下排水三轴试验结果与模拟结果对比

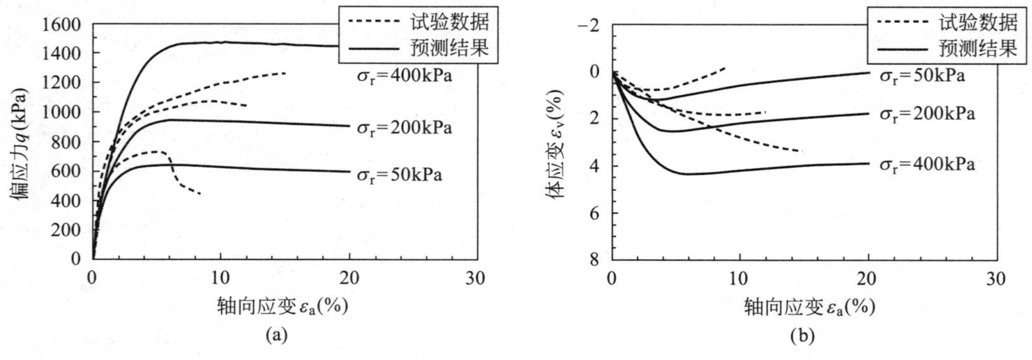

图 14.8　Jossigny 粉质黏土在不同净平均应力和 800kPa 吸力下排水三轴试验结果与模拟结果对比

14.4 本章小结

文中建立了一个基于临界状态理论的弹塑性模型，该模型具有压缩和剪切滑动两种塑性变形机制。模型中选取平均土骨架应力作为应力变量，并且考虑了有效饱和度对 e-lnp' 坐标系内 CSL 的影响。两者分别反映了吸力对非饱和土剪胀特性影响的不同作用。与修正剑桥框架下的模型相比，模型中 CSL 与 NCL 之间的关系更加灵活。这种直接的 CSL 表达式与剪切滑动屈服面的非关联流动准则保证了模型可以准确地预测非饱和土的剪胀和剪缩性质。此外，通过两个双重硬化法则更直接地考虑了持水性质与力学性质的耦合。通过对粉砂、Speswhite 高岭土和 Jossigny 粉质黏土三轴试验结果与计算结果间的比较，分析了模型的预测能力。结果表明，所提出的模型可以足够精确地预测非饱和土在不同水力-力学加载历史下的性质。

类似地，依此方法也可以进行考虑温度效应、时间效应、颗粒间胶结效应等特性的模型扩展，本书不作具体展开。

参考文献

Alonso E E，Gens A，Josa A. A constitutive model for partially saturated soils [J]. Geotechnique，1990，40 (3)：405-430.

Alonso E E，Pereira J M，Vaunat J，Olivella S. A microstructurally based effective stress for unsaturated soils [J]. Geotechnique，2010，60 (12)：913-925.

Biarez J，Hicher P Y. Elementary mechanics of soil behaviour [M]. A. A. Balkema，1994.

Bishop A W. The principle of effective stress [M]. Teknisk Ukeblad，1959，106 (39)：113-143.

Chiu C F，Ng C W W. A state-dependent elasto-plastic model for saturated and unsaturated soils [J]. Geotechnique，2003，53 (9)：809-829.

Delage P，Cui Y J. Yielding and plastic behaviour of an unsaturated compacted silt [J]. Geotechnique，2015，46 (2)：291-311.

Jommi C. Remarks on the constitutive modelling of unsaturated soils [C] //Experimental Evidence and Theoretical Approaches in Unsaturated Soils，Balkema，2000：139-153.

Gallipoli D，Gens A，Sharma R，et al. An elasto-plastic model for unsaturated soil incorporating the effects of suction and degree of saturation on mechanical behaviour [J]. Geotechnique，2003，53 (1)：123-135.

Hardin B O. The nature of stress strain behavior of soils [C] //Soil Dynamics and Earthquake Engineering ASCE Specialty Conference，ASCE，Reston，VA，1978：3-90.

Li J，Yin ZY，Cui Y J，Liu K，Yin J H. An elasto-plastic model of unsaturated soil with an explicit degree of saturation-dependent CSL [J]. Engineering Geology，2019，260 (3)：105240.

Li X S. Thermodynamics-based constitutive framework for unsaturated soils. 2：A basic triaxial model [J]. Geotechnique，2007，57 (5)：423-435.

Rampino C，Mancuso C，Vinale F. Experimental behaviour and modelling of an unsaturated compacted soil [J]. Canadian Geotechnical Journal，2000，37 (4)：748-763.

Sivakumar V. A critical state framework for unsaturated soil [D]. PhD Thesis，University of Sheffield，Sheffield，UK，1993.

Wheeler S J，Sharma R S，Buisson M S R. Coupling of hydraulic hysteresis and stress-strain behaviour in unsaturated soils [J]. Geotechnique，2003，53 (1)：41-54.

Yin Z Y，Xu Q，Hicher P Y. A simple critical-state-based double-yield-surface model for clay behavior under complex loading [J]. Acta Geotechnica，2013，8 (5)：509-523.

Yudhbir. Collapsing behaviour of residual soils [C] // Proceeding of the 7th Southeast Aisa Geotechnical Conference，Hongkong：Institute of Engineers，1982：915-930.

Zhang F，Ikariya T. A new model for unsaturated soil using skeleton stress and degree of saturation as state variables [J]. Soils and Foundations，2011，51 (1)：67-81.

Zhou A N，Sheng D，Sloan S W，et al. Interpretation of unsaturated soil behaviour in the stress-Saturation space，I：Volume change and water retention behaviour [J]. Computers and Geotechnics，2012，43：178-187.

孙德安. 非饱和土的水力和力学特性及其弹塑性描述 [J]. 岩土力学，2009，30 (11)：3217-3231.

第 15 章　基于 SIMSAND 的土-结构接触面模型

本章提要

本章基于临界状态土力学的弹塑性本构模型，展示了砂土-结构接触面本构模型的开发。首先阐述砂土-结构接触面弹塑性本构模型的理论框架；其次展示使用数值计算软件 MATLAB 编写显式算法点积分程序，模拟不同类别的接触面剪切试验过程中接触面的特性；接着介绍如何使用遗传算法搜索接触面模型的合适参数；最后采用文献中的接触面剪切试验数据进行模拟以验证模型的有效性。模拟结果和试验实测数据的较好吻合，展示了所提出的接触面模型具有较好的可应用性。

15.1　引言

当前关于砂土-结构接触面的本构模型研究成果十分丰富。Clough 和 Duncan（1971）最早提出接触面非线弹性模型，采用双曲线函数近似描述剪切应力和剪切位移的关系，但对于真实接触面特性的描述能力有限。此后较为复杂的接触面本构模型的发展层出不穷，包括弹塑性模型（Plesha 等，1989；Fakharian 和 Evgin，2000）、基于临界状态理论的弹塑性模型（Liu 等，2006；Duriez 和 Vincens，2015）、不区分弹塑性变形的亚塑性模型（Stutz，2016；Stutz 等，2017），以及基于扰动状态理论的损伤模型（Hu 和 Pu，2003，2004），均能够较好地描述接触面的剪切屈服和剪胀特性，且可以反映几个主要影响因素的作用。一般来说，基于临界状态理论的弹塑性接触面模型的应用最为广泛，主要是引入孔隙比作为状态变量，参考土体的本构模型建立。

基于临界状态土力学的弹塑性本构模型，本章提出砂土-结构接触面本构模型，主要内容包括四个部分：一是砂土-结构接触面弹塑性本构模型的理论框架；二是使用数值计算软件 MATLAB 编写显式算法点积分程序，模拟不同类别的接触面剪切试验过程中接触面的特性；三是介绍如何使用遗传算法搜索接触面模型的合适参数；四是参考已有文献中的接触面剪切试验数据，通过遗传算法找到试验对应的模型参数，再将参数用于接触面模型模拟参考的试验，对比模型的模拟结果和试验实测数据，评估提出的接触面模型的适用性。

15.2　试验方法及条件简述

土与结构的接触面试验研究包括室内试验和现场原位试验。Potyondy（1961）采用直剪试验（Direct shear tests）研究了砂土-结构的接触面性质，并基于试验数据给出了对应接触面不同粗糙程度的摩擦系数。直剪试验操作最简单，仪器要求不高，此后的学者也多采用直剪试验研究土-结构的接触面特性，单剪试验（Simple shear tests）和环剪试验（Ring shear tests）也比较常见。单剪试验同样操作比较简单，而且能区分土体变形引起的接触面相对位移和土与结构之间滑移错动导致的接触面切向位移；但剪切过程中土体会产生材料损失，土样的流失导致了法向位移测量结果的不准确。环剪试验能够克服一些直剪试验的缺陷，由于接触面是环形的，可以避免由于端部效应导致的应力在接触面上的不均匀分布，还能给接触面施加不间断的较大切向位移，更加适合于有较大剪切位移的接触面问题，如压桩过程。环剪试验的另一优点是整个剪切过程中接触面的面积始终不发生改变。然而，环剪试验也存在缺陷，其试验结果易受仪器侧向约束面的影响，同时制样过程更加复杂。室内拉拔试验（pull-out tests）比较难于控制边界条件，故直剪试验常被用来开展接触面试验研究。以往研究成果表明直剪试验得出的试验参数与拉拔试验得出的参数接近，因而这种替代是合理的。鉴于拉拔试验的结果对于实际工程设计有更加明确的指导意义，同时该试验更适合模拟受到拉力的工况，故得到了广泛的应用。

接触面剪切试验中施加的法向加载刚度 k（$k=\mathrm{d}\sigma_n/\mathrm{d}u_n$，$\sigma_n$ 指接触面法向应力，u_n 指接触面法向位移）对于接触面特性影响非常大。一般而言，根据 k 的不同可以将接触面剪切试验分为典型的三类：第一类为 $k=0$ 的接触面常压剪切试验（Constant normal load，CNL)，即整个剪切过程中接触面压力不变。这类试验是接触面剪切试验中最为简单的一种，也是目前研究得最多的一种。第二类为 $k=\infty$ 试验，代表的是接触面常体积剪切试验（Constant volume，CV)，即接触面刚度无限大，剪切过程中接触面法向位移为 0，接触面不产生任何体积变形。这类试验的边界条件难以实现，因此也是目前研究最少的类型。第三类为 $k=C$ 的试验，其中 C 可为从 0 到 ∞ 的任意常数，代表的是接触面常刚度剪切试验（Constant normalstiffness，CNS)，即剪切过程中保证施加在接触面上的法向应力增量和法向位移增量的比值不变。其他条件相同的 CNL 和 CV 试验结果分别是 CNS 试验结果的下限和上限，由于 CNS 试验更加接近实际工况中的接触面情形，故有关该试验的研究也比较丰富。三种边界条件下接触面剪切试验原理及代表性文献如表 15.1 所示，CNL 试验的边界条件是接触面上压力恒定；CV 试验边界条件是接触面法向位移固定，接触面无体积变形；CNS 试验边界条件是接触面的加载刚度不变，这种条件用刚度不变的弹簧表示。此外，当前也有一些针对同一种土体多种边界条件的接触面剪切试验，如 Evgin 和 Fakharian（1996）使用改进单剪仪对同一石英砂开展过接触面常压和常刚度剪切试验；Pra-Ai（2013）使用枫丹白露砂进行多种试验条件下的接触面常压和常刚度剪切试验。

实际上，CNS 试验相当于是 CNL 和 CV 试验两个极端情况的中间状态。CNL 试验最为简单，研究也最为充分，对于现实工程中的土-结构的接触面问题，如在浅基础与土体的接触面上，其平均压力可能保持不变，所以可以通过 CNL 试验获得工程需要的信息。但在许多典型接触面问题中，接触面压力往往并不会保持不变，例如围护墙和填土的接触面上，法向应力总在变化；桩土接触面的体积变形则取决于周围土体的刚度，此时处于中间状态的 CNS 试验一般更加接近实际工况。所以对于实际工程的接触面问题，应当根据其类别，选择相应边界条件类型的接触面剪切试验进行研究，从而准确地获得所需参数。

不同边界条件的接触面剪切试验分类　　表 15.1

不同边界条件	相关文献	示意图
常压(CNL)	Evgin 和 Fakharian(1996) Shahrour 和 Rezaie(1997) Hu 和 Pu(2004) Pra-Ai(2013) Di Donna 等(2015) Yavari 等(2016)	压力不变 土 接触面 结构
常体积(CV)	Shahrour 和 Rezaie(1997) De Gennaro 和 Lerat(1999) Di Donna 等(2015)	位移边界固定 土 接触面 结构
常刚度(CNS)	Evgin 和 Fakharian(1996) Fioravante(1999) Mortara(2007) 冯大阔等(2011) Pra-Ai(2013)	刚度不变 土 接触面 结构

对于砂土-结构接触面，影响其力学特性的因素一般包括施加的边界条件、剪切速度、接触面初始压力、接触面加载刚度、接触面粗糙度、砂土相对密实度、砂土粒径（尤其是其平均粒径，被认为是直接决定砂土-结构接触面区厚度的参数）等。

15.3　本构模型

假设砂土与结构之间的接触面为一有限厚度的连续介质，其厚度与砂土的平均粒径 d_{50} 直接相关，一般文献中认为接触面厚度为 d_{50} 的 5～10 倍。本章取该接触面薄层的厚度 d_s 为 d_{50} 的 5 倍，在一般土体的弹塑性本构模型的框架基础上，构建一个包含 12 个参数的弹塑性接触面模型。

首先，根据接触面厚度的假设，应变可以通过位移除以厚度计算，如下式所示：

$$\begin{bmatrix}\varepsilon_n\\ \gamma_s\\ \gamma_t\end{bmatrix}=\frac{1}{d_s}\begin{bmatrix}u_n\\ u_s\\ u_t\end{bmatrix}=\frac{1}{5d_{50}}\begin{bmatrix}u_n\\ u_s\\ u_t\end{bmatrix}\tag{15.1}$$

式中，u 表示位移，ε 表示应变；下标 n 表示接触面的法向方向，s 和 t 表示接触面上两个正交的切向方向。

接触面的应变由弹性应变和塑性应变组成，如式（15.2）所示。通过式（15.3）表示的弹性刚度矩阵建立应力与弹性应变的数学关系，其中法向刚度与切向刚度根据式（15.4）、式（15.5）计算，该刚度矩阵的非对角元素均为 0，即不考虑不同方向的应力与弹性应变之间的耦合作用。

$$\begin{bmatrix}\varepsilon_{\mathrm{n}}\\ \gamma_{\mathrm{s}}\\ \gamma_{\mathrm{t}}\end{bmatrix}=\begin{bmatrix}\varepsilon_{\mathrm{n}}^{\mathrm{e}}\\ \gamma_{\mathrm{s}}^{\mathrm{e}}\\ \gamma_{\mathrm{t}}^{\mathrm{e}}\end{bmatrix}+\begin{bmatrix}\varepsilon_{\mathrm{n}}^{\mathrm{p}}\\ \gamma_{\mathrm{s}}^{\mathrm{p}}\\ \gamma_{\mathrm{t}}^{\mathrm{p}}\end{bmatrix} \tag{15.2}$$

式中，应变的上标 e 表示弹性应变，p 表示塑性应变。

$$\begin{bmatrix}\sigma_{\mathrm{n}}\\ \tau_{\mathrm{s}}\\ \tau_{\mathrm{t}}\end{bmatrix}=\begin{bmatrix}D_{\mathrm{n}} & 0 & 0\\ 0 & D_{\mathrm{s}} & 0\\ 0 & 0 & D_{\mathrm{t}}\end{bmatrix}\begin{bmatrix}\varepsilon_{\mathrm{n}}^{\mathrm{e}}\\ \gamma_{\mathrm{s}}^{\mathrm{e}}\\ \gamma_{\mathrm{t}}^{\mathrm{e}}\end{bmatrix} \tag{15.3}$$

$$D_{\mathrm{t}}=D_{\mathrm{s}}=D_{\mathrm{s0}}\frac{1+e}{e}\sqrt{\left(\frac{\sigma_{\mathrm{n}}+\sigma_{\mathrm{c}}}{p_{\mathrm{at}}}\right)^2+R\left(\frac{\tau}{p_{\mathrm{at}}}\right)^2} \tag{15.4}$$

$$D_{\mathrm{n}}=D_{\mathrm{s}}R \tag{15.5}$$

式中，$\sigma_{\mathrm{c}}=\dfrac{c}{\tan\phi_{\mathrm{c}}}$为砂土黏聚力，在一般计算中可令其为 0kPa，若在有限元数值模拟中，为了提高数值计算的收敛性则可设其为 0.1kPa；p_{at} 为大气压力，通常取值 101.325kPa；D_{s0} 与 R 为接触面模型的两个初始参数，可以通过对试验数据进行分析得到。

接触面模型关于剪切滑动的屈服面函数如式（15.6）所示。根据弹塑性模型的定义，当 $f<0$ 时，接触面处于弹性状态，而 $f=0$ 时，接触面进入塑性状态。实际数值计算时，由于计算误差等因素，往往不会严格控制 $f=0$ 时才认为接触面已经屈服，本章计算中只要 $f\leqslant 0$ 即可认为满足屈服条件。

$$f=\frac{\tau}{\sigma_{\mathrm{n}}+\sigma_{\mathrm{c}}}-\frac{\tan\phi_{\mathrm{p}}\gamma^{\mathrm{p}}}{k_{\mathrm{p}}+\gamma^{\mathrm{p}}} \tag{15.6}$$

式中，τ 为两个方向的剪切应力的合力，即 $\tau=\sqrt{\tau_{\mathrm{s}}^2+\tau_{\mathrm{t}}^2}$；$\gamma^{\mathrm{p}}$ 为两个方向的塑性应变的合应变，$\gamma^{\mathrm{p}}=\sqrt{(\gamma_{\mathrm{s}}^{\mathrm{p}})^2+(\gamma_{\mathrm{t}}^{\mathrm{p}})^2}$；$\tan\phi_{\mathrm{p}}$ 为与接触面峰值强度相关的应力比，与临界摩擦角 ϕ_{c} 相关，可由式（15.10）计算；k_{p} 为接触面本构模型的又一参数。

尽管接触面模型在形式与土体弹塑性本构模型相同，但因为滑移的方向与接触面压力无关，故一般认为接触面模型应采用非相关联准则，从而塑性势函数与屈服函数表达式并不一致。于是接触面的塑性应变的计算公式为：

$$\varepsilon_i^{\mathrm{p}}=\mathrm{d}\lambda\frac{\partial g}{\partial\sigma_i} \tag{15.7}$$

式中，下标 i 表示剪切面的法向或两个切向一共三个方向；$\mathrm{d}\gamma$ 为塑性乘子，根据屈服函数的增量等于 0（$\mathrm{d}f=0$）推导得出，式（15.12）是推导出的塑性乘子的计算表达式；偏导数$\dfrac{\partial g}{\partial\sigma_i}$根据式（15.8）、式（15.9）计算：

$$\frac{\partial g}{\partial \sigma_i}=\frac{\partial g}{\partial \sigma_{\mathrm{n}}}\frac{\partial \sigma_{\mathrm{n}}}{\partial \sigma_i}+\frac{\partial g}{\partial \tau}\frac{\partial \tau}{\partial \sigma_i} \tag{15.8}$$

$$\frac{\partial g}{\partial \sigma_{\mathrm{n}}}=A_{\mathrm{d}}\left(\tan(\phi_{\mathrm{pt}})-\frac{\tau}{\sigma_{\mathrm{n}}+\sigma_{\mathrm{c}}}\right);\frac{\partial g}{\partial \tau}=1 \tag{15.9}$$

式中，A_{d} 为接触面摩擦模型的一个参数；ϕ_{pt} 为接触面相变摩擦角，与临界摩擦角 ϕ_{c} 相关，可由式（15.10）计算。

$$\tan\phi_{\mathrm{p}}=\left(\frac{e_{\mathrm{c}}}{e}\right)^{n_{\mathrm{p}}}\tan\phi_{\mathrm{c}};\quad \tan\phi_{\mathrm{pt}}=\left(\frac{e_{\mathrm{c}}}{e}\right)^{n_{\mathrm{d}}}\tan\phi_{\mathrm{c}} \tag{15.10}$$

式中，n_{p} 和 n_{d} 为接触面模型的两个参数；ϕ_{c} 为接触面临界状态摩擦角，其值不大于砂土的临界摩擦角，亦是接触面模型的一个参数，可以在一定程度上体现出接触面的粗糙程度，根据文献研究可知 ϕ_{c} 的值与接触面粗糙程度成正比，但在 ϕ_{c} 达到砂土的临界摩擦角后，接触面粗糙程度对其无影响；e_{c} 是接触面临界状态下的孔隙比。接触面临界状态下的孔隙比根据式（15.11）计算。

$$e_{\mathrm{c}}=e_{\mathrm{ref}}\exp\left[-\lambda\left(\frac{\sigma_{\mathrm{n}}}{p_{\mathrm{at}}}\right)^{\xi}\right] \tag{15.11}$$

式中，e_{c} 为接触面的临界孔隙比；e_{ref} 为 $\sigma_{\mathrm{n}}=0$ 时的接触面初始临界孔隙比；而 λ 与 ξ 为接触面模型的两个参数。与土体剑桥模型中的 λ 和 ξ 参数相似，描述接触面加载情况下在 e-$\log\sigma_{\mathrm{n}}$ 平面内 CSL 曲线形状，可以通过分析接触面剪切的试验数据得到。

$$\mathrm{d}\lambda=\frac{[\partial f/\partial \sigma_i]^{\mathrm{T}}[D^{\mathrm{e}}\cdot \mathrm{d}\varepsilon_i]}{[\partial f/\partial \sigma_i]^{\mathrm{T}}[D^{\mathrm{e}}\cdot \partial g/\partial \sigma_{\mathrm{k}}]-\partial f/\partial \gamma^{\mathrm{p}}\cdot \partial \gamma^{\mathrm{p}}/\partial \varepsilon^{\mathrm{p}}\cdot \partial \tau/\partial \sigma_{\mathrm{k}}} \tag{15.12}$$

式中，D^{e} 是接触面的刚度矩阵，由式（15.4）、式（15.5）计算；$\partial f/\partial \sigma_i$ 和 $\partial f/\partial \gamma^{\mathrm{p}}$ 根据式（15.6）屈服面的函数可以计算，计算过程分别如式（15.13）～式（15.16）所示；而式（15.17）为 $\partial \gamma^{\mathrm{p}}/\partial \varepsilon_i^{\mathrm{p}}$ 的计算。

$$\frac{\partial f}{\partial \sigma_i}=\frac{\partial f}{\partial \sigma_{\mathrm{n}}}\frac{\partial \sigma_{\mathrm{n}}}{\partial \sigma_i}+\frac{\partial f}{\partial \tau}\frac{\partial \tau}{\partial \sigma_i} \tag{15.13}$$

$$\frac{\partial f}{\partial \sigma_{\mathrm{n}}}=-\frac{\tau}{(\sigma_{\mathrm{n}}+\sigma_{\mathrm{c}})^2};\frac{\partial f}{\partial \tau}=\frac{1}{\sigma_{\mathrm{n}}+\sigma_{\mathrm{c}}} \tag{15.14}$$

$$\frac{\partial \sigma_{\mathrm{n}}}{\partial \sigma_i}=[1,0,0];\frac{\partial \tau}{\partial \sigma_i}=[0,\tau_{\mathrm{s}}/\tau,\tau_{\mathrm{t}}/\tau] \tag{15.15}$$

$$\frac{\partial f}{\partial \gamma^{\mathrm{p}}}=\frac{-k_{\mathrm{p}}\tan\phi_{\mathrm{p}}}{(k_{\mathrm{p}}+\gamma^{\mathrm{p}})^2} \tag{15.16}$$

$$\frac{\partial \gamma^{\mathrm{p}}}{\partial \varepsilon_i^{\mathrm{p}}}=\left[0,\frac{\gamma_{\mathrm{s}}^{\mathrm{p}}}{\gamma^{\mathrm{p}}},\frac{\gamma_{\mathrm{t}}^{\mathrm{p}}}{\gamma^{\mathrm{p}}}\right] \tag{15.17}$$

15.4 模拟方法及程序实现

根据 15.2 节所述的理论，使用 MATLAB 编制接触面模型的显式积分算法（具体算法相关内容在后面三小节分别介绍），模拟常压（$k=0$）、常体积（$k=\infty$）和常刚度（$k=C$）三种边界条件下的接触面剪切试验，除接触面刚度 k 外，试验的其他条件如接触面模型参数、砂土性质和接触面初始压力等均相同，然后对比三种剪切试验的理论模拟结果，如图 15.1 所示。

由图 15.1（a）和图 15.1（b）可见，相同其他试验条件下，常体积（CV）剪切试验的接触面法向应力及剪切应力最大，常压（CNL）剪切试验最小，常刚度（CNS）剪切试验的接触面法向及剪切应力则处于二者之间。比较图 15.1（c）的接触面法向位移，CNL 试验和 CV 试验结果分别可视为 CNS 试验结果的上下限。图 15.1（d）为由剪切应力-法向应力表示的应力路径图，直线“CSL”表示接触面临界状态线。由图中可知，边界条件不同导致接触面的应力路径也有所区别，但是接触面的临界摩擦角却不受影响，这与砂土的三轴试验结果类似，即砂土内摩擦角与其应力路径并不相关。综上所述，CNL 和 CV 试验是接触面剪切试验的两个极端情况，CNS 试验表示中间状态，其试验变量也以前两类试验变量作为上下限，这一结果与文献结论类似，并且对于 CNS 试验，接触面法向加载刚度越大，试验结果越向 CV 试验结果靠近，反之则越偏向 CNL 试验结果。

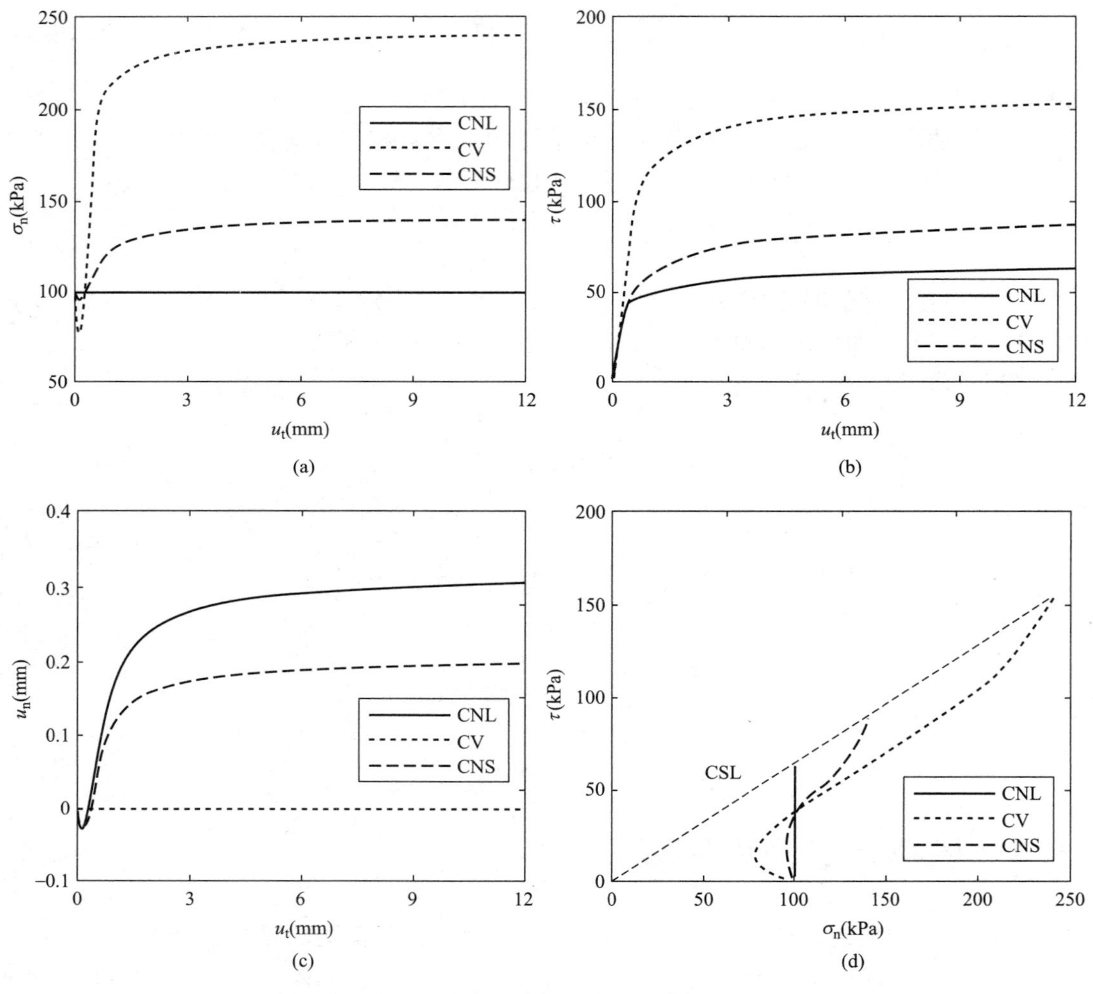

图 15.1　三种类型接触面剪切试验结果对比

（a）法向应力-切向位移；（b）剪切应力-切向位移；（c）法向位移-切向位移；（d）剪切应力-法向应力

15.4.1　接触面常压剪切试验

进一步采用显式积分算法实现接触面的常压剪切试验的点积分模拟。接触面的常压剪切试验即保证在剪切过程中，接触面的法向压应力始终保持恒定值不变，亦即

$$\delta\sigma_{\mathrm{n}}=0 \tag{15.18}$$

根据式（15.6）可以计算屈服函数的增量 df，由于式（15.18）的成立，df 的计算可以得到简化：

$$\begin{aligned}\mathrm{d}f&=\frac{\partial f}{\partial\sigma_{\mathrm{n}}}\delta\sigma_{\mathrm{n}}+\frac{\partial f}{\partial\tau}\delta\tau+\frac{\partial f}{\partial\gamma^{\mathrm{p}}}\delta\gamma^{\mathrm{p}}\\&=0+\frac{\partial f}{\partial\tau}D_{\mathrm{s}}(\delta\gamma-\delta\gamma^{\mathrm{p}})+\frac{\partial f}{\partial\gamma^{\mathrm{p}}}\delta\gamma^{\mathrm{p}}\\&=\frac{\partial f}{\partial\tau}D_{\mathrm{s}}\left(\delta\gamma-\mathrm{d}\lambda\,\frac{\partial g}{\partial\tau}\right)+\frac{\partial f}{\partial\gamma^{\mathrm{p}}}\mathrm{d}\lambda\,\frac{\partial g}{\partial\tau}\end{aligned} \tag{15.19}$$

接触面进入塑性状态后，$f=0$，且 d$f=0$，将此代入式（15.19），得到塑性乘子 dλ 的计算公式：

$$\mathrm{d}\lambda=\frac{\dfrac{\partial f}{\partial\tau}D_{\mathrm{s}}\delta\gamma}{\dfrac{\partial f}{\partial\tau}D_{\mathrm{s}}\,\dfrac{\partial g}{\partial\tau}-\dfrac{\partial f}{\partial\gamma^{\mathrm{p}}}\dfrac{\partial g}{\partial\tau}} \tag{15.20}$$

$$f=\frac{\tau}{\sigma_{\mathrm{n}}+\sigma_{\mathrm{c}}}-\frac{\tan\phi_{\mathrm{p}}\gamma^{\mathrm{p}}}{k_{\mathrm{p}}+\gamma^{\mathrm{p}}}=0\Rightarrow\tau=\frac{\tan\phi_{\mathrm{p}}\gamma^{\mathrm{p}}}{k_{\mathrm{p}}+\gamma^{\mathrm{p}}}(\sigma_{\mathrm{n0}}+\sigma_{\mathrm{c}}) \tag{15.21}$$

在MATLAB中实现本章提出的接触面模型用来模拟接触面常压剪切试验（CNL tests）的流程图如图15.2所示，据此编写MATLAB程序。注意到由于采用了最简单直接的显式算法，需控制应变增量以控制每一增量步的误差，比如应变增量 $\delta\gamma$ 要小于 10^{-5}。而且，显式算法无法保证每一个塑性增量步结束后都满足 $f=0$，即使增量步步长很小，误差也会不断累积，为了确保预测应力位于屈服面上，需要对试应力进行修正，如式（15.21）所示。

模拟密砂和松砂与结构的接触面在100kPa和200kPa条件下进行常压剪切试验的结果如图15.3所示，其中密砂的初始密实度为90%（初始孔隙比0.54），松砂为30%（初始孔隙比0.77），其他试验条件均相同。从图15.3（a）中可看出，接触面法向应力在整个剪切过程中保持恒定值不变，符合常压试验的设定。从图15.3（b）中剪切应力的发展可知，接触面在经历最初短暂的弹性阶段后即进入塑性状态，具体走势则与接触面砂土密实度相关；对于密砂接触面，剪切应力会有一个峰值，峰值过后剪切应力降低，即出现应变软化现象，对于松砂接触面则不会有此剪切应力回落现象发生。对于同种条件下的松砂和密砂接触面，它们最后的剪应力是相等的。对于同种密实度的砂土接触面，其接触面法向压力越大，剪切应力也会越大。图15.3（c）中砂土接触面的孔隙比变化与剪切应力类似，最终两种接触面的孔隙比都达到同等临界状态，但松砂变得密实，密砂则发生了剪胀现象，孔隙比一直增大到临界孔隙比。接触面临界孔隙比的大小还与法向应力相关，法向应力越大，临界孔隙比越小，所以对应的松砂体积剪缩量越大，而密砂剪胀量越小。图15.3（d）表示接触面的法向位移-切向位移曲线，因为本章的法向位移以膨胀为正，以压缩为

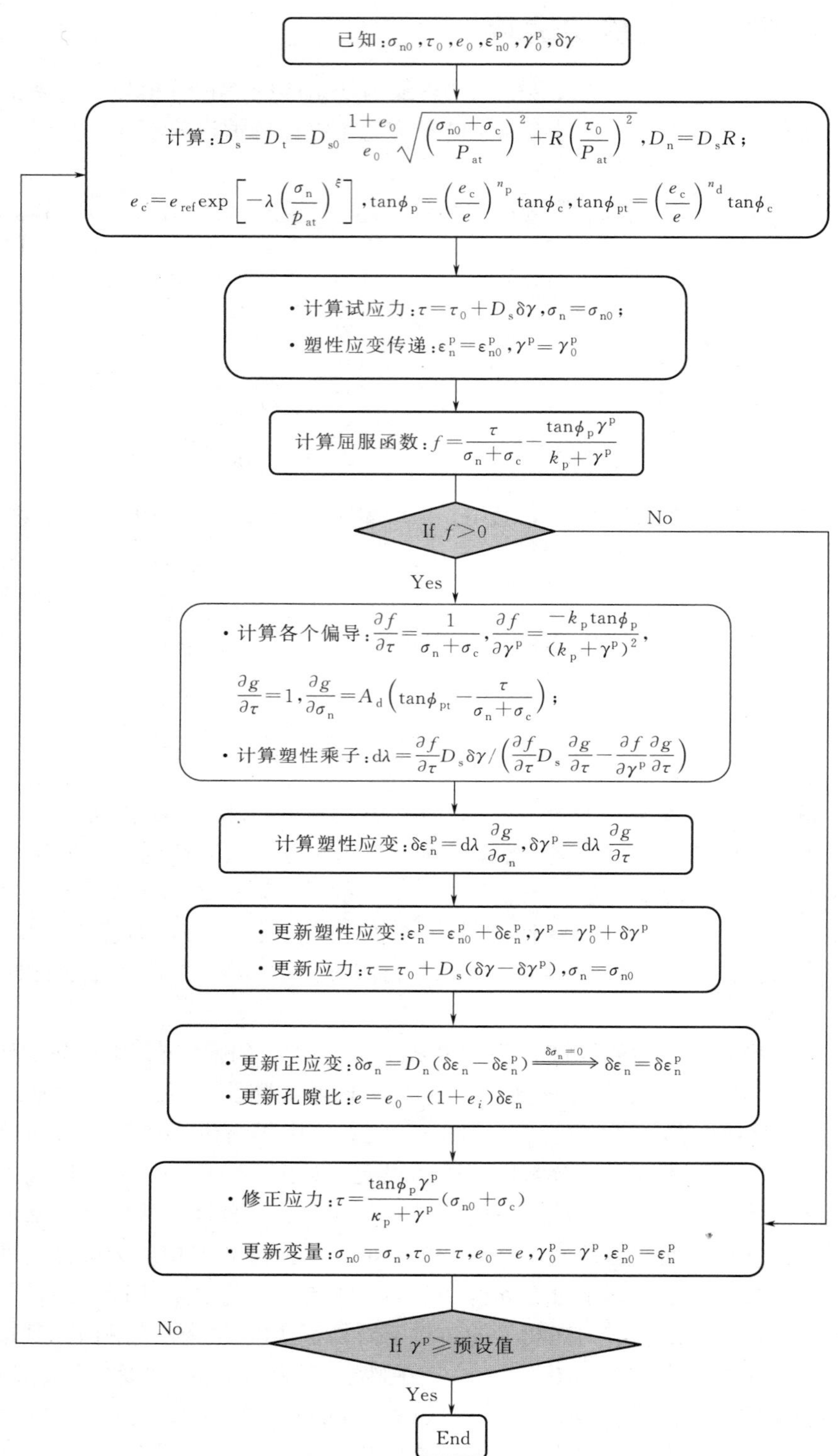

图 15.2　显式点积分程序模拟接触面常压剪切试验流程图

负，所以此图与图 15.3（c）孔隙比-切向位移的趋势直接相关联，松砂接触面经历了剪缩，而密砂接触面发生了剪胀；接触面法向应力越大，松砂的法向位移（压缩）越大，密砂的法向位移（膨胀）越小。

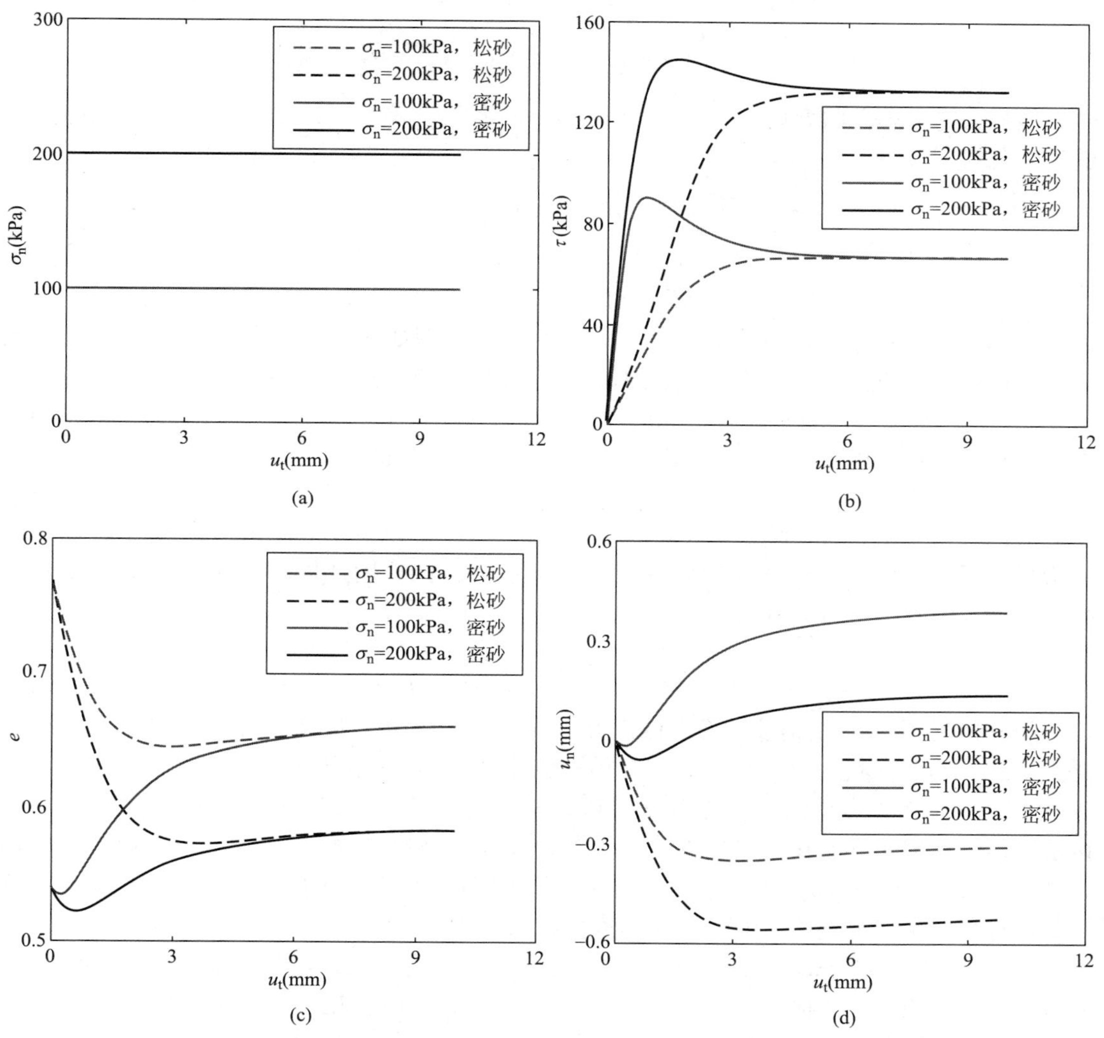

图 15.3　显式点积分程序模拟接触面常压剪切试验

（a）接触面正压力-切向位移；（b）接触面剪切应力-切向位移；

（c）接触面孔隙比-切向位移；（d）接触面法向位移-切向位移

15.4.2　接触面常体积剪切试验

接触面的常体积剪切试验即保证在剪切过程中，接触面的假定体积始终保持恒定值不变，也就是接触面的法向位移为 0，因此

$$\delta\varepsilon_n=0\Rightarrow\delta\sigma_n=D_n(\delta\varepsilon_n-\delta\varepsilon_n^p)=-D_n\delta\varepsilon_n^p \tag{15.22}$$

根据式（15.6）可计算屈服面函数的增量 df，由于式（15.22）成立，df 的计算可以得到简化：

$$
\begin{aligned}
\mathrm{d}f &= \frac{\partial f}{\partial \sigma_{\mathrm{n}}}\delta\sigma_{\mathrm{n}} + \frac{\partial f}{\partial \tau}\delta\tau + \frac{\partial f}{\partial \gamma^{\mathrm{p}}}\delta\gamma^{\mathrm{p}} \\
&= -D_{\mathrm{n}}\frac{\partial f}{\partial \sigma_{\mathrm{n}}}\delta\varepsilon_{\mathrm{n}}^{\mathrm{p}} + \frac{\partial f}{\partial \tau}D_{\mathrm{s}}(\delta\gamma - \delta\gamma^{\mathrm{p}}) + \frac{\partial f}{\partial \gamma^{\mathrm{p}}}\delta\gamma^{\mathrm{p}} \\
&= -D_{\mathrm{n}}\frac{\partial f}{\partial \sigma_{\mathrm{n}}}\mathrm{d}\lambda\frac{\partial g}{\partial \sigma_{\mathrm{n}}} + \frac{\partial f}{\partial \tau}D_{\mathrm{s}}\left(\delta\gamma - \mathrm{d}\lambda\frac{\partial g}{\partial \tau}\right) + \frac{\partial f}{\partial \gamma^{\mathrm{p}}}\mathrm{d}\lambda\frac{\partial g}{\partial \tau}
\end{aligned}
\tag{15.23}
$$

接触面进入塑性状态后，$f=0$，且 $\mathrm{d}f=0$，将此代入式（15.23），得到塑性乘子 $\mathrm{d}\lambda$ 的计算公式：

$$
\mathrm{d}\lambda = \frac{\dfrac{\partial f}{\partial \tau}D_{\mathrm{s}}\delta\gamma}{\dfrac{\partial f}{\partial \tau}D_{\mathrm{s}}\dfrac{\partial g}{\partial \tau} + \dfrac{\partial f}{\partial \sigma_{\mathrm{n}}}D_{\mathrm{n}}\dfrac{\partial g}{\partial \sigma_{\mathrm{n}}} - \dfrac{\partial f}{\partial \gamma^{\mathrm{p}}}\dfrac{\partial g}{\partial \tau}}
\tag{15.24}
$$

模拟接触面常体积剪切试验（CNL tests）的流程图如图 15.4 所示，可计算接触面常体积剪切试验的应力和位移等。注意到仍然需要控制应变增量以控制增量步误差，应变增量 $\delta\gamma$ 要小于 10^{-5}。而且显式算法无法保证塑性增量步结束后都满足 $f=0$，为了防止误差不断累积，需要对更新变量进行修正，方式与 CNL 试验模拟有些许不同：当 $\tan\phi_{\mathrm{p}}\geqslant\tau/(\sigma_{\mathrm{n}}+\sigma_{\mathrm{c}})$ 时，为确保 $f=0$ 要对塑性应变作修正，如式（15.25）所示；但这一步的修正在应力比大于 $\tan\phi_{\mathrm{p}}$ 的时候会失效，因此当 $\tan\phi_{\mathrm{p}}\geqslant\tau/(\sigma_{\mathrm{n}}+\sigma_{\mathrm{c}})$ 时，由于在这个模拟中应力增量可以为负，而通过塑性应变修正达不到这个目的，因此同接触面常压剪切试验模拟，根据式（15.21）选用修正应力更新。

$$
f = \frac{\tau}{\sigma_{\mathrm{n}}+\sigma_{\mathrm{c}}} - \frac{\tan\phi_{\mathrm{p}}\gamma^{\mathrm{p}}}{k_{\mathrm{p}}+\gamma^{\mathrm{p}}} = 0 \Rightarrow \gamma^{\mathrm{p}} = \left(\frac{k_{\mathrm{p}}\tau}{\sigma_{\mathrm{n}}+\sigma_{\mathrm{c}}}\right)\Bigg/\left(\tan\phi_{\mathrm{p}} - \frac{\tau}{\sigma_{\mathrm{n}}+\sigma_{\mathrm{c}}}\right)
\tag{15.25}
$$

四种情况下砂土-结构接触面常体积剪切试验的结果如图 15.5 所示。四种试验模拟情况分别是：相对密实度 15%的松砂（初始孔隙比 0.88），接触面初始压力 100kPa；相对密实度 15%的松砂，接触面初始压力 200kPa；相对密实度 90%的密砂（初始孔隙比 0.58），接触面初始压力 100kPa；相对密实度 90%的密砂，接触面初始压力 200kPa，而其他模拟条件均相同。从图 15.5（c）接触面孔隙比-切向位移曲线可以看出，接触面的孔隙比在整个剪切过程中保持恒定值不变，符合常体积试验的设定。

从图 15.5（a）可知，接触面的法向应力由初始压力 100kPa 或 200kPa 开始逐渐增大或减小。对于松砂-结构接触面，最初接触面的法向应力均有减小，但初始压力为 100kPa 情况下，法向应力经过减小后开始增大，最终趋于稳定值，而初始压力为 200kPa 时法向应力减小趋势渐缓最终稳定。最终两种初始压力的松砂接触面达到相同的稳定法向应力值。对于密砂接触面，其法向应力在经过最初短暂减小后就开始增大，而后增加得越来越慢。初始压力为 200kPa 的密砂接触面的法向应力值要在 100kPa 之上，直至最后两种情况下密砂接触面的法向应力稳定下来才达到一致。

图 15.5（b）为接触面剪切应力-切向位移曲线，可以发现在剪切过程初期，接触面初始压力越大，则剪切应力越大；但剪切应力最终都会趋于平稳，且无论是对于密砂还是松砂接触面，100kPa 和 200kPa 初始压力情况下接触面法向应力最终都会达到相同的稳定值；相同初始压力情况下，密砂接触面的法向压力始终高于松砂接触面。图 15.5（d）为接触面剪切应力-法向应力曲线，可以发现，最终四种情况下的接触面应力比都落在同一直线上，即临界状态线。

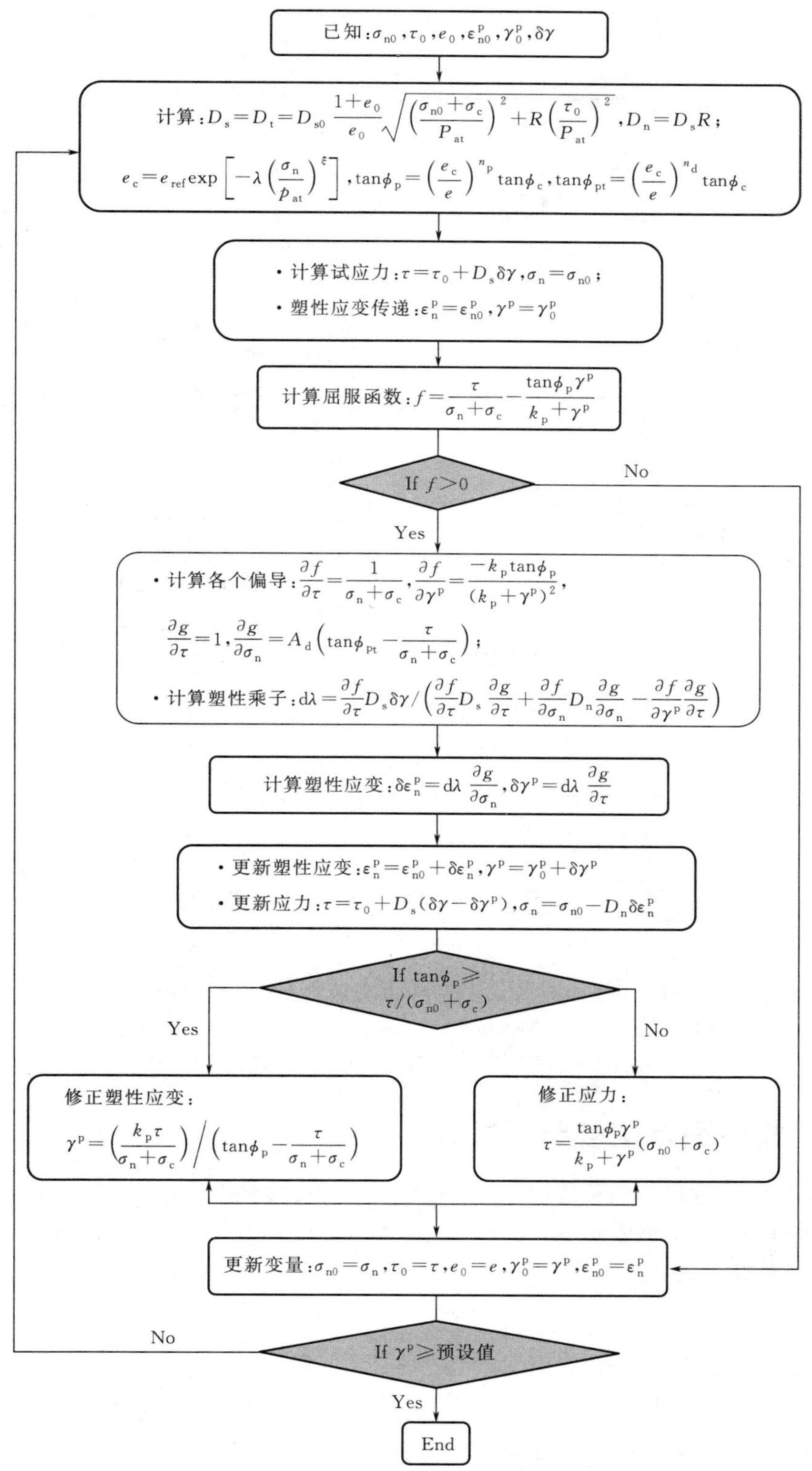

图 15.4　显式点积分程序模拟接触面常体积试验流程图

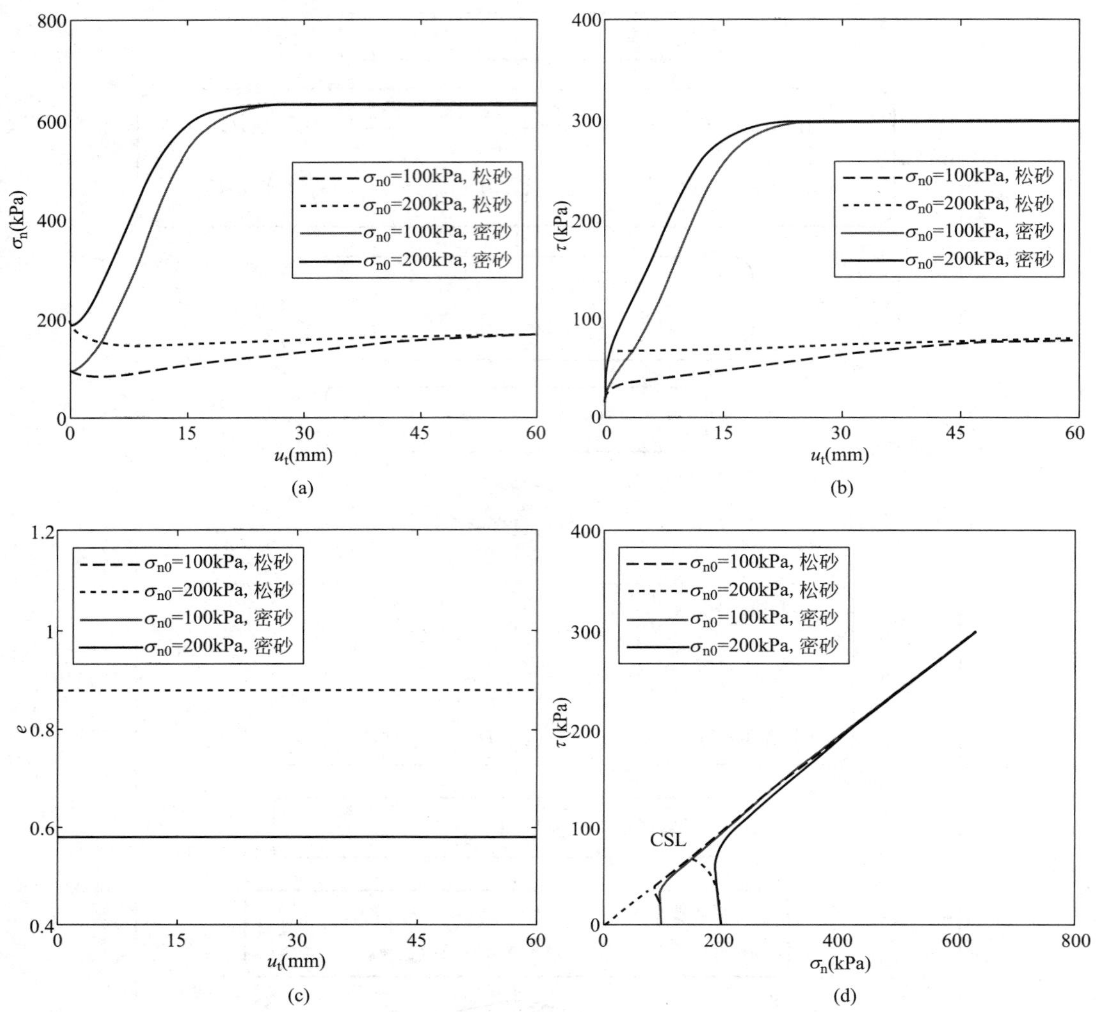

图 15.5 MATLAB 程序模拟接触面常体积剪切试验

(a) 接触面法向应力-切向位移；(b) 接触面剪切应力-切向位移；(c) 接触面孔隙比-切向位移；
(d) 接触面法向应力-切向应力（CSL：临界状态线）

15.4.3 接触面常刚度剪切试验

接触面的常刚度剪切试验是指在剪切过程中施加在接触面的正压力和接触面的法向位移的比值保持一个恒定值 k 不变，k 即为法向加载刚度，单位一般为 kPa/mm，由此可推导出公式（15.26）成立。

$$k=\frac{\delta\sigma_{\mathrm{n}}}{\delta\varepsilon_{\mathrm{n}}}\Leftrightarrow\delta\varepsilon_{\mathrm{n}}=\frac{\delta\sigma_{\mathrm{n}}}{k}$$

$$\delta\sigma_{\mathrm{n}}=D_{\mathrm{n}}(\delta\varepsilon_{\mathrm{n}}-\delta\varepsilon_{\mathrm{n}}^{\mathrm{p}})=D_{\mathrm{n}}\left(\frac{\delta\sigma_{\mathrm{n}}}{k}-\delta\varepsilon_{\mathrm{n}}^{\mathrm{p}}\right)\Rightarrow\delta\sigma_{\mathrm{n}}=\frac{D_{\mathrm{n}}k}{D_{\mathrm{n}}-k}\delta\varepsilon_{\mathrm{n}}^{\mathrm{p}} \tag{15.26}$$

根据式（15.6）可计算屈服面函数的增量 df，由于式（15.26）成立，df 的计算可以得到简化：

$$
\begin{aligned}
\mathrm{d}f &= \frac{\partial f}{\partial \sigma_{\mathrm{n}}}\delta\sigma_{\mathrm{n}} + \frac{\partial f}{\partial \tau}\delta\tau + \frac{\partial f}{\partial \gamma^{\mathrm{p}}}\delta\gamma^{\mathrm{p}} \\
&= \frac{\partial f}{\partial \sigma_{\mathrm{n}}}\frac{D_{\mathrm{n}}k}{D_{\mathrm{n}}-k}\delta\varepsilon_{\mathrm{n}}^{\mathrm{p}} + \frac{\partial f}{\partial \tau}D_{\mathrm{s}}(\delta\gamma-\delta\gamma^{\mathrm{p}}) + \frac{\partial f}{\partial \gamma^{\mathrm{p}}}\delta\gamma^{\mathrm{p}} \\
&= \frac{\partial f}{\partial \sigma_{\mathrm{n}}}\frac{D_{\mathrm{n}}k}{D_{\mathrm{n}}-k}\mathrm{d}\lambda\ \frac{\partial g}{\partial \sigma_{\mathrm{n}}} + \frac{\partial f}{\partial \tau}D_{\mathrm{s}}\left(\delta\gamma-\mathrm{d}\lambda\ \frac{\partial g}{\partial \tau}\right) + \frac{\partial f}{\partial \gamma^{\mathrm{p}}}\mathrm{d}\lambda\ \frac{\partial g}{\partial \tau}
\end{aligned}
\tag{15.27}
$$

接触面进入塑性状态后，$f=0$，且 $\mathrm{d}f=0$，将此代入式（15.27），得到塑性乘子 $\mathrm{d}\lambda$ 的计算公式：

$$
\mathrm{d}\lambda = \frac{\dfrac{\partial f}{\partial \tau}D_{\mathrm{s}}\delta\gamma}{\dfrac{\partial f}{\partial \tau}D_{\mathrm{s}}\ \dfrac{\partial g}{\partial \tau} - \dfrac{\partial f}{\partial \sigma_{\mathrm{n}}}\dfrac{D_{\mathrm{n}}k}{D_{\mathrm{n}}-k}\dfrac{\partial g}{\partial \sigma_{\mathrm{n}}} - \dfrac{\partial f}{\partial \gamma^{\mathrm{p}}}\dfrac{\partial g}{\partial \tau}}
\tag{15.28}
$$

显式算法模拟接触面常刚度剪切试验（CNS tests）的流程图如图 15.6 所示，据此编写成 MATLAB 程序计算接触面常刚度剪切试验的应力和位移等。同样，由于采用了显式算法，需要控制应变增量以控制增量步的误差，比如应变增量 $\delta\gamma$ 要小于 10^{-5}。而且显式算法也不能保证塑性增量步结束后 $f=0$，即使增量步步长很小，误差也会不断累积，为了确保预测应力位于屈服面上，需要对试应力进行修正，修正方法同接触面常压剪切试验模拟，即根据式（15.21）作应力修正。

相同法向刚度和不同初始法向应力情况下的密砂或松砂-结构接触面的常刚度剪切试验模拟结果如图 15.7 所示。从图 15.7（a）可看出，密砂接触面的法向应力在经历短暂的降低阶段后就开始逐渐增大，最终趋于一个高于初始压力的稳定值。而松砂接触面的法向应力在剪切过程中先逐渐减小后再稍有回升，最后趋于一个低于初始压力的稳定值；初始法向应力对密砂和松砂接触面的影响类似，即初始法向应力越大，后续剪切过程中接触面的法向应力越高。从图 15.7（b）剪切应力随切向位移的发展可知，无论是密砂还是松砂接触面的剪切应力都是逐渐增大，但增大速度越来越缓慢，最后剪切应力趋于稳定值；但初始法向应力比较大的接触面，其剪切应力也更大；而对于密砂接触面，其剪切应力始终高于相同初始法向应力的松砂接触面。图 15.7（c）为接触面法向位移-切向位移曲线，因为接触面常刚度剪切试验指的就是法向应力和法向位移的比值恒定不变，所以可发现图 15.7（c）法向位移-切向位移与图 15.7（a）法向应力-切向位移的发展趋势有一定关联，松砂接触面均是先经历较大的剪缩，其后再有比较小的剪胀。总体来说接触面是压缩的，且初始法向应力越大的情况下，接触面压缩的法向位移也越大。密砂接触面的情况正好相反，是先经历微小的剪缩后发生了比较大的剪胀。总体来说接触面有了较大的膨胀，且初始法向应力越大的情况下，接触面膨胀的法向位移越小。图 15.7（d）为接触面的法向应力-剪切应力所表示的应力路径，密砂和松砂接触面在两种初始法向应力的常刚度剪切试验中均达到了临界状态，密砂接触面发生明显的剪胀，而松砂接触面发生明显的剪缩。

不同法向刚度情况的松砂或密砂-结构接触面的常刚度剪切试验模拟结果如图 15.8 所示。从图 15.8（a）中可以看出，两种法向刚度试验条件下，接触面的法向应力都是先减小再增大，最后趋于稳定值，但整个过程中密砂接触面的法向应力始终高于松砂接触面；法向刚度的影响对于密砂和松砂接触面的影响是相反的，对于松砂接触面，法向刚度越

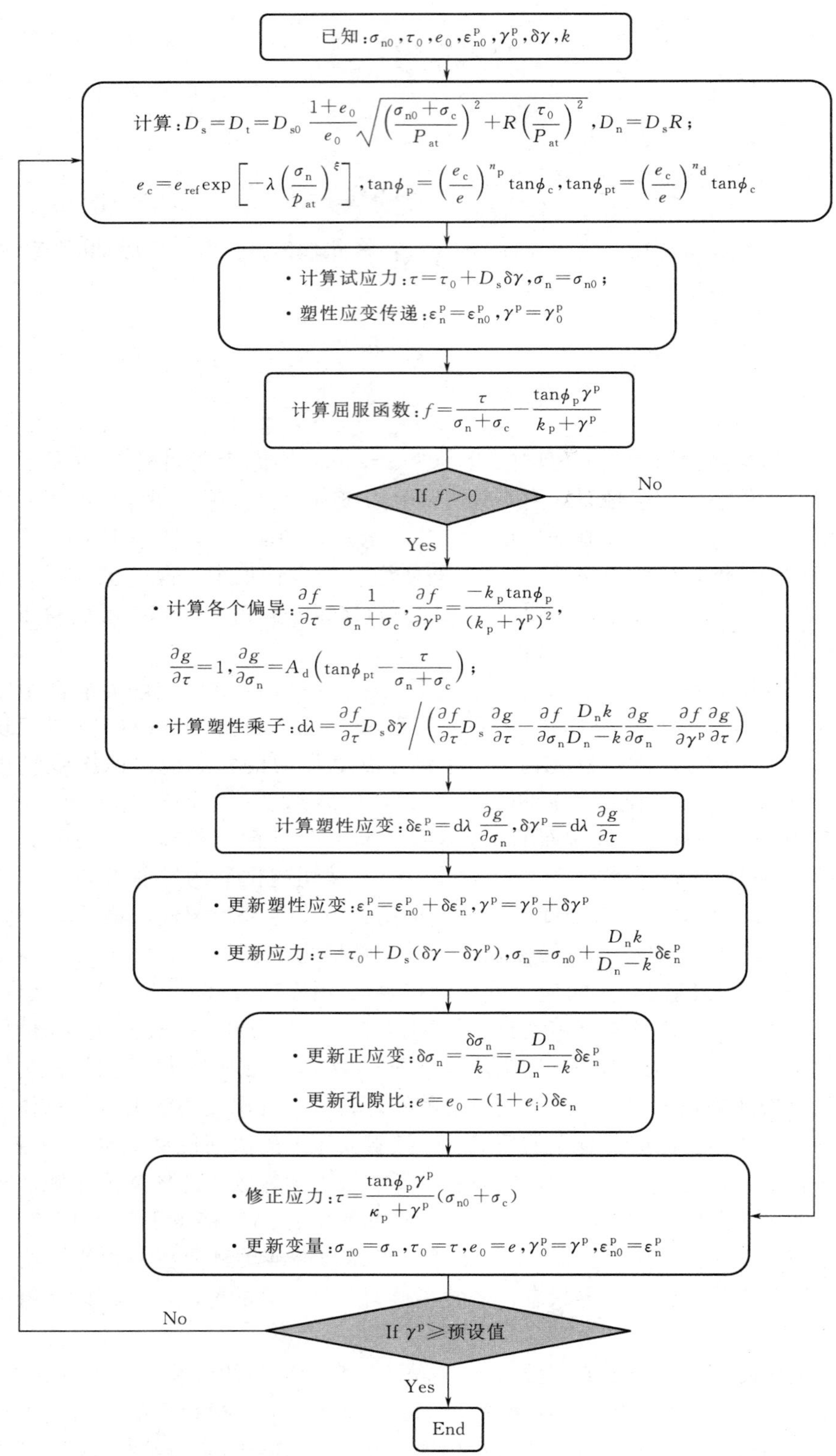

图 15.6　显式点积分模拟接触面常刚度剪切试验流程图

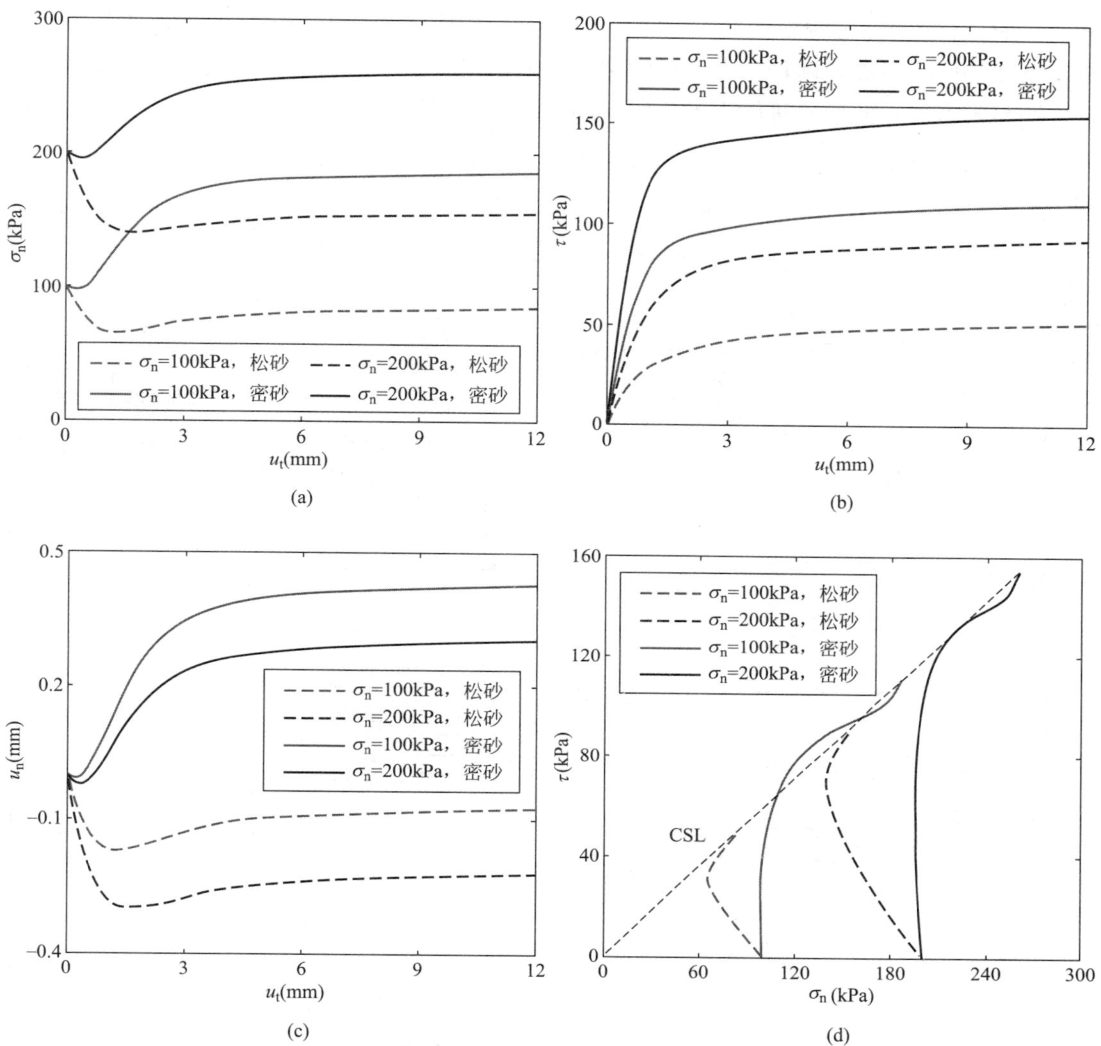

图 15.7 显式点积分程序模拟接触面常刚度剪切试验（k =1000kPa/mm）

（a）接触面法向应力-切向应力（CSL：临界状态线）；（b）接触面剪切应力-切向位移；（c）接触面法向位移-切向位移；（d）接触面法向应力-剪切应力

大，法向应力越小，而密砂接触面则是法向刚度越大，法向应力越大；所以法向刚度越大的话，相同试验条件下密砂和松砂接触面的法向应力差距也越大。图 15.8（b）为剪切应力-切向位移曲线，四种条件下接触面的剪切应力都是逐渐增大，且增大速度越来越缓慢，最后剪切应力趋于稳定值，但密砂接触面的剪切应力始终高于松砂；法向刚度更大的情况下，密砂接触面的剪切应力越高，而松砂接触面的剪切应力越低。因为接触面常刚度剪切试验指的就是法向应力和法向位移的比值恒定不变，所以图 15.8（c）法向位移-切向位移曲线与图 15.8（a）法向应力-切向位移的发展趋势有一定关联；两种不同法向刚度的松砂接触面均是先经历较大的剪缩，其后再有比较小的剪胀，总体来说接触面是压缩的，且法向刚度越大的情况下，压缩的法向位移越小；而相同法向刚度的密砂接触面则是经历微小的剪缩后发生了比较大的剪胀，总体来说接触面有了较大的膨胀，并且法向刚度越大，膨胀的法向位移越小。图 15.8（d）为接触面的法向应力-剪切应力所表示的应力路径，可看出密砂和松砂接触面在两种法向刚度的常刚度剪切试验中均达到了临界状态，密砂接触面发生明显的剪胀，而松砂接触面发生明显的剪缩。

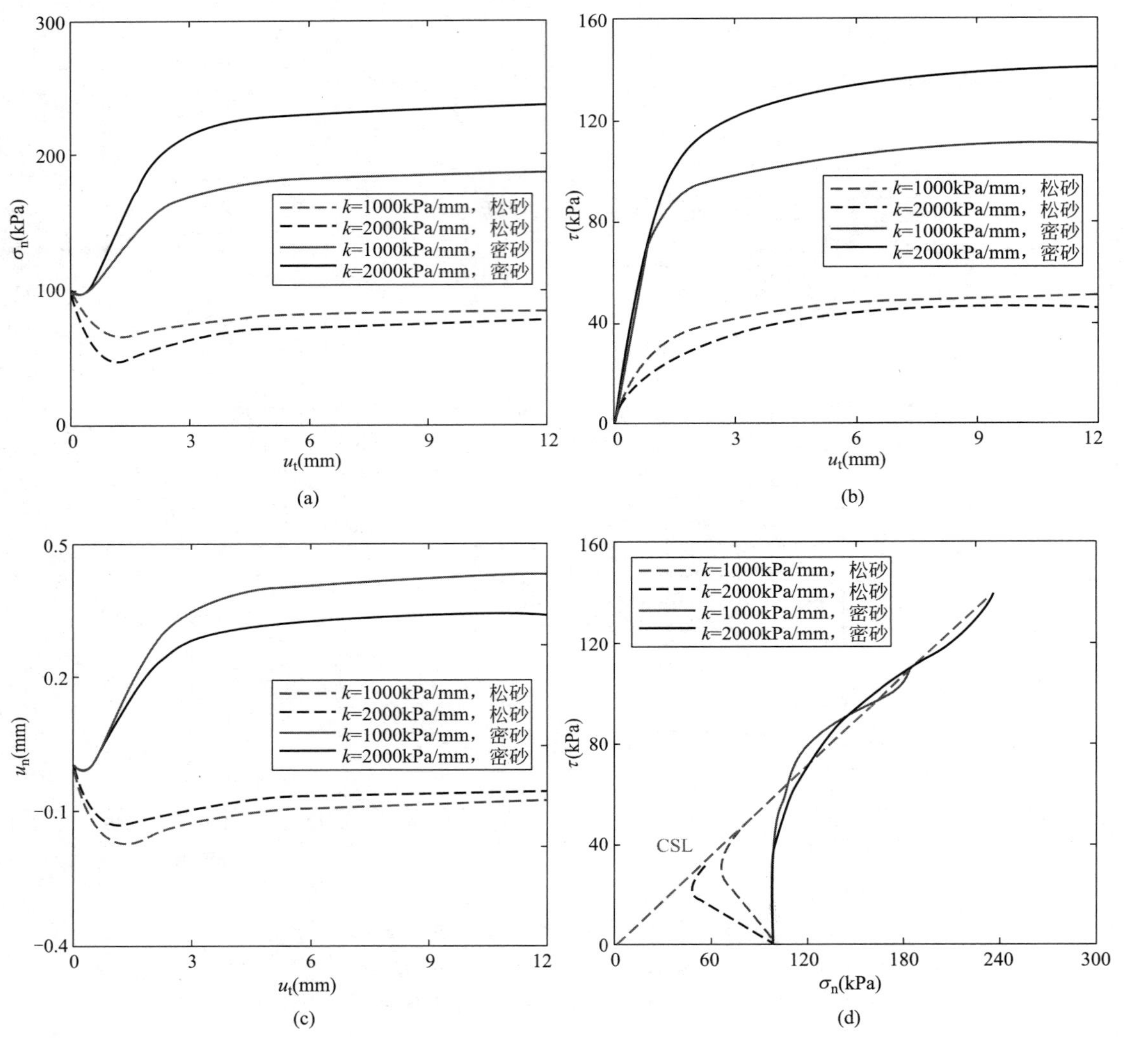

图 15.8　显式点积分程序模拟接触面常刚度剪切试验（不同刚度 k）

（a）接触面法向应力-切向位移；（b）接触面剪切应力-切向位移；

（c）接触面法向位移-切向位移；（d）接触面法向应力-剪切应力

15.5　试验模拟

本章提出的接触面本构模型共有 12 个参数，其中有 2 个参数（初始孔隙比 e_0 和砂土平均粒径 d_{50}）可以在试验前根据试验材料确定，其余 10 个参数取值需要使用遗传算法拟合试验数据才能确定。首先是确定参数的取值范围，这一步非常重要，范围既不可定得太宽，以节约计算成本，又不能定得太窄，以免算法找不到合理的参数值。此外参数还要在合理范围内取值，如该接触面模型的所有参数值均为正，孔隙比的值在 1 左右等。由于遗传算法的不稳定性，每次的优化可能得到不同结果，因此对于一组参数的确定，往往需要进行多次搜索优化。在多次程序运算结束后，若发现有参数的数值达到了设定的取值范围上下限，则应视情况需进一步放宽参数取值范围重新计算；若发现取值范围取得过宽，也可以将其缩小，以利于搜索出更准确的参数值。总的来说，可以先使用较宽的取值范围进行优化搜索，视遗传算法的搜索情况，针对每组试验再进行调整。

通过遗传算法搜索参数最优解时选择的接触面模型参数的初始取值范围如表 15.2 所示，对应具体的拟合试验，可根据情况逐步调整参数取值范围，直至得到满意的结果。

接触面本构模型参数的初始取值范围　　表 15.2

模型参数	D_{s0}(kPa)	R	e_{ref}	λ	ξ	ϕ_c(°)	k_p	A_d	n_d	n_p
初始上限	10000	10	2	0.5	1	50	0.5	10	20	20
初始下限	10	0.1	0.5	0.001	0.001	20	0.001	0.1	0.1	0.1

15.5.1　接触面常压剪切试验参数优化

本小节参考了过往文献中的砂土-结构接触面常压剪切试验的试验数据（Evgin，1996），将建立的接触面模型用于模拟文献中的试验，通过遗传算法对模型参数进行优化搜索。

需注意对于接触面的常压剪切试验，需要进行优化分析的实际只有 9 个参数。因为接触面的法向应力保持不变，而其剪切应力又会在每一个塑性增量步后进行应力修正更新，所以描述接触面法向切向刚度的 D_n 的值对于试验的模拟结果没有任何影响，而描述接触面切向刚度的 D_s 的值仅对接触面剪切的弹性阶段有一定影响，对于整个剪切过程来说影响很小。因此，R 可以任意取值而对结果几乎没有影响，遗传算法无法搜索到它稳定的结果，可以直接假定 $R=1$。

通过遗传算法搜索参考文献（Evgin，1996）中的砂土-结构接触面常压剪切试验数据所对应的合适的接触面模型参数，列于表 15.3 内。表中各组试验的各参数取值均经过数十次算法搜索，待参数取值结果稳定后选择误差最小的一组参数值。

遗传算法搜索到的接触面模型参数表（CNL 和 CV 试验）　　表 15.3

参考文献	砂土	D_{s0}(kPa)	R	e_{ref}	λ	ξ	ϕ_c(°)	k_p	A_d	n_d	n_p
Evgin,1996	中碎石英砂	2000	1	1.07	0.097	0.469	33.1	0.045	1.26	0.7	1.7
Hu 和 Pu,2004	永定河砂	500	1	1.09	0.06	0.771	29.5	0.0191	0.73	0.2	1.5
Gennaro,2002	枫丹白露砂	110	0.3	0.91	0.083	0.741	24.9	0.148	0.9	1.2	0.1

文献（Evgin，1996）讲述了中碎石英砂（medium crushed quartz sand）和粗糙钢板之间的接触面滑移试验，砂土的平均粒径为 0.6 mm，最小和最大孔隙比分别为 0.651 和 1.024，砂土试样的初始密实度为 84%，据此可以推算出初始孔隙比为 0.71，属于密砂，试样初始高度为 20mm，低碳钢钢板的平面尺寸为 300mm×300mm。作者在保证其他试验条件相同的情况下，做了三组正压力分别为 100kPa、300kPa 和 500kPa 的接触面常压剪切试验。

图 15.9 显示了根据表 15.3 中“Evgin，1996”行的接触面模型参数模拟的三组试验结果，并将接触面模型模拟数据与试验数据进行对比。图中试验数据用不同形状的散点描绘，模型模拟结果均用黑色直线表示；图例中的“Exp”表示真实试验数据（Experiment），“Simulation”表示模型模拟结果。图 15.9（a）中仅接触面正压力 $\sigma_n=500$kPa 时，模型所预测到的剪切应力峰值点略早于试验数据，其他两种正压力条件下模拟结果均与试验数据非常相符；图 15.9（b）为接触面法向位移-切向位移曲线，试验数据显示法向位移先为负后为正，即接触面最初经历短暂的剪缩，此后转变为剪胀状态，而模型很好地模拟出了剪切过程中的这种变化。综上所述，该组参数代入到接触面模型后的计算结果与试验结果非常接近，这表明本文所提出的接触面模型有良好的模拟接触面常压剪切试验的能力，同时还证明了遗传算法强大的优化搜索能力，的确能够根据充分的试验数据识别出合适的接触面模型参数。

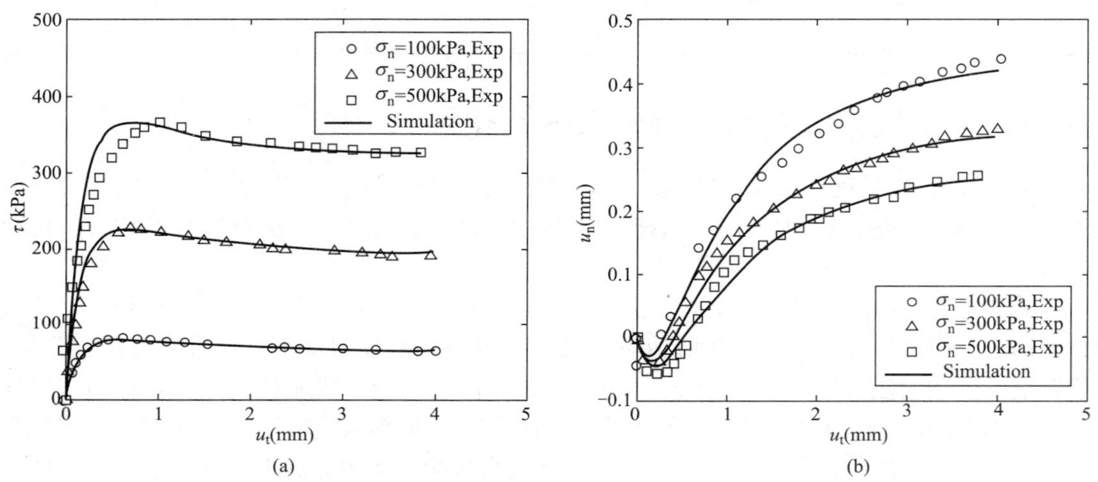

图 15.9 接触面常压剪切试验模拟结果（Evgin，1996）

（a）剪切应力-切向位移曲线；（b）法向位移-切向位移曲线

文献（Hu & Pu，2004）讲述了永定河砂（Yongdinghe sand）和粗糙低碳钢钢板之间的接触面滑移试验，砂土试样的初始密实度为 90%，属于密砂。试验所用砂土的平均粒径为 $d_{50}=1$ mm，最大和最小孔隙比分别为 1.026 和 0.654，据此可以推算出初始孔隙比为 0.6912。作者在其他试验条件相同的情况下，做了四组正压力分别为 50kPa、100kPa、200kPa 和 400kPa 的接触面常压剪切试验。

图 15.10 显示了根据表 15.3 中“Hu & Pu，2004 ”行的接触面模型参数模拟的四组试验结果，并将接触面模型模拟的数据与真实试验数据作对比。图中试验数据用散点描绘，模型模拟结果用相同颜色的直线表示；图例中的“Simulation”表示模型模拟结果，“Exp”表示真实试验数据（Experiment）。图 15.10（a）图中仅接触面正压力 $\sigma_n=50$kPa 时，模型所预测到的剪切应力峰值略晚于试验监测到的情况，其他的数值模拟结果和试验数据都非常相近，无论是切向应力峰值还是临界状态应力值，模拟情况都非常好。图 15.10（b）为接触面法向位移-切向位移曲线，接触面模型能够模拟出剪切过程中接触面先轻微剪缩后剪胀的发展趋势，并且数值上也很接近。这表明本文所提出的接触面模型有

良好的模拟接触面常压剪切试验的能力，同时还证明了遗传算法强大的优化搜索能力，的确可以根据试验数据找出合适的接触面模型参数。

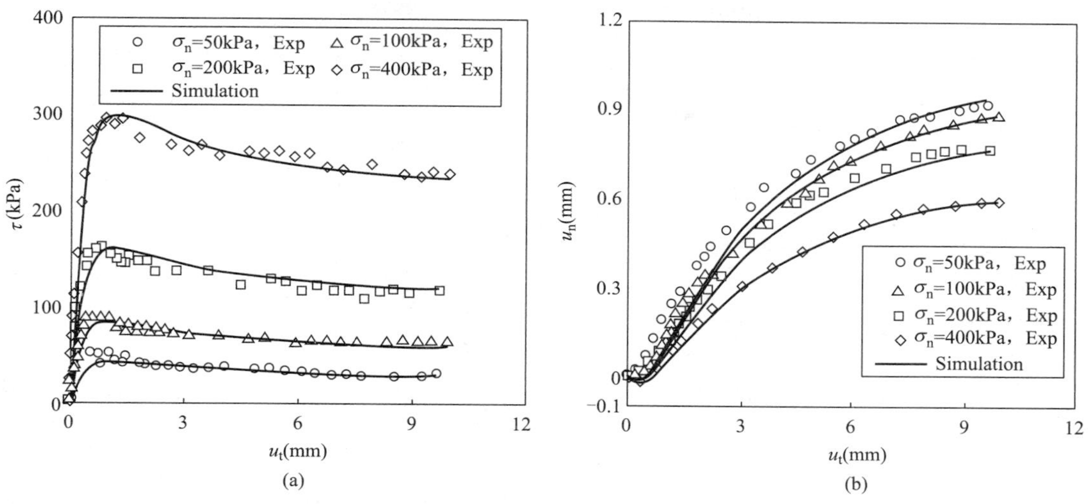

图 15.10　接触面常压剪切试验模拟结果（Hu 和 Pu，2004）

（a）剪切应力-切向位移曲线；（b）法向位移-切向位移曲线

15.5.2　接触面常体积剪切试验参数优化

砂土-结构接触面常体积剪切试验的相关文献数量较少，本小节参考了过往相关文献中的试验数据（Gennaro，2002），将建立的接触面模型用于模拟文献中的试验，通过 15.4 节所述遗传算法对它们的模型参数展开优化搜索。最终经遗传算法优化得到的该篇文献中试验的合适的模型参数列于表 15.3 的“Gennaro，2002”行。

文献（Gennaro，2002）讲述了枫丹白露砂（Fontainebleau sand）和粗糙金属板之间的接触面滑移试验。枫丹白露砂的平均粒径为 0.23mm，初始密实度为 49%，换算为初始孔隙比是 0.743。比较特别的是试验采用空心圆柱试样，有利于消除剪切过程中接触面上的应力不均匀现象，试样初始高度为 100mm，内径和外径分别为 100mm 和 200mm。作者在其他试验条件相同的情况下，做了三组初始正压力分别为 100kPa、200kPa 和 400kPa 的接触面常体积剪切试验。

图 15.11 显示了根据表 15.3 中“Gennaro 2002”行的接触面模型参数模拟的三组试验结果，并将接触面模型模拟的数据与真实试验数据作对比。图中试验数据用不同形状的散点描绘，模型模拟结果均用黑色直线表示；图例中的“Exp”表示真实试验数据（Experiment），“Simulation”表示模型模拟结果。图 15.11（a）中当接触面的初始正压力为 100kPa 和 200kPa 时，模型计算的法向应力与试验实测到的法向应力都非常一致；仅当 σ_{n0} =400kPa 时，二者的数据不太符合，但法向应力随切向位移增加而降低且降低速度渐缓的发展趋势却仍然是相同的。图 15.11（b）为接触面法向位移 -切向位移曲线，模型计算结果与试验实测数据的对比情况与图 15.11（a）相似，当接触面的初始正压力为 100kPa 和 200kPa 时，模型计算的法向应力与试验实测到的法向应力都非常一致；但当 σ_{n0} =400kPa 时，尽管模型计算的剪切应力和试验实测到的剪切应力均是随切向位移的增

加而增大，但根据模型计算到的剪切应力却要始终高于试验结果。

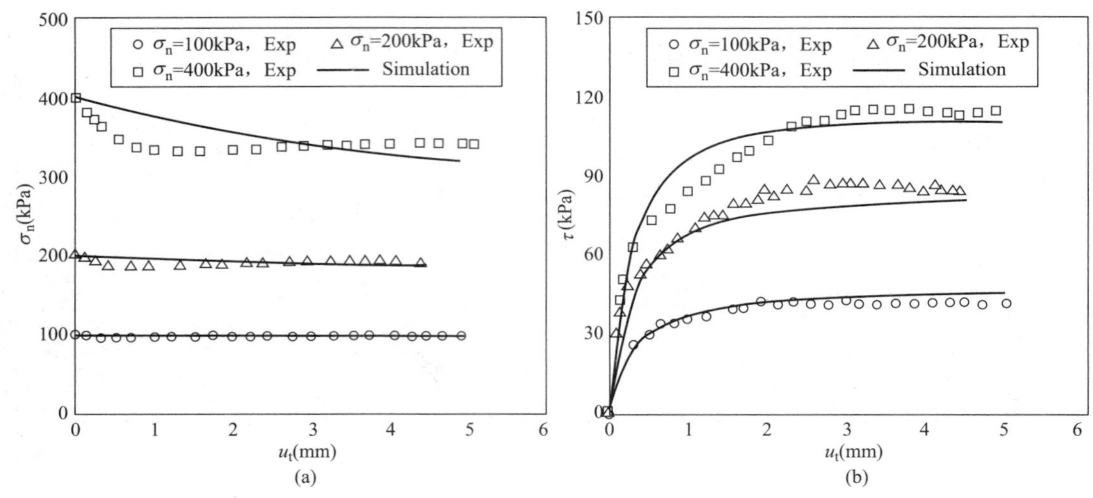

图 15.11　枫丹白露砂常体积接触面剪切试验

(a) 法向应力-切向位移曲线；(b) 剪切应力-切向位移曲线

综上所述，接触面模型的模拟结果与试验结果基本上是接近的；但针对个别试验条件，无法确保模型计算结果能够完全与试验一致。这种不一致的原因是多方面的，有可能是试验数据本身有一定误差导致的，也有可能是本文建立的本构模型在模拟接触面常体积剪切试验方面仍有一定不足。尽管如此，接触面模型在总体上能够很好地反映出该文献接触面常体积剪切试验中接触面表现的特性，因而其具有较好的适用性。

15.5.3　接触面常刚度剪切试验参数优化

本小节参考 Pra-Ai（2013）的博士论文试验数据，用于遗传算法的参数优化因其试验数据丰富，包括密砂或松砂与结构接触面的常压及常刚度剪切试验。将建立的接触面本构模型用于模拟文献中的试验，通过 15.4 节所述遗传算法对它们的模型参数进行优化搜索。

文献中试验所用砂土为枫丹白露砂，其平均粒径为 0.23mm，最小和最大孔隙比分别为 0.545 和 0.866，试验中采用了相对密实度分别为 90%和 30%的密砂和松砂土样，接触面另一半结构为粗糙金属板。试验类型包括两种：接触面常压剪切试验（CNL）和接触面常刚度剪切试验（CNS）。其中 CNL 试验中采用的接触面压力有 60kPa、120kPa 和 310kPa 三种水平；CNS 试验又分两类控制条件，第一类是保持接触面加载刚度 1000kPa/mm 不变，设置初始接触面压力为 60kPa、100kPa 和 310kPa 三种水平，第二类是保持接触面压力为 100kPa 不变，设置接触面加载刚度为 1000kPa/mm、2000kPa/mm 和 5000kPa/mm 三种水平。但在使用遗传算法进行接触面模型参数的搜索时，发现由于试验数据中存在该模型无法反映的特性，即接触面出现了破坏现象，因此在进行优化计算时将此部分数据删除，方可得到满意的优化结果。删除的试验数据包括：松砂接触面 CNL 和 CNS 试验在剪切位移达到 2mm 后的试验数据；松砂接触面 CNS 试验中初始接触面压力为 60kPa 组的试验数据。综上，Pra-Ai（2013）中共有 18 组试验数据，利用这 18 组不同试验条件下得到的试验数据，通过遗传算法的优化计算，得到稳定合适的参数结果如表 15.4 所示。

遗传算法搜索到的接触面模型参数（CNL 和 CNS）　表 15.4

模型参数	D_{s0}(kPa)	R	e_{ref}	λ	ξ	ϕ_c(°)	k_p	A_d	n_d	n_p
Foray,2013	350	6.8	0.76	0.092	0.566	31.4	0.057	0.76	0.3	3.3

根据表 15.4 中列出的通过遗传算法优化计算得到的接触面模型参数模拟全部密砂和松砂的 CNL 和 CNS 试验结果，并将根据接触面模型计算的模拟结果与真实试验数据作对比，如图 15.12～图 15.19 所示。图中试验数据用散点表示，散点形状表示不同试验条件，模拟结果统一用黑色直线表示；图例中的“Exp”表示真实试验数据（Experiment），“Simulation”表示模型模拟结果。由于表 15.4 中的接触面模型的参数是通过全部 18 组不同条件下的试验数据优化搜索而来，故将此组参数的模型模拟结果与试验数据作对比，不可避免地会有一定偏差。这可能是由于数据点太多积累的试验误差造成，也有可能是模型本身不足造成的区别，但总体上可以观察到模型模拟结果在一定程度上仍然符合真实试验数据的发展趋势，说明了该接触面模型的有效性。

密砂和松砂接触面的 CNL 剪切试验的真实试验数据与模型模拟结果的对比如图 15.12 和图 15.13 所示，其中接触面压力有 60kPa、120kPa 和 310kPa 三种情况。由图可见，密砂和松砂接触面的切向位移-剪切应力的模型模拟曲线基本上与试验数据符合，而法向位移-切向位移的模型模拟曲线与试验数据点则有一定差别，但是大体发展规律上比较一致，说明接触面本构模型能够准确地模拟出密砂接触面在剪切过程中出现的软化和剪胀现象，以及松砂接触面出现的剪缩现象。综上，本章接触面本构模型能够很好地反映出砂土与结构接触面常压剪切试验中砂土密度和接触面加载压力对试验结果的影响，遗传算法搜索到的模型参数也具有一定的合理性。

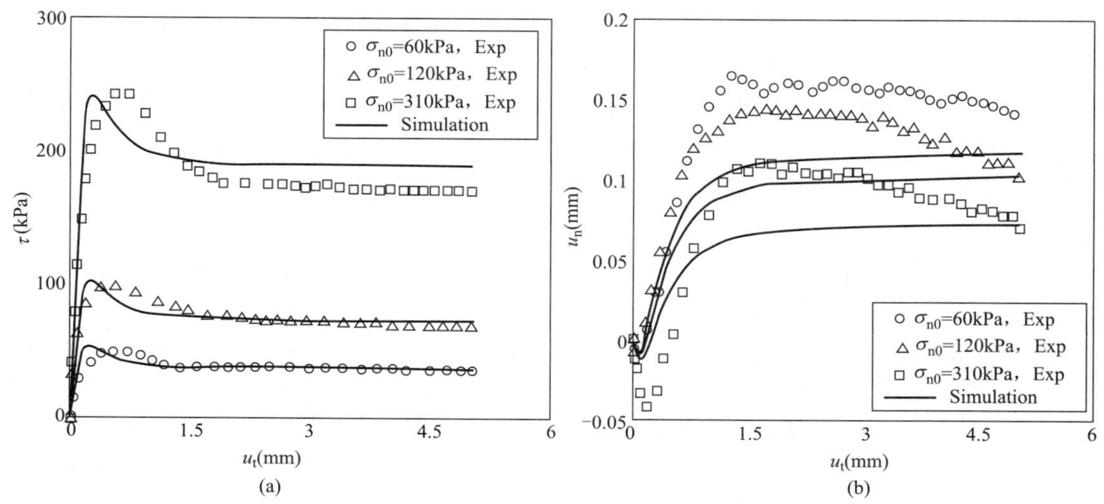

图 15.12　CNL 接触面剪切试验（枫丹白露砂，$D_r=90\%$）

（a）剪切应力-切向位移；（b）法向位移-切向位移

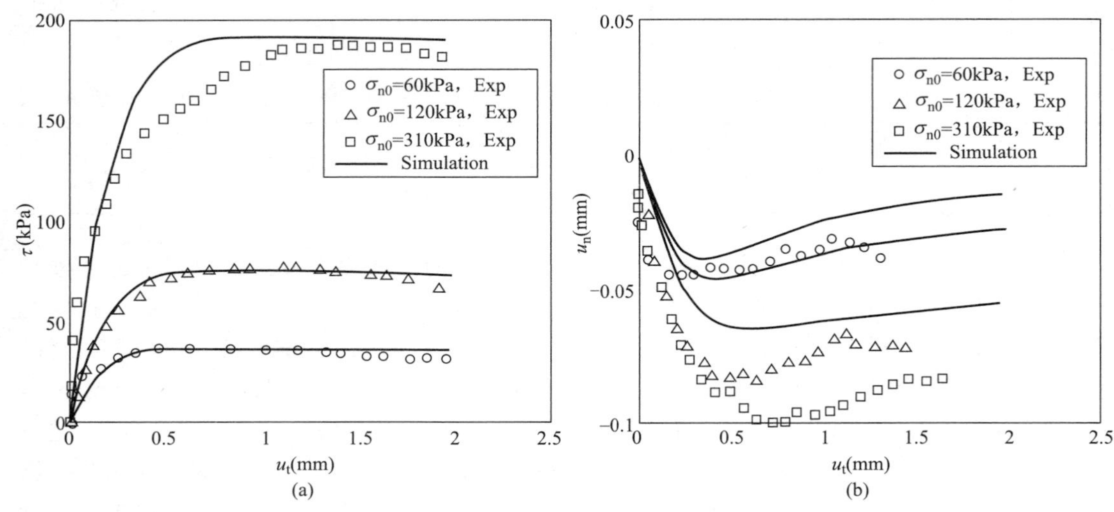

图 15.13　CNL 接触面剪切试验（枫丹白露砂，D_r＝30%）

（a）剪切应力-切向位移；（b）法向位移-切向位移

接触面加载刚度为 1000kPa/mm 时，密砂和松砂接触面的 CNS 剪切试验的真实试验数据与模型模拟结果的对比如图 15.14 所示，其中接触面初始压力有 60kPa、100kPa 和 310kPa 三种水平。由图 15.14（a）可见，密砂接触面的切向位移-剪切应力的模型模拟曲线和试验数据散点之间有一定差异，但接触面初始法向应力越大，剪切应力越大的发展规律是一致的，而且也都体现出密砂接触面的应力软化现象。图 15.14（c）为法向应力-切向位移，模型模拟结果与试验数据一致，初始压力越大，接触面法向应力则越大，并且对于密砂接触面，法向应力均是增大到一个稳定值。图 15.14（e）的法向位移-切向位移的模型模拟曲线与试验数据虽然存在一定偏差，但是规律相同，均表现出密砂接触面在剪切过程中出现的剪胀现象。

图 15.14 中的松砂接触面的模型模拟结果与真实试验数据点之间较为接近，曲线与散点基本能够对应上。由图 15.14（b）可见，松砂接触面在剪切过程中未出现应力软化现象，试验结果与模拟结果相同。从图 15.14（d）可见，对于松砂接触面，法向应力均是减小到一个稳定值，接触面初始压力越大，法向应力也越大。图 15.14（f）的法向位移-切向位移的模型模拟曲线与试验数据点一致，表现出松砂接触面在剪切过程中的剪缩现象。

综上，本章接触面模型能够很好地反映出砂土与结构接触面常刚度剪切试验中砂土密度和接触面初始加载压力对试验结果的影响。

接触面加载刚度为 5000kPa/mm 时，密砂和松砂接触面的 CNS 剪切试验的试验数据与模型模拟结果的对比如图 15.15 所示，其中接触面初始压力有 60kPa、100kPa 和 310kPa 三种水平。模型模拟曲线和试验结果之间有一定差异，但二者的总体规律呈现一致性，即初始压力越大，接触面的剪切应力越大，法向应力也越大，并且大于初始压力；密砂接触面在剪切过程中出现剪胀现象。

图 15.15 中松砂接触面的模型模拟结果与试验数据点间的一致程度则比较高，模拟曲线与试验点基本符合。由图15.15（b）可见，松砂接触面在剪切过程中未出现应力软化

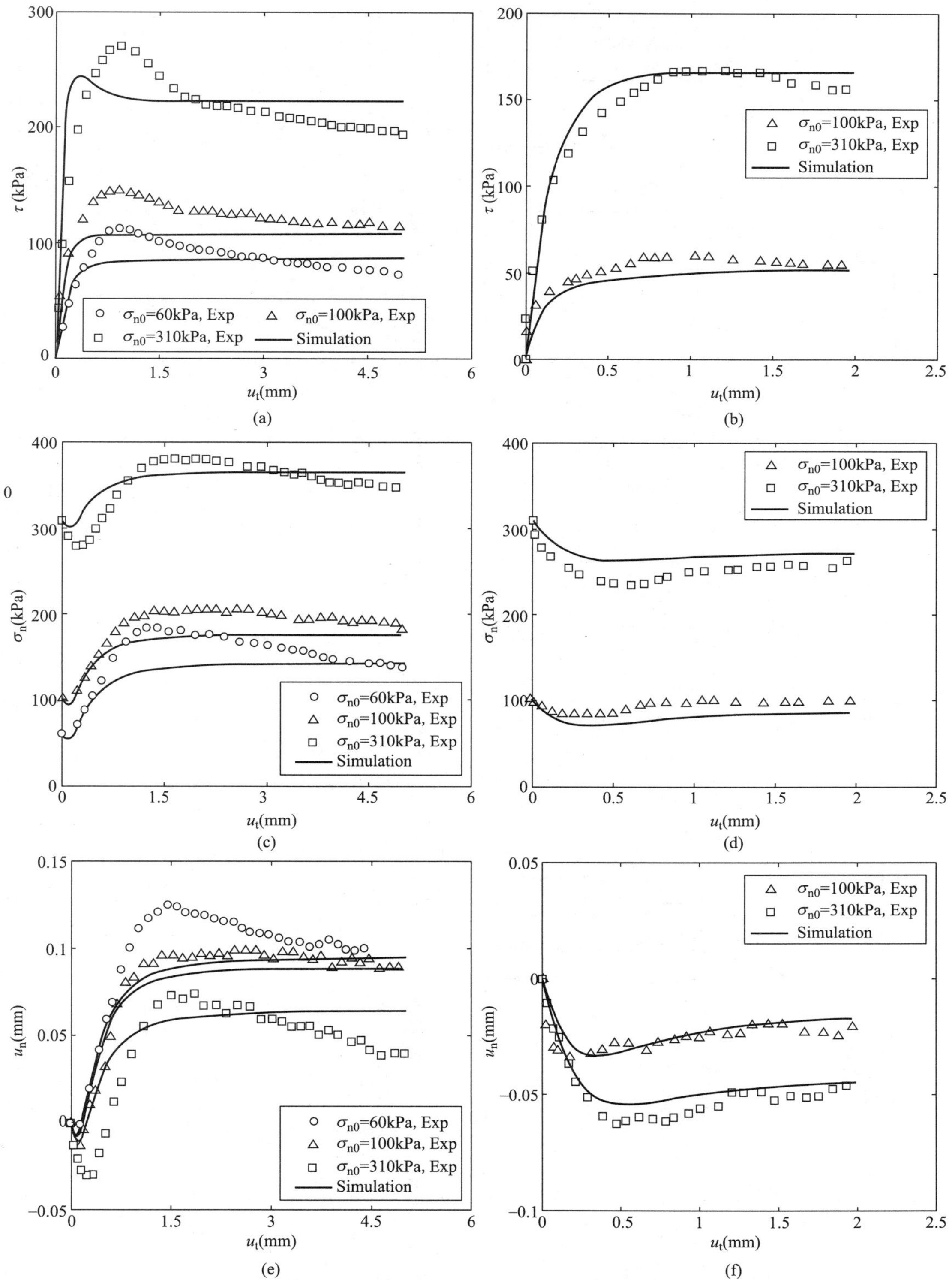

图 15.14 CNS 接触面剪切试验（枫丹白露砂，k＝1000kPa/mm）

（a）剪切应力-切向位移（D_r＝90%）；（b）剪切应力-切向位移（D_r＝30%）；（c）法向应力-切向位移（D_r＝90%）；（d）法向应力-切向位移（D_r＝30%）；（e）法向位移-切向位移（D_r＝90%）；（f）法向位移-切向位移（D_r＝30%）

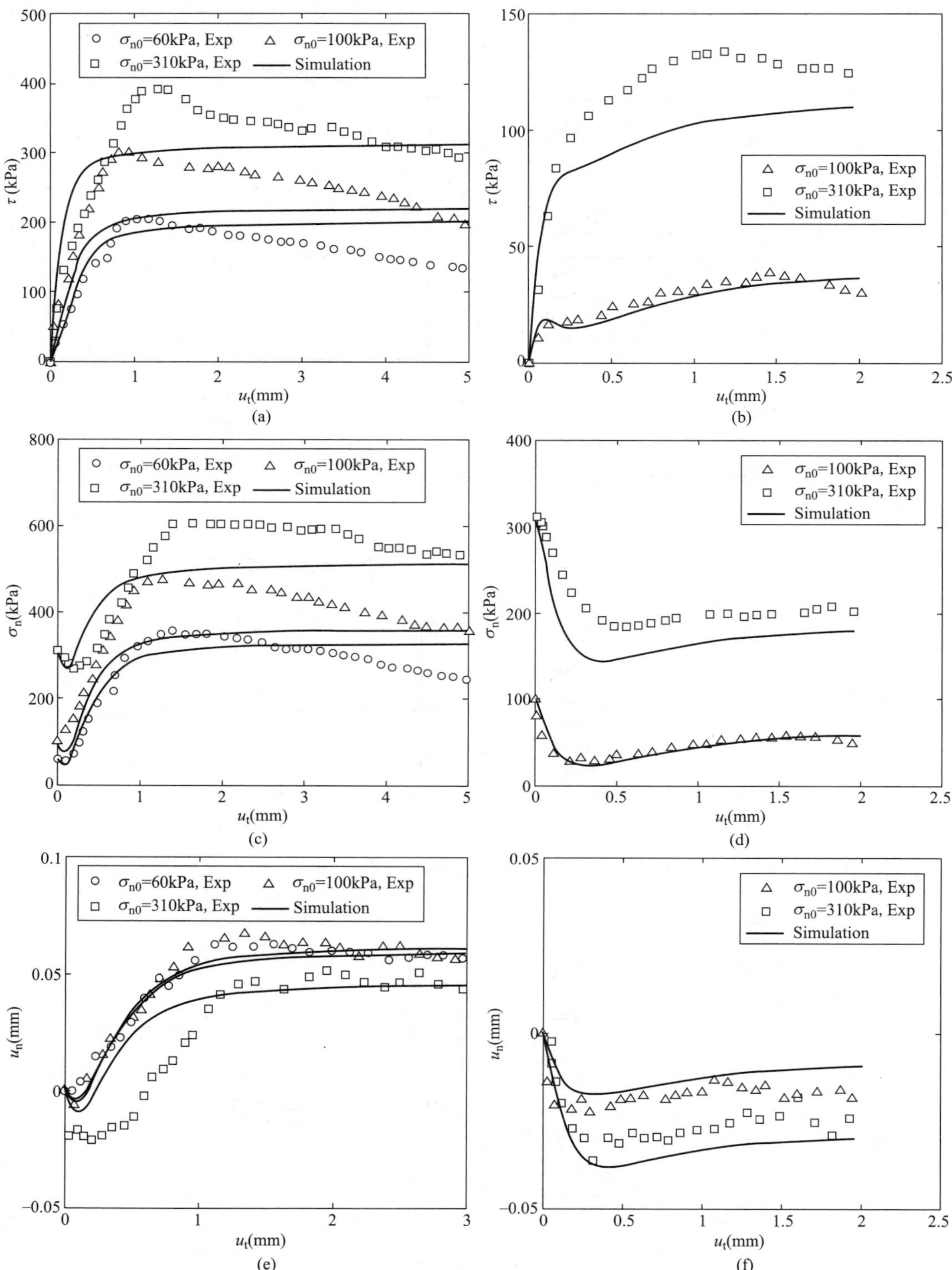

图 15.15　CNS 接触面剪切试验（枫丹白露砂，k=5000kPa/mm）

（a）剪切应力-切向位移（D_r=90%）；（b）剪切应力-切向位移（D_r=30%）；（c）法向应力-切向位移（D_r=90%）；（d）法向应力-切向位移（D_r=30%）；（e）法向位移-切向位移（D_r=90%）；（f）法向位移-切向位移（D_r=30%）

现象，其剪切应力逐渐增加，试验结果与模拟结果相同。从图 15.15（d）可见，对于松砂接触面，法向应力均是减小到一个稳定值，接触面初始压力越大，法向应力也越大。相比图 15.14（d）的接触面加载刚度为 1000kPa/mm 的试验条件，相同初始压力情况下，接触面加载刚度为 5000kPa/mm 时法向应力降低更多，这与前文关于接触面 CNS 剪切试验的理论分析结果也是一致的。图 15.15（f）的法向位移-切向位移的模型模拟曲线与试验数据点一致表现出松砂接触面在剪切过程中的剪缩现象；而相比图 15.14（f）的接触面加载刚度为 1000kPa/mm 的试验条件，相同初始压力情况下，接触面加载刚度为 5000kPa/mm 时接触面的剪缩值要更小，与理论分析一致。

综合图 15.14 和图 15.15 可看出，建立的接触面本构模型能较好地反映出砂土与结构接触面不同刚度大小的常刚度剪切试验中砂土密度和接触面初始加载压力对试验结果的影响。

接触面初始法向应力为 100kPa 时，密砂和松砂接触面的 CNS 剪切试验数据与模型模拟结果的对比如图 15.16 所示，其中接触面加载刚度有 1000kPa/mm、2000kPa/mm 和 5000kPa/mm 三种水平。由图 15.16（a）可见，接触面加载刚度为 1000kPa/mm 和 2000kPa/mm 时，密砂接触面的切向位移-剪切应力的模型模拟曲线和试验数据散点比较接近，而 5000kPa/mm 情况下二者有较大差异，但剪切应力随接触面加载刚度的增大而增大的发展规律对于试验和模拟都是相同的。试验结果和模拟曲线的差异有可能是因为密砂接触面在剪切过程的后期也发生了一定程度的破坏现象，而本章接触面模型并未考虑破坏可能性。图 15.16（c）为法向应力-切向位移，与图 15.16（a）相同，接触面加载刚度为 1000kPa/mm 和 2000kPa/mm 时，模型模拟曲线和试验数据散点比较接近，而 5000kPa/mm 情况下二者有较大差异，但无论对于试验还是模拟，法向应力随接触面加载刚度的增大而增大的规律是相同的，且法向应力相比初始压力都是增大的。同样，本章接触面模型不考虑接触面破坏后法向应力减小的可能，所以试验与模拟结果并不完全一致。

图 15.16（e）的法向位移-切向位移的模型模拟曲线与试验数据点符合度较高，均表现出密砂接触面在剪切过程中出现的剪胀现象；但接触面加载刚度为 5000kPa/mm 时，真实试验的法向位移在剪切过程后期又出现了压缩，由于本章接触面模型不考虑接触面破坏现象，所以模拟曲线无法体现出这种趋势。

图 15.16 中的松砂接触面的模型模拟结果与真实试验数据点之间一致程度高，由图 15.16（b）可见，剪切过程中剪切应力逐渐增大但增速渐缓，并且随接触面加载刚度增加，剪切应力也增加。从图 15.16（d）可见，对于松砂接触面，法向应力均是先减小，然后再逐渐增大而增速渐缓，并且接触面加载刚度越大，法向应力越小，即相对初始压力减小得越多。此外，由于试验中当接触面加载刚度为 5000kPa/mm 时接触面在剪切后期发生了破坏，所以后期法向应力出现了又一次减小的现象，而接触面模型不能体现这种特性。图 15.16（f）的法向位移-切向位移的模型模拟曲线与试验数据点一致表现出松砂接触面在剪切过程中的剪缩现象；但由于试验数据点振荡度仍较高，故模型模拟曲线与试验结果存在一定偏差。

综上，本章接触面模型能够很好地反映出砂土与结构接触面常刚度剪切试验中砂土密度和接触面加载刚度对试验结果的影响。

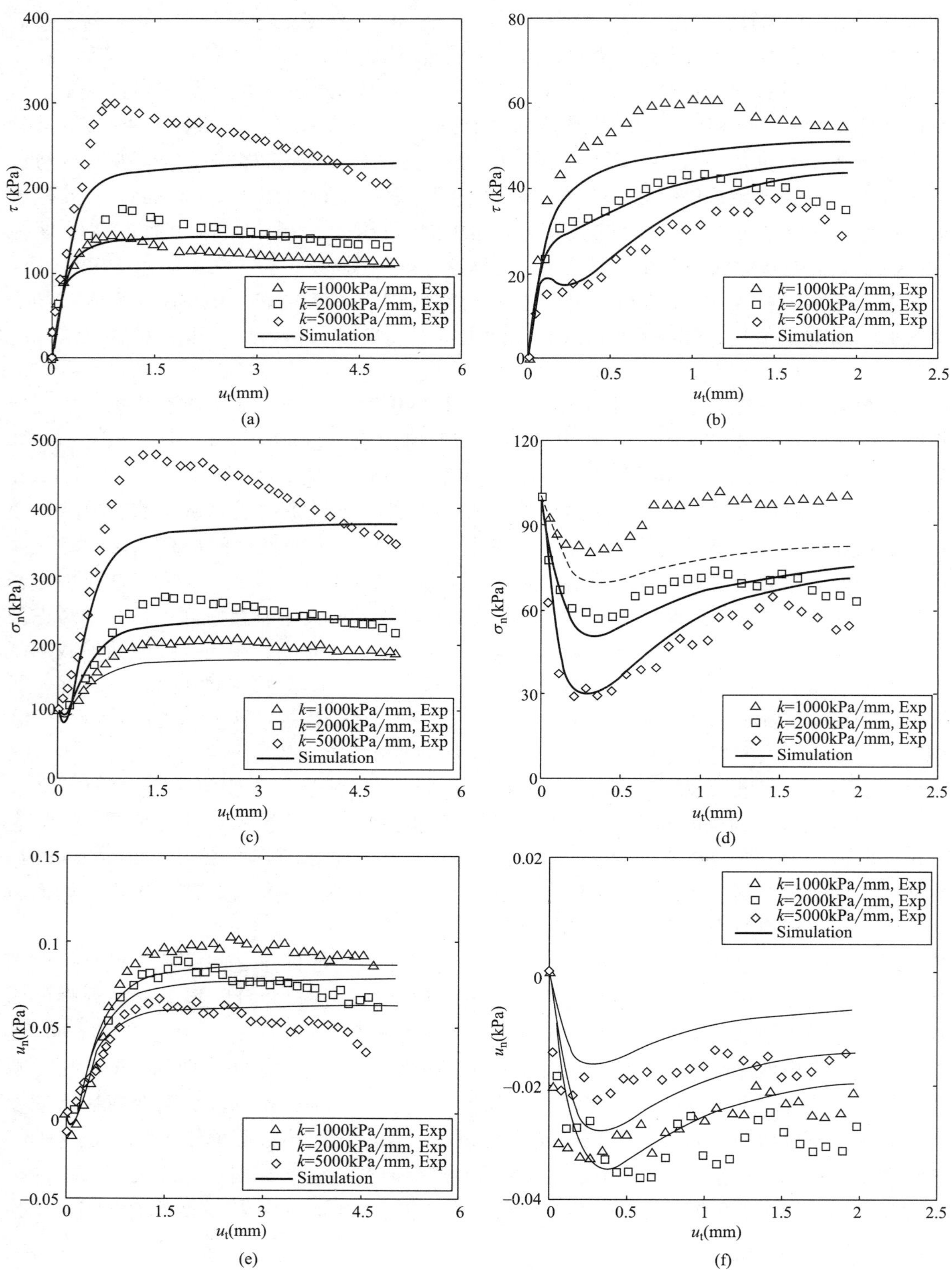

图 15.16 CNS 接触面剪切试验（枫丹白露砂，$\sigma_{n0}=100$kPa）

（a）剪切应力-切向位移（$D_r=90\%$）；（b）剪切应力-切向位移（$D_r=30\%$）；（c）法向应力-切向位移（$D_r=90\%$）；（d）法向应力-切向位移（$D_r=30\%$）；（e）法向位移-切向位移（$D_r=90\%$）；（f）法向位移-切向位移（$D_r=30\%$）

15.6 本章小结

本章提出了一个基于临界状态土力学理论的砂土-结构接触面弹塑性本构模型；并就三种加载边界条件（常压、常体积和常刚度剪切）的接触面问题，根据接触面本构模型理论编写了 MATLAB 点积分显式算法程序；然后引入遗传算法用于识别模型的最优参数取值。得出主要结论如下：

（1）提出的砂土-结构接触面弹塑性本构模型能够充分反映加载边界条件、初始接触面压力、接触面法向加载刚度、砂土相对密实度等各种因素对接触面基本剪切特性的影响，能够描述接触面剪切过程中应变软化和体积剪胀等复杂性质。

（2）接触面常刚度剪切试验是接触面常压和常体积剪切试验的中间状态，接触面法向加载刚度越大，试验结果越向常体积剪切试验靠近，反之则越偏向常压剪切试验。

（3）遗传算法对于识别参数较多的接触面本构模型具有十分强大的功能，尤其是在试验数据充分的情况下，可以精准地优化搜索到模型参数的最优值。

参考文献

Chu L M，Yin J H. Study on soil-cement grout interface shear strength of soil nailing by direct shear box testing method [J]. Geomechanics and Geoengineering：An International Journal，2006，1（4）：259-273.

Clough G W，Duncan J M. Finite element analyses of retaining wall behavior [J]. Journal of Soil Mechanics and Foundations Div，1971.

D' Aguiar S C，Modaressi-Farahmand-Razavi A，Santos J A D，et al. Elastoplastic constitutive modelling of soil-structure interfaces under monotonic and cyclic loading [J]. Computers and Geotechnics，2011，38（4）：430-447.

De Gennaro V，Frank R. Elasto-plastic analysis of the interface behaviour between granular media and structure [J]. Computers and Geotechnics，2002，29（7）：547-572.

Di Donna A，Ferrari A，Laloui L. Experimental investigations of the soil-concrete interface：physical mechanisms，cyclic mobilization，and behaviour at different temperatures [J]. Canadian Geotechnical Journal，2015，53（4）：659-672.

Duriez J，Vincens E. Constitutive modelling of cohesionless soils and interfaces with various internal states：An elasto-plastic approach [J]. Computers and Geotechnics，2015，63：33-45.

Evgin E，Fakharian K. Effect of stress paths on the behaviour of sand steel interfaces [J]. Canadian geotechnical journal，1996，33（6）：853-865.

Fakharian K，Evgin E. Elasto-plastic modelling of stress-path-dependent behaviour of interfaces [J]. International Journal for Numerical and Analytical Methods in Geomechanics，2000，24（2）：183-199.

Fioravante V，Ghionna V N，Pedroni S，et al. A Costant Normal Stiffness Direct Shear Box for Soil-solid Interfaces Tests [J]. Indian Geotechnical Journal，1999，33（3）：7-22.

Ghionna V N，Mortara G. An elastoplastic model for sand-structure interface behaviour [J]. Geotechnique，2002，52（1）：41-50.

Hossain M A，Yin J H. Influence of grouting pressure on the behavior of an unsaturated soil-cement interface [J]. Journal of Geotechnical and Geoenvironmental Engineering，2012，138 (2)：193-202.

Ho T Y K，Jardine R J，Anh-Minh N. Large-displacement interface shear between steel and granular media [J]. Geotechnique，2011，61 (3)：221.

Hu L，Pu J L. Application of damage model for soil-structure interface [J]. Computers and Geotechnics，2003，30 (2)：165-183.

Hu L，Pu J. Testing and modeling of soil-structure interface [J]. Journal of Geotechnical and Geoenvironmental Engineering，2004，130 (8)：851-860.

Liu H，Song E，Ling H I. Constitutive modeling of soil-structure interface through the concept of critical state soil mechanics [J]. Mechanics Research Communications，2006，33 (4)：515-531.

Mortara G，Mangiola A，Ghionna V N. Cyclic shear stress degradation and post-cyclic behaviour from sand-steel interface direct shear tests [J]. Canadian Geotechnical Journal，2007，44 (7)：739-752.

Plesha M E，Ballarini R，Parulekar A. Constitutive model and finite element procedure for dilatant contact problems [J]. Journal of Engineering Mechanics，1989，115 (12)：2649-2668.

Potyondy J G. Skin friction between various soils and construction materials. Geotechnique 1961；11 (4)：831-53.

Pra-Ai S. Behaviour of interfaces subjected to a large number of cycles. Application to piles [D]. 2013：353.

Saberi M，Annan C D，Konrad J M. On the mechanics and modeling of interfaces between granular soils and structural materials [J]. Archives of Civil and Mechanical Engineering，2018，18 (4)：1562-1579.

Shahrour I，Rezaie F. An elastoplastic constitutive relation for the soil-structure interface under cyclic loading [J]. Computers and Geotechnics，1997，21 (1)：21-39.

Stutz H H. Hypoplastic Models for Soil-Structure Interfaces-Modelling and Implementation [D]. PhD Theies，Christian-Albrechts Universität Kiel，2016.

Stutz H，Mašín D，Sattari A S，et al. A general approach to model interfaces using existing soil constitutive models application to hypoplasticity [J]. Computers and Geotechnics，2017，87：115-127.

Su L J，Zhou W H，Chen W B，et al. Effects of relative roughness and mean particle size on the shear strength of sand-steel interface [J]. Measurement，2018，122：339-346.

Uesugi M，Kishida H. Frictional resistance at yield between dry sand and mild steel [J]. Soils and Foundations，1986，26 (4)：139-149.

Uesugi M，Kishida H. Influential factors of friction between steel and dry sands [J]. Soils and Foundations，1986，26 (2)：33-46.

Uesugi M，Kishida H，Tsubakihara Y. Behavior of sand particles in sand-steel friction [J]. Soils and Foundations，1988，28 (1)：107-118.

Uesugi M，Kishida H，Tsubakihara Y. Friction between sand and steel under repeated loading [J]. Soils and Foundations，1989，29 (3)：127-137.

Wang Z，Richwien W. A study of soil-reinforcement interface friction [J]. Journal of Geotechnical and Geoenvironmental Engineering，2002，128 (1)：92-94.

Yavari N，Tang A M，Pereira J M，et al. Effect of temperature on the shear strength of soils and the soil-structure interface [J]. Canadian Geotechnical Journal，2016，53 (7)：1186-1194.

Zervos A，Vardoulakis I，Jean M，et al. Numerical investigation of granular interfaces kinematics [J]. Mechanics of Cohesive-frictional Materials：An International Journal on Experiments，Modelling and Computation of Materials and Structures，2000，5 (4)：305-324.

冯大阔，侯文峻，张建民. 法向常刚度切向应力控制接触面动力特性试验研究 [J]. 岩土工程学报，2011，33 (6)：846.

第三部分　理论应用

第 16 章　数值积分及有限元二次开发

本章提要

数值计算能够模拟特殊试验过程，在求解复杂力学问题上往往更具有优势且更为经济。在过去的几十年中，有限元法发展为计算非线性问题最强有力的工具。随着高级本构模型的发展，选择对商业软件进行二次开发可以避开很多难度和节省大量工作量，是个不错的选择。为此，本章重点在于讲述本构模型在有限元计算平台下的二次开发技术及计算理论。首先，概述了有限元法，并介绍一般应力应变条件下的本构方程，以及本构模型的隐式积分算法。然后，以大型商用软件 ABAQUS 为例，对静力有限元二次开发作详细介绍，以 SIMSAND 为例详述 UMAT 子程序的编写及使用，并辅以 SIMSAND 源程序。接着，详细介绍动力有限元二次开发，包括 ABAQUS 时间差分算法、VUMAT 二次开发原理、SIMSAND 的 VUMAT 编写，并详述了 VUMAT 与 UMAT 的相同点与不同点。最后，简单介绍耦合欧拉-拉格朗日方法（CEL）和光滑粒子流体动力学方法（SPH），为 SIMSAND 模型的 VUMAT 在 CEL 和 SPH 中的大变形分析应用做好理论铺垫。

16.1　引言

在实际岩土工程的设计和计算中需要尽可能精确地考虑岩土材料变形的影响。目前岩土力学分析用到的方法主要分为三类，分别为理论分析方法、试验方法和数值模拟分析方法，这三类方法相辅相成，互为补充。然而试验往往只能模拟一些较为简单的力学条件以及工况，并且需要严格控制试验条件，而数值计算能够模拟特殊试验过程，在求解复杂力学问题上往往更具有优势且更为经济。

在计算机技术日益发展的今天，数值分析得到越来越多的重视和认可，在过去的几十年中，有限元法发展为计算非线性问题最强有力的工具。大型商业软件计算所得结果也被用于学术研究及实际工程分析中，如 ABAQUS、PLAXIS 等有限元分析软件。目前大部分有限元软件只含有少量的较为常见的模型（如剑桥模型、摩尔-库仑模型等）。由于实际工程中的土性质特殊，特别是黏土，难以用现有商业软件中本身包含的模型对其进行全面的模拟。随着土力学理论的不断发展，出现了大量能描述土体特性的本构模型，其中有线弹性模型、弹塑性以及弹黏塑性等非线性模型。若要将特定的本构模型应用到有限元中，需要用户自行开发软件或者对商业软件进行二次开发，而独立编制有限元软件相比于对现有软件进行二次开发来说难度和工作量较大，因此大部分研究集中于后者。而对商业软件进行二次开发的难点主要集中于本构模型及积分算法上。

为此，本章重点讲述本构模型在有限元计算平台下的二次开发技术及计算理论。首先对有限元作简单概述，并介绍一般应力应变条件下的本构方程，以及隐式积分方法。然后，基于 ABAQUS/STANDARD 的有限元二次开发作详细介绍，并以 SIMSAND 为例详述 UMAT 子程序的编写及使用。接着，详细介绍基于 ABAQUS/EXPLICIT 的有限元二次开发，包括 ABAQUS 时间差分算法、VUMAT 二次开发原理、SIMSAND 的 VUMAT 编写，以及 VUMAT 在耦合欧拉-拉格朗日方法（CEL）和光滑粒子流体动力学方法（SPH）中的应用。为本书的后续应用章节做好理论铺垫。

16.2 有限元概述

在边值问题有限元分析中需要同时满足平衡条件、一致性条件、本构关系及边界条件。材料非线性特性由本构关系引入，在有限元中写成增量形式为：

$$[K_G]^i\{\Delta d\}^i_{nG}=\{\Delta R_G\}^i \tag{16.1}$$

式中，$[K_G]^i$ 为整体刚度矩阵；$\{\Delta d\}^i_{nG}$ 为节点位移增量；$\{\Delta R_G\}^i$ 为节点力增量；i 是增量数。为求解边界值问题，边界条件是以增量形式施加的，对每一增量都需要求解方程（16.1）。最终解由每一增量的解叠加而得。由于本构关系的非线性，整体刚度矩阵 $[K_G]^i$ 会依赖于当前的应力和应变而不是常值，除非增量数非常大步长很小时可以认为是常值。很明显，微分方程（16.1）有很多解能同时满足四个边界值条件，其中有的解比其他解更加准确。有限元常用的求解方法通常有：切线刚度法及牛顿-拉弗森法。

切线刚度法，有时也叫变化刚度法，是最简单的一种求解方法。这种方法假设整体刚度矩阵 $[K_G]^i$ 在每一增量步中保持不变，且由增量步初始应力状态计算得到，其实质是将非线性等效成阶段线性。为说明这种方法，以单轴非线性杆为例进行分析（图 16.1a）。如果对杆施加荷载，其真实的应力应变关系如图 16.1（b）所示，表示该材料是一种有很小弹性范围的应变硬化塑性材料。

切线刚度法是将施加的荷载分解成增量施加的。如图 16.1（b）所示，三步增量荷载分别为 ΔR_1、ΔR_2、ΔR_3。分析步开始首先施加荷载增量 ΔR_1。全局刚度矩阵 $[K_G]^1$ 由没有施加荷载增量应力状态计算得到，对应于点 a。对于弹塑性材料，这一刚度矩阵即是弹性矩阵 $[D]$。方程（16.1）就用来求解节点位移 $\{\Delta d\}^1_{nG}$。由于材料刚度假设为常数，荷载-位移曲线是一条直线 ab，如图 16.1（b）所示。事实上，即使荷载增量很小材料的刚度也不是常数，因此，预测位移与实际位移之间就会有差别 $b'b$。而切线刚度法忽略了这一误差。随后施加第二个荷载增量 ΔR_2，相应的全局刚度矩阵 $[K_G]^2$ 由第一步增量结束的应力和应变计算得到，在图 16.1（b）中为点 b'。荷载-位移曲线对应直线 $b'c'$，此时的位移误差为 $c'c$。同样地施加第三步荷载增量 ΔR_3，刚度矩阵 $[K_G]^3$ 由第二步结束的应力和应变计算得到，如图 16.1（b）中点 c'。荷载-位移曲线达到 d' 点而存在着同样的误差。很明显，解的准确性与增量步的大小相关。例如，如果增量步长减小，数值解就会与真实解更接近。

从上面简单的例子可知，对于强非线性问题需要很多增量步才能满足。所得到的数值解有可能与实际值相差较大而不满足本构关系，因此可能不能求解对应的问题。正如

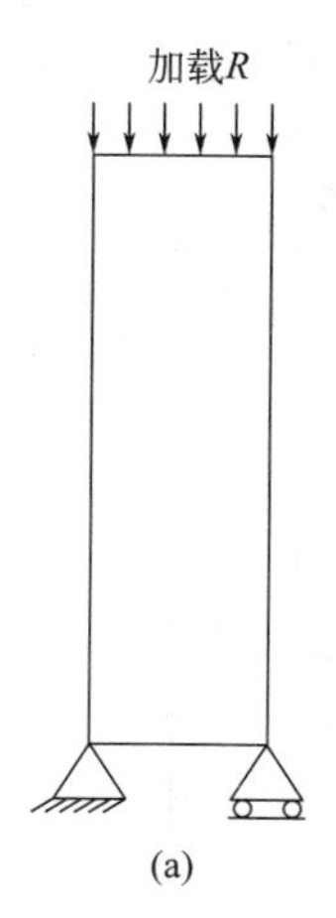

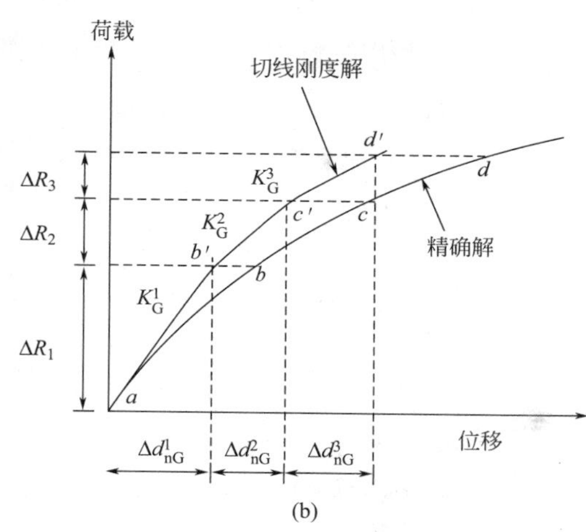

图 16.1　用切线刚度计算非线性单向杆加载

Potts 和 Zdravkoviv（1999）所述，数值解误差的大小取决于材料的非线性，问题的几何形状以及增量步的大小。然而，一般情况下不可能事先知道增量步的大小。

当材料从弹性加载到塑性或者从塑性卸载到弹性时，切线刚度法会造成计算结果的不准确。例如，如果一个单元在增量步之前为弹性，那么在该增量步中的刚度矩阵是按弹性计算。如果这时材料是从弹性到塑性，那么这一计算就违背了本构关系。同样地，如果增量步长过大也会有这样的结果出现。例如，一个不能持续拉伸的材料可能算出来会一直拉伸。对于临界状态模型会是一个很大的问题，如修正剑桥模型。数值解的错误可能会导致不能满足平衡方程和本构模型。

前述的切线刚度法有可能计算出不满足本构关系的应力状态。修正的牛顿-拉弗森法可以避免这一问题，从而使求得的应力状态更加真实。牛顿-拉弗森法使用迭代方法求解方程（16.1）。第一次迭代与切线刚度法相同。然而，第一次迭代有可能得到不准确的解，需要用预测增量位移来计算残余强度。方程（16.1）可以由残余荷载 $\{\psi\}$ 以增量形式进一步求解。方程（16.1）可以进一步写成：

$$[K_{\mathrm{G}}]^{i}(\{\Delta d\}_{\mathrm{nG}}^{i})^{j}=\{\psi\}^{j-1} \tag{16.2}$$

上标 j 代表迭代次数，$\{\psi\}^{0}=\{\Delta R_{\mathrm{G}}\}^{i}$。这一迭代过程不断地重复直到残余荷载很小。位移增量等于所有迭代步位移增量之和。图 16.2 以一个简单的单轴非线性杆件为例说明了这一迭代过程。从原理上，这一迭代方法可以满足不同的问题。

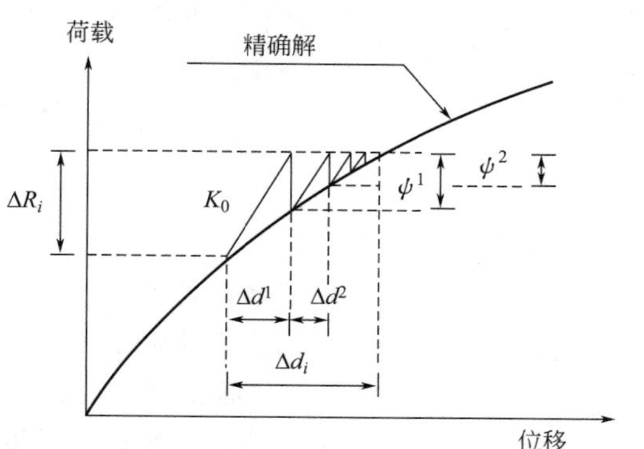

图 16.2　修正牛顿-拉弗森迭代法

在迭代的过程中，计算残余荷载是关键的一步。在每一次迭代完后，计算出当前的位移增量并计算出相应的应变增量。根据应变增量通过本构关系就可以计算出相应的应力增量。将应力增量叠加到应力，计算出等效节点荷载。等效节点荷载与外荷载之差就是残余荷载。这一差值是由于在迭代的过程中全局刚度矩阵 $[K_G]^i$ 假设为常数引起的。事实上由于材料的非线性，全局刚度矩阵 $[K_G]^i$ 并不是常数，而是随着应力和应变在变化。

为了进一步说明，图 16.3 给出了牛顿-拉弗森法的流程图：现假设在 t_n 时刻，土体所受节点外力为 $\boldsymbol{P}^{\text{ext}}$，节点位移为 $\boldsymbol{U}_n$，假设 t_{n+1} 时刻的初始位移为 $\boldsymbol{U}_{n+1}^0$，迭代过程如图 16.3 所示。

(1) 初始步假设：$\boldsymbol{U}_{n+1}^0 = \boldsymbol{U}_n, \boldsymbol{r} = \boldsymbol{K}^{\text{int}}(\boldsymbol{U}_n) - \boldsymbol{P}^{\text{ext}}$

(2) 计算整体刚度矩阵：$\boldsymbol{K}_n^{j-1} = \int_v \boldsymbol{B}^{\text{T}} \boldsymbol{D}^{\text{con}} \boldsymbol{B} \text{d}v = \left.\dfrac{\partial \boldsymbol{r}^{j-1}}{\partial \boldsymbol{U}_{n+1}}\right|_{U_{n+1}^{j-1}}$

(3) 通过整体刚度矩阵求解 $\delta \boldsymbol{U}_{n+1}^j$，$\boldsymbol{K}_{\text{T}} \delta \boldsymbol{U}_{n+1}^j = -\boldsymbol{r}^{j-1}$

(4) 得到新的位移增量：$\boldsymbol{U}_{n+1}^j = \boldsymbol{U}_{n+1}^{j-1} + \delta \boldsymbol{U}_{n+1}^j$

(5) 更新应变：$\boldsymbol{\varepsilon}_{n+1}^j = \boldsymbol{B}\boldsymbol{U}_{n+1}^j$

(6) 更新应力：$\boldsymbol{\sigma}_{n+1}^j = \boldsymbol{D}^{\text{con}} \boldsymbol{\varepsilon}_{n+1}^j$

(7) 计算单元节点力：$\boldsymbol{P}_{n+1}^{\text{int}j} = \boldsymbol{B}^{\text{T}} \boldsymbol{\sigma}_{n+1}^j$

(8) 再次计算残余项：$\boldsymbol{r} = \boldsymbol{K}^{\text{int}}(\boldsymbol{U}_{n+1}^j) - \boldsymbol{P}^{\text{ext}}$

(9) 若 $\|\boldsymbol{r}\| / \|\boldsymbol{P}^{\text{ext}}\| \leqslant \text{TOL}$，则 $(\cdot)_{n+1} = (\cdot)_{n+1}^j$，

若 $\|\boldsymbol{r}\| / \|\boldsymbol{P}^{\text{ext}}\| > \text{TOL}$，$j = j+1$，返回步骤(2)，继续计算

图 16.3 修正牛顿-拉弗森迭代法

牛顿-拉弗森迭代法在解决非线性问题上很有优势，因为每个迭代步都要更新整体刚度矩阵，可加快收敛速度，使有限元平衡方程在迭代过程中的收敛呈二次方逼近，因此在有限元计算中被广泛使用。

对于牛顿-拉弗森迭代法，在积分的过程中每迭代一次全局刚度矩阵都需要根据最近的迭代结果计算一次，是一个繁琐的过程。为了减少迭代次数，修正的牛顿-拉弗森法只是在迭代步开始时计算对应的全局刚度矩阵。有时全局刚度矩阵用弹性矩阵 $[D]$ 代替，而不是弹塑性刚度矩阵 $[D^{\text{ep}}]$。在迭代的过程中可能还需要迭代加速技术（Thomas，1984）。

由于修正牛顿-拉弗森法每一增量步都涉及迭代，因此必须设置相应的收敛标准。通常情况下，同时考虑迭代位移步长（$\{\Delta d\}_{\text{nG}}^i)^j$ 和残余荷载 $\{\psi\}^j$。由于都是张量，通常情况下将它们转化成标量（即取其模）进行考虑。

$$(\{\Delta d\}_{\text{nG}}^i)^j = \sqrt{((\{\Delta d\}_{\text{nG}}^i)^j)^{\text{T}}(\{\Delta d\}_{\text{nG}}^i)^j} \tag{16.3}$$

$$\{\psi\}^j = \sqrt{(\{\psi\}^j)^{\text{T}}\{\psi\}^j} \tag{16.4}$$

通常情况下将位移增量大小 $\|\{\Delta d\}_{\text{nG}}^i\|$ 与总的位移 $\|\{\Delta d\}_{\text{nG}}\|$ 进行比较。需要注意的是，总的位移是所有迭代步的位移增量的总和。

同样地，也将残余荷载大小 $\|\{\Delta R_G\}^i\|$ 与总的荷载 $\|\{\Delta R_G\}\|$ 进行比较。通常，将基于位移的误差设置为 1%，而将基于荷载的误差设置为 1%～2%。需要注意的是仅有位移边界条件的情况，无论是荷载增量还是总的累积残余荷载都是零。

上述有限元算法里面用到的材料弹性矩阵 $[D]$ 或弹塑性矩阵 $[D^{\text{ep}}]$ 来自于应力-应变本构模型，即有限元在计算或迭代过程中要不断地调用应力-应变本构模型（位于高斯

积分点上）。简单地说，有限元将节点上的位移增量分配到高斯积分点上的应变增量，然后应力-应变本构模型按此应变增量来计算弹塑性刚度矩阵［D^{ep}］、更新应力、硬化参数等。应力-应变本构模型的计算，我们称为应力积分计算。

对于弹塑性模型，我们通常采用以下两种积分算法（图 16.4）：显式算法（子步方法-Substepping）和隐式算法（折回算法-Return mapping）。这两种算法的目的都是通过应变增量积分获得应力增量。尽管应变增量是已知的，但迭代增量的方式却不一样。

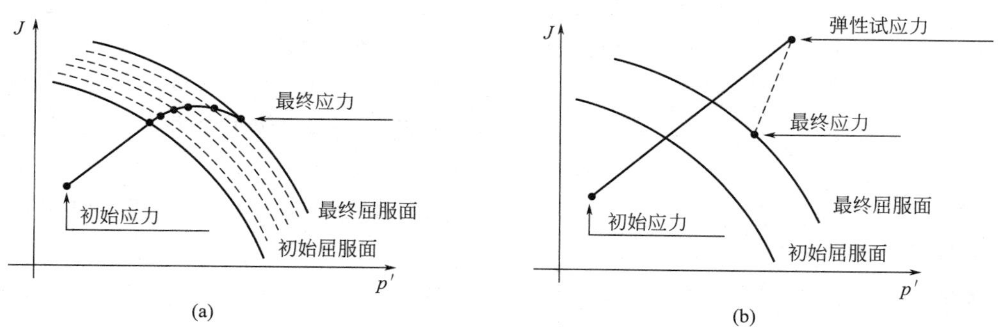

图 16.4　弹塑性本构模型积分算法

（a）显示算法示意图；（b）隐式算法示意图

16.3　一般应力应变条件下的本构方程

根据弹塑性理论，总应变增量由弹性应变增量和塑性应变增量组成：

$$\delta\varepsilon_{ij} = \delta\varepsilon_{ij}^{e} + \delta\varepsilon_{ij}^{p} \tag{16.5}$$

根据广义胡克定律，弹性部分为：

$$\delta\varepsilon_{ij}^{e} = \frac{1+\upsilon}{3K(1-2\upsilon)}\delta\sigma'_{ij} - \frac{\upsilon}{3K(1-2\upsilon)}\delta\sigma'_{kk}\delta_{ij} \tag{16.6}$$

式中，上标 e 和 p 分别表示 $\delta\varepsilon$ 的弹性和塑性部分。

塑性部分由三个基本要素组成：屈服面、流动法则及硬化法则，分别表示如下：

$$f(\sigma'_{ij},\ \vartheta) = 0 \tag{16.7}$$

$$\delta\varepsilon_{ij}^{p} = \delta\lambda\,\frac{\partial g}{\partial\sigma'_{ij}} \tag{16.8}$$

$$\delta\vartheta = \Gamma(\vartheta,\ \delta\varepsilon_{ij}^{p}) \tag{16.9}$$

式中，$\delta\lambda$ 为塑性乘子，决定了塑性应变增量的大小；g 为塑性势面。

16.4　隐式积分方法-切面算法

这一节的原理介绍，以单屈服面为例作简要介绍。基于广义胡克定律，若已知弹性应变增量 $\delta\varepsilon^{e}$，可以直接由材料的弹性刚度矩阵 D^{e} 计算应力增量 $\delta\sigma$：

$$\delta\sigma = D^{e}\delta\varepsilon^{e} = D^{e}(\delta\varepsilon - \delta\varepsilon^{p}) \tag{16.10}$$

式中，塑性应变增量 $\delta\varepsilon^{p}$ 的大小和方向可以依据上述流动法则。

切面算法最早由 Ortiz 和 Simo（1986）提出。在其数值实现过程中，需要判断当前应变增量 $\delta\varepsilon$ 所引起的是弹性应力增量还是弹塑性应力增量。在应力点 σ_i 下，对于应变增量 $\delta\varepsilon$，先假设其为弹性应变，利用式（16.10）可以得到更新后的应力点 $\sigma_{i+1}=\sigma_i+\delta\sigma$。相对于当前屈服面 f，如图 16.5 所示，σ_{i+1} 存在三种可能：（1）位于弹性区域（$f<0$）；（2）位于当前屈服面上（$f=0$）；（3）位于当前屈服面之外（$f>0$）。

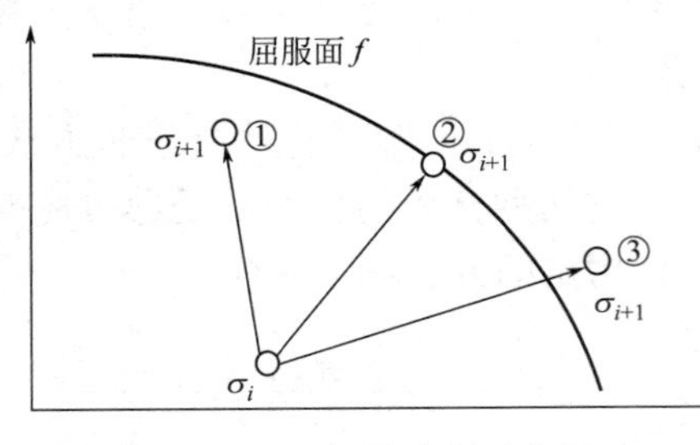

图 16.5　加载路径示意图

对于更新后应力点 σ_{i+1}，如果 $f\leqslant 0$，则应变增量 $\delta\varepsilon$ 为弹性变形 $\delta\varepsilon^e$，下列应力更新公式直接有效：

$$\sigma_{i+1}=\sigma_i+\delta\sigma^e=\sigma_i+D\delta\varepsilon^e \tag{16.11}$$

如果 $f>0$，则需要计算应力更新过程中产生的塑性应变 $\delta\varepsilon^p$。这个过程可以应用切面算法结合映射回归来实现。

假设应变增量 $\delta\varepsilon$ 完全为弹性变形，当满足公式（16.12）时，土体从弹性状态进入弹塑性状态：

$$f(\sigma_i,\ \vartheta_i)<0 \text{ 且 } f(\sigma_i+\delta\sigma^e,\ \vartheta_i)>0 \tag{16.12}$$

式中，ϑ 为屈服面硬化参数。

此时，试算后的应力点 σ_{i+1} 位于屈服面之外，因此进入塑性修正。如图 16.6 所示，在第一次塑性修正中，应力点 $\sigma_{i+1}^{n=0}$ 减小为 $\sigma_{i+1}^{n=1}$；同时随着硬化参数 $\vartheta_{i+1}^{n=0}$ 更新为 $\vartheta_{i+1}^{n=1}$，屈服面 $f_{i+1}^{n=0}$ 也向外发展为 $f_{i+1}^{n=1}$，得到塑性应变增量 $(\delta\varepsilon^p)^{n=1}$。如果此时的应力点 $\sigma_{i+1}^{n=1}$ 依然没有和屈服面 $f_{i+1}^{n=1}$ 重合，则需要再次进行塑性修正，得到塑性应变增量 $(\delta\varepsilon^p)^{n=2}$，然后更新硬化参量，屈服面再次外扩，直至修正后的应力点与屈服面重合。更新后的应力为 $\sigma_{i+1}=\sigma_{i+1}^n$，塑性应变增量为 $\delta\varepsilon^p=\sum_{i=1}^{n}(\delta\varepsilon^p)^i$。值得注意的是，这里的应力状态点与屈服面重合（$f=0$），是指 f（σ，ϑ）<容许误差，容许误差一般取 10^{-7}。

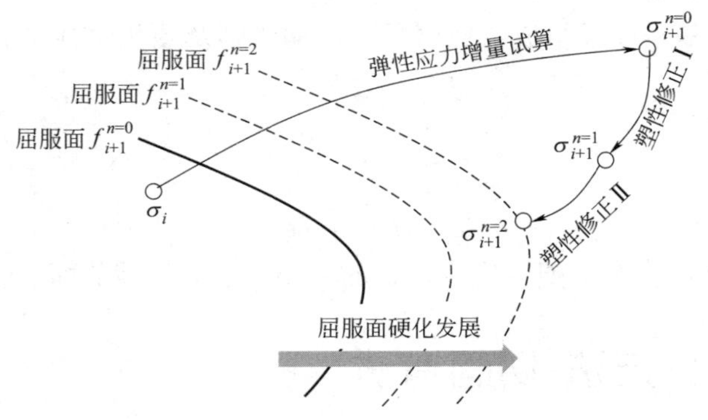

图 16.6　切面法塑性修正迭代计算

切面算法是以弹性应力试算得到的应力面（形状同于屈服面）f（$\sigma_i+\delta\sigma^e$）为起点，在塑性修正过程中被逐渐拉回来（或称应力松弛过程）。在每一次塑性修正计算中，相对于上一步迭代结果，随着塑性应变增量的增多，弹性应变增量会相应的减少，以保证总应变增量的不变。因此在迭代过程中可设定：

$$\delta\varepsilon^{p}=-\delta\varepsilon^{e} \tag{16.13}$$

进一步推导可以得到应力松弛量和硬化发展：

$$\delta\sigma=-D\delta\varepsilon^{p}=-D\delta\lambda\frac{\partial g}{\partial\sigma} \tag{16.14}$$

$$\delta\vartheta=\frac{\partial\vartheta}{\partial\varepsilon^{p}}\delta\varepsilon^{p}=\frac{\partial\vartheta}{\partial\varepsilon^{p}}\delta\lambda\frac{\partial g}{\partial\sigma} \tag{16.15}$$

对于第一次迭代修正，将屈服面方程 f 用泰勒公式进行一阶展开可以得到近似方程：

$$f_{i+1}^{n=1}=f_{i+1}^{n=0}+\frac{\partial f}{\partial\sigma}\delta\sigma+\frac{\partial f}{\partial\vartheta}\delta\vartheta \tag{16.16}$$

将式（16.14）、式（16.15）代入式（16.16），遵守目标值 $f=0$ 可得：

$$\delta\lambda=\frac{-f_{i+1}^{n=0}}{-\frac{\partial f}{\partial\sigma}D\frac{\partial g}{\partial\sigma}+\frac{\partial f}{\partial\vartheta}\frac{\partial\vartheta}{\partial\varepsilon^{p}}\frac{\partial g}{\partial\sigma}} \tag{16.17}$$

式中，$f_{i+1}^{n=0}=f(\sigma_{i+1}^{n=0},\vartheta_{i+1}^{n=0})=f(\sigma_i+\delta\sigma^{e},\vartheta_i)$，然后由式（16.14）、式（16.15）可以得到本次塑性修正后的应力与硬化参数更新公式：

$$\begin{aligned}\sigma_{i+1}^{n=1}&=\sigma_{i+1}^{n=0}-D\delta\lambda\frac{\partial g}{\partial\sigma}\\ \vartheta_{i+1}^{n=1}&=\vartheta_{i+1}^{n=1}+\frac{\partial\vartheta}{\partial\varepsilon^{p}}\delta\lambda\frac{\partial g}{\partial\sigma}\end{aligned} \tag{16.18}$$

至此，第一次塑性修正完成。若此时不满足收敛条件 $f(\sigma,\vartheta)<$容许误差，则按式（16.13）～式（16.18）继续进行塑性修正计算，直至收敛。图 16.7 所示为切面算法塑性

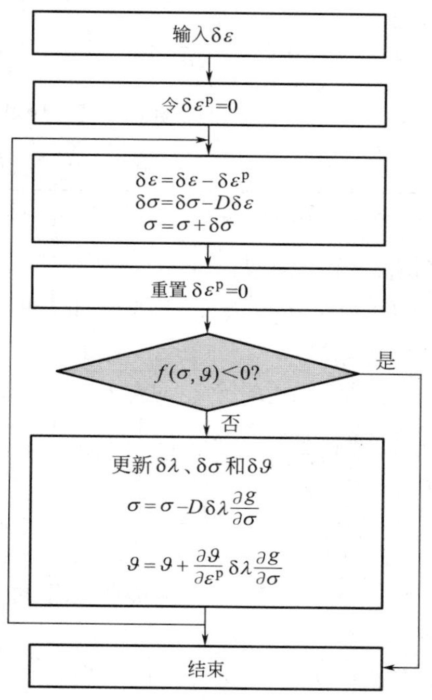

图 16.7　切面算法塑性修正流程图

修正流程。

这里，以颗粒破碎 SIMSAND 模型（见本书 10.4 节）为例，基本方程见表 16.1。

SIMSAND 模型的基本本构方程 **表 16.1**

组成部分	本构方程
弹性准则	$\dot{\varepsilon}_{ij}^{e}=\frac{1+\upsilon}{3K(1-2\upsilon)}\dot{\sigma}'_{ij}-\frac{\upsilon}{3K(1-2\upsilon)}\dot{\sigma}'_{kk}\delta_{ij},K=K_0\cdot p_{at}\frac{(2.97-e)^2}{(1+e)}\left(\frac{p'+c\cot\phi_c}{p_{at}}\right)^n$
屈服面	$f_1=\frac{q}{p'+c\cot\phi_c}-H_1$, $f_2=\frac{1}{2}\left(\frac{q}{(p'+c\cot\phi_c)M_p}\right)^3(p'+c\cot\phi_c)+p'-p_m,\left(\frac{q}{p'+c\cot\phi_c}\leqslant M_p\right)$
塑性势面	$\frac{\partial g_1}{\partial p'}=A_d\left(M_{pt}-\frac{q}{p'+c\cot\phi_c}\right);\frac{\partial g_1}{\partial s_{ij}}=\sqrt{\frac{3}{2}}\frac{s_{ij}}{\|s_{ij}s_{ij}\|}=\frac{3s_{ij}}{2q};g_2=f_2$
硬化参数	$H_1=\frac{M_p\varepsilon_d^p}{k_p+\varepsilon_d^p};H_2=p_m=p_{m0}\exp\left(\frac{1+e_0}{\lambda'-\kappa'}\varepsilon_v^p\right),\kappa'=(1+e_0)(p'+c)/K$
临界状态参数	$e_c=e_{ref}\exp\left(-\lambda\left(\frac{\langle p'\rangle}{p_{ref}}\right)^{\xi}\right);\tan\phi_p=\left(\frac{e_c}{e}\right)^{n_p}\tan\phi_u;\tan\phi_{pt}=\left(\frac{e_c}{e}\right)^{-n_d}\tan\phi_u$
三维强度标准	$M_p=\frac{6\sin\phi_p}{3-\sin\phi_p}\left[\frac{2c_1^4}{1+c_1^4+(1-c_1^4)\sin3\theta}\right]^{\frac{1}{4}},c_1=\frac{3-\sin\phi_p}{3+\sin\phi_p}$ $M_{pt}=\frac{6\sin\phi_{pt}}{3-\sin\phi_{pt}}\left[\frac{2c_2^4}{1+c_2^4+(1-c_2^4)\sin3\theta}\right]^{\frac{1}{4}},c_2=\frac{3-\sin\phi_{pt}}{3+\sin\phi_{pt}}$
破碎相关公式	$e_{ref}=e_{refu}+(e_{ref0}-e_{refu})\exp(-\rho B_r^*)$ $B_r^*=\frac{w_p}{b+w_p},w_p=\int(\langle p'\rangle\langle d\varepsilon_v^p\rangle+q\,d\varepsilon_d^p)$ $p_m=p_{m0}\exp\left(\frac{1+e_0}{\lambda'-\kappa'}\varepsilon_v^p\right)\exp(-\rho B_r^*)$ $F(d)=(1-B_r^*)F_0(d)+B_r^*F_u(d)$仅为输出之用

注：c 为微小的颗粒间吸力或胶结，通常取较小值（如 $c=0.1$kPa）以增加程序的计算收敛性。

在切面算法中用到的具体推导和说明如下：

（1）对于只有剪切塑性（$f_1>0$，$f_2<0$），需要作如下推导：

$$\frac{\partial f_1}{\partial\sigma_{ij}}=\frac{\partial f_1}{\partial s_{ij}}\frac{\partial s_{ij}}{\partial\sigma_{ij}}+\frac{\partial f_1}{\partial p'}\frac{\partial p'}{\partial\sigma_{ij}}=\frac{1}{(p'+c\cot\phi_c)}\frac{3s_{ij}}{2q}+\frac{-q}{3(p'+c\cot\phi_c)^2}\delta_{ij}$$

$$\frac{\partial g_1}{\partial\sigma_{ij}}=\frac{\partial g_1}{\partial s_{ij}}\frac{\partial s_{ij}}{\partial\sigma_{ij}}+\frac{\partial g_1}{\partial p'}\frac{\partial p'}{\partial\sigma_{ij}}=\frac{3s_{ij}}{2q}+\frac{A_d}{3}\left(M_{pt}-\frac{q}{p'+c\cot\phi_c}\right)\delta_{ij}$$

$$\frac{\partial f_1}{\partial\varepsilon_d^p}=\frac{-M_p}{k_p+\varepsilon_d^p}+\frac{M_p\varepsilon_d^p}{(k_p+\varepsilon_d^p)^2}=\frac{-M_pk_p}{(k_p+\varepsilon_d^p)^2}\tag{16.19}$$

（2）对于只有压缩塑性（$f_1<0$，$f_2>0$），需要作如下推导：

$$\frac{\partial f_2}{\partial\sigma_{ij}}=\frac{\partial f_2}{\partial s_{ij}}\frac{\partial s_{ij}}{\partial\sigma_{ij}}+\frac{\partial f_2}{\partial p'}\frac{\partial p'}{\partial\sigma_{ij}}=\frac{3}{2M}\left[\frac{q}{(p'+c\cot\phi_c)M}\right]^2\frac{3s_{ij}}{2q}+\left\{1-\left[\frac{q}{(p'+c\cot\phi_c)M}\right]^3\right\}\frac{\delta_{ij}}{3}$$

$$\frac{\partial g_2}{\partial \sigma_{ij}}=\frac{\partial f_2}{\partial \sigma_{ij}}$$
$$\frac{\partial f_2}{\partial p_m}=-1 \tag{16.20}$$
$$\frac{\partial p_m}{\partial \varepsilon_v^p}=\frac{(1+e_0)p_m}{(\lambda'-\kappa')}\exp(-\rho B_r^*)$$

（3）如果两者同时出现塑性（$f_1>0$，$f_2>0$），则需要作如下推导/约定：按剪切塑性（1）来算，并更新应力和塑性应变，同时按更新过的应力来反算压缩屈服面的大小 p_m，即压缩塑性无条件服从剪切塑性。

$$p_m=\frac{1}{2}\left[\frac{q}{(p'+c\cot\phi_c)M_p}\right]^3(p'+c\cot\phi_c)+p' \tag{16.21}$$

此外，对于加固土 c 可作为颗粒间胶结，在加载过程中也可以被破坏，如果考虑这个效应的话，则需要把 c 作为一个硬化参数处理，在编写程序时需要加上：

$$\frac{\partial f_1}{\partial c}=\frac{-q\cot\phi_c}{(p'+c\cot\phi_c)^2};\quad \frac{\partial f_2}{\partial c}=\left(\frac{\partial f_2}{\partial p'}-1\right)\cot\phi_c;\quad \frac{\partial c}{\partial \varepsilon_d^p}=-\omega c \tag{16.22}$$

式中，ω 为控制颗粒间胶结破坏速率的材料常数。

SIMSAND 模型切面算法的程序可详见本书附录 1　基于 ABAQUS-UMAT 的 SIMSAND 源程序。

16.5　基于 ABAQUS/Standard 的有限元二次开发

16.5.1　ABAQUS 基本介绍

作为通用的大型有限元程序，ABAQUS 在岩土工程中具有广泛的应用（Hibbitt 等，2001）。其主要由两个主分析模块组成：ABAQUS/Standard 通用分析模块和 ABAQUS/Explicit 显式分析模块。ABAQUS 在岩土工程中的数值分析具有以下特点：

（1）内置能够反映土体性状的常用本构模型，如摩尔-库仑模型、Druker-Prager 模型、修正剑桥模型等，可以反映大部分应力应变特点。

（2）土体是典型的三相介质材料，经典土力学认为土体的强度与变形主要取决于有效应力，而 ABAQUS 中包含孔压单元，可以进行饱和土与非饱和土的渗流以及固结分析，因此 ABAQUS 能够满足有效应力计算。

（3）ABAQUS 具有单元生死功能和处理复杂边界、载荷条件的能力，可以精确地模拟填土以及开挖造成的边界条件改变。

（4）ABAQUS 专门提供了初始应力状态分析步 Geostatics，通过此分析步可以灵活、准确地建立土体的初始应力状态。

（5）ABAQUS 提供了二次开发接口，并且具有良好的开放性，可以方便地利用用户子程序接口生成非标准化分析程序来拓展主程序的功能以满足不同专业用户需求。

由于土体的应力应变关系具有非线性、剪胀性、时效性和各向异性，而 ABAQUS 提供的模型有各自的局限性。为弥补 ABAQUS 自带材料模型的不足，本章开发了小应变本构模型。ABAQUS 软件采用 Fortran 语言接口方式，为用户提供了丰富的用户子程序接口。UMAT（全称为 User-defined Material Mechanical Behavior）是 ABAQUS 提供给用户进行 ABAQUS/standard 材料本构二次开发的一个用户子程序接口，借助该接口可以实现材料库之外的各种材料本构，拓宽其在岩土工程中的适用性。

本书所用 ABAQUS 版本为 2014 年发布的 6.14 版（Hibbitt 等，2001）。

16.5.2 编写 UMAT 子程序

（1）UMAT 开发环境设置

UMAT 是采用 Fortran 语言编写，需要安装开发 UMAT 运行必须的 Fortran 环境，同时，此环境还需要 ABAQUS 自身的支持。本章所使用的 ABAQUS 版本为 6.14（x64），Fortran 环境为 Microsoft Visual Studio 2010＋Inter Visual Fortran 2013。安装好这些 UMAT 开发必备的软件并做好相关的设置后，使用 ABAQUS 自带的 Verification 功能进行测试。测试成功后说明计算机具备了 ABAQUS 子程序二次开发的运行平台，可以开始 UMAT 子程序的编写和运行。

（2）UMAT 特性

UMAT 子程序的功能是根据传入的应变增量计算应力增量并同步给出状态变量（如有必要），完成应力更新的同时给出雅克比矩阵$\partial\Delta\sigma/\partial\Delta\varepsilon$（DDSDDE）。UMAT 定义的材料具有多种功能，包括：

• 可用于 ABAQUS/Standard 中任何的力学分析，包括静力和动力分析、热力学分析、流体渗流和应力耦合分析等问题。

• 可以用于所有具有位移自由度的单元，比如常用的实体单元（1～3 个位移自由度）、梁单元（4～6 个位移和转动自由度）和流固耦合分析单元（包括孔压在内 8 个自由度）等。

• 可以和 ABAQUS 其他材料特性一起使用，如渗透系数、密度等。

（3）UMAT 子程序的一般格式

由于 ABAQUS 与 UMAT 之间存在应力应变、状态变量、增量步等数据的交换，因此必须在 UMAT 子程序的开始处首先定义相应的变量，其具有固定的格式，具体为：

```
      SUBROUTINE UMAT(STRESS,STATEV,DDSDDE,SSE,SPD,SCD,
     1 RPL,DDSDDT,DRPLDE,DRPLDT,
     2 STRAN,DSTRAN,TIME,DTIME,TEMP,DTEMP,PREDEF,DPRED,CMNAME,
     3 NDI,NSHR,NTENS,NSTATV,PROPS,NPROPS,COORDS,DROT,PNEWDT,
     4 CELENT,DFGRD0,DFGRD1,NOEL,NPT,LAYER,KSPT,KSTEP,KINC)
C
      INCLUDE 'ABA_PARAM.INC'
C
      CHARACTER * 80 CMNAME
      DIMENSION STRESS(6),STATEV(NSTATV),
     1 DDSDDE(NTENS,NTENS),
     2 DDSDDT(NTENS),DRPLDE(NTENS),
```

```
3 STRAN(NTENS),DSTRAN(NTENS),TIME(2),PREDEF(1),DPRED(1),
4 PROPS(NPROPS),COORDS(3),DROT(3,3),DFGRD0(3,3),DFGRD1(3,3)
  代码自定义 DDSDE,STRESS,STATEV 等数组！此部分是程序核心
RETURN
END
```

(4) UMAT 必须更新的变量

上述 UMAT 中主要变量的意义不再赘述，具体详见一些 ABAQUS 相关的书籍或者官方手册。这里主要叙述本章模型的 UMAT 开发过程中三个重要的必须更新的变量，它们是材料二次开发最重要的部分：

• DDSDDE：雅克比矩阵$\partial\Delta\sigma/\partial\Delta\varepsilon$，其意义在于确定问题的求解速度以及计算的稳定性。需要指出的是，DDSDDE 只会影响问题的收敛速度，而对计算结果没有影响。

• STRESS：应力张量，在一个增量步内，由 ABAQUS 输入初始值，UMAT 输出值为增量步结束时更新过的值。岩土工程问题通常需要考虑土体的初始应力，此值同样通过该数组传递给 UMAT。本章弹塑性模型的二次开发中，应力张量初始值 σ 首先传入，然后计算出应力增量 $\mathrm{d}\sigma$，从而 $\sigma+\mathrm{d}\sigma$ 即为更新过的应力张量。

• STATEV：求解过程中需要根据材料状态更新的变量组。通常为硬化参数或者其他与本构模型相关的参数。本章弹塑性模型的二次开发中，设置了 50 个状态变量，包括与模型各向异性相关的参数、结构比 χ、孔隙比 e、小应变相关的变量等。

16.5.3　UMAT 子程序的使用

使用自定义材料时，需要制定特定的路径来让 ABAQUS 识别并知道该如何去执行，并且能够对参数进行赋值，下文分别介绍 UMAT 子程序的使用和调用方法：

(1) 通过 ABAQUS 使用自定义材料

在 Property 模块中设置材料参数，依次执行【Material】【Create】，这时会弹出如图 16.8 所示的 Edit Material 对话框，用户可以在这里选择本构模型以及设置材料参数。而对于本章的自定义模型，执行【General】【User Material】命令，此时在 Material Behaviors 区域出现 User Material，表明是自定义材料。材料的参数在 Data 区域的【Mechanical Constants】表中输入，此处的数据会传入 UMAT 子程序中的 Props 数组，而输入参数的个数即为 NProps。本章自定义模型的输入参数为 8 个，其中包括了修正剑桥模型参数、小应变参数及弹性各向异性参数。此外，由于本章自定义模型采用的是相关联流动法则，雅克比矩阵是对称的，所以不需要勾选 Use unsymmetric material stiffness matrix。执行【General】【Depvar】命令，此时在 Material Behaviors 区域出现 Depvar，表明是材料状态变量，即为上述 STATEV 数组。本章自定义模型的状态变量为 50 个，因此在下面的框内设置为 50，在 ABAQUS 中 NSTATV 对应状态变量的个数。此外如果需要其他的一些材料参数，比如密度或者渗透系数，都可以通过其应有的路径设置，图 16.8 所示例子设置了渗透系数参数。

(2) 通过 inp 文件定义材料参数

在 ABAQUS/CAE 中设置的自定义材料最终都会转化为 inp 的形式，对 ABAQUS 高

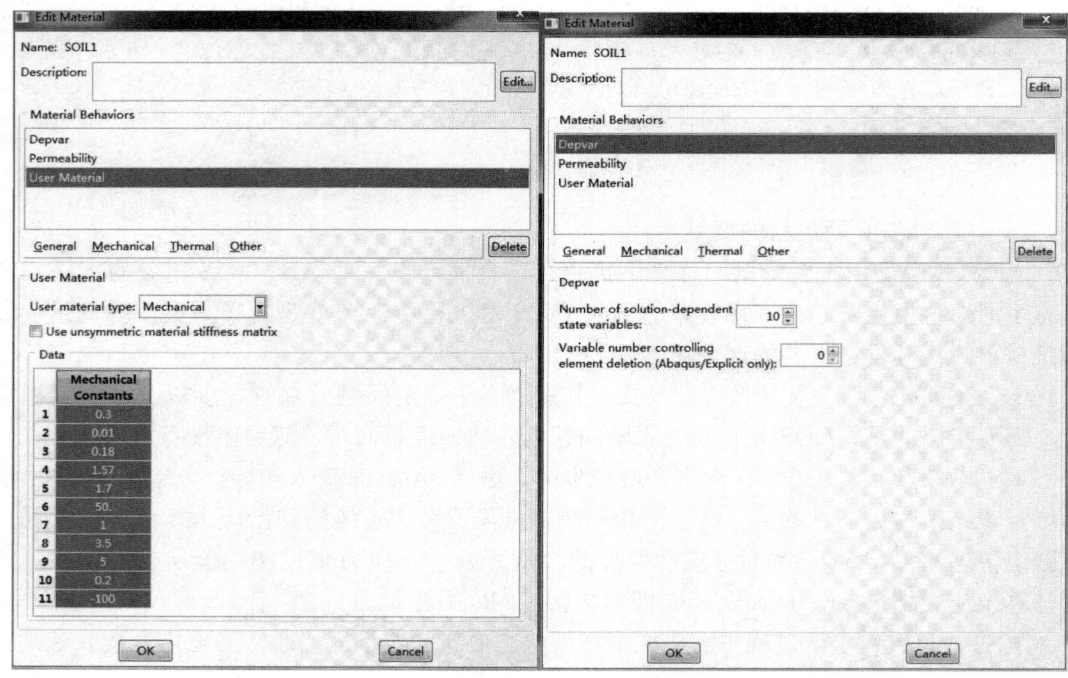

图 16.8　在 ABAQUS/CAE 中设置自定义材料

阶用户，直接在 inp 中设置自定义材料和参数会显得简单、高效。对应于图 16.8 所示设置，只需要在 inp 文件材料定义区域使用下列语句：

```
*Depvar
 50,
*User Material,constants=20
 0.25,0.02,0.15,1.2,1.2,10,0.0,0.0,
 0.,0.,0.,0.,0.,0.0,0,0.,
 1.,0.,1,0.00001
*Permeability,specific=10.
 1e-06,1.2……
```

注释：

第一行参数依次为：泊松比、回弹指数、压缩指数、初始孔隙比、临界状态线、先期固结压力，后面的参数保持为 0；

第二行参数：为其他本构特性接口，比如各向异性、结构性等，本书暂不介绍。

第三行参数依次为：各向异性弹性参数，1 为各向同性弹性；控制修正临界状态线的参数，0 为默认选项；辅助修正临界状态线计算的参数，1 为默认；小应变参数。

（3）调用 UMAT 子程序

ABAQUS 可以使用以下两种方式来调用 UMAT 子程序：

• 对工程问题建模，设置土体参数、边界条件、加载等全部完成建立 Job 后，需要在 Job 模块下，【Edit】对应的 Job，在 User subroutine file 位置选择自定义 Fortran 程序

Umat. for。完成之后，即可以执行后续的 Data Check 以及 Submit。

• 一般来说，在使用子程序时，为方便检查模型，都设置 UMAT 子程序调用（图 16.9），然而在计算运行时，可以不采用在 CAE 中提交 inp，而是在 ABAQUS Command 中进行。这里给出一个本章使用子程序调用的 Command 语句：abaqus job= *. inp user =UMAT. for cpus=N int，使用的时候需要把 UMAT. for 子程序与 inp 文件放置于同一个文件夹，或者给 UMAT 文件指定一个文件路径。

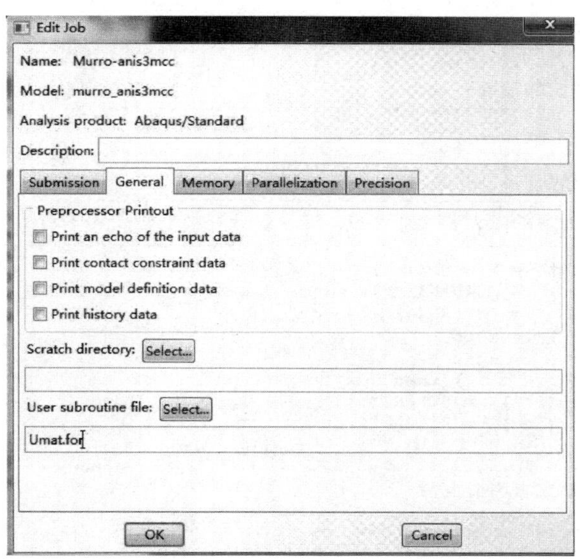

图 16.9　Umat 子程序调用

16.5.4　SIMSAND 的 UMAT 编写

参数定义、变量定义、初始化、一个增量步计算、输入输出等在源代码里作了详细标注。

```
! UMAT的基本格式
!*************************************************************
      SUBROUTINE UMAT(STRESS,STATEV,DDSDDE,SSE,SPD,SCD,
       RPL,DDSDDT,DRPLDE,DRPLDT,
       STRAN,DSTRAN,TIME,DTIME,TEMP,DTEMP,PREDEF,DPRED,CMNAME,
       NDI,NSHR,NTENS,NSTATV,PROPS,NPROPS,COORDS,DROT,PNEWDT,
       CELENT,DFGRD0,DFGRD1,NOEL,NPT,LAYER,KSPT,KSTEP,KINC)
!
      INCLUDE 'ABA_PARAM.INC'
!
! UMAT的基本变量定义
      CHARACTER*80 CMNAME
      DIMENSION STRESS(NTENS),STATEV(NSTATV),
       DDSDDE(NTENS,NTENS),
       DDSDDT(NTENS),DRPLDE(NTENS),
       STRAN(NTENS),DSTRAN(NTENS),TIME(2),PREDEF(1),DPRED(1),
       PROPS(NPROPS),COORDS(3),DROT(3,3),DFGRD0(3,3),DFGRD1(3,3)
! UMAT需要的其他变量定义
      Double Precision  cm(NPROPS),CC(6,6),depsp(6)
      Double Precision  Sig(6),eps(6),dSig(6),dEps(6),Epsp(6)
```

```
        Double Precision   hsv(NSTATV)
        Double Precision   StVar(NSTATV),StVar_DDS(NSTATV)
        Double Precision   Sig0(6),Sig_DDS(6),Sig_new(6),Sig_temp(6)
        Double Precision   Stress_star(6),sig_star(6),stress_old(6)
        Double Precision   Eps0(6),dEps_dds(6),deps_temp(6)
        Double Precision   dstran_star_dt(6),deps_ini(6)
        Double Precision   D(6,6),DDS(6,6),DD(6,6),DDE(6,6)
        Double Precision   DDSDD(NTENS,NTENS)
        Double Precision   theta
        integer            ntens,ii,jj,kk,i,j
        integer            CSL,psi_selection,sub_nstep
        Parameter( zero = 0.D0, one = 1.D0, two = 2.D0, three = 3.D0,
          third = one/three, half = 0.5D0, twoThirds = two/three,
          threeHalfs = 1.5D0 )
!
!*****************************************************************
!        读取本构的输入参数
!*****************************************************************
         cm     = props
!*****************************************************************
        format(6(1x,1p,e12.5))
! ----------------------------------------------------------------
! 读取当前荷载步的应力和应变增量，注意：此处的剪应变为工程剪应变
! ----------------------------------------------------------------
        Sig0(1:4)   = STRESS(1:4)
        dEps(1:3)   = DSTRAN(1:3)
        dEps(4)     = DSTRAN(4)
        Sig0(5:6)   = zero
        dEps(5:6)   = zero
        if( NSHR .GT. 1 ) then
            Sig0(5:6)   = STRESS(5:6)
            dEps(5:6)   = DSTRAN(5:6)
        end if
! ----------------------------------------------------------
! 读取状态变量或者历史变量
! ----------------------------------------------------------
        hsv=STATEV
! ----------------------------------------------------------
! 初始化状态变量（即总计算时间为0的时刻）
! ----------------------------------------------------------
        IF (KSTEP == 1 .AND. TIME(2) ==zero) THEN
!         ........................................
!         ........................................
        END IF
! ----------------------------------------------------------
! 调用自己定义的本构模型计算新应力
! ----------------------------------------------------------
          deps_temp   = deps*(-1.)
          Call CSsand (cm,deps,sig0,hsv,sig,Eps0)
! ----------------------------------------------------------
! 更新应力和历史变量，并返回给ABAQUS
! ----------------------------------------------------------
        STRESS(1:4) = (-1.0)*SIG(1:4)
        if( NSHR .EQ. 3 ) then
            STRESS(5:6) = (-1.0)*SIG(5:6)
        end if
        STATEV = hsv
! ----------------------------------------------------------
! 计算一致切线模量，并返回给ABAQUS
! ----------------------------------------------------------
        Call MATRIXDE(sig,cm,hsv,D)
!
        Do i=1,NTENS
           Do j=1,NTENS
              DDSDDE(i,j)=D(i,j)
           End Do
        End Do
        DDSDDE(4,4)=D(4,4)
        if( NSHR .GT. 1 ) then
            DDSDDE(5,5)=D(5,5)
```

```
            DDSDDE(6,6)=D(6,6)
        end if
!-----------------------------------------------------------
        Return
        END SUBROUTINE UMAT
```

16.6　基于 ABAQUS/Explicit 的有限元二次开发

16.6.1　ABAQUS 时间差分算法

ABAQUS/EXPLICIT 采用基于动态显示算法的中心差分方法求解显示运动方程（Hibbitt 等，2001），在时间段开始时程序求解动力平衡方程，即用节点的质量刚度矩阵 $\boldsymbol{M}$ 乘以节点的加速度 $\ddot{u}$ 等于节点的合力（外力 $\boldsymbol{P}$ 和单元内力 $\boldsymbol{I}$ 的差值）：

$$\boldsymbol{M}\ddot{u}=\boldsymbol{P}-\boldsymbol{I} \tag{16.23}$$

当前时间段开始时（t 时刻）的加速度：

$$\ddot{u}_{(t)}=(\boldsymbol{M})^{-1}(\boldsymbol{P}-\boldsymbol{I})_{(t)} \tag{16.24}$$

因为显式算法采用的是一个对角或者块状的质量矩阵，求解节点的加速度不很麻烦，不必同时求解联立方程。任何节点的加速度仅取决于节点的质量和作用在节点的力，致使节点的计算成本很低。

如图 16.10 所示，节点的速度由中心差分法的时间积分得到，即假定加速度为常数以求得速度的变化，用这个速度的变化值加上前一时间段的中心时间的速度来确定当前时间段的中心时间速度：

$$\dot{u}_{(t+\frac{\Delta t}{2})}=\dot{u}_{(t-\frac{\Delta t}{2})}+\frac{(\Delta t_{(t+\Delta t)}+\Delta t_{(\Delta t)})}{2}\ddot{u}_{(t)} \tag{16.25}$$

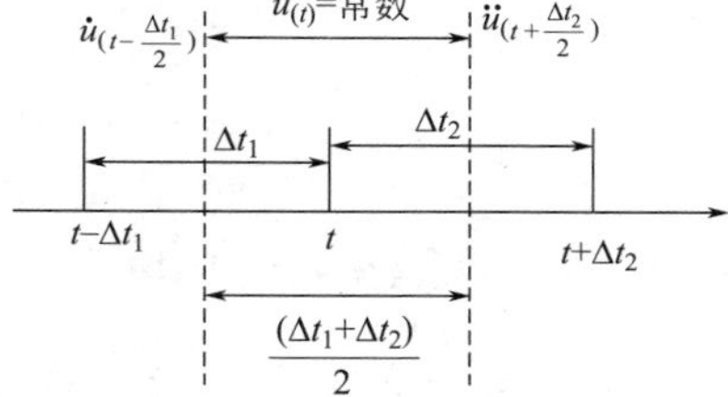

图 16.10　时间中心差分法积分定义

速度沿时间积分的结果加上此前时间段开始的位移，即可确定时间段结束的位移：

$$u_{(t+\Delta t)}=u_{(t)}+\dot{u}_{(t+\frac{\Delta t}{2})}\Delta t_{(t+\Delta t)} \tag{16.26}$$

时间段开始时就提供了满足动力学平衡条件的加速度，加速度已知，可以通过时间积分得到速度，进而得到位移。所谓‘显式’是指时间段结束时的状态取决于时间段开始的位移、速度和加速度。为了得到时间段内恒定的加速度，时间积分步需要比较小，以保证加速度在时间段内是常数。

16.6.2　VUMAT 二次开发原理

根据 ABAQUS 所提供的用户子程序接口，通过用户材料子 VUMAT（Hibbitt 等，2001）接口与 ABAQUS/EXPLICIT 主求解程序的接口对接，实现与 ABAQUS 的数据交换，完成有限元数值计算。

图 16.11 为 ABAQUS 和 VUMAT 结合使用的基本流程。从图中可以看出，ABAQUS 基于显式积分求解节点位移 Δu 和单元应变 $\Delta\varepsilon$，而 VUMAT 根据 ABAQUS 求

解的单元应变 $\Delta\varepsilon$ 更新单元应力 $\Delta\sigma$，应力更新采用杨杰等（2017）提出的切面算法实现。然后将更新后的应力传递给 ABAQUS，供 ABAQUS 计算下一时间增量的节点位移 Δu 和单元应变 $\Delta\varepsilon$，接着一直循序至加载时间结束。其具体步骤如下：

（1）节点计算

①动力平衡方程，见式（16.24）。

②对时间显式积分，见式（16.25）、式（16.26）。

（2）单元计算

根据应变率 $\dot{\varepsilon}$，计算单元应变增量 $d\varepsilon$，根据本构关系计算应力增量 $\Delta\sigma$：

$$d\sigma_{(t+\Delta t)} = f(\sigma_{(t)},\ d\varepsilon) \tag{16.27}$$

汇集节点内力 $\boldsymbol{I}_{(t+\Delta t)}$。

（3）返回步骤（1），直到加载结束。

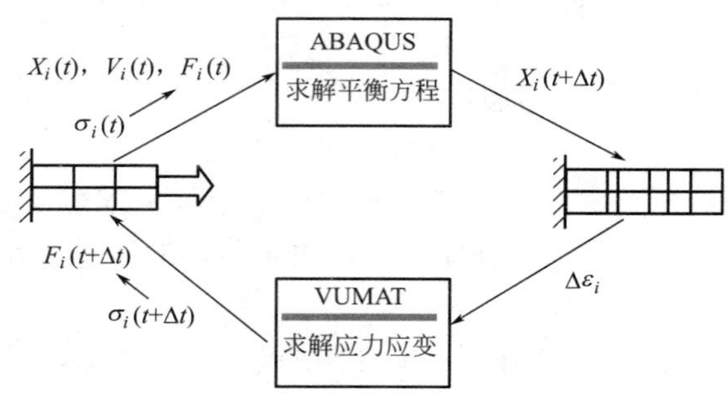

图 16.11　ABAQUS/EXPLICIT 分析的基本流程

16.6.3　SIMSAND 的 VUMAT 编写

参数定义、变量定义、初始化、一个增量步计算、输入输出等在源代码里作了详细标注。值得注意的是，①UAMT 里的剪应变是工程剪应变（γ_{12}，γ_{23}，γ_{13}），而 VUMAT 里的剪应变是一般剪应变（ε_{12}，ε_{23}，ε_{13}），它们之间的关系是：$\gamma_{12}=2\varepsilon_{12}$，$\gamma_{23}=2\varepsilon_{23}$，$\gamma_{13}=2\varepsilon_{13}$；②调用 VUMAT 计算的是 ABAQUS 的显式计算模块，所以 VUMAT 里需要计算单元内能和单元耗散能，并返回给 ABAQUS，供用户判断计算是准静态问题还是动力问题；③ABAQUS 在计算开始前（总时间＝0）会提前调用 VUMAT 进行尝试计算，来确定 VUMAT 的编译是否正确。需要注意的是，这个尝试计算会改变状态变量的值，这个值在正式计算开始时不会被覆盖掉，而是当作初始状态变量来对待。

```
!VUMAT的基本格式
!***********************************************************
      SUBROUTINE VUMAT(
! READ ONLY (UNMODIFIABLE)VARIABLES - 只读变量
     NBLOCK, NDIR, NSHR, NSTATEV, NFIELDV, NPROPS, LANNEAL,
     STEPTIME, TOTALTIME, DT, CMNAME, COORDMP, CHARLENGTH,
     PROPS, DENSITY, STRAININC, RELSPININC,
     TEMPOLD, STRETCHOLD, DEFGRADOLD, FIELDOLD,
     STRESSOLD, STATEOLD, ENERINTERNOLD, ENERINELASOLD,
     TEMPNEW, STRETCHNEW, DEFGRADNEW, FIELDNEW,
! WRITE ONLY (MODIFIABLE) VARIABLES - 只写变量
     STRESSNEW, STATENEW, ENERINTERNNEW, ENERINELASNEW )
!
```

```
      INCLUDE 'VABA_PARAM.INC'
!  基本变量定义
      DIMENSION PROPS(NPROPS), DENSITY(NBLOCK), COORDMP(NBLOCK,*),
        CHARLENGTH(NBLOCK), STRAININC(NBLOCK,NDIR+NSHR),
        RELSPININC(NBLOCK,NSHR), TEMPOLD(NBLOCK),
        STRETCHOLD(NBLOCK,NDIR+NSHR),
        DEFGRADOLD(NBLOCK,NDIR+NSHR+NSHR),
        FIELDOLD(NBLOCK,NFIELDV), STRESSOLD(NBLOCK,NDIR+NSHR),
        STATEOLD(NBLOCK,NSTATEV), ENERINTERNOLD(NBLOCK),
        ENERINELASOLD(NBLOCK), TEMPNEW(NBLOCK),
        STRETCHNEW(NBLOCK,NDIR+NSHR),
        DEFGRADNEW(NBLOCK,NDIR+NSHR+NSHR),
        FIELDNEW(NBLOCK,NFIELDV),
        STRESSNEW(NBLOCK,NDIR+NSHR), STATENEW(NBLOCK,NSTATEV),
        ENERINTERNNEW(NBLOCK), ENERINELASNEW(NBLOCK)
!
      CHARACTER*80 CMNAME
!
      Dimension cm(NPROPS),mvec(6),CC(6,6),dumv(6),dumu(6,6),depsp(6)
      Dimension code(6),vmix0(6),vmix1(6),dvmix(6),dvmix_it(6)
      Dimension sigunb(6),Sig(6),eps(6),dSig(6),dEps(6),Epsp(6)
      Dimension SigR(6), nij0(6), EpspR(6),deps_cyclic(6),hsv(NSTATEV)
      Dimension sig0(6), deps_temp(6)
      INTEGER   CSL,psi_selection
      Parameter( zero = 0.D0, one = 1.D0, two = 2.D0, three = 3.D0,
        third = one/three, half = 0.5D0, twoThirds = two/three,
        threeHalfs = 1.5D0 )

!**************************************************************
!      读取本构输入参数
!**************************************************************
      cm     = props
! ------------------------------------------------------------
! 初始化状态变量
! ------------------------------------------------------------
      if (STEPTIME .eq. zero .AND. TOTALTIME .eq. zero ) then
        do k = 1, nblock
!       ......................................
!       ......................................
        end do
      END IF
!**************************************************************
!   主程序
! ------------------------------------------------------------
      do k = 1, nblock
         Sig0(1)= stressOld(k,1)
         Sig0(2)= stressOld(k,2)
         Sig0(3)= stressOld(k,3)
         Sig0(4)= stressOld(k,4)
         Sig0(5)= zero
         Sig0(6)= zero
         if( NSHR .EQ. 3 ) then
              Sig0(5)= stressOld(k,5)
              Sig0(6)= stressOld(k,6)
         end if
!***读取应变增量，注意：此处的剪应变为一般剪应变，不是工程剪应变，这点跟UMAT不同
         deps(1)) = strainInc(k,1)
         deps(2) = strainInc(k,2)
         deps(3) = strainInc(k,3)
         deps(4) = strainInc(k,4)
         deps(5) = zero
         deps(6) = zero
         if( NSHR .EQ. 3 ) then
              deps(5)= strainInc(k,5)
              deps(6)= strainInc(k,6)
         end if
!--------状态变量赋值给中间变量，非必要过程，可根据实际情况灵活定义---
         do j=1,NSTATEV
            hsv(j)=STATEOLD(k,j)
         end do
```

```
! -----------------------------------------------------------------
! 改变应力应变符号（以压为正）
          sig  = -1.0*sig0
          deps = -1.0*deps
! 调用自己编写的应力更新子程序
        Call simplesand (cm,deps,sig,hsv)
!------------------------------------------------------------------
          sig = -1.0*sig
! 更新应力并返回给ABAQUS
          stressNew(k,1)=sig(1)
          stressNew(k,2)=sig(2)
          stressNew(k,3)=sig(3)
          stressNew(k,4)=sig(4)
          if( NSHR .EQ. 3 ) then
             stressNew(k,5)=sig(5)
             stressNew(k,6)=sig(6)
          end if
! 更新状态变量
          Do j=1,NSTATEV
             STATENEW(k,j)=hsv(j)
          end do
! 更新等效塑性应变
            deqps=hsv(18)
! 计算内能
       if ( nshr .lt. 3 ) then
       stressPower = half * (
      * ( stressOld(k,1) + stressNew(k,1) ) * strainInc(k,1) +
      * ( stressOld(k,2) + stressNew(k,2) ) * strainInc(k,2) +
      * ( stressOld(k,3) + stressNew(k,3) ) * strainInc(k,3)) +
      * ( stressOld(k,4) + stressNew(k,4) ) * strainInc(k,4)
       else
         stressPower = half * (
           ( stressOld(k,1)+stressNew(k,1) )*strainInc(k,1)
           +      ( stressOld(k,2)+stressNew(k,2) )*strainInc(k,2)
           +      ( stressOld(k,3)+stressNew(k,3) )*strainInc(k,3)
           +      ( stressOld(k,4)+stressNew(k,4) )*strainInc(k,4)
           +      ( stressOld(k,5)+stressNew(k,5) )*strainInc(k,5)
           +      ( stressOld(k,6)+stressNew(k,6) )*strainInc(k,6))
       end if
         enerInternNew(k) = enerInternOld(k)
           + stressPower / density(k)
!
! 计算耗散能 -
         smean = third * ( stressNew(k,1) + stressNew(k,2)
                         + stressNew(k,3) )
       if ( nshr .lt. 3 ) then
         equivStress = sqrt( threeHalfs *
           ( (stressNew(k,1)-smean)**2
           + (stressNew(k,2)-smean)**2
           + (stressNew(k,3)-smean)**2
           + two * stressNew(k,4)**2 ) )
       else
          equivStress = sqrt( threeHalfs *
           ( (stressNew(k,1)-smean)**2
           + (stressNew(k,2)-smean)**2
           + (stressNew(k,3)-smean)**2
           +  stressNew(k,4)**2
           +  stressNew(k,4)**2
           +  stressNew(k,4)**2 ) )
       end if

         plasticWorkInc = equivStress * deqps
         enerInelasNew(k) = enerInelasOld(k)
           + plasticWorkInc / density(k)

       end do

       return
       end
```

```
! ----------------------------
! 结束 VUMAT
!-----------------------------
```

16.6.4 耦合欧拉-拉格朗日方法-CEL

有限元描述网格单元运动常见的基本方法有拉格朗日法和欧拉法（（Hibbitt 等，2001；Hamann 等，2015；Qiu 等，2011）。拉格朗日法常用于解决小变形问题，源于固体力学，当网格单元运动时网格的节点跟随材料一起变形，如图 16.12（a）所示。欧拉法常用于解决大变形问题，源于流体力学，在网格单元运动时网格节点固定不动，材料在网格内部流动，如图 16.12（b）所示。对于拉格朗日网格通过材料跟踪网格节点的运动，能准确地模拟材料的边界运动，但材料发生大变形时网格会发生扭曲，导致计算过程中出现不收敛问题。对于欧拉网格，材料发生大变形的同时网格节点形状不变，能很好地保持计算的收敛性，但当模型含有多种材料时容易发生数值扩散，导致不能精确计算模型的边界信息。对于岩土工程的土-结构相互作用问题，若对结构实体采用拉格朗日划分，土体采用欧拉网格划分，这种耦合拉格朗日-欧拉法可以结合两种方法的优点并解决了边界和大变形问题。在 CEL 方法中，欧拉体积分子（eulerian volume faction，EVF）表示材料在单元中的填充程度，EVF＝1 时欧拉单元完全填充，EVF＝0 时欧拉单元中无材料。欧拉网格和拉格朗日网格之间的约束通过罚函数的近似方法进行耦合。

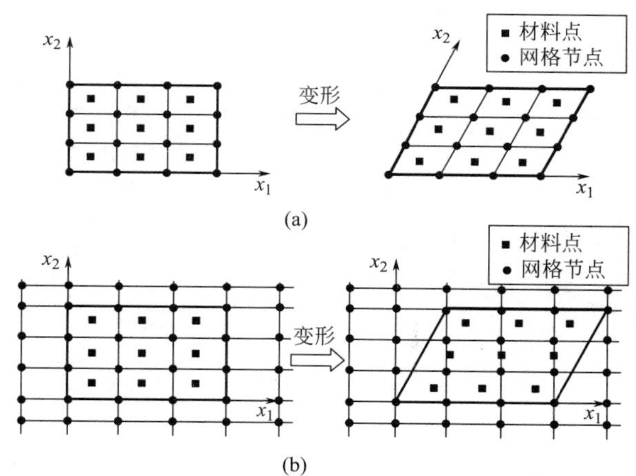

图 16.12 拉格朗日网格法和欧拉网格法的变形分析

（a）拉格朗日网格；（b）欧拉网格

16.6.5 光滑粒子流体动力学方法-SPH

本研究采用有限元程序 ABAQUS/Explicit 中的 SPH 方法来解决大变形问题。该方法最初由 Gingold 和 Monaghan（1977）提出，用于天体物理学的数值分析。进一步的发展允许其应用于固体力学领域的各种问题。在 SPH 的方法中，一定数量的粒子用于离散数值域。颗粒代表土体的体积和质量，并带有数值参数，如加速度、速度、孔隙比等（Chen 和 Qiu，2011；Bui 等，2008），如图 16.13（a）所示。

数值域中各点的场变量可以通过以下等式来解释相邻粒子的影响：

$$f(x)=\int_{\Omega} f(x')W(x-x',\ h)\mathrm{d}x' \tag{16.28}$$

式中，W 为加权函数，也可称为核函数或平滑函数。进一步近似为相邻粒子之和：

$$f(x)=\sum_{i=1}^{N} f(x_i)W(x-x_i,\ h)V_i=\sum_{i=1}^{N} f(x_i)W(x-x_i,\ h)\frac{m_i}{\rho_i} \tag{16.29}$$

式中，V_i、ρ_i 和 m_i 分别为颗粒的体积、密度和质量；N 为受到当前粒子影响的周边粒子的数量。空间导数 f（x）近似于核函数上的差分运算：

$$\frac{\partial f(x)}{\partial x}=\sum_{i=1}^{N}\frac{m_i}{\rho_i}f(x_i)\frac{\partial W(x-x_i,\ h)}{\partial x_i} \tag{16.30}$$

因此，核函数对 SPH 计算的效率和准确性有重要影响。粒子作为插值点用于估计连续介质中的所有变量。这些粒子也可以分开很远的距离。粒子之间的变量可以通过平滑形状函数来近似。当一个粒子从另一个粒子到达一定距离，这是平滑的长度，粒子开始相互作用。只有当 SPH 粒子处于影响范围内时，它们才会相互影响。因此，更平滑或更连续的特性可以通过更大的平滑长度来实现。否则，使用更小的平滑长度将获得更多的离散特性，因为在这种情况下粒子更独立。

SPH 方法的主要优点是，在计算空间导数时，不需要固定的计算网格。相反，可以使用基于微分的平滑函数估计的解析表达式（Li 和 Liu，2002）。由于计算过程中的粒子可以在一段时间内相互作用和分离，SPH 方法可以处理非常大的变形分析（Boranowski，2014）。

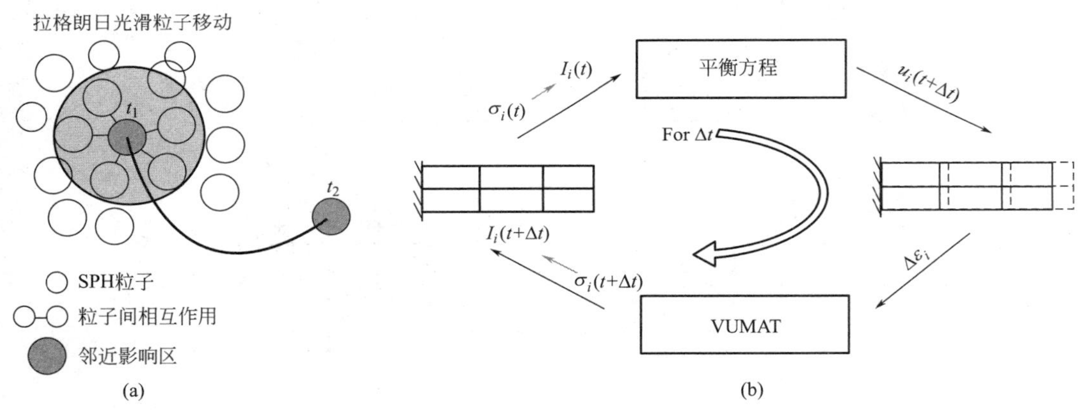

图 16.13　SPH 数值方法

（a）光滑粒子流体动力学方法的变形；（b）显式分析的流程图

16.7　本章小结

本章首先概述了有限元法，并介绍一般应力应变条件下的本构方程，以及本构模型的隐式积分算法。然后，对基于 ABAQUS/STANDARD 的有限元二次开发作了详细介绍，以 SIMSAND 为例详述了 UMAT 子程序的编写及使用，并辅以 SIMSAND 源程序。接着，详细介绍了基于 ABAQUS/EXPLICIT 的有限元二次开发，包括 ABAQUS 时间差分算法、VUMAT 二次开发原理、SIMSAND 的 VUMAT 编写，并详述了 VUMAT 与

UMAT的相同点与不同点。最后，简单介绍了耦合欧拉-拉格朗日方法（CEL）和光滑粒子流体动力学方法（SPH），为SIMSAND模型的VUMAT在CEL和SPH中的大变形分析应用做好理论铺垫。

参考文献

Bojanowski C. Numerical modeling of large deformations in soil structure interaction problems using FE, EFG, SPH, and MM-ALE formulations [J]. Archive of Applied Mechanics, 2014, 84 (5): 743-755.

Chen W, Qiu T. Numerical simulations for large deformation of granular materials using smoothed particle hydrodynamics method [J]. International Journal of Geomechanics, 2012, 12 (2): 127-135.

Gingold R A, Monaghan J J. Smoothed particle hydrodynamics: theory and application to non-spherical stars [J]. Monthly Notices of the Royal Astronomical Society, 1977 (3): 375-389.

Ha H. Bui, Ryoichi Fukagawa, Kazunari Sako, et al. Lagrangian meshfree particles method (SPH) for large deformation and failure flows of geomaterial using elastic-plastic soil constitutive model [J]. International Journal for Numerical and Analytical Methods in Geomechanics, 2008, 32 (12): 1537-1570.

Hamann T, Qiu G, Grabe J. Application of a Coupled Eulerian-Lagrangian approach on pile installation problems under partially drained conditions [J]. Computers & Geotechnics, 2015, 63 (1): 279-290.

Hibbitt, Karlsson, Sorensen. ABAQUS/Explicit: User' s Manual [M]. USA: Hibbitt, Karlsson and Sorenson Incorporated, 2001.

Jin Y F, Yin Z Y, Shen S L, et al. Selection of sand models and identification of parameters using an enhanced genetic algorithm [J]. International Journal for Numerical and Analytical Methods in Geomechanics, 2016, 40 (8): 1219-1240.

Jin Y F, Yin Z Y, Wu Z X, et al. Numerical modeling of pile penetration in silica sands considering the effect of grain breakage [J]. Finite Elements in Analysis & Design, 2018, 144 (3): 15-29.

Li S, Liu W K. Meshfree and particle methods and their applications [J]. Applied Mechanics Reviews, 2002, 55 (1): 1-34.

Ortiz M, Simo J C. An analysis of a new class of integration algorithms for elastoplastic constitutive relations [J]. International Journal for Numerical Methods in Engineering, 1986, 23 (3): 353-366.

Potts DM, Zdravkovic L. Finite element analysis in geotechnical engineering: Theory [M]. London: Thomas Telford, 1999.

Qiu G, Henke S, Grabe J. Application of a Coupled Eulerian-Lagrangian approach on geomechanical problems involving large deformations [J]. Computers & Geotechnics, 2011, 38 (1): 30-39.

Wu Z X, Yin Z Y, Jin Y F, et al. A straightforward procedure of parameters determination for sand: a bridge from critical state based constitutive modelling to finite element analysis [J]. European Journal of Environmental and Civil Engineering, 2019; 23 (12): 1444-1466.

杨杰，尹振宇，黄宏伟，等. 面向边界面模型的切面算法扩展 [J]. 岩土力学，2017，38 (12): 3436-3444.

第 17 章　土的小应变刚度特性及应用

本章提要

近年来，土体的小应变刚度特性已成为国内外岩土工程研究的热点和难点之一。本章的目的是系统介绍土体小应变刚度的宏观特性、本构模型和工程应用实例。首先归纳小应变刚度特性的本构模拟方法，详细介绍了小应变弹塑性本构模型的建立、数值实现和在有限元技术中的二次开发。然后，以隧道工程为例，具体介绍小应变刚度特性和本构模型在实际工程中的应用。分析结果表明，很有必要在模拟隧道开挖引起的地面沉降问题中考虑土体小应变特性的影响。

17.1　引言

大量的工程实测数据表明，相当一部分地下结构周围的土体在正常工作荷载作用下处于小应变状态。监测数据的反分析和小应变刚度试验均表明，土体实际的刚度值要比由常规试验（如侧限压缩和三轴试验）得到的刚度值大很多。很多文献（Cole 和 Burland，1972；St John，1975；Marsland 和 Eason，1973；Burland 和 Kalra，1986；Burland 和 Hancock，1977；Simpson 等，1979；Burland，1989；Tatsuoka 和 Kohata，1995）认为：在工作荷载作用下重要建筑物基础和深基坑周围土体应变基本上小于 0.1%，最大不超过 0.5%。类似地，Jardine 等（1986）和 Mair（1993）认为，在基础、基坑和隧道周围除了少数发生塑性的区域外，其他区域的应变整体上是非常小的，有代表性的数量级是 0.01%～0.1%。根据 Atkinson 和 Sallfors（1991）的定义，剪应变可分为三个范围：非常小应变（不大于 10^{-6}）、小应变（10^{-6}～10^{-3}）和大应变（大于 10^{-3}）。图 17.1 为土体在几种常见的岩土工程条件下的应变及不同试验方法适用的应变范围。

各类重大工程对变形均有严格的要求，即要求结构物周围一定范围内的土体处于小应变状态。由于设计参数一般基于常规试验结果，岩土工程师在对建筑物周围土体变形进行预测分析时采用的刚度值往往小于实际的刚度值，一方面会导致预测的变形过大而造成地下结构支护体系过于保守及建筑物造价大幅攀升，另一方面会导致一些结构面上预测的土压力过小而造成设计的安全系数降低甚至出现工程事故。因此，土体小应变刚度特性（通常包括非常小应变和小应变两个范围）的准确评估对于准确预测结构周围土体变形、控制工程造价以及工程灾害防治都有着重要的意义。

为此，本章针对小应变刚度特性，从试验规律、理论到工程应用进行详实的阐述。首先归纳小应变刚度特性的本构模拟方法，详细介绍了小应变弹塑性本构模型的建立、数值实现和在有限元技术中的二次开发。然后，以隧道工程为例，具体介绍小应变刚度特性和

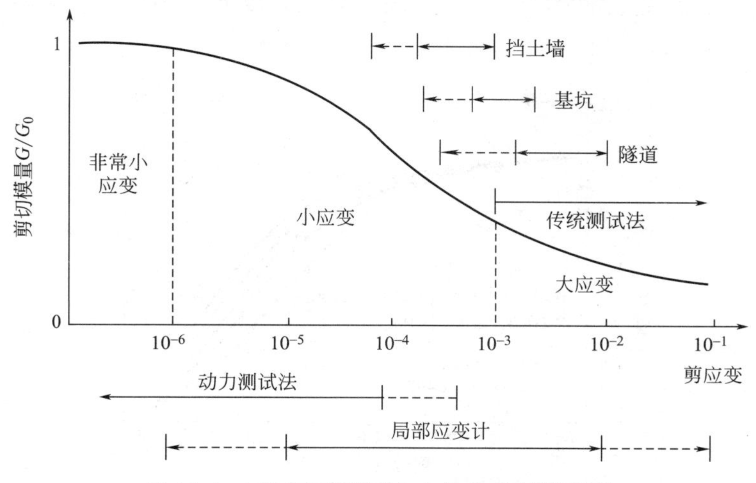

图 17.1　不同应变范围内土体应变-刚度特性

本构模型在实际工程中的应用。

17.2　小应变刚度衰减试验现象

Jardine 等（1986）和 Mair（1993）认为，在基坑和隧道周围除了少数发生塑性变形的区域外，其他区域的应变整体上是非常小的，数量级在 10^{-4}～10^{-3} 之间。所以，小应变范围内刚度值以及刚度值随应变的变化规律对准确预测地面变形是极其重要的。

大量的研究发现，刚度随应变的衰减速度受很多因素的影响，与土体的物理特性有关。然而砂土和黏土的刚度随应变衰减的形态却有所不同，砂土主要受围压的影响，而黏土主要受塑性指数的影响。

许多学者的研究表明，无黏性土的刚度衰减变化范围较小，大多数的试验结果位于一个不太宽的带内。Seed 和 Idriss（1970）建议砂土的 G/G_{max} 衰减曲线如图 17.2 所示，一般认为 Seed 和 Idriss 建议的砂土刚度衰减关系能够代表大多数砂土。无黏性土 G/G_{max}-γ_a 曲线的形状基本上与试样的扰动程度、细粒含量、含砾量、相对密度无关，但是随着初始有效应力的增加 G/G_{max}-γ_a 曲线向上移动。Kokusho（1980）试验结果表明初始有效固结

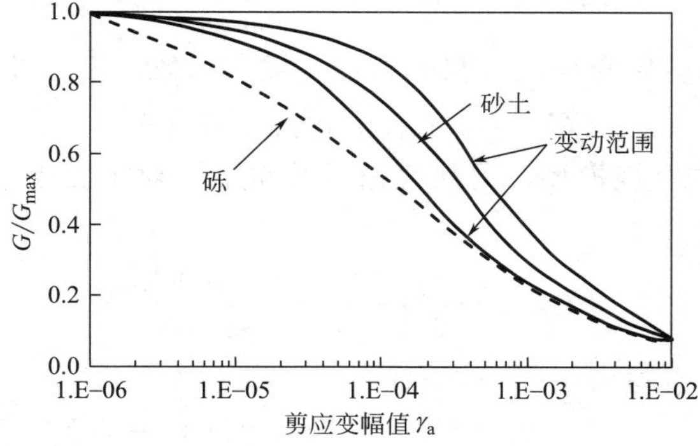

图 17.2　Seed 和 Idriss 建议的 G/G_{max}-γ_a 的曲线

应力 σ'_c 对 G/G_{max}-γ_a 曲线有影响，表现为 σ'_c 越大，G/G_{max} 随 γ_a 增大而减小的速度越慢，试验结果如图 17.3 所示。

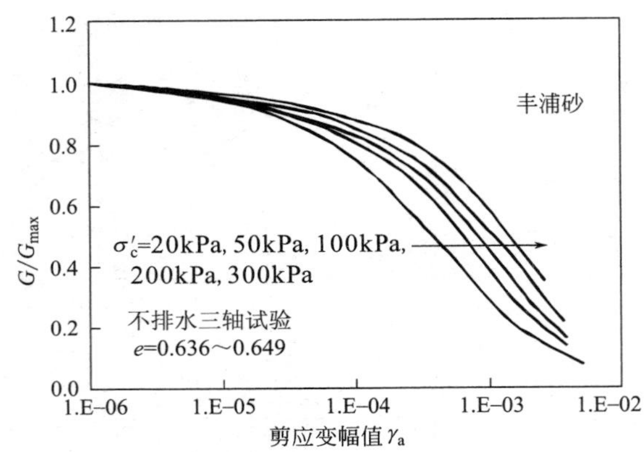

图 17.3　初始有效固结应力 σ'_c 对 G/G_{max}-γ_a 曲线的影响

17.3　本构模拟方法及参数

基于试验结果，各国学者们提出了不同的小应变刚度折减方程。基于数学结构简单，输入参数易确定等原则，本章展示两种方法：①类似于硬化土小应变模型（Benz 等，2009），采用 Hardin 等（1972）提出的单参数割线剪切模量折减方程；②采用 Scharinger 等（2009）提出的更加准确的双参数割线剪切模量折减方程。

17.3.1　单参数非线弹性小应变剪切模量公式修正及参数确定

由割线剪切模量方程（Hardin 等，1972），可以推导出非线弹性小应变切线剪切模量的方程，可表示为：

$$G=\frac{G_0}{(1+\varepsilon_d^*/\gamma_{ref})^2} \tag{17.1}$$

式中，ε_d^* 为应力或应变反转后的剪切应变。

$$\varepsilon_d^*=\sqrt{\frac{2}{3}(e_{ij}-e_{ij}^R):(e_{ij}-e_{ij}^R)} \tag{17.2}$$

为了方便应用，以剪应变 0.1%时的 $G_{0.1\%}$ 为输入参数，代入式（17.1）可算出 G_0：

$$G_0=(1+0.001/\gamma_{ref})^2 G_{0.1\%} \tag{17.3}$$

对于砂土，$G_{0.1\%}$ 同常规模型，可从普通试验量取；对于黏土，剪切模量可由回弹指数 κ 计算得到：

$$G_{0.1\%}=\frac{(1-2\upsilon)}{2(1+\upsilon)}\frac{(1+e_0)}{\kappa}p' \tag{17.4}$$

由此，式（17.3）可写为：

$$G=\frac{(1+0.001/\gamma_{ref})^2}{(1+\varepsilon_d^*/\gamma_{ref})^2}\frac{(1-2\upsilon)}{2(1+\upsilon)}\frac{(1+e_0)}{\kappa}p' \tag{17.5}$$

对于给定的割线剪切模量随剪应变的折减曲线，可以取出比较具有非线性特征的点，即折减到70%的点（$0.7G_0$，$\gamma_{0.7}$）。然后代入割线剪切模量方程（Hardin等，1972），可推导出参数γ_{ref}的表达式为：

$$\gamma_{ref}=\frac{7}{3}\gamma_{0.7} \tag{17.6}$$

由此，类似于硬化土小应变模型（Benz等，2009），输入参数可以简化为折减到70% G_0时的剪应变$\gamma_{0.7}$。这个参数的值可以直接在小应变刚度折减曲线上量取。

Vucetic和Dobry（1991）研究发现，使用塑性指数可以比较容易获得G/G_{max}随剪应变衰减的一致关系。原因是塑性指数是由重塑土得到的，因此，塑性指数与土的应力状态及应力历史无关，塑性指数表示土体从半固体状态到流动状态所需含水量的大小，只与土体的成分（颗粒的大小、形状、颗粒成分、孔隙液化学成分等）有关。Vucetic和Dobry（1991）基于当时所能收集到的数据，建立了如图17.4（a）所示的G/G_{max}随剪应变衰减趋势与塑性指数的关系。由于土体的塑性指数简单易得，因此，可以根据Vucetic和Dobry建立的关系方便地估计某一剪应变幅值相应的剪切刚度。但由于Vucetic和Dobry在建立G/G_{max}随剪应变衰减趋势与塑性指数的关系时未考虑试验条件不同（如应变速率不一样、平均有效应力不一样）的影响，因此，在建立塑性指数与G/G_{max}随剪应变衰减趋势之间关系时，试验数据表现出一定的离散性。因此，有必要结合更多的试验数据对已

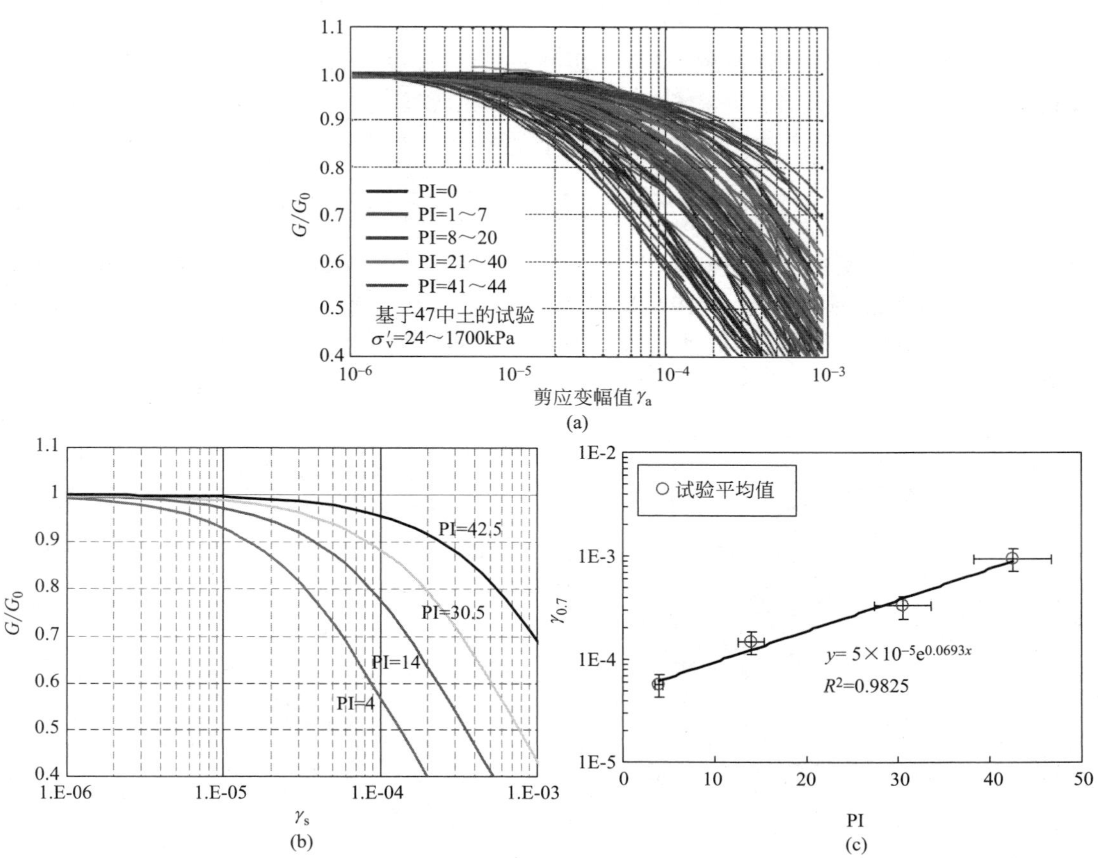

图17.4　小应变刚度随剪应变的折减规律及单参数确定

建立的关系进行修正和作出更精确的判断。

对于黏土，基于Vucetic和Dobry的总结，小应变刚度随剪应变的折减速度与黏土的塑性指数I_P（即PI）相关。由此，可建立$\gamma_{0.7}$与I_P的关系，如图17.4所示。

$$\gamma_{0.7}=5\times10^{-5}e^{0.0693I_P} \tag{17.7}$$

17.3.2 双参数非线性弹性小应变剪切模量公式修正及参数确定

由割线剪切模量方程，可以推导出非线性弹性小应变切线剪切模量的方程，可表示为：

$$G=\frac{G_0}{[1+a(\varepsilon_d^*)^b]^2} \tag{17.8}$$

式中，a和b为参数。为了方便应用，以剪应变0.1%时的$G_{0.1\%}$为输入参数，代入式(17.8)可算出G_0：

$$G_0=[1+a\cdot10^{-3b}]^2G_{0.1\%} \tag{17.9}$$

对于黏土，剪切模量可由回弹指数κ计算得到：

$$G_{0.1\%}=\frac{(1-2\upsilon)}{2(1+\upsilon)}\frac{(1+e_0)}{\kappa}p' \tag{17.10}$$

由此，将式(17.9)、式(17.10)代入式(17.8)可写为：

$$G=\frac{[1+a\cdot10^{-3b}]^2}{[1+a(\varepsilon_d^*)^b]^2}\frac{(1-2\upsilon)}{2(1+\upsilon)}\frac{(1+e_0)}{\kappa}p' \tag{17.11}$$

对于给定的割线剪切模量随剪应变的折减曲线，可以取出较有非线性特征的两点：折减到70%的点（$0.7G_0$，$\gamma_{0.7}$）和折减到30%的点（$0.3G_0$，$\gamma_{0.3}$）。然后代入割线剪切模量方程（Scharinger等，2009），联立方程组，可推导出参数a和b的表达式为：

$$a=\frac{7}{3(\gamma_{0.3})^b};\ b=\frac{0.736}{\log(\gamma_{0.3}/\gamma_{0.7})} \tag{17.12}$$

由此，输入参数可以简化为折减到$70\%G_0$时的剪应变$\gamma_{0.7}$和折减到$30\%G_0$时的剪应变$\gamma_{0.3}$。这两个参数的值可以直接在小应变刚度折减曲线上量取。基于Vucetic和Dobry(1991)对47种土的分析，可以抽出对应于平均塑性指数的平均折减曲线。然后基于此试验平均值，可以量出$\gamma_{0.7}$和$\gamma_{0.3}$（图17.5a），并建立$\gamma_{0.7}$、$\gamma_{0.3}$与塑性指数的关系：

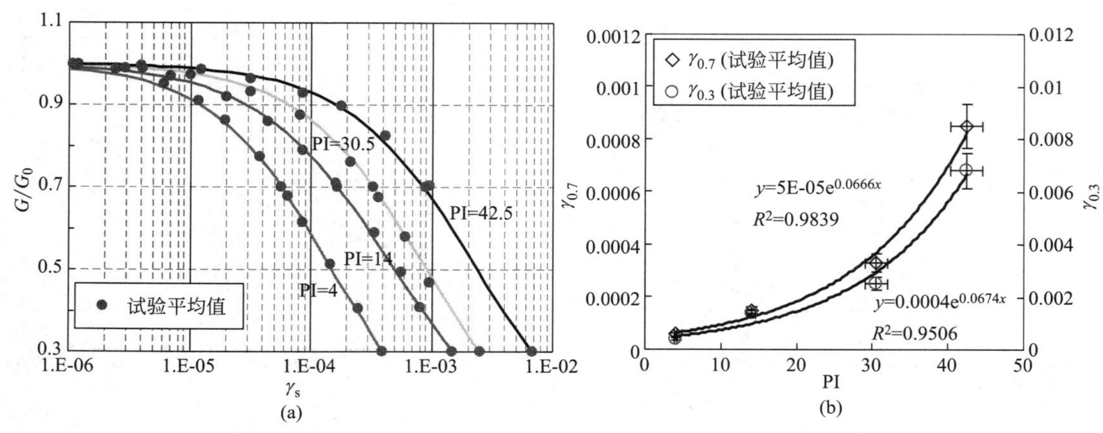

图17.5 小应变刚度随剪应变的折减规律及双参数确定

$$\begin{cases}\gamma_{0.7}=5\times10^{-5}e^{0.0666I_P}\\ \gamma_{0.3}=4\times10^{-4}e^{0.0674I_P}\end{cases}\tag{17.13}$$

17.4 砂土地层隧道开挖模拟

这里以本书第 2 章的 SIMSAND 模型为基础，只对剪切模量作如下修正：

$$G=G_0 p_{at}\frac{(2.97-e)^2}{(1+e)}\left(\frac{p'+c\cot\phi_c}{p_{at}}\right)^n\frac{(1+0.001/\gamma_{ref})^2}{(1+\varepsilon_d^*/\gamma_{ref})^2},\ \gamma_{ref}=\frac{7}{3}\gamma_{0.7}\tag{17.14}$$

然后编制到 UMAT 里，便可以用来分析边界值问题了。

本章以隧道为例。隧道开挖是一个复杂的力学演变过程，当中有因边界条件改变引起的伴随物理间隙的形成和填充、应力路径的改变和应力扰动与重分布、超孔隙水压力的产生和消散等复杂的力学演变过程。盾构法隧道施工过程中不可避免地会对盾构周围土体产生超挖，从而引起周边土体的扰动和变形。其中土体超挖引起的地层损失是盾构施工产生土体变形的主要原因。如何利用数值分析合理地预测由于地层损失造成的地面沉降以及沉降的影响范围是一个关键问题。

隧道地层损失模型是计算由地层损失引起的土体变形的重要依据。在分析地层损失模型之前，首先对地层损失进行探讨。Sagaseta（1987）提出如图 17.6（a）所示的呈向心均匀分布的地层损失模型。该模型后来也被 Verruijt 等（1996）和 Bobet（2001）所采用。Lee 等（1992）提出了如图 17.6（b）所示的两圆相切的地层损失模型，理由主要有：①盾构在施工过程中通常采用稍上仰的推进姿势，以避免盾构在推进过程中产生叩头现象；②当盾尾离开之后，隧道衬砌通常是坐落在下部土体上；③盾构附近的土体由于受到扰动，也会产生朝向盾构开挖面的弹塑性土体位移。该模型更符合实际情况，但相对前者，两圆相切的地层损失模型分析计算更为复杂。本章主要是分析小应变特性对地层沉降的影响，因此为了简化计算，选用图 17.6（a）所示的地层损失模型来分析隧道开挖地层损失引起的地面沉降问题。

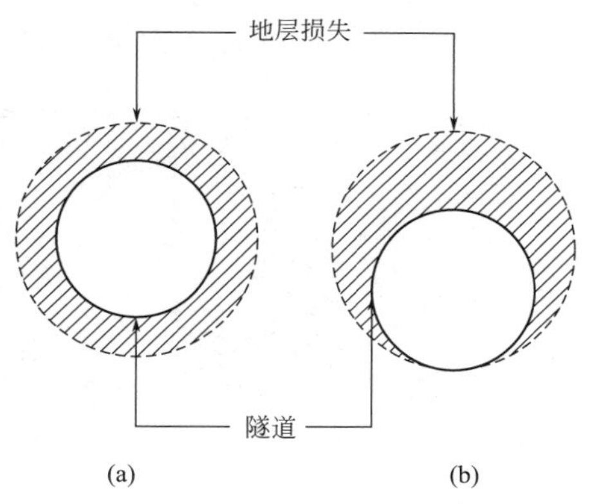

图 17.6 坑外地表沉降对比分析
（a）向心均匀分布的地层损失；
（b）两圆相切不均匀地层损失

17.4.1 数值计算模型

以上海地区的砂土地层土为分析原型（对应的模型参数见表 17.1），分析盾构隧道开挖过程中地表变形规律及对隧道周围的应力场的影响。本次数值计算采用 ABAQUS 有限元软件进行平面应变分析。土体计算尺寸为 80m×40m。隧道半径为 3.1m，埋深 10.5m，衬砌材料为钢筋混凝土，厚度 0.35m（图 17.7）。约束模型左右两侧的水平位移，以及模型底部的竖向位移。为了分析隧道开挖对周围土体的影响，这里在隧道的上下方分别设置

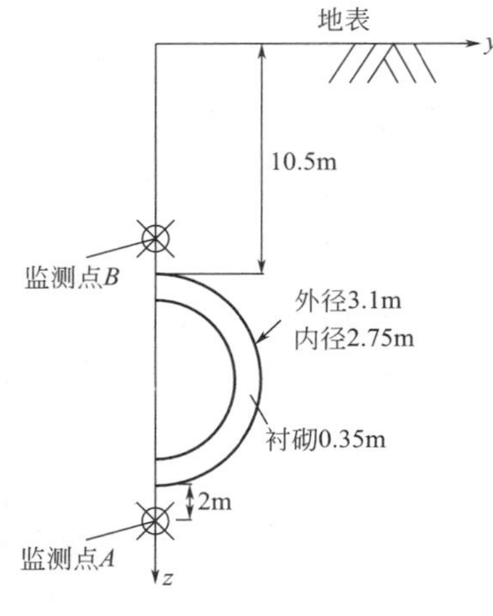

图 17.7　隧道模型示意图

两个监测点 A 和 B，用以记录开挖过程中该点处的应力变化。图 17.8 为 ABAQUS 有限元模型。其中采用 4000 个高斯积分点的四边形单元模拟土体，采用 128 个高斯积分点的四边形实体单元模拟衬砌。

隧道开挖过程中产生的超挖损失采用地层损失率控制，按照以下的分析步骤来模拟施工过程：第一步先进行地应力平衡，使模型在初始地应力的作用下位移为“准零”状态；第二步移去隧道内部的土体，固定隧道边界来模拟隧道洞周的支撑力，以确保隧道不发生位移。同时，通过控制隧道边界向内收缩，模拟盾构开挖引起的地层损失，收缩范围根据预期的地层损失率确定（按照上海地区的经验，对于施工控制较好的情况，体积损失率控制在 2%左右）。

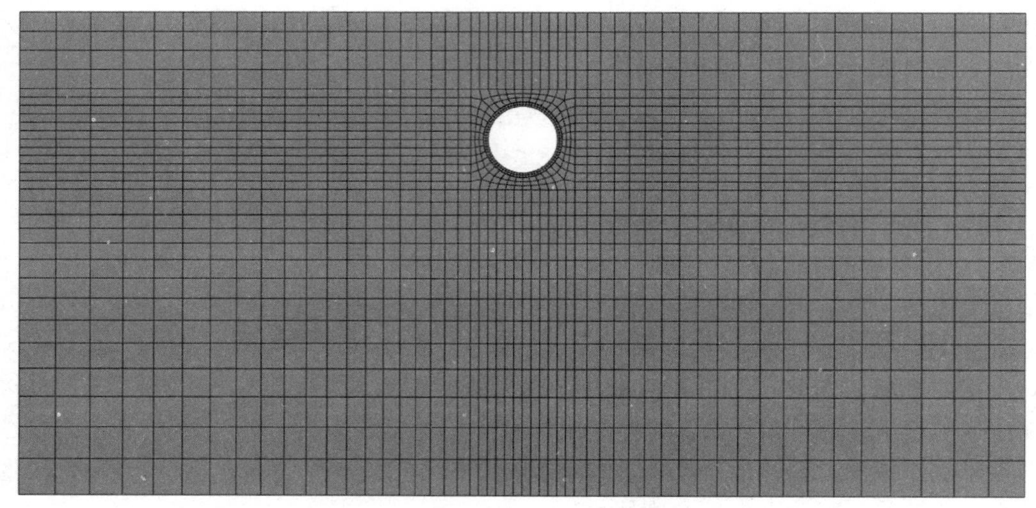

图 17.8　ABAQUS 计算模型和有限元计算网格

计算模型输入的 SIMSAND 模型参数　　**表 17.1**

参数	e_0	K_0	G_0	n	e_{ref}	λ	ξ	ϕ_u	k_p	A_d	n_p	n_d	ε_{70}
值	0.7	130	97	0.51	0.977	0.056	0.365	31.5	0.0045	0.7	2.4	2.9	10^{-4}

17.4.2　小应变对隧道开挖引起的地层沉降影响

由于数值软件的分析原理与假设条件的差异，不同计算软件对盾构隧道开挖的施工步骤的模拟不能实现完全统一。在 ABAQUS 中，模拟盾构隧道开挖的施工步骤为：初始应力平衡——地层损失收缩，因此本节采用向心均匀分布的地层损失模型，见图 17.9。对于上海地区施工控制较好的盾构隧道开挖，地层损失率一般为 2%左右，对应的隧道边界向心均匀位移 d 为 3.5cm（对应的地层损失率为 2.22%）。本节将对比地层损失收缩后的地面沉降及影响范围。图 17.10 为不考虑孔压场时隧道开挖引起的沉降位移云图。可以看出，不考虑小应变的模拟会给出一个比较大的沉降影响区域（图 17.10）；而考虑小应变时，得到的沉降区域仅在隧道开挖的上方，影响范围不大，与实际测量得到的结果相符合（图 17.10）。因而可以说明很有必要在模拟隧道开挖引起的地面沉降问题中考虑土体小应变特性的影响。为了分析不同小应变参数对地面沉降的影响，分别取 $\gamma_{0.7}=0$ 和 1E-4 来模拟同一隧道开挖问题。图 17.11 为不考虑孔压场时隧道开挖引起的地面沉降曲线。从结果可以很明显地看出，小应变参数越小，地面沉降越集中在隧道开挖的上方，影响范围越小。

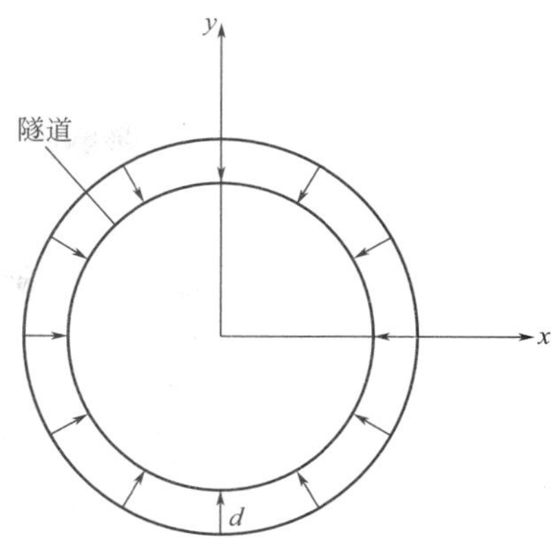

图 17.9　向心均匀分布的土体损失模型示意图

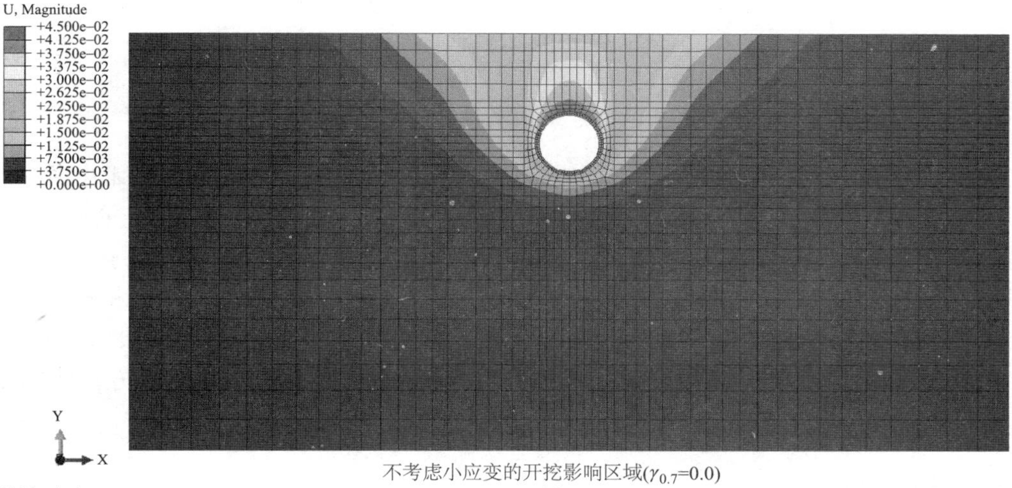

U, Magnitude
+4.500e-02
+4.125e-02
+3.750e-02
+3.375e-02
+3.000e-02
+2.625e-02
+2.250e-02
+1.875e-02
+1.500e-02
+1.125e-02
+7.500e-03
+3.750e-03
+0.000e+00

不考虑小应变的开挖影响区域($\gamma_{0.7}$=0.0)

(a)

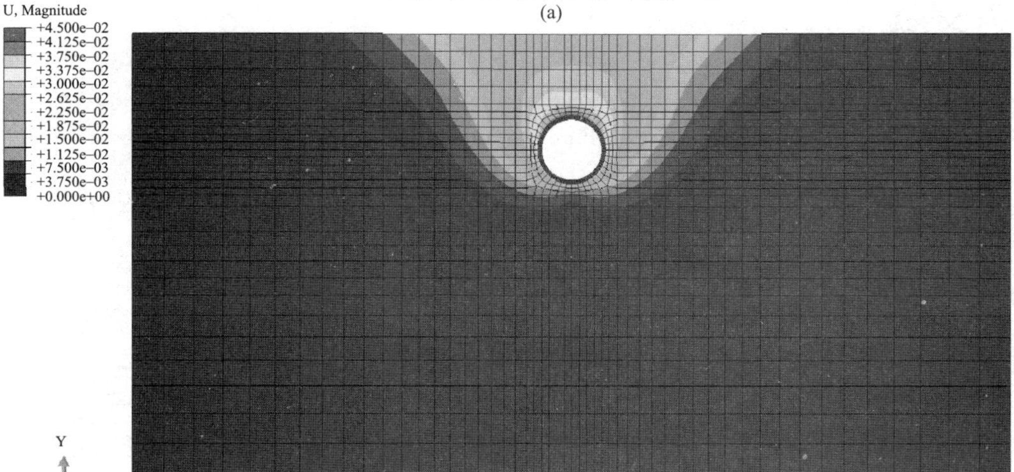

U, Magnitude
+4.500e-02
+4.125e-02
+3.750e-02
+3.375e-02
+3.000e-02
+2.625e-02
+2.250e-02
+1.875e-02
+1.500e-02
+1.125e-02
+7.500e-03
+3.750e-03
+0.000e+00

考虑小应变的开挖影响区域($\gamma_{0.7}$=1E−4)

(b)

图 17.10　不考虑孔压场时隧道开挖引起的沉降位移云图

（a）不考虑小应变；（b）考虑小应变

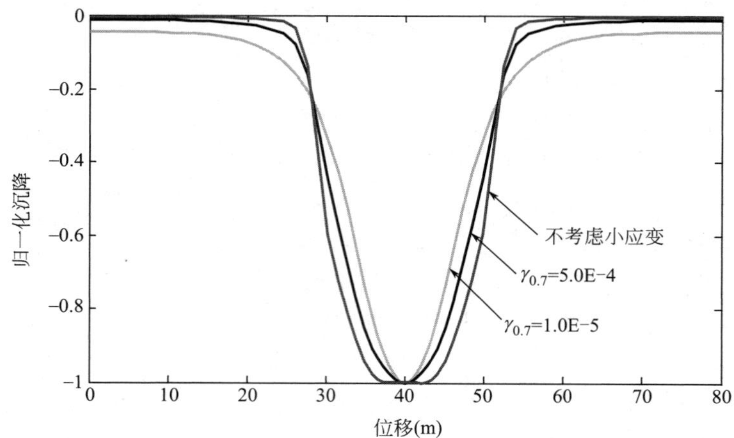

图 17.11　不考虑孔压场时隧道开挖引起的地面沉降曲线

17.5　本章小结

本章详细介绍了小应变弹塑性本构模型的建立、数值实现和在有限元技术中的二次开发。然后，以隧道工程为例，具体介绍小应变刚度特性和本构模型在实际工程中的应用。结果表明，不考虑小应变的模拟会给出一个比较大的沉降影响区域；而考虑小应变时，得到的沉降区域仅在隧道开挖的上方，影响范围不大，与实际测量得到的结果相符合。因而可以说明很有必要在模拟隧道开挖引起的地面沉降问题中考虑土体小应变特性的影响。此外，分析结果表明，小应变参数越小，地面沉降越集中在隧道开挖的上方，影响范围越小。

参考文献

Atkinson J H，Sallfors G. Experimental determination of stress-strain-time characteristics in laboratory and in situ tests [C]. Proceedings of the 10th European Conference on Soil Mechanics and Foundation Engineering，Florence，Italy，1991.

Benz T，Vermeer P，and Schwab R. A small-strain overlay model [J]. International Journal for Numerical and Analytical Methods in Geomechanics，2009，33 (1)：25-44.

Bobet A. Analytical solutions for shallow tunnels in saturated ground [J]. Journal of Engineering Mechanics，2001，127 (12)：1258-1266.

Burland J B，Kalra J C. QUEEN ELIZABETH II CONFERENCE CENTRE：GEOTECHNICAL ASPECTS [J]. Proceedings of the Institution of Civil Engineers，1986，80 (6)：1479-1503.

Burland J B. Small is beautiful-the stiffness of soils at small strains [J]. Canadian Geotechnical Journal，1989，26 (4)：499-516.

Burland，J. B，Hancock，R. J R. Underground car park at the House of Commons：Geotechnical aspects [J]. International Review of Social History，1977，6 (1)：33-46.

Cole K W，Burland J B. Observation of retaining wall movements associated with a large excavation [C]. In

Fifth European Conference of Soil Mechanics and Foundation Engineering, Madrid, 1972: 445-453.

Hardin B O, Drnevich V P. Shear modulus and damping in soils: Measurement and parameter effects [J]. Journal of the Soil Mechanics and Foundations Division, 1972, 98 (6): 603-624.

Jardine R J, Potts D M, Fourie A B, Burland J B. Studies of the influence of non-linear stress-strain characteristics in soil-structure interaction [J]. Geotechnique, 1986, 36 (3): 377-396.

Kokusho T. Cyclic triaxial test of dynamic soil properties for wide strain range [J]. Soils and Foundations, 1980, 20 (2): 45-60.

Lee K M, Rowe R K, Lo K Y. Subsidence owing to tunneling I: estimating the gap parameter [J]. Canadian Geotechnical Journal, 1992, 29 (6): 929-940.

Mair R J. Developments in geotechnical engineering research: application to tunnels and deep excavations [C]. Proceedings of the ICE-Civil Engineering, 1993, 97 (1): 27-41.

Marsland A, Eason B J. Measurement of displacements in the ground below loaded plates in deep boreholes [C]. Proceeding of the British Geotechnical Society Symposium on Field Instrumentation, London, 1973: 33-43.

Sagaseta C. Analysis of undrained soil deformation due to ground loss [J]. Geotechnique, 1987, 37 (3): 301-320.

Scharinger F, Schweiger H F, Pande G N. On a multilaminate model for soil incorporating small strain stiffness [J]. International Journal for Numerical and Analytical Methods in Geomechanics, 2009, 33 (2): 215-243.

Seed H B, Idriss I M. Soil moduli and damping factors for dynamic response analyses [R]. Report No. EERC 70-10, Univ. of California, Berkeley, Calif, 1970.

Simpson B, O'riordan N J, Croft D D. A computer model for the analysis of ground movements in London Clay [J]. Geotechnique, 1979, 29 (2): 149-175.

St John H. Field and theoretical studies of the behaviour of ground around deep excavations in London clay [D]. UK: University of Cambridge, 1975.

Tatsuoka F, Kohata Y. Stiffness of hard soils and soft rocks in engineering applications [M]. Pre-failure Deformation of Geomaterials, Balkema, Rotterdam, 1995: 947-1063.

Verruijt A, Booker J R. Surface settlements due to deformation of a tunnel in an elastic half plane [J]. Geotechnique, 1996, 46 (4): 753-756.

Vucetic M, Dobry R. Effect of soil plasticity on cyclic response [J]. Journal of Geotechnical Engineering, 1991, 117 (1): 89-107.

第 18 章 砂土力学特性的空间变异性分析

本章提要

现有研究大多采用简单的摩尔-库仑模型针对土的空间变异性对边坡或基础的安全系数或失效概率做计算分析。事实上临界状态本构模型，如 SIMSAND，能更准确地反映土的应力-应变关系。为此，本章采用 SIMSAND 模型，针对初始孔隙比的空间变异性随机分布的影响做详细分析，算例采用简单的室内平面应变双轴试验，分为四种情况：松砂排水、密砂排水、松砂不排水、密砂不排水。针对每一种情况均采用蒙特卡罗方法进行初始孔隙比的随机分布生成，并做大量计算，以此来分析初始孔隙比的不均匀性对剪切带生成和破坏模式的影响，对竖向承载力发展的影响，对竖向承载力概率密度分布的影响。

18.1 引言

土是多孔且不连续的介质，它们由岩石风化形成。在自然条件下，土的状况会受到多种因素的影响，例如应力水平和应力历史、渗水、物理和化学变化；即使在均质沉积中，土的性质也会随位置而变化，并且具有空间变异性。由于土的这些特性，土的力学性质也不可避免地存在不确定性（Griffiths 等，2009；Huang 等，2013；Mostyn 和 Soo，1992；Yang 等，2018；申林方等，2015）。测量或计算分析所得的土特性的不确定性与土试样扰动、制样方式、试验条件、人为因素等均有关系（Zhou 等，2014，2016，2017，2018）。另外，用模型估算土特性的不确定性是由于土试样的测试数据有限、采用的估算公式或本构模型不完善以及其他相关土特性的不确定性造成的（Jin 等，2019a，2019b）。

国内外学者的研究成果表明，岩土参数变异性往往具有一定的统特征，如 Lacasse 等（2007）研究指出黏土的不排水抗剪强度近似服从对数正态分布，砂土的内摩擦角近似服从正态分布。从岩土工程勘察的统计结果可以直接得到参数的统计特征，如均值、方差、相关系数等，而根据勘察结果的分布情况可以获得岩土参数的近似分布形式。因此采用经典概率统计方法可以对沿途参数的变异性进行简单的描述。但该法将岩土参数视为纯随机变量，不能综合考虑不同空间点岩土参数的变异性与相关。为此，Vanmarcke（1977）结合概率统计方法提出了土性剖面的随机场模型，其实质是用齐次正态随机场来模拟土性剖面，用均值、方差、相关距离和相关函数等来描述岩土参数的空间变异性，用方差折减将“点”的变异性和“空间”变异性联系起来。

文献中大多采用简单的摩尔-库仑模型针对土的空间变异性对边坡或基础的安全系数或失效概率做计算分析。基于 SIMSAND 模型能更准确地反映土的应力-应变关系，本章采用 SIMSAND 模型，仅针对初始孔隙比的空间变异性随机分布的影响做详细分析，算例采用简单的室内平面应变双轴试验，分为四种情况：松砂排水、密砂排水、松砂不排水、密砂不排水，并对破坏模式和竖向力进行了统计分析。

18.2　随机场的模拟方法

同一场地不同空间点的岩土体，由于矿物组成、沉积条件、应力历史和地质作用等，具有相似性和不同程度的差异，导致岩土参数的空间变异性表现出局部随机性与整体的结构性双重特征（张征等，1996）。岩土体的这种内在变异性是岩土参数不确定性的主要来源。为此，可引入随机场来描述力学特性的空间变形性（Vanmarcke，1977）。

如图 18.1 所示，$X(t_1, t_2)$ 为二维连续平稳随机场，其均值和方差分别为 μ 和 σ^2。$A=T_1T_2$ 为该随机场中的一个四边形单元，(t_1, t_2) 为其中心点坐标，则随机场在单元 A 内的局部平均为：

$$X_A(t_1, t_2)=\frac{1}{A}\int_{t_1-T_1/2}^{t_1+T_1/2}\int_{t_2-T_2/2}^{t_2+T_2/2}X(t_1, t_2)\mathrm{d}t_1\mathrm{d}t_2 \tag{18.1}$$

$X(t_1, t_2)$ 对应的局部平均随机场 $X_A(t_1, t_2)$ 可用各随机场单元的均值 $E[X_A]$、方差 $Var[X_A]$ 和协方差 $Cov[X_A, X_{A'}]$ 来描述。

二维随机场局部平均的均值为：

$$E[X_A(t_1, t_2)]=\frac{1}{A}\int_{t_1-T_1/2}^{t_1+T_1/2}\int_{t_2-T_2/2}^{t_2+T_2/2}E[X(t_1, t_2)]\mathrm{d}t_1\mathrm{d}t_2=\mu \tag{18.2}$$

方差为：

$$Var[X_A]=\sigma_{T_1T_2}^2=\sigma^2\gamma(T_1, T_2) \tag{18.3}$$

式中，$\gamma(T_1, T_2)$ 为 $X(t_1, t_2)$ 的方差折减函数，它表示由局部平均引起的“点方差”σ^2 到“局部平均方差”$\sigma_{T_1T_2}^2$ 的折减程度：

$$\gamma(T_{1k}, T_{2l})=\frac{1}{T_{1k}T_{2l}}\int_{-T_{1k}}^{T_{1k}}\int_{-T_{2l}}^{T_{2l}}\left(1-\frac{|\tau_1|}{T_{1k}}\right)\left(1-\frac{|\tau_2|}{T_{2l}}\right)\rho(\tau_1, \tau_2)\mathrm{d}\tau_1\mathrm{d}\tau_2 \tag{18.4}$$

式中，τ_1 和 τ_2 分别为两点间 t_1 和 t_2 方向的坐标差；$\rho(\tau_1, \tau_2)$ 为随机场的相关函数，它描述的是随机场的空间平均方差随平均范围的增加而逐渐衰减的特性。二维随机场常用的相关函数如表 18.1 所示，表中 δ_1 和 δ_2 为随机场在 t_1 和 t_2 方向上的相关距离。

二维随机场常用的相关函数　　**表 18.1**

函数名	相关函数
指数函数	$\rho(\tau_1,\tau_2)=\exp\left(-2\sqrt{\frac{\tau_1^2}{\delta_1^2}+\frac{\tau_2^2}{\delta_2^2}}\right)$
高斯函数	$\rho(\tau_1,\tau_2)=\exp\left[-\pi\left(\frac{\tau_1^2}{\delta_1^2}+\frac{\tau_2^2}{\delta_2^2}\right)\right]$
可分离的指数函数	$\rho(\tau_1,\tau_2)=\exp\left[-2\left(\frac{\lvert\tau_1\rvert}{\delta_1}+\frac{\lvert\tau_2\rvert}{\delta_2}\right)\right]$

对于两矩形随机场单元 A 和 A'，协方差 $Cov[X_A, X_{A'}]$ 为：

$$Cov[X_A, X_{A'}]=\frac{1}{AA'}\frac{\sigma^2}{4}\sum_{k=0}^{3}\sum_{l=0}^{3}(-1)^{k+l}(T_{1k}T_{2l})^2\gamma(T_{1k}T_{2l}) \tag{18.5}$$

T_{1k}，T_{2l}（$k=0$，…，3；$l=0$，…，3）的约定如图 18.1 所示。

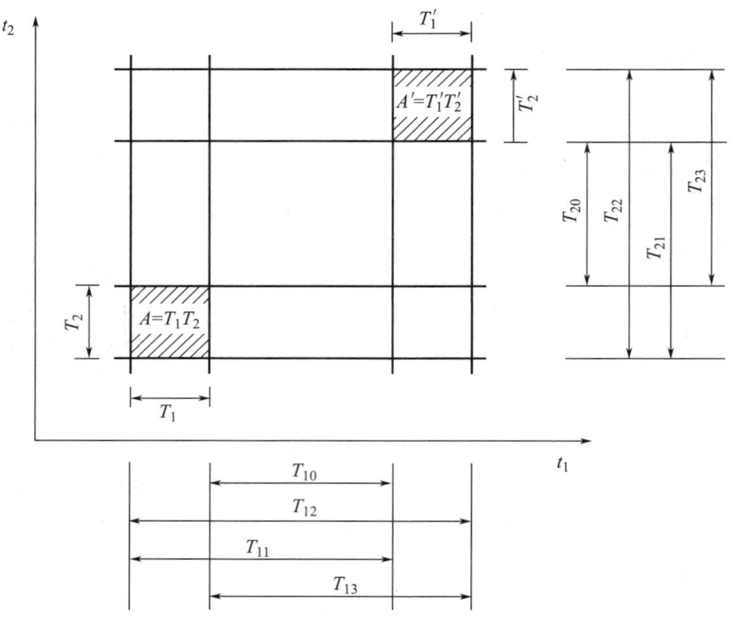

图 18.1　二维局部平均单元 A 和 A'的相对位置参数

由式（18.2）～式（18.5）求得随机场局部平均的均值、方差和协方差等数字特征之后，即可采用 Gram-Schmidt 特征正交化变换等方法生成符合岩土参数空间变异性特征的随机场。

需要注意的是，尽管各种相关函数在形式上有差别，但其对应的方差折减函数却相差不大，这表明随机场的局部平均法具有对相关函数不敏感的特点。因此，在随机场的相关模型不明确的情况下，选用简单的相关函数形式也是可取的（Li 等，1987）。

18.3　平面应变双轴试验模拟及分析

本节通过对排水和不排水条件下平面应变双轴剪切试验的模拟，测试了考虑初始孔隙率 e_0 在空间随机分布时，砂性土材料的剪切带发展及宏观力学表现。为了模拟平面应变双轴试验，采用 ABAQUS/Standard 模块进行建模和分析（Hibbit 等，2013）。采用 SIMSAND 模型（Jin 等，2016；Wu 等，2019；Yang 等，2019a，2019b），详见本书第 2 章说明。SIMSAND 模型在 ABAQUS 中的二次开发是通过用户定义材料（UMAT）与有限元求解程序对接，实现与 ABAQUS 的数据交换，完成双轴试验的数值计算。本构模型采用切面隐式算法，详见文献（Ortiz 和 Simo，1986；杨杰等，2017a，2017b）。

18.3.1　试验描述及随机场生成

在 ABAQUS 中用 20×40 网格模拟 1m×2m 的土样，初始各向同性应力为 100kPa，土体上下端竖向固定、水平不约束，左右边界施加围压 100kPa 且保持不变，然后通过控制顶部边界的竖向位移实施加载。土体采用 SIMSAND 模型（详见本书第 2 章），模型参数采用如表 18.2 所示的法国枫丹白露砂土参数。

法国枫丹白露砂土的 SIMSAND 参数　　**表 18.2**

K_0	G_0	n	A_d	k_p	e_{ref}	λ	ξ	ϕ_c	n_p	n_d
90	70	0.6	0.8	0.001	0.765	0.004	1.0	32.8	1.3	0.8

初始孔隙率 e_0 指定为考虑空间变异性的随机变量，相关函数采用可分离的指数函数（表 18.1），针对松砂、密砂，e_0 的分布特征假设如表 18.3 所示。

初始孔隙率 e_0 分布特征　　**表 18.3**

	均值 μ	标准差 σ	水平相关距离 δ_1	竖向相关距离 δ_2
松砂	0.9	0.05	0.1	0.1
密砂	0.57	0.05	0.1	0.1

根据随机场的基本理论，采用 MATLAB 和 ABAQUS 编制了岩土参数空间变异性随机场模拟的程序，在 MATLAB 中生成初始孔隙率的随机场，将其作为材料参数赋给 ABAQUS，进行数值模拟，完成蒙特卡罗（Monte-Carlo）模拟计算。该程序主要分为如下步骤：（1）采用 ABAQUS 建立平面应变双轴剪切试验模型并划分网格；（2）在 MATLAB 中，根据网格位置信息、相关距离、标准差和相关函数，生成协方差矩阵；（3）由随机场的协方差矩阵和均值，生成随机场向量；（4）根据网格单元的位置，将随机场向量作为材料参数映射到 ABAQUS 的有限元单元；（5）利用 ABAQUS 进行平面应变双轴剪切数值模拟，完成蒙特卡罗（Monte-Carlo）计算。本次分析中，每组模拟分别计算 1000 次。图 18.2 所示为不同相关距离下初始孔隙率的分布示例。

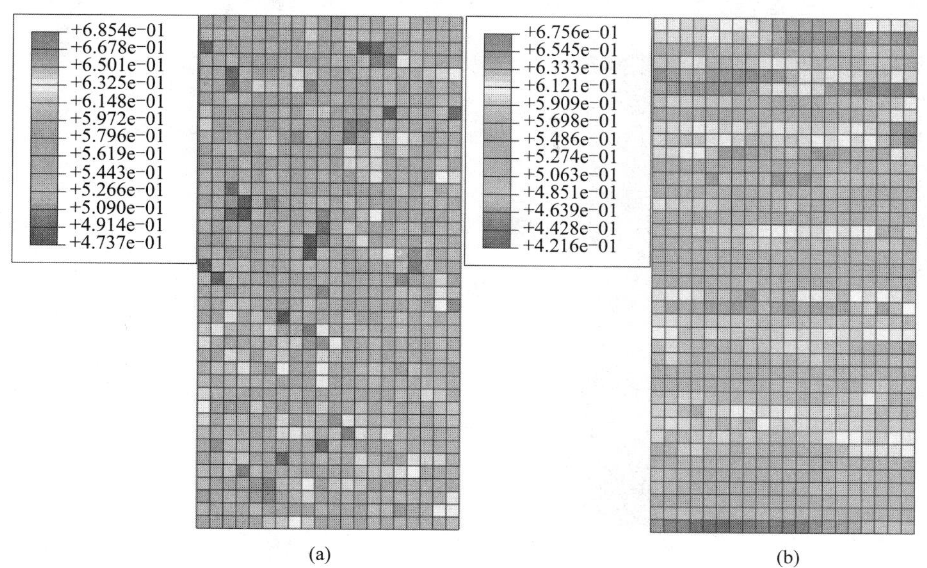

图 18.2　相关距离对初始孔隙率 e_0 分布的影响（$\mu=0.57$，$\delta=0.05$）（一）

(a) $\delta_1=0.1$，$\delta_2=0.1$；(b) $\delta_1=2.0$，$\delta_2=0.1$

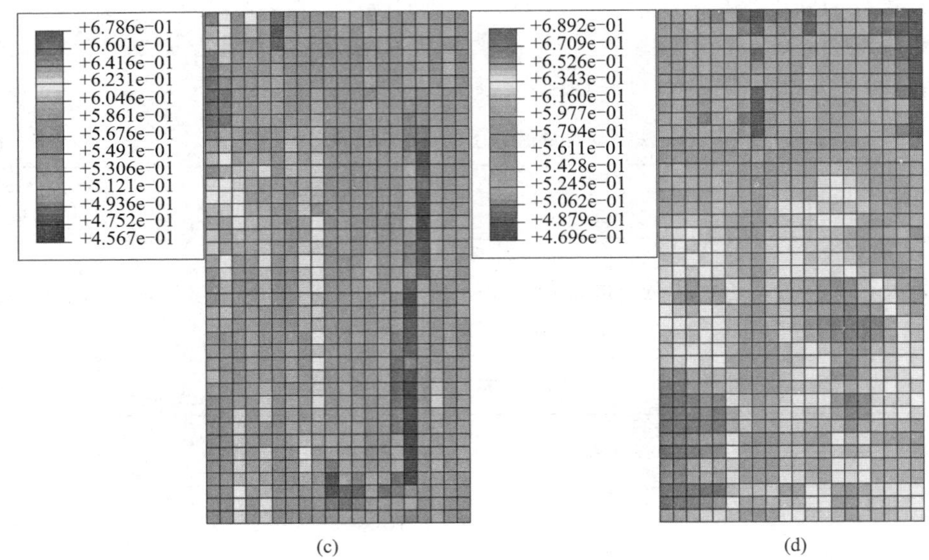

图 18.2　相关距离对初始孔隙率 e_0 分布的影响（$\mu=0.57$，$\delta=0.05$）（二）

(a) $\delta_1=0.1$，$\delta_2=2.0$；(b) $\delta_1=2.0$，$\delta_2=2.0$

18.3.2　松砂排水特性及统计

在所有模拟中选取了三个差别较大的计算结果，如图 18.3 所示。云图显示的是竖向应变为 5%（即竖向位移除以初始高度）时的塑性剪应变分布，可以看出初始孔隙比的不均匀性会导致很多剪切带同时出现，类似于弥散性失效（diffuse failure）。曲线展示了竖向力与竖向应变的关系，三种分布的计算结果在到达竖向应变为 1%之后均表现出不稳定的波动状态，与弥散性剪切带的生成和发展有关。

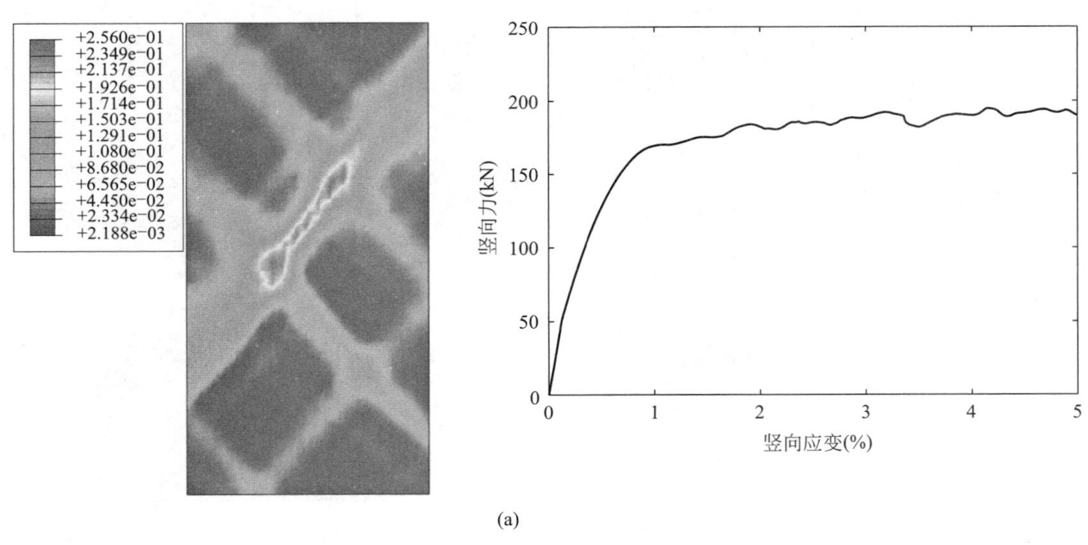

图 18.3　松砂排水双轴试验竖向应变 5%时的塑性剪应变分布（一）

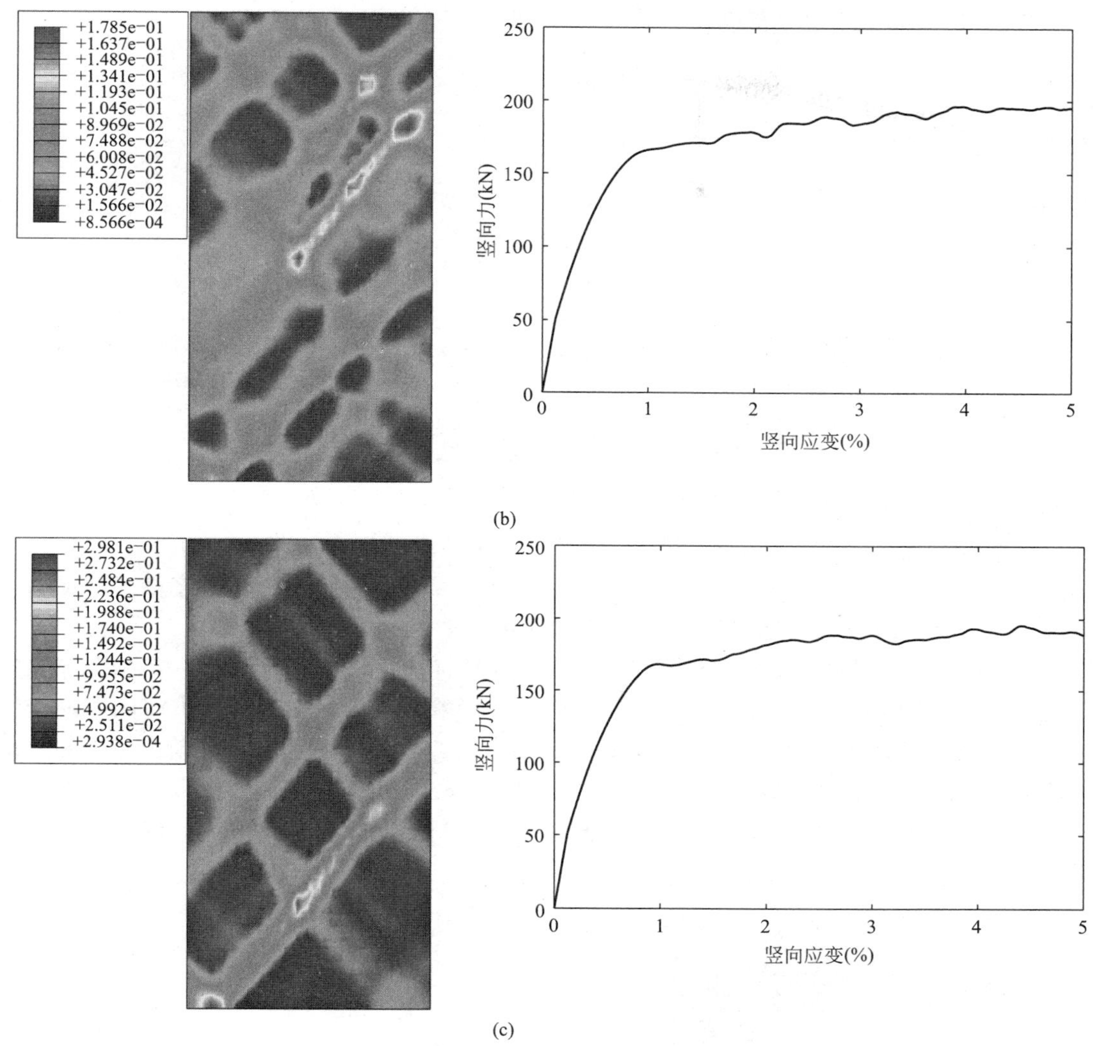

图 18.3　松砂排水双轴试验竖向应变 5%时的塑性剪应变分布（二）

图 18.4（a）展示了所有计算结果的竖向力与竖向应变曲线，可以看出初始孔隙比的随机分布对初始类弹性阶段（竖向应变小于 1%）影响较细微，但对进入塑性变形后强度的影响还是较为显著（竖向承载力从 184 kN 到 206 kN 不等）。图 18.4（b）展示了竖向承载力的概率密度分布，统计结果显示最大可能的竖向承载力为 196 kN，占 15%的可能性，整体的竖向承载力符合正态分布（位置参数 μ 为 196kN、尺度参数 σ 为 2.95kN）。

18.3.3　密砂排水特性及统计

类似地，在所有模拟中选取了三个差别较大的计算结果，如图 18.5 所示。云图显示的是竖向应变为 5%时的塑性剪应变分布，可以看出初始孔隙比的不均匀性导致的剪切带会集中成 1～2 条，类似于局部化失效（localized failure）。曲线展示了竖向力与竖向应变的关系，三种分布的计算结果在竖向应变达到 1.3%左右均达到峰值竖向力，之后便出现

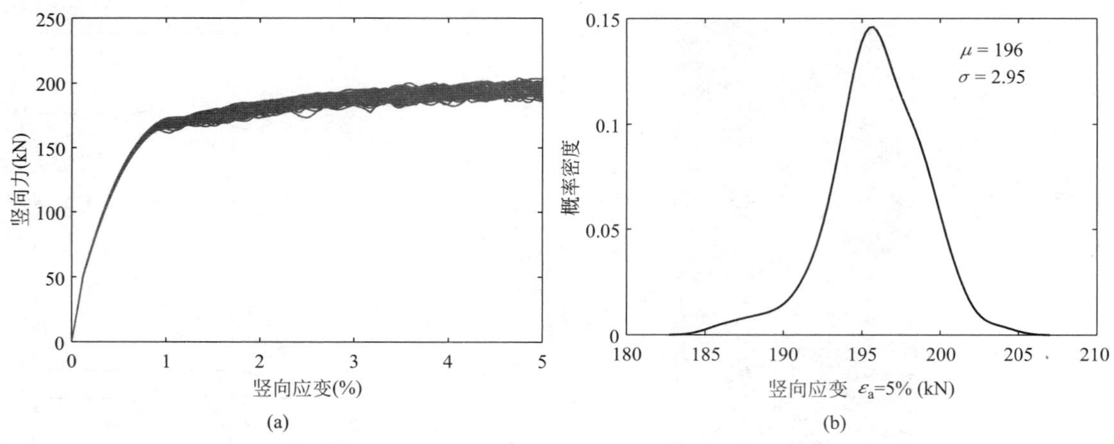

图 18.4 松砂排水双轴试验结果与统计

(a) 竖向力-竖向应变曲线；(b) 竖向应变 5%时的竖向力分布

明显的应变软化，完全符合密砂双轴排水试验规律，这里应变软化为剪切带集中成 1～2 条的主要原因。另外，这里竖向承载力出现峰值到下降至稳定值，与机动摩擦（mobilized friction q/p'）先增加后降低至临界状态密切相关。

图 18.6（a）展示了所有计算结果的竖向力与竖向应变曲线，可以看出初始孔隙比的随机分布对初始类弹性阶段（竖向应变小于 1%）影响较细微，但对峰值强度的影响较为显著（峰值承载力从 475kN 到 645kN 不等）。图 18.6（b）展示了竖向残余承载力的概率密度分布，统计结果显示最大可能的竖向承载力为 263.3kN，整体的竖向残余承载力符合正态分布（位置参数 μ 为 263.3kN、尺度参数 σ 为 18.5kN），与松砂排水特性相比离散较大。

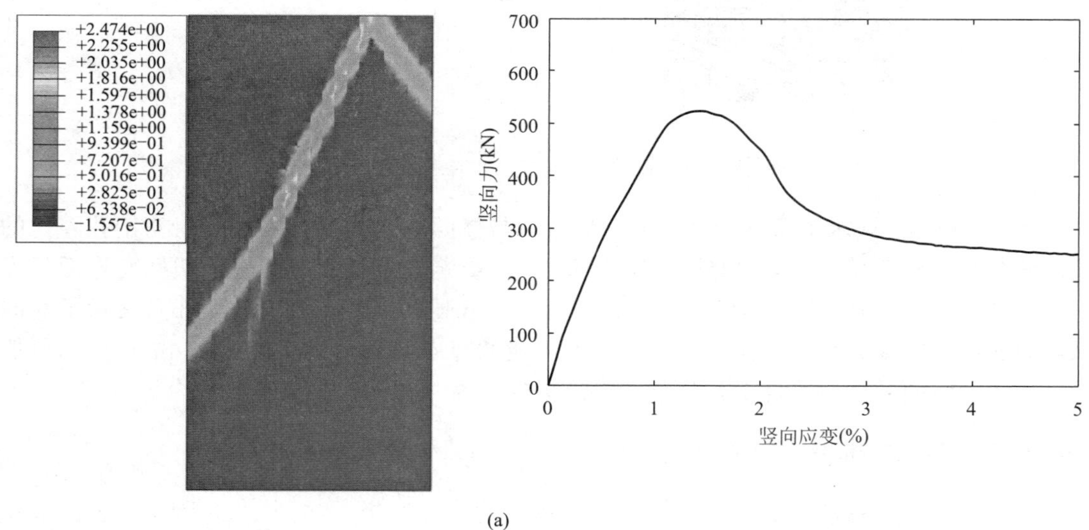

(a)

图 18.5 密砂排水双轴试验竖向应变 5%时的塑性剪应变分布（一）

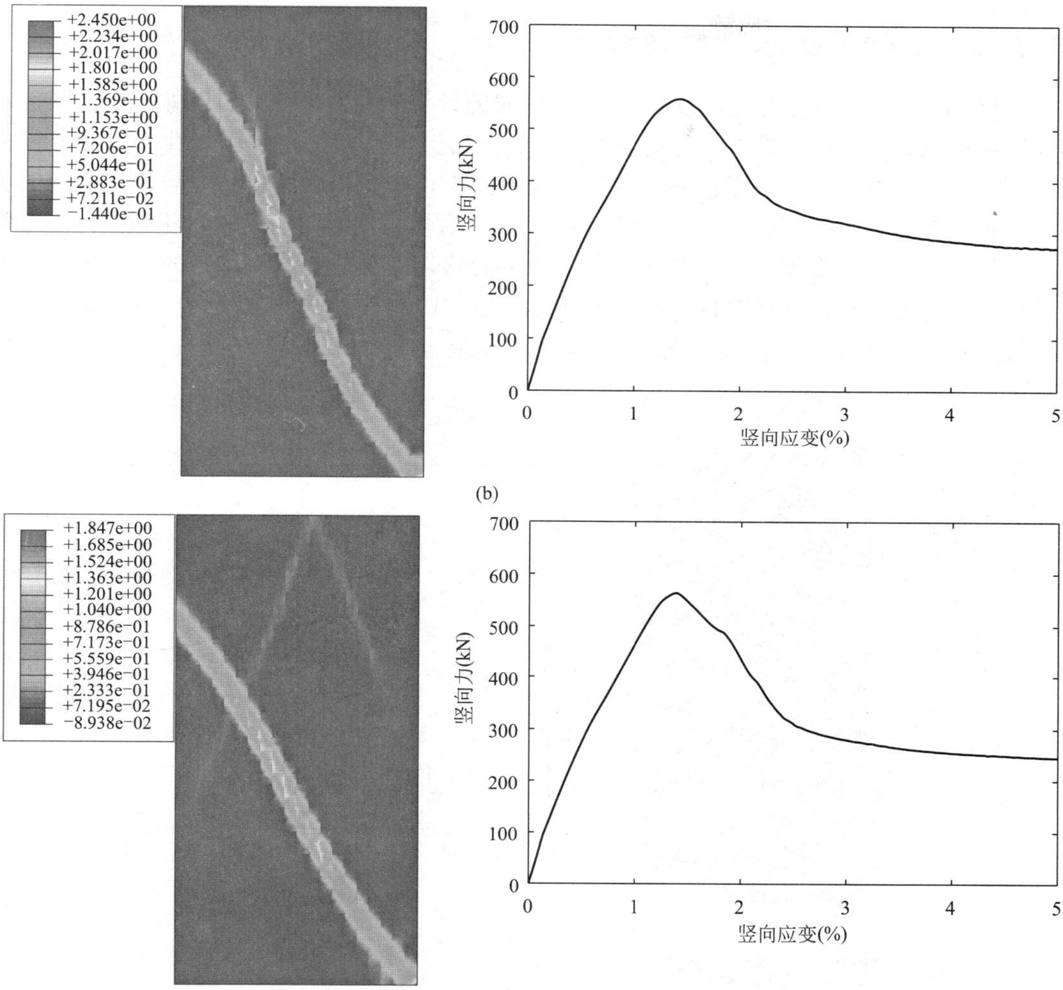

+2.450e+00
+2.234e+00
+2.017e+00
+1.801e+00
+1.585e+00
+1.369e+00
+1.153e+00
+9.367e−01
+7.206e−01
+5.044e−01
+2.883e−01
+7.211e−02
−1.440e−01

竖向力(kN)
竖向应变(%)

(b)

+1.847e+00
+1.685e+00
+1.524e+00
+1.363e+00
+1.201e+00
+1.040e+00
+8.786e−01
+7.173e−01
+5.559e−01
+3.946e−01
+2.333e−01
+7.195e−02
−8.938e−02

竖向力(kN)
竖向应变(%)

(c)

图 18.5　密砂排水双轴试验竖向应变 5%时的塑性剪应变分布（二）

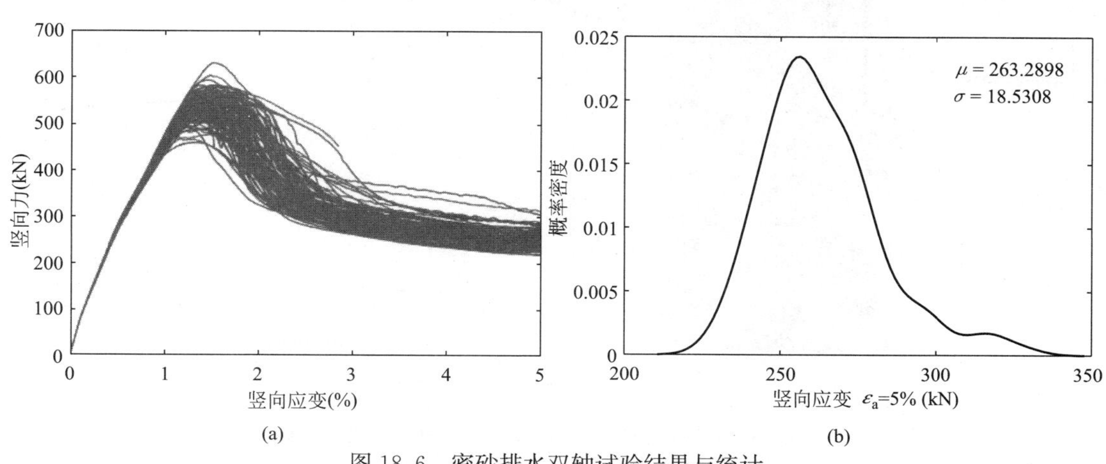

图 18.6　密砂排水双轴试验结果与统计

（a）竖向力-竖向应变曲线；（b）竖向应变 5%时的竖向力分布

18.3.4 松砂不排水特性及统计

同样地，在所有模拟中选取了三个差别较大的计算结果，如图 18.7 所示。云图显示的是竖向应变为 5%时的塑性剪应变分布，可以看出初始孔隙比的不均匀性会导致非常多条剪切带同时出现，属于典型的弥散性失效破坏模式。曲线展示了竖向力与竖向应变的关系，三种分布的计算结果在竖向应变到达 0.25%之后均表现出明显的软化状态，伴随着弥散性剪切带的生成和发展。需要指出的是，这里的软化主要是孔隙水压力的不断增加导致有效应力的降低，从而导致竖向承载力的持续下降，即通常讲的静态液化。不同于密砂排水特性，这里尽管竖向承载力在持续下降，但机动摩擦（mobilized friction q/p'）一直在增加。

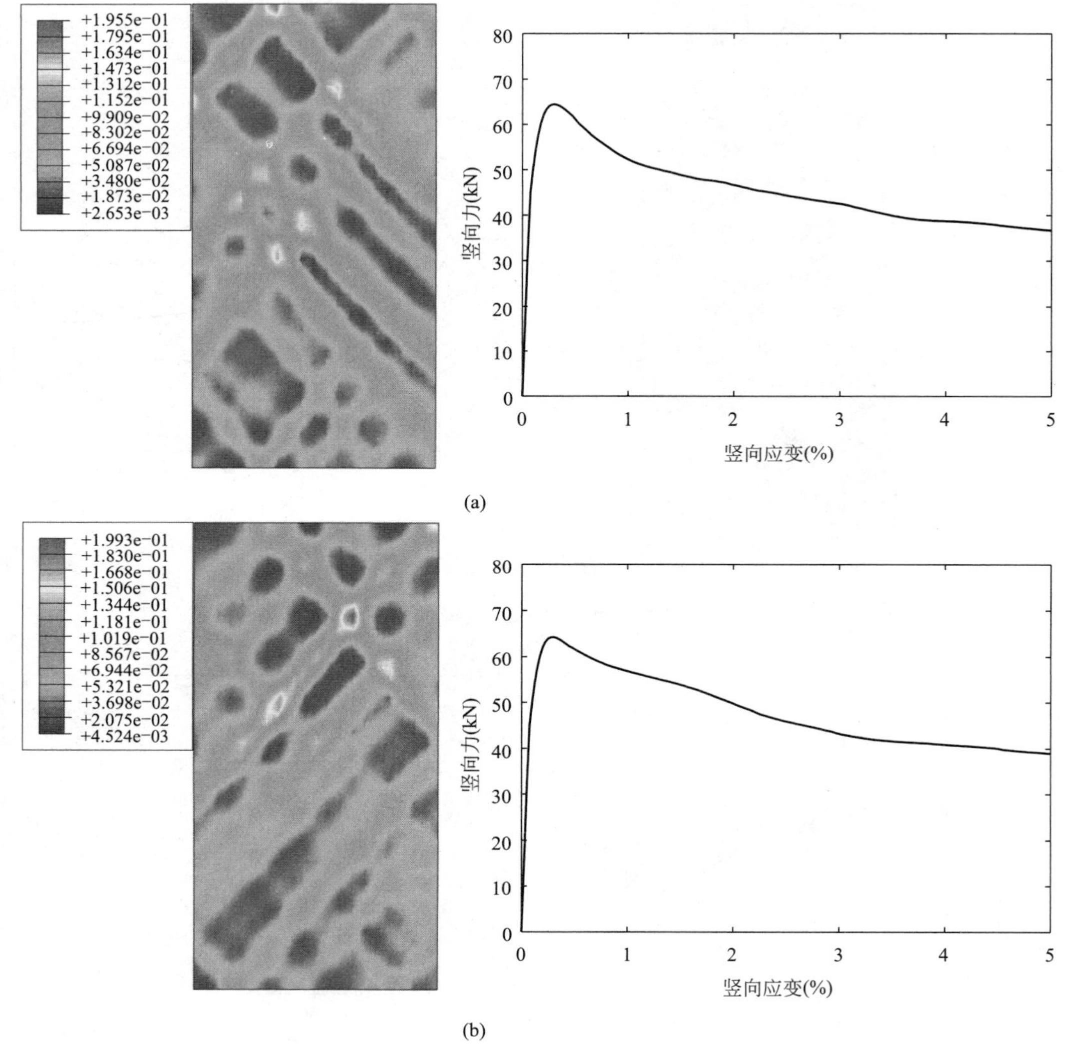

图 18.7 松砂不排水双轴试验竖向应变 5%时的塑性剪应变分布（一）

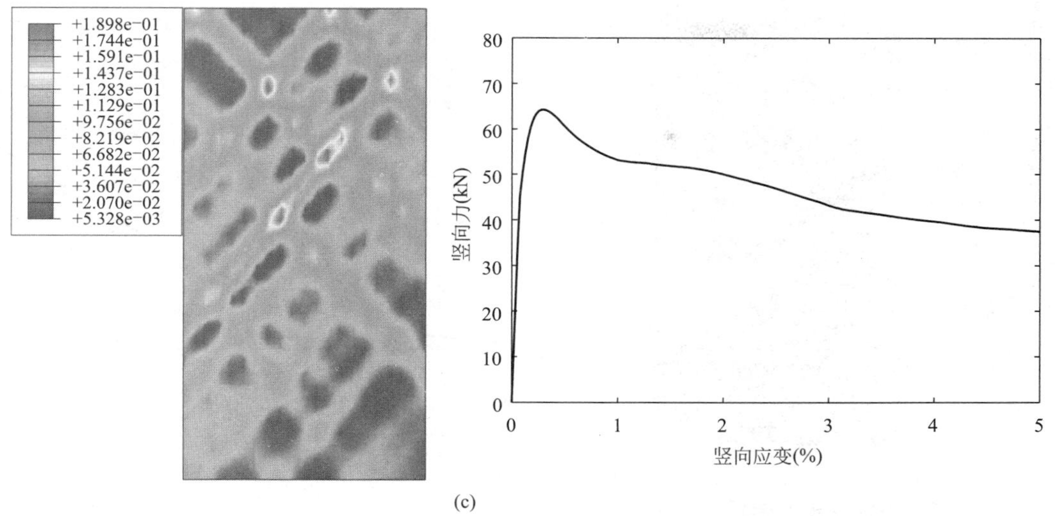

(c)

图 18.7 松砂不排水双轴试验竖向应变 5%时的塑性剪应变分布（二）

图 18.8（a）展示了所有计算结果的竖向力与竖向应变曲线，可以看出初始孔隙比的随机分布对初始类弹性阶段（竖向应变小于 0.25%）影响较细微，且对峰值力的影响也不显著（竖向承载力从 62kN 到 67kN）。图 18.8（b）展示了竖向应变 5%时竖向承载力的概率密度分布，统计结果显示最大可能的竖向承载力为 38.3kN，整体的竖向承载力符合正态分布（位置参数 μ 为 38.4kN、尺度参数 σ 为 3 kN)，与密砂排水特性相比离散较小。

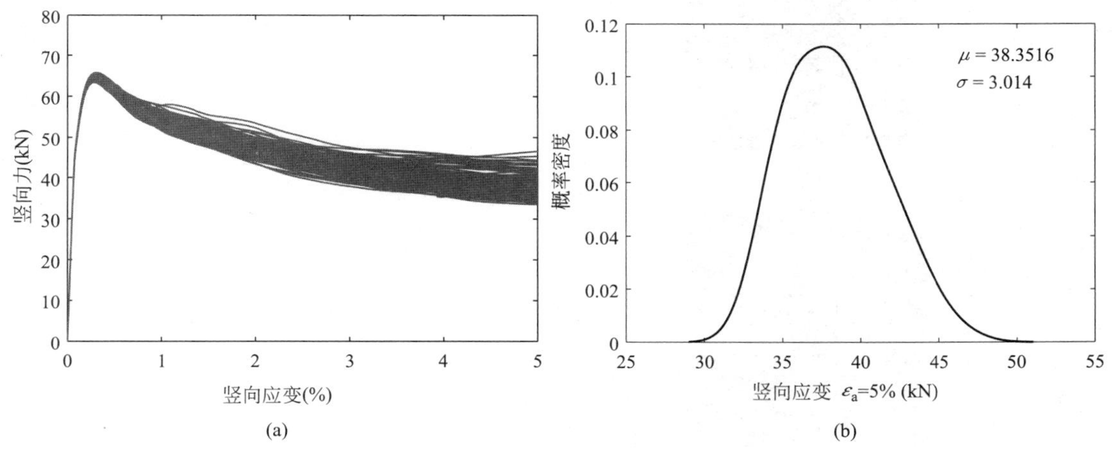

(a) (b)

图 18.8 松砂不排水双轴试验结果与统计

（a）竖向力-竖向应变曲线；（b）竖向应变 5%时的竖向力分布

18.3.5 密砂不排水特性及统计

类似地，在所有模拟中选取了三个差别较大的计算结果，如图 18.9 所示。云图显示的是竖向应变为 5%时的塑性剪应变分布，可以看出初始孔隙比的不均匀性会导致多条剪切带出现，且有强有弱，与前面的三种情况均不同，这与密砂在不排水情况下并没有失效

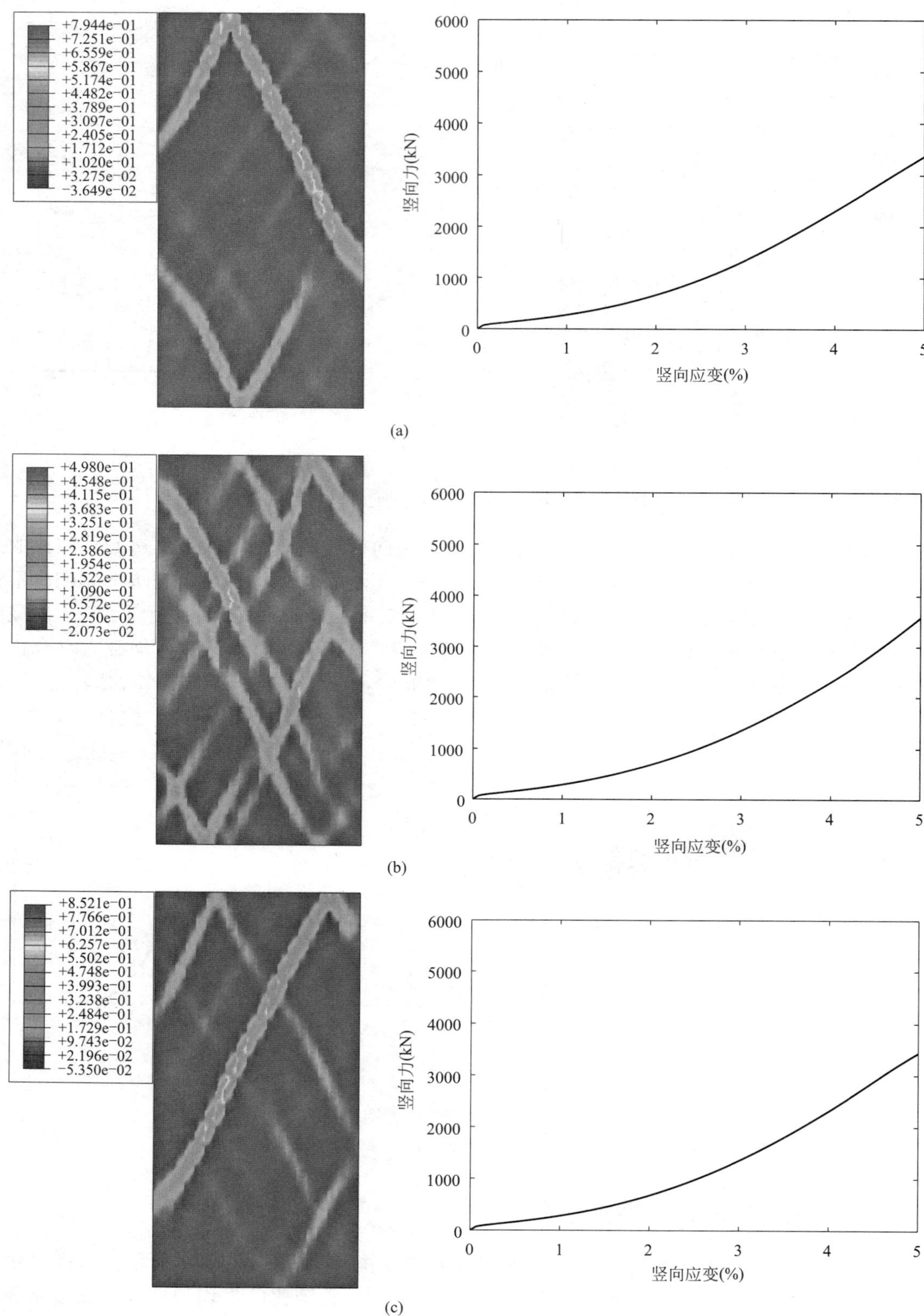

图 18.9　密砂不排水双轴试验竖向应变 5%时的塑性剪应变分布

有关。曲线展示了竖向力与竖向应变的关系，三种分布的计算结果均显示竖向力随着竖向应变不断地增大，符合密砂双轴不排水试验规律。

图 18.10（a）展示了所有计算结果的竖向力与竖向应变曲线，可以看出初始孔隙比的随机分布对初始加载阶段（竖向应变小于 1%）影响较细微，但随着竖向应变的增加竖向力也在不断地增加，并凸显离散性（竖向应变 5%时的承载力从 3000kN 到 4000kN 不等）。图 18.10（b）展示了竖向应变 5%时承载力的概率密度分布，统计结果显示最大可能的竖向承载力为 3561kN，整体的承载力符合正态分布（位置参数 μ 为 3561.3kN、尺度参数 σ 为 217.7kN），与其他三种情况相比离散最大。

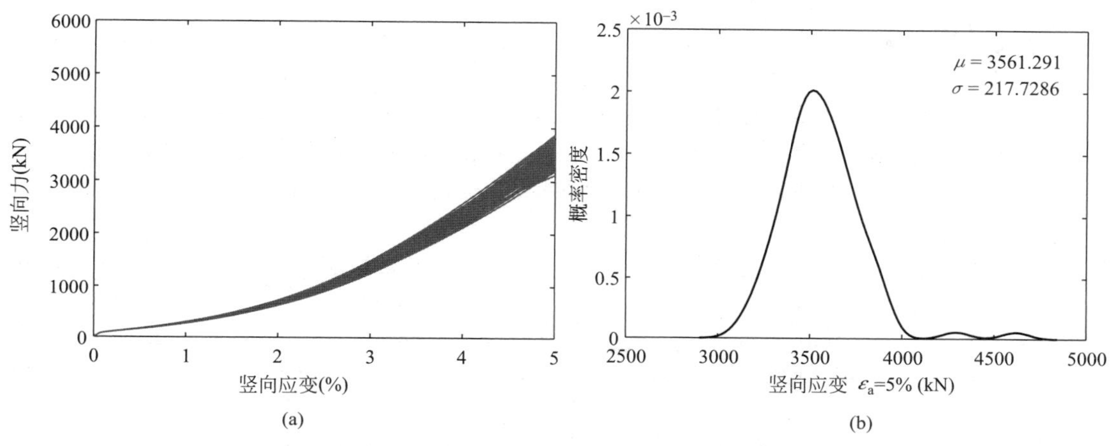

图 18.10　密砂不排水双轴试验结果与统计

（a）竖向力-竖向应变曲线；（b）竖向应变 5%时的竖向力分布

18.4　本章小结

本章采用 SIMSAND 模型，模拟平面应变双轴试验，针对初始孔隙比的空间变异性生成随机分布，进行蒙特卡罗模拟计算，然后对计算结果进行统计分析，以展示初始孔隙比对土体力学特性的影响规律。算例分为四种情况，即松砂排水、密砂排水、松砂不排水以及密砂不排水。结果显示：

（1）针对松砂排水特性，初始孔隙比的不均匀性会导致很多剪切带同时出现，类似于弥散性失效；竖向应变达到 1%之后均表现出不稳定的竖向力波动，与弥散性剪切带的生成和发展有关；初始孔隙比的随机分布对竖向承载力影响较为显著，且整体的竖向承载力符合正态分布。

（2）针对密砂排水特性，初始孔隙比的不均匀性导致的剪切带会集中成 1～2 条，类似于局部化失效；竖向应变达到 1.3%左右达到峰值竖向力，之后便出现明显的应变软化，与机动摩擦先增加后降低至临界状态密切相关；初始孔隙比的随机分布对峰值强度的影响较为显著，且整体的竖向残余承载力符合正态分布，与松砂排水特性相比离散较大。

（3）针对松砂不排水特性，初始孔隙比的不均匀性会导致非常多条剪切带同时出现，属于典型的弥散性失效破坏模式；竖向应变到达 0.25%之后表现出明显的软化状态，伴随着弥散性剪切带的生成和发展，与静态液化密切相关；初始孔隙比的随机分布对初始类弹性阶段影响较细微，且对峰值力的影响也不显著；整体的竖向承载力符合正态分布，跟密砂排水特性相比离散较小。

（4）针对密砂不排水特性，初始孔隙比的不均匀性会导致多条剪切带出现，且有强有弱，与前面的三种情况均不同，这与密砂在不排水情况下并没有失效有关；竖向力随着竖向应变的增加不断地增大，符合密砂双轴不排水试验规律；初始孔隙比的随机分布对初始加载阶段影响较细微，但随着竖向应变的增加竖向力也在不断地增加，并凸显离散性；整体的承载力符合正态分布，与前面三种情况相比离散最大。

参考文献

Griffiths D V，Huang J，Fenton G A. Influence of spatial variability on slope reliability using 2-D random fields [J]. Journal of Geotechnical & Geoenvironmental Engineering，2009，135 (10)：1367-1378.

Hibbit D，Karlsson B，Sorensen P. ABAQUS/Standard analysis user's manual [M]. USA：Dassault Systèmes/Simulia，2013.

Huang J，Lyamin AV，Griffiths DV，Krabbenhoft K，Sloan SW. 2013. Quantitative risk assessment of landslide by limit analysis and random fields [J]. Computers and Geotechnics，2013，53：60-67.

Jin Y F，Yin Z Y，Shen S L，et al. Selection of sand models and identification of parameters using an enhanced genetic algorithm [J]. International Journal for Numerical and Analytical Methods in Geomechanics，2016，40 (8)：1219-1240.

Jin Y F，Yin Z Y，Zhou W H，Shao J F. Bayesian model selection for sand with generalization ability evaluation [J]. International Journal for Numerical and Analytical Methods in Geomechanics，2019，43 (14)：2305-2327.

Jin YF，Yin ZY，Zhou WH，Horpibulsuk S. Identifying parameters of advanced soil models using an enhanced transitional Markov chain Monte Carlo method [J]. Acta Geotechnica，2019，14 (6)：1925-1947.

Lacasse S，Nadim F，Rahim A，Guttormsen TR. Statistical description of characteristic soil properties [C]. In Offshore Technology Conference，2007.

Li K S，Lumb P. Probabilistic design of slopes [J]. Canadian Geotechnical Journal，1987，24 (4)：520-535.

Mostyn G，Soo S. The effect of autocorrelation on the probability of failure of slopes [C]. 6th Australia，New Zealand conference on geomechanics：geotechnical risk. 1992：542-546.

Ortiz M，Simo J C. An analysis of a new class of integration algorithms for elastoplastic constitutive relations [J]. International Journal for Numerical Methods in Engineering，1986，23 (3)：353-366.

Vanmarcke E H. Probabilistic Modeling of Soil Profiles [J]. Journal of the Geotechnical Engineering Division Asce，1977，103 (11)：1227-1246.

Wu Z X，Yin Z Y，Jin Y F，et al. A straightforward procedure of parameters determination for sand：a bridge from critical state based constitutive modelling to finite element analysis [J]. European Journal of Environmental and Civil Engineering，2017：1-23.

Yang J，Yin Z Y，Laouafa F，et al. Hydro-mechanical modeling of granular soils considering internal erosion [J]. Canadian Geotechnical Journal，2019，57 (2)：157-172.

Yang J，Yin Z Y，Laouafa F，et al. Internal erosion in dike-on-foundation modeled by a coupled hydromechanical approach [J]. International Journal for Numerical and Analytical Methods in Geomechanics, 2019, 43 (3): 663-683.

Yang R, Huang J, Griffiths D V, et al. Importance of soil property sampling location in slope stability assessment [J]. Canadian Geotechnical Journal, 2019, 56 (3): 335-346.

Zhou W H, Yuen K V, Tan F. Estimation of soil-water characteristic curve and relative permeability for granular soils with different initial dry densities [J]. Engineering Geology, 2014, 179 (Complete): 1-9.

Zhou W H, Zhao L S, Garg A, et al. Generalized analytical solution for the consolidation of unsaturated soil under partially permeable boundary conditions [J]. International Journal of Geomechanics, 2017, 17 (9): 04017048. 1-04017048. 16.

Zhou W H, Zhao L S, Lok M H, et al. Analytical solutions to the axisymmetrical consolidation of unsaturated soils [J]. Journal of Engineering Mechanics, 2018, 144 (1): 04017152.

Zhou W H, Xu X, Garg A. Measurement of unsaturated shear strength parameters of silty sand and its correlation with unconfined compressive strength [J]. Measurement, 2016, 93: 351-358.

申林方，王志良，常海滨，等. 基于概率配点法的岩土材料参数随机场及其响应分析 [J]. 计算力学学报，2015，32 (1)：64-69.

杨杰，尹振宇，黄宏伟，等. 面向边界面模型的切面算法扩展 [J]. 岩土力学，2017，038 (012)：3436-3444.

杨杰，尹振宇，金银富，等. 结构性黏土模型在 FLAC 中的二次开发及应用 [J]. 计算力学学报，2017，34 (006)：739-747.

张征，刘淑春，鞠硕华. 岩土参数空间变异性分析原理与最优估计模型 [J]. 岩土工程学报，1996，18 (4)：43-50.

第 19 章　考虑砂土初始各向异性的单剪试验模拟分析

本章提要

在单剪条件下，由于侧边界上不存在互补的剪切应力会导致应力不均匀，使得室内试验研究变得复杂。本章提出了一个单剪试验的数值分析方法。主要是通过引入初始各向异性组构修正的临界状态本构模型和有限元大变形计算平台。利用三维有限元分析实际的GDS 型单剪设备，以说明试样的不均匀特征。此外，进行了具有不同高宽比的圆柱形试样的互补模拟，这些模拟表明具有较大高宽比的试样具有较高的不均匀性。总的来说，这项研究可以提高对单剪试验过程中边界效应的理解和认识，并且提供一种分析试样的不均匀性的计算方法。

19.1　引言

单剪试验已被广泛用于评价土体的剪切强度，以及模拟其在现场加载（如坡度，打桩，滑坡，地震，顶管隧道）条件下的响应。然而，由于这些装置的某些特性仍然不清楚，无法直接测量，限制了相关的试验研究。比如，如何确定试样破坏的位置、作用于侧向边界的径向应力和主应力/应变旋转的程度如何（Vaid 和 Sivathayalan，1996；Wijewickreme 等，2005；Dabeet，2014），是当前单剪试验研究需要揭示清楚的问题。此外，与理想的单剪试验相比，侧向边界上不存在互补的剪切应力会导致圆柱形试样的应力不均匀性（Budhu，1984），这使得单剪试验研究变得复杂。因此，应该建议一种有效的方法来评估试样的不均匀性。

有限元法（FEM）是研究土样应力/应变分布的理想分析工具。已经有研究者利用二维模拟再现了单剪试验中的应力不均匀特性（Budhu 和 Britto，1987；Dounias 和 Potts，1993；Wang 等，2004；Grognet，2011）。然而，由于二维平面应变假设只适用于立方体试样，因此只能提供有限的结果和关于边界效应的讨论。最近，Doherty 和 Fahey（2011）使用修正剑桥模型提出了一种更先进的三维有限元建模方法。但他们采用高岭土力学参数，建模中忽略了土体的各向异性。

本章利用考虑初始各向异性的改进的 SIMSAND 模型和 ABAQUS 大变形模块，提出了一种模拟单剪试验的数值方法。按照 GDS 型单剪试验模拟了一系列枫丹白露砂试验。然后，利用三维有限元分析调整 GDS 型设备试样的实际尺寸和边界。最后，模拟具有不同高宽比的圆柱形试样的单剪试验来研究试样不均匀性的边界效应。

19.2 单剪试验的有限元分析

19.2.1 考虑各向异性的本构模型改进说明

本章所用本构模型为考虑初始各向异性的改进的 SIMSAND 模型，模型描述及枫丹白露砂的参数确定详见本书第 12.3 节。

19.2.2 室内单剪试验

为了使用改进模型验证有限元方法，使用商用 GDS 单剪设备进行了一系列单剪试验，其设计类似于 NGI 的设备（Bjerrum 和 Landva，1966；Hooker，2002）。试验材料是枫丹白露标准砂（NE34），为法国岩土工程应用的参考材料，与 Aghakouchak 等（2015），Pra-ai 和 Boulon（2017）三轴试验所使用的材料相同。伺服控制系统能够在水平和垂直两个方向上传导应力或应变以控制加载路径。图 19.1 总结了该装置的基本特征：①圆柱形试样的直径 $D_0=70$mm，高度 $H_0=25$mm（高宽比 $H_0/D_0=0.36$）；②将试样密封在厚度为 0.2mm 的软丁基薄膜中，其自身置于具有 70mm 内径的刚性圆形聚四氟乙烯涂覆的薄环（每个厚度 1mm）上，保持恒定的横截面积但允许单剪变形；③在试样的顶部和底部，砂与粗烧结不锈钢板接触，以防止基座和试样之间的任何滑动。

图 19.1 GDS 单剪试验装置及试样边界条件

如表 19.1 所示，进行了一系列单调加载恒定体积和恒定正应力单剪试验。在 K_0 固结后，通过将试样的高度限制在恒定值来确保体积恒定条件（相当于“不排水条件”）。值得注意的是，所有试验均在干燥条件下完成。同时，恒定法向应力条件（相当于“排水条件”）通过固定 K_0 固结后试样顶部的法向应力来实现。所有的试验结果都被用于有限元分析。

枫丹白露砂单调加载的单剪试验列表　　表 19.1

编号	加载方式	e_0（初始）	e'（K_0 固结后）	σ'_{n0}（kPa）
S-1	法向应力恒定	0.70	0.691	104
S-2	法向应力恒定	0.70	0.688	208
S-3	法向应力恒定	0.70	0.678	416
S-4	法向高度恒定	0.68	0.666	208
S-5	法向高度恒定	0.68	0.654	416

19.2.3 有限元模型

图 19.2 为单剪试验的三维模型。即该模型的尺寸与图 19.1 所示 GDS 单剪设备的尺寸相同。由于对称性，只建立一半的圆柱体试样模型。如图 19.2（c）、（d）所示，在 ABAQUS 中通过 C3D8R 单元对圆柱体试样进行划分，共有 11000 个单元。金属环和顶/底板是圆柱体试样的边界，用刚体模拟。金属环的内径为 70mm，厚度为 1mm，而顶板和底板的直径均为 70mm，厚度为 2.5mm。总共有 29 个刚性环堆叠用以限制试样的横向位移，并且使用两个刚性（顶部和底部）平板来限制其竖向位移。在圆柱体试样和刚性边界（环和摩擦基座）之间施加无摩擦的接触。试样的顶部和底部表面分别连接到顶部和底部刚性板，以防止它们和试样之间发生任何滑动。

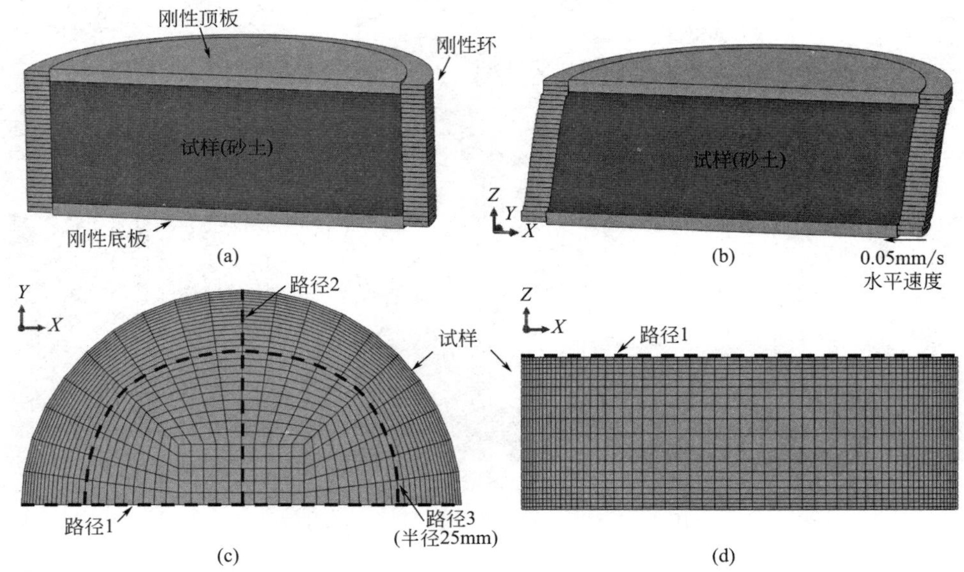

图 19.2　单剪试验的三维有限元建模

（a）初始状态；（b）剪切状态；（c）x-y 切面网格；（d）x-y 切面网格

单剪试验的模拟过程分为 K_0 固结和剪切两个过程。在第一步（K_0 固结）中，分别在顶板上施加等于 0.2kN、0.4kN 和 0.8kN 的力以产生分别对应于 104kPa、208kPa 和 416kPa 的初始法向应力（σ'_{n0}）。然后，通过对底板施加 0.05mm/s 的位移来模拟剪切过程，同时将顶板在 x 和 y 方向上的位移固定为零。整个模拟过程花了 100s 的时间产生了 20%的剪应变。模拟的边界条件被认为与基于物理实验室的 GDS 单剪试验类似。恒定法向应力单剪试验通过保持顶板上的恒定法向力来模拟；通过在剪切过程中将试样保持在恒定高度来模拟恒定体积单剪试验。

位移和力的测量方法与实际室内试验相似。有效法向应力 σ'_n 和剪应力 τ 分别通过校准底板上测得的垂直和水平力来获得。剪应变的定义为 $\gamma=\Delta d/H_0$（其中 H_0 为剪切开始时的试样高度，Δd 为水平位移）。分别监测 x 轴（路径 1）、y 轴（路径 2）和 25mm 半径圆（路径 3）的应力状态，来评估剪切过程中的应力不均匀性，如图 19.2（c）、（d）所示。

通过有限元模拟初始状态（$\sigma'_{n0}=104$kPa，$e_0=0.7$ 作为 S-1）为恒定正应力条件下的单剪试验来确定枫丹白露砂的各向异性参数（$\tilde{c}_1$ 和 $\tilde{c}_2$）。此外，还进行了类似的没有考虑各向异性的模拟（即 $\tilde{c}_1=0$ 和 $\tilde{c}_2=0$），以便强调在考虑参数 $\tilde{c}_1$ 和 $\tilde{c}_2$ 时模型的性能。图 19.3 为模拟结果与试验结果的比较，结果表明引入参数 $\tilde{c}_1=0.18$ 和 $\tilde{c}_2=2.0$ 的模拟结果与试验结果一致。因此，参数（$\tilde{c}_1=0.18$ 和 $\tilde{c}_2=2.0$）可用于后续的单剪试验模拟。

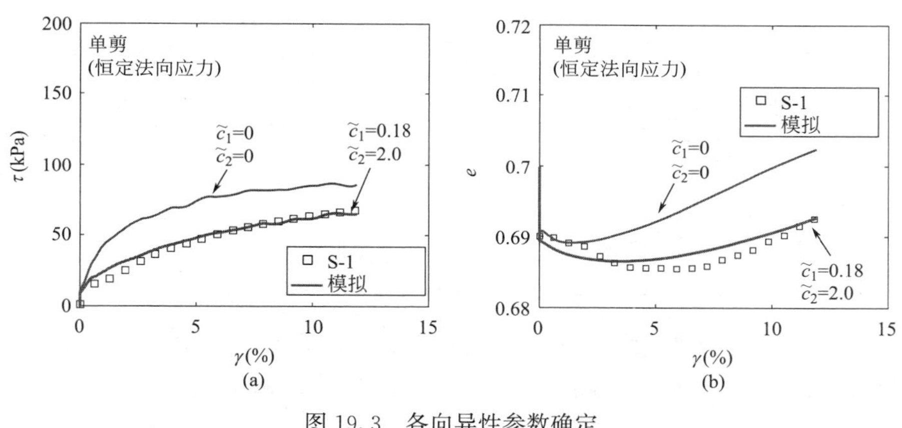

图 19.3 各向异性参数确定

（a）剪应力-剪应变；（b）孔隙比-剪应变

19.2.4 试验验证

为了验证改进模型的有限元分析的性能，基于单剪试验的足尺三维模型（图 19.3），分别模拟了表 19.1 中所示的四个附加的单剪试验。图 19.4 为模拟结果和试验结果的比较，包括恒定正应力和恒定体积两种条件。通常可以基于足尺三维单剪模型来获得恒定正应力和恒定体积条件下的单调加载特性（剪缩或剪胀）。因此，由于室内直接试验研究困难（Budhu，1984），可以结合有限元模拟结果来分析试样的应力不均匀性。

19.2.5 主应力分布

图 19.5 为在恒定正应力单剪试验（S-3）下试样顶部表面沿着三条路径的垂直应力分布的演变。这三条路径先前在图 19.2 中进行了描述，这些路径用于评估沿 x 轴（路径 1）、y 轴（路径 2）和半径为 25mm 的圆（路径 3）的应力不均匀性。在剪切过程中，应

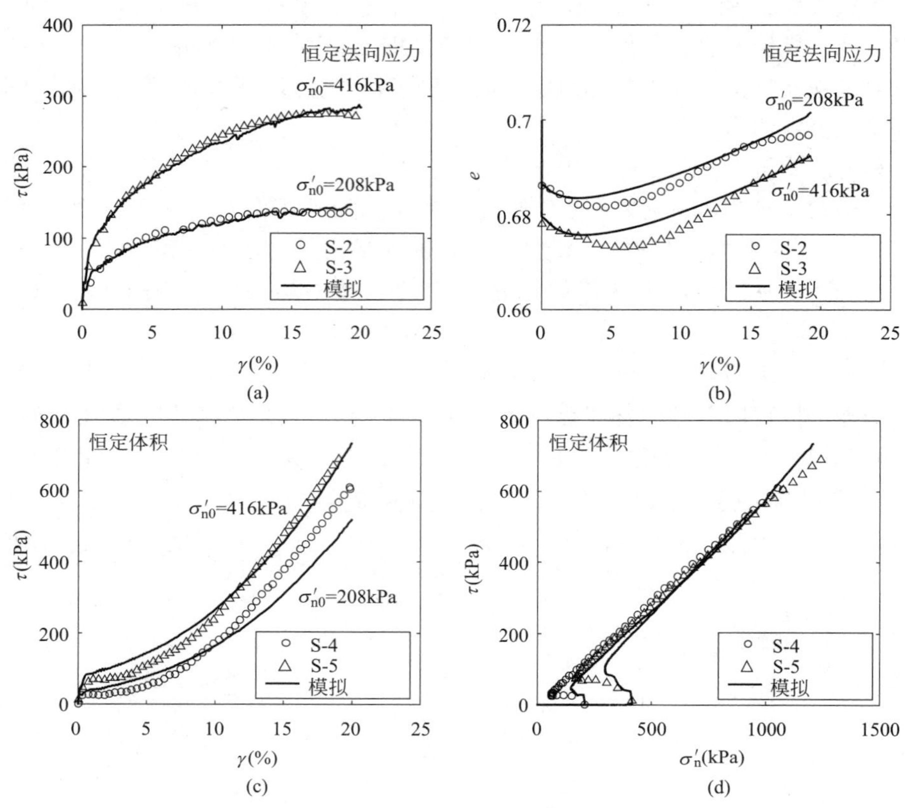

图 19.4 三维单剪试验模拟结果

(a)、(b) 恒定法向应力条件；(c)、(d) 恒定体积条件

力不均匀性随剪切应变水平的增加而增加，最低和最高垂直应力位于侧向（右侧和左侧）边界。结果还表明，垂直应力在试样的中心区域几乎可以保持恒定。

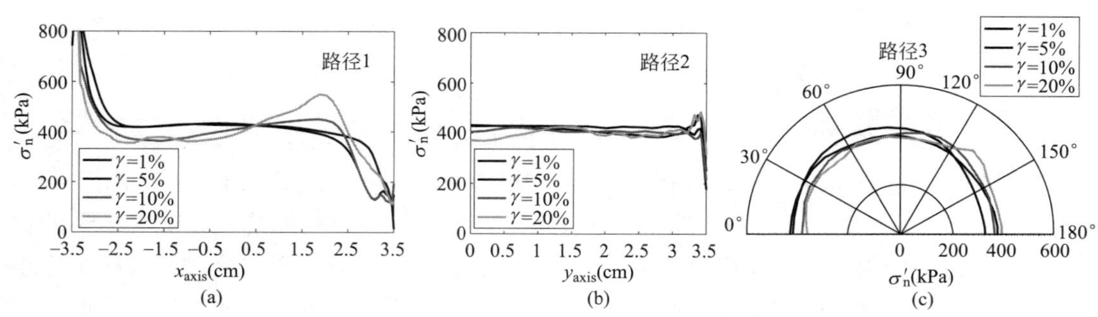

图 19.5 恒定法向应力试验 S-3 的垂直有效应力分布

(a) 沿路径 1；(b) 沿路径 2；(c) 沿路径 3

恒定体积试验的垂直应力分布（S-5）的结果也在图 19.6 中给出。与恒定法向应力条件不同，由于恒定体积的边界条件，垂直应力首先会由于低剪切应变水平相对减小（剪缩），然后增加（剪胀）。与恒定法向应力试验相比，可以发现垂直分布的类似分布特征，最低和最高值也位于横向边界中并且相当均匀地位于中心区域中。

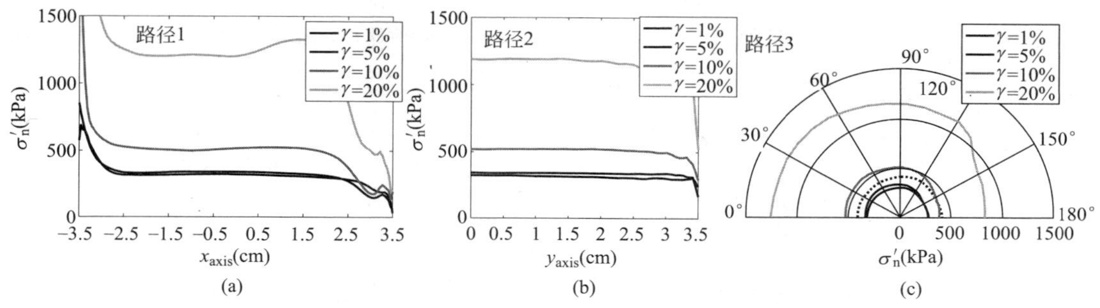

图 19.6　恒定体积试验 S-5 的垂直有效应力分布

(a) 沿路径 1；(b) 沿路径 2；(c) 沿路径 3

为了研究侧向边界互补剪应力缺失引起的应力不均匀特性，根据网格化之后的有限元模型汇总了 11000 个高斯点。图 19.7 为对于恒定正应力和恒定体积单剪试验在剪切过程中基于有限元中的所有高斯点的竖向应力 σ'_z 的正态分布，见下式：

$$f(x \mid \mu, \sigma^2)=\frac{1}{\sqrt{2\pi\sigma^2}}\exp\left[-\frac{(x-\mu)^2}{2\sigma^2}\right] \tag{19.1}$$

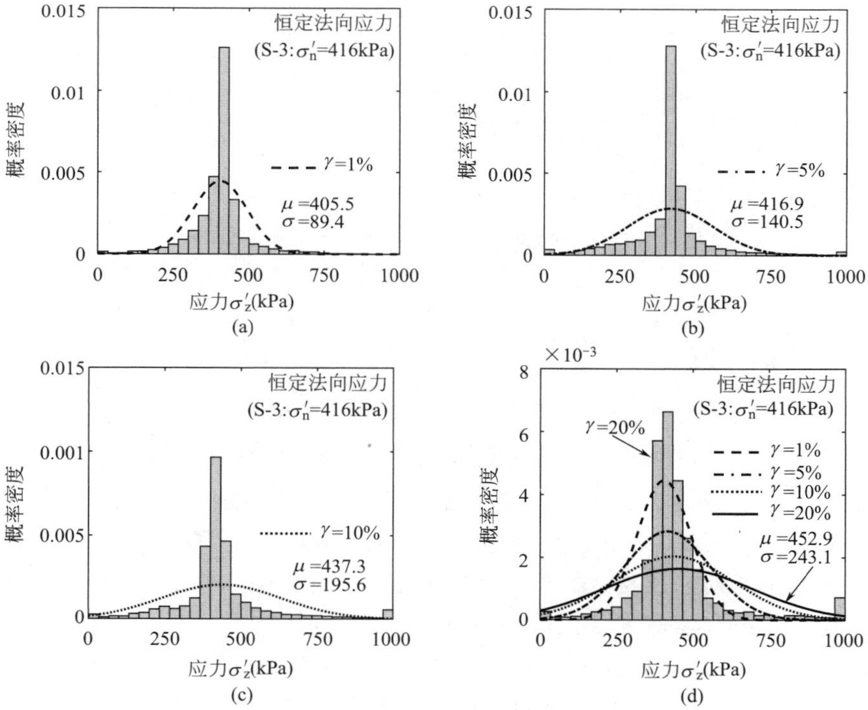

图 19.7　恒定法向应力试验的垂直应力的正态分布

(a) 剪应变为 1%；(b) 剪应变为 5%；(c) 剪应变为 10%；(d) 剪应变为 20%

式中，$f(x)$ 为可能的密度函数；μ 为试样 x 分布的平均值；σ 为标准差，其中试样 x 对应竖向应力 σ'_z。

对于恒定正应力单剪试验，平均值 μ 对应于平均垂直应力 σ'_z，其保持稳定并接近初始法向应力（即 σ'_n＝416kPa）。偏差 σ 对应于应力不均匀程度，随着剪切应变的增加，应力逐渐增大，如图 19.7 所示。另外，如图 19.8 所示，也可以在恒定体积单剪试验中找到类似的应力不均匀性演变（标准偏差随剪切应变 γ 增加）。

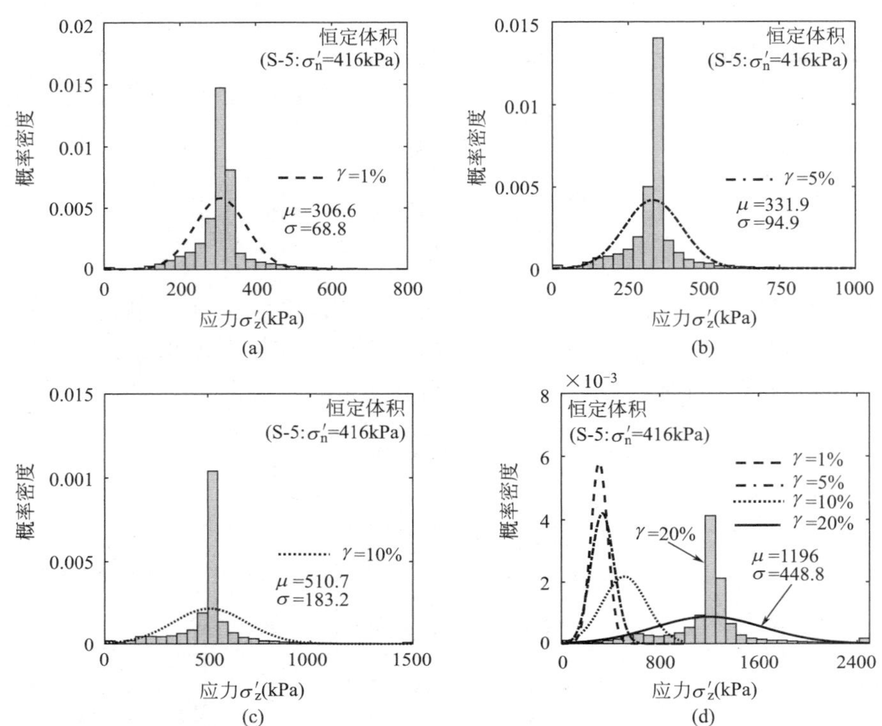

图 19.8　恒定体积试验的垂直应力的正态分布

（a）剪应变为 1%；（b）剪应变为 5%；（c）剪应变为 10%；（d）剪应变为 20%

19.2.6　剪应力分布、塑性偏应变和各向异性变量

根据对恒定法向应力单剪试验（S-3）的模拟结果，在图 19.9 中绘制了剪切应力 τ 的演变（相应于有限元模拟中的 σ'_{xz}）、塑性偏应变 ε_d^p 和各向异性变量 A。对于早期的剪切阶段（剪应变 γ 小于或等于 1%），试样中的剪切应力、塑性偏应变和各向异性变量 A 相当均匀，特别是在中央或中部区域。对于剪应变大于 5%的剪切阶段，剪应力峰值逐渐从左上角和右下角扩展到中心区。在试样中可以找到塑性偏应变的对角线区域。此外，由于侧边界和试样之间没有摩擦力，在剪切过程中，侧向边界处的剪切应力和偏应力几乎为零，这可能是导致应力/应变不均匀性根本的原因，从而最终导致逐渐破坏。这些模拟当中的剪应力和塑性应变的对角线累积区域的趋势与射线照片所记录的实际物理破坏区域相似（Budhu，1984，1988）。

图 19.10 绘制了恒定体积单剪（S-5）试验后的剪切应力 τ、塑性偏应变 ε_d^p 和各向异性变量 A。类似于通过恒定法向应力试验获得的图形（S-3），从左上角到右下角形成了累积塑性偏应变的对角区域。由于试样的高度恒定的边界条件，对角区塑性偏应变的积累比恒定正应力条件下更明显。如图 19.10（c）所示，各向异性变量 A 也沿试样的对角线区域积聚。

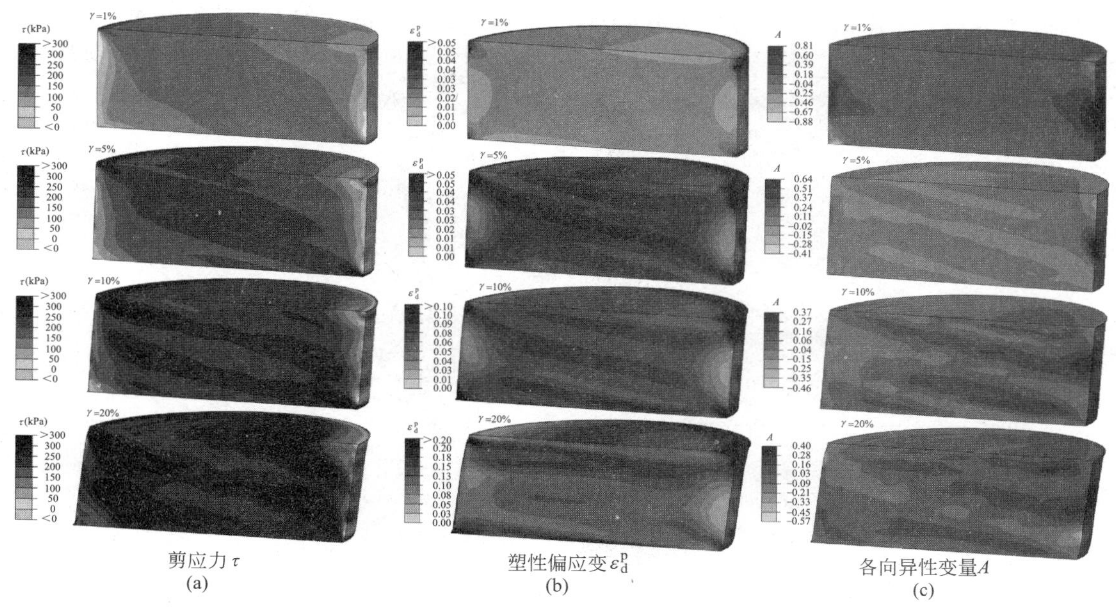

图 19.9　恒定法向应力为 416kPa 试验的连续单剪过程

(a) 剪应力云图；(b) 塑性偏应变云图；(c) 各向异性变量 A 的云图

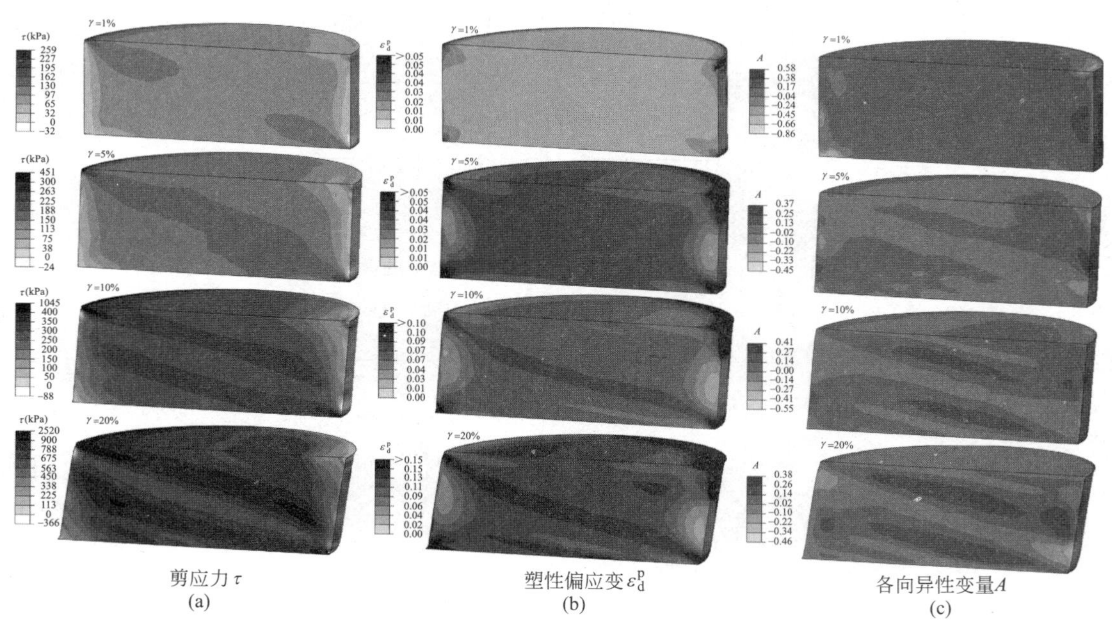

图 19.10　法向应力为 416kPa 的恒定体积试验的连续单剪过程

(a) 剪应力云图；(b) 塑性偏应变云图；(c) 各向异性变量 A 的云图

图 19.11 和图 19.12 给出了有限元建模中所有高斯点的三个模拟状态变量（τ、ε_d^p 和 A）的不均匀性特性的概率分布。可以看到，正态分布的演变对于剪应力和塑性偏应变是相似的，因为偏差随应变水平而增大，对应于剪切应力或塑性应变的不均匀性在大大增加。此外，对于如图 19.11（c）、图 19.12（c）所示的各向异性变量 A，分布的偏差在低

剪切应变水平下变化很大，如 γ＝0.5％，这意味着对剪应变的增加不敏感（超过 1％）。

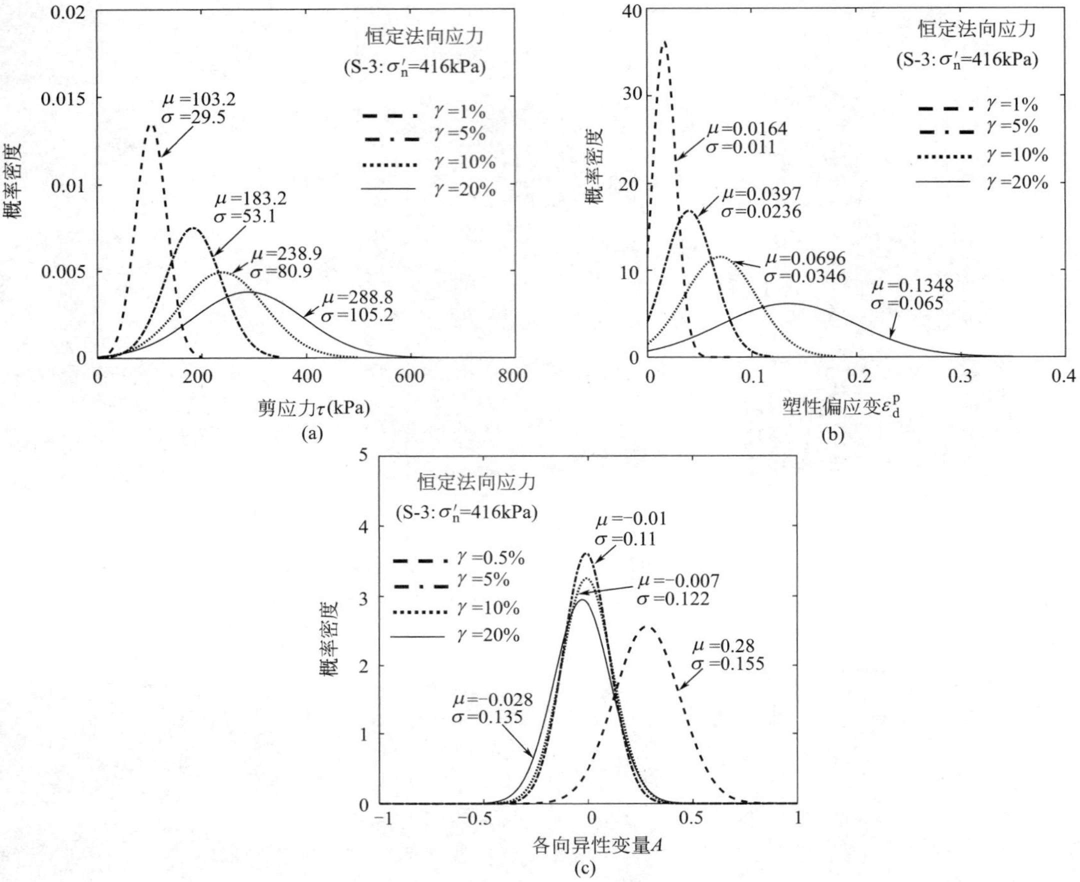

图 19.11　基于恒定法向应力试验过程中的概率分布

（a）剪应力；（b）塑性偏应变；（c）各向异性变量

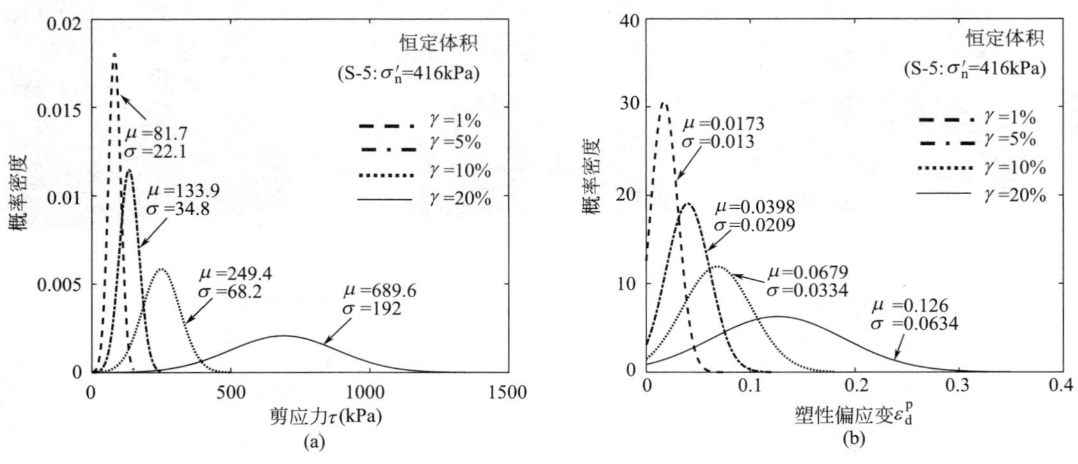

图 19.12　恒定体积试验过程中的概率分布（一）

（a）剪应力；（b）塑性偏应变

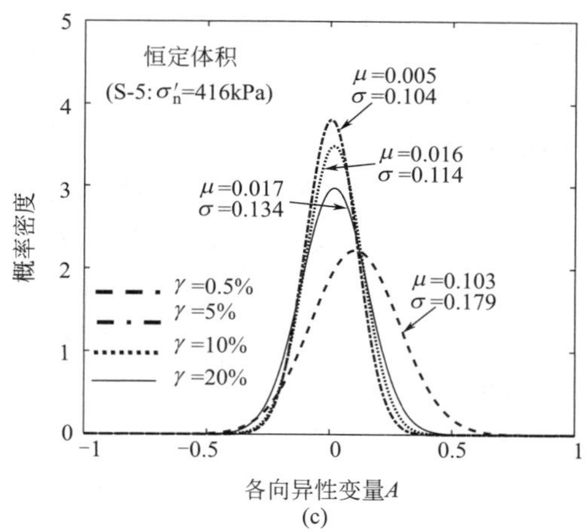

图 19.12　恒定体积试验过程中的概率分布（二）
（c）各向异性变量

19.3　试样高径比的影响评估

19.3.1　有限元模型

本章还研究了高径比对 GDS 型圆柱试样的影响。如图 19.13 所示，对三个不同高度的试样（H_0=15mm、25mm 和 35mm）进行建模。对应于三个高径比（H_0/D_0=0.21、0.36 和 0.5）的模型分别有 11000、11000 和 13750 个单元。其中，对于单元数为 11000 的模型有两种不同高度，H_0=15mm 和 25mm。不同高径比模型的边界条件与之前介绍的 GDS 单剪设备一致。在顶板上施加等于 0.4kN 和 0.8kN 的力以产生初始正应力（分别为 σ'_{n0}=208kPa 和 416kPa）。然后，对于不同高径比的模型，针对不同高度 H_0=15mm、25mm 和 35mm 分别施加 0.03mm/s、0.05mm/s 和 0.07mm/s 的底板移动速率，在 100s 内产生 20%的剪切应变，这样可以保证对应于每个试验有相同的剪切应变率，即每秒 0.2%应变。

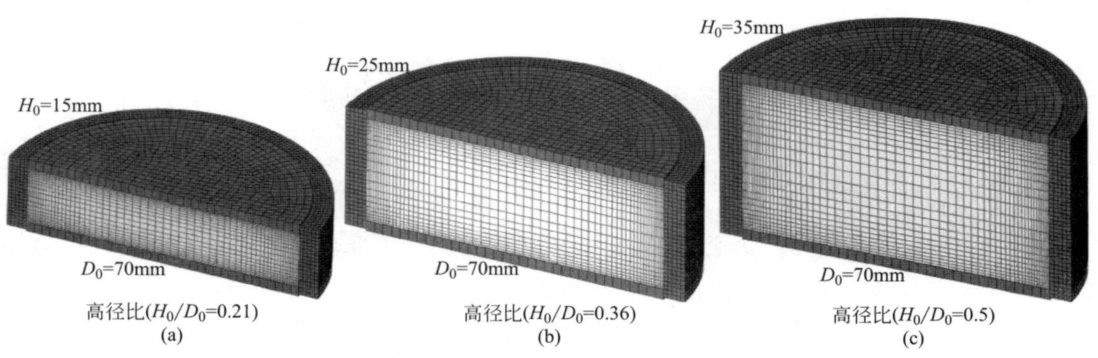

图 19.13　不同高径比圆柱试样的有限元网格
（a）H_0=15mm；（b）H_0=25mm；（c）H_0=35mm

19.3.2 不同高径比模型的模拟结果

在恒定正应力和恒定体积条件下计算具有三个初始高度-直径比（$H_0/D_0=0.21$、0.36 和 0.5）的数值模型来研究模型高宽比的影响。图 19.14 比较了三种高径比下模拟得到的应力 -应变关系，结果表明高径比影响剪切刚度和剪切强度。模型高径比为 $H_0/D_0=0.5$ 时，对应于峰值强度以及应变扩容（或孔隙率）的最小值。此外，关于峰值剪切应力和体积应变的类似结果也可以在其他高径比（$H_0/D_0=0.36$ 和 0.21）模拟中看到。对于 GDS 型单剪试验而言，高径比接近 0.36 时，高径比对剪切模量或强度的影响倾向于稳定在一定值。在尺寸效应的试验研究中呈现出类似的特征（Amer 等，1984；Amer 等，1986；Reyno 等，2005）。

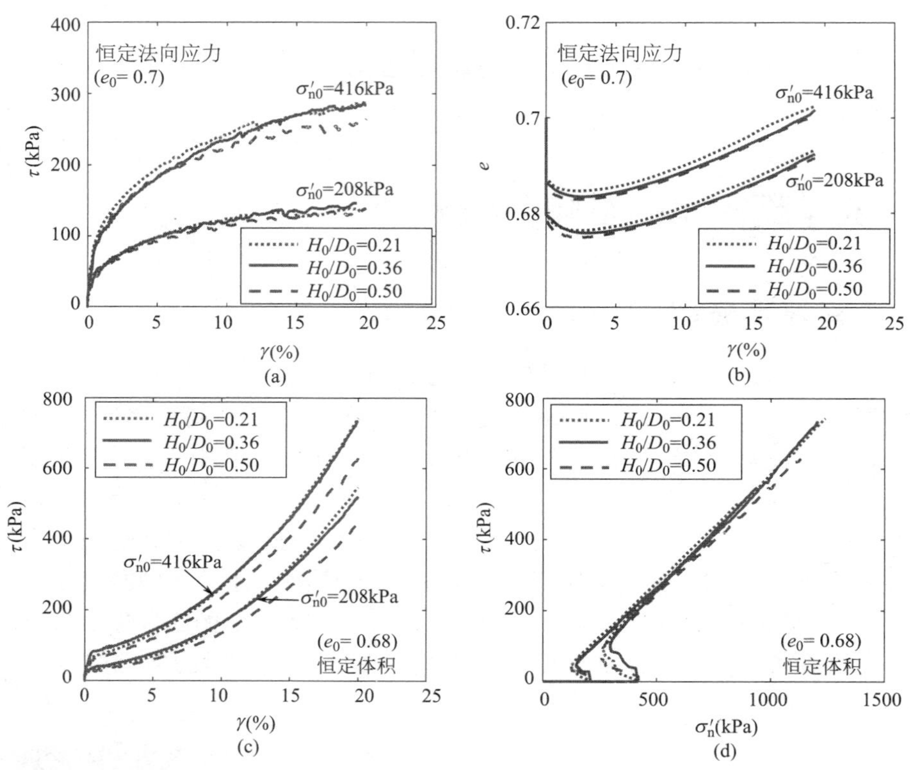

图 19.14 不同高径比试样试验结果对比

(a)、(b) 恒定法向应力条件；(c)、(d) 恒定体积条件

19.3.3 不均匀性分析

图 19.15 为在三种高径比下剪切应变 $\gamma=10\%$ 时试样顶部表面沿路径 1 的竖向应力和剪应力分布。根据试件上表面沿水平方向的应力分布可以发现应力不均匀特征。然而，由于其分布曲线相似，三种高径比下的不均匀水平不容易区分。

图 19.16、图 19-17（$H_0/D_0=0.21$、0.36 和 0.5）给出了剪应力 τ、塑性偏应变 ε_d^p 和各向异性变量 A 的等值线，以比较不同高径比试样之间的不均匀特性。$H_0/D_0=0.5$ 的

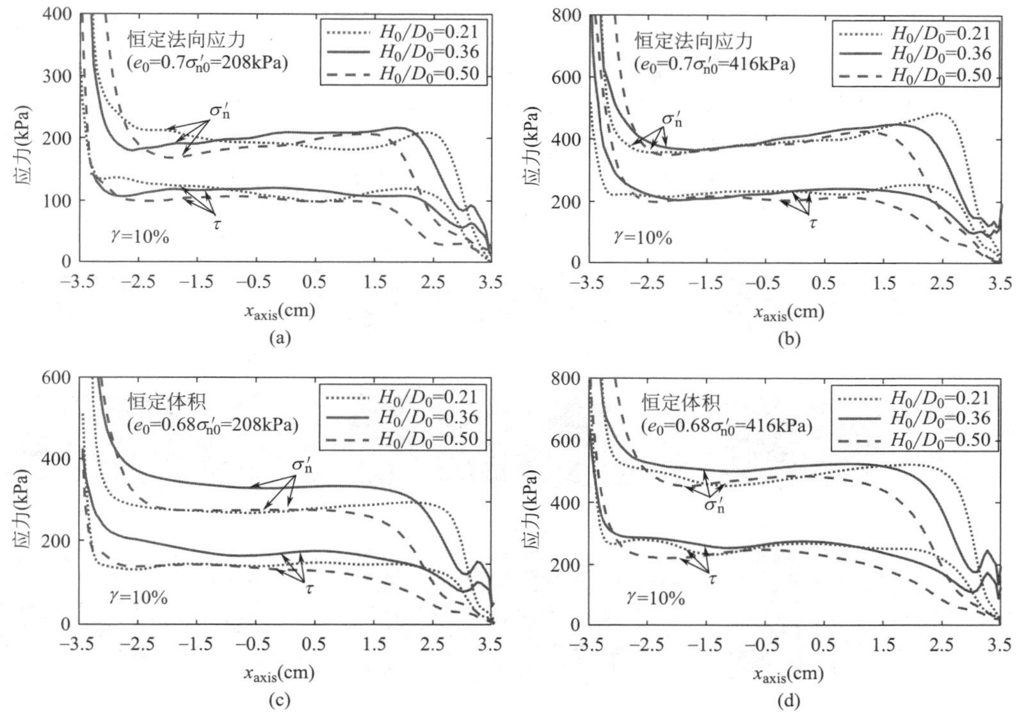

图 19.15　不同高径比试样在路径-1 上的正应力和切应力分布结果

（a）恒定法向应力为 208kPa 的试验；（b）恒定法向应力为 416kPa 的试验；
（c）法向应力为 208kPa 的恒定体积试验；（d）法向应力为 416kPa 的恒定体积试验

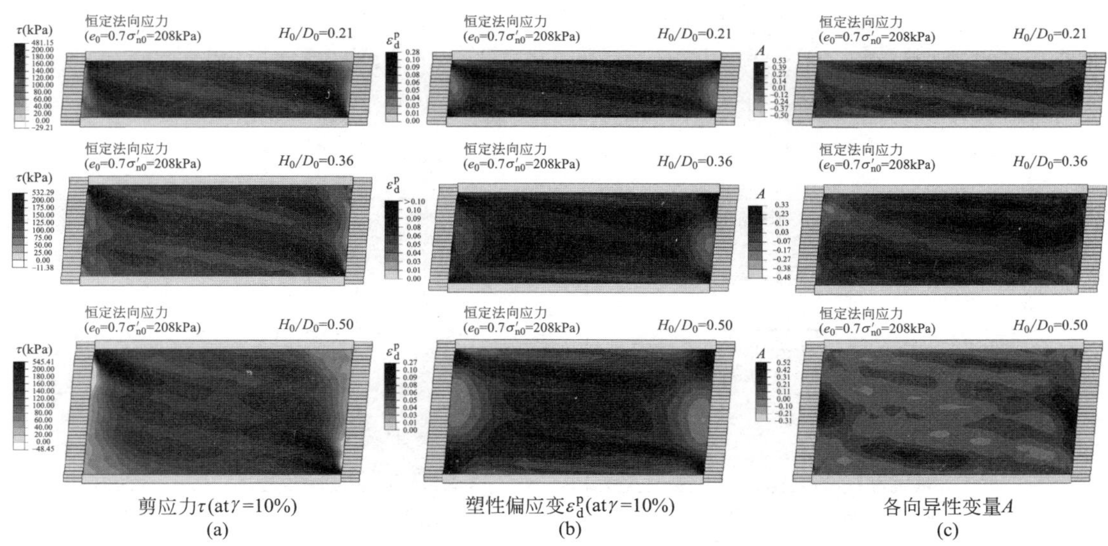

图 19.16　恒定法向应力条件下（S-2）剪应变为 10%时不同高径比试样试验的比较

（a）剪应力云图；（b）塑性偏应变云图；（c）各向异性变量 A 的云图

情况，由于较高层叠的环（侧向边界），每个环的水平位移不能遵循从底部到顶部边界的高度线性变化。与 $H_0/D_0=0.21$ 和 0.36 的情况相比，形成了更加不均匀的垂直边界以及试样柱的高度。此外，对于较大高径比的试样，优先剪胀区（如图 19.16、图 19.17 中的剪切应力等值线和塑性偏应变 ε_d^p 中的深色）不易从左上角和右下角扩散到中心区，试样中心区累积的应力和应变的幅度更大，$H_0/D_0=0.5$ 的情况就是如此。因此，对于较大高径比的试样柱，将发展出更大的不均匀性，导致试样的强度和剪胀特性下降。

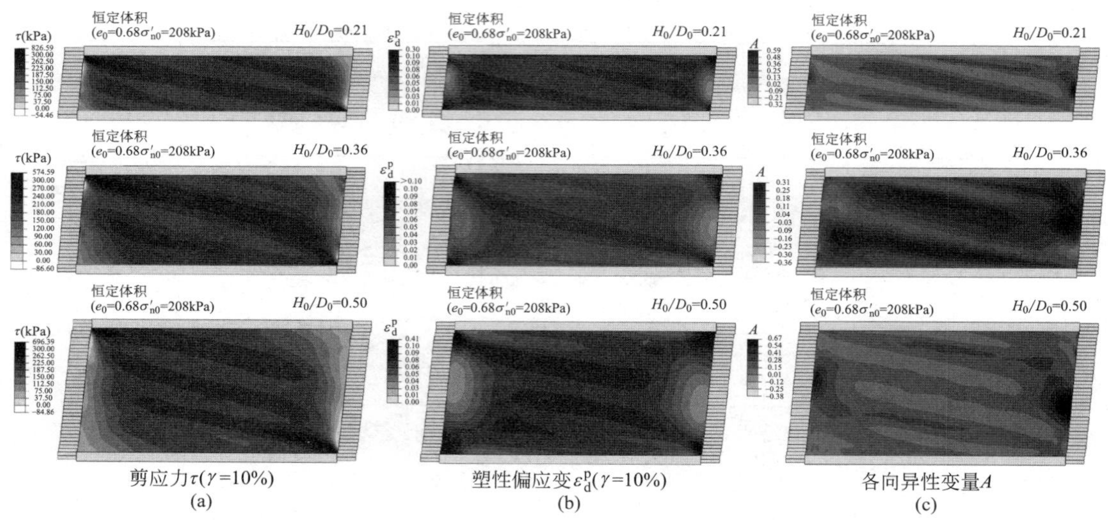

图 19.17 恒定体积条件下（S-4）剪应变为 10%时不同高径比试样试验的比较

（a）剪应力云图；（b）塑性偏应变云图；（c）各向异性变量 A 的云图

图 19.18 给出了基于恒定正应力和恒定体积单剪条件下高宽比为 $H_0/D_0=0.36$ 的变量直方图（σ'_z、τ 和 ε_d^p）。通过根据概率函数［公式（19.1）］拟合有限元模型中所有高斯点的变量模拟结果，可以获得对应不同高径比的三个正态分布，以此研究高径比对试样不均匀性的影响。可以观察到最大高径比 $H_0/D_0=0.5$ 对应方差的最大值，这意味着较大的高径比将产生较大的不均匀性（图 19.18）以及较低的应力水平（图 19.14）。

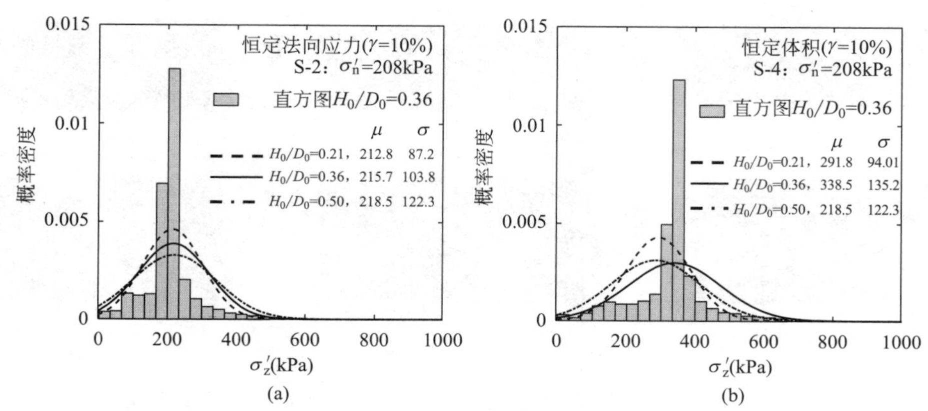

图 19.18 剪切应变为 10%时不同高径比试样试验的概率分布（一）

（a）、（b）竖向应力

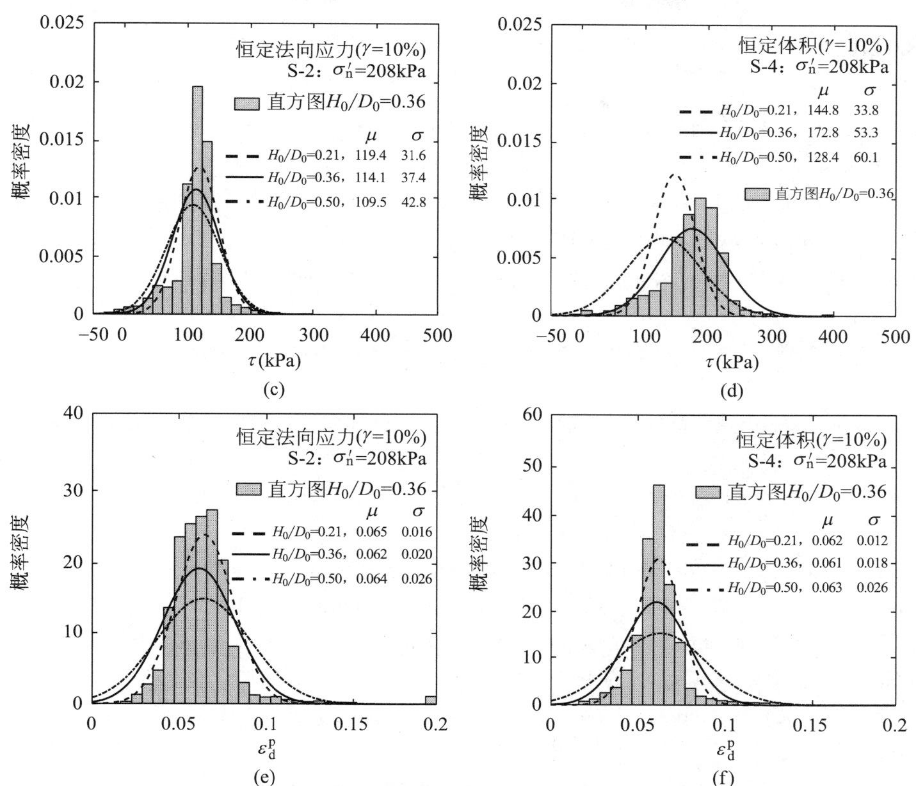

图 19.18 剪切应变为 10%时不同高径比试样试验的概率分布（二）

（c）、（d）剪应力；（e）、（f）塑性偏应变

19.4 本章小结

文章考虑试样大小的影响，提出了一个模拟单剪试验数值方法。该方法将考虑组构各向异性的临界状态 SIMSAND 模型导入到有限元分析中，通过引入组构各向异性联合不变量的参数，将模型从原始各向同性强度扩展到各向异性强度，由此获得了单剪条件下固有的各向异性特性。

然后，在恒定正应力和恒定体积荷载条件下，利用枫丹白露砂进行一系列 GDS 型圆柱试样单调单剪试验。三维有限元模型大小与室内 GDS 型设备尺寸相同，由此来验证改进模型的有限元分析性能。此外，还基于有限元模拟来说明物理试样的不均匀性特征，其不能使用理想单调单剪试验条件来估计。最后，针对圆柱形试样的不同高径比进行了一系列补充模拟以研究试样的尺寸效应。结果表明，较大高径比的试样在应力和应变分布方面会导致试样中更大的应力不均匀性。本章的研究可以提高对单剪试验条件的理解，并为分析试样的不均匀特性提供有效的计算工具。

参考文献

Aghakouchak A, Sim W W, Jardine R J. Stress-path laboratory tests to characterise the cyclic behaviour of piles driven in sands [J]. Soils and Foundations, 2015, 55 (5): 917-928.

Amer M I M, Aggour M, Kovacs W D. Size effect in simple shear testing [R]. Department of Civil Engineering, The University of Maryland, 1984.

Bjerrum L, Landva A. Direct simple-shear tests on a norwegian quick clay [J]. Geotechnique, 1966, 16 (1): 1-20.

Budhu M, Britto A. Numerical analysis of soils in simple shear devices [J]. Soils & Foundations, 1987, 27 (2): 31-41.

Budhu M. Failure state of a sand in simple shear [J]. Canadian Geotechnical Journal, 1988, 25 (2): 395-400.

Budhu M. Nonuniformities imposed by simple shear apparatus [J]. Canadian Geotechnical Journal, 1984, 21 (1): 125-137.

Dabeet A. Discrete element modeling of direct simple shear response of granular soils and model validation using laboratory tests [D]. Canada: University of British Columbia, 2014

Doherty J, Fahey M. Three-dimensional finite element analysis of the direct simple shear test [J]. Computers and Geotechnics, 2011, 38 (7): 917-924.

Dounias G T, Potts D M. Numerical analysis of drained direct and simple shear tests [J]. Journal of Geotechnical Engineering, 1993, 121 (12): 1870-1891.

Drnevich V P, Amer M I, Aggour, et al. Testing using a large-scale cyclic simple shear device [J]. Geotechnical Testing Journal, 1986, 9 (3): 7.

Grognet M. The boundary conditions in direct simple shear tests: Developments for peat testing at low normal stress [M]. Holland: TUDelft, 2011

Hooker P. The development of automated testing in geotechnical engineering [C]. Proceeding of the Indian Geotechnical Conference, 2002: 96-102

Reyno A, Airey D, Taiebat H. Influence of height and boundary conditions in simple shear tests [C]. International Symposium on Frontiers in Offshore Geotechnics, Taylor & Francis/Balkema, 2005.

Pra-ai S, Boulon M. Soil-structure cyclic direct shear tests: a new interpretation of the direct shear experiment and its application to a series of cyclic tests [J]. Acta Geotechnica, 2017, 12 (1): 107-127.

Vaid Y P, Sivathayalan S. Static and cyclic liquefaction potential of Fraser Delta sand in simple shear and triaxial tests [J]. Canadian Geotechnical Journal, 1996, 33 (2): 281-289.

Wang B, Popescu R, Prevost J H. Effects of boundary conditions and partial drainage on cyclic simple shear test results—a numerical study [J]. International Journal for Numerical & Analytical Methods in Geomechanics, 2004, 28 (10): 1057-1082.

Wijewickreme D, Sriskandakumar S, Byrne P. Cyclic loading response of loose air-pluviated Fraser River sand for validation of numerical models simulating centrifuge tests [J]. Canadian Geotechnical Journal, 2005, 42 (2): 550-561.

第 20 章　考虑颗粒破碎效应的桩贯入模拟分析

本章提要

桩在贯入砂土地基时所产生的高应力，这一过程会引起桩周砂土的破碎，从而引起桩基承载力的降低，严重时会导致基础结构物失稳甚至倒塌破坏。目前的数值平台在砂土基础设计中很少考虑颗粒破碎效应。本章开发了一个改进的大变形分析平台，该平台考虑了在砂土中桩身贯入时颗粒破碎的影响。首先通过模拟实验室模型试验和一系列的桩在石英砂中贯入的离心试验来验证所选本构方法在桩抗力和颗粒破碎分布方面的性能。讨论了该改进平台的一些其他特性，例如：①砂土易碎性对桩抗力的影响，②桩抗力与砂密度的非线性关系。文章结论表明该数值平台在砂土桩基设计中具有良好的性能，并且凸显了在桩的贯入过程中应力扩张和断裂机理之间的相互作用。此外，采用有限元耦合欧拉-拉格朗日法（CEL）模拟 Dog's bay 砂中桩的贯入过程，讨论了破碎对海洋桩承载力的影响。

20.1　引言

桩的贯入是一个常见的与基础的改造有关的岩土工程问题，在非开挖施工中起着重要作用。除了采用模型试验或现场试验的传统设计方法外，为降低经济和时间成本，数值方法越来越多地被采用。在众多的方法中，有限元法（FEM）与无网格法、离散元法（DEM）等相比被认为是工程设计中的有益工具（例如，Kouretzis 等，2014；Sheng 等，2005；Zhang 等，2013，2014）。因此，采用适当的本构模型的有限元数值平台将有助于分析考虑大变形的桩的贯入问题，并进一步估算桩阻力。

在桩贯入的过程中，沿桩的砂土总是经受由挤压效应而产生较高水平的应力，导致横向变形。即使对于石英砂，这种高水平的应力也会导致颗粒破碎。这种在贯入过程中石英砂颗粒破碎的重要性已经在实际研究中得到强调（Zhang 等，2013，2014；Kuwajima 等，2009；Yu，2013；Yamamoto 等，2009；Poulos 等，1986；Jardine 等，2009；Yang 等，2010；Zhang 等，2011）。大量的研究表明，与没有考虑颗粒破碎的传统模拟平台所预期的相比，可压碎砂土中的桩抗性被高估了（Kouretzis 等，2014；Zhang 等，2013，2014；Alba 等，1999；Murff，1987）。因此，在实际设计中应考虑到颗粒破碎对桩抗力的劣化效应，这就要求在数值平台中应用考虑颗粒破碎的本构模型。

在过去的几十年里，许多人采用不同的本构模型模拟了砂土中桩的贯入问题［如

Drucker-Prager 模型（Susila 等，2003）和 Mohr-Coulomb 模型（Susila 等，2003），基于临界状态模型（Kouretzis 等，2014）和增塑性模型（Hamann 等，2015；Qiu 等，2011）等]。然而，这些模拟没有考虑到颗粒破碎对桩抗性的影响，导致预测的桩抗力不准确。最近，Zhang 等（2013，2014，2014）采用了简单的破损模型进行了相关模拟。然而，非线性弹性、剪胀和土体压密效应的剪缩在该模型中没有得到恰当的考虑，用于模拟的砂土参数并没有通过室内试验来确定（Zhang 等，2013，2014）。

因此，本章旨在通过考虑颗粒破碎、非线弹性和砂土在贯入过程中与密度效应相关的应力剪胀特性开发出一种改进的大变形数值分析平台，其中本构模型考虑了应力扩张和颗粒破碎的影响。然后，模拟实验室模型试验和在石英砂中进行的一系列桩贯入离心机试验来验证所提出的平台，讨论砂土对桩抗性的影响以及桩抗性与砂土密度的非线性关系。此外，采用耦合欧拉-拉格朗日（CEL）方法，对桩贯入易破碎 Dog's bay 钙质砂中的过程也进行数值模拟，分析颗粒破碎对桩基承载力的影响。

20.2 石英砂地基中桩贯入的数值模拟

基于临界状态的 SIMSAND 破碎本构模型可具体参考本书第 10 章，显式有限元法二次开发可具体参考本书第 16 章。这部分内容也可参阅文献 Jin 等（2018a）。

20.2.1 室内桩贯入试验建模

格勒诺布尔理工学院（INPG）进行了桩贯入模型试验。该试验采用迷你帝国理工大学桩（Mini-ICP），其包括外径缩小至 36mm，封闭式圆锥形底座标准顶角等于 60°，长度为 1.5m 的 ICP 型室内试验装置（Jardine 等，2009）。桩安装位移控制在 2mm/s。

如图 20.1 所示，生成了具有 5700 个单元的轴对称有限元模型。整个模型尺寸为 0.6m 宽和 1.5m 高，该大小可以避免边界约束。底面在垂直和水平方向都固定。左侧和右侧仅在水平方向上固定，顶端是自由的。用 ABAQUS 中的简化四节点轴对称积分单元（CAX4R）模拟土体。与土体相比，桩的变形可以忽略不计，因此桩被模拟为与模型桩具有相同直径和圆锥形尖端的刚体。

初始应力由自重产生，单位土体重量 $\gamma=16.3\text{kN/m}^3$，$K_0=1-\sin\phi_u=0.48$，这与模型试验一致（Yang 等，2010）。通过遵循典型库仑摩擦定律的面-面接触来模拟桩土相互作用。摩擦系数 $\mu=\tan(\phi_u/2)=0.3$，总贯入位移为 1000mm，贯入速率为 0.5mm/s，由此避免与突然施加高应变率和惯性效应相关的数值问题。根据 Kouretzis 等（2014）的研究，这个速率比试验的实际速率慢大约 4 倍，这是一个可接受的速率。用表 10.3 中的枫丹白露标准砂的参数模拟。桩的贯入模拟分三步进行：①生成初始应力；②将 150kPa 的垂直应力施加到砂土的顶面；③将桩插入砂土中。

在图 20.2 中，记录了试验中的桩抗力 q_c。为了更好地显示在桩插入过程中破碎效果的影响，图中同时绘制了有颗粒破碎效应和无颗粒破碎效应（同时设置 $b=0$，$e_{refu}=e_{ref0}$ 和 $\rho=0$ 实现）的数值模拟结果。可以发现，考虑颗粒破碎效应的模拟结果与试验观察结果一致，贯入过程中砂粒的破裂显著降低了桩的阻力，从而验证了所提出的本构平台的性能。

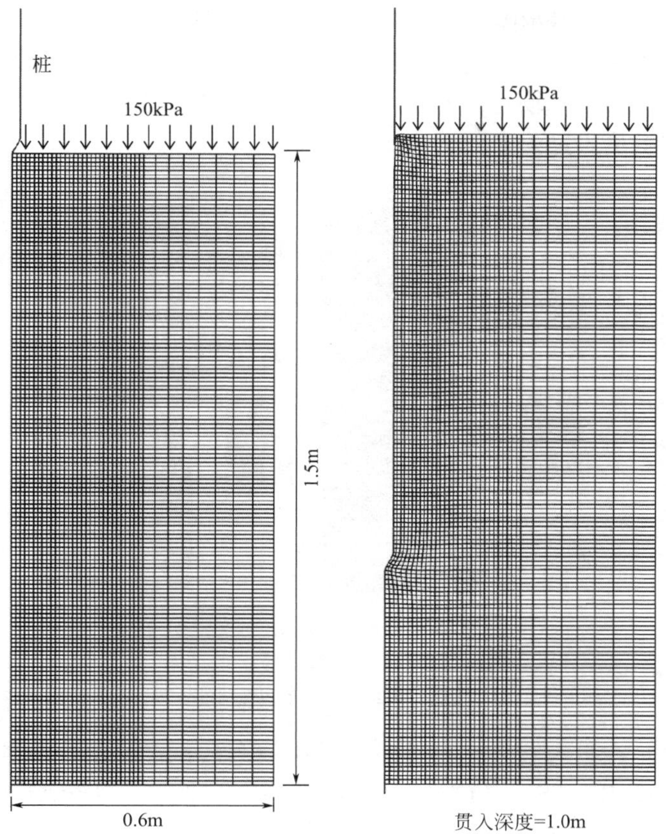

图 20.1　ICP 模型桩渗透试验的几何形状

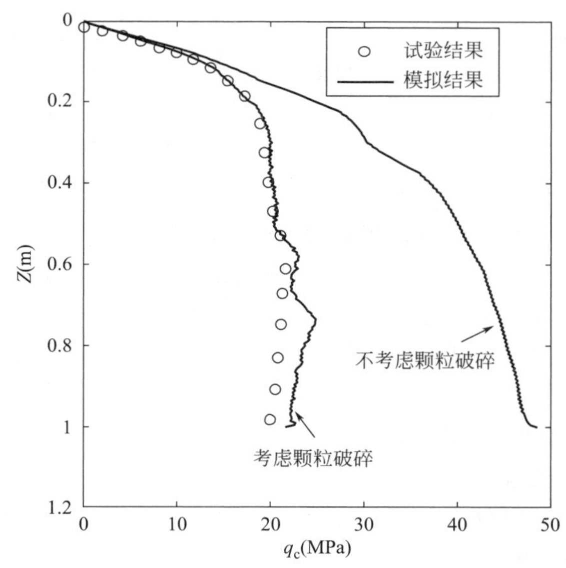

图 20.2　枫丹白露砂中桩的贯入试验结果与模拟结果比较

上述结果可以由孔隙率影响土体强度，平均有效应力影响桩阻力以及修正的塑性功影响断裂量来解释。将这三个变量绘制在图 20.3（a）～（c）中。沿着桩贯入路径的区域，尤其是在桩尖处，应力水平较高的地方，砂土变密。此外，修正的塑性功也集中在桩端附近，由此加剧了在桩贯入过程中砂土破碎。

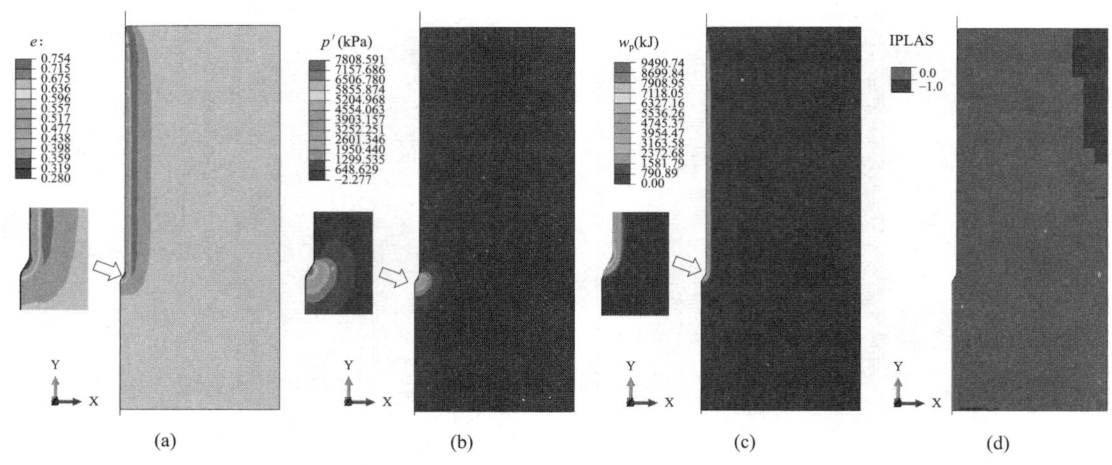

图 20.3　ICP 模型试验模拟结果

（a）孔隙比的分布；（b）平均有效应力的分布；（c）修正塑性功的分布；（d）活化屈服的塑性指数机制

此外，为了显示在贯入结束时哪种屈服机制被激活，定义塑性指数“IPLAS”：如果（$d\lambda_s=0$ 和 $d\lambda_n=0$），IPLAS＝－1；如果（$d\lambda_s>0$ 和 $d\lambda_n=0$），IPLAS＝0；如果（$d\lambda_s=0$ 和 $d\lambda_n>0$），IPLAS＝1；如果（$d\lambda_s>0$ 和 $d\lambda_n>0$）则 IPLAS＝2。在图 20.3（d）中画出了这个变量的轮廓，从中可以看出：①右上角的单元保持弹性，表明没有桩贯入的影响，②其余单元表现出仅由于与应力状态（图 20.3b 中的 $p_{max}=7.8$MPa）低于压缩屈服应力（$p_{c0}=15$MPa）的剪切“IPLAS＝0”相关的可塑性。所以在这种情况下发生的断裂完全是由于剪切荷载引起的，这与许多在低围压下剪切试验的结果一致（Bopp 等，1997；Lade 等，1996，2005；Russell 等，2004；Yamamuro 等，1996）。

图 20.4 为对应模型桩 1m 深度的颗粒破碎图。与观测结果相比，由模型模拟的破碎区域大约在距离井筒半径的一半范围内，这与试验非常吻合。为了评估采用的破碎模型的性能，使用颗分曲线粒径与破碎指数相关的公式绘制了从区域 1 到区域 3 的压碎区的粒度分布并示于图 20.5 中，在这种情况下也表现出与试验观察结果很好地吻合。

这一结果进一步证实了本构方程不仅可以捕获插桩过程中砂土的力学特性，而且可以准确描述桩周围材料的破碎，从而可以提高我们对工程设计中颗粒破碎效应诱发桩基承载力折减估算的认识。

为了研究破碎对桩阻力的影响，基于 ICP 模型试验的模拟进一步进行参数分析。为此，测试了两个不同的参数：①控制破碎指数 B_r^* 的演变速率的参数 b；②控制由于破碎造成的 CSL 的分级速率的参数 ρ。图 20.6（a）中针对参数 b 的不同值（$b=500$、1000、5000、50000 和 100000）给出了针对不同贯入深度的桩端阻力 q_c 模拟值。从图中可以看出：①破碎的影响在 b 较大时往往可以忽略不计；②当 b 较小时，破碎的发展导致桩抗力的急剧降低。类似的模拟也通过仅改变参数 ρ（即 $\rho=5$、10 和 15）来进行，结果如图

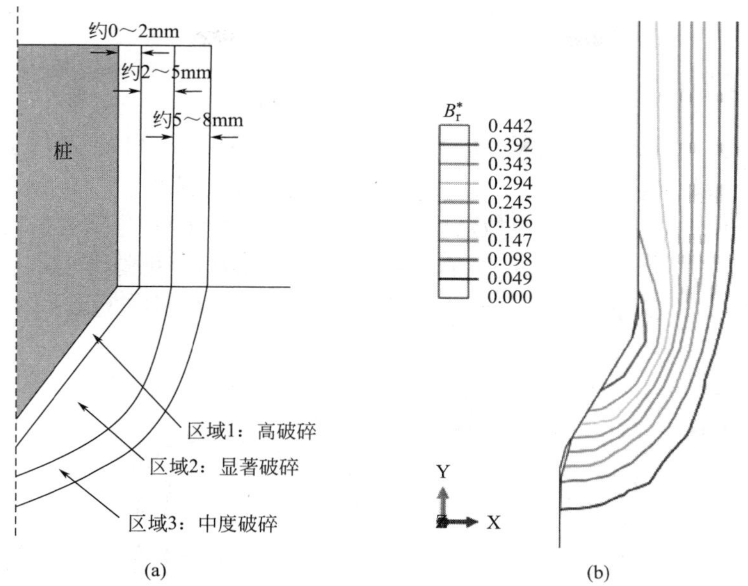

图 20.4 枫丹白露砂中桩的贯入试验破碎区试验与模拟结果比较

(a) 试验；(b) 模拟

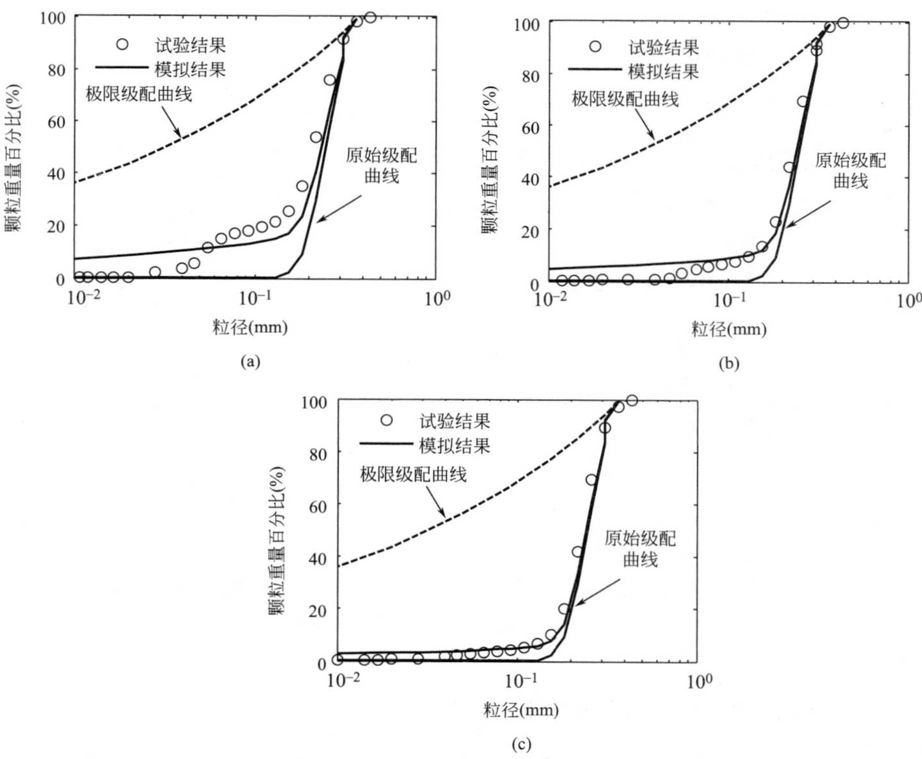

图 20.5 试验结果和模拟结果平均粒度分布的比较

(a) 区域 1；(b) 区域 2；(c) 区域 3

20.6（b）所示。可以看出，桩的阻力随着 ρ 值的增加而减小（代表 CSL 更容易向下移动）。在通过改变参数 b 和 ρ 进行的研究中，可以推断出颗粒破碎对桩抗力有显著的影响。总的来说，砂土的破碎程度大小对桩的抗力有显著影响。

此外，为了突出桩的贯入过程中应力扩张的影响，还对 A_d 和 n_d 进行了参数研究。为此，通过仅改变参数 A_d（A_d=0.5、1.0 和 1.5）或仅改变参数 n_d（n_d=1、3 和 5），同时保持其他参数恒定来进行若干模拟试验。图 20.6（c）和（d）分别为与贯入深度相关的桩端阻力 q_c 模拟值，其中 A_d 和 n_d 的值分别变化。可以断定，控制剪胀量的参数 A_d 和剪胀联锁的控制参数 n_d 的增加都会导致桩抗力的增加。在一般的工程实践中，高应力扩张的粒状地基土给出了较高的抗桩抗力。

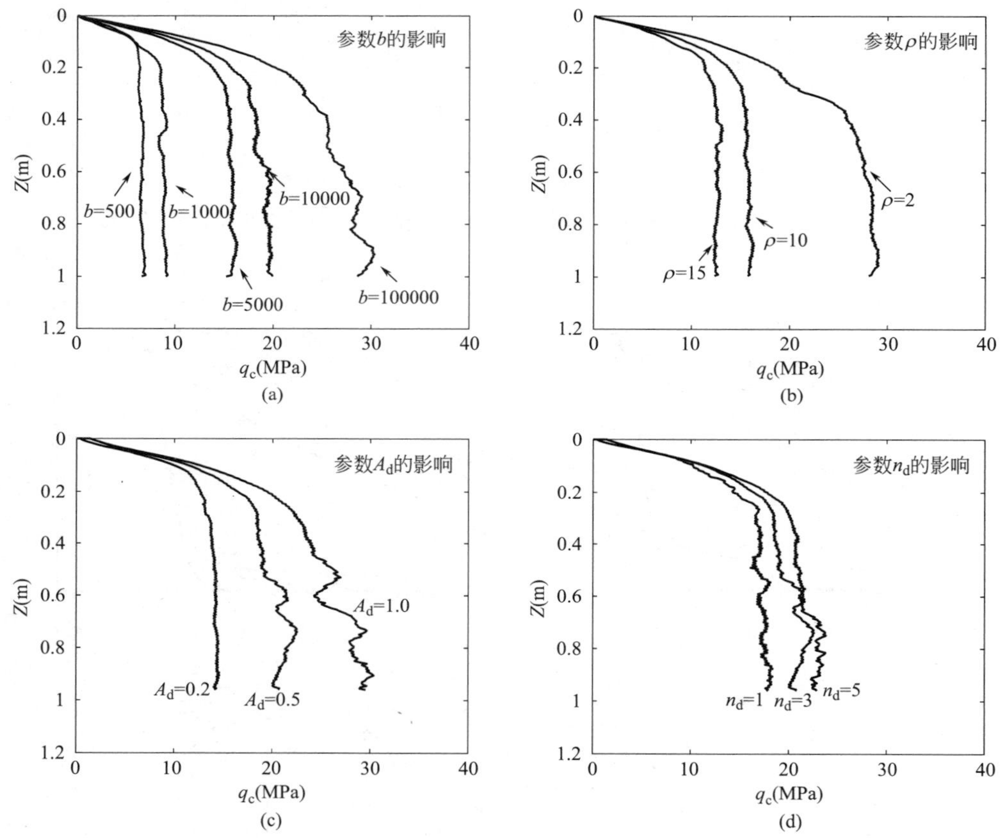

图 20.6　研究破坏相关参数对桩体阻力的影响

（a）砂土的易碎性对 b 的影响；（b）CSL 由于破碎引起的变化的敏感性的影响；（c）控制剪胀量的参数 A_d 的影响；（d）剪胀联锁的控制参数 n_d 的影响

20.2.2　桩贯入离心机试验的模拟

为了进一步验证数值平台，选择模拟了一系列不同相关密度 D_r 的枫丹白露标准砂桩贯入离心机试验［Bolton 和 Gui（1993）的 4 个试验，MWG-3、5、8 和 9；Bolton 等（1999）的 5 个试验，CUED、DIA、ISMES、LCPC 和 RUB］。

表 20.1 列出了在 70g 下枫丹白露砂的离心机桩贯入试验的一些细节。在模拟中，采用了对应于 70g 下的离心机试验的桩贯入原型。轴对称有限元模型的大小为半径 10m，深度 30m。桩的直径 B 为 0.7m，顶角为 60°。根据试验结果（Bolton 等，1999），对于图 20.7 所示的有限元模型，直径比 $D/B=28.6$，边界效应可以忽略不计。模型的底部在垂直和水平方向都是固定的。左侧和右侧仅在水平方向上固定，顶部是自由的。桩周围的网格足够密集，以保证获得准确的结果。初始垂直应力由枫丹白露砂的自重计算，而水平应力通过使用 $K_0=1-\sin\phi'=0.48$ 计算。接触类型和摩擦系数设置为与模拟 ICP 模型试验中使用的相同。总贯入位移为 20m，贯入速度为 0.05m/s。模拟中采用的枫丹白露砂的参数详见本书第 10 章。

枫丹白露砂中桩贯入系列离心机试验　　　　**表 20.1**

试验	MWG-3	MWG-5	MWG-8	MWG-9	CUED	DIA	ISMES	LCPC	RUB
B(mm)	10	10	10	10	10	12	11.3	12	11.3
D(mm)	850	850	850	850	850	530	400	800	750
D/B	85	85	85	85	85	45	35	66	66
D_r(%)	81%	89%	58%	54%	81%	81%	84%	84%	84%
e_0	0.62	0.59	0.70	0.72	0.62	0.62	0.60	0.60	0.60

注：B 为桩的直径；D 为容器的直径；D/B 为容器和桩的直径比。CUED：英国剑桥大学工程系；DIA：丹麦技术大学；ISMES：意大利结构建模研究所；LCPC：法国路桥实验室；RUB：德国鲁尔大学。

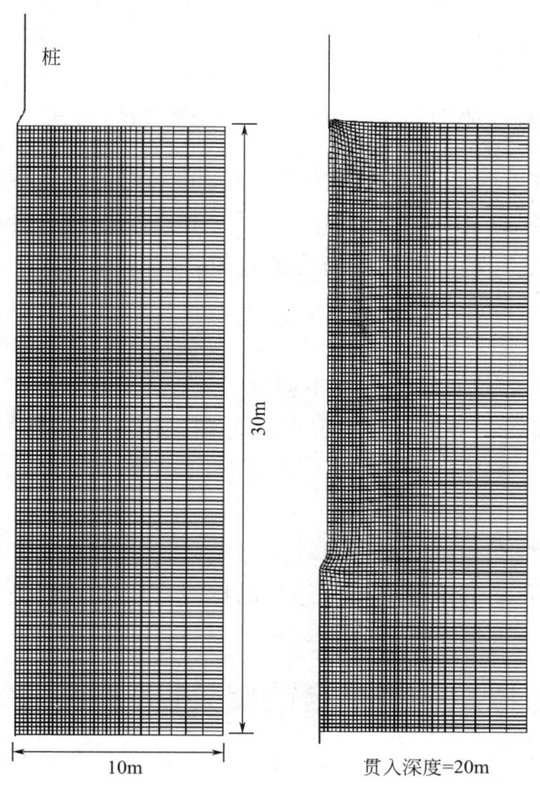

图 20.7　桩贯入离心机试验几何尺寸

图 20.8 为模拟结果与 MWG-3、5、8 和 9 试验结果以及 CUED、DIA、ISMES、LCPC 和 RUB 试验结果之间的比较。在这个图中，为了强调在贯入过程中破碎的重要性，未考虑模型破碎效应的数值结果也包含在图中。结果比较表明，在桩的贯入过程中发生的破碎能够显著地降低桩的阻力，从而表明在桩设计的工程实践中应考虑颗粒破碎的影响。此外，这些比较还表明，在桩贯入过程中发生的断裂会显著降低桩的抗力，这在桩基工程中也应该予以考虑。

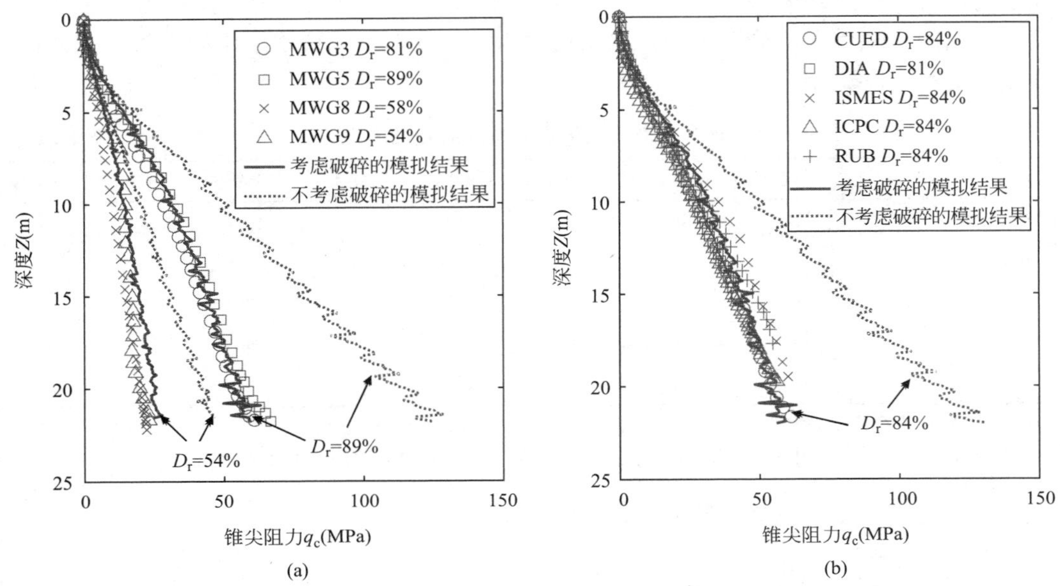

图 20.8 枫丹白露砂中相对贯入深度的桩阻力的离心桩试验结果与模拟试验结果比较

桩的阻力 q_c 由其贯入深度的有效垂直应力 σ'_v 进行归一化，见式（20.1），并且贯入深度 Z 通过桩 B 的直径归一化。然后，在图 20.9 中重新绘制图 20.8，以绘制所有选择的离心试验的模拟和试验之间的归一化桩抗力的比较：

$$Q=\frac{q_c-\sigma_v}{\sigma'_v} \tag{20.1}$$

式中，σ_v 和 σ'_v 为总的有效垂直应力，在本研究中 $\sigma'_v=\sigma_v=\gamma \cdot Z$。

可以看出，归一化桩抗力 Q 的“屈服点”是在三个相对密度的砂的归一化贯入深度 Z/B 为 10 附近获得的，数值平台很好地预测了这一结果。因此，所提出的平台在实践中有预测桩的承载能力。

图 20.10 比较了模拟和实测的晶粒尺寸分布结果，结果表明平台能够很好地预测破碎区中平均晶粒尺寸分布。总的来说，所有结果的比较都表明，所提出的数值平台在模拟实际涉及颗粒破碎的桩贯入问题中表现良好。

20.2.3 桩抗力与拟建数值平台的相关性

为了研究相对密度与最大归一化桩抗力之间的关系，在离心机试验的基础上对不同相对密度的枫丹白露砂进行了一系列的桩贯入试验模拟。由于模拟的砂从非常松散（D_r=

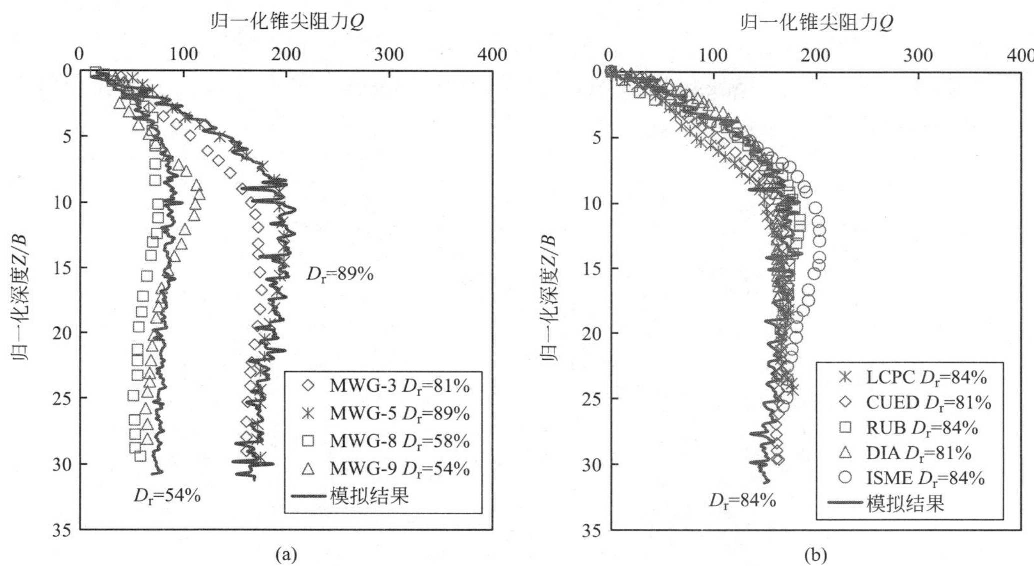

图 20.9　离心机桩贯入试验桩阻力归一化之后的模拟结果和试验结果对比

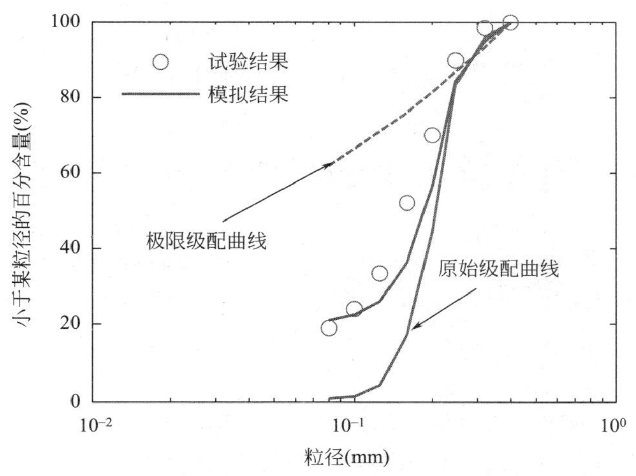

图 20.10　D_r＝84％的枫丹白露砂试验桩侧颗粒粒度分布模拟和实测结果对比（CUED、DIA、ISMES、LCPC 和 RUB）

0％）变化到非常致密（D_r＝100％），额外进行了考虑颗粒破碎的模拟。图 20.11 给出了模拟的最大归一化桩抗力 Q_{max} 与相应 D_r 的关系，模拟结果和实测数据之间具有很好的一致性。通过拟合所有模拟数据提出了一个非线性表达式：

$$D_r = 38\ln Q_{max} - 110.8 \tag{20.2}$$

为了便于比较，图 20.11 中绘制了采用 Bolton 和 Gui（1993）提出的线性表达式（D_r＝0.2831Q_{max}＋32.964）的结果。事实上，由于缺乏实测数据，Bolton 和 Gui 提出的与密度相关的关系是“不确定的”。为了获得更准确的关系，Kouretzis 等（2014）通过考虑到砂的相对密度从 20％到 90％，进行了额外的参数分析，弥补了 Bolton 和 Gui 在实测方面的空白。图 20.11 中绘制了该非线性表达式（$D_r=39.13\ln Q_{max}-123.1$）。模拟中的阻力通常高于试验中观察到的阻力。与先前提出的关系相比，本研究中新提出的非线性表达式大大改善了随着 D_r 的改变引起的 Q_{max} 的改变。值得注意的是，该非线性表达式在非常松散砂土中的可靠性需要进一步的试验验证。

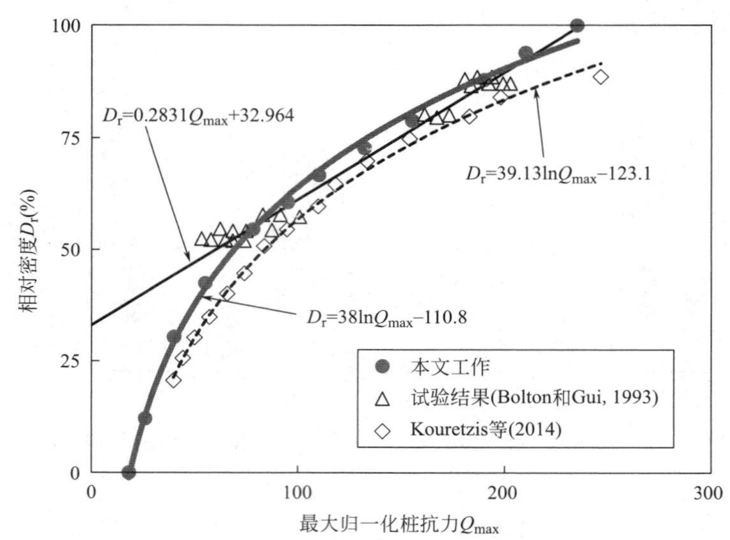

图 20.11　归一化后的最大桩抗力 Q_{max} 与砂的相对密度 D_r 之间的关系

20.3　平底桩在易破碎砂土地基中贯入的模拟分析

本节以桩贯入易破碎砂（Dog's bay 钙质砂）过程中破碎特征分析为例，并采用数值模拟来研究贯桩过程的破碎规律。这部分内容也可参阅文献 Jin 等（2018b）。

20.3.1　试验描述

为了研究平底桩贯入过程中砂土的破碎特性，Klotz 和 Coop（2001）做了一系列平底桩贯入易破碎砂土的离心机试验。该试验离心机加速度为 100g（重力加速度），选用易破碎的 Dog's bay 钙质砂，桩的直径为 16mm（相当于真实直径 1.6m），桩的最大贯入深度为 375mm（相当于真实贯入深度 37.5m），桩的贯入速度为 0.02m/s。土层的径向为 400mm，高度为 630mm（相当于 32m 的半径和 63m 的高度）。两种不同空隙比（e_0=1.53 和 1.39）的平底桩贯入 Dog's bay 钙质砂离心机试验作为模拟对象，来证明本章所提出的 NMGA 算法所优化的参数能很好地模拟桩贯入易破碎砂试验。

20.3.2　模型实现

有限元中的耦合欧拉-拉格朗日（CEL）方法结合了拉格朗日方法和欧拉方法的优点，这对解决大变形问题是非常有效的。在 CEL 方法中，欧拉体积分子（EulerianVolume-Faction，EVF）表示材料在单元中的填充程度，EVF=1 时欧拉单元完全填充，EVF=0 时欧拉单元中无材料。另外，欧拉网格和拉格朗日网格之间的约束通过罚函数的近似方法进行耦合。

为了模拟桩贯入破碎砂的试验，采用 ABAQUS 中的 CEL 方法来模拟桩贯入破碎砂的大变形分析。将破碎模型通过 ABAQUS/Explicit 的用户定义材料（VUMAT）与有限元求解程序对接，实现与 ABAQUS 的数据交换，完成对 Dog's bay 钙质砂的数值计算。采用基于动态显示算法的中心差分方法进行求解显示运动方程。通过对 Dog's bay 钙质砂的三轴试验的模拟，其计算结果与单个高斯积分点程序计算结果一致，验证了模型实现的正确性。

桩贯入过程的 CEL 模型和离心机试验在重力加速度放大 100 倍之后（100g）所对应的真实尺寸保持一致。针对该轴对称问题，按照模型的 1/4 建模，如图 20.12 所示。圆形砂槽的半径为 15m，深度为 49m，砂样高为 45m，顶部 2m 为预留空单元，桩的直径为 1.6m，桩长为 37m。模型底部边界固定 x、y 和 z 三个方向的自由度。模型的侧向边界固定 x 和 y 轴的自由度。不考虑桩身变形，设置为刚体。Dog's bay 钙质砂划分为 62000 个欧拉网格单元，顶部 2m 为空单元允许材料流进。桩和土的接触采用 ABAQUS/CEL 的自接触，该接触符合 Coulomb 摩擦法则 $\mu=\tan(\phi/2)=0.40$。Dog's bay 钙质砂的参数详见本书第 10 章。初始条件为土体的自重，$K_0=1-\sin\phi=0.305$，桩共贯入砂土深度为 37m，贯入速度为 0.02m/s，跟试验中的贯入速度基本一致。

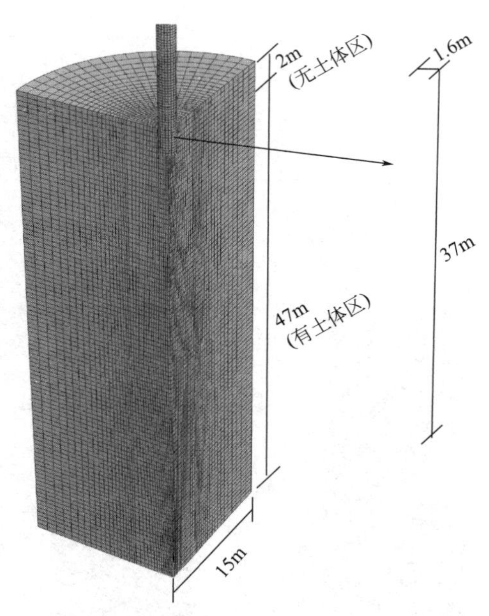

图 20.12　桩贯入 Dog's bay 钙质砂的几何模型

20.3.3　模拟结果和对比

图 20.13 为不同孔隙比下（$e_0=1.53$ 和 1.39）桩端承载力 q_b 随贯入深度 z 变化关系的预测结果。通过跟试验结果对比可以看出，CEL 技术结合破碎模型可以很好地模拟桩贯入易破碎钙质砂土的桩端承载力的变化情况。对比结果同时也表明，颗粒破碎对桩贯入砂土有着很大的影响，而且不能被忽视。充分考虑颗粒破碎的影响，可以为改进桩贯入易破碎砂土的设计和施工方法提供有利的支持。

以 $e_0=1.53$ 为例，桩贯入三个不同深度（5m、10m、37m）所对应的空隙比、偏应力、破碎指数 B_r^* 和平均应力场 p'的云图，如图 20.14 所示。可以看出，桩头周围的平均有效应力随着桩贯入深度的增加而增加。增加的平均有效应力和偏应力导致其孔隙比降低，从而使砂粒更加致密，同时由于塑性的增加导致更多的砂粒破碎。由于桩贯入过程中的剪胀效应，特别是靠近桩端的土体，孔隙比最大值达到 1.639。图 20.15 给出了在 37m 的贯入深度下距离桩 0m、0.2m、0.4m 和 0.8m 半径处土体沿轴向的破碎指数分布。图 20.16 为桩分别贯入深度 5m、10m 和 37m 时，沿半径（距离桩的距离）的破碎指数分布。可以看出模型预测的颗粒破碎区域约在一个桩径以内。

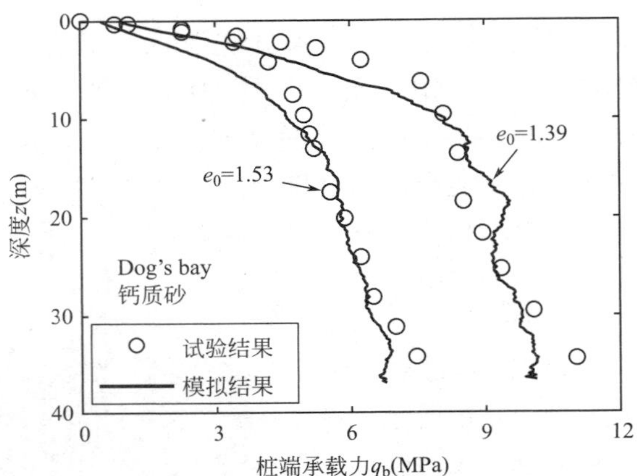

图 20.13　桩贯入易破碎砂土中的桩端承载力

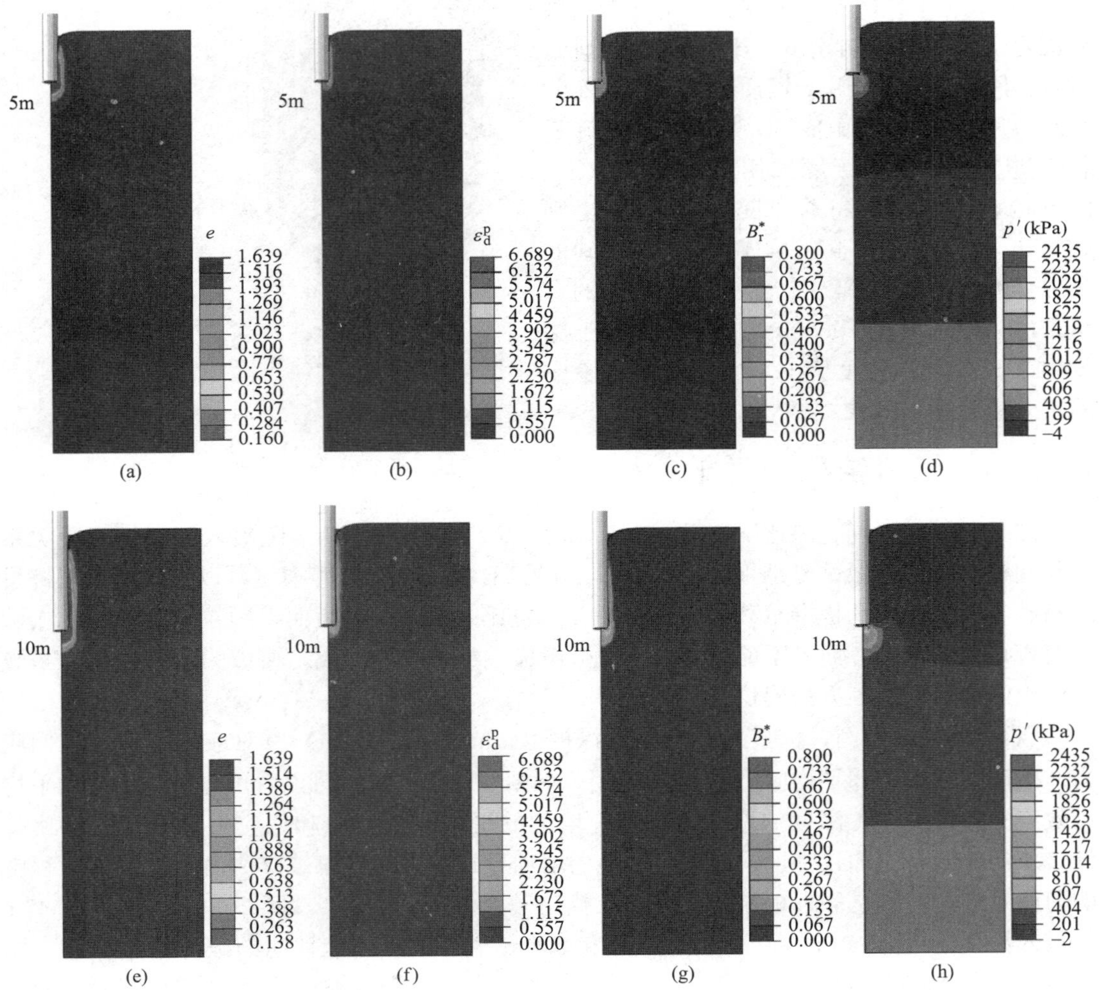

5m (a) e: 1.639, 1.516, 1.393, 1.269, 1.146, 1.023, 0.900, 0.776, 0.653, 0.530, 0.407, 0.284, 0.160

5m (b) ε_d^p: 6.689, 6.132, 5.574, 5.017, 4.459, 3.902, 3.345, 2.787, 2.230, 1.672, 1.115, 0.557, 0.000

5m (c) B_r^*: 0.800, 0.733, 0.667, 0.600, 0.533, 0.467, 0.400, 0.333, 0.267, 0.200, 0.133, 0.067, 0.000

5m (d) p'(kPa): 2435, 2232, 2029, 1825, 1622, 1419, 1216, 1012, 809, 606, 403, 199, −4

10m (e) e: 1.639, 1.514, 1.389, 1.264, 1.139, 1.014, 0.888, 0.763, 0.638, 0.513, 0.388, 0.263, 0.138

10m (f) ε_d^p: 6.689, 6.132, 5.574, 5.017, 4.459, 3.902, 3.345, 2.787, 2.230, 1.672, 1.115, 0.557, 0.000

10m (g) B_r^*: 0.800, 0.733, 0.667, 0.600, 0.533, 0.467, 0.400, 0.333, 0.267, 0.200, 0.133, 0.067, 0.000

10m (h) p'(kPa): 2435, 2232, 2029, 1826, 1623, 1420, 1217, 1014, 810, 607, 404, 201, −2

图 20.14　桩贯入不同深度时的桩端孔隙比、塑性应变、颗粒破碎和平均应力场云图（e_0=1.53）（一）

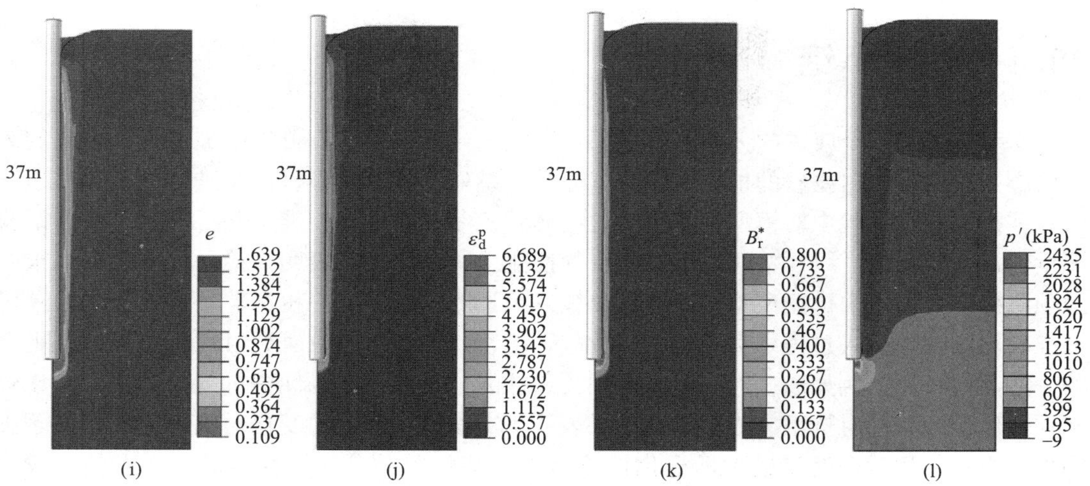

图 20.14 桩贯入不同深度时的桩端孔隙比、塑性应变、颗粒破碎和平均应力场云图（e_0=1.53）（二）

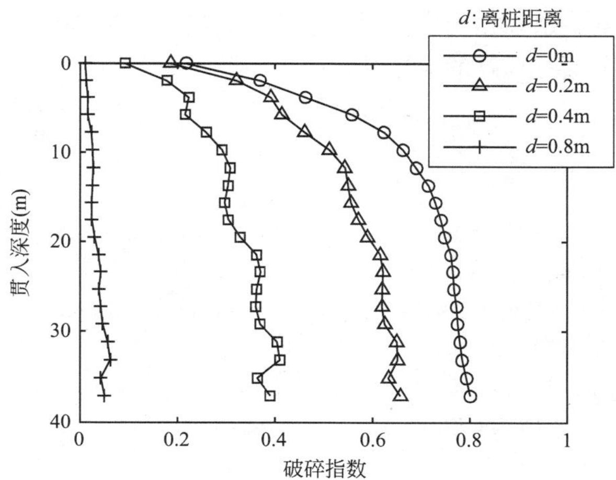

图 20.15 距离桩 0m、0.2m、0.4m 和 0.8m 处沿轴向破碎指数变化规律

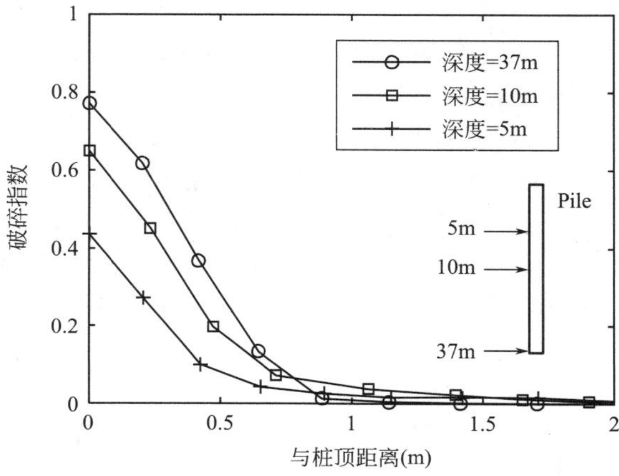

图 20.16 沿深度 5m、10m 和 37m 处桩径向破碎指数分布规律

20.4 本章小结

文章提出了一个改进的大变形分析平台，该平台考虑了在石英砂中桩贯入时引起的破碎效应。选择枫丹白露砂的桩贯入模型试验和一系列桩贯入离心机试验进行模拟。在压缩试验和排水三轴试验中对模型中使用枫丹白露砂的参数进行了校准，并将模拟结果与试验测量值进行了比较，以评估所提出的平台的性能。所有的比较表明，该平台不仅可以很好地预测桩贯入的室内模型试验，而且可以很好地预测桩贯入离心机试验。此外，平台还可以准确预测桩在贯入过程中引起的破碎效应。接着，在进行参数研究时讨论了该改进平台的一些其他特征，例如通过对两个破损相关参数的分析以及非线性桩抗力与砂密度的比较来评估砂土破碎性对桩阻力的影响。结果表明：①参数 b 和 ρ 的变化对破碎的影响显著影响桩阻力；②相对密度与最大标准化桩体阻力之间的关系是非线性关系。所有的比较表明，该改进的平台适用于桩基础设计。

此外，应用此平台模拟了桩贯入 Dog's bay 钙质砂的离心机试验。优化所得参数对桩贯入钙质砂的模拟跟试验结果相吻合，说明了所优化的参数能很好地模拟桩贯入易破碎砂土试验，说明在工程上具有很好的应用性。

参考文献

Bopp P A，Lade P V. Effects of initial density on soil instability at high pressures [J]. Journal of Geotechnical & Geoenvironmental Engineering，1997，123 (7)：671-677.

Bopp P A，Lade P V. Relative density effects on drained sand behavior at high pressures [J]. Soils & Foundations Tokyo，2005，45 (1)：15-26.

Zhang C，Einav I，Nguyen G D. A study of grain crushing around penetrating piles using a micromechanics-based continuum model [C]. COMGEO II-proceedings of the 2nd International Symposium on Computational Geomechanics，2011：714-720.

Zhang C，Yang Z，Nguyen G，Jardine R，Einav I. Theoretical breakage mechanics and experimental assessment of stresses surrounding piles penetrating into dense silica sand [J]. Geotechnique Letters，2014，4：11-16.

Nguyen G D，Einav I，Zhang C. The end-bearing capacity of piles penetrating into crushable soils [J]. Geotechnique，2013，63：341-354.

Poulos H，Aust F，Chua E. Bearing capacity on calcareous sand [R]. University of Sydney，1986.

Yu H S. Cavity expansion methods in geomechanics [M]. Springer Science & Business Media，2013.

Hamann T，Qiu G，Grabe J. Application of a Coupled Eulerian-Lagrangian approach on pile installation problems under partially drained conditions [J]. Computers & Geotechnics，2015，63 (1)：279-290.

Alba J，Audibert J. Pile design in calcareous and carbonaceous granular materials，and historic review [C]. Proceedings of the 2nd International Conference on Engineering for Calcareous Sediments Rotterdam，AA Balkema，1999：29-44.

Jardine R J，Zhu B，Foray P，et al. Experimental arrangements for investigation of soil stresses developed around a displacement pile [J]. Soils & Foundations，2009，49 (5)：661-673.

Jerry A. Yamamuro. Drained sand behavior in axisymmetric tests at high pressures [J]. Journal of Geotechnical Engineering, 1996, 122: 109-119.

Jin Y F, Yin Z Y, Wu Z X, et al. Numerical modeling of pile penetration in silica sands considering the effect of grain breakage [J]. Finite Elements in Analysis and Design, 2018a, 144 (MAY): 15-29.

Jin Y F, Yin Z Y, Wu Z X, Zhou W H, Identifying parameters of easily crushable sand and application to offshore pile driving [J]. Ocean Engineering, 2018b, 154: 416-429.

Klotz E U, Coop M R. An investigation of the effect of soil state on the capacity of driven piles in sands [J]. Géotechnique, 2001, 51 (9): 733-751.

Kouretzis G P, Sheng D, Wang D. Numerical simulation of cone penetration testing using a new critical state constitutive model for sand [J]. Computers & Geotechnics, 2014, 56 (3): 50-60.

Kuwajima K, Hyodo M, Hyde A F L. Pile bearing capacity factors and soil crushabiity [J]. Journal of Geotechnical & Geoenvironmental Engineering, 2009, 135 (7): 901-913.

Lade P V, Yamamuro J A, Bopp P A. Significance of particle crushing in granular materials [J]. Journal of Geotechnical Engineering, 1996, 122 (4): 309-316.

M. Bolton, M. Gui. The study of relative density and boundary effects for cone penetration tests in centrifuge [R]. UK: University of Cambridge, Department of Engineering, 1993.

Bolton M D, Gui M W, Arnier J G, et al. Centrifuge cone penetration tests in sand [J]. Geotechnique, 2015, 49 (4): 543-552.

Murff J D. Pile capacity in calcareous sands: state if the art [J]. Journal of Geotechnical Engineering, 1987, 113 (5): 490-507.

Qiu G, Henke S, Grabe J. Application of a Coupled Eulerian-Lagrangian approach on geomechanical problems involving large deformations [J]. Computers & Geotechnics, 2011, 38 (1): 30-39.

Russell A R, Khalili N. A bounding surface plasticity model for sands exhibiting particle crushing [J]. Canadian Geotechnical Journal, 2004, 41 (6): 1179-1192.

Sheng D, Eigenbrod K D, Wriggers P. Finite element analysis of pile installation using large-slip frictional contact [J]. Computers & Geotechnics, 2005, 32 (1): 17-26.

Susila E, Hryciw R D. Large displacement FEM modelling of the cone penetration test (CPT) in normally consolidated sand [J]. International Journal for Numerical and Analytical Methods in Geomechanics, 2003, 27 (7): 585-602.

Yamamoto N, Randolph M F, Einav I. Numerical study of the effect of foundation size for a wide range of sands [J]. Journal of Geotechnical & Geoenvironmental Engineering, 2009, 135 (1): 37-45.

Yang Z X, Jardine R J, Zhu B T, et al. Sand grain crushing and interface shearing during displacement pile installation in sand [J]. Geotechnique, 2010, 60 (6): 469-482.

第 21 章　考虑初始各向异性的桩土静力及循环动力响应分析

本章提要

本章通过有限元模型分析土工结构的循环动力响应，采用各向异性组构和剪切应力反转技术的改进 SIMSAND 模型以及大变形有限元计算平台。基于室内模型桩试验如 3SR 微型模型桩、ICP 模型桩等，进行有限元建模，研究桩贯入土中的桩-土相互作用特性。最后，针对法国国家路桥实验室（ENPC）的模型桩循环荷载试验，建立有限元模型并对比试验结果，研究桩在长期循环荷载作用下的动力响应。结果表明改进的 SIMSAND 循环本构模型能较好地应用于有限元建模，且能合理地预测桩-土接触处土中循环密实化和强度弱化等现象，并指导桩基在工程中的设计及应用。

21.1　引言

近些年来，近海岸海洋资源的开发过程中用到了大量的土工结构（海洋风机、工作平台等）。这些土工基础中桩基础尤为成熟，通常使用锤击法将海洋桩准确地打入指定深度（Randolph 等，2005）。但是海洋桩安装后，由于长期遭受循环荷载，常常会出现一些不确定的稳定性问题（Randolph 等，1994；Jardine 等，2009；Rimoy，2013），比较典型的如桩的承载力衰减、桩体的变形累计、桩-土界面的摩阻力降低等。如何有效地分析工程中桩基础的动力响应是目前亟需解决的问题。目前在土木工程设计与分析中广泛使用有限元方法，但桩-土相互作用特性的数值模拟往往是基于常规的本构模型，例如 Drucker-Prager 模型（Susila 等，2003）、Mohr-Coulomb 模型（Susila 等，2003）、临界状态类模型（Kouretzis 等，2014）和 Hyperplastic 模型（Hamann 等，2015；Qiu 等，2011）等，这些本构模型并没有考虑天然砂土地基组构各向异性对力学特性的影响。因此，本章针对土工结构的循环动力响应问题，采用改进的 SIMSAND 模型，引入初始各向异性组构和剪切应力反转技术实现循环荷载效应，并模拟了一系列桩的模型试验，来研究桩-土相互作用的静动力响应。

21.2　微型桩试验的模拟验证

21.2.1　法国 3SR 实验室微型桩试验及其有限元建模

微型模型桩贯入试验在法国格勒诺布尔市的 3SR 实验室进行，该试验使用了微型 X

射线断层摄影技术（CT）来扫描桩周土体的位移场。如图 21.1 所示（Illanes，2014），首先对土体施加围压。然后在恒定的围压下，将顶角为 60°、直径为 5mm 的锥形微型桩从下往上单调插入试样砂土中。

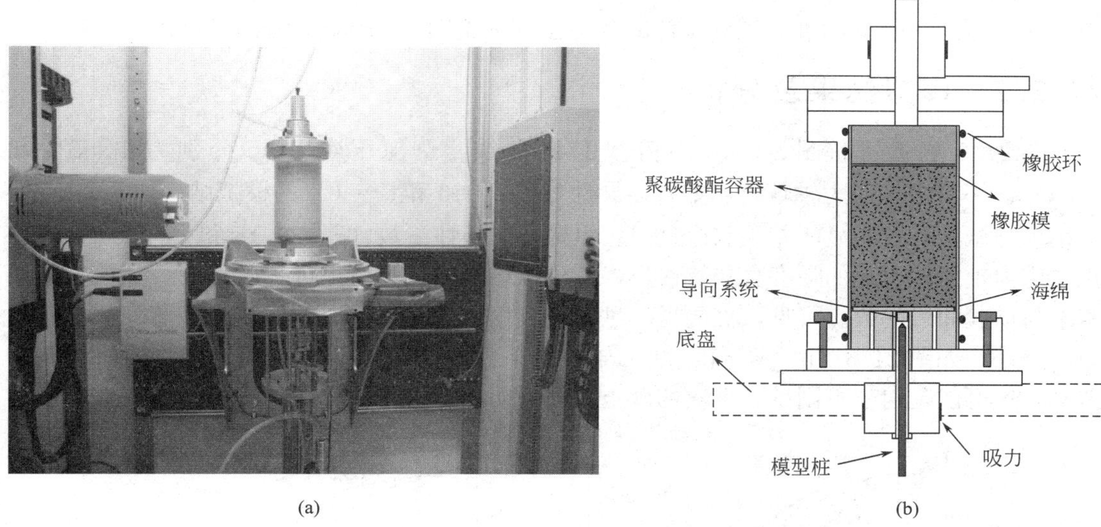

图 21.1　3SR 微型桩试验详情

（a）带微型 CT 扫描装置的模型桩；（b）模型桩贯入试验的几何形状

根据 3SR 微型模型桩试验，生成了 3500 个单元的轴对称有限元模型，如图 21.2 所示。模型尺寸与试样尺寸相同，其直径 70mm，高 100mm，底部和顶部在垂直和水平方向上都是固定的，侧面边界无位移约束，网格采用 CAX4R 缩减积分单元。与砂土相比，桩的变形可以忽略不计，因此将桩建为相同尺寸的刚体。采用 ABAQUS/显式任意拉格朗日-欧拉法（ALE）技术处理模型桩贯入过程中由于锥尖处大变形引起的网格畸变。

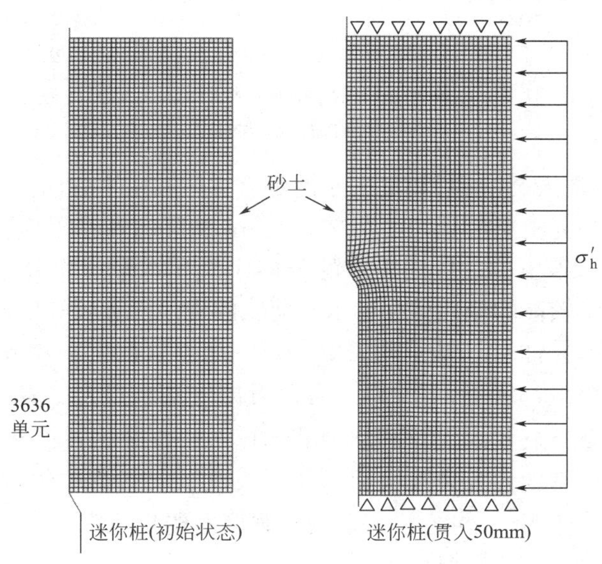

图 21.2　3SR 微型模型桩的有限元分析

桩-土接触面摩擦采用经典库仑摩擦定律，摩擦系数设置为 $\mu=\tan(\phi_u/2)=0.3$。总贯入深度为 50mm，并采用较低的贯入速率 0.5mm/s，以避免高应变速率下产生的惯性效应。模拟的边界条件与试验保持一致，在枫丹白露砂（其相对密度约为 70%对应 $e_0=0.62$）上施加侧向围压（分别为 100kPa 和 200kPa），微型桩以 0.1mm/s 的速度贯入砂中，最终达到 50mm 深度。试验土体的本构参数见表 12.1 中枫丹白露标准砂（NE34）。

21.2.2 模拟结果及分析

图 21.3 展示了桩贯入试样中荷载-位移曲线，总围压应力 σ'_h 分别为 100kPa 和 200kPa。不考虑主应力轴偏转（如各向异性参数 $\tilde{c}_1=0$ 和 $\tilde{c}_2=0$）的模拟结果如实线所示，其结果与试验有较明显的差距。通过引入组构各向异性参数（$\tilde{c}_1=0.18$ 和 $\tilde{c}_2=2.0$）来修正主应力轴偏转引起的强度衰减特性，将其模拟结果与试验结果进行了比较，其模拟结果基本与试验曲线一致。可见，桩的贯入过程中发生的砂土主应力轴旋转会显著降低桩的阻力。此外，如图 21.3（b）所示的 200kPa 围压条件下的模拟结果，其与试验的曲线略有差异，这可能是由于不同试验批次的砂土之间的初始结构各向异性所致。

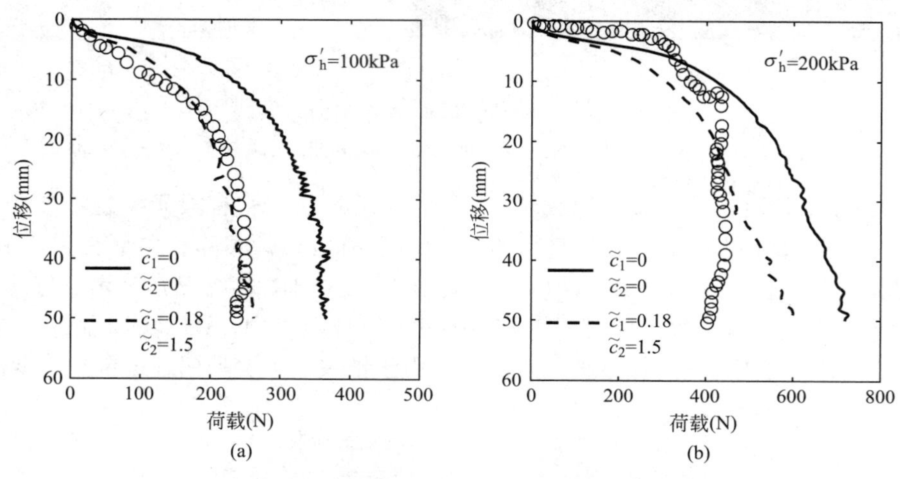

图 21.3 不同围压 3SR 微型模型桩试验与模拟比较

（a）围压 100kPa；（b）围压 200kPa

图 21.4 展示桩尖贯入 2mm 后桩周砂土的垂直方向和水平方向的应变增量的 CT 扫描结果。同时将其与有限元模型模拟的桩头贯入 2mm 的竖向和水平应变云图进行对比，结果表明，桩体连续贯入砂土后，桩周土体的竖向应变和水平应变分布与试验结果吻合较好，且桩尖下方出现了较高的竖向剪缩和水平剪胀的规律能被较好地模拟。

为了研究组构各向异性对桩基承载力的影响，通过仅改变各项异性参数 $\tilde{c}_1=0$、0.1 和 0.2 进行了一系列模拟，从图 21.5（a）可以看出桩基承载力随着 $\tilde{c}_1$ 值的增大而减小。同时模拟了不同的参数 $\tilde{c}_2=0.5$、1 和 2，如图 21.5（b）所示，桩基承载力随着 $\tilde{c}_2$ 值的增大而减小（表示剪切刚度大大降低）。因此，主应力旋转过程中组构各向异性参数 $\tilde{c}_1$ 和 $\tilde{c}_2$ 对桩基承载力有显著影响，参数 $\tilde{c}_1$ 控制剪切强度的弱化速率，$\tilde{c}_2$ 控制剪切刚度的衰减速率，这些结果与单剪试验的模拟趋势一致。

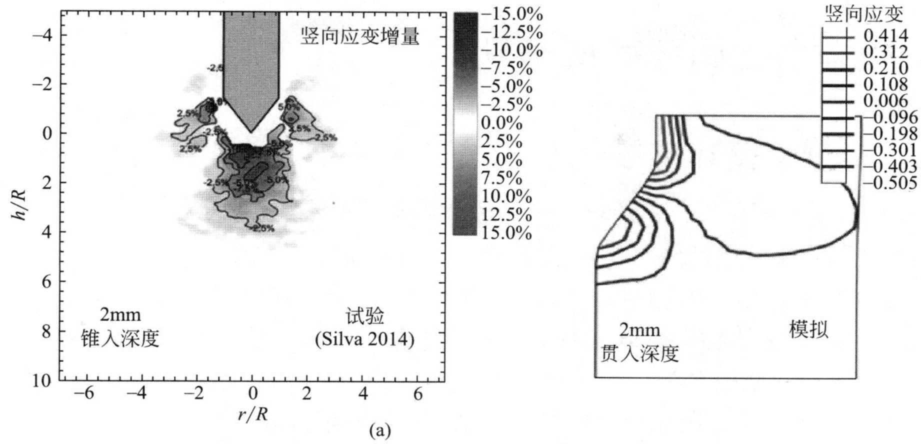

图 21.4　试验和模拟之间的应变曲线比较

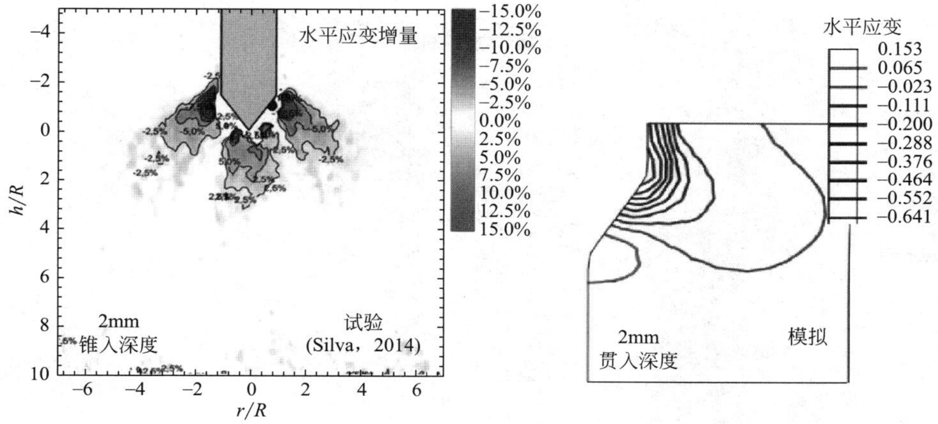

（a）垂直应变；（b）水平应变

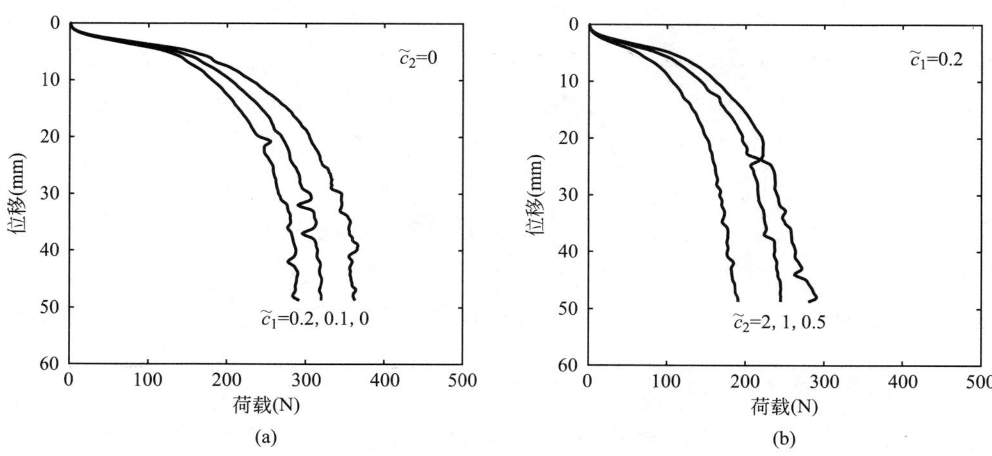

图 21.5　研究固有各向异性相关参数对桩抗力的影响

（a）$\widetilde{c}_1$ 参数的影响；（b）$\widetilde{c}_2$ 参数敏感性的影响

21.3 模型桩的循环荷载模拟

21.3.1 模型桩循环荷载试验

Bekki 等（2014，2016）在法国国家路桥实验室（ENPC）进行了模型桩在枫丹白露砂中循环荷载的力学响应试验。如图 21.6 所示，圆柱体试验舱的直径为 52.4cm，高度为 70cm。试验的土样采用砂雨法制备（Dupla 等，1994；Andria-Ntoanina 等，2010）。外径为 36mm、顶角为 60°的锥形模型桩埋在距离压力舱底部 24cm 的土样中。底部和侧面边界位移是自由的，分别施加 50kPa 的水平压力和 125kPa 的围压。循环荷载通过在垂直方向上施加频率为 1Hz 的正弦循环垂直位移所产生，其位移幅值为±0.5mm。

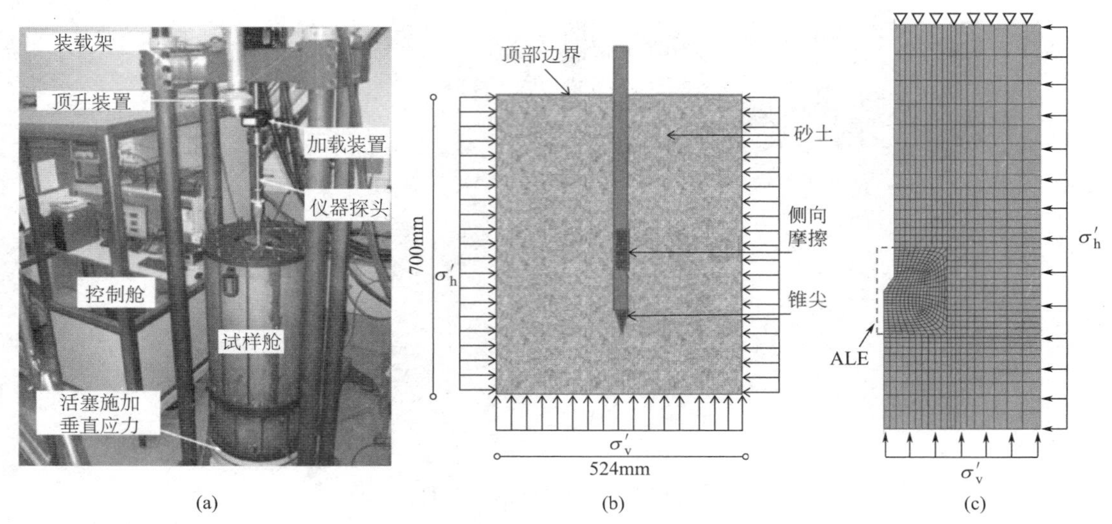

图 21.6 循环模型桩贯入试验的几何结构

（a）模型桩装置；（b）模型桩示意图；（c）有限元建模

根据 ENPC 模型桩的循环荷载试验（Bekki 等，2016），生成了与试验箱尺寸相同的轴对称有限元模型（共 1220 个 CAX4R 网格单元），如图 21.6 所示。土体上表面 y 方向位移固定，侧向和底部边界自由，且分别施加表面压力（分别为 50 和 125kpa）。为避免桩贯入过程中产生较大的网格变形，桩尖周围再次采用了 ALE 技术，如图 21.6（c）中虚线区域所示。采用经典库仑摩擦定律，将桩-土接触面摩擦系数设为 $\mu=\tan(\phi_u/2)=0.3$。模拟和试验流程一致，先将枫丹白露-砂（相对密度约为 70%，对应于 $e_0=0.62$）固结，然后再通过施加循环位移（±0.5mm）来进行桩的循环荷载，总共施加 100 圈循环荷载。

21.3.2 模拟结果及分析

图 21.7 展示了桩尖阻力与轴向循环位移的模拟结果，如图 21.7 所示采用改进的 SIMSAND 模型能够较合理地模拟桩尖阻力与不同循环次数的关系，且预测结果与试验基本一致。

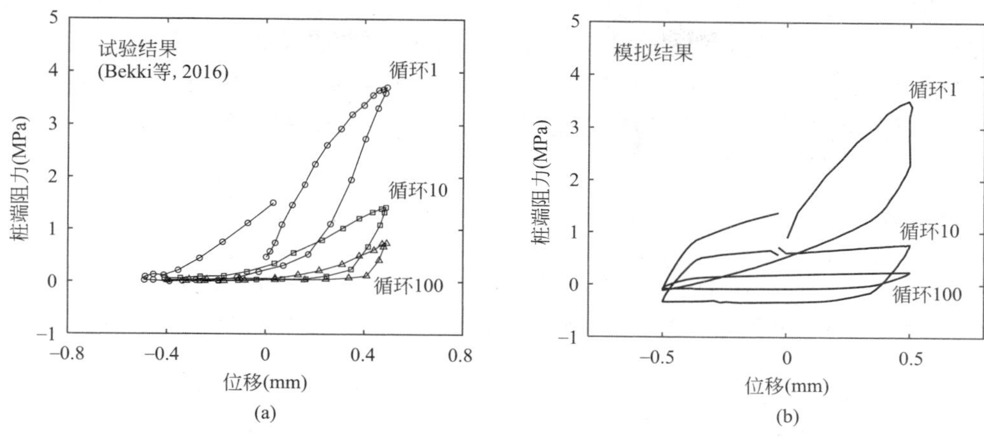

图 21.7 模型桩循环荷载试验的锥体阻力

(a) 试验结果；(b) 模拟结果

图 21.8 展示了不同循环次数下桩周砂土的孔隙比。结果表明，在 100 个循环周期内，在桩身周围形成了一个高密度区（如云图的深色所示），其反映了砂土的循环密实化的过程。相反，桩尖附近的砂样较为松散，且在循环 50 圈后开始逐渐有较大的变形累计，表明桩尖土体在循环荷载作用下有较明显的剪胀规律。

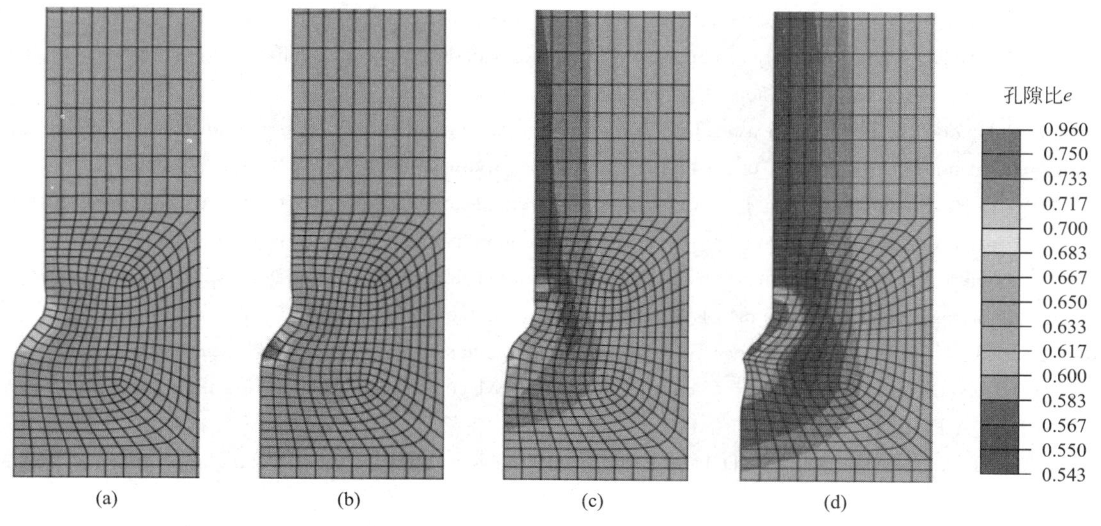

图 21.8 桩周围不同循环次数下具有的循环密实性能

(a) $N=1$ 个循环；(b) $N=10$ 个循环；(c) $N=50$ 个循环；(d) $N=100$ 个循环

21.4 本章小结

通过对枫丹白露砂中的模型桩试验的有限元模拟，进一步验证了改进循环 SIMSAND 模型能较好地应用于土工结构的循环动力响应的有限元分析。通过有限元数值模拟结果的分析，揭示了桩周砂土的基本特征，即桩贯入土体过程中，桩尖处的土体产生了较高的应力集中和应变剪胀特性，并且循环荷载阶段也出现了较为明显的循环密实化和剪胀现象。同时也表明通过引入组构各向异性参数能够在一定程度上解释桩-土接触附近土中剪切的主应力轴偏转问题，并修正土体剪切发生时的抗剪强度和刚度。所有比较表明，改进的SIMSAND循环本构模型能较好地应用于有限元建模，并指导桩基的设计。

参考文献

Andria-Ntoanina I，Canou J，Dupla J. Caractérisation mécanique du sable de Fontainebleau NE34 à l'appareil triaxial sous cisaillement monotone [J]. Laboratoire Navier-Géotechnique. CERMES，ENPC/LCPC，2010.

Bekki H，Tali B，Canou J，Dupla J-C，Bouafia A. Behavior of Soil-structure interfaces under cyclic loading for large numbers of cycles：Application to piles [J]. Journal of Applied Engineering Science & Technology，2014，1 (1)：11-16.

Bekki H，Tali B，Canou J，Dupla J-C，Bouafia A. Influence of the cyclic loading of very large number of cycles on the pile capacity [J]. Journal of Applied Engineering Science & Technology，2016，2 (2)：51-55.

Dupla J，Canou J. Caractérisation mécanique du sable de Fontainebleau apartir d'essais triaxiaux de compression et d'extension [J]. Rapport Interne CLOUTERRE II，CERMES-ENPC，1994.

Hamann T，Qiu G，Grabe J. Application of a Coupled Eulerian-Lagrangian approach on pile installation problems under partially drained conditions [J]. Computers and Geotechnics，2015，63：279-290.

Illanes M F S. Experimental study of ageing and axial cyclic loading effect on shaft friction along driven piles in sands [D]. Université Grenoble Alpes，2014.

Jardine R J，Zhu B，Foray P，Dalton C P. Experimental arrangements for investigation of soil stresses developed around a displacement pile [J]. Soils and Foundations，2009，49 (5)：661-673.

Kouretzis G P，Sheng D，Wang D. Numerical simulation of cone penetration testing using a new critical state constitutive model for sand [J]. Computers and Geotechnics，2014，56：50-60.

Qiu G，Henke S，Grabe J. Application of a Coupled Eulerian-Lagrangian approach on geomechanical problems involving large deformations [J]. Computers and Geotechnics，2011，38 (1)：30-39.

Randolph M，Cassidy M，Gourvenec S，Erbrich C. Challenges of offshore geotechnical engineering [C]. Proceedings of the International Conference on Soil Mechanics and Geotechnical Engineering，AA BALKEMA PUBLISHERS，2005：123.

Randolph M，Dolwin J，Beck R D. Design of driven piles in sand [J]. Geotechnique，1994，44 (3)：427-448.

Rimoy S P. Ageing and axial cyclic loading studies of displacement piles in sands [D]. Imperial College London，2013.

Susila E，Hryciw R D. Large displacement FEM modelling of the cone penetration test (CPT) in normally consolidated sand [J]. International Journal for Numerical and Analytical Methods in Geomechanics，2003，27 (7)：585-602.

第22章　基于SPH-SIMSAND平台的粒状土塌落模拟分析

本章提要

粒状土塌落是自然灾害中的常见问题。本章提出了一种新的数值方法来模拟粒状土塌落。新开发的基于临界状态的本构模型SIMSAND结合光滑粒子流体动力学（SPH）方法来较真实地再现大变形塌落过程。首先模拟二维矩形砂柱室内试验对本构模型进行验证。通过附加模拟进一步研究长径比和初始砂土密实度的影响。研究表明，新的SPH-SIMSAND方法有助于提高对粒状土塌落的理解，并且可成为分析实际尺度粒状土流动的有效计算工具。

22.1　引言

粒状土塌落，如碎片、岩崩和山体滑坡等是自然灾害中的常见问题。为了理解这种现象，许多学者采用了两种类型的试验：一种是矩形粒状土柱流动试验（Balmforth和Kerswell，2005；Lajeunesse等，2005；Lube等，2005；Lube等，2007；Bui等，2008；Crosta等，2009）；另一种是圆柱形粒状土流动试验（Lube等，2004，2005和2007）。第一种试验通过将粒状材料放入矩形箱并快速移除垂直侧边界而使得粒状土发生塌落。第二种试验的粒状材料初始阶段则位于空心柱状管中，通过向上快速移动柱状管使得粒状土发生塌落。

Daerr和Douady（1999）提出，圆柱形粒状土塌落试验的最终沉积形态取决于基于低长径比试验的初始砂土密实度。此后，其他学者（Lajeunesse等，2004；Lube等，2004；Lube等，2005；Lube等，2007）的试验结果表明最终沉积形态（沉积半径、沉积高度和沉积速度）主要取决于圆柱的初始长径比，砂土的密实度对最终沉积形态并无显著影响。最近，各种基于物理方法的离散元（DEM）数值模拟方法也用于研究粒状土塌落。数值模拟的结果表明，粒状土的最终沉积物态取决于初始长径比（Staron和Hinch，2005；Zenit，2005；Lacaze等，2008；Girolami等，2012；Soundararajan，2015；Utili等，2015）。在这些研究中，初始孔隙比（对应砂土密实度）的影响再次被忽略。为了补充这一点，Kermani等（2015）和Soundararajan（2015）考虑了不同的长径比，模拟了初始孔隙比对三维非对称塌落的影响。然而，由于计算效率的问题，大多数DEM模拟中的粒子数量是有限的，并且与真实的物理模型或情况相差甚远。因此DEM方法对实际尺度问题的适用性仍然存在问题。

有限元方法是模拟岩土工程问题的有效方法（Shen等，2014；Shen等，2017；Wu等，2016；Wu等，2017a）。该方法也常应用于分析粒状土塌落问题，采用Mohr-Coulomb 和 Drucker-Prager 本构模型以及任意拉格朗日-欧拉（ALE）技术（Crosta 等，2009）、粒子有限元法（PFEM）（Zhang 等，2015）、光滑粒子流体动力学（SPH）方法（Bui 等，2008；Nguyen 等，2016）和物质点方法（MPM）（Sołowski 和 Sloan，2015）。然而，迄今采用的这些本构模型并不适合描述砂土的状态依赖特性。由于本构模型是控制有限元分析物理学的关键组成部分，因此应该将用于颗粒材料的公认的临界状态建模理论纳入考虑范围。

本章首先采用基于临界状态的土体密实度效应模型，并将其与光滑粒子流体力学（SPH）方法相结合，用于大变形分析。然后，模拟矩形砂柱塌落试验，以验证上文提出的组合数值工具可靠性。根据最终沉积形态、动态流动剖面和未扰动区域，模拟不同长径比的矩形砂柱塌落试验以进一步验证。最后，为了研究砂土密实度对最终沉积形态的影响，进行了不同初始孔隙比（e_0=0.75，0.85，0.95 和 1.05）的一系列附加模拟。对塌落演化过程进行监测，并评估所采用的建模方法重现初始长径比和砂土密实度影响的能力。本章内容可参阅文献 Yin 等（2018）。

22.2 矩形箱砂柱塌落模拟

本章采用 SIMSAND 模型（详见第 2 章，图 22.1），选取日本丰浦砂的模型参数（详见第 2 章），模型导入采用 ABAQUS 显式有限元法的 VUMAT，直接调用 SPH 进行计算（详见本书 16.6.5 节）。

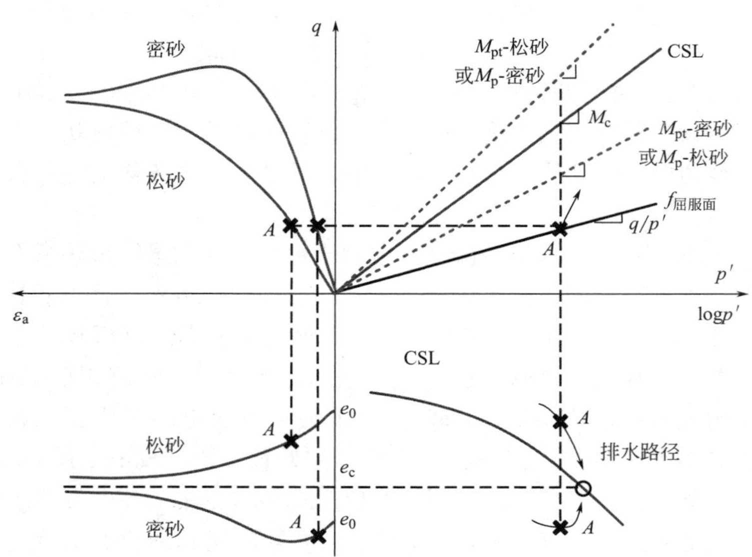

图 22.1 SIMSAND 模型的原理示意图

22.2.1 试验和数值模拟设置

为了验证 SIMSAND 模型和采用的数值积分方案，下面对矩形砂柱塌落试验（Bui 等，2008）进行了模拟。在试验中，使用两种直径（0.1cm 和 0.15cm）的小铝棒来模拟砂柱。最初将这些铝条布置于长 20cm×高 10cm×宽 2cm 的区域，由两个平坦的固体墙限定。试验开始时将右侧墙壁水平向右移动，导致铝条因重力而流向侧面（图 22.2）。

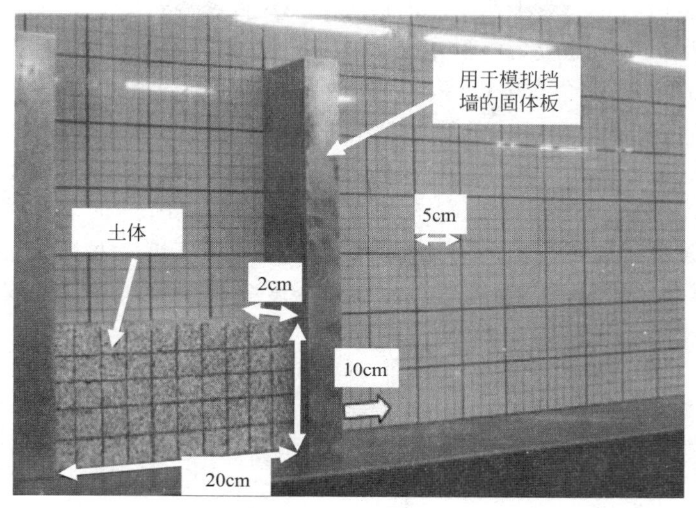

图 22.2　矩形砂柱塌落试验装置

在数值模型中，空间离散化域如图 22.3（a）所示。SPH 粒子被用来模拟砂土，而两个固体墙被刚性六面体有限元离散化。初始 SPH 粒子距离在水平和垂直方向上（大致）相同，以便再现均匀条件。

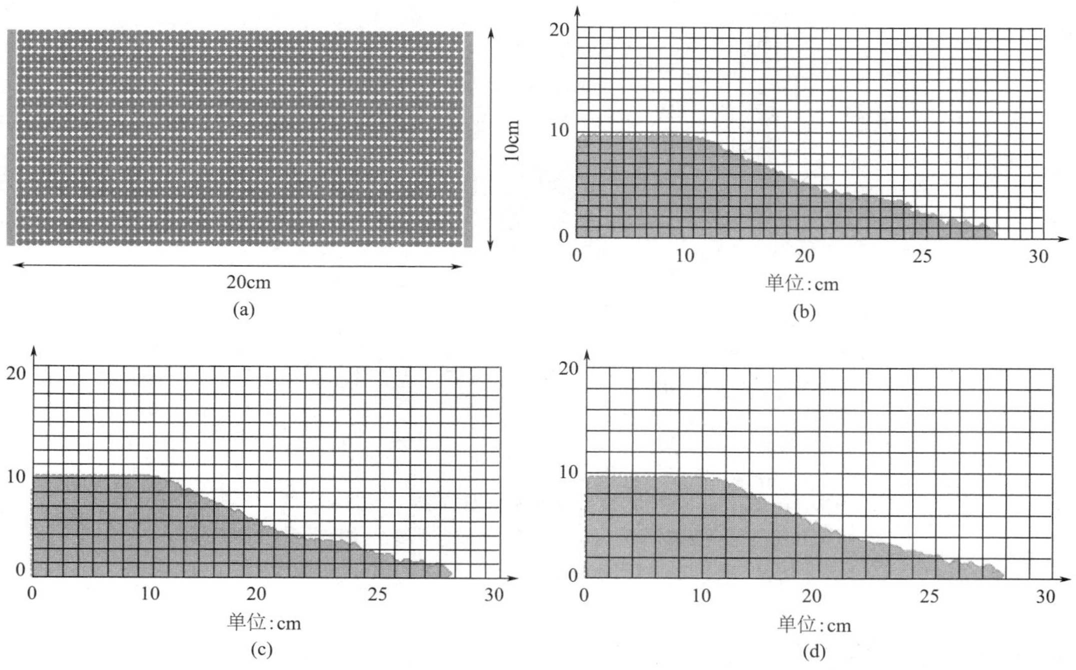

图 22.3　SPH 粒子密实度和网格依赖性分析

（a）SPH 粒子和刚性六面体有限元的二维空间域离散化；（b）单元尺寸为 0.1cm；（c）单元尺寸为 0.15cm；（d）单元尺寸为 0.2cm

通过检查网格依赖性（图 22.3c、d）估计 0.2cm 的单元尺寸，使得 SPH 粒子空间或 SPH 粒子直径是单元尺寸的一半（每个单元中 8 个 SPH 粒子）。SPH 粒子总数为 400000。底面被设定为固定边界，而对于四个侧面边界假设对称条件。

模拟分为两步：平衡地应力；沿水平方向移动右侧挡墙，速度为 1m/s。砂与墙体间的接触采用经典的摩尔-库仑摩擦定律，其摩擦系数为 $\mu=\tan(\phi_u/2)=0.28$。

根据 Lube 等（2004，2005）的研究，塌落特性对粒状土材料的粒状土特性与密实度相比较不敏感。同时，由于所采用的材料缺乏力学特性试验，本章采用丰浦砂的模型参数进行模拟。图 22.4 给出了在非常低的约束应力下模型模拟的粒状土材料的典型状态依赖特性，作为试验条件。如图所示，初始孔隙比（或初始密实度）对粒状土材料的峰值强度和剪胀/剪缩有显著的影响，因为塌落过程中密实度变化很大，所以应该考虑初始孔隙比对粒状土塌落的影响。

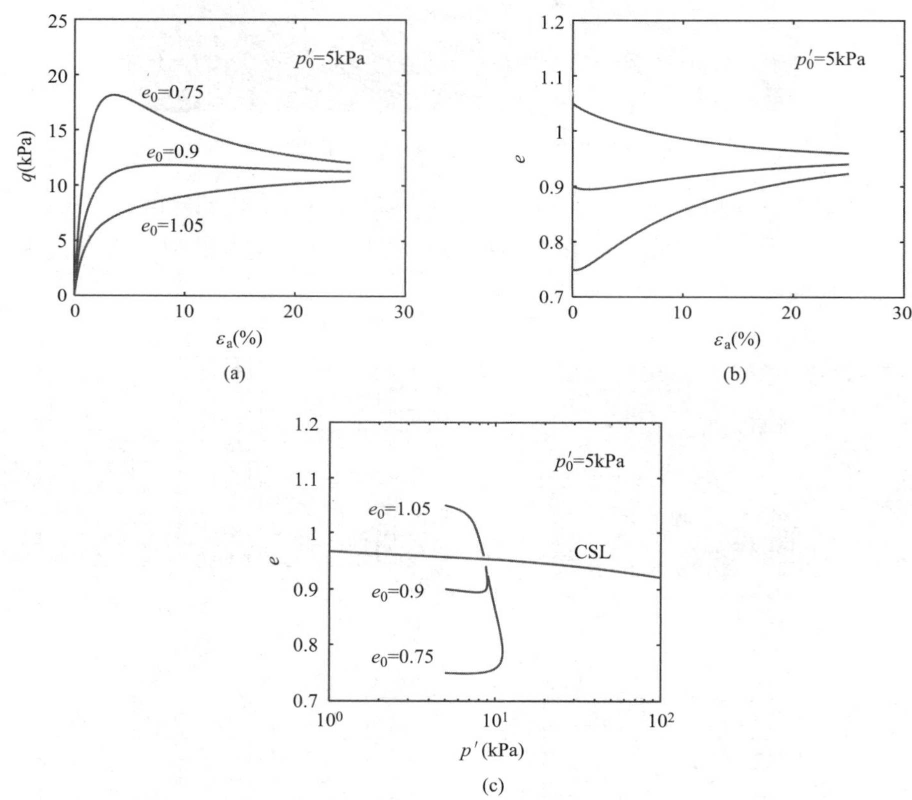

图 22.4 使用丰浦砂参数的常规三轴试验的模拟应力-应变力学特性

（a）偏应力与轴向应变的关系；（b）孔隙比与轴向应变的关系；（c）孔隙比与平均有效应力的比值，采用半对数坐标

22.2.2 数值验证

模拟设置了不同的初始孔隙比从 0.75 到 1.05，并与试验结果进行比较。如图 22.5 所示，初始密实度越高（或孔隙比越小），自由表面和失效线越陡，粒状土滑移距离越短。

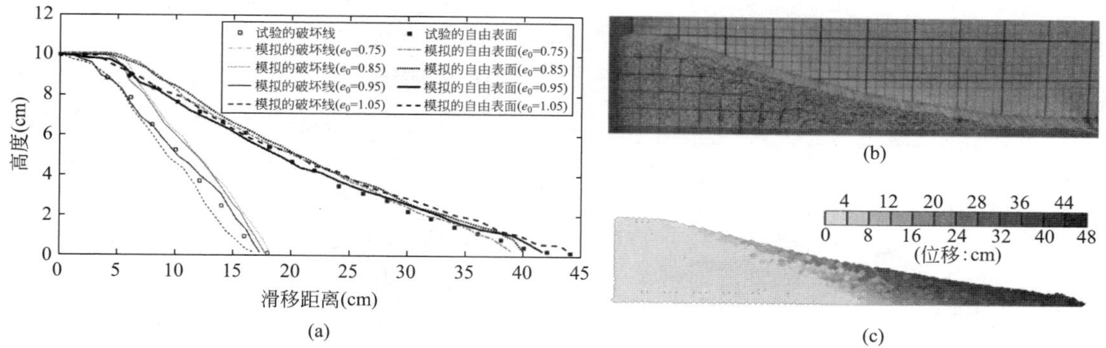

图 22.5 矩形砂柱塌缩的模拟结果

(a) 各种初始孔隙比 e_0=0.75、0.85、0.95、1.05 的最终自由表面和失效线;

(b) 试验中的最终变形;(c) e_0=0.95 时模拟的最终变形

这与 Lube 等(2005)的试验结果一致。其中,e_0=0.95 的模拟很好地符合了试验。因此,以下部分采用 e_0=0.95 作为参考孔隙比。

当采用 SPH 方法进行模拟时,每个粒子代表一个高斯积分点。因此,类似于 FEM 中的单元,当在 SPH 中使用 SIMSAND 模型时,每个 SPH 粒子的总应变被分成弹性和塑性应变。在这项研究中,等效塑性应变被定义为$\sqrt{2/3\ (\dot{e}_{ij}^{p} : \dot{e}_{ij}^{p})}$(其中 $\dot{e}_{ij}^{p}$ 为偏应变张量),用来描述塑性变形。图 22.6 显示了不同时间步长下塑性偏应变分布的计算变形。运动时长约为 0.6s。

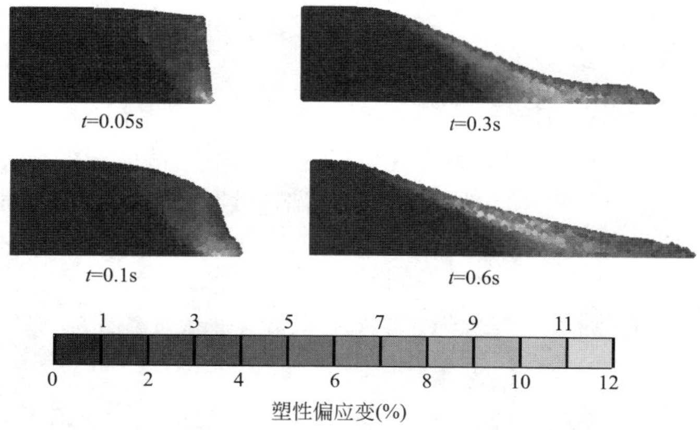

图 22.6 粒状土柱在不同时间阶段的变形形状和偏应变分布

22.3 长径比影响分析

22.3.1 数值模拟设置

为了进一步了解矩形砂柱的塌落情况,本节模拟了不同初始长径比的二维柱体塌落试验。

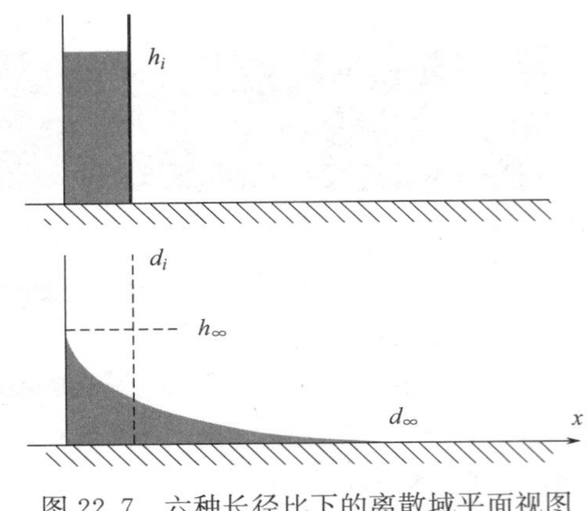

图 22.7　六种长径比下的离散域平面视图

在数值模型中，空间离散域具有与在 Lube 等（2005）的试验中相同的尺寸。如图 22.7 所示，其中 h_i 是初始高度，d_i 是初始基底长度，$a=h_i/d_i$ 是粒状土柱的长径比。如试验描述一样，研究了六种长径比（a = 0.5、1.0、1.5、3.0、7.0、9.0），其中初始基底长度取恒定并等于 10cm。所有长径比的单元网格尺寸均为 0.2cm，根据不同的长径比来对 31250～562500（PC3D）的单元进行离散化处理，总结在表 22.1 中。

数值模拟的离散化参数　　**表 22.1**

长径比 a	初始基底长度 d_i(cm)	初始高度 h_i(cm)	砂柱尺寸(cm^3)	SPH 粒子数目
0.5	10	5	10×5×5	31250
1.0	10	10	10×10×5	62500
1.5	10	15	10×15×5	93750
3.0	10	30	10×30×5	187500
7.0	10	70	10×70×5	437500
9.0	10	90	10×90×5	562500

22.3.2　对比与讨论

将数值结果中的三种不同长径比（a=0.5、1.5 和 7.0）与 Lube 等（2005）的试验结果进行比较。在图 22.8 中，其中逐渐变化的颜色表示塑性偏应变的分布。在沉积形态方面观察到了很好的一致性。此外，模拟还捕获了渐进式塌落过程，更具体地说：

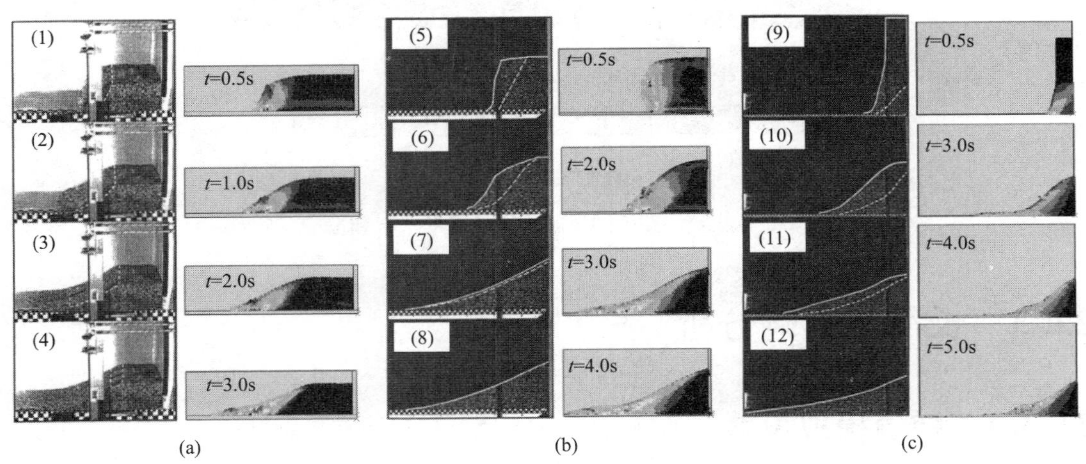

图 22.8　不同长径比的粒状土塌落过程试验与模拟之间的比较

(a) a=0.5；(b) a=1.5；(c) a=7.0

（1）对于 $a=0.5$：砂柱外侧（与撤去挡板相邻侧）的底部 SPH 粒子向外流动，并且柱脚滑移区域的长度也随时间增加。砂柱内侧（与撤去挡板远离侧）相较于其他几个工况受到较小扰动，并且在砂柱顶部形成一个未扰动的平坦区域。

（2）对于 $a=1.5$：在初始阶段，底部的滑移距离增加并且在顶部产生平坦的未扰动区域。顶端呈锥形。

（3）对于 $a=7.0$：初始阶段，在挡板撤去的短时间内，砂柱高度发生了显著的衰减。随着柱脚的滑移距离增加，初始未受干扰的上表面开始流动。最后，砂柱产生了非常大的滑移距离，并形成锥形尖端。

22.3.3　砂柱流动状态描述

图 22.9 显示了三种长径比不同时刻的粒状土塌落剖面。Lube 等（2004）基于长径比范围总结了砂柱的三种沉积形态：（1）$a<0.74$；（2）$0.74<a<1.7$；（3）$a>1.7$。这些独特的砂柱流动过程可以通过模拟很好地捕捉到：

（1）对于 $a=0.5<0.74$：在柱脚处产生横向流动，并且平坦的未扰动区域保持在顶部。沉积高度 h_0 保持不变。

（2）对于 $0.74<a=1.5<1.7$：横向流动的演变伴随着初始高度 h_0 的小幅下降。末端形成楔形。

（3）对于 $a=7>1.7$：最初，砂柱高度大大减小，但上表面保持不变。然后，横向流动迅速发展。同时，上表面的长度减小并形成圆顶状，最终在顶部 h_∞ 处形成一个楔形。

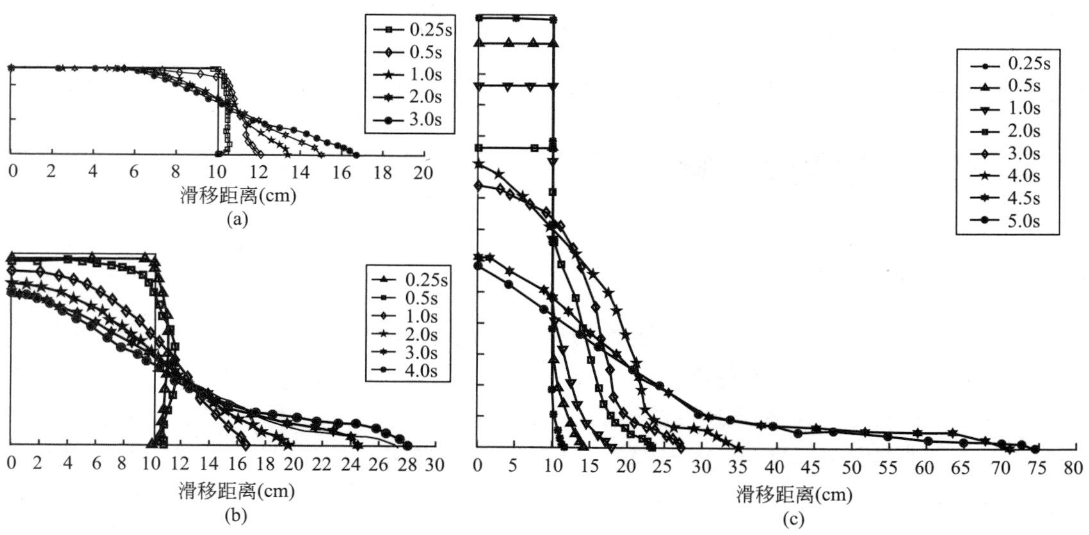

图 22.9　不同长径比的矩形砂柱坍陷数值模拟结果

(a) $a=0.5$；(b) $a=1.5$；(c) $a=7.0$

图 22.10 显示了不同长径比的模拟之间的塑性应变场的比较，其中塑性偏应变的最小值以黑色着色，可观察到砂柱内未受干扰的稳定区域呈相对小的塑性偏应变分布。通过对比可以发现，只有对于较小长径比 $a=0.5$、1.0 和 1.5 的情况，在矩形砂柱的上部自由表面上形成未扰乱的梯形区域，即图中的黑色着色区。但对于大长径比 $a=3.0$、7.0 和 9.0

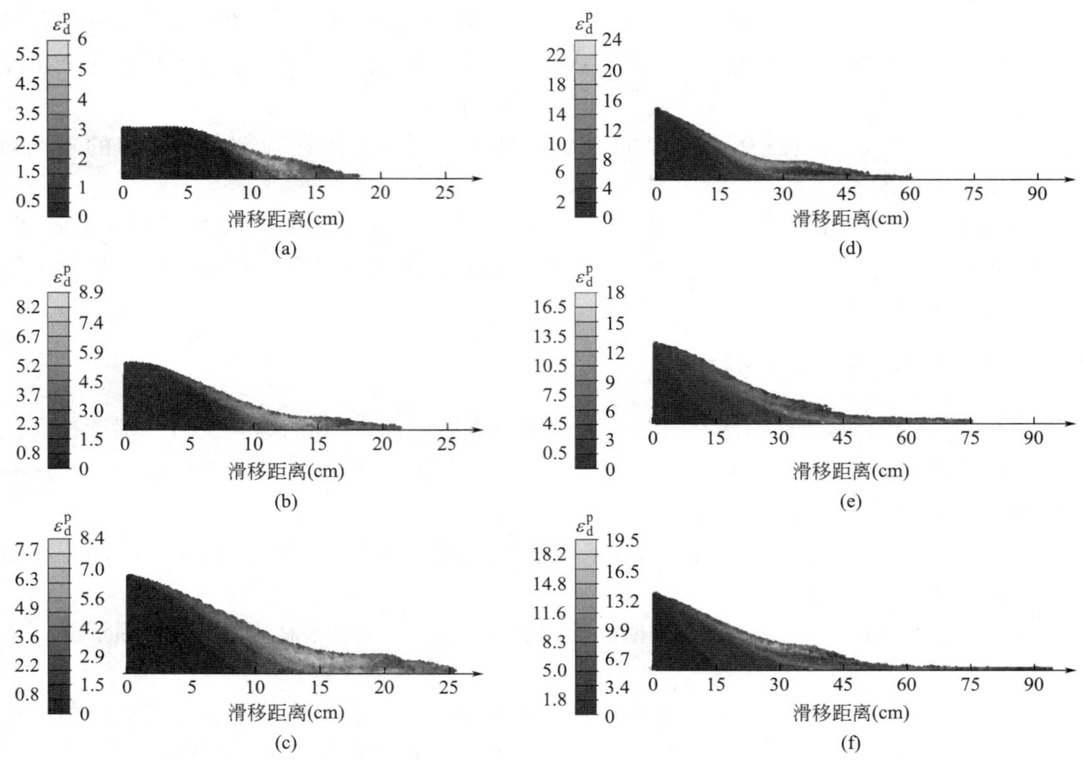

图 22.10　塌落结束阶段不同长径比工况的塑性偏应变分布的侧视图

(a) a=0.5；(b) a=1.0；(c) a=1.5；(d) a=3.0；(e) a=7.0；(f) a=9.0

的情况，上部自由表面形成一个三角形区域，休止角呈现增加的趋势。

22.4　砂土密实度影响分析

22.4.1　沉积形态

为了研究砂土密实度对粒状土塌落的影响，选取四种不同初始孔隙比（e_0=0.75、0.85、0.95 和 1.05，对应单位重量 γ=1.51、1.43、1.36 和 1.29，当 G_s=2.65）的砂土，在下文中模拟了六种长径比（a=0.5、1.0、1.5、3.0、7.0 和 9.0）。将数值结果与图 22.11 所示的最佳拟合方程进行比较。可以发现，当 e_0=0.95 时，最终滑移距离的归一化数值结果与 Lube 等（2005）的最佳拟合方程一致。但是，对于较小的初始孔隙比，结果会出现部分差异，尤其是在较大长径比的情况下。归一化的最终沉积高度似乎对砂土密实度不敏感。但是，对于较高长径比的情况，效果会增加。所有的比较表明，沉积形态（砂柱最终的滑移距离和最终的沉积高度）不仅取决于长径比而且取决于初始的砂土密实度。这也与离散单元法结果一致（Kermani 等，2015）。

图 22.12 显示了具有不同初始孔隙比的工况最终沉积形态的模拟结果。可以发现，砂柱的最终沉积形态对初始孔隙比或砂土密实度敏感。对于长径比 a<1.15 的情况，上表面的圆形未受干扰区的高度保持不变，但其面积减少，滑移距离随着初始孔隙比的增加（或

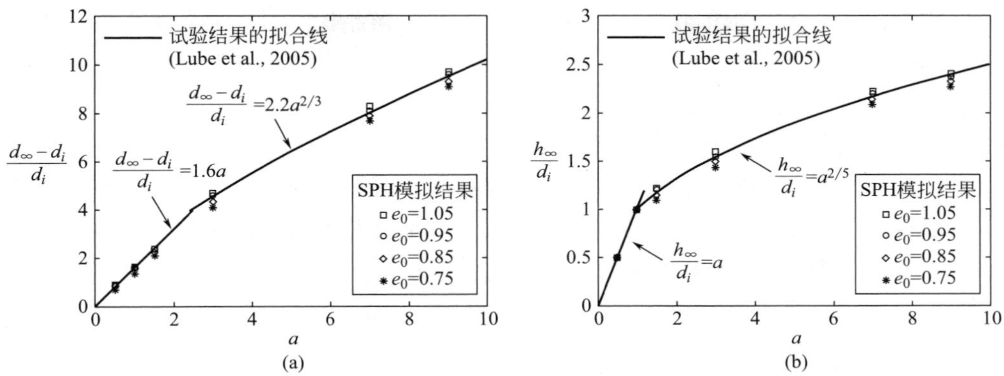

图 22.11　对于不同的长径比和初始孔隙比，数值模拟和 Lube 等（2005）的最佳拟合方程之间的比较

（a）归一化的最终滑移距离；（b）归一化的最终沉积高度

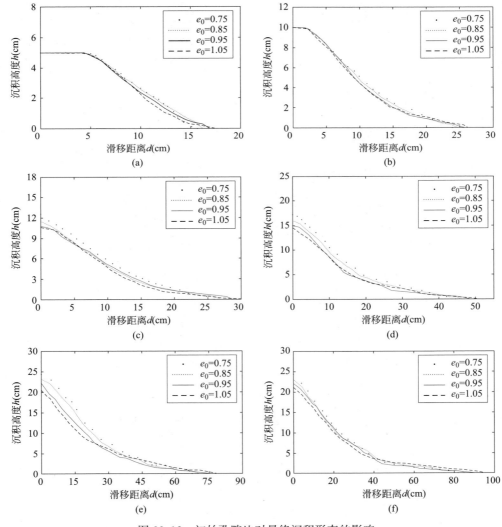

图 22.12　初始孔隙比对最终沉积形态的影响

（a）$a=0.5$；（b）$a=1.0$；（c）$a=1.5$；（d）$a=3.0$；（e）$a=7.0$；（f）$a=9.0$

初始砂土密实度的减小）而增加。对于长径比 $a>1.15$ 的情况，较密集的粒状材料导致较短的径向距离和较高的最终沉积高度，与 Kermani 等（2015）的 DEM 模拟以及 Daerr 和 Douady（1999）的试验结果一致。这表明通过使用基于临界状态的 SIMSAND 模型的 SPH 技术很好地捕获了孔隙比或砂土密实度对粒状土塌落的影响。不同孔隙比的沉积形态在相同长径比下的差异可以通过粒状土的应力剪胀来解释。对于致密砂岩来说，颗粒之间较强的交联力正在发展并具有较高的动员强度，并最终在塌落阶段形成一个稳定的内部区域。因此，较密集的粒状土柱对应于倾斜面的较大倾角，其具有较高的沉积高度和较小的滑移距离。

22.4.2 塌落过程观测与分析

塌落时间 t 由用于无量纲分析的固有临界时间 t_c 进行归一化，其中 t_c（$t_c=\sqrt{h_i/g}$）的值可通过砂柱初始高度计算（Soundararajan，2015）。图 22.13 和图 22.14 给出了归一化时间 t/t_c 与归一化滑移距离（$d_\infty-d_i$）/d_i 以及归一化沉积高度 h_∞/d_i 的模拟结果。所有结果都呈现出一个具有两个连续阶段的“S 形”曲线，与初始长径比和孔隙比的取值无关。首先是一个加速阶段，紧接着是接近 $1.5t_c$～$2.0t_c$ 的减速阶段。粒状土的塌落大约在 $3.5t_c$ 时停止。

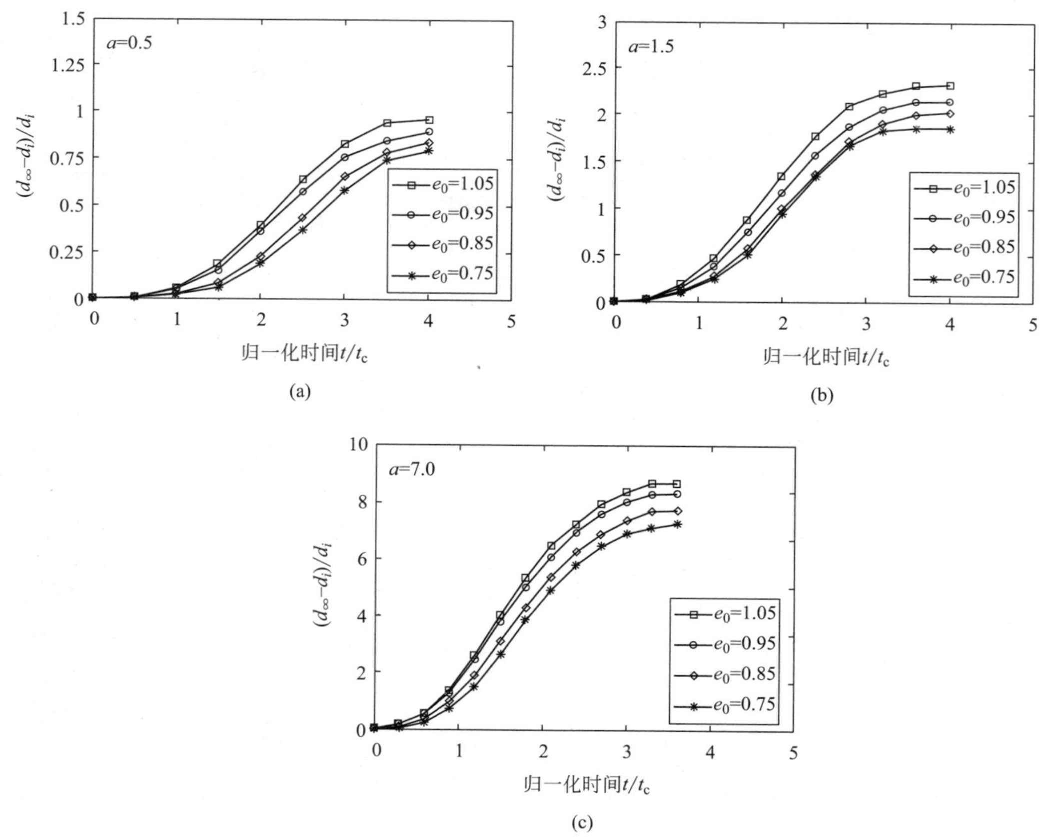

图 22.13　不同长径比和初始孔隙比条件下归一化滑移距离的发展过程

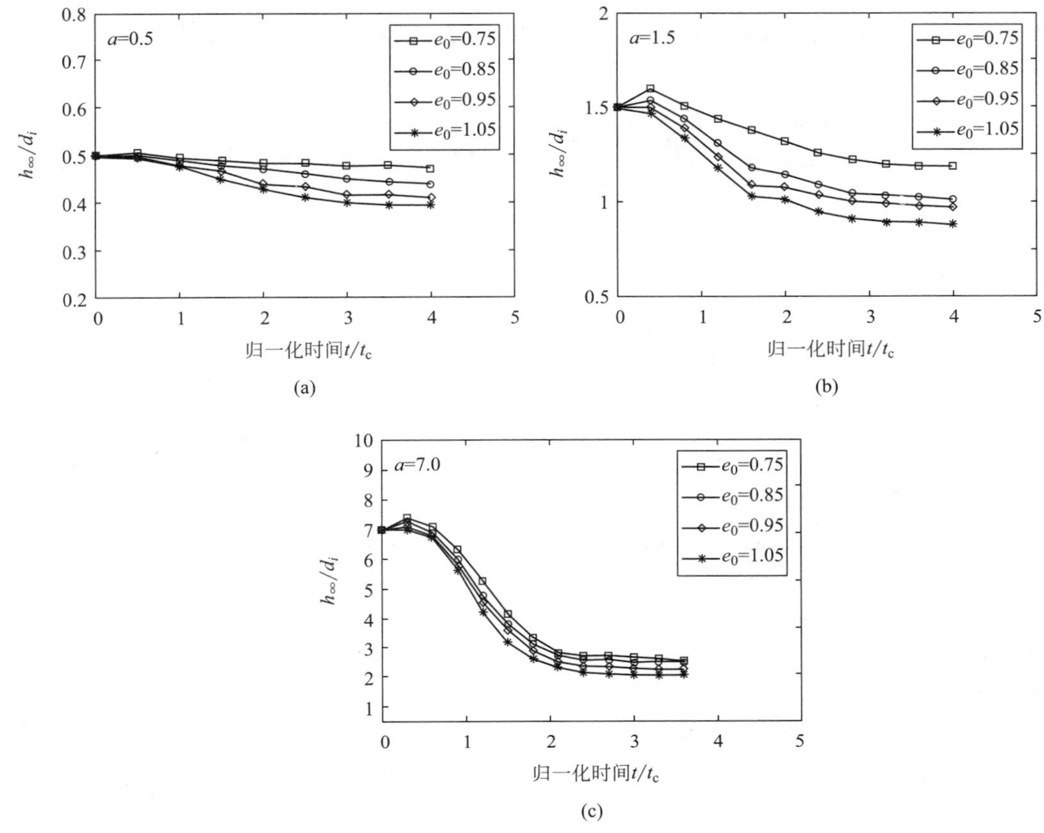

图 22.14　不同长径比和初始孔隙比条件下归一化沉积高度的发展过程

通过对比分析可得出以下结论：

（1）对于相同的初始孔隙比，当砂柱的长径比更大时，其结果是更大的归一化滑移距离和沉积高度。

（2）对于相同的长径比，密实度较大的砂（较小的初始孔隙比）会导致更大的沉积高度，但在相同的时间范围内其滑移距离较小。

（3）当右边界板抬起时，归一化沉积高度初始阶段会有所增加（图 22.14a～c）。这种隆起与初始砂土密实度密切相关。密实度更高的砂土会导致更明显的抬升。其原因同样是密实度效应，由于初始剪切时粒子之间更强的互锁作用，密实度效应使得密实度更高的砂土隆起更显著。

22.5　本章小结

本章基于临界状态土模型 SIMSAND 和 SPH 方法对粒状土塌落进行了数值研究。首先通过比较来自矩形砂柱塌落试验的试验数据来提供验证。然后，详细研究了初始长径比和砂土密实度对粒状土塌落的影响。所有的比较表明，所采用的数值策略能够定性和定量地再现粒状土柱塌落的主要特性，即自由表面、破坏线、矩形砂柱塌落试验的最终变形剖面、最终滑移距离和沉积高度。更具体地说，当初始砂土密实度减小时，破坏面剪缩并且自由表面扩大。较低的初始孔隙比产生较强的联锁力，导致较高的沉积高度和较短的滑移距离。

考虑到不同长径比和砂土密实度对粒状土塌落的影响，SIMSAND 模型与 SPH 方法的组合能够再现粒状土塌落。因此，它为实际尺度粒状土流动分析提供了一个有效的计算方法。

参考文献

Balmforth N J，Kerswell R R. Granular collapse in two dimensions [J]. Journal of Fluid Mechanics，2005，538 (1)：399-428.

Bojanowski C. Numerical modeling of large deformations in soil structure interaction problems using FE，EFG，SPH，and MM-ALE formulations [J]. Archive of Applied Mechanics，2014，84 (5)：743-755.

Bui H H，Fukagawa R，Sako K，et al. Lagrangian meshfree particles method (SPH) for large deformation and failure flows of geomaterial using elastic-plastic soil constitutive model [J]. International Journal for Numerical & Analytical Methods in Geomechanics，2010，32 (12)：1537-1570.

Chen W，Qiu T. Numerical simulations for large deformation of granular materials using smoothed particle hydrodynamics method [J]. International Journal of Geomechanics，2011，12 (2)：127-135.

Crosta G B，Imposimato S，Roddeman D. Numerical modeling of 2-D granular step collapse on erodible and nonerodible surface [J]. Journal of Geophysical Research，2009，114 (F3)：F03020.

Daerr A，Douady S. Sensitivity of granular surface flows to preparation [J]. Europhysics Letters (EPL)，1999，47 (3)：324-330.

Doyle E E，Huppert H E，Lube G，et al. Static and flowing regions in granular collapses down channels [J]. Physics of Fluids，2007，19 (10)：669.

Gingold R A，Monaghan J J. Smoothed particle hydrodynamics：theory and application to non-spherical stars [J]. Monthly Notices of the Royal Astronomical Society (3)：375-389.

Girolami L，Hergault V，Vinay G，et al. A three-dimensional discrete-grain model for the simulation of dam-break rectangular collapses：comparison between numerical results and experiments [J]. Granular Matter，2012，14 (3)：381-392.

Kermani E，Qiu T，Li T. Simulation of collapse of granular columns using the discrete element method [J]. International Journal of Geomechanics，2015，15 (6)：04015004.

Lacaze L，Phillips J C，Kerswell R R. Planar collapse of a granular column：Experiments and discrete element simulations [J]. Physics of Fluids，2008，20 (6)：144302.

Lajeunesse E，Mangeney-Castelnau A，Vilotte J P. Spreading of a granular mass on a horizontal plane [J]. Physics of Fluids，2004，16 (7)：2371-2381.

Lajeunesse E，Monnier J B，Homsy G M. Granular slumping on a horizontal surface [J]. Physics of Fluids，2005，17 (10)：177.

Li S，Liu W K. Meshfree and particle methods and their applications [J]. Applied Mechanics Reviews，2002，55 (1)：1-34.

Lube G，Huppert H E，Sparks R S J，et al. Axisymmetric collapses of granular columns [J]. Journal of Fluid Mechanics，2004，508：175-199.

Lube G，Huppert H E，Sparks R S J，et al. Collapses of two-dimensional granular columns [J]. Physical

Review E Statal Nonlinear & Soft Matter Physics, 2005, 72 (4): 041301.

Nguyen C T, Nguyen C T, Bui H H, et al. A new SPH-based approach to simulation of granular flows using viscous damping and stress regularisation [J]. Landslides, 2017, 14: 69-81.

Ortiz M, Simo J C. An analysis of a new class of integration algorithms for elastoplastic constitutive relations [J]. International Journal for Numerical Methods in Engineering, 1986, 23 (3): 353-366.

Sołowski W T, Sloan S W. Evaluation of material point method for use in geotechnics [J]. International Journal for Numerical & Analytical Methods in Geomechanics, 2015, 39 (7): 685-701.

Soundararajan K K. Multi-scale multiphase modelling of granular flows [D]. University of Cambridge, 2015

Staron L, Hinch E. Study of the collapse of granular columns using two-dimensional discrete-grain simulation [J]. Journal of Fluid Mechanics, 2005, 545: 1-27.

Utili S, Zhao T, Houlsby G T. 3D DEM investigation of granular column collapse: Evaluation of debris motion and its destructive power [J]. Engineering Geology, 2015, 186: 3-16.

Yin Z Y, Jin Z, Kotronis P, Wu Z X. A novel SPH-SIMSAND based approach for modelling of granular collapse [J]. International Journal of Geomechanics ASCE, 2018, 18 (11): 04018156.

Zenit R. Computer simulations of the collapse of a granular column [J]. Physics of Fluids, 2005, 17 (3): 031703.

Zhang X, Krabbenhoft K, Sheng D, et al. Numerical simulation of a flow-like landslide using the particle finite element method [J]. Computational Mechanics, 2015, 55 (1): 167-177.

第 23 章　基于 CLSPH-SIMSAND 的桶式基础模拟分析

本章提要

桶式基础通常用于海工结构。为了获得最佳设计，了解桶基在安装以及随后的外部荷载作用过程中的失稳过程是至关重要的。本章通过基于临界状态的砂土模型的数值模拟，重点研究了砂土中桶基的渐进破坏过程。SIMSAND 模型的参数是基于一系列三轴试验结果。采用拉格朗日-光滑粒子流体动力学耦合方法（CLSPH）来处理大变形分析。首先，通过对砂土中静力触探试验的模拟验证了此数值方法。接着，选择相同砂土中的系列桶基模型试验进行模拟对比，还模拟相同砂土中的现场试验以进一步验证。由此，CLSPH-SIMSAND 法可用于模拟计算桶式基础在不同的土性状和基础尺寸下的 H-M-V 破坏包络面，进而开发基于宏单元法的简化设计模型，也可以根据所揭示的滑动破坏面开展极限分析。

23.1　引言

桶式基础是一种封闭式钢管，首先降低到海底，允许底部沉积物在其自身重量下贯入，然后通过将水泵出其内部产生的抽吸力推到海床深度。沉箱的主要优点是安装便捷，可重复使用，以及在其提升过程中自动产生大量被动吸力的特性。最近，桶基也被广泛用于不同类型的结构物，例如重力式平台护套、自升式起重机、海上风机、海底系统和海底保护结构。但是，为了获得最佳设计，需要了解桶基的性能。

各国研究者对小型和全尺寸桶式基础进行了广泛的模型及现场试验，以确定其安装特性和抗侧向荷载能力（Hogervorst，1980；Tjelta，1995，2001）。现场试验很有价值，因为它们有助于获得基础设计所需的数据，但它们既昂贵又耗时。由于这些原因，在黏土（Houlsby 等，2005；Villalobos 等，2010）或砂土（Zhu 等，2013；Foglia 和 Ibsen，2013）的室内试验条件下也进行了模型试验。同时学者们进行了二维和三维数值模拟（El-Gharbawy 和 Olson，2000；Deng 和 Carter，2002）以研究不同加载组合和排水条件下的桶基承载力。遗憾的是，在所有这些数值研究中，忽略了安装过程，并且没有讨论在不同加载组合下的渐进失稳过程和最终失稳模式。

因此，本章通过基于临界状态的砂土模型的先进数值模拟，重点研究砂土中桶基的渐进破坏过程。首先应用一系列三轴试验结果对 SIMSAND 模型的参数进行标定。采用拉格朗日-光滑粒子流体动力学耦合方法（CLSPH）来处理大变形分析。通过对砂土中静力触探试验的模拟验证了此数值方法。选择相同砂土中的系列桶基模型试验结果进行模拟对比，还模拟相同砂土中的现场试验以进一步验证。本章内容可参阅文献 Jin 等（2019）。

23.2 室内试验模拟

本章采用 SIMSAND 模型（详见第 2 章，图 22.1），模型导入采用 ABAQUS 显式有限元法的 VUMAT，直接调用拉格朗日-光滑粒子流体动力学耦合方法 CLSPH 进行计算（详见本书 16.6 节）。

采用了 Houlsby 等（2005）使用 Baskarp 砂进行的传统排水三轴试验数据来确定 SIMSAND 模型参数（表 23.1）。在三轴试验中，测试了三类孔隙比（0.85、0.70、0.61）、九类围压（5kPa、10kPa、20kPa、40kPa、80kPa、160kPa、320kPa、640kPa、800kPa），总计 27 组试验。试验与模拟结果如图 23.1 所示。由于模型的验证围压涵盖了非常低的围压（例如 5kPa），使用这些参数的模型可适用于 Baskarp 砂中的小尺寸模型试验，也可适用于实际尺寸的场地试验。

Baskarp 砂的 SIMSAND 参数 **表 23.1**

K_0	ν	n	A_d	k_p	e_{ref}	λ	ξ	ϕ_c	n_p	n_d
344	0.25	0.58	0.45	0.0034	1.25	0.38	0.11	35.1	1	1

23.2.1 室内模型试验描述

本章的第一项任务是根据模型试验模拟来评价数值模型，在此基础上再进一步研究失稳过程和模式。为此，选取了数据齐全的砂土中桶基系列模型试验，包括安装和单调加载阶段（Foglia 等，2015）。试验装置由砂土箱（1600mm×1600mm×1150mm）、装载框架和铰接梁组成。钢缆和滑轮系统通过放置在铰接梁上的电动机驱动器控制对基座的荷载。设定三个重物吊架的荷载通过用螺栓固定在桶基盖上的垂直梁传递到基础。该基础配备三个 LVDT 和两个重量传感器。桶基由钢制成，外径为 300mm，盖子厚度为 11.5mm，裙长为 300mm，裙边厚度为 1.5mm。在恒定垂直荷载下，在不同的单调荷载组合（一个纯垂直荷载直至破坏和五个均匀力矩与水平荷载比 $M/DH=1.1$、1.987、3.01、5.82、8.748）下进行了六次桶基试验。

23.2.2 数值建模

整个有限元模型的大小与试验保持相同。在侧面上，水平位移受到约束；在底面上，所有位移自由度受到约束。根据 Ibsen 等（2009），砂土密度为 1100kg/m^3，杨氏模量为 26MPa，泊松比为 0.25，摩擦角为 40.8，剪胀角为 17.5，土-沉箱界面的摩擦系数为 0.35 [$k=\tan(\phi/2)$]，黏聚力为 6kPa。阻尼比设定为 0。

在 CLSPH 模型中，只有经历大变形的砂土部分用 SPH 粒子建模（图 23.2）。SPH 区域的侧面长度为 1400mm，水平或力矩加载，另一侧宽度为 800mm，底部高度为 1150mm，SPH 粒子总数为 88407。外拉格朗日网格由 105984 个六面体单元组成。对于具有密集填充的 SPH 粒子的模型，每个方向上的初始 SPH 粒子距离保持近似恒定且均匀。

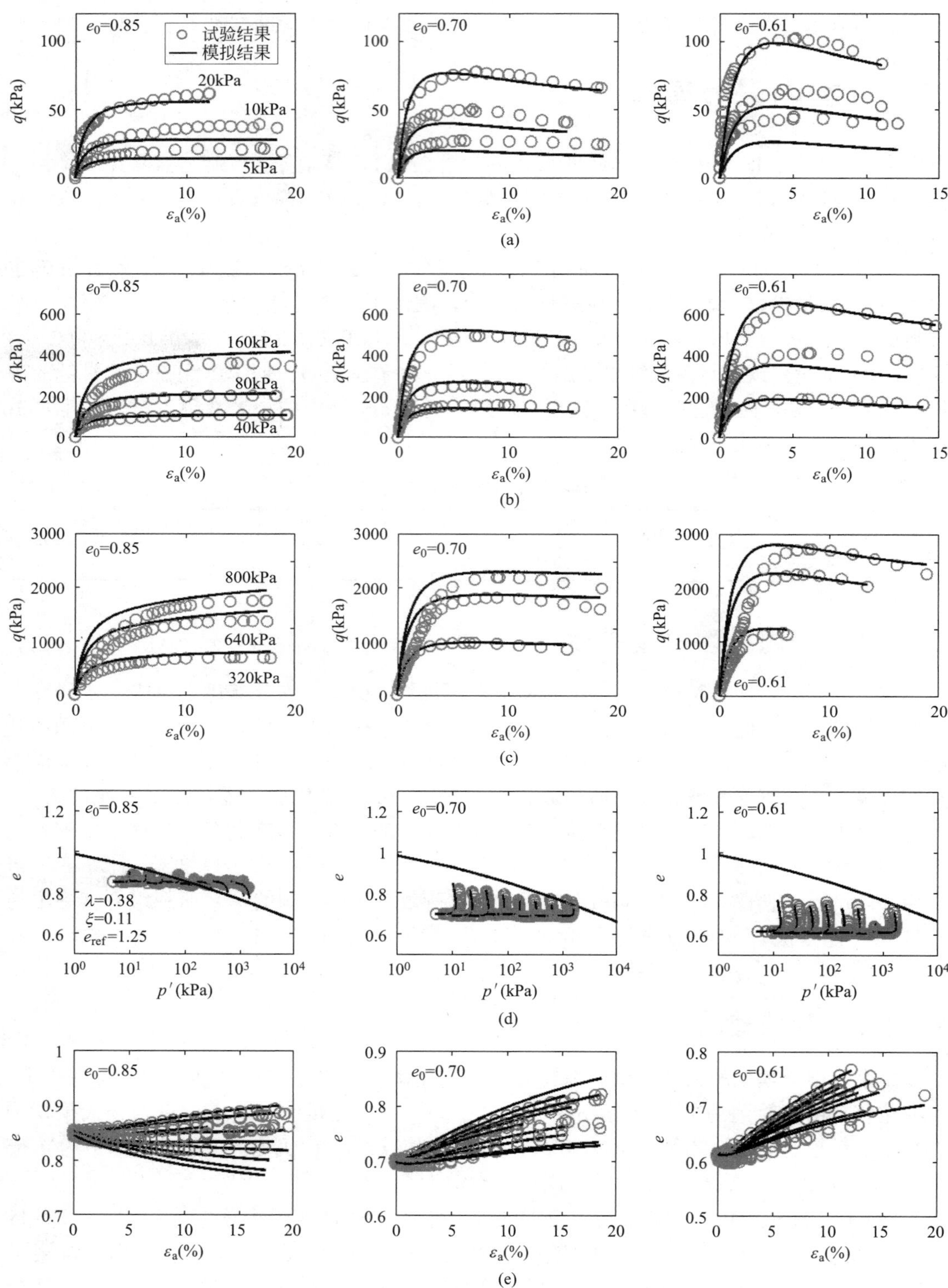

图 23.1　三轴试验及模拟结果对比：(a) ～ (c) 偏应力与轴向应变关系；(d) 半对数坐标系中孔隙比与平均有效应力关系；(e) 孔隙比与轴向应变关系

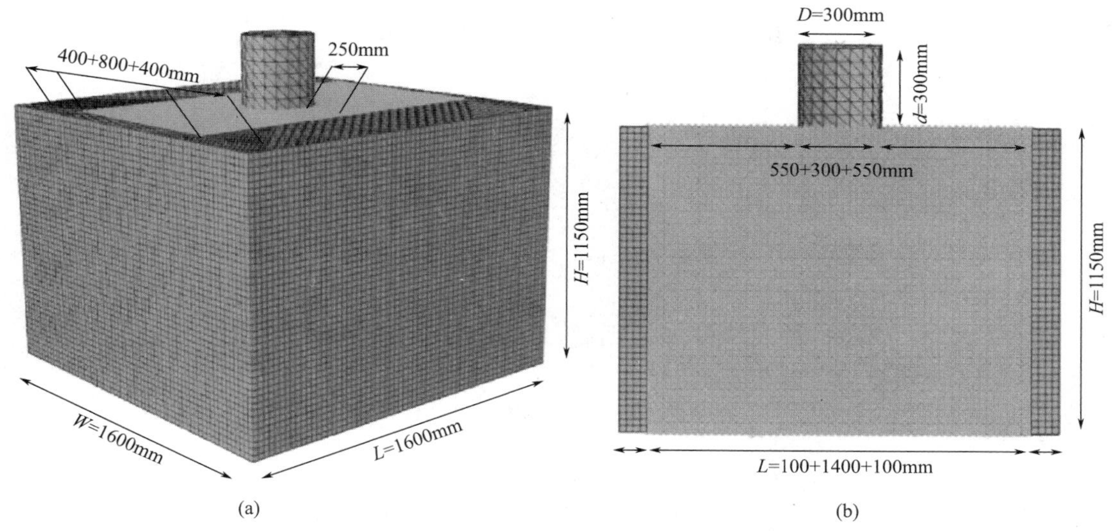

图 23.2 室内模型试验的 CLSPH 模型

（a）三维网格；（b）剖面图

用粒子（SPH 域）建模的计算域可以通过接触与拉格朗日有限元相互作用（Hibbitt 等，2001）。接触相互作用与基于节点的表面（与粒子相关联）和基于单元或分析表面之间的任何接触相互作用相同。可以使用一般接触和接触对。允许所有可用于涉及基于节点的表面接触的类型和公式，包括黏聚力特性。可以通过常用选项分配不同的联系属性（Hibbitt 等，2001）。出于数值稳定性的原因，考虑接触拉格朗日单元的每个面至少有 4 个 SPH 粒子。

桶基采用 927 个刚性四面体单元建模，其尺寸和厚度与试验相同。根据 Foglia 等（2015），桶基的密度等于 7800kg/m^3，杨氏模量为 200GPa，泊松比为 0.3。桶基最初位于箱子中心的砂土表面上。根据 Foglia 等（2015）的试验描述，对于 CPT 的模拟，桶基被圆柱杆（采用 807 个刚性四面体元件）代替，直径为 20mm，底部为 60°锥体。

23.2.3 CPT 模拟

为了验证 CLSPH 耦合模型的材料参数，首先进行了 CPT 试验模拟。在模拟过程中，根据 Foglia 等人的研究，锥形贯入速度取 5mm/s（Houlsby 等，2006）。采用刚性 Mohr-Coulomb 界面模型，假设模拟具有典型的土-结构界面摩擦系数。界面模型应用于锥体的整个（尖端和轴）表面。

试验数据和数值结果之间的比较如图 23.3 所示，其中 Foglia 等人提供了 4 个 CPT 试验结果（Foglia 等，2015 年）。试验与模拟结果的一致性，表明具有材料参数的 CLSPH 模型是可以接受的，并且可以继续用于桶基模拟。等效塑性应变场（PEEQ，与塑性偏应变相同）、偏应力（S Mises，Pa）和平均有效应力（S Pressure，Pa）对应于 400mm 的贯入深度绘制在图 23.3 中，显示这些变量的分布影响距离远小于 SPH 粒子的区域，即 SPH 粒子区域大小的选择没有边界效应。

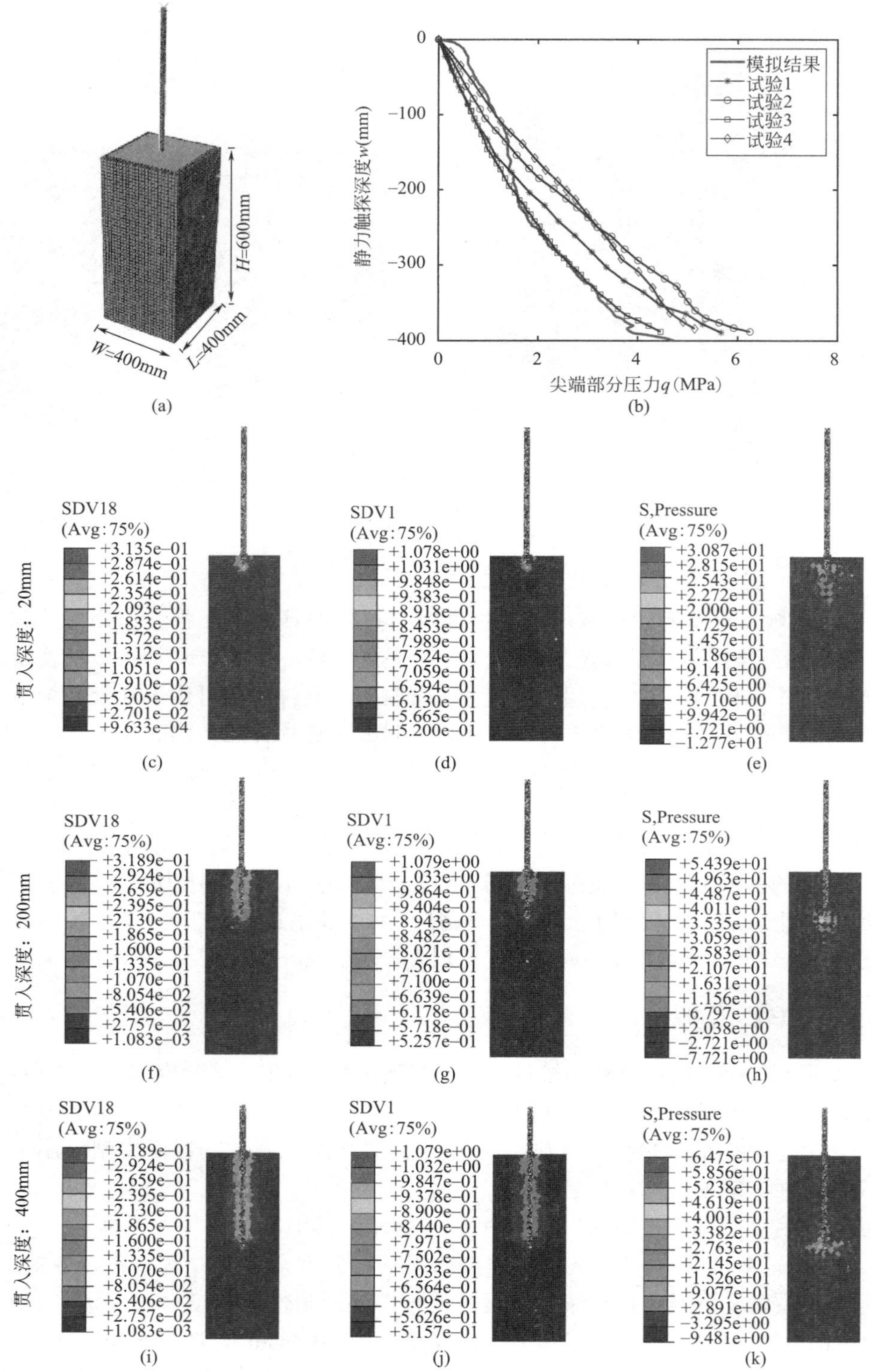

图 23.3　CPT 模拟结果

(a) CLSPH 模型；(b) 试验与模拟结果的 q-w 曲线比较；(c)、(f)、(i) 在插入过程中的塑性偏应变场；(d)、(g)、(j) 孔隙比场；(e)、(h)、(k) 平均有效应力场

23.2.4 桶式基础模拟

图 23.2 的 CLSPH 模型用于通过垂直位移控制以 5mm/s 的速率模拟一次纯静力触探试验，并且在不同力矩与水平荷载比下进行五次试验（$M/DH=1.1$，通过水平位移控制和桶基中点的旋转控制相结合，在 241N 的恒定垂直荷载下，可以得到 1.987、3.01、5.82、8.748）。采用相对较慢的 10mm/s 位移速率和 0.5°/s 的旋转速率来消除动态效应。按照所有单调加载路径，直到达到垂直承载力（VM）或水平承载力和力矩承载力（MR）。

图 23.4 显示了纯垂直荷载试验所施加的垂直力与垂直位移的关系。图 23.5 显示了 5 种典型 M/DH 值（1.100、1.987、3.010、5.820 和 8.748）的模拟结果。对于所有五种情况，绘制水平载荷（H）对水平位移（U）和力矩（M/D）与旋转位移（$D\theta$）的比较。对于所有试验，可以看出试验和模拟结果有良好的一致性。因此，使用前面标定模型参数的 CLSPH 模型得到了很好的校准，并可用于对失稳过程和模式的进一步数值研究。

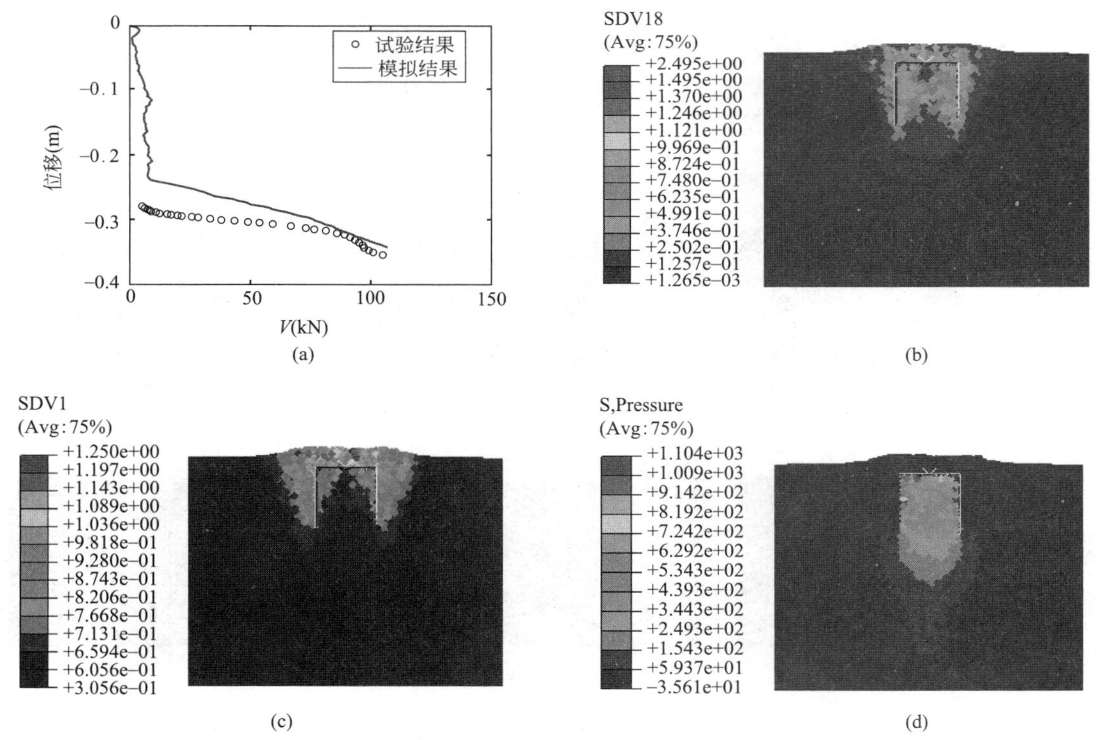

图 23.4　纯竖向插入试验结果

（a）试验与模拟中竖向力-竖向位移的比较；（b）竖向插入试验最终的塑性偏应变场；（c）孔隙比场；（d）平均有效应力场

选择两个极端情况来检查大变形的范围：一个纯垂直加载试验和一个力矩组合水平加载试验（$M/DH=8.748$）。等效塑性应变（PEEQ）、偏应力（S Mises，Pa）和平均有效

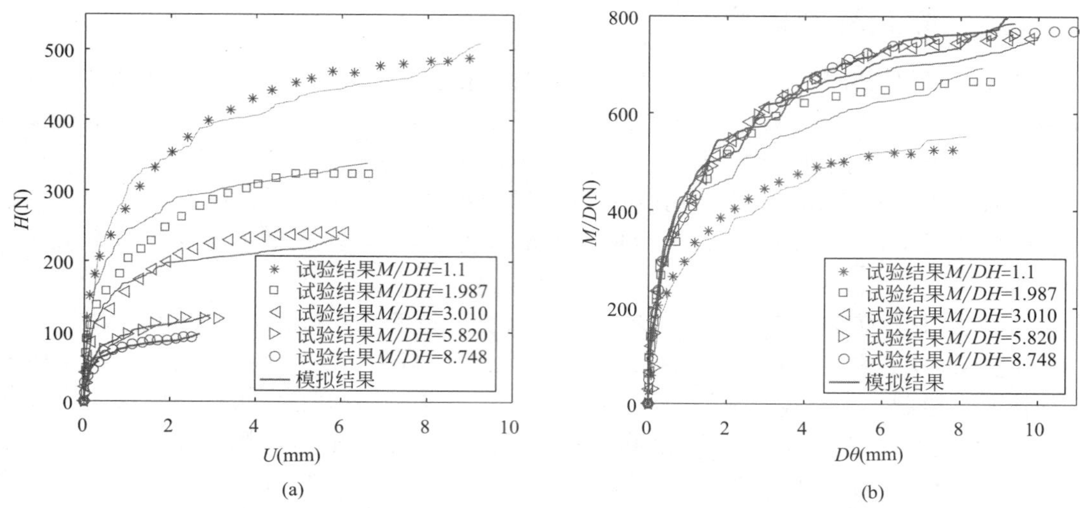

图 23.5　桶形基础在组合荷载下的室内模型试验与模拟结果比较

（a）H 与 U 关系；（b）M/D 与 $D\theta$ 关系

应力（S Pressure，Pa）场绘制在图 23.6 中，用于纯垂直荷载试验和力矩组合水平荷载试验。两个结果都表明，荷载影响距离（垂直和水平方向上的大变形域）远小于 SPH 粒子的域，因此三个变量的分布均合理。

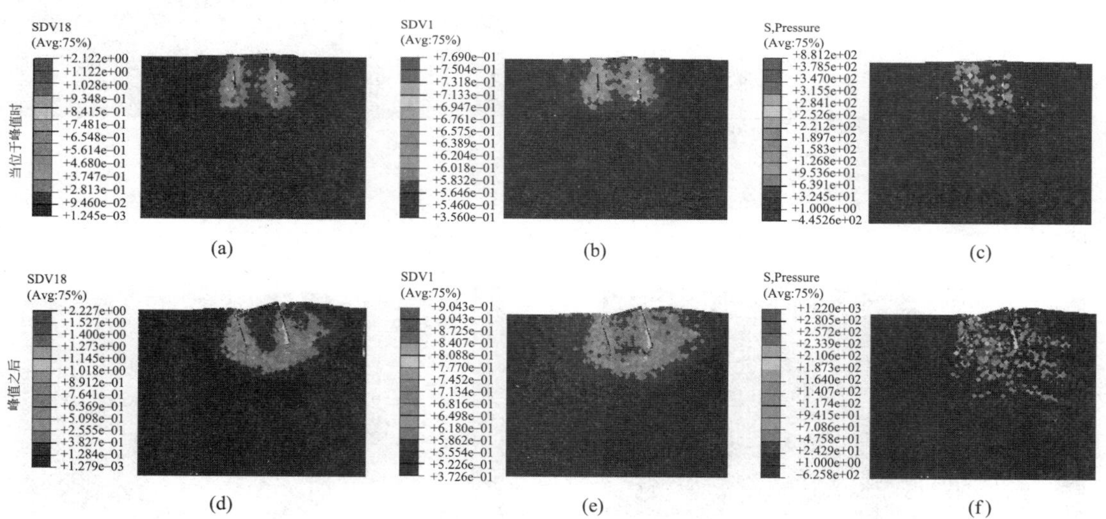

图 23.6　M/DH＝3.01 试验的模拟渐进破坏，其峰值与峰后值

（a）、（d）塑性偏应变场；（b）、（e）孔隙比场；（c）、（f）平均有效应力场

此外，由不同学者（Villalobos 等，2010；Ibsen 等，2014；Foglia 等，2015）总结的 H：M/D 荷载平面上的破坏包络线绘制在图 23.7 中，与在相同垂直荷载下通过模拟获得的所有结果进行比较。良好的一致性表明本研究中的数值模拟是可接受的。

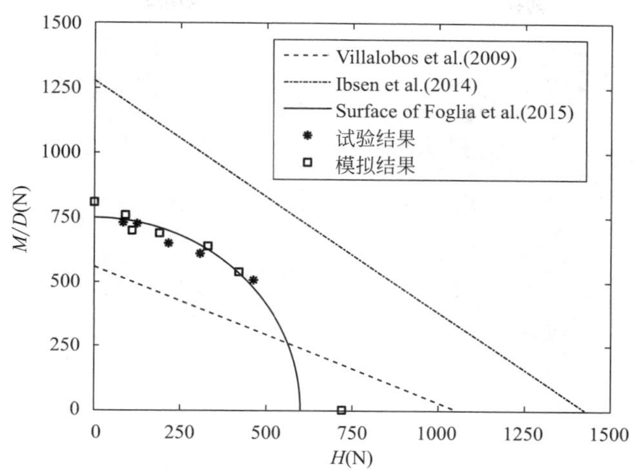

图 23.7　*H-M/D* 加载平面上的破坏包络面试验结果与模拟结果比较

23.3　现场试验模拟

23.3.1　室内模型试验描述

为了进一步验证计算模型，我们又模拟了 Houlsby 等（2005）进行的缩尺场地试验，测试了外径 2m，裙边高 2m 的钢桶基础，其裙边由 12mm 厚的钢板构成。钢桶安装于浅池塘中，以模拟桶式基础的工况，荷载偏心 h 和竖向荷载 V 分别为 17.4m 和 37.3kN。桶式基础安装于密实 Baskarp 砂区域中，其重度为 19.5kN/m^3（e_0＝0.549）（Ibsen 等，2005）。试验包括三个阶段：安装、加载和拆卸。在加载阶段，将回收的旧风力发电机塔身连接在桶基础顶部，并通过绳子横向拉扯塔身施加荷载。组合荷载（H，M）通过改变塔身高度进行控制。

23.3.2　数值建模

桶基础由刚体六边形单元构成，其尺寸与实际试验相同（图 23.8），但砂土性状由 SIMSAND 模型进行模拟。桶基础与土体的接触面由经典的库仑模型描述，其切向摩擦应力与正向应力成正比。模拟考虑了大变形与几何非线性，模拟方法与室内模型试验相似（CLSPH 模型）。

计算域主要由两部分组成：内部的 SPH 区域以及外部的拉格朗日区域。SPH 区域的长度是 10m（水平方向），高度是 12m，SPH 粒子总数为 106840，拉格朗日区域则由 32670 个六面体单元组成。SPH 区域与拉格朗日有限元区域由可开关的接触面相连（Hibbitt 等，2001）。准确来说，由于缺少切向极限应力的试验数据，这里并未采取切向摩擦应力的阈值（τ_{max}）。桶基础与土体的接触由刚性摩擦模型描述，其摩擦系数 μ＝tan（ϕ_c/2）＝0.32，临界摩擦角 ϕ_c＝35.1°，此外还有一类补偿算法（Hibbitt 等，2001）用于其中，理论上，土体与桶基础的分隔是允许的。在我们的例子中，由于围压的存在以及裙边

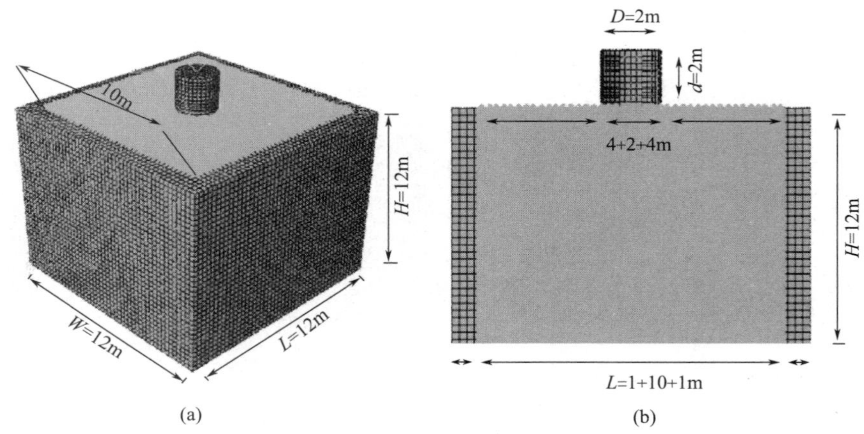

图 23.8　现场试验的 CLSPH 模型

(a) 三维网格；(b) 剖面图

的小厚度，插入过程中桶基础与土体并未分隔，侧边的横向位移和底部的平动度是受限制的。模拟使用的参数汇总于表 23.1。

23.3.3　桶式基础模拟

首先，我们进行了 2m×2m 桶式基础的弯矩-旋转试验的模拟以进一步证明 CLSPH-SIMSAND 方法的可靠性（Houlsby 等，2005）。施加相对慢的移动速度（10mm/s）以及旋转速度（0.5°/s）以消除动态效应。图 23.9 比较了模拟结果与试验结果，本模型的表现同样令人满意，能够正确地描述弯矩变化以及桶基础的极限荷载。

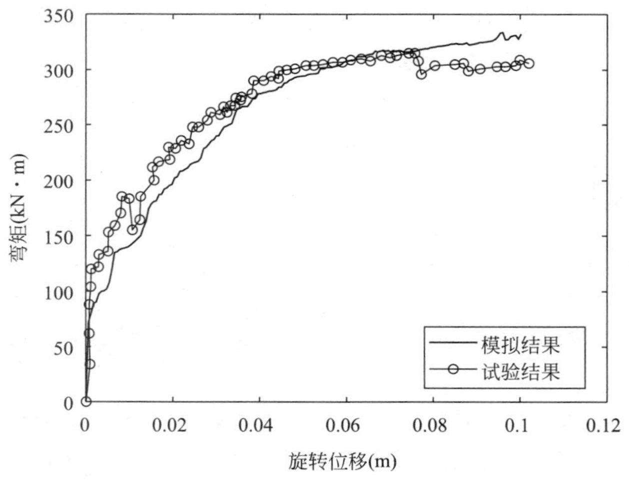

图 23.9　试验结果与模拟结果比较：弯矩 M 与旋转 $D\theta$ 曲线

一个极端的例子展现了场地试验的渐进破坏过程。这一模拟包括两个阶段：桶基础首先被安装至预定深度；之后施加 10mm/s 的移动速度，以及 0.5°/s 的旋转速度直到极限应力。不同阶段的塑性偏应力场（SDV18）、孔隙比场（SDV1）和平均有效应力场

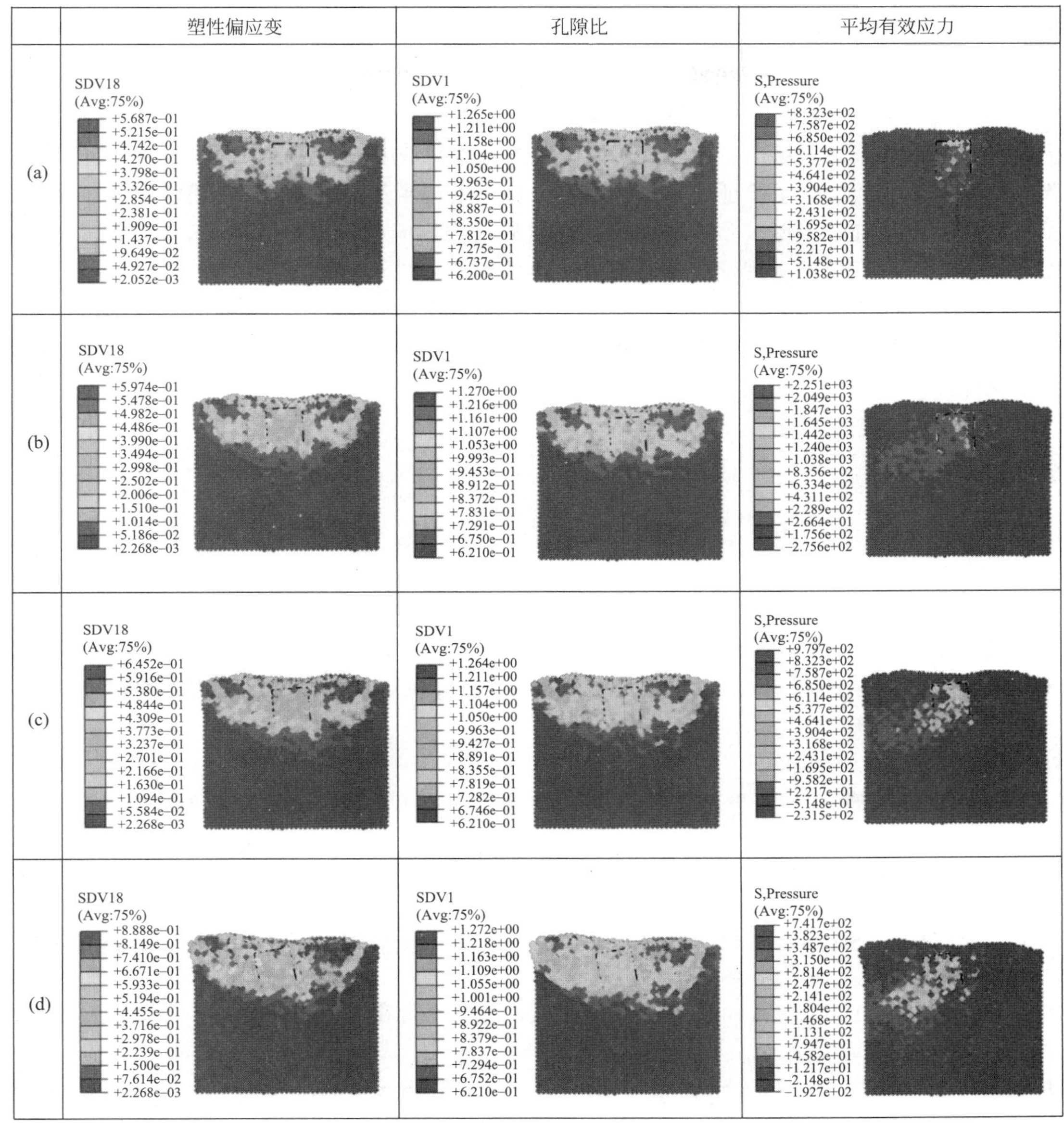

图 23.10　场地试验不同阶段的模拟结果

(a) 插入结束后；(b) 1/2 峰值力时；(c) 峰值力时；(d) 破坏后阶段

(S Pressure，kPa) 表示于图 23.10。可以看出，三者的图像面积都随着变形有明显的增长，峰值也随着时间增大。CLSPH-SIMSAND 法同样可以正确地描述桶式基础的渐进破坏。

根据前述的验证结果，CLSPH-SIMSAND 法可用于模拟计算桶式基础在不同的土性状和基础尺寸下的 *H-M-V* 破坏包络面，进而开发基于宏单元法的简化设计模型。在本书内不作详述。

23.4 本章小结

本章展现了一种 CLSPH 和弹塑性本构法则 SIMSAND 的数值模拟方法，用以确定砂土中桶式基础的破坏包络面。SIMSAND 模型的参数首先通过一系列 Baskarp 砂的三轴试验进行标定。其后，为了验证这一方法的可行性，进行了静力触探试验的模拟，同时模拟了一系列桶式基础的模型试验与场地试验。结果证明，应用校准土体参数，CLSPH-SIMSAND 方法可以有效地再现桶式基础在砂土中的表现。

根据前述的验证结果，CLSPH-SIMSAND 法可用于模拟计算桶式基础在不同的土性状和基础尺寸下的 *H-M-V* 破坏包络面，进而开发基于宏单元法的简化设计模型。在本书内不作详述。

参考文献

Abaqus v6.5.1. Abaqus Documentation [M]. USA：Dassault Systemes Simulia Corp，2014.

Deng W，Carter J P. A theoretical study of the vertical uplift capacity of suction caissons [J]. International Journal of Offshore & Polar Engineering，2002，12 (2)：89-97.

El-Gharbawy S，R Olson. 2000. Modeling of suction caisson foundations [C]. The Tenth International Offshore and Polar Engineering Conference，International Society of Offshore and Polar Engineers，Seattle，Washington，USA，2000，2：670-77.

Foglia A，Gottardi G，Govoni L，et al. Modelling the drained response of bucket foundations for offshore wind turbines under general monotonic and cyclic loading [J]. Applied Ocean Research，2015，52：80-91.

Houlsby G T，Ibsen L B，Byrne B W. Suction caissons for wind turbines [J]. G. a. cassidy Frontiers in Offshore Geotechnics Isfog，2005，10 (6)：1-6.

Hibbitt，Karlsson，Sorensen. ABAQUS/Explicit：User's Manual [M]. USA：Hibbitt，Karlsson and Sorenson Incorporated，2001.

Hogervorst J R. Field trails with large diameter suction piles [C]. Proceedings of the Annual Offshore Technology Conference，1980，3.

Houlsby G T，Kelly R B，Huxtable J，Byrne BW. Field trials of suction caissons in sand for offshore wind turbine foundations. [J]. Geotechnique，2006，56：3-10.

Ibsen L B，Larsen K A，Barari A . calibration of failure criteria for bucket foundations on drained sand under general loading [J]. Journal of Geotechnical & Geoenvironmental Engineering，2014，140 (7)：1-16.

Ibsen L B，Liingaard S，Nielsen S A. Bucket foundation，a status [C]. Proceedings of the Copenhagen Offshore Wind，Copenhagen，Denmark：26-28 Octorber，2005.

Ibsen L B，M Hanson，T Hjort，and M Thaarup. Mc-parameter calibration of baskarp sand [R]. Denmark：Department of Civil Engineering，Aalborg University，2009.

Jin Z，Yin Z Y，Kotronis P，Li Z. Advanced numerical modelling of caisson foundations in sand to investigate the failure envelope in the H-M-V space [J]. Ocean Engineering，2019，190：106394.

Tjelta T I. Geotechnical experience from the installation of the Europipe jacket with bucket foundations

[C]. Offshore Technology Conference. Houson，1995：Paper. OTC 7795.

Tjelta T I. Suction piles：their position and application today [C]. The Eleventh International Offshore and Polar Engineering Conference. Stavanger，2001，vol. 2，1-6.

Villalobos F A，Byrne B W，Houlsby G T. Model testing of suction caissons in clay subjected to vertical loading [J]. Applied Ocean Research，2010，32 (4)：414-424.

Zhu B，Zhang W L，Ying P P，et al. Deflection-Based bearing capacity of suction caisson foundations of offshore wind turbines [J]. Journal of Geotechnical & Geoenvironmental Engineering，2014，140 (5)：04014013.

附录 1　基于 ABAQUS-UMAT 的 SIMSAND 源程序

请参考文献：

Jin Y-F，Yin Z-Y，Shen S-L，Hicher P-Y (2016) Selection of sand models and identification of parameters using an enhanced genetic algorithm. Int J Numer Anal Methods Geomech 40 (8)：1219-1240.

```
! ----------------------------------------------------------
C**********************************************************
      SUBROUTINE UMAT(STRESS,STATEV,DDSDDE,SSE,SPD,SCD,
     1 RPL,DDSDDT,DRPLDE,DRPLDT,
     2 STRAN,DSTRAN,TIME,DTIME,TEMP,DTEMP,PREDEF,DPRED,CMNAME,
     3 NDI,NSHR,NTENS,NSTATV,PROPS,NPROPS,COORDS,DROT,PNEWDT,
     4 CELENT,DFGRD0,DFGRD1,NOEL,NPT,LAYER,KSPT,KSTEP,KINC)
C
      INCLUDE 'ABA_PARAM.INC'
C

      CHARACTER*80 CMNAME
      DIMENSION STRESS(NTENS),STATEV(NSTATV),
     1 DDSDDE(NTENS,NTENS),
     2 DDSDDT(NTENS),DRPLDE(NTENS),
     3 STRAN(NTENS),DSTRAN(NTENS),TIME(2),PREDEF(1),DPRED(1),
     4 PROPS(NPROPS),COORDS(3),DROT(3,3),DFGRD0(3,3),DFGRD1(3,3)
c
      Double Precision   cm(NPROPS),CC(6,6),depsp(6)
      Double Precision   Sig(6),eps(6),dSig(6),dEps(6),Epsp(6)
      Double Precision   hsv(NSTATV)
      Double Precision   StVar(NSTATV),StVar_DDS(NSTATV)
      Double Precision   Sig0(6),Sig_DDS(6),Sig_new(6),Sig_temp(6)
      Double Precision   Stress_star(6),sig_star(6),stress_old(6)
      Double Precision   Eps0(6),dEps_dds(6),deps_temp(6)
      Double Precision   dstran_star_dt(6),deps_ini(6)
      Double Precision   D(6,6),DDS(6,6),DD(6,6),DDE(6,6)
      Double Precision   DDSDD(NTENS,NTENS)
      Double Precision   theta
      integer            ntens,ii,jj,kk,i,j
      integer            CSL,psi_selection,sub_nstep
      Parameter( zero = 0.D0, one = 1.D0, two = 2.D0, three = 3.D0,
     1  third = one/three, half = 0.5D0, twoThirds = two/three,
     2  threeHalfs = 1.5D0 )
c
c*****************************************************************c
c        parameters definition
c*****************************************************************c
       cm     = props
c------- Relating to Elasticity
      e0        cm(1)    ! Initial void ratio
      dK0     = cm(2)    ! dK=dK0*pat*(2.97-ee)**2/(1.+ee)*((p_module+bond)/pat)**dnn
      dG0     = cm(3)    ! dG=bG0*pat*(2.97-ee)**2/(1.+ee)*((p_module+bond)/pat)**dnn
```

```
      dnn    = cm(4)    ! defaut value: 0.6667

c------- Relating to Critical State Lines: eec=ecu+(ec0-ecu)*dexp(-1.*(pp0/pat/dlamda)**dksi)
      ec0    = cm(5)    ! Initial critical void ratio for initial grading when p=0
      ecu0   = cm(6)    ! =emin, Initial critical void ratio for initial grading when p=inifinity
      dlamda = cm(7)
      dksi   = cm(8)
      fi     = cm(9)    ! critical friction angle to computer M
      fi     = fi*3.141592653589793239/180.  ! change the unity
      pat    = 101.325

c------- Relating to shear mechanism f1=q/(p+bond)-Mp*epspd/(akp+epspd), d=ad*(Mpt-q/(p+bond))
      akp    = cm(10)   ! f=q/(p+bond)-Mp*epspd/(akp+epspd)
      ad     = cm(11)   ! d = ad*(Mpt-q/(p+bond))
      dnp    = cm(12)   ! fi_b=atan(tan(fi)*(ec/e)**dnp) defaut value=1
      dnd    = cm(13)   ! fi_d=atan(tan(fi)*(e/ec)**dnd) defaut value=2

c------- Relating to normal mechanism f2= 1/dn*(eta/dM)^(dn+1)*p+p-pm, associate flow rule
      dn     = cm(14)   ! canbe calculated by K0=1-sin(fi)
      pm0    = cm(15)   !
      dr0    = cm(16)   ! compression coefficient in loge-logp
c------- Relating to grain breakage
      dBr    = cm(17)   ! initial grading index =0.
      dParBr = cm(18)   ! Br=wp/(dParBr+wp)
      ecuf   = cm(19)   ! eminf, fractal critical void ratio for fractal grading when p=inifinity
      Parecu = cm(20)   ! obtained from emin-Br, ecu = ecuf+(ecu0-ecuf)*dexp(-1.*Parecu*dBr)

c------- Relating to bondong and debonding of cemented sand
      bond0  = cm(21)   ! for cemented sand
      if (bond0 .lt. 0.01) bond0=0.01
      dw     = cm(22)   ! degradation: dbond=-dw*bond*dEpsDP
c-----------------------------------------------------------------------------------------
      psi_selection=cm(23)  !psi_selection=1, e/ec; psi_selection=2, e-ec
      eps70     = cm(24)
c-----------------------------------------------------------------------------------------
c ---------------- select the critical state line ----------------------------------------
      if (dlamda .lt. 1. .AND. dksi .eq. 1) then
         CSL=1      ! eec=ec0-dlamda*(pp0/pat)**dksi
      else if (dlamda .lt. 1. .AND. dksi .lt. 1) then
         CSL=2      ! eec=ec0-dlamda*(pp0/pat)**dksi
      else
         CSL=3      ! eec=ecu0+(ec0-ecu0)*exp(-1.*(pp0/pat/dlamda)**dksi)
      endif
c      write(*,*) 'CSL=',CSL
c************************************************************************************c

21    format(6(1x,1p,e12.5))
c          stop
! ---------------------------------------------------------------------------------------
! Read STRESS STRAIN
! ---------------------------------------------------------------------------------------
      Sig0(1:4)   = STRESS(1:4)
      Eps0(1:3)   = STRAN(1:3)
      Eps0(4)     = STRAN(4)*0.5   ! change engineering strain to normal strain
      dEps(1:3)   = DSTRAN(1:3)
      dEps(4)     = DSTRAN(4)*0.5   ! change engineering strain to normal strain
      Sig0(5:6)   = zero
      Eps0(5:6)   = zero
      dEps(5:6)   = zero
      if( NSHR .GT. 1 ) then
          Sig0(5:6)   = STRESS(5:6)
          Eps0(5:6)   = STRAN(5:6)*0.5   ! change engineering strain to normal strain
          dEps(5:6)   = DSTRAN(5:6)*0.5   ! change engineering strain to normal strain
      end if
c change sign due to EVP-MCC formulation (compression positive)
c       write(*,*)  NTENS
c       write(*,21) dEps
! ---------------------------------------------------------------------------------------
! Read state variables
! ---------------------------------------------------------------------------------------
      hsv=STATEV
!     write(*,21) STATEV
! ---------------------------------------------------------------------------------------
```

```
! Initialize state variables
! ---------------------------------------------------------------------------------
      IF (KSTEP == 1 .AND. TIME(2) ==zero) THEN
! ---------------------------------------------------------------------------------
! Initialize state variables
! ---------------------------------------------------------------------------------
      ! just for print for triaxial condition
       Sig_temp=( -1.)*Sig0
       call stress_invariant(Sig_temp, dI1, dI2, dI3, pp0, qq0)
c        write(*,*) pp0,qq0
      ! initialization
       evol = 0.
       Eps  = 0.
       hsv  = 0.
c***********************************************************************
         select case(CSL)

         case(1)
          if (pp0 .le. 1.d-2) then
             eec= ec0-dlamda*log(0.01/pat)
          else
             eec= ec0-dlamda*log(pp0/pat)
          end if

         case(2)

          if (pp0 .le. 1.d-2) then
             eec=ec0-dlamda*(0.01/pat)**dksi
          else
             eec=ec0-dlamda*(pp0/pat)**dksi
          end if

         case(3)
          if (pp0 .le. 1.d-2) then
             eec=ecu0+(ec0-ecu0)*exp(-1.*(0.01/pat/dlamda)**dksi)
          else
             eec=ecu0+(ec0-ecu0)*exp(-1.*(pp0/pat/dlamda)**dksi)
          end if

        end select
c***********************************************************************
     ! calculate stress invariants and lode angle effect
c       Call Lode_TS (Sig_temp,cm,dMratio)

        dMratio=1.0
       select case(psi_selection)

         case(1)

         psi=eec/e0
         if (psi .lt. 1.d-7) psi=1.d-7
         fi_p=atan(tan(fi)*psi**dnp)
         fi_d=atan(tan(fi)*(1./psi)**dnd)
c
         dMp   = 6.*sin(fi_p)/(3.-sin(fi_p))*dMratio
         dMpt  = 6.*sin(fi_d)/(3.-sin(fi_d))*dMratio

         case (2)

         psi=e0-eec
         dM = 6.*sin(fi)/(3.-sin(fi))*dMratio
         dMp = dM*exp(-dnp*psi)
         dMpt = dM*exp(dnd*psi)

         case default

         psi=eec/e0
         if (psi .lt. 1.d-7) psi=1.d-7
         fi_p=atan(tan(fi)*psi**dnp)
         fi_d=atan(tan(fi)*(1./psi)**dnd)
```

```
c
          dMp    = 6.*sin(fi_p)/(3.-sin(fi_p))*dMratio
          dMpt   = 6.*sin(fi_d)/(3.-sin(fi_d))*dMratio

       end select
c*************************************************************************
      epsd_p = qq0*akp/(-qq0+dMp*pp0+dMp*bond0)+0.0001
      evol_p = ad*(dMpt-qq0/(pp0+bond0))*epsd_p
      epsp1 = epsd_p+(1./3.)*evol_p
      epsp3 = (1./3.)*evol_p-(1./2.)*epsd_p
      hsv(2) = epsp3*1.1
      hsv(3) = epsp1*1.1 ! to make sure the first step is elastic, "1" is vertical
      hsv(4) = epsp3*1.1
      hsv(1) = e0                    ! void ratio
      hsv(8) = pm0
      hsv(9) = bond0                 ! bonding parameters
      hsv(18)= 0.                    ! equivalent plastic strain
      hsv(10)= 0.                    ! plastic work for breakage
      hsv(19)= eec                   ! void ratio in critical state line eec
      hsv(20)= psi                   ! the state parameter
      hsv(21)= pp0                   ! effective mean stress
      END IF
! ------------------------------------------------------------------------------
! Strain Load
! ------------------------------------------------------------------------------
      deps_temp  = deps*(-1.)
      Eps0       = -Eps0

     Call CSsand (cm,deps,sig0,hsv,sig)
! ------------------------------------------------------------------------------
! UPDATE STRESS STRAIN AND STATE VARIABLES
! ------------------------------------------------------------------------------
      STRESS(1:4)  =  (-1.0)*SIG(1:4)
      if( NSHR .EQ. 3 ) then
         STRESS(5:6)  =  (-1.0)*SIG(5:6)
      end if
      STATEV = hsv
c     write(*,21) hsv(1)
! ------------------------------------------------------------------------------
! Give the DDSDDE BY NUMERICAL DISTURBED METHOD
! ------------------------------------------------------------------------------
      Call MATRIXDE_SS(sig,cm,hsv,D)
      Do i=1,NTENS
        Do j=1,NTENS
          DDSDDE(i,j)=D(i,j)
        End Do
      End Do
      DDSDDE(4,4)=D(4,4)*0.5     ! change to engineering strain for abaqus-umat
      if( NSHR .GT. 1 ) then
         DDSDDE(5,5)=D(5,5)*0.5
         DDSDDE(6,6)=D(6,6)*0.5
      end if
c-------------------------------------------------------------------------
      Return
      END SUBROUTINE UMAT

!-------------------------------------------------------------------------------
      Subroutine CSsand (cm,deps,sig,hsv,sig_new)
      INCLUDE 'ABA_PARAM.INC'
c     Implicit none
      Character*80 cmname
      Double Precision cm(*),hsv(*),deps(6),deps0(6),epsp(6),depsp(6)
      Double Precision sig0(6),sig(6),CC(6,6),dsig(6),dpdsig(6)
      Double Precision sig_new(6),dqdsig(6),dum(6),Eps0(6)
      Double Precision dF1dsig(6),dG1dsig(6),dF2dsig(6),dG2dsig(6)
      Double Precision dumG1(6),dumG2(6)
      INTEGER    CSL, psi_selection
      Logical    converged          ! convergence for iteration

      Parameter( zero = 0.D0, one = 1.D0, two = 2.D0, three = 3.D0,
     1  third = one/three, half = 0.5D0, twoThirds = two/three,
     2  threeHalfs = 1.5D0 )
```

```
21    format(6(1x,1p,e12.5))
      !parameters
c------- Relating to Elasticity
      e0      = cm(1)    ! Initial void ratio
      dK0     = cm(2)    ! dK=dK0*pat*(2.97-ee)**2/(1.+ee)*((p_module+bond)/pat)**dnn
      dG0     = cm(3)    ! dG=bG0*pat*(2.97-ee)**2/(1.+ee)*((p_module+bond)/pat)**dnn
      dnn     = cm(4)    ! defaut value: 0.6667
c------- Relating to Critical State Lines: eec=ecu+(ec0-ecu)*dexp(-1.*(pp0/pat/dlamda)**dksi)
      ec0     = cm(5)    ! Initial critical void ratio for initial grading when p=0
      ecu0    = cm(6)    ! =emin, Initial critical void ratio for initial grading when p=inifinity
      dlamda  = cm(7)
      dksi    = cm(8)
      fi      = cm(9)   ! critical friction angle to computer M
      fi      = fi*3.141592653589793239/180.  ! change the unity
      pat     = 101.325
c------- Relating to shear mechanism f1=q/(p+bond)-Mp*epspd/(akp+epspd), d=ad*(Mpt-q/(p+bond))
      akp     = cm(10)   ! f=q/(p+bond)-Mp*epspd/(akp+epspd)
      ad      = cm(11)   ! d = ad*(Mpt-q/(p+bond))
      dnp     = cm(12)   ! fi_b=atan(tan(fi)*(ec/e)**dnp) defaut value=1
      dnd     = cm(13)   ! fi_d=atan(tan(fi)*(e/ec)**dnd) defaut value=2
c------- Relating to normal mechanism f2= 1/dn*(eta/dM)^(dn+1)*p+p-pm, associate flow rule
      dn      = cm(14)   ! can be calculated by K0=1-sin(fi)
      pm0   = cm(15)   !
      dr0     = cm(16)   ! compression coefficient in loge-logp
c------- Relating to grain breakage
     dBr      = cm(17)   ! initial grading index =0.
     dParBr   = cm(18)   ! Br=wp/(dParBr+wp)
      ecuf    = cm(19)   ! eminf, fractal critical void ratio for fractal grading when p=inifinity
     Parecu   = cm(20)   ! obtained from emin-Br, ecu = ecuf+(ecu0-ecuf)*dexp(-1.*Parecu*dBr)
c------- Relating to bondong and debonding of cemented sand
      bond0   = cm(21)   ! for cemented sand
      dw      = cm(22)   ! degradation: dbond=-dw*bond*dEpsDP
c-------------------------------------------------------------------------------------
      psi_selection=cm(23)  !psi_selection=1, e/ec; psi_selection=2, e-ec
      eps70     = cm(24)
c-------------------------------------------------------------------------------------
c         WRITE(*,21) cm(22)
c ---------------- select the critical state line ----------------------------------------
      if (dlamda .lt. 1. .AND. dksi .eq. 1) then
          CSL=1        ! eec=ec0-dlamda*(pp0/pat)**dksi
      else if (dlamda .lt. 1. .AND. dksi .lt. 1) then
          CSL=2        ! eec=ec0-dlamda*(pp0/pat)**dksi
      else
          CSL=3        ! eec=ecu0+(ec0-ecu0)*exp(-1.*(pp0/pat/dlamda)**dksi)
      end if
! ---------------------------------------------------------------------------------------
! ---------------------------------------------------------------------------------------
! Change sign due to SCLAY formulation (compression positive)
! ---------------------------------------------------------------------------------------
      Sig     = -1.*Sig
      dEps    = -1.*dEps

c         dMratio= 1.0
c         WRITE(*,21) Sig
c**************************small strain *************************************************
         Call MATRIXDE_SS(Sig,cm,hsv,CC)
c****************************************************************************************
c         stop
c--------initialization-----------------
      depspv = 0.
      depspd = 0.
      depsp  = 0.
      deps0   = deps ! to regive the eps back in the end
      sig0    = sig ! to regive the eps back in the end for the case p<0.1
c
      ee          = hsv(1)
      epsp(1:6)  = hsv(2:7)
      pm          = hsv(8)
      bond        = hsv(9)
      workp       = hsv(10)
      dBr         = hsv(11)
c
      call stress_invariant(Sig, dI1, dI2, dI3, p, q)
      Call strain_invariant(deps,depsv,depsd)
      Call strain_invariant(epsp,epspv,epspd)
```

```
c
      ee=ee-depsv*(1.+e0)
      if (ee .lt. 1.d-7) ee=1.d-7
          hsv(1) = ee
      if (dParBr .lt. 1.d-7) then
        dBr =0.                    ! not use breakage
      else
        dBr=workp/(dParBr+workp)  ! Br=wp/(par+wp)
      end if
      hsv(11) = dBr
c
c         calculate critical void ratio due to breakage
      ecu   = ecuf+(ec0-ecuf)*exp(-1.*Parecu*dBr)
c
      select case(CSL)

      case(1)
      if (p .le. 1.d-2) then
        ecrit= ecu-dlamda*log(0.01/pat)
      else
        ecrit= ecu-dlamda*log(p/pat)
      end if

      case(2)

      if (p .le. 1.d-2) then
        ecrit=ecu-dlamda*(0.01/pat)**dksi
      else
        ecrit=ecu-dlamda*(p/pat)**dksi
      end if

      case(3)

      ecu   = ecuf+(ecu0-ecuf)*exp(-1.*Parecu*dBr)
      if (p .le. 1.d-2) then
        ecrit=ecu+(ec0-ecu0)*exp(-1.*(0.01/pat/dlamda)**dksi)
      else
        ecrit=ecu+(ec0-ecu0)*exp(-1.*(p/pat/dlamda)**dksi)
      end if

      end select
c***********************************************************************
     ! calculate stress invariants and lode angle effect
      Call Lode_TS (Sig,cm,dMratio)
c***********************************************************************
c     save the critical void ration into state varibales Hsv
      hsv(19) = ecrit
      if (ecrit .lt. 1.d-7) ecrit=1.d-7

      select case(psi_selection)

      case(1)

      psi=ecrit/ee
      if (psi .lt. 1.d-7) psi=1.d-7
      fi_p = atan(tan(fi)*psi**dnp)
      fi_d = atan(tan(fi)*(1./psi)**dnd)
      dM   = 6.*sin(fi)/(3.-sin(fi))*dMratio
      dMp  = 6.*sin(fi_p)/(3.-sin(fi_p))*dMratio
      dMpt = 6.*sin(fi_d)/(3.-sin(fi_d))*dMratio

      case(2)

      psi=ee-ecrit
      dM = 6.*sin(fi)/(3.-sin(fi))*dMratio
      dMp = dM*exp(-dnp*psi)
      dMpt = dM*exp(dnd*psi)

      case default

      psi=ecrit/ee
```

```
      if (psi .lt. 1.d-7) psi=1.d-7
      fi_p = atan(tan(fi)*psi**dnp)
      fi_d = atan(tan(fi)*(1./psi)**dnd)
      dM   = 6.*sin(fi)/(3.-sin(fi))*dMratio
      dMp  = 6.*sin(fi_p)/(3.-sin(fi_p))*dMratio
      dMpt = 6.*sin(fi_d)/(3.-sin(fi_d))*dMratio

      end select
c
      hsv(20)=psi

      converged =.false.        ! do at least one iteration for each increment including
      inewt     = 0
!-----------------------------------------------------------------------------
!     New ton-Raphson iteration for plasticity start
      ! loop until convergence is reached
      Do While (.not.converged)
      inewt = inewt + 1
      converged=.true. ! gets false again during iteration when plasticity occurs

      ! solve plasticity
      epsp(1:6) = hsv(2:7)
      pm        = hsv(8)
      bond      = hsv(9)
      Call strain_invariant(epsp,epspv,epspd)

      ! set stress strain increment
       deps = deps - depsp
c      write(*,21) depsp
c      write(*,21) deps
       Call MatVec( CC, 6, deps, 6, dsig)
           sig = sig0+dsig
       call stress_invariant(Sig, dI1, dI2, dI3, p, q)
c     if (abs(p+bond) .le. 1.d-7) bond=bond+0.001
      if ((p+bond) .le. 1.d-7) bond=bond+0.001
      f1= q/(p+bond)-dMp*epspd/(akp+epspd)
      f2= 1./dn*(q/(p+bond)/dM)**(dn+1.)*(p+bond)+p-pm
c     write(*,*) f1
c     write(*,*) f2
!-----------------------------------------------------------------------------
!-----------------------------------------------------------------------------
      If (f1 .gt. 1.d-7) Then   !======== for the case of shear, compression is included

      df1dp      = -1.*q/(p+bond)**2
      df1dq      = 1./(p+bond)
      df1dbond   = -1.*q/(p+bond)**2
      df1depspd  = -1.*dMp/(akp+epspd)+dMp*epspd/(akp+epspd)**2
      dbonddepspd=-dw*bond
      depspdddepspd=1.

      dG1dp = ad*(dMpt-q/(p+bond))
      dG1dq = 1.

      call dpqdsig(Sig, dpdsig, dqdsig)
      dF1dsig = df1dp*dpdsig + df1dq*dqdsig
      dG1dsig = dG1dp*dpdsig + dG1dq*dqdsig

      Call MatVec( CC, 6, dG1dsig, 6, dum)
      dd = -dF1dsig(1)*dum(1)-dF1dsig(2)*dum(2)-dF1dsig(3)*dum(3)
     &  -2.*(dF1dsig(4)*dum(4)+dF1dsig(5)*dum(5)+dF1dsig(6)*dum(6))
      hh = df1dbond*dbonddepspd*dG1dq + df1depspd*depspdddepspd*dG1dq

      dF1dLam = dd + hh
      XLam1   = -f1 / dF1dLam
c*****************************************************************************
       if(isnan(XLam1))then
         write(*,*) 'XLam1',XLam1
         XLam1=0.
       end if
c****************************************************************************c
```

```
      depsp    = XLam1 * dG1dsig
c
       if(isnan(depsp(1)))then
         depsp=0.
       end if
c
      epsp     = epsp + depsp
      Call strain_invariant(depsp,depspv,depspd)

      hsv(2:7) = epsp(1:6)
      dkappa=(1.+e0)*(p+bond)/(dK0*pat*(2.97-ee)**2/(1.+ee)
     &        *(abs(p+bond)/pat)**dnn)
c*****************************************************************************
      if (depspv .lt. 0.) depspv=0.
        dr1=dr0*ee
      if (dr1 .le. dkappa) dr1 = 1.01*dkappa
      hsv(8)    = pm + (1.+e0)*pm*depspv/(dr1-dkappa)
      hsv(9)    = bond - dw*bond*depspd

        !set convergence criterion
        converged = .False.

      End If                                !======== end for the case of shear

!-----------------------------------------------------------------------------------------
      If ((f1 .lt. 1.d-7) .and. (f2 .gt. 1.d-7)) Then  !======== for the case of normal compression
!    f2= 1./dn*(q/(p+bond)/dM)**(dn+1.)*(p+bond)+p-pm
c
       df2dp = 1.-(q/((p+bond)*dM))**(dn+1.)
       df2dq = (q/((p+bond)*dM))**dn*(dn+1.)/dn/dM
       df2dbond = df2dp-1.
       df2dpm = -1.
       dbonddepspd=-dw*bond
       dkappa=(1.+e0)*(p+bond)/(dK0*pat*(2.97-ee)**2/(1.+ee)
     &        *(abs(p+bond)/pat)**dnn)
       dr1=dr0*ee
      if (dr1 .le. dkappa) dr1 = 1.01*dkappa
      dpmdepspv = (1.+e0)*pm/(dr1-dkappa)
    ! associated flow rule
      Call dpqdsig(Sig, dpdsig, dqdsig)
      dF2dsig = df2dp*dpdsig + df2dq*dqdsig
      dG2dsig = dF2dsig

      Call MatVec( CC, 6, dG2dsig, 6, dum)
       dd = -dF2dsig(1)*dum(1) - dF2dsig(2)*dum(2) - dF2dsig(3)*dum(3)
     &  -2.*(dF2dsig(4)*dum(4) + dF2dsig(5)*dum(5) + dF2dsig(6)*dum(6))
       hh = df2dbond*dbonddepspd*df2dq + df2dpm*dpmdepspv*df2dp
       dF2dLam = dd + hh
       XLam2 = -f2 / dF2dLam
       depsp = XLam2 * dG2dsig
c
       if(isnan(depsp(1)))then
         depsp=0.
       end if
c
      epsp  = epsp + depsp
      Call strain_invariant(depsp,depspv,depspd)

      hsv(2:7) = epsp(1:6)
      hsv(8)    = pm + (1.+e0)*pm*depspv/(dr1-dkappa)
      hsv(9)  = bond-dw*bond*depspd

       !set convergence criterion
       converged = .False.
      End If                                 !======== end for the case of normal compression

!-----------------------------------------------------------------------------------

      End Do ! While not converged end of plasticity

!============================================================================= end of plastic iteration

101   depsp = deps0-deps
        if (inewt .gt. 1000) then
```

```
          write(*,*) 'goto101'
          write(*,21) depsp
        end if

      Call strain_invariant(depsp,depspv,depspd)
      dpeeq = depspd
      hsv(18)= hsv(18)+dpeeq
      hsv(12:17) = depsp(1:6)
      dworkp=sig(1)*depsp(1)+sig(2)*depsp(2)+sig(3)*depsp(3)
     &    +2.*(sig(4)*depsp(4)+sig(5)*depsp(5)+sig(6)*depsp(6))
      hsv(10) = workp + dworkp
      p=(sig(1)+sig(2)+sig(3))/3.0
c**********************************************************************
       if (p .lt. -1.*bond) then
          sij11=sig(1)-p
          sij22=sig(2)-p
          sij33=sig(3)-p
          p = -1.*bond+0.001
          sig(1)=sij11+p
          sig(2)=sij22+p
          sig(3)=sij33+p
      end if
c
      hsv(21)=p
c-----------------------------------------------------------------------
      sig_new=sig

      Return
      End
!=======================================================================
      Subroutine stress_invariant(Sig, dI1, dI2, dI3, p, q)
      INCLUDE 'ABA_PARAM.INC'
c     Implicit none
      character*80 cmname
      Double Precision Sig(6)

      dI1 = sig(1)+sig(2)+sig(3)
      dI2 = sig(1)*sig(2)+sig(2)*sig(3)+sig(1)*sig(3)
     &    -sig(4)**2-sig(5)**2-sig(6)**2
      dI3 = sig(1)*sig(2)*sig(3)+2.*sig(4)*sig(5)*sig(6)
     &      -sig(1)*sig(4)**2-sig(2)*sig(5)**2-sig(3)*sig(6)**2

      p  = dI1/3.
      s1 = Sig(1) - p
      s2 = Sig(2) - p
      s3 = Sig(3) - p
      s4 = Sig(4)
      s5 = Sig(5)
      s6 = Sig(6)
      dJ2= 0.5*(s1*s1+s2*s2+s3*s3+2.*s4*s4+2.*s5*s5+2.*s6*s6)
      q  = sqrt(3.*dJ2)

      Return
      End
!-----------------------------------------------------------------------
      Subroutine strain_invariant(eps, eps_v, eps_d)
      INCLUDE 'ABA_PARAM.INC'
c     Implicit none
      character*80 cmname
      Double Precision eps(6)

      eps_v = eps(1) + eps(2) + eps(3)
      e1 = eps(1) - eps_v / 3.
      e2 = eps(2) - eps_v / 3.
      e3 = eps(3) - eps_v / 3.
      e4 = eps(4)
      e5 = eps(5)
      e6 = eps(6)
      eps_d =Sqrt(2./3.*(e1*e1+e2*e2+e3*e3+2.*e4*e4+2.*e5*e5+2.*e6*e6))

      Return
      End
!-----------------------------------------------------------------------
      Subroutine multip_vec(C, m, n, A, B)
      INCLUDE 'ABA_PARAM.INC'
```

```
      Character*80 cmname
      Double precision A(m,n),B(n),C(m)
c
      do 10 i = 1, m
         C(i) = 0.
         do 20 j = 1, n
          C(i) = C(i) + A(i, j) * B(j)
20       continue    !  Next j
10     continue     !  Next i

       Return
      End
!-------------------------------------------------------------------------------
C***********************************************************************
      Subroutine MatVec(xMat,IM,Vec,N,VecR)
C***********************************************************************
C
C     Calculate VecR = xMat*Vec
C
C I   xMat  : (Square) Matrix (IM,*)
C I   Vec   : Vector
C I   N     : Number of rows/colums
C O   VecR  : Resulting vector
C
C***********************************************************************
C***********************************************************************
      INCLUDE 'ABA_PARAM.INC'
c     Implicit none
      Character*80 cmname
      Double Precision xMat(IM,*),Vec(*),VecR(*)
C***********************************************************************
      Do I=1,N
        X=0
        Do J=1,N
          X=X+xMat(I,J)*Vec(J)
        End Do
        VecR(I)=X
      End Do
      Return
      End
!-----------------------------------------------------------------------
      Subroutine ZeroM(m, n, A)
      ! make a matrix zero
       INCLUDE 'ABA_PARAM.INC'
       Character*80 cmname
       Double Precision A(m,n)

      do 10 i = 1, m
      do 20 j = 1, n
        A(i, j) = 0.
20     continue    !  Next j
10    continue     !  Next i

      Return
      End
!-------------------------------------------------------------------------------
      Subroutine dpqdsig(Sig, dpdsig, dqdsig)
      INCLUDE 'ABA_PARAM.INC'
c     Implicit none
      Character*80 cmname
      Double Precision Sig(6), dpdsig(6), dqdsig(6)

      dpdsig(1) = 1. / 3.
      dpdsig(2) = 1. / 3.
      dpdsig(3) = 1. / 3.
      dpdsig(4) = 0.
      dpdsig(5) = 0.
      dpdsig(6) = 0.
      p = (Sig(1) + Sig(2) + Sig(3)) / 3.
      s1 = Sig(1) - p
      s2 = Sig(2) - p
      s3 = Sig(3) - p
      s4 = Sig(4)
      s5 = Sig(5)
      s6 = Sig(6)
      dJ2 = 0.5*(s1*s1+s2*s2+s3*s3+2.*s4*s4+2.*s5*s5+2.*s6*s6)
```

```
      q = Sqrt(3. * dJ2)

      If (q .gt. 1.d-7) Then
        dqdsig(1) = 3. * s1 / (2. * q)
        dqdsig(2) = 3. * s2 / (2. * q)
        dqdsig(3) = 3. * s3 / (2. * q)
        dqdsig(4) = 3. * s4 / (2. * q)
        dqdsig(5) = 3. * s5 / (2. * q)
        dqdsig(6) = 3. * s6 / (2. * q)
       Else
        dqdsig = 1.5
      End If

      Return
      End
c---------------------------------------------------------------------------------
       SUBROUTINE MATRIXDE(Sig,cm,hsv,CC)
c=================================================================================
c                    Calculation Elastic Matrix D for SIG=D*EPS
c=================================================================================
      IMPLICIT DOUBLE PRECISION(A-H,O-Z)
      DIMENSION SIG(6),cm(*),Hsv(*),CC(6,6)

        dK0     = cm(2)    ! dK=dK0*pat*(2.97-ee)**2/(1.+ee)*((p_module+bond)/pat)**dnn
        dG0     = cm(3)    ! dG=bG0*pat*(2.97-ee)**2/(1.+ee)*((p_module+bond)/pat)**dnn
        dnn     = cm(4)    ! defaut value: 0.6667
        p_module = (Sig(1) + Sig(2) + Sig(3)) / 3.
        If (p_module .lt. 0.1)  p_module = 0.1
        pat = 101.325
        ee   = hsv(1)
        bond= hsv(9)
!        calculate bulk and shear modulus
        if (ee .lt. 1.d-7) ee=1.d-7
        gg=dG0*pat*(2.97-ee)**2/(1.+ee)*(abs(p_module+bond)/pat)**dnn
        bkk=dK0*pat*(2.97-ee)**2/(1.+ee)*(abs(p_module+bond)/pat)**dnn
        emodule = 9.*bkk*gg/(3.*bkk+gg)    ! need to be modified for anisotropic elasticity
        pois = (3.*bkk-2.*gg)/(6.*bkk+2.*gg)
        if (pois .gt. 0.49) pois = 0.49
        Call ZeroM(6, 6, CC)          ! initial Matrix

        F1 = emodule/(1.+pois)/(1.-2.*pois)
        CC(1,1) = F1*(1.-pois)
        CC(2,2) = F1*(1.-pois)
        CC(3,3) = F1*(1.-pois)
        CC(4,4) = F1*(1.-2.*pois)
        CC(5,5) = F1*(1.-2.*pois)
        CC(6,6) = F1*(1.-2.*pois)
        CC(1,2) = F1*pois    ! Engineering shear strain is used, if use normal shear strain keep constant
        CC(1,3) = F1*pois
        CC(2,3) = F1*pois
        CC(2,1) = CC(1,2)
        CC(3,1) = CC(1,3)
        CC(3,2) = CC(2,3)

         Return
         end
!---------------------------------------------------------------------------------------------
c---------------------------------------------------------------------------------
       SUBROUTINE MATRIXDE_SS(Sig,cm,hsv,CC)
c=================================================================================
c
c                    Calculation Elastic Matrix D for SIG=D*EPS
c
c=================================================================================
      IMPLICIT DOUBLE PRECISION(A-H,O-Z)
      DIMENSION SIG(6),cm(*),Hsv(*),CC(6,6)

        dK0     = cm(2)    ! dK=dK0*pat*(2.97-ee)**2/(1.+ee)*((p_module+bond)/pat)**dnn
        dG0     = cm(3)    ! dG=bG0*pat*(2.97-ee)**2/(1.+ee)*((p_module+bond)/pat)**dnn
        dnn     = cm(4)    ! defaut value: 0.6667
        eps70   = cm(24)   ! parameter of small strain stiffness
        if(eps70 .eq. 0.) eps70=0.1

        p_module = (Sig(1) + Sig(2) + Sig(3)) / 3.
        If (p_module .lt. 0.1)  p_module = 0.1
        pat = 101.325
        ee   = hsv(1)
        bond= hsv(9)

c-------For small strain stiffness
         D_reverse = hsv(49)
         eps_d_m    = hsv(22)
      if (eps_d_m .le. 1.d-3) then
         dLL = 1.
      if(D_reverse .gt. 0.) dLL = 2.
         dRatio_SS = dLL*((1.+0.003/eps70/7.)/(1.+eps_d_m*3./eps70/7.))**2
      else
         dRatio_SS = 1.
```

```
      end if
      dG0_SS = dRatio_SS*dG0
      dK0_SS = dRatio_SS*dK0
c=================================end if small strain stiffness
c          calculate bulk and shear modulus
        if (ee .lt. 1.d-7) ee=1.d-7
       gg=dG0_SS*pat*(2.97-ee)**2/(1.+ee)*(abs(p_module+bond)/pat)**dnn
       bkk=dK0_SS*pat*(2.97-ee)**2/(1.+ee)*(abs(p_module+bond)/pat)**dnn
c
        emodule = 9.*bkk*gg/(3.*bkk+gg)    ! need to be modified for anisotropic elasticity
        pois = (3.*bkk-2.*gg)/(6.*bkk+2.*gg)
        if (pois .gt. 0.49) pois = 0.49
        Call ZeroM(6, 6, CC)          ! initial Matrix

        F1 = emodule/(1.+pois)/(1.-2.*pois)
        CC(1,1) = F1*(1.-pois)
        CC(2,2) = F1*(1.-pois)
        CC(3,3) = F1*(1.-pois)
        CC(4,4) = F1*(1.-2.*pois)
        CC(5,5) = F1*(1.-2.*pois)
        CC(6,6) = F1*(1.-2.*pois)
        CC(1,2) = F1*pois   ! Engineering shear strain is used, if use normal shear strain keep constant
        CC(1,3) = F1*pois
        CC(2,3) = F1*pois
        CC(2,1) = CC(1,2)
        CC(3,1) = CC(1,3)
        CC(3,2) = CC(2,3)

         Return
         end
!------------------------------------------------------------------------------------------
!------------------------------------------------------------------------------------------
       SUBROUTINE smallstrain_sim (hsv,Eps0)
!c===================================================================
!c
!c     reverse loading judgement based on previous and current dstrain (deps0 and deps)
!c     current version can only be used for strain or displacement control
!c
!c===================================================================
       INCLUDE 'ABA_PARAM.INC'
       Character*80 cmname
       Double Precision hsv(*)
       Double Precision Eps0(6),Eps_temp(6)

       Eps_temp=-1.*Eps0
       call strain_invariant(Eps_temp, eps_v, eps_d)
       eps_d_m = sqrt(eps_d*eps_d+eps_v*eps_v)
       hsv(22) = eps_d_m
       hsv(49) = 0.

       Return
       END  SUBROUTINE smallstrain_sim
!------------------------------------------------------------------------------------------
       Subroutine Lode_TS (Sig,cm,dMratio)
!=====================================================================
!                       calculate the crrection of dM by  TS of Yao
!                            [Yao, Hou & Zhou (2009)]
!                       - Geotechnique 59, No.5, 451-469
!=====================================================================
       INCLUDE 'ABA_PARAM.INC'
       Character*80 cmname
       double precision Sig(6),cm(50)

        fi0   = cm(9)
        fi    = fi0*3.14159265358979323 9/180.   ! change the unity
        dMc = 6.*sin(fi)/(3.-sin(fi))
        ttt = 3./(3.+dMc)   ! based on MC or SMP
       dI1 = sig(1)+sig(2)+sig(3)

       dI2 = sig(1)*sig(2)+sig(2)*sig(3)+sig(1)*sig(3)
      &        -sig(4)**2-sig(5)**2-sig(6)**2

       dI2 = sig(1)*sig(2)+sig(2)*sig(3)+sig(1)*sig(3)
      &        -sig(4)**2-sig(5)**2-sig(6)**2

       dI3 = sig(1)*sig(2)*sig(3)+2.*sig(4)*sig(5)*sig(6)
      &         -sig(1)*sig(4)**2-sig(2)*sig(5)**2-sig(3)*sig(6)**2

       p  = dI1/3.
       s1 = Sig(1) - p
       s2 = Sig(2) - p
       s3 = Sig(3) - p
       s4 = Sig(4)
       s5 = Sig(5)
       s6 = Sig(6)
       dJ2= 0.5*(s1*s1+s2*s2+s3*s3+2.*s4*s4+2.*s5*s5+2.*s6*s6)
```

```
    q  = sqrt(3.*dJ2)

    term0 = abs(dI1*dI2-9.*dI3)
    if (term0 .lt. 1.) then
        term1 =0.
    else
       term1 = abs(dI1*dI2-dI3)/term0
    end if
    term2 = abs(3.*sqrt(term1)-1.)
    if (term2 .lt. 1.) then     ! revised on 19/07/2016
       yqc=0.
    else
       yqc=2.*abs(dI1)/term2                ! SMP criteria
    end if
      If (yqc .lt. 1.)  then
           dMratio=1.
       else
             dMratio = q/yqc
       if (q .lt. 1.) dMratio=1. ! for numerical calculation
    end if
!--------------------modified the SMP criteria for modifying the lode angle----------------------------
    if (dMratio .ge. 1.)  dMratio = 1.
    if (dMratio .lt. ttt)  dMratio = ttt
!=-----------------------------------------------------------------------------------------------------
    Return
    End Subroutine Lode_TS
!======================== end of subroutines for the soil model Iso sand ================
```

附录 2　基于差分算法的 NMGA 优化算法源代码

请参考文献：

Yin Z-Y，Jin YF，Shen JS，Hicher PY（2018）. Optimization techniques for identifying soil parameters in geotechnical engineering：Comparative study and enhancement. Int. J. Numer. Anal. Methods Geomech.，42（1）：70-94.

```
% --- Executes on button press in pushbutton1.
%% Main program
current_path=pwd;
delete 'solution.txt';
%% First step: define the constants
Num_p=10;  % the number of initialization population
Num_gen=100;  % the number of generations
Num_o=1;  % the number of objectives
Num_v=4;   % the number of variables
%% time
tic;
upperbound=[2.0 2.0  7 7];
lowerbound=[0.5 0.5  3 3];
stepsize=[0.05 0.05  0.01 0.01];
%
algorithmnum=3;
algorithmset=[500 10e-4 10 0.9 0.05 10 0.9 1.0];
%% algorithm selection
if algorithmnum==1
    algorithm='SPX';
elseif algorithmnum==2
    algorithm='GA';
    Num_gen=algorithmset(3);
elseif algorithmnum==3
    algorithm='DE';
    Num_gen=algorithmset(6);
end
%% define the bound of variables
for i=1:Num_v
    upbound(i)=upperbound(i); % the upbound of the variables
    lowbound(i)=lowerbound(i); % the lowbound of the variables
    step_size(i)=stepsize(i);
end
%%  initialization the variables
ParGen=[];
for i=1:Num_p
    for kk=1:Num_v
        ParGen(i,kk)=round((lowbound(kk)+rand*(upbound(kk)-lowbound(kk)))/step_size(kk))*
        step_size(kk);
    end
end
%% creat plot
FontSize=15;
figure2=figure(2);
set(2,'color','w');
h=plot(0, 0); hold on
switch algorithm
    case 'SPX'
        xlabel('Iteration number');
        ylabel('Minimum objective error(x) ');
    case {'DE', 'GA'}
```

```
            xlabel('Generation number');
            ylabel('Minimum objective error(x) /% ');
    end
    set(gca,'Fontsize',FontSize,'FontName','Times new Roman');
    set(get(gca,'XLabel'),'FontSize',FontSize,'FontName','Times new Roman');
    set(get(gca,'YLabel'),'FontSize',FontSize,'FontName','Times new Roman');
    pause(0.02);
    %% evaluate the initialization
    ObjVals=Eva_fitness(ParGen);
    ini_designs=[(1:Num_p)' ParGen ObjVals];
    objec_gen_min(1)=min(ObjVals);
    save solution.txt ini_designs  -ASCII -append ;
    %% Fitness function
    ff=@Eva_fitness;
    %% algorithm parameters
    switch algorithm
        case 'SPX'
            max_feval=algorithmset(1);
            tol=algorithmset(2);
        case 'DE'
            max_feval=Num_p;
            tol=algorithmset(2);
            pC=algorithmset(7);
            pD=1;
            CR=algorithmset(8);
        case 'GA'
            max_feval=Num_p;
            tol=algorithmset(2);
            % flag_C=1 means the SBX; flag_C=2 means the LX; flag_C=3 means the BEX;
            % flag_C=4 means the Arithmetic; flag_C=5 means BLX-alpha
            pC=algorithmset(4); a=0.; b=2.;etaC=20; flag_C=1;
            pD=0.5;
            % flag_M=1 means the NSGA; flag_M=2 means the PM; flag_M=3 means the DRM;
            % flag_M=4 means the NUM; flag_M=5 means the MPTM; flag_M=6 means the PLM;
            pM=algorithmset(5); p=0.25; etaM=20; flag_M=3;
    end
    %% iteration or loop
    switch algorithm
        case 'SPX'
            NM_SPX(ff,ParGen,ObjVals,tol,max_feval,upbound,lowbound,step_size,parameter,posi,testtype, preISO, soilmodel);
        case {'DE', 'GA'}
            for gen=2:Num_gen
                % NM simplex
                if Num_o<2
                    if gen<=Num_gen/3
                        [ParGen,ObjVals]=ANMS(ff,ParGen,ObjVals,tol,max_feval,upbound,lowbound,step_size,parameter,posi,testtype, preISO, soilmodel);
                    end
                end
                 cd(current_path);
                %% save the old parent
                ParGen_old=ParGen;
                %%
                switch algorithm
                    case 'GA'
                        %% Tournament_selection and conventional crossover
                        [ChildGen]=Crossover_mixed(ParGen,ObjVals,upbound,lowbound,pC,pD,a,b,etaC,flag_C);
                        %% Mutation
                        [ChildGen] = Mutate(ChildGen,upbound,lowbound,p,etaM,pM,gen,Num_gen,flag_M);
                    case 'DE'
                        [ChildGen]=DE_ChildGen(ParGen,ObjVals,upbound,lowbound,pC,pD,CR);
                end
                %%
                for i=1:Num_p
                    for j=1:Num_v
                        ChildGen(i,j)=round(ChildGen(i,j)/step_size(j))*step_size(j);
                    end
                end
                %%  delete the copy datas
                ChildGen=unique(ChildGen,'rows');
                for i=length(ChildGen)+1:Num_p
                    for kk=1:Num_v
```

```
                    ChildGen(i,kk)=round((lowbound(kk)+rand*(upbound(kk)-lowbound(kk)))/s
                    tep_size(kk))*step_size(kk);
                end
            end
            %
            ObjVals_child=Eva_fitness(ChildGen);
            %% Elitism and replace
            if gen<=0
                [ParGen,ObjVals,Ranking,CrowdDist] =
                Replacement(ParGen_old,ChildGen,ObjVals,ObjVals_child);
            else
                [ParGen,ObjVals] = survival(ParGen_old,ChildGen,ObjVals,ObjVals_child);
            end
            %% output
            order1=Num_p*(gen-1)+1:Num_p*gen;
            new_designsout=[ParGen ObjVals];
            new_designs=[order1' ParGen ObjVals];
            save solution.txt new_designs -ASCII -append ;
            objec_gen_min(gen)=min(ObjVals);
            %%
            if gen>=2
                h=plot(1:gen,objec_gen_min(1:gen),'b-*','linewidth',1); hold on
                xlabel('Generation number');
                ylabel('Minimum objective error(x) ');
                set(gca,'Fontsize',FontSize,'FontName','Times new Roman');
                set(get(gca,'XLabel'),'FontSize',FontSize,'FontName','Times new Roman');
                set(get(gca,'YLabel'),'FontSize',FontSize,'FontName','Times new Roman');
            else
                h=plot(1:gen,objec_gen_min,'b-*','linewidth',1); hold on
            end
            pause(0.02);
            saveas(gcf,'Error_generation','emf');
        end
        %% time
        time = toc;
end
```

```
function [ChildGen]=Crossover_mixed(ParGen,ObjVals,upbound,lowbound,pC,pD,a,
b,etaC,flag_C)
%% the tournament_selection and crossover
% First determine the dimension of the Children
[nmbOfIndivs,Num_v] = size(ParGen);
[~,Num_o]=size(ObjVals);
Obj_max=max(ObjVals); Obj_min=min(ObjVals);
%%
[Ranking, CrowdDist] = ParetoRanking(ObjVals);
% Define a1 and a2
a1 = randperm(nmbOfIndivs); a2 = randperm(nmbOfIndivs);
% Initialize the new Children Generation
ChildGen = [];
% Now do tournament selection and crossover
for qq = 0:4:nmbOfIndivs-4
    % Select parents
    a_1 = a1(qq+1); a_2 = a1(qq+2); a_3 = a1(qq+3); a_4 = a1(qq+4);
    % Do Tournament selection
    [parent1,~,rank1]=
    Tournament(ParGen(a_1,:),ParGen(a_2,:),ObjVals(a_1,:),ObjVals(a_2,:),...
        Ranking(a_1,1),Ranking(a_2,1),CrowdDist(a_1,1),CrowdDist(a_2,1),Num_o);
    [parent2,~,rank2] =
    Tournament(ParGen(a_3,:),ParGen(a_4,:),ObjVals(a_3,:),ObjVals(a_4,:),...
        Ranking(a_3,1),Ranking(a_4,1),CrowdDist(a_3,1),CrowdDist(a_4,1),Num_o);
    % Now do crossover
    [child1,child2] =
    Crossover_flag(parent1,parent2,rank1,rank2,Num_v,upbound,lowbound,a,b,pC,pD,etaC,flag
    _C);
    % Append the children to the offspring
    ChildGen = [ChildGen;child1;child2];
    %
    % Select parents
    a_1 = a2(qq+1); a_2 = a2(qq+2); a_3 = a2(qq+3); a_4 = a2(qq+4);
    % Do Tournament selection
    [parent1,~,rank1]=
    Tournament(ParGen(a_1,:),ParGen(a_2,:),ObjVals(a_1,:),ObjVals(a_2,:),...
        Ranking(a_1,1),Ranking(a_2,1),CrowdDist(a_1,1),CrowdDist(a_2,1),Num_o);
```

```
        [parent2,~,rank2]= Tournament(ParGen(a_3,:),ParGen(a_4,:),ObjVals(a_3,:),ObjVals(a_4,:),...
            Ranking(a_1,1),Ranking(a_2,1),CrowdDist(a_3,1),CrowdDist(a_4,1),Num_o);
        % Now do crossover
        [child1,child2] = Crossover_flag(parent1,parent2,rank1,rank2,Num_v,upbound,lowbound,a,b,pC,pD,etaC,flag_C);
        % Append the children to the offspring
        ChildGen = [ChildGen;child1;child2];
    end;
    %%
    % Check whether size of
    if (size(ChildGen,1) < nmbOfIndivs)
        % Possible to miss 2 children if population size does not divide by 4
        a_1 = a1(end-1); a_2 = a1(end); a_3 = a1(round(0.5*nmbOfIndivs)); a_4 = a1(round(0.5*nmbOfIndivs));
        % Select two parents
        [parent1,~,rank1] = Tournament(ParGen(a_1,:),ParGen(a_2,:),ObjVals(a_1,:),ObjVals(a_2,:),...
            Ranking(a_1,1),Ranking(a_2,1),CrowdDist(a_1,1),CrowdDist(a_2,1),Num_o);
        [parent2,~,rank2]= Tournament(ParGen(a_3,:),ParGen(a_4,:),ObjVals(a_3,:),ObjVals(a_4,:),...
            Ranking(a_1,1),Ranking(a_2,1),CrowdDist(a_3,1),CrowdDist(a_4,1),Num_o);
        % Now do crossover
        [child1,child2] = Crossover_flag(parent1,parent2,rank1,rank2,Num_v,upbound,lowbound,a,b,pC,pD,etaC,flag_C);
        ChildGen = [ChildGen;child1;child2];
    end
    %%%%%%%%%%%%%%%%%%%%%%%%%%%%%%%%%%%%%%%%%%%%%%%%%%%%%%%
    %%
    function [child1,child2] = Crossover_flag(parent1,parent2,rank1,rank2,Num_v,upbound,lowbound,a,b,pC,pD,etaC,flag_C)
    % Function performs crossover of two individuals
    %% based on the value of flag_C to select which crossover operator to be used
    if (rand<=pC)
        if parent1==parent2
            [child1,child2] = Crossover_SPX(parent1,parent2,rank1,rank2,Num_v,upbound,lowbound);
        else
            switch flag_C
                case 1
                    [child1,child2] = Crossover_SBX(parent1,parent2,Num_v,upbound,lowbound,pC,etaC);
                case 2
                    [child1,child2] = Crossover_LX(parent1,parent2,Num_v,upbound,lowbound,a,b,pC);
                case 3
                    [child1,child2] = Crossover_BEX(parent1,parent2,Num_v,upbound,lowbound,pC);
                case 4
                    [child1,child2] = Crossover_Arithmetic(parent1,parent2,Num_v,upbound,lowbound,pC);
                case 5
                    [child1,child2] = Crossover_BLX(parent1,parent2,Num_v,upbound,lowbound,pC);
            end
        end
    elseif(rand<pD)
        %% Directional crossover
        [child1,child2] = Crossover_SPX(parent1,parent2,rank1,rank2,Num_v,upbound,lowbound);
    else
        child1 = parent1; child2 = parent2;
    end
    %%
    function [child1,child2] = Crossover_SBX(parent1,parent2,Num_v,upbound,lowbound,~,etaC)
    % Function performs crossover of two individuals-SBX crossover
    EPS = 1e-14;
    % Now do if loop
    for qq = 1:Num_v
        if (rand <= 0.5)
            if abs(parent1(qq)-parent2(qq)) > EPS
                if parent1(qq) < parent2(qq)
                    y1 = parent1(qq); y2 = parent2(qq);
                else
```

```
                y1 = parent2(qq); y2 = parent1(qq);
            end
            yl = lowbound(qq); yu = upbound(qq);
            rnd = rand;
            beta = 1.0 + (2.0*(y1-yl)/(y2-y1));
            alpha = 2.0 - beta^(-(etaC+1.0));
            %
            if (rnd <= (1.0/alpha))
                betaq = (rnd*alpha)^(1.0/(etaC+1.0));
            else
                betaq = (1.0/(2.0 - rnd*alpha))^(1.0/(etaC+1.0));
            end;
            %
            c1 = 0.5*((y1+y2)-betaq*(y2-y1));
            beta = 1.0 + (2.0*(yu-y2)/(y2-y1));
            alpha = 2.0 - beta^(-(etaC+1.0));
            %
            if (rnd <= (1.0/alpha))
                betaq = (rnd*alpha)^(1.0/(etaC+1.0));
            else
                betaq = (1.0/(2.0 - rnd*alpha))^(1.0/(etaC+1.0));
            end;
            %
            c2 = 0.5*((y1+y2)+betaq*(y2-y1));
            if (c1<yl), c1=yl; end;
            if (c2<yl), c2=yl; end;
            if (c1>yu), c1=yu; end;
            if (c2>yu), c2=yu; end;
            %
            if (rand<=0.5)
                child1(qq) = c2; child2(qq) = c1;
            else
                child1(qq) = c1; child2(qq) = c2;
            end;
        else
            child1(qq) = parent1(qq); child2(qq) = parent2(qq);
        end;
    else
        child1(qq) = parent1(qq); child2(qq) = parent2(qq);
    end;
end;
%%
function [child1,child2] = Crossover_LX(parent1,parent2,Num_v,upbound,lowbound,a,b,~)
% Function performs crossover of two individuals,
% Using the Laplace crossover from Kusum Deep et al. 2007
%%
EPS = 1e-14;
% Now do if loop
for qq = 1:Num_v
    if abs(parent1(qq)-parent2(qq)) > EPS
        if parent1(qq) < parent2(qq)
            y1 = parent1(qq); y2 = parent2(qq);
        else
            y1 = parent2(qq); y2 = parent1(qq);
        end
        yu = upbound(qq); yl = lowbound(qq);
        %
        u=rand;
        if (u<=0.5)
            beta = a-b*log(u);
        else
            beta = a+b*log(u);
        end
        %
        c1 = y1+beta*abs(y1-y2);
        c2 = y2+beta*abs(y1-y2);
        %
        if (c1<yl), c1=yl; end;
        if (c2<yl), c2=yl; end;
        if (c1>yu), c1=yu; end;
        if (c2>yu), c2=yu; end;
        %
        child1(qq) = c1; child2(qq) = c2;
    else
        child1(qq) = parent1(qq); child2(qq) = parent2(qq);
    end
end
```

```
%%
function [child1,child2] = Crossover_BEX(parent1,parent2,Num_v,upbound,lowbound,~)
% Function performs crossover of two individuals,
% Using the Laplace crossover from Kusum Deep et al. 2007
%%
EPS = 1e-14;
% Now do if loop
for qq = 1:Num_v
    if abs(parent1(qq)-parent2(qq)) > EPS
        if parent1(qq) < parent2(qq)
            y1 = parent1(qq); y2 = parent2(qq);
        else
            y1 = parent2(qq); y2 = parent1(qq);
        end
        yu = upbound(qq); yl = lowbound(qq);
        %
        ui=rand();
        lambda=0.25;
        aa1=exp((y1-yl)/(lambda*(y2-y1)));
        aa2=exp((yl-y2)/(lambda*(y2-y1)));
        bb1=exp((y1-yu)/(lambda*(y2-y1)));
        bb2=exp((y2-yu)/(lambda*(y2-y1)));
        if (rand<=0.5)
            beta1=lambda*log(aa1+ui*(1-aa1));
            beta2=lambda*log(aa2+ui*(1-aa2));
        else
            beta1=-lambda*(1-ui*(1-bb1));
            beta2=-lambda*(1-ui*(1-bb2));
        end
        c1=y1+beta1*(y2-y1);
        c2=y2+beta2*(y2-y1);
        %
        if (c1<yl), c1=yl; end;
        if (c2<yl), c2=yl; end;
        if (c1>yu), c1=yu; end;
        if (c2>yu), c2=yu; end;
        %
        child1(qq) = c1; child2(qq) = c2;
    else
        child1(qq) = parent1(qq); child2(qq) = parent2(qq);
    end
end
%%
function [child1,child2] = Crossover_Arithmetic(parent1,parent2,Num_v,upbound,lowbound,~)
%%
% Crossover_Arithmetic
EPS = 1e-14;
% Now do if loop
for qq = 1:Num_v
    if abs(parent1(qq)-parent2(qq)) > EPS
        if parent1(qq) < parent2(qq)
            y1 = parent1(qq); y2 = parent2(qq);
        else
            y1 = parent2(qq); y2 = parent1(qq);
        end
        yu = upbound(qq); yl = lowbound(qq);
        %
        ui=rand();
        c1=y1*ui+y2*(1-ui);
        c2=y1*(1-ui)+ui*y2;
        %
        if (c1<yl), c1=yl; end;
        if (c2<yl), c2=yl; end;
        if (c1>yu), c1=yu; end;
        if (c2>yu), c2=yu; end;
        %
        child1(qq) = c1; child2(qq) = c2;
    else
        child1(qq) = parent1(qq); child2(qq) = parent2(qq);
    end
end

%%
function [child1,child2] = Crossover_BLX(parent1,parent2,Num_v,upbound,lowbound,~)
%% BLX-alpha
alpha=0.5;
rs=1;
```

```
EPS = 1e-14;
% Now do if loop
for qq = 1:Num_v
    if abs(parent1(qq)-parent2(qq)) > EPS
        y1 = parent1(qq); y2 = parent2(qq);
        y_max = max(y1,y2);
        y_min= min(y1,y2);
        yu = upbound(qq); yl = lowbound(qq);
        %
        c1=y_max+alpha*abs(y1-y2)*rs;
        c2=y_min-alpha*abs(y1-y2)*rs;
        %
        if (c1<yl), c1=yl; end;
        if (c2<yl), c2=yl; end;
        if (c1>yu), c1=yu; end;
        if (c2>yu), c2=yu; end;
        %
        child1(qq) = c1; child2(qq) = c2;
    else
        child1(qq) = parent1(qq); child2(qq) = parent2(qq);
    end
end
%%
function [child1,child2] =
Crossover_SPX(parent1,parent2,rank1,rank2,Num_v,upbound,lowbound)
%% Simplex crossover
n=2;
%
y1 = parent1; y2 = parent2;
%
% Refl=rand*0.5;
% Refl2=(rand+1)*0.5;%rand; %
Refl=unifrnd(0,0.5);
Refl2=unifrnd(0.5,1.0);
%
if rank1<=rank2
    M=(y1)/(n);
    child1=(1+Refl)*M-Refl*y2;
    child2=(1+Refl2)*M-Refl2*y2;
else
    M=(y2)/(n);
    child1=(1+Refl)*M-Refl*y1;
    child2=(1+Refl2)*M-Refl2*y1;
end
% check the bounds
for qq = 1:Num_v
    yu = upbound(qq); yl = lowbound(qq);
    c1=child1(qq) ; c2=child2(qq);
    if (c1<yl), c1=yl; end;
    if (c2<yl), c2=yl; end;
    if (c1>yu), c1=yu; end;
    if (c2>yu), c2=yu; end;
    child1(qq)=c1; child2(qq)=c2;
end
%%
function [child1,child2] = Crossover_DBX(parent1,parent2,obj1,obj2,Obj_max, Obj_min,
rank1,rank2,Num_v,upbound,lowbound)
% Function performs crossover of two individuals,
% Using the direction-based crossover Chuang et al. 2015
%% directional crossover
n=1;
step=abs((obj1-obj2))/(Obj_max-Obj_min);
EPS = 1e-14;
for qq = 1:Num_v
    if abs(parent1(qq)-parent2(qq)) > EPS
        y1 = parent1(qq); y2 = parent2(qq);
        yu = upbound(qq); yl = lowbound(qq);
        if rand<0.5
            Dij=0;
        else
            if rank1<rank2
                Dij=(y1-y2);
            else
                Dij=(y2-y1);
            end
        end
        c1=y1+step*Dij;
```

```
            c2=y2+step*Dij;
            % check the bounds
            if (c1<yl), c1=yl; end;
            if (c2<yl), c2=yl; end;
            if (c1>yu), c1=yu; end;
            if (c2>yu), c2=yu; end;
            %
            child1(qq) = c1; child2(qq) = c2;
        else
            child1(qq) = parent1(qq); child2(qq) = parent2(qq);
        end
    end
    %%
    function [child1,child2,child3] = Crossover_MPC(parent1,parent2,parent3, rank1,rank2,
    rank3, Num_v,upbound,lowbound,~)
    %% MPC
    sigma=0.1;
    nu=0.5;
    beta=normrnd(nu,sigma);
    rank=[rank1,rank2, rank3];
    [~, SortIdx] = sort(rank);
    parent=[parent1; parent2; parent3];
    % Now do if loop
    for qq = 1:Num_v
        y1 = parent(SortIdx(1),qq); y2 = parent(SortIdx(2),qq); y3=parent(SortIdx(3),qq);
        yu = upbound(qq); yl = lowbound(qq);
        %
        c1=y1+beta*(y2-y3);
        c2=y2+beta*(y3-y1);
        c3=y3+beta*(y1-y2);
        %
        if (c1<yl), c1=yl; end;
        if (c2<yl), c2=yl; end;
        if (c3<yl), c3=yl; end;
        if (c1>yu), c1=yu; end;
        if (c2>yu), c2=yu; end;
        if (c3>yu), c3=yu; end;
        %
        child1(qq) = c1; child2(qq) = c2; child3(qq) = c3;
    end
    %%
    function [child1,child2] = Crossover_Directional(parent1,parent2,parent3, rank1,rank2,
    rank3, Num_v,upbound,lowbound)
    % Function performs crossover of two individuals,
    % Using the Directional crossover from MOGA-II [9]
    %%
    EPS = 1e-14;
    rank=[rank1,rank2, rank3];
    [~, SortIdx] = sort(rank);
    parent=[parent1; parent2; parent3];
    for qq = 1:Num_v
        if abs(parent1-parent2) > EPS
            y1 = parent(SortIdx(1),qq); y2 = parent(SortIdx(2),qq); y3=parent(SortIdx(3),qq);
            yu = upbound(qq); yl = lowbound(qq);
            c1=y1+rand*sign(rank1-rank2)*(y1-y2)+rand*sign(rank1-rank3)*(y1-y3);
            c2=y1+rand*sign(rank1-rank2)*(y1-y2)+rand*sign(rank1-rank3)*(y1-y3);
            % check the bounds
            % check the bounds
            if (c1<yl), c1=yl; end;
            if (c2<yl), c2=yl; end;
            if (c1>yu), c1=yu; end;
            if (c2>yu), c2=yu; end;
            %
            child1(qq) = c1; child2(qq) = c2;
        else
            child1(qq) = parent1(qq); child2(qq) = parent2(qq);
        end
    end
```

附录 3　用于模型选择或参数优化的贝叶斯 MATLAB 源程序

请参考文献：

Jin YF，Yin Z-Y，Zhou WH，Horpibulsuk S（2019）. Identifying parameters of advanced soil models using an enhanced Transitional Markov chain Monte Carlo method. Acta Geotech.，14（6），1925-1947.

Jin YF，Yin Z-Y，Zhou WH，Shao JF（2019）. Bayesian model selection for sand with generalization ability evaluation. Int. J. Numer. Anal. Methods Geomech.，43（14）：2305-2327.

```
%%
dos('del Results*.dat'); % clean previous data
%%
soilmodel=2; % select one constitutive model you are interested in
             % for model class selection, all models can be gone through to compare each other
parameters=zeros(50,1); % maximum number of parameters is 50
switch soilmodel
    case 1    % MC
        parameters(1:8)=[0.8,10000,0.2,30,1.0,0,3,1]; % Trial values of parameters, some of them will
                                                        % be reserved if not selected for identification
        x_low=[1000,20,0,0]; % low bound of selected parameters to be identified
        x_up=[50000,50,10,1]; % up bound of selected parameters to be identified

    case 2    % NLMC
        parameters(1:13)=[0.8,100,0.2,0.6,0.5,0.881,30,0.003,1,0,0,0,0];
        x_low=[20, -3, 0, 0];
        x_up=[50, -1, 10, 1];

    case 3    % SIMSAND
        parameters(1:16)=[0.8,60,40,0.5,0.785,0.5,0.003,0.45,30,0.003,1.0,1.0,2.0,2.0,250000,0.3];
        x_low=[50 0.1 0.5,-3,0.1,20,-3,0.1,0.1,0.1,0.0];
        x_up=[300 0.9 1.5,-1,1.0,50,-1,2.0,10,10,1];

    case 4    % for more constitutive models
       % ........

end
%%
N=2000;  % number of samples (e.g. 2000 sets of parameters)
ff=@loglikelihoodfun_SPMD4; % setting for parallel computing, just an option depending on your computer
%%
        [x,ln_S]=TMCMC_DE_SPMD(ff,soilmodel,parameters,x_low,x_up,N,num_a,num_b);
        % x: joint distributions of selected parameters
        % ln_S: evidence of the model, bigger value represents the model more reliable
%%
```

```
function ObjVals=loglikelihoodfun_SPMD4(soilmodel,x,parameter)
% to computer log(likelihood)
switch soilmodel
    case 1   % MC
        % position of selected parameters to be identified in the array of parameters [parameter]
        posi=[2 4 5 31 32];
        % user defined for test type, e.g. here is conventional triaxial test by us
        testtype=2;
        % user defined for loading phase, e.g. here 0 means no IC or K0 compression phase
        preISO=0;
    case 2   % NLMC
        posi=[7 8 9 31 32];
        testtype=2;
        preISO=0;
    case 3   % SIMSAND
        posi=[5 7 8 9 10 11 12 13 31 32];
        testtype=2;
        preISO=0;
    case 4  % for more constitutive models
       % ........
end
%%
CoreNum=4;  % number of CPU cores called for computing
Num_p=length(x(1,:)); % number of samples
Num_p_average=Num_p/CoreNum; % number of samples calculated per core, must be integer
spmd
    switch labindex
        case 1
            for i=1:Num_p_average
                ObjVals(i,1)=Objective_error1(parameter,x(:,i+(labindex-1)*Num_p_average),posi,testtype,preISO,soilmodel);
            end            % to computer log(likelihood) for samples of the 1st core
        case 2
            for i=1:Num_p_average
                ObjVals(i,1)=Objective_error2(parameter,x(:,i+(labindex-1)*Num_p_average),posi,testtype,preISO,soilmodel);
            end
        case 3
            for i=1:Num_p_average
                ObjVals(i,1)=Objective_error3(parameter,x(:,i+(labindex-1)*Num_p_average),posi,testtype,preISO,soilmodel);
            end
        case 4
            for i=1:Num_p_average
                ObjVals(i,1)=Objective_error4(parameter,x(:,i+(labindex-1)*Num_p_average),posi,testtype,preISO,soilmodel);
            end
        % Attention: if CoreNum is bigger than 4, we need to put more up to this number
    end
end
%%
```

下面为 DE-TMCMC：差分进化-马尔可夫链蒙特卡罗

```
%%
function [x,ln_S]=TMCMC_DE_SPMD(log_like_fun,soilmodel,y,x_low,x_up,N,num_a,num_b)
%% initialing
n=length(x_low);
b=0.2; %2.4/sqrt(n);
p=0; ln_S=0; AR_ratio=1;jj=1;
[delta,c,c_star,Pm,p_g] = deal(3,0.1,1e-12,0.9,0.2);
% CR = [1:n_CR]/n_CR;
% pCR = ones(1,n_CR)/n_CR;
%%  select the MCMC algorithm
algo=4;
```

```
%% drawing prior samples using the latin sampling
for i=1:n
    x(i,:)=LHS_uniform(x_low(i),x_up(i),N);% x_low(i)+(x_up(i)-x_low(i))*rand(1,N);
end
%% plot
Plot_figure(jj,x,x_low,x_up,num_a,num_b);
%%
% for i=1:N
log_like=feval(log_like_fun,soilmodel,x,y);
% end
%% write to file
Writedata(jj,p,ln_S,x,log_like);
%% compute the weigths
while p<1  % adaptively choose p
    low_p=p; up_p=2; old_p=p;
    while up_p-low_p>10e-6
        current_p=(low_p+up_p)/2;
        temp=exp((current_p-p)*(log_like-max(log_like)));
        cov_temp=std(temp)/mean(temp);
        if cov_temp>1
            up_p=current_p;
        else
            low_p=current_p;
        end
    end
    p=current_p;
    jj=jj+1;
    % break out if the final stage reaches.
    if p>1, break; end
    %
    weight=temp/sum(temp);  % weights are normalized
    ln_S=ln_S+log(mean(temp))+(p-old_p)*max(log_like);
    %% compute the covariance matrix
    mu_x=x*weight;
    sigma=zeros(n,n);
    for i=1:N
        sigma=sigma+b^2*weight(i)*(x(:,i)-mu_x)*(x(:,i)-mu_x)';  %(1/AR_ratio)* % modification AR according to Se-Hyeok Lee and Junho Song (2017)
    end
    sqrt_s=sqrtm(sigma);
    %% find the maximum weight
    [~,posi_max]=max(weight);
    %% do MCMC
    sam_ind=deterministicR((1:N),weight);  % tourament
    gamma_d = 2.38/sqrt(2*n);
    % Randomly generate coefficients
    lambda = unifrnd(-c,c,N,1);
    nn= unifrnd(0.5,1.0);
    %
    current_x=x; current_log_like=log_like;
    AR_num=0;                           % the acceptance number of samples
    for i=1:N
        now_ind=sam_ind(i);
        % Now randomly select 3 Points from SCEMPar.s
        [kk] = randperm(N);
        ii = kk(1:2); r1 = ii(1); r2 = ii(2);
        switch algo
            case 1    % Original TMCMC
                now_ind=sam_ind(i);
                x_c(:,i)=current_x(:,now_ind)+sqrt_s*rand(n,1);
            case 2    % DE-TMCMC
                g=randsample([gamma_d 1],1,'true',[0.9 0.1]);

                x_c(:,i)=current_x(:,now_ind)+g*(current_x(:,r1)-current_x(:,r2))+1e-6*randn(n,1);
            case 3    % DREAM-TMCMC
                z=rand(1,n);
                A = find(z<Pm);
                     % Derive subset A with dimensions to sample

                d_star=numel(A);
                         % How many dimensions are sampled?
```

```
                if d_star==0, [~,A]=min(z);  d_star=1; end
                gamma_d =
                2.38/sqrt(2*delta*d_star);
                % Calculate jump rate
                g=randsample([gamma_d 1],1,'true',[1-p_g
                p_g]);                                    % Select gamma: 80/20 ratio
                (default)
                dX(1:n,i)=0;

                dX(A,i)=(1+lambda(i))*g*(current_x(A,r1)-current_x(A,r2))+c_star*randn
                (d_star,1);   % Compute ith jump with differential evolution
                x_c(:,i)=current_x(:,now_ind)+dX(:,i);
            case 4    % EDE-TMCMC from the NAG paper
                z=rand(1,n);
                A =
                find(z<Pm);
                     % Derive subset A with dimensions to sample

                d_star=numel(A);
                         % How many dimensions are sampled?
                if d_star==0, [~,A]=min(z);  d_star=1; end
                gamma_d =
                2.38/sqrt(2*delta*d_star);
                % Calculate jump rate
                g=randsample([gamma_d 1],1,'true',[1-p_g
                p_g]);                                    % Select gamma: 80/20 ratio
                (default)
                dX(1:n,i)=0;

                dX(A,i)=(1+lambda(i))*(g*(current_x(A,posi_max)-current_x(A,now_ind))+
                g*(current_x(A,r1)-current_x(A,r2)))+c_star*randn(d_star,1);   %
                Compute ith jump with differential evolution
                x_c(:,i)=current_x(:,now_ind)+dX(:,i);
        end
        % compute the likelihood
        for j=1:n
            if x_c(j,i)>x_up(j)
                x_c(j,i)=x_low(j)+(x_up(j)-x_low(j))*rand(1);
            end
            if x_c(j,i)<x_low(j)
                x_c(j,i)=x_low(j)+(x_up(j)-x_low(j))*rand(1);
            end
        end
    end
    %
    log_like_c=feval(log_like_fun,soilmodel,x_c,y);
    %
    for i=1:N
        now_ind=sam_ind(i);
        r=exp(log_like_c(i)-current_log_like(now_ind));
        if r>=rand
            x(:,i)=x_c(:,i);
            current_x(:,now_ind)=x_c(:,i);
            current_log_like(now_ind)=log_like_c(i);
            log_like(i)=log_like_c(i);
            AR_num=AR_num+1;
        else
            x(:,i)=current_x(:,now_ind);
            log_like(i)=current_log_like(now_ind);
        end
    end
    AR_ratio=AR_num/N;
    if (AR_ratio==0)
        AR_ratio=0.001;
    end
    %% plot
    Plot_figure(jj,x,x_low,x_up,num_a,num_b);
    %% write to file
    Writedata(jj,p,ln_S,x,log_like);
end
%% final stage
temp=exp((1-old_p)*(log_like-max(log_like)));
weight=temp/sum(temp);                        % weights are normalized
```

```
ln_S=ln_S+log(mean(temp))+(1-old_p)*max(log_like);
mu_x=x*weight; sigma=zeros(n,n);
for i=1:N
    sigma=sigma+b^2*weight(i)*(x(:,i)-mu_x)*(x(:,i)-mu_x)'; %(1/AR_ratio)*
end
sqrt_s=sqrtm(sigma);
%% find the maximum weight
[~,posi_max]=max(weight);
sam_ind=deterministicR((1:N),weight);
gamma_d = 2.38/sqrt(2*n);
% Randomly generate coefficients
lambda = unifrnd(-c,c,N,1);
nn= unifrnd(0.5,1.0);
current_x=x; current_log_like=log_like;
AR_num=0;                                   % the acceptance number of samples
for i=1:N
    now_ind=sam_ind(i);
    % Now randomly select 3 Points from SCEMPar.s
    [kk] = randperm(N);
    ii = kk(1:2); r1 = ii(1); r2 = ii(2);
    switch algo
        case 1    % Original TMCMC
            now_ind=sam_ind(i);
            x_c(:,i)=current_x(:,now_ind)+sqrt_s*rand(n,1);
        case 2    % DE-TMCMC
            g=randsample([gamma_d 1],1,'true',[0.9 0.1]);

            x_c(:,i)=current_x(:,now_ind)+g*(current_x(:,r1)-current_x(:,r2))+1e-6*ran
            dn(n,1);
        case 3    % DREAM-TMCMC
            z=rand(1,n);
            A =
            find(z<Pm);
             % Derive subset A with dimensions to sample

            d_star=numel(A);
                 % How many dimensions are sampled?
            if d_star==0, [~,A]=min(z);  d_star=1; end
            gamma_d =
            2.38/sqrt(2*delta*d_star);                                              %
            Calculate jump rate
            g=randsample([gamma_d 1],1,'true',[1-p_g
            p_g]);                                     % Select gamma: 80/20 ratio
            (default)
            dX(1:n,i)=0;

            dX(A,i)=(1+lambda(i))*g*(current_x(A,r1)-current_x(A,r2))+c_star*randn(d_s
            tar,1);   % Compute ith jump with differential evolution
            x_c(:,i)=current_x(:,now_ind)+dX(:,i);
        case 4    % EDE-TMCMC from the NAG paper
            z=rand(1,n);
            A =
            find(z<Pm);
             % Derive subset A with dimensions to sample

            d_star=numel(A);
                 % How many dimensions are sampled?
            if d_star==0, [~,A]=min(z);  d_star=1; end
            gamma_d =
            2.38/sqrt(2*delta*d_star);                                              %
            Calculate jump rate
            g=randsample([gamma_d 1],1,'true',[1-p_g
            p_g]);                                     % Select gamma: 80/20 ratio
            (default)
            dX(1:n,i)=0;

            dX(A,i)=(1+lambda(i))*(g*(current_x(A,posi_max)-current_x(A,now_ind))+g*(c
            urrent_x(A,r1)-current_x(A,r2)))+c_star*randn(d_star,1);   % Compute ith
            jump with differential evolution
            x_c(:,i)=current_x(:,now_ind)+dX(:,i);
    end
    % check the bounds
    for j=1:n
```

```
        if x_c(j,i)>x_up(j)
            x_c(j,i)=x_low(j)+(x_up(j)-x_low(j))*rand(1);
        end
        if x_c(j,i)<x_low(j)
            x_c(j,i)=x_low(j)+(x_up(j)-x_low(j))*rand(1);
        end
    end
end
%
log_like_c=feval(log_like_fun,soilmodel,x_c,y);
for i=1:N
    now_ind=sam_ind(i);
    r=exp(log_like_c(i)-current_log_like(now_ind));
    if r>=rand
        x(:,i)=x_c(:,i);
        current_x(:,now_ind)=x_c(:,i);
        current_log_like(now_ind)=log_like_c(i);
        log_like(i)=log_like_c(i);
        AR_num=AR_num+1;
    else
        x(:,i)=current_x(:,now_ind);
        log_like(i)=current_log_like(now_ind);
    end
end
AR_ratio=AR_num/N;
%% plot
Plot_figure(jj,x,x_low,x_up,num_a,num_b);
%% write to file
Writedata(jj,1,ln_S,x,log_like);
%%  SIT resampling
function outIndex=deterministicR(inIndex, q)
%%
% purpose: to perform the resampling stage of the SIR in order (number of samples) steps.
% It uses Kitagama's deterministic resampling algorithm;
%%
if nargin<2, error('Nor enough input arguments.'); end;
[S,~]=size(q);  % S= number of particles;
%% RESIDUAL RESAMPLING
N_babies=zeros(1,S); u=zeros(1,S);
% generate the cumulative distribution
cumDist=cumsum(q'); aux=rand(1); u=aux:1:(S-1+aux); u=u./S;
j=1;
for i=1:S
    while (u(1,i)>cumDist(1,j))
        j=j+1;
    end
    N_babies(1,j)=N_babies(1,j)+1;
end
% COPY RESAMPLED TRAJECTORIES:
index=1;
for i=1:S
    if (N_babies(1,i)>0)
        for j=index:index+N_babies(1,i)-1
            outIndex(j)=inIndex(i);
        end
    end
    index=index+N_babies(1,i);
end
%%
function s=LHS_uniform(xmin,xmax,nsample)
% s=lhsu(xmin,xmax,nsample)
% LHS from uniform distribution
% Input:
%   xmin    : min of data (1,nvar)
%   xmax    : max of data (1,nvar)
%   nsample : no. of samples
% Output:
%   s       : random sample (nsample,nvar)
%   Budiman (2003)
nvar=length(xmin);
ran=rand(nsample,nvar);
```

```
s=zeros(nsample,nvar);
for j=1: nvar
    idx=randperm(nsample);
    P =(idx'-ran(:,j))/nsample;
    s(:,j) = xmin(j) + P.* (xmax(j)-xmin(j));
end
```

附录 4　应力应变反转技术 FORTRAN 源程序

请参考文献：

Yin Z-Y＊，Xu Q，Hicher P-Y（2013）. A simple critical state based double-yield-surface model for clay behavior under complex loading. Acta Geotech.，8（5）：509-523.

```
         SUBROUTINE REVERSE (HSV,DEPS)
!C=====================================================================================
!C    REVERSE LOADING JUDGEMENT BASED ON PREVIOUS AND CURRENT DSTRAIN (DEPS0 AND DEPS)
!C    CURRENT VERSION CAN ONLY BE USED FOR STRAIN OR DISPLACEMENT CONTROL
!C=====================================================================================
        IMPLICIT DOUBLE PRECISION(A-H,O-Z)
        DOUBLE PRECISION DEPS(6),HSV(*)
        DOUBLE PRECISION DEPS0(6),EPS0(6),EPSR(6),EPS(6),DNIJ0(6),DNIJ(6)

      DO 11 I = 1, 6
      DEPS0(I)=HSV(15+I)   ! PREVIOUS DSTRAIN
      EPS0(I) =HSV(21+I)   ! PREVIOUS STRAIN
      EPSR(I) =HSV(27+I)   ! PREVIOUS STORED REVERSE STRAIN POINT
      EPS(I)=EPS0(I)+DEPS(I)
11      CONTINUE      ! NEXT I

       DEPS0_SCALAR = DEPS0(1)*DEPS0(1)+DEPS0(2)*DEPS0(2)
       &          +DEPS0(3)*DEPS0(3)+2.*DEPS0(4)*DEPS0(4)
       &            +2.*DEPS0(5)*DEPS0(5)+2.*DEPS0(6)*DEPS0(6)
       DEPS0_SCALAR = SQRT(DEPS0_SCALAR)

      IF (DEPS0_SCALAR .GT. 1.D-7) THEN
           DNIJ0 = DEPS0/DEPS0_SCALAR
        ELSE
           DNIJ0 = 0.
      END IF

       DEPS_SCALAR = DEPS(1)*DEPS(1)+DEPS(2)*DEPS(2)
       &        +DEPS(3)*DEPS(3)+2.*DEPS(4)*DEPS(4)
       &          +2.*DEPS(5)*DEPS(5)+2.*DEPS(6)*DEPS(6)

       DEPS_SCALAR = SQRT(DEPS_SCALAR)

      IF (DEPS_SCALAR .GT. 1.D-7) THEN
           DNIJ = DEPS/DEPS_SCALAR
        ELSE
           DNIJ = 0.
      END IF

      SUMMM = DNIJ0(1)*DNIJ(1)+DNIJ0(2)*DNIJ(2)+DNIJ0(3)*DNIJ(3)
       &  +2.*DNIJ0(4)*DNIJ(4)+2.*DNIJ0(5)*DNIJ(5)+2.*DNIJ0(6)*DNIJ(6)

      IF ((DEPS0_SCALAR .GT. 1.D-7) .AND. (DEPS_SCALAR .GT. 1.D-7)) THEN
          COSTHETA = SUMMM
        ELSE
          COSTHETA = 1.   ! NO REVERSE
      END IF
```

```

      IF (ABS(SUMMM - 1.) .GT. 1.D-6) HSV(36) = COSTHETA

      IF (ABS(COSTHETA-1.) .GT. 1.D-7) THEN  ! WITH REVERSE
       HSV(34) = HSV(34) + 1.
       EPSR = EPS0
      END IF

! TO CALCULATE SHEAR STRAIN
      EPS_M1 = EPS(1)-EPSR(1)
      EPS_M2 = EPS(2)-EPSR(2)
      EPS_M3 = EPS(3)-EPSR(3)
      EPS_M4 = EPS(4)-EPSR(4)
      EPS_M5 = EPS(5)-EPSR(5)
      EPS_M6 = EPS(6)-EPSR(6)
     EPS_M_V = EPS_M1 + EPS_M2 + EPS_M3
     E1 = EPS_M1 - EPS_M_V / 3.
     E2 = EPS_M2 - EPS_M_V / 3.
     E3 = EPS_M3 - EPS_M_V / 3.
     E4 = EPS_M4
     E5 = EPS_M5
     E6 = EPS_M6
     EPS_D_M=SQRT(2./3.*(E1*E1+E2*E2+E3*E3+2.*E4*E4+2.*E5*E5+2.*E6*E6)
     &     +EPS_M_V*EPS_M_V)  ! TOTAL STRAIN, MODIFIED BY YIN 4 OCT 2013
      HSV(35) = EPS_D_M

        DO 12 I = 1, 6
        HSV(15+I)=DEPS(I)      ! UPDATE DSTRAIN FOR NEXT LOADING STEP
        HSV(21+I)=EPS(I)            ! UPDATE STRAIN FOR NEXT LOADING STEP
        HSV(27+I)=EPSR(I)      ! UPDATE REVERSE STRAIN POINT
 12     CONTINUE                 ! NEXT I

        END
```